安装工程施工组织设计实例应用手册

（第二版）

本书编委会　编写

中国建筑工业出版社

图书在版编目（CIP）数据

安装工程施工组织设计实例应用手册/本书编委会编写. —2版.
北京：中国建筑工业出版社，2010.11
ISBN 978-7-112-12373-5

Ⅰ.①安… Ⅱ.①本… Ⅲ.①建筑安装工程-施工组织-技术手册②建筑安装工程-施工设计-技术手册 Ⅳ.①TU758-62

中国版本图书馆CIP数据核字(2010)第159469号

本书汇集了33篇民用和工业建筑安装工程施工组织设计典型实例。这些施工组织设计在优质高效完成相关工程施工中均发挥了十分重要的作用，代表了国内现代较高的施工技术和施工组织管理水平。本书由多位工程施工领域的资深专家编著，依扎实的理论基础和丰富的施工经验，对施工组织设计作用、目的总体指导原则、程序内容、编制方法、注意事项等予以阐述，并具体选用了30多个工程的施工组织设计实例，是施工技术人员宝贵的技术资料。本书理论与实践相结合，现实应用与技术发展相结合，是一本具有实用性、先进性和前瞻性的工具书。

本书可供工程施工技术人员、监理人员工作使用，也可作为大专院校土木工程专业师生教学参考用书。

* * *

责任编辑：刘　江
责任设计：李志立
责任校对：王金珠　关　健

安装工程施工组织设计实例应用手册
（第二版）
本书编委会　编写
*
中国建筑工业出版社出版、发行（北京西郊百万庄）
各地新华书店、建筑书店经销
北京红光制版公司制版
北京蓝海印刷有限公司印刷
*
开本：787×1092毫米　1/16　印张：30　字数：748千字
2011年1月第二版　2011年1月第六次印刷
定价：**88.00**元（附光盘）
ISBN 978-7-112-12373-5
(19618)

本书编委会

编写人员名单

国家体育场钢结构工程主结构安装施工组织设计

秦海强，李功福，兑保军

大学城建设项目机电安装工程施工组织设计

梁秋霖，陈日辉，谭长念，何伟斌，谢延庆，朱克维，李德钧，陈箭，庄大力

剧院活动舞台机电设备安装工程施工组织设计

关洁，胡忠，张杰，刘绪龙，邹大松，韩可德

会议展览中心机电安装工程施工组织设计

林辉，张广志，陈伟强，莫道远，高千

火车站地下广场机电安装工程施工组织设计

周镇江，乔培华，仲崇云，杨晗菁

城市轨道交通机电安装工程施工组织设计

朱跃忠，张海峰，叶建强，束国强，陈俊

地铁消防系统改造工程施工组织设计

王志伟

机场候机楼机电安装工程施工组织设计

沈文斌，黄本勇，何发炯，范世宏，徐菲

体育馆机电安装工程施工组织设计

张松正

自行车运动馆弱电系统工程施工组织设计

纪志斌，刘亚玲，许珊

大型体育场钢结构工程施工组织设计

黄伟江，张广志，陈友明，吴睿力，王恒

文化健身广场机电安装工程施工组织设计

孙国勋，朱志航，朱洁，李江，夏君，杨晓华，蔡成良，洪建军

超高层建筑钢结构安装施工组织设计

刘海东，梁志毅，徐永海，杨倩，王志明

高层大厦机电安装工程施工组织设计大纲

蒋培德，孙占军，陈志远，徐子根，潘小林，何志霞

住宅小区机电安装工程施工组织设计

张大明，张航

循环流化床垃圾焚烧锅炉安装工程施工组织设计

孙保兴，胡玲芳，李学贞，孙朝兴

30 万 t/d 污水处理厂机电安装工程施工组织设计

陈闾朝，罗宾，杨斌

60000Nm^3/h 空分装置机电安装工程施工组织设计

黄心亮，徐如旭，陈林

半导体 TFT 生产线装修工程施工组织设计

施红平，杨良生，袁朝阳，史天平，刘华恩，成宜斌，徐高峰，娄可文，董峰，李跃军，孙志刚

5000t/d 水泥熟料生产线设备安装工程施工组织设计

高杰，贺杰，陈二军，邓举业，娄纪新

35 万 t/a 涂布纸生产线工程施工组织设计

温玉宏，郭兰香

2×600MW 机组烟气脱硫工程施工组织总设计（标前）

宋健，杨国富，徐建青，黄柏枝，陶建

2×200MW～2×700MW 烟气脱硫技改工程施工组织设计

李森，项光明，王娟英，刘永纺，夏永生，李锦辉

2×900MW 电厂超临界凝汽式燃煤机组工程施工组织设计

俞仲文，王玉玲

电厂 2×600MW 机组工程施工组织总设计

王先文，张新民，蔡晓明，杨晓娟

热电厂 2×300MW 机组建筑安装工程施工组织设计

王先文，高泽彪，张新民，张占军，蔡晓明，杨晓娟

250 万 t/a 炼油厂加氢裂化装置施工组织设计

彭振河，李森，项光明，李锦辉，夏永生，蒋光璞

6000t/a DCP 装置及配套工程施工组织设计

於振福

炼钢厂技改工程施工组织设计

李水生

80000m^3 干式布帘煤气柜工程施工组织设计

杨云龙，陆永前，杨保金

900t×208m 造船门式起重机吊装工程施工组织设计

史胜海，史红卫，戴晖，周锋

转移国外汽车设备国内安装调试施工组织设计

吴义权，樊志毅，艾杰伟，李浩，段贵峰，李正新，刘晶

20 万 m^3 煤气柜工程施工组织设计

谈志祥，卢建平，彭惠平

序　言

建设工程由土木工程、建筑工程和机电工程等部分组成，而机电安装工程涵盖的专业面最广，涉及的学科门类最多。改革开放以来，城市建设和工业建设的机电安装工程突飞猛进地发展，在国家基本建设中的比重也越来越大，工程中运用的现代先进技术和管理方法日新月异，其中，先进的、科学的施工组织设计是统筹施工全过程，保证施工质量和安全，实现“四节一排”，全面完成工程施工任务，提高经济效益和社会效益的基本保证。然而，当前可供学习参考的机电安装施工技术与管理书籍却不是很多。

这本书的三位主编是机电安装工程领域的资深专家，他们在20世纪60年代从大学毕业走出校门后，就一直从事机电安装工程施工技术和管理工作，其间曾参加过多项国家大型重点机电安装工程施工，参与机电安装科技成果攻关以及专业工程施工规范的制定，积累了丰富的实践经验和理论造诣，半个世纪以来，他们对机电安装工程产生了深厚的感情及责任感。应广大机电安装工程技术人员的要求，在一些承担过重点机电安装工程且业绩优秀的安装企业支持下，组织有关专家编写了这本《安装工程施工组织设计实例应用手册》一书，以满足社会需求。

这本书汇集了一些工业建设项目和城市建设项目的机电安装工程施工组织设计和施工方案的成功典型实例，其中有的是属于大型重点建设项目，有的是荣获国家或省部级奖励的项目，有的是较好应用了国内外安装施工技术和管理方法并有所提高和创新。工程实践表明，这些典型实例在优质高效完成整个工程建设项目中发挥了重要作用，代表了我国机电安装技术和管理的较高水平，可供今后机电安装工程施工实践中借鉴和推广。本书理论与实践相结合，现实应用与科学发展相结合，是一本具有实用性、先进性、前瞻性和工具性的书籍，适合于从事机电安装施工技术和管理、监理、设计研究和教学等方面人员参考和使用，更为年轻的工程技术和管理人员提供了宝贵的专业资料和丰富的实践经验。本书的出版一定会推动机电安装工程施工技术和管理水平的提高。

在此，衷心祝愿我国的机电安装工程技术和管理水平不断创新和飞跃发展，祝建筑施工企业创造出更多优质和先进的建设成果，为社会作出更大的贡献！

中国工程院院士

2009.4.24

前　言

安装工程施工组织设计是对施工活动实施科学管理的重要手段，是安排施工准备和组织工程施工的重要而全面性的技术经济文件，是指导工程施工全局，统筹施工工程全过程，保证施工质量和安全，加快进度，降低成本，节能减排，提高经济效益和社会效益，全面完成工程施工任务的重要措施。

工程施工组织设计按承建的工程项目特点、规模及技术复杂程度、项目部组织特征和任务范围、作用的不同，分为施工组织总设计、单位工程施工组织设计、分部工程施工组织设计（施工方案）。施工组织设计按照其性质区分为投标时的和实施时的两种，投标时的施工组织设计是以招标文件为基础编制，是投标文件的组成文件之一，而实施的施工组织设计，则是以合同和施工图纸为依据编制，它是指导施工全过程中各项施工活动的综合性技术管理文件。

施工组织设计，必须在充分研究工程的实际情况和施工特点的基础上编制，其原则是：全面规划、布置施工生产活动、制定先进合理的技术措施和组织措施，确定经济合理、切实可行的施工方案，节约和使用人力、物力、财力，主动调整施工中的薄弱环节，及时处理施工中可能出现的问题，加强各方面的协作配合，保证有节奏、均衡、连续施工，实现最优化的经济效益和社会效益。

改革开放以来，城市建设机电安装工程和工业建设机电安装工程突飞猛进地发展，高、大、精、尖、难、奇、特的工程越来越多，机电安装工程已发展为“大安装”的概念，涉及的专业面很广，学科跨度很大，广大机电安装工程施工企业和工程技术人员迫切需要实用的、并能指导编制施工组织设计的工具书。《安装工程施工组织设计实例应用手册》（以下称《手册》）作为机电工程施工技术与管理的工具书，也可作为机电工程专业注册建造师继续教育和考前培训的参考书。

本《手册》内容共分四个部分：第一部分简明讲述了编制安装工程施工组织设计的一般原则和方法，同时附录了一个机电工程的施工组织设计。第二部分是对32个典型的（包括高层建筑、居民小区、学校、商场、运动场馆、剧院、展览馆、地铁、机场等）城市建设项目的机电工程，以及环保、电子、轻工、建材、汽车、石化、电力、冶炼、大型设备吊装等工业建设项目的机电工程的施工组织设计实例，摘要了各项目的工程概况，主要的施工方案，以及该施工组织设计实施后的效果与体会，供读者查询和参考。第三部分主要介绍机电安装工程施工中所遵循的法规、规范和标准，并附录了目前机电安装工程施工常用法规、规范和标准的目录等资料，供读者参考使用。本《手册》的第四部分内容是我国安装行业中成绩卓著的部分安装企业无私提供的上述32个机电安装工程施工组织设计典型实例的完整版，这些实例在施工实践中都发挥了重要作用，具有编写单位和建设项目的施工特点，更凝聚着编写人员的智慧和心血。由于这部分的内容文字量很大，故刻制在光盘中，便于读者携带使用。

在《手册》资料收集及文稿编撰过程中，得到了中国安装协会、中国机械工业建设总公司、广州市机电安装有限公司、江苏华能建设工程集团有限公司、上海市工业设备安装公司、广东省工业设备安装公司、浙江开元安装集团有限公司、中国轻工建设工程有限公司、中建二局安装工程有限公司、中国电子系统工程第二建设公司、中建电子工程有限责任公司、中国十五冶金建设有限公司、山西省电力公司电力建设四公司、中国机械工业第一建设工程公司、中国机械工业第二建设工程公司、中国三全建设工程公司、中国机械工业第四建设工程公司、中国机械工业第五建设工程公司、中国机械工业机械化施工公司、江苏邗建集团有限公司、浙江宝业建设集团有限公司设备安装公司、北京科华成达信息咨询有限公司等单位的总经理、总工程师及有关人员的帮助；尤其在编辑和出版过程中，广州市机电安装有限公司梁秋霖总经理、江苏华能建设工程集团有限公司宋小华董事长、江苏邗建集团有限公司总工程师徐永海、中国机械工业建设总公司王治安总裁、上海市工业设备安装有限公司倪永明董事长、广东省工业设备安装公司钟凤标总经理、上海市安装行业协会陈香麟副会长、浙江宝业建设集团有限公司设备安装公司孙国勋总经理等给予了关心和支持，特别是中国工程院叶可明院士对本书给予了高度的肯定，谨此，我们致以诚挚的谢意。

此外，在本《手册》书稿的收集、传递、打印、制图等方面的工作，得到了曹淑芳主任以及胡蓓、荆永强同志的大力协助，在此一并表示感谢。

鉴于本书内容丰富，信息量很大，涉及专业面广，虽然经过了较充分准备，但因时间和水平有限，不妥之处在所难免，恳请读者在使用本书时，提出宝贵意见和建议，并将发现的问题和意见随时告诉我们，以便及时改正。

目　录

光　盘　目　录

一、民用建筑机电安装工程

1. 大学城建设项目机电安装工程施工组织设计
2. 大剧院舞台机电安装工程施工组织设计
3. 会议展览中心机电安装工程施工组织设计
4. 火车站地下广场机电安装工程施工组织设计
5. 城市轻轨车站机电安装工程施工组织设计
6. 地铁消防系统改造工程施工组织设计
7. 机场候机楼安装工程施工组织设计
8. 体育馆机电安装工程施工组织设计
9. 自行车运动馆智能化工程施工组织设计
10. 大型体育场钢结构工程施工组织设计
11. 文化健身广场机电安装工程施工组织设计
12. 超高层建筑钢结构安装工程施工组织设计
13. 高层建筑机电安装工程施工组织总设计
14. 住宅小区建筑安装工程施工组织设计

二、工业建筑机电安装工程

1. 循环流化床垃圾焚烧锅炉安装工程施工组织设计
2. 30 万吨/日污水处理厂机电工程施工组织设计
3. 60000Nm^3/h 空分装置机电工程施工组织设计
4. 半导体工厂机电工程施工组织设计
5. 5000t/d 水泥熟料生产线机电工程施工组织设计
6. 35 万吨/年涂布纸生产线机电工程施工组织设计
7. 2×600MW 机组烟气脱硫工程施工组织总设计
8. 2×200MW-2×700MW 烟气脱硫工程施工组织设计
9. 2×900MW 电厂超临界凝汽式燃煤机组工程施工组织设计
10. 电厂 2×600MW 机组工程施工组织总设计
11. 热电厂 2×300MW 机组工程施工组织设计
12. 250 万吨/年炼油厂加氢裂化机电工程施工组织设计
13. 6000 吨/年 DCP 装置及配套工程施工组织设计
14. 炼钢厂技改工程施工组织设计
15. 80000m^3 干式布帘煤气柜工程施工组织设计
16. 900t×208m 门式起重机吊装工程施工组织设计
17. 转移国外汽车设备国内安装工程施工组织设计
18. 20 万 m^3 煤气柜国外工程施工组织设计

1 施工组织设计编制原则及主要内容

一、施工组织设计的作用

施工组织设计是以施工项目为对象编制的、用以指导施工的技术、经济和管理的综合性文件。是为了实现施工活动统一部署，组织优化，保证按期、优质、低耗、节能并取得良好效益的重要手段，是施工企业实行科学管理的重要环节。

依据《建设工程项目管理规范》GB/T 50326、《建设项目工程总承包管理规范》GB/T 50358—2005和《施工组织设计规范》GB/T 50502—2009的规定，施工组织设计应在充分研究工程的客观情况和施工特点的基础上，制定先进合理的技术方案和组织方案，确定经济合理、切实可行的进度管理、质量管理、安全管理、环境管理、成本管理等计划，以及资源需求、风险管理、信息管理、项目沟通等管理计划，合理安排施工现场布置，保证有节奏地连续施工，统筹安排施工活动，确保工程质量、安全施工和文明施工，实现最优的经济效益和社会效益。

二、施工组织设计的种类

施工组织设计按编制阶段的不同，可分为投标阶段施工组织设计和实施阶段施工组织设计，也称项目管理规划大纲和项目管理实施规划。前者是以招标文件为基础编制，以中标为目的，是投标文件的组成部分；后者以合同为依据编制，强调可操作性，是指导施工全过程中各项技术、经济、活动的综合性管理文件。

按工程承建的项目特点、规模及技术复杂程度的不同，施工组织设计一般分为以下几种类型：

（一）施工组织总设计

施工组织总设计是以整个建设工程项目为对象（如一个工厂、一个机场），在初步设计或扩大初步设计阶段，对整个建设工程的总体战略部署；或以若干单位工程组成的群体工程或特大型项目为主要对象，对整个施工过程起统筹规划、重点控制作用的施工组织设计，是指导全局性施工的技术和经济纲要。

（二）施工组织设计

施工组织设计是以一个单位（子单位）工程为对象或具备独立的生产工艺系统和使用功能的工程项目为对象（例如能形成生产产品的车间、生产线和组合工艺装置以及各类动力站等），在施工组织总设计的指导下，对项目施工作全面安排（例如确定具体的施工组织、施工方法、技术措施等），对单位（子单位）工程的施工过程起指导和制约作用。施工组织设计的内容比施工组织总设计详细、具体，根据工程规模和技术复杂程度不同，其编制内容的深度和广度也有所不同。

（三）施工方案

施工方案一般以较小的单位工程或难度较大，施工工艺较复杂，技术及质量要求较高，采用新工艺的分部（分项）或专业工程或新技术项目为主要对象编制的施工技术与组织方案，用以具体指导其施工过程。例如，大型设备起重吊装，锅炉受热面安装（包括汽包），锅炉水压试验，焊接与检验，汽机本体安装，设备试运行方案等。施工方案的内容比施工组织设计更简明扼要，更具有实际操作性。它主要围绕工程特点对施工中的主要工序，在施工方法、时间配合和空间布置等方面进行合理安排，以保证施工作业的正常进行。

施工组织总设计、施工组织设计及施工方案三者之间的关系是：前者涉及工程的整体和全局，后者是局部；前者是后者编制的依据，后者是前者的深化和具体化。

三、施工组织设计的编制原则

(1) 认真贯彻国家对基本建设的各项方针、政策，严格执行基本建设程序和施工程序，重视工程施工的目标控制，确保工程质量、施工安全和节能环保的要求。

(2) 符合施工合同或招标文件约定的建设期限和质量、安全、环境保护、造价等方面各项技术经济指标的要求。

(3) 认真进行技术经济比较，选择最优方案，严格执行工程施工验收规范、操作规程，积极开发使用新技术和新工艺，推广应用新材料和新设备，提高施工的工业化程度，重视管理创新和技术创新，提高劳动生产率。

(4) 坚持科学的施工程序和合理的施工顺序，充分利用时间和空间，加强综合平衡，实现均衡施工，合理利用资源，加快工程进度，达到合理的经济技术指标。

(5) 因地制宜，就地取材，减少物资运输量，节约能源；采取技术管理措施，推广节能和绿色施工。

(6) 合理部署施工现场，加强职业安全健康和环境保护的管理，实现安全、防火、环保和文明施工，提高场地利用率，减少施工用地。

(7) 现场管理与质量、环境和职业健康安全三个管理体系有效结合，组织机构设置力求精简、高效，推行计算机网络在项目施工管理中的应用。

(8) 企业取得最好的经济效益、社会效益和节能环保效益。

四、施工组织设计的编制依据

(一) 施工组织总设计的编制依据

(1) 建设项目计划文件。

(2) 工程设计文件。

(3) 合同文件及招、投标文件和已签约的与工程有关的协议。

(4) 建设地区基础资料，现场情况调查资料。

(5) 有关的国家法律、法规和文件，现行有关标准和技术经济指标。

(6) 同类建设工程项目的资料和经验。

(二) 单位工程施工组织设计的编制依据

(1) 工程施工合同，招、投标文件和已签约的与工程有关的协议。

(2) 工程设计文件，工程概算和主要工程量，设备清单及主要材料清单，主体设备技术文件及新产品的工艺性试验资料。

(3) 施工组织总设计对本单位工程的工期、质量和成本的控制要求。

（4）有关的国家法律、法规和文件，现行有关标准和技术经济指标。

（5）工程所在地区行政主管部门的批准文件，建设单位对施工的要求。

（6）与工程有关的资源供应情况。

（7）工程施工范围内的现场条件，工程地质及水文地质、气象等自然条件。

（8）承包单位的生产能力、机械设备状况、技术水平和同类建设工程项目的资料和经验等。

（三）施工方案的编制依据

（1）施工图和设计变更，设备出厂技术文件。

（2）施工组织总设计和专业施工组织设计。

（3）合同规定采用的标准、规范、规程等。

（4）施工环境及条件；土建的施工作业计划及相互配合交叉施工的要求。

（5）承包单位的生产能力、机械设备状况、技术水平和同类建设工程项目的资料和经验等。

五、施工组织设计的内容

（一）施工组织总设计的主要内容

（1）建设项目的工程概况。包括项目主要情况和项目主要施工条件等。

（2）施工总体部署。包括确定项目施工总目标，即进度、质量、安全、环境和成本等目标；确定项目分阶段（期）交付的计划和施工的合理顺序及组织。

（3）施工总进度计划。

（4）总体施工准备。包括技术准备、现场准备和资金准备等。

（5）主要资源配置计划。包括劳动力配置计划和物资配置计划等。

（6）核心工程施工方案。

（7）施工总平面设计。

（二）单位工程施工组织设计的主要内容

（1）工程概况。包括本项目的性质、规模、建设地点、结构特点、建设期限、分批交付使用的条件、合同条件，各专业设计简介，本地区地形、地质、水文和气象情况，施工劳动力、机具、材料、构件等资源供应情况，施工环境及施工条件，施工特点分析等。

（2）施工部署。确定施工进度、质量、安全、环境和成本等目标，施工顺序及施工组织安排等。

（3）施工进度计划。统筹策划和安排各项施工过程的施工顺序、起止时间和相互衔接关系。

（4）施工准备计划。包括技术准备、现场准备和资金准备等计划。

（5）资源配置计划。包括劳动力，主要材料、部件，生产工艺设备，施工机具和测量、检测设备等配置计划。

（6）主要施工方案。包括起重吊装、临时用水用电、季节性施工等专项工程所采用的施工方案

（7）技术措施、组织措施、质量保证措施和安全施工措施等。

（8）主要技术经济指标。

(9) 施工总平面布置。包括工程施工场地状况；现场生产、储存、办公和生活设施；现场运输、供电、供水供热、排水排污、消防、保卫和环境保护等设施和临时施工道路等；相邻的地上、地下既有建（构）筑物及相关环境。

(三) 施工方案的主要内容

(1) 工程概况。包括工程名称，工程设计内容和相关要求，工程的施工范围，施工合同，招标文件或总承包单位对工程施工的要求，工程参建单位的相关情况，施工特点、难点和复杂程度，施工的条件和作业环境等。

(2) 施工安排。确定进度、质量、安全、环境和成本等目标，以及施工方法和各专业施工顺序及施工起点流向。

(3) 进度计划安排。合理安排各施工工序之间在时间上和空间上的搭接关系、施工期限和工程开始、结束时间。

(4) 施工准备与资源配置。施工准备包括技术准备和现场准备，资源配置包括工程用工量、专业工种劳动力计划表和物资配置计划。

(5) 施工方法及工艺要求。包括专项工程施工方法和施工工艺要求，进行必要的技术核算，质量通病的预防措施、开发和使用“四新”的必要试验或论证计划。

(6) 施工质量、安全、文明施工及环保的技术与管理措施。

(7) 作业区施工平面布置图设计。

六、施工组织设计的编制方法

(一) 进行现场调查

(1) 施工场地的调查。

(2) 工程地质、水文地质的调查。

(3) 气象资料的调查。

(4) 周围环境及障碍物的调查。

(5) 当地给水排水、供电、供热供气资料的收集。

(6) 工程材料、交通运输资料的收集。

(7) 工程的建设、勘察、设计、监理和总承包等相关单位情况的了解。

(8) 社会劳动力和生活条件的调查。

(二) 确定项目管理的组织机构

主要是项目经理部的工作岗位设置及其职责划分。

(三) 确定施工总体部署

(1) 根据施工合同、招标文件以及本单位对工程管理目标的要求，确定工程施工目标，包括进度、质量、安全、环境和成本等目标，各项目标应满足施工组织总设计中确定的总体目标。

(2) 计算主要专业工程的工程量。

(3) 拟投入的管理人员和作业队伍人员的最高人数和平均人数。

(4) 依据企业质量管理体系要求，拟定工程项目的工程分包、劳务分包、劳动力使用、机械设备采购及供应、物资采购供应等计划。

(5) 确定施工顺序和施工起点流向应符合工序逻辑关系，一般应考虑：各单位工程开工的先后次序，主体和能源介入的施工关系，各专业的平行或立体交叉作业的关系等。(例如：先全厂、后单项；主辅同步，能源优先；先地下，后地上；先深后浅；先干线后支线；先站后线的原则和季节对施工的影响)；确定施工起点流向时，一般应考虑的因素，如：车间的生产工艺流程；建设单位对生产和使用的需要；施工的简繁程度；工程现场条件和施工方案；分部分项工程的特点及其相互关系。

(6) 部署工程施工中开发和使用的新技术、新工艺，对新材料、新设备的使用应提出技术及管理要求。

(7) 对主要分包工程施工单位的选择要求及管理方式应进行简要说明。

(四) 施工任务划分和组织安排

(1) 划分各参与施工单位的工作任务。

(2) 明确总包与分包的关系。

(3) 建立施工现场的统一领导机构及职能部门。

(4) 确定综合性专业化的施工组织。

(5) 明确各施工单位间分工与协作关系。

(6) 划分施工阶段。

(7) 确定各单位分期分批的主导项目和穿插项目。

(五) 施工准备

(1) 技术准备：包括施工所需技术资料的准备，施工方案编制计划，检验试验及设备调试工作计划，样板制作计划和职工培训计划等。

1) 主要分部（分项）工程和专项工程在施工前应单独编制施工方案，施工方案可根据工程进展情况，分阶段编制完成；对需要编制的主要施工方案应制订编制计划。

2) 检验试验及设备调试工作计划应根据现行规范、标准中的有关要求和工程规模、进度等实际情况制订。

3) 样板制作计划应根据施工合同或招标文件的要求，并结合工程特点制订。

4) 编制新技术、新材料、新工艺、新结构的试验计划和职工培训计划。

(2) 现场准备：根据现场施工条件和工程实际需要，准备现场生产、生活等临时设施。

1) 场内外运输、施工主干道、水电气来源及其引入方案。

2) 场地平整和全场性排水防洪方案。

3) 生产和生活基地建设。

4) 建筑材料，成品、半成品的货源和运输、储存方式。

5) 现场区域内的测量工作，设置永久性测量标志，为放线定位做好准备。

6) 冬雨期季节性施工的特殊准备工作。

(3) 资金准备：根据施工进度计划，编制资金使用计划。

(六) 编制主要施工方案

(1) 施工方案应针对所要安装的设备和构件，在可行的范围内，提出明确的施工方法及质量、安全、环境和成本等目标与保障措施，以满足施工合同、招标文件以及总承包单位对工程施工的要求。针对工程的重点和难点，进行施工安排，并简述主要管理和技术措施。

(2) 明确施工方法并进行必要的技术核算，对主要分项工程（工序）明确施工工艺要求。对易发生质量通病、易出现安全问题、施工难度大、技术含量高的分项工程（工序）等应作重点说明。对季节性施工应提出具体要求。

(3) 对开发和使用的新技术、新工艺以及采用的新材料、新设备应通过必要的试验或论证。

(4) 确定施工方案应对多种施工方法进行技术经济比较，反复分析论证，得出最优化的方案。一般要经历：明确需求→确定目标→分析与综合→评价→优化→提供方案→审核批准几个阶段。评价分析施工方案的原则是：要有两个以上的方案；每个方案都要可行；方案要具有可比性；方案要具有客观性。

(5) 施工方案经济评价的常用方法是综合评价法。综合评价法公式为：

$$E_j = \sum_{i=1}^{n}(A \times B)$$

式中　E_j——评价值；

n——评价要素；

A——方案满足程度（%）；

B——权值（%）。

用上述公式计算出最大的方案评价值 $E_{j\max}$ 就是被选择的方案。

(6) 施工方案的比较，包括技术先进性、经济合理性和方案重要性的比较。

1) 技术先进性的比较。包括比较各方案的技术水平，如国家、行业、省市级水平等；比较各方案的技术创新程度，如突破、填补空白、达到领先；比较各方案的技术效率，如吊装技术中的起吊吨位，每吊时间间隔，吊装直径范围，起吊高度等；焊接技术中能否适应的母材，焊接速度，熔敷效率，适应的焊接位置等；无损检测技术中的单片、多片射线探伤等；测量技术中平面、空间、自动记录、绘图等；比较各方案的创新技术点数，如该点数占本方案总的技术点数的比率；比较各方案实施的安全性，如可靠性、事故率等。

2) 经济合理性的比较。包括比较各方案的一次性投资总额；比较各方案的资金时间价值；比较各方案对环境的影响；比较各方案总产值中剔除劳动力与资金对产值增长的贡献；比较各方案对工程进度时间及费用影响的大小；比较各方案综合性价比。

3) 方案重要性的比较。包括推广应用的价值比较，如社会（行业）进步；社会效益的比较，如资源节约、污染降低等。

(7) 按确定的施工方法、关键技术的要求及所采取的技术措施，结合工期要求和各种资源供应条件，提出保证措施，确定应达到的质量标准和检测控制点、检测方法、成品保护的要求、预控方案。

(8) 施工方案的确定应立足于动态变化的施工现场环境，如相关专业的配合作业，以及天气变化带来的影响等。

(七) 编制施工进度计划

(1) 施工进度计划应按照施工部署的安排进行编制。施工进度计划可采用网络图或横道图表示，并附必要的说明；对于工程规模较大或较复杂的工程，宜采用网络图计划。

(2) 施工进度计划编制依据：

1) 已经确定了的施工技术方案。

2）国家对工程竣工投产的工期要求或施工组织总设计对该单位工程的工期要求。

3）现场的施工条件，包括设备、材料、劳动力、机具的供应状况，土建进度及现场准备情况等。

4）有关的工程预算及定额资料。

（3）施工总进度计划编制步骤：

1）按承包合同约定施工范围划分单位工程，划分时可参照业主提供的项目建设计划。

2）依据同类工程的施工经验，参照相关定额等资料，结合现场施工条件，考虑当地气象环境因素，进行分析比较后，初步确定单位工程的施工持续时间。

3）明确各单位工程间的衔接关系，合理安排开工顺序，尽量做到均衡施工，把工程量大、技术难度大、试运转时间长的单位工程先开工，留出一些次要的后备工程作计划的平衡调剂用，以保持计划的弹性和留有余地。

4）安排施工总进度计划，初步编制计划图表，要注意，如与业主的项目建设计划安排有异，应在施工总进度计划编制说明中作出解释。

5）施工总进度计划由编制人员起草完成后，施工承包方召集有关部门和人员进行内部审核，制定调整方案及相应措施，保证合同有效执行。

6）邀请业主、监理、设计、土建、分包以及其他相关方等参加外部审议，取得对计划的认同和理解。外部审议通过后，施工总进度计划定案，成为实施依据。

7）施工总进度计划执行中，项目部应进行定期或不定期审核，内容包括：总进度目标和分解分目标内在联系，能否满足总合同工期；计划内容是否全面，有无遗漏；施工程序和作业顺序安排是否正确、合理，是否需调整、如何调整；各类施工资源计划与进度计划实施时间要求是否一致，有无脱节，能否保持施工均衡；总包与分包、各专业之间在施工时间和作业位置的安排上是否合理，有无相互干扰及矛盾；计划重点、难点是否突出，对风险合同因素影响是否有防范对策和应急预案；能否保证质量、安全需要。

8）采用计划的形式，使工期、成本、资源等方面，通过计算和调整达到优化配置，工序有序地进行，并符合项目目标的要求，在此基础上编制相应的人力和时间安排计划、资源需求计划和施工准备计划。

（八）编制资源配置计划

资源配置计划包括劳动力配置计划和物资配置计划等。

（1）劳动力配置计划。主要是确定各施工阶段用工量，根据施工进度计划确定各施工阶段劳动力配置计划，计划应从数量和质量两个方面保证施工活动的正常进行。

（2）物资配置计划。主要是根据施工技术方案和施工进度计划所规定的施工期限来确定，其内容包括施工阶段所需要的施工机械（通用施工机械和专用施工机械两部分）、施工工具、工程设备、材料、零配件种类、数量及进场时间的供应计划。

（九）编制施工准备工作计划

主要包括施工现场临时用电、用水、用气、仓库、生产基地和生活福利设施的计划。

（1）施工用电计划：

1）确定施工现场的动力和照明用电量。

2）选择电源，最经济的方案是利用施工现场附近已有的高压线或变电所供电，事先需向供电部门申请。

3）确定电源供给点，进行供电线路的布置。

4）计算确定配电导线。导线断面可根据电流强度进行选择，然后以电压损失及力学强度加以核算。

5）绘制施工现场供电平面图。

（2）施工用水计划：

1）确定用水量。

2）选择水源。确定水源应尽可能地利用现有的城市给水系统或利用已建成的永久性工程的给水系统。

3）布置给水管网。

（3）工地仓库的确定：

1）根据物资供应情况确定仓库的性质。采用何种形式，应根据实际情况选定。工地仓库应尽量设在交通便利的地方，并全面考虑防火、防水、防潮、防盗、防爆的要求。

2）计算并确定仓库的贮备量。

3）根据贮备量及某种材料单位面积的贮备定额，即可计算出某种材料所需的仓库面积及仓库总面积。

4）进行仓库的设计和定点。

（4）工地加工场地的设置。充分发挥后方基地作用，尽量采用集中加工预制，减少现场加工作业的前提下合理安排。

（5）临时设施的确定。主要取决于现场的职工人数和施工期限的长短。临时设施搭建应首先考虑尽量利用永久性建筑物，以减少临设的搭建。如工期较长，一般在三年以上的施工现场可以考虑设置永久性的临设。

（十）其他主要施工管理计划

包括质量管理计划、安全管理计划、环境管理计划、成本管理计划等，各项管理计划根据项目的特点有所侧重的制订。

（1）质量管理计划：

1）可参照《质量管理体系要求》GB/T 19001 的标准，在施工单位质量管理体系的框架内编制。

2）质量管理计划包括下列内容：①确定质量目标并进行目标分解，质量指标应具有可测量性；②建立项目质量管理组织机构并明确职责；③制定符合项目特点的技术保障和资源保障措施，制定可靠的预防控制措施；④建立质量过程检查制度，并对质量事故的处理做出相应的规定。

（2）安全管理计划：

1）可参照《职业健康安全管理体系规范》GB/T 28001 的规定，在施工单位安全管理体系的框架内编制。

2）安全管理计划包括下列内容：①确定项目重要危险源，制定项目职业健康安全管理目标；②建立安全管理组织机构，并明确职责；③根据项目特点，进行职业健康安全方面的资源配置；④建立具有针对性的安全生产管理制度和职工安全教育培训制度；⑤针对项目重要危险源，制定相应的安全技术措施；⑥对达到一定规模的危险性较大的分部（分项）工程和特殊工种的作业应制定专项安全技术措施；⑦根据季节、气候的变化，制定相应的季节性安全施工措施；⑧建立现场安全检查制度，并对安全事故的处理做出相应的规定。

3）现场安全管理应符合国家和地方政府部门的要求。

(3) 环境管理计划：

1）可参照《环境管理体系规范及使用指南》GB/T 24001 的规定，在施工单位环境管理体系的框架内编制。

2）环境管理计划包括下列内容：①确定项目重要环境因素，制定项目环境管理目标；②建立项目环境管理的组织机构并明确职责；③根据项目特点，进行环境保护方面的资源配置；④制定现场环境保护的控制措施；⑤制定各项环境管理制度，并对环境事故处理做出相应规定。

3）现场环境管理应符合国家和地方政府部门的要求。

(4) 成本管理计划：

1）以项目施工预算和施工进度计划为依据编制。

2）成本管理计划包括下列内容：①根据项目施工预算，制定项目施工成本目标；②根据施工进度计划，对项目施工成本目标进行阶段分解；③建立施工成本管理的组织机构并明确职责，制定相应管理制度；④采取合理的技术、组织和合同等措施，控制施工成本；⑤确定科学的成本分析方法，制定必要的纠偏措施和风险控制措施。

(5) 其他管理计划：包括绿色施工管理计划、防火保安管理计划、合同管理计划、组织协调管理计划、创优质工程管理计划、质量保修管理计划以及对施工现场人力资源、施工机具、材料设备等生产要素的管理计划等，可根据施工项目的特点和复杂程度加以取舍。

(十一) 施工总平面图设计

(1) 施工总平面图设计的要求：

1）紧凑，方便，合理利用地形，节省施工用地，占地要省，不占或少占农田。

2）短运输，少搬运，二次搬运要尽可能减到最少。

3）临时设施要在满足需要的前提下，充分利用可利用的社会资源，少用资金。

4）符合施工管理流程，减少施工过程的交叉作业。

5）有利于施工、生活、安全、消防、环保、市容、卫生、劳动保护等。施工总平面布置效果应满足现场文明整洁的要求。

6）符合国家有关法律、法规的规定。

(2) 施工总平面图设计的主要依据：

1）建筑总平面图、施工图、现场地形图。

2）施工用水和生活用水的水源点，施工、生活用电电源点。

3）建设单位确定的施工临时用地的情况；可利用的已建成的建筑和设施。

4）施工技术方案。

5）施工进度计划。

6）现行施工及验收规范、规程、定额、技术规定和技术经济指标；国家有关的规定；其他调查资料。

(3) 施工总平面图的主要内容：

1）已建和待建工程的平面布置、位置、坐标、标高，相邻的地上、地下既有建（构）筑物及相关环境。

2）永久厂区边界和永久征购地边界。

3）施工临时围墙位置及征租地边界。

4）施工场地的划分。

5）移动式起重机的行走路线。

6）垂直运输设施的位置。

7）施工现场加工设施、储存设施、办公和生活用房等的位置和面积，如：设备库区、材料库区，设备组装、加工及堆放场地，机械机具库区等。

8）施工现场的垂直运输设施、供电设施、供水供热设施、排水排污设施和安全、消防、保卫和环境保护等设施，临时施工道路等，如：供电变电站及供电线路、供水升压站及供水管线、供热锅炉房及供热管线等。

9）施工期间厂区和施工区的竖向布置及防洪排涝设施位置、标高。

10）厂区测量控制网基点的位置、坐标。

11）必要的图例、比例尺，带有坐标的方格网、方向及风玫瑰。

12）技术经济指标。

（4）施工平面图设计步骤：

一般设计步骤是：起重机的位置→设备组合、加工及堆放场地→设备库区、材料库区→交通运输→办公、生活等临时设施→供水、供电、供热线路→计算经济指标→综合对比评价→修改及制图。

（5）施工平面图设计要点：

1）施工区域划分；

2）竖向布置；

3）交通运输；

4）施工管线的平面布置；

5）起重机械的布置；

6）设备组合、加工及堆放场地的布置；

7）交通运输平面布置；

8）办公、生活等临时设施的布置；

9）供水、供电、供热线路的布置；

10）经济指标；

11）施工总平面管理；

12）施工总平面图的动态调整等。

（十二）计算主要技术经济指标

技术经济指标用以衡量施工组织设计编制的水平，它是对施工组织设计文件的技术经济效益预测进行全面评价。例如，工期、资源消耗的均衡性、机械设备的利用程度等、机械化程度、预制化程度等。

七、施工组织设计的编制程序

（1）施工组织设计由项目负责人主持编制，可根据需要分阶段编制和审批。

（2）施工组织总设计应由总承包单位技术负责人审批；单位工程施工组织设计应由施工单位技术负责人或技术负责人授权的技术人员审批；施工方案由项目负责人审批；重点、难点分部（分项）工程和专项工程施工方案应由施工单位技术部门组织相关专家评审，施工单位技术负责人批准。

（3）专业承包单位施工的分部（分项）工程或专项工程的施工方案，应由专业承包单位技术负责人或技术负责人授权的技术人员审批；有总承包单位时，应由总承包单位技术负责人核准备案。

（4）规模较大的分部（分项）工程或专项工程的施工方案，应按单位工程施工组织设计进行编制和审批。

（5）各类施工组织设计编制完毕，应报编制单位的管理层和建设方（或监理方）审批。未编制施工组织设计的工程项目一律不许开工。

（6）在项目实施前，施工组织设计应进行逐级交底；项目实施过程中，应对施工组织设计的执行情况进行检查、分析并适时调整。现场的施工活动，必须按照经批准的施工组织设计各项要求认真执行。施工管理、计划管理、技术管理、物资供应和附属加工单位都必须按照施工组织设计规定的内容，安排各自的工作。

（7）施工组织设计实行动态管理。在施工过程中，若发生工程设计有重大修改；有关法律、法规、规范和标准实施、修订和废止；主要施工方法有重大调整；主要施工资源配置有重大调整；施工环境有重大改变，施工组织设计应及时进行修改或补充。经修改或补充的施工组织设计应重新审批后实施。

（8）施工组织设计应在工程竣工验收后归档。

附：国家体育场钢结构工程施工组织设计（见光盘）

2 施工组织设计应用实例

2.1 民用建筑安装工程

2.1.1 大学城建设项目机电安装工程施工组织设计

一、工程概况

（一）项目简介

某大学城建设项目属于政府统一规划的大型的、功能设施完备的综合性高等学府，是市重点建设工程项目。由市人民政府统一规划并负责工程前期拆迁用地的补偿费用等工程建设前期的启动资金，以及大学城校区内市政配套设施的投资。各校区自筹资金，负责本校区工程项目的建设资金。本工程中标总造价为 23875.23 万元，其中教学区工程造价为 11831.63 万元，生活区工程造价约为 12043.6 万元。

本项目为大学校区二期建设项目各单体建筑物内的机电安装工程（弱电、智能化工程只负责管、槽敷设）。

1. 规模和功能

本工程按使用功能分为生活区和教学区。生活区为学生宿舍和食堂等后勤服务设施。其中生活区分为东西两个区域，生活区总建筑面积为 29.3 万 m^2，共 27 幢单体建筑，其中教师公寓及博士后公寓为 11 层，医疗保健中心为 4 层，其他学生宿舍均为 7 层；教学区为教学办公用房，建筑总面积为 32.1 万 m^2，共 13 幢单体建筑，包括信息、计算机学院综合楼，机电、自动化学院综合楼，理学院综合楼，理学院综合楼教学及行政办公楼，图书馆，实验室，会议中心，公共教学楼等共 13 栋。

2. 工程承包范围

(1) 电气工程：教学区、生活区各栋单体建筑动力、照明配电系统工程（10kV 变配电工程不在此招标范围）。

(2) 给水排水工程：教学区、生活区各栋单体建筑高质水、杂用水、热水供给系统，虹吸、雨水、污水、排水系统以及煤气管道系统。

(3) 通风空调工程：教学区各栋建筑以及生活区食堂、医疗保健中心、公寓宿舍楼的集中供冷系统用户端的空调通风系统及空调水系统。

(4) 消防工程：消防喷淋系统、消防栓系统、防排烟系统、消防自动报警系统以及特殊设备房（电气、通信机房）的气体灭火。消防栓系统与室外小市政消防栓接口为单体建筑外第一个阀门井。

(5) 弱电系统管、槽预埋：校区内综合布线、信息集成、安防、计算机网络、楼宇自动化控制、设备监控、电话电视、一卡通等系统的管道预埋及干槽敷设。

3. 工程特点

(1) 工期紧迫：要在不足 9 个月内完成总建筑面积超过 60 万 m^2，40 多栋单体建筑，总造价近 2.4 亿元的机电安装工程，要求同时铺开施工，同时竣工使用，材料供应、劳动力组织都处于紧张状态，而土建施工在生活区的进度明显滞后。

（2）质量要求高：全部单体工程要按大学城指挥部评优标准通过验收，还要求创省市优良样板工程和“鲁班奖”工程。教学区部分建筑对于系统运行时产生的噪声控制要求又特别高。

（3）施工配合协同单位多、作业量大，工程设计单位共有 3 个，土建总包单位 2 个，每个单位又分为两大区，几个作业分区，弱电、智能化、电梯等专业工程又由不同的单位施工。

（4）政治意义重大：是市政府扩大发展省市高等教育的重大举措，是建设教育大省，强市战略部署中重要的战役。

4. 工艺流程特点

（1）与一期工程的接口尚需协调统筹，例如：冷冻站的集中供冷，可能会因二期供冷管理的并入而需对一期供冷系统进行调整。供水、供电系统也有类似问题。

（2）机电安装施工工艺成熟，但工程质量需求高，对系统运行产生的噪声控制要求严格。

5. 工期的特点

业主要求的总工期为 2004 年 10 月 18 日必须进场开工，2005 年 6 月 30 日前机电安装工程竣工，同时还需满足各节点控制工期要求。机电各专业工序间搭配的自由时差几乎为零。

6. 后勤保障的特点

按照业主要求，实现红线范围封闭施工，施工临时设施用地将空前紧张。

7. 施工材料设备供应特点

由于其他工程也同时开工，各工程施工高峰期会比较集中，势必造成甲供的材料分配和乙供的材料在当地市场供应能力平衡的问题。

（二）建设要求

工程目标：

（1）工期目标：开工日期为 2004 年 10 月 18 日，机电安装工程完成日期为 2005 年 6 月 30 日，全部工程在 2005 年 8 月 31 日前办理竣工验收，交付使用。

（2）质量目标：全部单体建筑工程质量保证达到大学城建设指挥部发布的“建设工程质量评优标准”要求通过验收。其中图书馆等标志性工程要获省优良样板工程，并创“鲁班奖”。

（3）安全文明施工目标：创市文明施工样板工程。

（4）环境管理目标：控制场界噪声不得影响学校上课和生活，不发生扰民事件。

（5）专业分包工程的控制目标：经业主批准后可对某些专业性较强项目进行专业分包，总工作量不得超过总造价的 20%。

（6）工程款控制目标：合同签订后七天内拨付 10%预付款，每月进度款按现场监理工程师签认的工作量并经业主审定后按 80%支付。其余款项在结算审定后留下 5%，作质量保修金；质量保修金按保修期分 2 年付清。每年由使用单位签字认可后可发 50%。在投标报价范围内实行单价包干，以工程中标总造价为工程造价控制总目标。本工程中标价为 2.4 亿元，其中工程总造价中包含 10%的预留金，以备施工过程中的设计变更发生的费用，此项费用按实际发生数计量支付。如总量超过预留金的 90%时，需与业主签定补充协议方可计量划拨工程款。

（三）实施条件

1. 现场自然环境及水文条件

本机电工程位于××岛内，周围地势低平，四面滨水。岛内海洋性气候特别显著，年平均气温为21.8℃，在7月、8月较高。梅雨季节（4、5、6月）及台风季节（7、8、9月）日最大降雨量为284.9mm，常见主导风向为北风，在7、8、9月份常遭受六级以上的大风袭击或影响，最大风力在9级以上，并带来暴雨，破坏力极大。

2. 交通运输及施工场地条件

岛内距市中心约17km，市政道路及校区内道路已全面形成通车，各校区之间均有市政道路围绕，施工现场交通较为方便。因为需要维护一期建筑群内正常的教学秩序，现场施工道路紧凑，施工设施用地紧张。施工场地已全面进行土建结构施工，小市政工程基本完成，道路两侧的给水管、排水管已埋设好，路边的电缆沟已做好。

3. 资源条件

施工用水、用电由总包方统一架设的临水、临电管线系统供应，驳接口由总包方指定。临时建设用地按我方提交的平面布置图，由监理单位统一协调经业主批准后使用；劳动力除公司提供外，其余劳务分包、资金使用主要由项目部筹措，在充分使用好10%的预付款外，计划向专业分包、劳务分包方征款10%的履约保证金作为项目部的启动资金。

4. 法规条件

开工许可由市政府委派的大学城建设指挥部统一办理，主体建筑结构先行施工已获批准；消防系统预审报装手续，大学城建设指挥部已委托设计单位办理；防雷系统报装手续已办好；外地户口的施工人员暂住手续，项目部已和当地派出所沟通好，随到随办。

二、摘选主要施工方案

薄钢板法兰连接矩形风管施工方案

1. 标准规范

《建筑安装工程施工质量验收统一标准》GB 50300—2001

《通风与空调工程施工质量验收规范》GB 50243—2002

《通风管道技术规程》JGJ 141—2004

《建筑机电设备安装工艺标准》(市建筑集团有限公司编)

2. 适用范围

(1) 通风与空调系统中工作压力≤1500Pa系统、风管大边长≤2000mm的风管制作与安装。

(2) 风管大边长>2000mm的风管制作与安装若采用此方案，应与设计者共同制定满足风管强度和变形量要求的措施。

(3) 本方案不适用于高压风管、除尘系统风管的施工和工业物料输送管道。

(4) 净化空调施工采用此方案，必须严格遵守《通风与空调工程施工质量验收规范》和《通风管道技术规程》的规定。

3. 连接形式

(1) 薄钢板矩形风管两端自成法兰连接（TDF），适用于全自动流水生产线制作，也可以采用单机制作。

(2) 风管插入式法兰连接（TDC），采用专用法兰成型机加工成薄钢板法兰条，并根据风管边长切割，组合成法兰，再插入已制作的风管上，经过铆（压）接后成为单节风管。

(3) 风管无法兰连接（S形、C形插条等）。

4. 特点

(1) 电脑控制生产过程。

1) 实施工厂化流水线生产，工期得到保证。

2) 质量稳定，标准统一，外观精美。

3) 组装方便，安装快捷，可以互换，方便修改。

4) 直管采用全机械化生产，异形管采用等离子切割机配咬口机生产。

5) 充分利用资源，边、角碎料加工成法兰条、法兰夹、风管加固件和部分吊架附件。

(2) 制作与安装分离。

1) 制作效率高，质量有保证。

2) 半成品按进度要求运送到现场，减少施工场地。

3) 符合文明施工要求，场地整洁，减少噪声污染环境。

(3) 实施无角钢法兰连接，减轻建筑物负载，对提高建筑物使用寿命有帮助。

(4) 制作工艺先进。

1) 具有风管接口防漏喷胶工艺。

2) 板材每隔 300mm 加压加强筋，增加风管刚性，减少使用时振动产生的噪声。

5. 风管制作工艺

(1) 采用全自动流水线生产

1) 方形直管的加工工艺：

①方形直管制作由电脑操作员将直管的规格与数量输入电脑，经确认后，发出指令，生产线便能自动完成下料→压加强筋→冲剪→咬口→折弯等全部工序。

②生产线使用的材料是镀锌卷板，生产过程中的板料是由皮带传递机构完成。

③当板料通过加工区域时，电磁阀动作，气动装置开始工作，电脑集中控制，完成各工序的指令。

2) 异形管的制作工艺：

①异形管制作，将需加工的图形和尺寸、数量输入电脑，电脑自动将需加工的工件自动进行编排出最省材料的序列。

②经电脑操作员确认后，由电脑自动控制等离子切割机切割风管的异形管件。

③切割后的风管异形管件经咬口机、折弯机等机具加工后，完成全部过程。

(2) 单机生产

1) 可使用镀锌卷板或镀锌直板加工。

2) 沿用传统的方法，采用单机进行下料、剪板、咬口、风管法兰成型和风管折弯。

6. 工艺流程

(1) 矩形直管制作安装工艺流程如下：

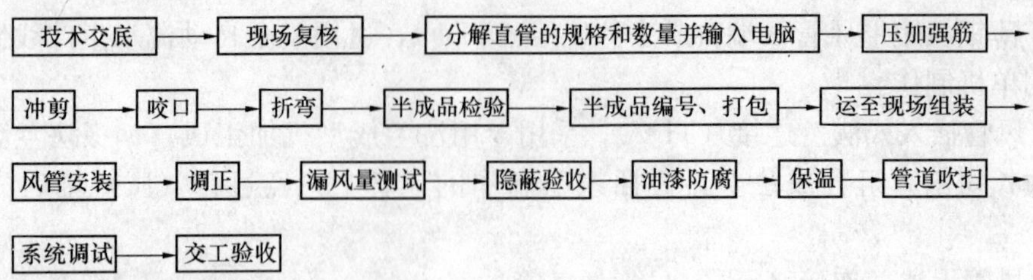

(2) 异形管制作安装工艺流程如下：

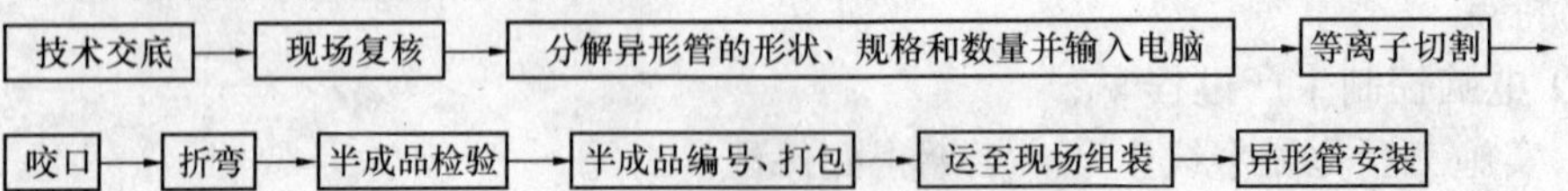

7. 风管制作的技术要求

风管制作除应符合《通风与空调工程施工质量验收规范》GB 50243—2002、《通风管道技术规程》JGJ 141—2004 和设计的要求外，还要遵守下列规定。

(1) 材料厚度应不小于表 2.1.1-1 中的规定。

风管板材厚度（mm） **表 2.1.1-1**

类别 \ 长边尺寸 b	$b\leqslant320$	$320<b\leqslant630$	$630<b\leqslant1000$	$1000<b\leqslant2000$
中、低压系统	0.5	0.6	0.75	1.0

(2) 矩形风管连接形式、适用风管边长及刚度等级应见表 2.1.1-2。

矩形风管连接形式、适用风管边长及刚度等级 **表 2.1.1-2**

连接形式		附件规格（mm）		适用风管边长（mm）		刚度等级
				低压风管	中压风管	
钢板法兰	弹簧夹式	弹簧夹板厚度大于或等于 1.0mm 顶丝卡厚度大于或等于 3mm 顶丝螺丝 M8	$h=25$、$\delta_1=0.6$	≤630	≤630	Fb1
钢板法兰	插接式		$h=25$、$\delta_1=0.75$	≤1000	≤1000	Fb2
钢板法兰	顶丝卡式		$h=30$、$\delta_1=1.0$	≤2000	≤2000	Fb3
钢板法兰	组合式	顶丝卡厚度大于或等于 3mm	$h=25$、$\delta_2=0.75$	≤2000	≤2000	Fb3
S形插条	平插条	大于风管壁厚度且大于或等于 0.75mm		≤630	—	F1
S形插条	立插条	大于风管壁厚度且大于或等于 0.75mm $h\geqslant25$mm		≤1000	—	F2

续表

连接形式			附件规格（mm）	适用风管边长（mm）		刚度等级
				低压风管	中压风管	
C形插条	平插条		大于风管壁厚度且大于或等于 0.75mm	≤630	≤450	F1
	立插条		大于风管壁厚度且大于或等于 0.75mm $h \geq 25$mm	≤1000	≤630	F2
	直角插条		等于风管壁厚度且大于或等于 0.75mm	≤630	—	F1
立联合角形插条		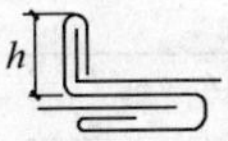	等于风管壁厚度且大于或等于 0.75mm $h \geq 25$mm	≤1250	—	F2
立咬口		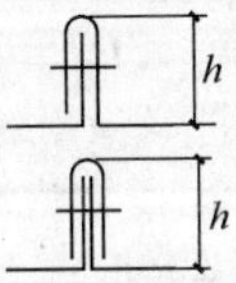	咬口包边板厚度等于风管壁厚度 $h \geq 25$mm	≤1000	≤630	F2

注：h 为法兰高度；δ_1 为风管壁厚度；δ_2 为组合法兰板厚度。

（3）薄钢板法兰矩形风管连接允许最大间距见表 2.1.1-3。

薄钢板法兰矩形风管连接允许最大间距（mm）　　**表 2.1.1-3**

刚度等级		风管大边长尺寸（b）						
		≤500	630	800	1000	1250	1600	2000
		最大间距						
低压风管	Fb1	3000	1600	1250	650	500		
	Fb2		2000	1600	1250	650	500	400
	Fb3		2000	1600	1250	1000	800	600
	Fb4		2000	1600	1250	1000	800	800
中压风管	Fb1	3000	1250	650	500			
	Fb2		1250	1250	650	500	400	400
	Fb3		1600	1250	1000	800	650	500
	Fb4		1600	1250	1000	800	800	650

（4）异形风管的制作：

1）矩形风管弯管可分为内外同心弧形、内弧外直角形、内斜线外直角形及内外直角形弯管。一般应采用曲率半径为一个平面边长的内外同心弧形弯管，不推荐使用内、外直角形弯管（图 2.1.1-1）。

2）内外弧形弯管平面边长＞500mm 时，且内弧半径（r）与弯管平面边长（a）之比≤0.25 时，应设置导流片，导流片弧度应与弯管弧度相等，叶片的迎风侧边缘应圆滑，

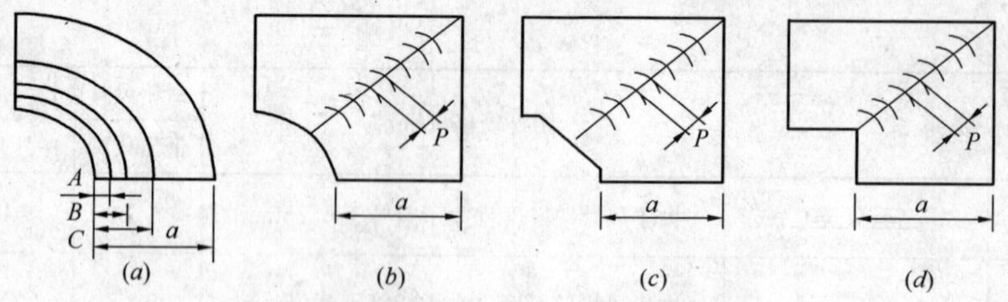

图 2.1.1-1 异形风管制作

(a) 内外同心弧形；(b) 内弧外直角形；(c) 内斜线外直角形；(d) 内外直角形

固定应牢固。当导流叶片的长度超过 1250mm 时，应有加强措施。片数及设置位置按表 2.1.1-4 的规定。

导流叶片设置 **表 2.1.1-4**

弯管平面边长 a (mm)	导流片数	导流片位置		
		A	B	C
$500<a\leqslant1000$	1	$a/3$	—	—
$1000<a\leqslant1500$	2	$a/4$	$a/2$	—
$a>1500$	3	$a/8$	$a/3$	$a/2$

3）直角形弯管及边长＞500mm 的内弧外直角形、内斜线外直角形弯管应按图 2.1.1-2选用设置单弧形或双弧形等圆弧导流片。导流片圆弧半径及片间距离按表 2.1.1-5。

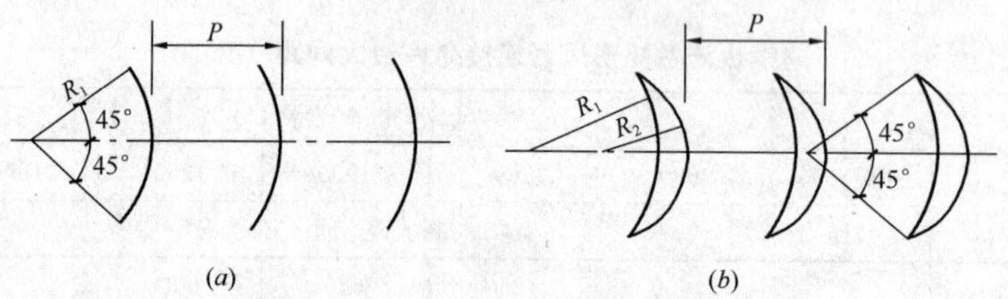

图 2.1.1-2 弧形导流片

导流片圆弧半径及片间距离 (mm) **表 2.1.1-5**

单圆弧导流片		圆弧导流片	
圆弧半径 (R_1)	片间距离 (P)	圆弧半径	片间距离
50 38	115 83	$R_1=50$ $R_2=25$ 54	115 51 83

4）矩形风管变径管有单面变径和双面变径；单面变径的夹角 $\theta<30°$双面变径的夹角 $\theta<60°$（图 2.1.1-3）。

5）矩形风管支管与主管、三通、四通的连接可采用插入式、分叉式或分割式。

①大边长≤630mm 支风管与主风管的连接或风管与风口连接的支管可采用下列方式：

a. 迎风面应有 30°度斜面或 $R=150$mm 弧面；

b. 支风管道上有 2 个以上送风口，宜安装简单的单片导流片；

c. S形咬接式可按图 2.1.1-4（*a*）制作，连接四角处应作密封处理；

d. 联合角咬接式可按图 2.1.1-4（*b*）制作，连接四角处应作密封处理；

e. 法兰连接式可按图 2.1.1-4（*c*）制作，主风管内壁处上螺钉前应加扁钢垫并作密封处理。

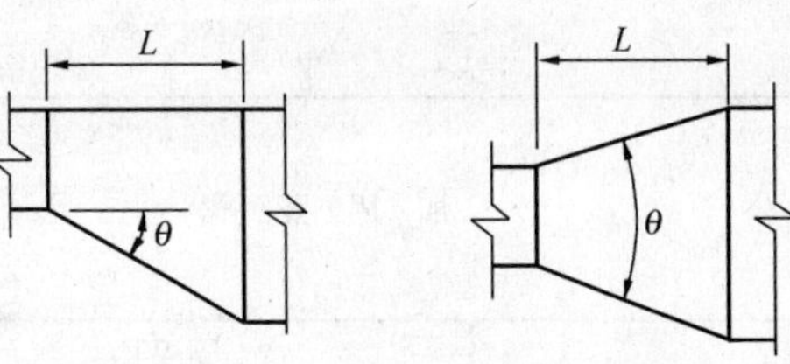

图 2.1.1-3 变径风管

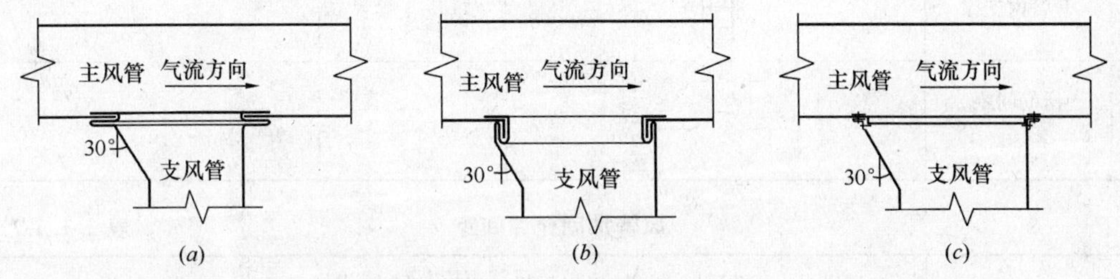

图 2.1.1-4 主风管与支风管连接

②大边长≥630mm 矩形风管三通、四通管道配件，根据施工现场实际情况，可按图 2.1.1-5 所列方式加工。

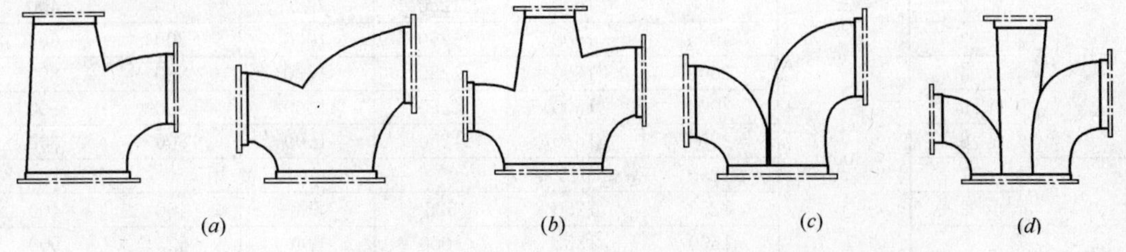

图 2.1.1-5 三通、四通加工

（*a*）分叉三通；（*b*）分叉四通；（*c*）分隔三通；（*d*）分隔四通

（5）风管加固：

矩形风管大边长大于 630mm、保温风管大边长大于 800mm，管段长度大于 1250mm 或低压风管单边平面积大于 $1.2m^2$、中压风管大于 $1.0m^2$ 时，均应采取加固措施；

1）矩形风管刚度等级及加固间距应按表 2.1.1-6、表 2.1.1-7 确定。

矩形风管刚度等级 **表 2.1.1-6**

加 固 形 式			加固件规格（mm）	加固件高度 *h*（mm）			
				15	25	30	40
				刚度等级			
外框加固	直角加固	h	δ=1.2	—	G2	G3	—
	Z形加固	h b b>10mm	δ=1.5	—	G2	G3	G3
			δ=2.0	—	—	—	—

续表

加固形式			加固件规格(mm)	加固件高度 h (mm)			
				15	25	30	40
				刚度等级			
点加固	螺杆内支撑		≥N8 螺杆	J1			
	套管内支撑		φ16×1 套管	J1			
压筋加固	压筋间距≤300		—	11			

风管加固允许间距　**表 2.1.1-7**

刚度等级		风管边长 b (mm)						
		≤500	630	800	1000	1250	1600	2000
		允许最大间距						
低压风管	1	3000	1600	1250	1250	不使用		
	2		2000	1600	1250	625	500	400
	3		2000	1600	1250	1000	800	600
	4		2000	1600	1250	1000	800	800
	5		2000	1600	1250	1000	800	800
	6		2000	1600	1250	1000	800	800
高压风管	1		1250	625	不使用			
	2		1250	1250	625	500	400	400
	3		1600	1250	1000	800	625	500
	4		1600	1250	1000	800	800	625
	5		1600	1250	1000	800	800	800
	6		2000	1600	1000	800	800	800

2）薄钢板法兰风管宜轧制加强筋，加强筋的凸出部分应位于风管外表面，排列间隔应均匀，板面不应有明显的变形。

3）风管的法兰强度低于规定强度时，可采用外加固框和管内支撑进行加固，加固件距风管连接法兰一端的距离不应大于 250mm。

4）外加固型材的高度不应大于风管法兰高度，且间隔应均匀对称，与风管的连接应牢固，螺栓或铆接点的间距不应大于 220mm。外加固框的四角处，应连接为一体。

5）采用螺杆内支撑时，两端专用垫圈应置于风管受力（压）面。当风管四个壁均加固时，两根支撑杆交叉成十字状。

8. 风管安装

（1）风管的嵌接组合成型

1）风管两端自成法兰式风管连接（简称 TDF），通过用法兰角和法兰夹将两段风管连接起来，此种方法用于大边长 630～2000mn 风管的连接。

①将半成品合成单节风管，校对法兰平面度和对角线应符合规范要求。

②风管四角插入法兰角，使用专用工具将法兰角压紧在风管上。

③法兰四周均匀地粘贴密封胶。

④两节风管对接。

⑤法兰四个角套入法兰夹。

⑥四个角的法兰角用螺栓紧固。

⑦将法兰夹连同两个法兰一起夹紧。

2）插接式风管法兰连接（简称为 TDC），其连接方式适用于现场修改和需特别加大风管法兰的风管连接。

①将半成品合成单节风管，校对风管对角线应符合规范要求。

②根据风管四条边的长度，分别配制四根法兰条。

③风管的四边分别插入四根法兰条和四个法兰角。

④检测和调校法兰口的平、正、直。

⑤法兰条用铝抽芯铆钉铆紧。

⑥将法兰边四周均匀地粘贴密封胶。

⑦两节风管对接。

⑧从法兰四角套入法兰夹（顶丝卡）。

⑨四个角的法兰角用螺栓紧固。

⑩用手虎钳将法兰夹连同两个法兰一同钳紧（或紧固顶丝卡螺栓）。

3）风管无法兰连接（S形、C形插条等）。

①大边长≤450mm 采用 C 形插条，连接后在缝隙处涂上密封胶，以保证风管的严密性。

②450mm＜大边长≤ 630mm 采用立 S 形插条，连接后在接口处用铝抽芯铆钉铆紧，并在缝隙处涂上密封胶，以保证风管的严密性。

③插条与风管插口的宽度应匹配，连接处应平整、严密。水平插条长度与风管宽度应一致，垂直插条的两端伸长量应大于或等于 20mm。

④插条连接的风管，连接后的板面应平整，无明显弯曲。

（2）风管安装

1）支架、吊架制作与安装：

①根据风管安装的部位、风管截面大小及具体情况，按标准图集与规范选用强度和刚度相适应的形式和规格的支架、吊架，并按图加工制作。

②风管安装允许最大距离、吊架的最小规格应符合表 2.1.1-8 的规定。

风管安装允许最大距离、吊架的最小规格（mm） **表 2.1.1-8**

风管边长（b）	吊架间距（mm）		吊杆直径（mm）	横杆规格	
	水 平	垂 直		角 钢	槽 钢
b≤400	≤3000	4000	8	L25×3	[40×20×1.5
400＜b≤1250	≤2600	4000	8	L30×3	[40×40×2.0
1250＜b≤2000	≤2300	4000	10	L40×4	[40×40×2.5

③支、吊架不应设置在风口处或阀门、检修门和自控机构的操作部位，距离风口或插接管不应小于 200mm。

④当水平支吊的主干管长度超过 20m 时，应设置防止摆动的固定点，每个系统不应

少于1个。

⑤水平弯管在500mm范围内应设置一个支架，支管距干管1200mm范围内应设置一个支架。

⑥风管安装后，支、吊架受力应均匀，且无明显变形，吊架的横担挠度应小于9mm。

⑦采用螺栓固定支、吊架时，应符合胀锚螺栓使用技术条件的规定。胀锚螺栓宜安装于强度等级C15及其以上混凝土构件，螺栓至混凝土构件边缘的距离不应小于螺栓直径的8倍。螺栓组合使用时，其间距不应小于螺栓直径的10倍。螺栓孔直径和钻孔深度应符合表2.1.1-9的规定。

常用胀锚螺栓的型号、钻孔直径和长度（mm）　　**表2.1.1-9**

胀锚螺栓种类	规　格	螺栓总长	钻孔直径	钻孔深度
内螺螺栓	M6 M8 M10 M12	25 30 40 50	8 10 12 15	32～42 42～52 43～53 54～64
单胀管式胀锚螺栓	M8 M10 M12	95 110 125	10 12 18.5	65～75 75～85 80～90
双胀管式胀锚螺栓	M12 M16	125 155	18.5 23	80～90 110～120

2）薄钢板法兰的连接应符合下列规定：

①风管四角处的角件与法兰四角接口的固定应紧贴，端面应平整，相连处不应有大于2mm的连续穿透缝。法兰四角连接处、支管与干管连接处的内外面均应进行密封。

②密封垫料应减少拼接，接头连接应采用梯形或榫形方式，密封垫料不应凸入风管内或脱落。

③法兰端面粘贴密封胶条并紧固法兰四角螺栓后，方可安装插条或弹簧夹、顶丝卡。弹簧夹、顶丝卡不应松动。

④薄钢板法兰的弹性插条、弹簧夹的紧固螺栓（铆钉）应分布均匀，间距不应大于150mm，最外端的连接件距风管边缘不应大于100mm。

⑤组合型薄钢板法兰与风管管壁的组合，应调整法兰口的平面度后，再将法兰条与风管铆接（或本体铆接）。

⑥C形、S形插条连接风管的折边四角处、纵向接缝部位及所有相交处均应进行密封。

⑦C形平插条连接，应先插入风管水平插条，再插入垂直插条，最后将垂直插条两端延长部分，分别折90°，封压水平插条。

⑧C形立插条、S形立插条的法兰四角立面处，应采取包角及密封措施。

⑨S形平插条或立插条单独使用时，在连接处应有固定措施。

9. 风管系统安装完成后，应按系统类别进行严密性检验，漏风量应符合规范 GB 50243 第 4.2.5 条的规定。风管系统严密性的检验，应符合下列规定：

(1) 低压系统风管的严密性检验应采用抽检，抽检率为 5%，且不得少于 1 个系统。在加工工艺得到保证的前提下，采用漏光法检测。检测不合格时，应按规定的抽检率做漏风量测试。

(2) 中压系统风管的严密性检验，应在漏光法检测合格后，对系统漏风量进行抽检测试，抽检率为 20%，且不得少于 1 个系统。

(3) 系统风管严密性检验，应全数合格，应视为通过；如有不合格时，还应再加倍抽检，直至全数合格。

三、实施效果与体会

本工程规模大，工期紧迫，业主对工程质量、安全、环境管理方面要求严格，工程对社会的影响，都创下了公司有史以来之最。

（一）实施效果

(1) 工期目标。按合同要求顺利地完成，并配合其他单位确保全部工程在学校开学前通过竣工验收，交付使用。工期完成率 100%。

(2) 质量目标。全部单体工程按大学城建设指挥部发布的建设工程质量评优标准通过验收。图书馆等 24 项单体建筑工程获得了市 2006 年度优良样板工程奖，优良样板工程达到 60%。其中图书馆还获得“五羊杯”奖和市建设系统 QC 小组活动三等奖。

(3) 安全、环境管理目标。实现了工伤事故、火灾事故零指标，场界噪声控制 100%，未发生扰民事件，在传染病爆发期间有效遏制了“流脑”在本单位的流行，未出现过一个病例。

(4) 资金成本目标。创造了施工过程不动用承包方其他流动资金的先例，现场费用为总造价的 0.75%，比公司规定下降 0.25%。主材采购总价比计划控制数下降 12.33%，资金运营创收 105 万元，获得了比预想要好得多的效果。一级核算成本降低 7.28%，为整个工程成本降低创造了先决条件。

（二）体会

(1) 项目部只要全面坚决地贯彻实施《建设工程项目管理规范》和质量、职业健康安全、环境管理体系标准就能统领全局，纲举目张，全面实现各项目标和指标。

(2) 工程使用的主要设备、材料由项目部统一采购、管理，对实现工期、质量、成本目标起到决定性的作用。实施过程中摸索出来的一整套管理措施和方法很有借鉴作用。

(3) 项目部统一筹措、管理资金并进行有效的运营，有较好的经济效益，为企业开创新的创效途径，对解决国有独资的建筑施工企业，在扩大施工规模时如何解决资金问题打开新的思路。

(4) 进行施工管理的策划时，对过程可能出现的风险因素，识别得越充分，评价得越恰如其分，拟定的控制措施和应急预案就越有效。只要能审时度势及时做出响应，各种风险是可以抵御的。

(5) 创建学习创新型的项目部，摸索在新的市场形势下对大型群体工程全面贯彻《建设工程项目管理规范》和质量、安全、环境三大管理体系标准的管理模式，组织管理、目标管理、材料管理以及在项目部进行资金运营创效和有效进行风险防范方面的措施和方法，以优良的业绩显示了企业的实力，为企业经营打开新的局面。该工程完工后，公司很快又成功接入了一项由省、市政府投资兴建总造价达 1.24 亿元的项目。

2.1.2　剧院活动舞台机电设备安装工程施工组织设计

一、工程概况

(一) 项目简介

1. 国家大剧院位于人民大会堂西侧，西长安街以南，其建筑面积 149520m²，天安门西侧地区环境改造及地下停车场建筑面积为 44678m²，工程建成后，将成为国家最高表演艺术中心。工程于 2001 年 12 月 13 日正式开工，已于 2007 年 9 月 25 日进行了首场试演，于 2007 年 12 月 22 日正式公演。

该工程主体建筑由外部围护结构和内部歌剧院（2416 席）、音乐厅（2017 席）和戏剧院（1040 席）、公共大厅及配套用房组成。整个建筑外观是指数为 2.2 超椭球壳体，东西向长轴 212.20m，南北向短轴 143.64m，建筑物总高度为 46.285m，基础埋深大部分在 −26.00m，歌剧院台仓部分为 −32.5m，壳体结构为超大型空间钢结构，外饰 0.4mm 钛金属面板，中部为渐开式玻璃幕墙。椭球壳体外环绕人工湖，湖面面积达 35500m²，各种通道和入口均设在水面以下。机电设备系统设置充分体现先进性和智能化，对灯光音响的控制要求严格，以满足世界一流的歌剧、芭蕾、交响乐和戏剧等演出要求。

2. 歌剧院舞台机电安装工程简介。

歌剧院是国家大剧院内最大、最宏伟的建筑，以华丽辉煌的金色为主色调。主要供大型歌剧、舞剧等演出使用。

大剧院机电设备分台下和台上设备两部分，舞台结构采用“品”字形舞台形式，分别包括主舞台、左、右侧台和后舞台，舞台具备推、拉、升、降、转五大功能，可迅速地切换布景。主舞台有 6 个独立的升降台，既可连成整体升降又可分别单独升降。主舞台的左、右侧舞台各有 6 台可以横向移动的车台，通过与主舞台升降台互换位置，可以迁换场景，也可以参与演出，其中车台互换技术居世界领先水平。后舞台是由内、外环两部分组成，其内、外环直径分别为 12m 和 17m，它们既可以单独旋转或同步旋转，也可整体平移到前面的主舞台上，这样大大丰富了各舞台的演出功能。后舞台下方 −15m 处，储存有一个芭蕾舞台台板（是国内面积最大的无缝隙专用芭蕾舞台板），主舞台升降台下降后，芭蕾舞台可移动到主舞台台面上，用于芭蕾舞演出。主舞台升降台倾斜台板可倾斜至 5.7°。

乐池面积为 120m²，既可容纳 90 人的三管编制乐队，也可升至观众席水平位置变成观众席。在乐池中，还特别为指挥设计了专用升降台。

舞台上方栅顶高度为 32m。吊杆、灯光桥、灯光渡桥通过钢丝绳悬挂在空中。61 道电动吊杆，78 台轨道单点吊机，24 台自由单点吊机，分别用于悬挂幕布和景片，吊杆、吊机数量之多居全国首位。灯光桥、灯光渡桥、灯光吊架将 1588 盏用于演出的灯具点缀在歌剧院舞台的上方。

舞台机电设备分台下和台上两部分，其中台下设备主要包括各种舞台（台车）、乐池、软景库等 − 6m 以下部分，台上设备主要包括栅顶、各种吊杆（机）、各种灯光吊桥(架)、假台口、各道幕机以及各道安全门、隔声门等 − 6m 以上部分。大剧院各舞台尺寸：台口宽度：18.6m；台口高度：14m；主舞台台宽：32.6m；主舞台台深：32.6m；台上净高：32m；左右侧台宽：21.6m；左右侧台深：25.8m；后舞台台宽：24.6m；后舞台台宽：23.6m。

歌剧院舞台机电设备是由日方负责设计、制造、安装并调试。其中部分设备构件由中国承包商制造；全部舞台机电设备安装和部分钢结构件的制作由本公司承担。

（二）工程范围及内容

1. 工程范围

歌剧院舞台机电设备的安装和配合调试，部分设备及材料的制作和购买，以及后期的设备定期检修。

2. 工程内容

(1) 歌剧院全部舞台机械、电气设备、材料的安装、配合调试；

(2) 报价表中（材料表）所列的部分材料的采购供应；

(3) 舞台设备及钢构件安装后的补漆；

(4) 舞台设备及钢构件的临时中转储运；

(5) 舞台栅顶和马道的制作、安装。

（三）施工难度及特点

(1) 本工程是国家重点工程，是我国目前最现代化的大型文化娱乐设施，各个方面对项目的质量和管理标准高、要求严，项目管理将按照日方的要求进行。

(2) 舞台机械设备安装精度采用日本同类设备的安装精度要求，标准高、难度大。尤其是主舞台升降导轨的安装精度调整、传动链条长短的调整、配重钢丝绳松紧程度的调整、各升降台控制升降位置的调整以及升降台同步运行的调整等，难度和安装精度要求都高于类似舞台安装精度标准。

(3) 舞台电气设备安装中所用到的动力、控制和仪表电缆共计11000多根，总长约340000m，由于舞台设备对屏蔽及防火的要求非常高，电缆均为低烟无卤交联聚乙烯阻燃屏蔽电缆，铜网屏蔽率达到95%，铜带屏蔽率为100%，电缆外径是同规格的普通电缆外径的1.3倍以上，其最大允许弯曲半径均要求在$15d$以上，使得在舞台狭窄空间的电缆敷设和桥架设计安装的难度大大提高；电缆不但数量多而且规格复杂，从$0.5mm^2$的仪表电缆到$300mm^2$的动力电缆，共计123种规格，其中有49种日供电缆，使得电缆敷设和电缆接线的工作量都很大。

(4) 电缆桥架均为热浸锌全封闭的槽式电缆桥架，由于有大量的动力、控制和信号电缆，而且十分集中，加上舞台空间十分有限，三种不同电压等级的电缆不能分别敷设桥架，只能在同一桥架内加1到2个隔板，以使敷设于同一桥架内不同电压等级的电缆相互隔离开而不相互干扰，这样在电缆桥架的设计和制作上难度大大增加。同时，从截面尺寸1000mm×500mm到100mm×100mm不等的53种规格、型号的桥架安装难度也很大。

(5) 栅顶钢结构和电气安装没有施工图，需要在日方所提供的初步设计基础上，根据中国标准并结合现场实际做深化设计和图纸转化，尤其是电气施工图纸的转化工作量大，难度高。

(6) 施工条件和环境差，作业面狭窄、交叉配合多、高空作业多、孔洞多、吊装作业多，现场不安全因素多，给现场管理、组织协调、安全管理提出了很高的要求。

(7) 运输道路条件受限，构件、设备、材料的搬运进场必须夜间进行，现场无临时存放场地。需和材料、设备、构件供应商加强联系沟通，既保证按时供应又不占用现场场地。

(8) 整个工程建设施工周期长且地处天安门广场地区，各方制约条件多，给生产、生活带来诸多不便。

（四）主要工程量

1. 电气工程量

(1) 电气设备元器件（盘柜、电机、开关、限位等）总量：5330台套，包括155个盘柜、586台变频电机、746个抱闸、1530个限位开关、398个热敏开关、256个计数限位开关、266个绝对编码器、263个脉冲发生器、235个松绳开关、105个光电开关、91个对讲器、114个电缆卷轴、235个IP开关箱、562个现场操作盒、521个接线盒、1100个过线盒。

(2) 电缆总量：34万m，其中20万m自供，动力电缆约10万m，控制电缆9万m，三菱重工提供特殊电缆约14万m。

(3) 电线管（ϕ80～ϕ40mm）总量：约2.8万m。

(4) 电缆桥架总量：约3600多m。

2. 机械工程量

(1) 台下机械设备总量：安装约1906t；

(2) 台上机械设备总量：安装约1260t；

(3) 栅顶、马道非标钢构制作、安装：420t；

(4) 安全防护平台、运输通道、安全入口等临时钢平台、10t龙门吊制安装：约150t。

（五）建设要求

1. 施工工期

歌剧院舞台机电设备安装工程的开工日期为2003年3月15日，比原计划开工日期晚4个月，项目原计划2004年9月份设备安装完毕进入调试期，完工日期为2004年9月29日，2005年5月份开始使用舞台。

2. 工程质量

工程质量及验收标准按国家施工及验收规范、质量检验评定标准，以及施工图规定的质量要求和技术标准，舞台主要设备安装的精度要求达到日方提供的技术标准要求。

3. 安全及文明施工

按国家颁布的安全规范及要求进行施工，做好龙门吊、脚手架、施工用电及“三宝”、“四口”的安全防护工作；严格遵守总包方的现场管理规定，做好防火防盗工作。

在规定的施工场地内施工，不得随意占用主干道。施工的临时设施、各类加工场地及堆场、仓库的用电、用水，要符合总包的要求，要有管理制度和规定。各类施工机具、材料堆放整齐，要设有安全及文明施工的标牌。

4. 环境保护

噪声排放达标（施工噪声白天不超过70dB，夜间不超过55dB）。

现场施工废弃物分类回收率100%，并合理利用。

（六）实施条件

1. 现场条件

(1) 现场土建工程部分设备基础具备交付使用；外围“三通一平”已具备，场区内道路（混凝土道路）和建筑内部永久车辆运输道路已具备。

(2) 施工水源、电源已由总承包方指定接口，施工用电按表计量计费。

(3) 临时办公设施场地已由总包方指定位置，临时办公设施规划已经总包方批准。

2. 资源条件

我公司组建项目经理部，主要施工力量选自具有丰富施工经验的和良好技术水平及服务意识的下属工程公司和钢结构厂来实施钢构件加工制作。

现场安装一台10t/22m龙门吊、4台卷扬机及一台5t叉车实施运输和吊装。

主要材料的供货商应取得业主、监理和日方的考察确认。

各种施工方案已确定并得到日方和监理的认可。

（七）法规条件

已签订了施工合同，已与总包方达成总包配合协议并足额缴纳了总包服务费。

二、摘选主要施工方案

技术方案内容摘选：

（一）主舞台台上设备安装调整方案

1. 测量放线

(1) 以设定的永久基点、基线为基准。

(2) 用经纬仪、50m卷尺、1m钢板尺等测量工具将驱动设备、轨道、导轨中心线等放设在钢架或预埋件（或混凝土）上。

(3) 用墨线或红铅笔在钢架或预埋件上弹出（标注）各中心线。

(4) 用水准仪、1m钢板尺等测量工具将标高线测设到钢架或预埋件（混凝土墙）上，并作明显标记。

(5) 检查各预埋件的偏差、垂直度和标高等情况，并做好记录。

(6) 根据测量机械室墙体垂直度和洞口误差情况，确定卷扬机的安装位置。

2. 吊装孔洞留置

吊装孔洞的留置见相关图纸。

3. 设备、滑轮组的搬入、安装

(1) 设备、滑轮组搬入：

①用载重汽车将设备、滑轮组运至后舞台临时平台上，再牵引后车台运至安装位置。

②利用台上已安装好的葡萄架吊装设备、滑轮组。

③将吊上葡萄架的设备用液压小车或滚杠水平运输至安装位置。

④在安装位置上架设临时龙门架进行设备翻身，就位调整。

(2) 驱动设备安装：

1) 地脚螺栓安装、调整：

①在已经预埋的预埋板上标记出地脚螺栓位置；

②将地脚螺栓带坡口一边点焊到预埋板上；

③调整地脚螺栓的垂直度和位置尺寸；

④将调整合格后的地脚螺栓焊接到预埋板上，焊接时应不时检查螺栓的垂直度，以防变形；

⑤焊牢后，调整标高调节螺母至设计标高。如图2.1.2-1所示。

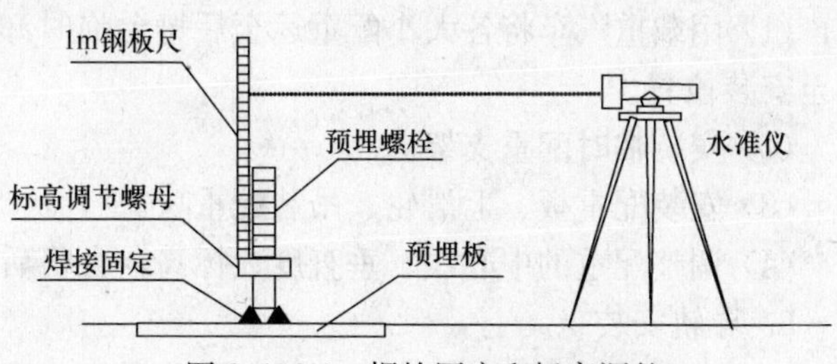

图2.1.2-1 螺栓固定和标高调整

2）驱动设备就位调整：

①安装调整设备底座；

②用临时卷扬机吊装驱动设备就位到设备底座上；

③用经纬仪、50m 卷尺、1m 钢板尺等测量工具检查调整驱动装置、导轨中心线、垂直度和变形情况；用水准仪、1m 钢板尺、框式水平仪等测量工具检查调整驱动装置和导轨的标高、水平度如图 2.1.2-2 所示；

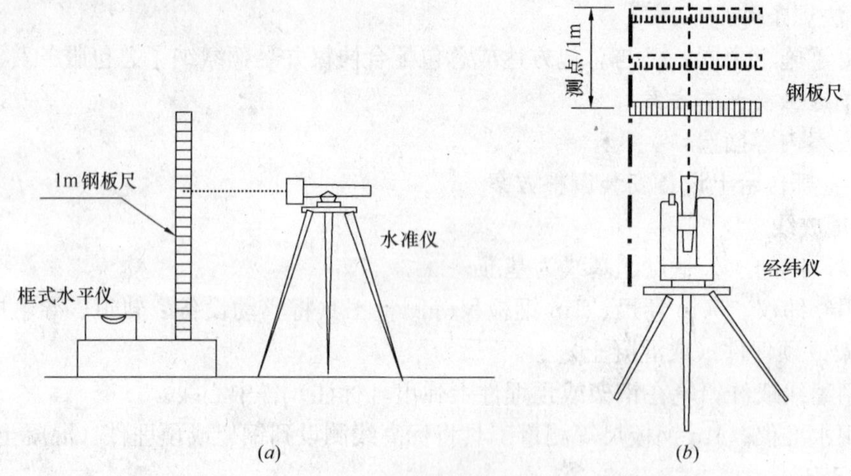

图 2.1.2-2　测量调整

(a) 水平度测量调整；(b) 中心线、垂直度、变形测量调整

④合格后用螺栓固定；

⑤驱动装置调整好中心线后用微膨胀混凝土进行基础二次灌浆（见图 2.1.2-3）。

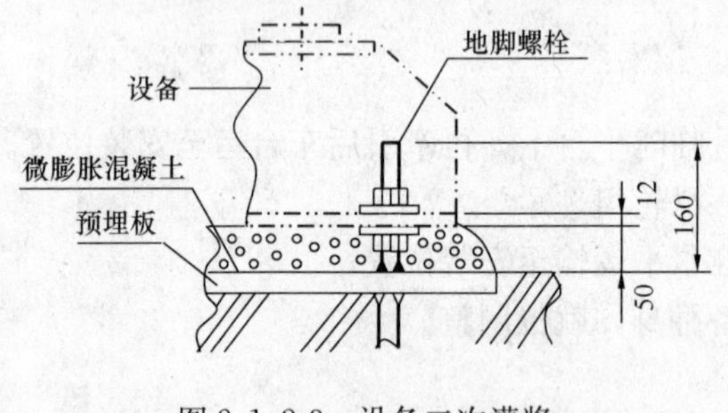

图 2.1.2-3　设备二次灌浆

(3) 滑轮安装：

①调整安装滑轮组底座。

②用临时卷扬机吊装滑轮组就位到底座上。

③用经纬仪、50m 卷尺、1m 钢板尺等测量工具检查调整滑轮组中心线、垂直度情况；用水准仪、1m 钢板尺、框式水平仪等测量工具检查滑轮的标高、水平度等。

④合格后用螺栓固定，组成一整体。

4. 配重安装

(1) 用载重汽车将各大小配重运至后舞台临时卸料平台上，再用 10t 龙门吊或后车台运至安装位置。

(2) 安装临时配重支架。

(3) 安装配重板、上滑轮、吊装配重块。

(4) 调整配重的中心线、垂直度、标高，合格后固定。

5. 导轨安装

(1) 用载重汽车将各轨道运至后舞台临时卸料平台上，再用 10t 龙门吊或后车台运至安装位置。

(2) 安装焊接预埋螺栓。

(3) 在导轨的上端焊接吊点，用卷扬机吊装导轨。

(4) 调整导轨的中心线、垂直度、标高，合格后固定。

(5) 导轨精度：防火幕、隔声门导轨垂直度±3mm，平衡重导轨间隙0～5mm之间，轨距－3～＋5mm；假台口上片、上檐导轨垂直度±3mm，平衡重导轨间隙0～5mm之间，轨距－5～＋10mm，平面度±3mm。

6. 钢丝绳布线：

(1) 从驱动装置（卷扬机）上放出钢丝绳，应边放边依次穿过滑轮。注意，认真查清每个钢丝绳的走向，以免穿错方向。

(2) 每根钢丝绳应编上编号，注明与要连接的吊杆构架的名称编号。

7. 各设备钢架安装

(1) 防火幕（OH2.1）钢架安装

1) 防火幕钢架分段：

防火幕分为25块，总重约30t，最大块重量1.2t，其中钢架重量约600kg、贴板重量约400kg、玻璃棉重量约200kg。

2) 顶层防火幕钢架（B1～B5）组装：

①搭设组装脚手架；

②防火幕搬入，用人力搬运分块钢架运至安装位置；

③利用台上已安装好的葡萄架，用两台5t卷扬机吊装，就位顶层5块钢架，调整其中心线、垂直度和标高，合格后连接固定。

3) 上层防火幕装饰。上层钢架安装组装完毕后，检查连接节点情况以及连接后的中心线、垂直度、标高，合格后填入玻璃棉，装上装饰盖板。

4) 上层防火幕提升。安装临时卷扬机、钢丝绳等牵引装置，通上临时电源提升上层防火幕，至下一层拼装高度。

5) 其他段组装。同上层B1-1～B1-5组装方法相同，组装其他各层，每组装好一层提升一层，直至最后。

6) 防火幕中心调整。整个防火幕组装完毕后，检查整体中心线、垂直度和标高，合格后方可进行下一步工作。

7) 钢丝绳穿设。提升配重至运行最高处，用钢丝绳临时固定，从卷扬机上将钢丝绳放出，更换临时钢丝绳。

(2) 左侧、右侧隔声门（OH2.2）钢架安装

1) 左侧、右侧隔声门钢架分段。左侧、右侧隔声门分为30块，总重约30t，最大块重量1.2t，其中钢架重量约600kg、贴板重量约400kg、玻璃棉重量约200kg。

2) 顶层左侧、右侧隔声门钢架（B1～B6）组装。

①搭设组装脚手架；

②左侧、右侧隔声门搬入，用人力搬运分块钢架运至安装位置；

③利用台上已安装好的葡萄架，用两台5t卷扬机吊装、就位顶层6块钢架，调整其中心线、垂直度和标高，合格后连接固定。

3）上层左侧、右侧隔声门装饰。上层钢架安装组装完毕后，检查连接节点情况以及连接后的中心线、垂直度、标高，合格后填入玻璃棉，装上装饰盖板。

4）上层左侧、右侧隔声门提升。安装临时卷扬机、钢丝绳等牵引装置，通上临时电源提升上层防火幕，至下一层拼装高度。

5）其他段组装。同上层 B1-1～B1-6 组装方法相同，组装其他各层，每组装好一层提升一层，直至最后。

6）左侧、右侧隔声门中心调整。整个左侧、右侧隔声门组装完毕后，检查整体中心线、垂直度和标高，合格方可进行下一步工作。

7）钢丝绳穿设。提升配重至运行最高处，用钢丝绳临时固定，从卷扬机上将钢丝绳放出，更换临时钢丝绳。

(3) 后隔声门（OH2.3）钢架安装

后隔声门钢架安装方法同左侧、右侧隔声门钢架安装。

(4) 假台口侧片（OH2.4）钢架安装

1）假台口侧片分段。假台口左、右侧片各分为 6 块，其余为散件。

2）假台口侧片搬入。用人力将分段钢架运至安装位置。

3）假台口侧片安装：

①采用倒装法进行。安装顺序为块 B1、B2、B3、B4、B5，然后整体吊起就位于上部轨道上；

②安装散件；

③安装块 B6，侧片的装饰板安装可同步进行。

(5) 假台口上片、上檐（OH2.5）钢架安装

1）假台口上片上檐分段。假台口上片分为 7 块，总重 9t；上檐分为 16 块。

2）假台口上片钢架搬入、安装：

①假台口上片钢架搬入，用载重汽车将分段钢架运至后舞台临时卸料平台上，再用 10t 龙门吊或后车台运至安装位置；

②首先吊装两边立柱，再用捯链吊装上层钢架；

③组装、调整；

④组装好后，用捯链提升其他块并组成一个整体；

⑤调整其中心线、垂直度和标高，合格后连接固定；

⑥安装、调整滑轮、钢丝绳等驱动装置。

3）假台口上檐钢架搬入、安装。上檐钢架的搬入、组装方法与假台口上片安装方法一样，均采用倒装法进行，其装饰板安装应同步进行。

(6) 大幕机（OH2.6）钢架安装

1）大幕机钢架分段。大幕机钢架分为 4 段，总重 2t。

2）大幕机钢架安装：

①大幕机钢架搬入，用载重汽车将分段钢架运至后舞台临时卸料平台上，再用后车台运至安装位置；

②在前舞台位置处，将大幕机钢架组装成整体；

③在栅顶上架设临时卷扬机，吊装大幕机钢架至上檐钢架下口位置，利用上檐钢架作

为脚手架进行钢丝绳、驱动装置及幕布安装；

④吊起配重至合适位置，用钢丝绳临时固定；

⑤更换临时钢丝绳，将幕机钢架、配重连成整体。

(7) 二幕机（OH2.7）钢架安装

安装方法类似大幕机。

(8) 天幕吊杆（OH2.8）钢架安装

在主舞台和主侧舞台上拼装、调整、焊接、固定各吊杆构架，合格后与放设的钢丝绳牢固连接。

(9) 灯光渡桥（OH2.9）钢架安装

1）灯光渡桥钢架分段。灯光渡桥钢架分为4段，总重2t。

2）灯光渡桥钢架安装：

①灯光渡桥钢架搬入，用载重汽车将分段钢架运至后舞台临时卸料平台上，再用后车台运至安装位置；

②在前舞台位置处，将灯光渡桥钢架组装成整体；

③在栅顶上架设临时捯链组装灯光渡桥；

④安装钢丝绳并与灯光渡桥牢固连接。

(10) 天幕灯光渡桥（OH2.10）钢架安装

天幕灯光渡桥安装方法类似灯光渡桥安装。

(11) 灯光吊笼（OH2.11）钢架安装

1）灯光吊笼分段。侧灯光水平移动吊笼和侧灯光垂直升降架体各分为3段。

2）灯光吊笼安装：

①搭设临时脚手架；

②在钢架上架设临时卷扬机吊装，调整上部水平驱动装置；

③利用栅顶吊装、就位水平移动吊笼并调整固定好；

④在侧灯光吊笼上端，安装垂直升降驱动装置；

⑤将升降驱动装置通上临时电源，利用升降驱动装置吊装、就位升降侧灯光架体，并调整固定。

(12) 流动灯光车（OH2.12）、电动吊杆（OH2.13）和侧灯光吊杆（OH2.14）钢架安装

同天幕吊杆组装方法一样安装其他电动吊杆、侧灯光吊杆。

(13) 轨道单点吊（OH2.15）、自由单点吊（OH2.16）和飞行器吊机（OH2.20）安装

①用手推车将各吊机运至安装位置；

②安装临时脚手架；

③用临时1t卷扬机吊装吊机；

④调整吊机的合格后穿上钢丝绳。

8. 设备单体调整

检查驱动装置连接情况和滑行轨道情况，通上临时电源，用临时控制盘滑行升降侧灯光吊架、升降各吊杆构架以及灯桥灯塔，观测其运行情况，合格后在其运行到最高或两边位置处停止锁紧。

9. 设备总体调整

以上安装工作（包括相关的电气装置）完成后，即可通上正式电源进行运行试验，按产品设计的性能进行各项试验，侧灯光吊架、吊杆构架以及灯桥灯塔应运行平稳、制动可靠、连续运行无故障。同时，也应对噪声、停靠准确度、运行速度、同步性等进行检验。

后舞台台上设备安装方案见光盘。

前舞台台上设备安装方案见光盘。

侧舞台台设备安装方案见光盘。

（二）主舞台升降台安装调整方案

主舞台升降台安装工艺流程如下：

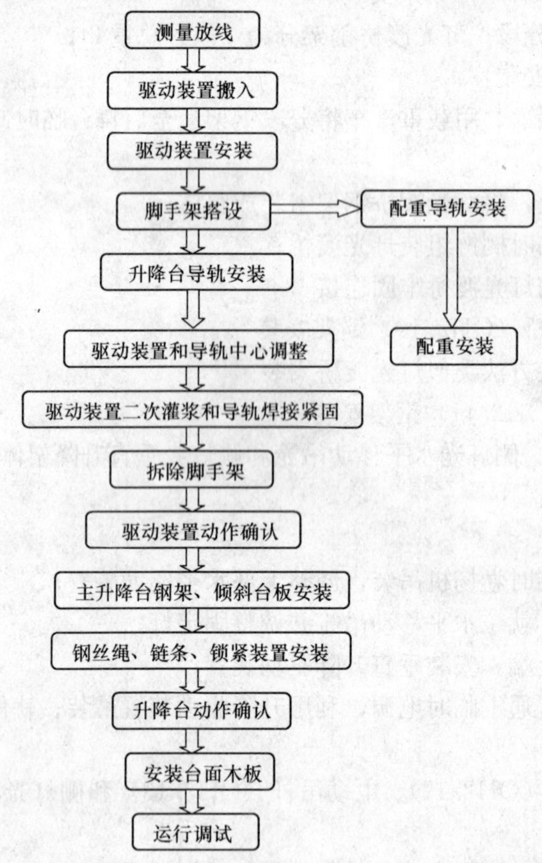

1. 测量放线

(1) 以已建立的舞台中心控制线为基准（㊺轴、舞台中心线 O）；

(2) 用经纬仪、50m 卷尺、1m 钢板尺等测量工具将驱动装置水平纵、横中心线、各导轨垂直中心线放设在混凝土基础或预埋件上。

(3) 用墨线在混凝土基础或预埋件上弹出各中心线或定位线。

(4) 用水准仪、1m 钢板尺等测量工具将－26.000m 标高控制线测设到混凝土柱上，并做明显标记。

(5) 检查各预埋件的位置偏差、垂直度和标高情况，并做好记录。

2. 驱动装置吊运、搬入

(1) 用载重汽车将驱动装置设备运至后舞台区域临时卸料平台上。

（2）再使用10t龙门吊卸车并按安装位置吊运到主舞台−27.5m处。

3. 驱动装置安装

（1）地脚螺栓安装、调整：

①在已经预埋的预埋板上，根据各中心线标记出地脚螺栓位置。

②将地脚螺栓带坡口一边点焊到预埋板上。

③调整地脚螺栓的垂直度和位置尺寸。

④将调整合格后的地脚螺栓焊接到预埋板上，焊接时应不时检查螺栓的垂直度，以防变形。

⑤焊牢后，调整标高调节螺母至图纸设计标高。

（2）驱动装置就位调整：

①安装调整设备底座。

②用10t行车吊装驱动装置（最重件5.7t）分别就位到设备底座上；

③调整驱动装置的水平中心位置、水平度、标高和同轴度。

④精度要求：驱动装置横向中心位置精度±3mm，纵向中心位置精度±1mm，标高精度±1mm，同轴度0.1mm。

⑤合格后用螺栓紧固，临时固定。

4. 搭设脚手架

搭设配重导轨和主升降台导轨安装脚手架，脚手架采用多步门式脚手架或钢管式脚手架，脚手架搭设方式见搭设图。

5. 配重导轨安装

（1）配重导轨分段。将配重导轨分成9段（A～I），最重件2.2t。

（2）配重导轨安装：

①安装顺序为I-H-G-F-E-D-C-A-B。

②用10t龙门吊（2～6区）按安装顺序，吊运各导轨段至相应安装高度处的混凝土楼板上。

③对于1区配重导轨，也同样用10t龙门吊，按安装顺序，吊运至2区相应安装高度处的混凝土楼板上。

④水平运输到安装位置后，再用固定在上层楼板上的3t手拉葫芦将各导轨段竖立，对接到前一段。

⑤用经纬仪、水准仪、样板架、钢板尺、塞尺等测量工具，测量并调整导轨段的各垂直中心线、垂直度、轨距、标高和两导轨接头间隙、错边等，直至合格。

⑥配重导轨安装精度要求：配重导轨在X、Y方向上的垂直度均为±5mm，每10m段变形不得超过±5mm，两相邻轨道间距精度±10mm，轨道接头误差0.5mm，具体详见《设备安装公差表》。

⑦合格后用安装螺栓紧固，临时固定。

6. 升降台导轨安装

（1）升降台导轨分段。将升降台导轨分成3段（A至C），最重件6.6t。

（2）升降台导轨安装：

①安装顺序为C-B-A。

②用 10t 龙门吊在构件临时存放翻身区域将导轨由平躺位置竖立起来，再用 10t 龙门吊（2～6 区）或利用滑动平台（1 区）按安装顺序吊运导轨段至安装位置并就位。

③用经纬仪、水准仪、样板架、钢板尺、塞尺等测量工具，测量并调整各导轨段各垂直中心线、垂直度、轨距、标高和两导轨接头间隙、错边等，直至合格。

④精度要求：导轨在 X、Y 方向上的垂直度均为±3mm，每 10m 段变形不得超过±2mm，两相邻轨道间距精度±3mm，两边轨距精度为±6mm，轨道接头误差 0.5mm，具体详见《设备安装公差表》。

⑤合格后用安装螺栓紧固，临时固定。

7. 配重安装

(1) 将配重托架安装在－10.5m 处，并做临时固定。

(2) 用 10t 龙门吊吊运各配重块（每块重量约 3t）至安装高度处的混凝土楼板面上(－10.5m)。

(3) 水平滚运至托架旁，再用固定在上层楼板上的 5t 手拉葫芦将配重块吊放到配重吊架内。

(4) 配重块应可靠固定。

8. 驱动装置、导轨中心线调整

(1) 用经纬仪、样板架、50m 卷尺、1m 钢板尺等测量工具检查调整驱动装置和各导轨的各中心线、垂直度、轨距等情况。

(2) 用水准仪、1m 钢板尺、框式水平仪、角尺、塞尺等测量工具检查调整驱动装置的水平度、标高和同轴度。

(3) 用钢直尺和塞尺检查各导轨段的接头间隙和错边。

9. 驱动装置二次灌浆和导轨焊接紧固

(1) 驱动装置调整好中心线后，用微膨胀混凝土进行基础二次灌浆；

(2) 导轨调整好垂直中心线、垂直度、轨距、标高和接头间隙、错边后，将分段导轨焊接起来。焊接时，应注意焊接变形。同时，更换安装螺栓，用扭力扳手紧固高强度螺栓。

10. 拆除脚手架

拆除配重导轨和主升降台导轨安装脚手架，拆除脚手架时严禁高空扔下，应做好设备保护工作。

11. 驱动装置动作确认

驱动装置安装完毕后，通上临时电源，使用备份电机进行运行试验。

12. 主舞台升降台钢架、倾斜台板安装

(1) 升降台钢架分段，将升降台钢架分成 4 段，最大重量约 10.7t。

(2) 搭设拼装胎架。根据分段情况和升降台结构特征，设计胎架，胎架连接采用螺栓连接，以便于搭拆。

(3) 吊运、组装各升降台钢架：

①首先应安装在滑动平台下（1 区）的升降台钢架。用 10t 龙门吊将钢架两个立柱(A) 水平吊至驱动装置 6 位置（驱动装置安装后在驱动装置上部搭设临时平台）。

②再用 10t 龙门吊翻起立柱并吊至钢架 2 位置的导轨处，靠到导轨上，并用捯链临时

固定到导轨上，以防止倾覆。

③牵引滑动平台，利用设在滑动平台上的两个5t捯链吊起一个立柱，牵引滑动平台至1区安装位置，就位于胎架上并调整固定在导轨上。同样吊起另一个就位，另一立柱就位时拆除导靴，以方便钢架的调整与连接。

④在滑动平台上挂滑车，利用两台3t卷扬机分别抬吊升降架横梁（B、C）就位并连接。

⑤升降台钢架（2～6），安装方法和顺序同上，吊装机具直接用10t龙门吊即可。

（4）调整各升降台钢架中心线、标高、垂直度至合格，并用高强度螺栓牢靠连接。随后，将先前拆除的一侧导靴安装好。

（5）倾斜台板分为两段，用吊装升降台钢架横梁同样方法，用10t龙门吊或滑动平台安装调整倾斜台板钢架。

13. 钢丝绳、链条、锁紧装置安装

（1）钢丝绳安装：用人力或捯链将钢丝绳放设到安装位置。

（2）链条安装：

①链条对接。在侧舞台空地上将链条连成几段。

②链条安装。可利用主舞台栅顶葡萄架用卷扬机将每段吊起，连成整段。

③用捯链等工具将链条穿过钢架，把钢架与驱动装置相连。再用捯链收紧钢丝绳，把配重和升降台用钢丝绳连接起来。

（3）安装调整锁紧装置合格后焊接固定。

14. 升降台动作调试

以上安装工作（包括相关的电气装置）完成后，即可通上临时电源进行上下运行试验。

15. 安装台面木地板

试验合格后，安装各台面木地板，木地板安装要求平整、整齐、牢靠，板间接缝平直，缝隙匀称。

16. 主舞台升降台运行调试

待全部安装工作结束后（包括相关的电气装置），进行运行试验，应在空载、额定荷载情况下，按产品设计的性能进行各项试验，升降台板面之间缝隙应大小均匀、高差应在规范要求范围内，升降台应运行平稳、制动可靠、连续运行无故障。同时，也应对噪声、停靠准确度、运行速度、同步性等进行检验。

三、实施效果与体会

（一）工期管理

设备安装开始即遭遇“非典”这个突如其来的灾害，使得早期的安装工程处于半停工状态。直到2003年9月整个“非典”疫情趋于稳定后，现场安装才步入正轨。整个大剧院建设工程的延期，导致部分设施无法按时提交安装，加上部分日供设备、材料未按时提供，导致舞台设备安装最终未能按原定计划交工。

针对工期不断变化调整的情况，项目部积极采用应对措施，主要采取较少劳动力的投入，形成单线流水施工，避免窝工，并与其他两个剧院（戏剧院、音乐厅）穿插施工，统一安排调度人员、机具设备等，形成统一施工管理。同时积极承担原合同以外的大量委托工作量来均衡施工等措施来减少成本开支，把工期滞后对成本的影响减到最低。

本工程在2005年9月基本完成舞台安装，工期和原计划2004年9月安装完毕进入舞台调试期相比，实际工期推迟了近1年。

（二）质量管理、职业健康安全和环境管理

本工程在施工过程中严格推行ISO 9002质量保证模式，认真执行四检制度：自检、互检、专检、汇检；严格按图施工，执行设备说明书、规范、标准，确保质量目标，实现全部分项工程交验合格率100%，合同履约率100%，顾客投诉处理满意率100%。舞台安装的各项技术指标达到国际先进水平，得到了业主、监理和外方的好评。国家大剧院已正式用于演出，舞台设备运行正常。

本工程项目虽然安全危险性较大，但在项目部严格管理，三体系运行有效，实现了项目职业健康安全目标：

(1) 杜绝发生触电、火灾事故：触电、火灾事故率为0；

(2) 杜绝重伤、死亡事故和重大交通事故：事故频率为0；

(3) 因违章、安全防护不当而发生的一般轻伤安全事故3起；

(4) 因管理缺陷而发生的一般轻伤安全事故1起；

(5) 杜绝食物中毒事故：食物中毒事故率为0。

（三）成本管理

(1) 项目部始终以成本控制为主线，不断根据工程进展情况的变化，及时调整施工资源的投入，及时调整施工策略来实现均衡施工，从而避免甚至降低了施工成本的增加。

(2) 合理利用合同条款，加强商务谈判力度，及时解决合同上的争议，分清责任，获得额外经济签证。

(3) 加强分包项目的费用控制，尽可能采用劳务性质分包队伍，虽加大管理的难度和风险，有效地控制了各项成本。

(4) 详细的项目成本记录也是项目管理中最精细部分，在项目实现过程中，项目部坚持记录每一笔收入和每一笔支出，并分类登记汇总，获得实际成本的最原始记录。坚持每月各项费用的统计分析，按月编制项目月成本计划和费用统计，适时进行调整和控制，为工程成本分析和核算提供最有力的证据。

(5) 项目最终在原先工期延后可能造成项目亏损的情况下，通过项目的成本管理，在日方公司没有给予工期费用补偿的情况下，形成项目利润20%。

（四）技术创新

目前舞台机电设备吊运、安装的通用做法有以下两种：一是日方公司提出的曾在日本国立大剧院、新加坡国家大剧院和中国上海大剧院施工中采用的设备吊运、安装方案，即在主舞台区域从−27.5m地坑中搭设脚手架至−6m平面，在−6m脚手架上和−7.2m侧舞台上搭设钢平台，采用8～40t汽车吊在其上分别吊装设备部件及构件就位安装；二是德国公司提出的在国家大剧院戏剧院施工中采用的设备吊运、安装方案，即利用主舞台上方已安装完成的栅顶钢结构安装一台临时的悬挂式单梁吊来吊运设备安装就位。

项目部在认真分析这些方法的利弊，考虑到现场条件、成本、安全性、工序、构件重量（主舞台升降台钢架中最大构件重量约10.5t）等因素的基础上，没有墨守成规采用上述两种通常使用并获得成功的方法，而是大胆提出了一种新的设备吊运、安装就位方法：

即采用在主舞台和后舞台区域位置上架设1台10t/22m龙门吊，负责整个舞台机电设备的卸车、转运和主舞台、后舞台机电设备的吊装就位工作。在后舞台部位架设卸料平台，所有舞台设备、钢结构等部件用汽车（拖车）等运至卸料平台上，再用10t龙门吊直接卸料搬运至安装位置，用这台龙门吊负责进行吊运、翻身、吊装就位等工作。这样所有舞台设备的运输和主舞台、后舞台设备的吊装、就位均可方便进行，大大节约了成本，保证了施工的安全和施工进度的需求。这种设备吊运、安装方式得到了日方公司的充分肯定，认为是舞台设备吊运、安装技术的一种创新，并具有良好的应用前景。北京奥运会“鸟巢”体育场的中心舞台机械设备安装、吊运，也采用了这项技术。

（五）总体效益

本工程的实施为公司取得了良好的经济效益和社会效益，在此项目之后又先后承接了国家大剧院戏剧院、音乐厅、苏州大剧院、东莞大剧院、中山剧院、湖州大剧院、福州大剧院及合肥大剧院等舞台设备的安装工程，为企业经营开拓了一个新的领域。

2.1.3 会议展览中心机电安装工程施工组织设计

一、工程概况

（一）项目简介

××会议展览中心主体为“L”形，东西长525m，南北宽396m，建筑高度40m，为预应力钢筋混凝土框架结构，屋面采用大跨度预应力张弦梁钢管桁架，亚光不锈钢板顶盖，东西北外墙均为玻璃幕墙，形成宏大的景观气势。首期总用地面积43.9万m^2，建筑面积为39.5万m^2，项目总投资约23亿元人民币。

会展中心机电平面分为13个区域（A～M区），包括地下一层（架空层）、地上展览大厅两层（局部六层），整体的展示设施由架空层的3个展览大厅（首层8个展览大厅；四层5个展览大厅）组成，合计面积约17万m^2，为亚洲最大的展览面积。内部设施还包括停车场（设有1800个车位）、设备用房、技术用房、举办者用房、办公室、监控室、控制室、洽谈室、商场、咖啡厅、餐厅等，外部公共设施有天桥、通道、广场、展场、停车场（设有400个车位）、公园等。建成后将成为中国最大的国际会展，投资贸易基地，并成为21世纪本市城市标志性建筑和旅游观光景点之一。本公司总承包机电设备安装和建筑装修主要标段。

（二）工程内容

1. 给排水工程

供水系统由市政供水部门从西边引入三路供水管，接通室外*DN* 300环形管网，室外消防栓共31套，供园林喷灌和室内生活、消防等设施用水。生活水泵房以四台主泵、一台副泵、一个气压罐组成一套稳压供水设备，供各区生活用水。以两台主泵、两台副泵、一个气压罐组成一套消防栓系统稳压供水设备（供各区共815套消防栓箱等用水）和喷淋系统稳压供水设备（供各区共20套湿式报警阀的消防自动喷洒等用水）。以三台主泵、两台副泵、一个气压罐组成一套消防雨淋系统稳压供水设备（供各区共246套*DN* 200雨淋阀的消防雨淋喷洒用水）。气体灭火部分主要有二氧化碳气体自动灭火系统，主要保护消防中心、监控中心、广播中心、计算机房、自控机房等区域。室外设有园林喷灌泵房，由四台主泵、一台副泵、一个气压罐组成一套园林自动喷灌供水设备。另外，还设有洁净直饮水供水系统。排水系统设自然排水排污系统、压力排水排污系统、虹吸式排水系统等。

2. 电气工程

会展中心配电属一级供电负荷。有高压（11 万 V）变配电站，18 个中压（1 万 V）变配电房、低压（380/220V）配电房，安装总容量为 79330kVA，设有 630～2000kVA 的干式变压器共 57 台。应急柴油发电机组装机容量 2000kVA。三相不间断电源（EPS）成套装置共设 201 套。

建筑电气系统主要分为动力（中压、低压配电）、照明（低压配电）、消防（低压配电）及防雷接地等系统。智能建筑弱电主要分消防火灾自动报警系统、音响广播系统、楼宇自控系统、中央空调群控系统、群控中心、综合布线系统、安全防范系统、有线电视系统、停车场控制系统、电信系统和弱电系统集成等。

3. 通风空调工程

中央空调系统的总制冷量为：18380RT，其中空调制冷主机房设 2000RT（单机重量为 38t）日本的离心式制冷水机组 8 台；1000RT（单机重量为 21t）的 2 台；380RT（单机重量为 10.2t）的 1 台，合计共 11 台机组。主机房内的空调水泵共 38 台，其中冷却水泵共 12 台，最大功率达 375kW（共 4 台，采用 10000V 配电，单机重量达 7t 多）；冷冻水泵共 26 台，分一级泵、二级泵送水，其中一级泵共 12 台，二级泵共 14 台，二级泵采用变频方式配电供水。冷冻系统的进回水设有集水缸、分水缸，各类阀门包括闸阀（最大口径为 1.2m 的伞形齿轮闸阀，为国内民用建筑甚少使用的规格，单体重量达 5t 多）、电动闸阀、虑污阀、多功能活塞式缓闭水泵控制阀、流量平衡阀、管道放空阀以及空调水电子处理器等。冷却塔群共四组，设于室外西出入口天桥旁，冷却能力为每小时 16500t。空调末端包括机电一体化组合式冷风柜共 310 台；风机盘管共 720 台。在四层展厅的空调送风还采用了定风量、低风速诱导送风系统，共设诱导风机 1250 台。

通风系统包括送新风、消防正压送风、排风、消防排烟等，设有离心风机 308 台，轴流风机 149 台，分布于各区、各楼层、各展厅的设备用房和各技术用房等。另设有天窗自然换气系统，火警发生时兼作消防排烟装置，平时由计算机按内外部环境温度控制调节窗的开启度，喻为会呼吸的窗。

（三）工程主要特点

(1) 施工规模大：总用地面积 43.9 万 m^2，建筑占地面积 12.86 万 m^2，建筑面积 39.5 万 m^2。

(2) 机电设备安装工程量大：合同造价 2.69 亿元，预计结算工程量将达 3 亿多元，且不含设备、电缆、灯具、洁具、大流量雨淋喷头（甲供材设）等。

(3) 施工周期短：合同工期仅为 437d。

(4) 工程项目同期全面铺开：13 个机电设备分区，同时赶工、同期竣工，点广面多，工程任务又集中。

(5) 施工难度大：高空作业面多，大部分区域的施工作业点都在 8～20 多 m 之间。

(6) 技术要求高：工程属边设计边施工，存在施工修改多、技术协调问题多，需施工单位协助提供的技术方案、设计方案、施工方案较多。

(7) 参建单位多：施工高峰期参建单位达三十多个，仅我方投入劳动力就达到两千多人，施工交叉作业严重。

(8) 工程质量要求高：在工程项目投标及施工前，业主就反复明确工程质量按国家优质工程“鲁班奖”的要求施工及验收。

(9) 新产品、新工艺、新技术的应用较多：消防水系统管道连接采用美国唯特利公司的沟槽式管道连接配件和机械式管道连接技术、工艺；虹吸式雨水排放技术；EPS 三相应急供电设备；矿物电缆；预分支电缆；多功能活塞式缓闭水泵控制阀；流量平行阀；定风量、低风速诱导风机；超高空、超大型管道设备吊运、安装。

(10) 安全、文明施工要求高：本项目在国内外均享有相当的影响力，国内外宾客也时常来工地参观，作为文明工程的窗口，必须高标准地搞好该项工作。

(四) 建设要求

(1) 工期要求：所有系统的安装工作及单机调试工作必须在 2002 年 8 月 30 日前完成，待永久电送至 10kV 变电所，市政供水引至市政水表位后，2002 年 9 月 1 日开始机电系统联合调试工作，2002 年 10 月 31 日前完成所有系统的联合调试，2002 年 11 月 15 日前完成机电安装工程竣工验收。

(2) 质量要求：所有安装工程必须符合设计的功能与标准，并以优良工程标准进行施工管理，必须一次成优。

(五) 实施条件

目前土建已进入地下室挖土施工阶段。

二、摘选主要施工方案

空调及通风工程施工方案

1. 空调水系统

(1) 系统概况

会议展览中心设置大型中央空调系统，由十一台冷水机组联合供冷，其中八台 2000 冷吨，两台 1000 冷吨，一台 380 冷吨，共 18380 冷吨，冬季不考虑采暖。

本空调水系统包括：冷冻水系统、冷却水系统和冷凝水系统。

1) 冷冻水系统

本工程空调冷冻水为大温差系统，冷冻供、回水温度分别为 5℃、15℃，冷冻水供回水温差为 10℃，不同于通常的冷冻水供回水温差 5℃。这对冷水机组、空调机组、冷冻水泵，冷却水泵和冷水管道系统造成很大的影响，空调管径相对于普通相同冷量系统较小，节省了空间，但同时要求必须选用适合于大温差系统的空调主机、冷风柜以及风机盘管。

水系统采用变水量定温差二级泵供水系统，其中二级变频冷冻水泵 14 台，一级冷冻水泵 12 台，每台水泵进水口处均设有电子除污过滤器。系统由两个环路组成：一次环路从集水缸经过冷水机组至分水缸；二次环路从分水缸经过空调设备至集水缸。一次环路负责冷冻水的制备，二次环路负责冷冻水的输配，这种系统的特点是采用二组泵来保持冷源侧一次环路的定流量及用户侧二次环路的变流量，从而解决空调末端设备要求变流量与冷水机组蒸发器要求定流量的矛盾。二次环路每条冷冻水立管均设有流量平衡阀，可根据负荷变化自动调整水量，同时在回水总管设流量计，由流量的变化来控制二级变频水泵的工作状态，从而降低了整个水系统的功耗，达至节能目的。一次环路采用一机配一泵，根据负荷的变化控制一次泵和冷水机组的运行台数。二级变频冷冻水泵平时供水量无级调节，在调节中无损耗，系统能从零到最大用水量的工作状态，都处于最佳的工作状态；工作稳定，水泵电机由变频器软启动无冲击电流，有利于延长电机和水泵的寿命，也避免了水锤现象。

水系统分为五个回路：系统一负担 14、15、6、7 号展厅部分及珠江散步道；系统二负担 1、2、9、10 号展厅及珠江散步道；系统三负担 16、8、3、11 号展厅及珠江散步道；系统四负担 4、5、12、13 号展厅及珠江散步道；系统五负担餐厅、首层、夹层、架空层。立管和水平管采用双管异程式。房间的冷量调节可通过风机盘管的比例式电动二通阀和风柜的比例积分电动阀改变水量调节。

2）冷却水系统

冷却水采用开式循环系统，冷却水泵和冷却塔都采用并联的形式。冷却水泵 12 台，冷却塔共有 6 组 39 台。冷却水进～出水温为 32～38℃，主管设温差旁通管，当冷却回水温度低于 32℃时，回水旁通到供水管，直接用于主机的冷却。冷却塔位于北边人行桥下。冷却塔基础高 7.8m。

3）冷凝水系统

柜机冷凝水就近排入地漏，风机盘管的排水采用立管通过管井集中排放的方式。

(2) 空调冷冻、冷却水管施工方法

空调冷冻、冷却水管道的施工流程如下：

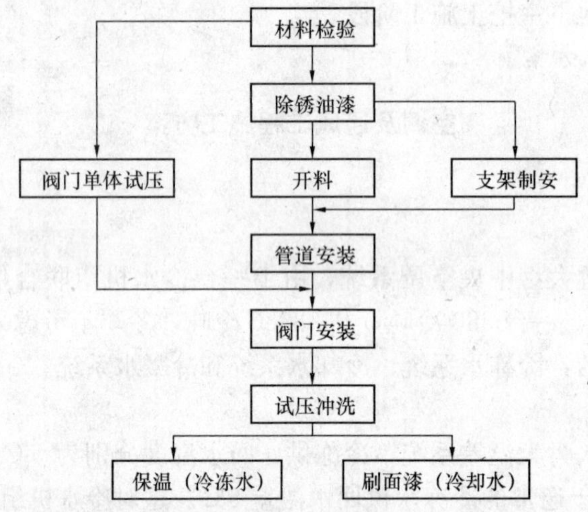

1）材料进场检验

管道分规格、分批运输到现场，经有关人员检验合格后，方可使用。

阀门等附件的规格、型号要核对其型号、参数是否符合设计要求，验证、收集、保存阀件的合格证书和测试报告，并抽检阀门进行单体试压，合格后，方可投入安装。

2）管道安装

①管道制作、支吊架制作安装。根据图纸设计的要求，进行选材、切割、焊接连接，并编号布置到相应的安装区域，支架安装前一定要先涂好防锈漆。所有金属构件在涂漆前一定要对构件进行除锈、清理、去油污等表面处理工作；管道支架的安装位置要适当。尽可能考虑安装在梁上，要避免在构筑物薄弱位置建立管道支架。

本工程空调冷却水主管道管径最大为 *DN*1500，管道运行重量及振动较大，设计院考虑采用混凝土支撑，并准备由结构出图，施工时可以与土建配合安装。空调水管的支吊架采用角钢或槽钢焊接而成，多管道共用支架间距根据现场梁柱间距调整，并进行复核。

空调供回水管根据图纸基本并列，对于管径较大的管道统一按图 2.1.3-1 和图 2.1.3-2支架形式制作安装。同时针对面积较大，施工班组较多特点，为了使整个工程统一做法，在施工前根据现场实际情况，结合设计院所出支架大样图，制定统一的支架方案。

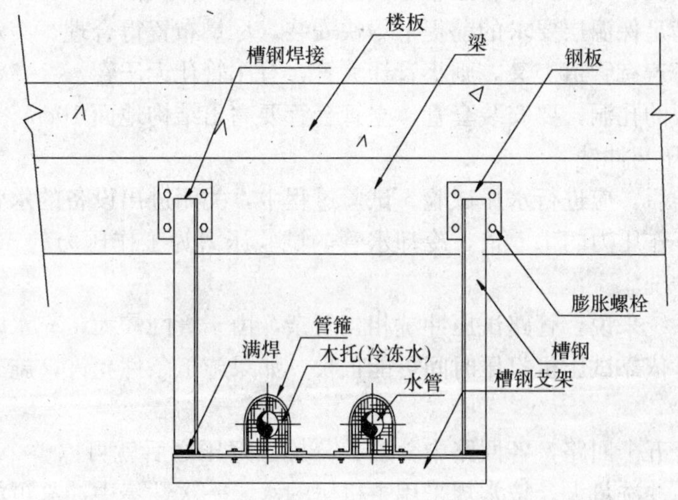

图 2.1.3-1 大管径水管吊架示意图

由于该空调系统管径较大，管路较长，冷冻水温度较低（供水温度5℃），管道的热胀冷缩量相当大。为了避免管路及结构受损，必须合理布置好固定支架，固定支架之间的管道热胀冷缩位移量通过伸缩节来平衡，所以同时要选取适当伸缩量的伸缩节。固定支架由于与管道直接接触，所以固定支架必须考虑保温，防止产生冷凝水，固定支架制作方法与普通木托支架一样，安装时不需要木托，通过肋片与管道焊接在一起，焊接一定要全焊，确保支架承受足够大的轴向推力。

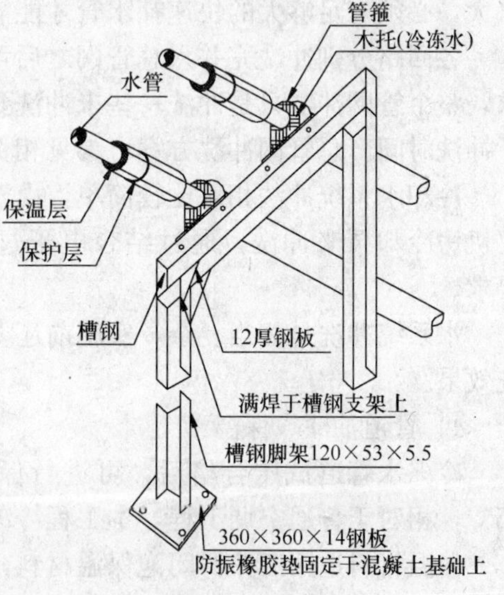

图 2.1.3-2 大管径水管地面支架示意图

②管道焊接。管道和支架构件的焊接一定要由有经验的持证焊工施焊，以保证焊接质量。

焊接前要对两管轴线对中，先将两管端部点焊牢，管径在 100mm 以下可点焊三点，管径在 100mm 以上以点焊四点为宜。

管材壁厚在 5mm 以上者应对管端焊口部位铲坡口，采用气焊加工管道坡口，并用手动砂轮机打磨干净坡口表面的氧化皮，并将影响焊接质量的凹凸不平处打磨平整。

③管道安装。管道安装必须按图纸设计要求的轴线位置、标高、坡度进行定位放线。安装前，将管内异物清理干净。

本工程空调主管管径大，最大达 1500mm，安装主管和立管由起重班组配合生产班组进行。水平管道可以使用手动葫芦，吊装时要注意两端平衡起吊，以防滑落伤人；立管采用卷扬机协助施工，运用倒装法，注意选择起挂点时其强度要有充分余量，管道安装在符合图纸设计的基础上，要与各有关专业协调，做好空间上的合理安排。实际施工前，结合施工环境特点，制定各部位的吊装方案，经有关部门审核批准后实施。

阀门安装应紧固、严密，与管道中心线垂直，并能操作灵活方便。

管道敷设在满足保温层要求的前提下尽快安装，尽量布置得合理、美观，符合工艺流程。一般情况下，若有管道交叉，则小管让大管，有压管让无压管。

管道穿越楼板的孔洞，要安装套管，立管套管要高出结构地面 10cm。

3）管道的试压与冲洗

管道安装完毕后，应进行水压试验。试验过程中，关闭进出设备的水管阀门，冷冻水管的试验压力为工作压力的 1.5 倍，冷却水管的试验压力为工作压力的 1.25 倍。试压合格后，管网放水冲洗。

对于本空调系统来说，管路试压冲洗相当复杂，由于管网较大，充水时间长，一次性灌水量太大，而且依靠试压机打压时间可能很长，如果施工条件允许，施工时准备采用分回路法试压冲洗。

冷冻水系统分五个回路，各回路中分层、分栋试好压之后就可以整个回路试压冲洗。由于工程工期紧，冲洗量大，按常规采用主机房的水泵一次性集中冲洗可能不能满足工期要求，所以应考虑采用临时冲洗水泵，通过将回路中供回水管连通，设置过滤装置，通过启动临时电进行冲洗，经过多次冲洗之后当达到设计水质要求时就可以并入总管网。冲洗时，要与给水排水专业协商临时取水点，因为各回路的管网都较大，冲洗次数较多，用水量大，必须有足够大的快速补水管才能满足冲洗补水量，节约冲洗等待时间。

各回路分别冲洗完并入总管网之后可以进行整个管网冲洗，由于各回路已满足使用要求，整个管网冲洗只是冲洗一些未冲洗到的部分，所以大大降低了冲洗的冲洗次数，节约了冲洗时间。总管网冲洗方案可参见相关内容。

冷却水系统冲洗相对比较简单，由于管路相对比较短，且水管管径较大，故只能通过主机房冷却泵来冲洗，通过结合电子过滤器反冲洗和清洗冷却塔多次即可以达到使用要求。

水系统冲洗是相当复杂，实施前还要根据实际情况制定切实可行的冲洗方案，确保冲洗效果。

4）管道油漆、保温

冷冻水管道试压合格后，可进行保温。本工程冷冻水管的供回水温度分别为 5℃、15℃，相对于普通空调工程，本工程冷冻水供水温度较低，其保温要求较高。

保温材料选用亚弗罗闭泡保温材料，根据室内环境及亚弗罗闭泡保温材料性能参数、供回水不同的工况确定保温材料厚度，详见表 2.1.3-1。

保温材料厚度选用表 **表 2.1.3-1**

管径（mm）	亚弗罗保温材料厚度（mm）	管径（mm）	亚弗罗保温材料厚度（mm）
冷冻供水 *DN*20～*DN*60	25	冷冻回水 *DN*20～*DN*100	20
冷冻供水 *DN*80～*DN*125	32	冷冻回水 *DN*125～*DN*1200	25
冷冻供水 *DN*150～*DN*1200	38	冷凝水	20

管道、管托和阀门的保温密封性比较关键，质量的好坏影响到日后的运行维护的难度，管道与管托要求用沥青膏进行掐缝处理，故要求用经验丰富的保温班组担当此项工作。保温后，管道外观圆滑、美观，保温层牢固。冷却水管安装完成后需刷面漆两遍，注意，外露管道及支架要采用醇酸油漆。

(3) 空调冷凝水管施工方法

1) 空调冷凝水施工流程

本工程冷凝水管采用镀锌水管，丝扣连接，工艺流程如下：

现场测量 → 开料 → 支架制作安装 → 立管安装 → 支管安装 → 灌水试验 → 保温

2) 施工前准备

施工前管材应进行检查，管材不得有弯曲、锈蚀、重皮现象。

管道安装所需要的基准线应测定并标明，如吊顶标高、地面标高等。

3) 支架安装

管道支架安装应正确、牢固，钢管水平安装支架最大支承间距符合规范要求。

对立管支架的要求：

层高 $H \leq 5$m 时，每层设一个；

层高 $H > 5$m 时，每层设二个。

(4) 管道安装

①冷凝水管道的横管与横管、横管与直管的连接应顺畅，并且应有不小于1%的坡度坡向排水方向。

②管道成排安装时，应相平行，等距离。

③丝扣连接螺纹应清洁、规整，无断丝，并连接牢固，管螺纹根部外露2～3个螺纹扣，清除外露油麻及生料带，并刷滋漆进行防腐处理。

(5) 灌水试验

干管安装完毕后应做灌水试验，出口用充气橡胶堵封闭，封闭其余入口，进行灌水，达到不渗漏及水位不下降为合格。

2. 空调通风及消防排烟系统

(1) 系统概况

1) 空调风系统

大空间展览厅采用风柜和诱导风机等组成的全空气系统，风柜集中式一次送风，经诱导器二次加压送风供冷。冷风柜机布置于展厅两侧，诱导器不带冷，安装于展厅上空，室内冷负荷由风柜的一次送风承担，诱导器只负责将一次送风与二次回风混合后层层加压进行长距离地输送，以保证大空间展厅的气流组织。

写字楼、洽谈室等小房间采用风机盘管加新风半集中式供冷；餐厅及走道等公共区间等采用风柜机处理加新风的集中式供冷。新风由风井送到五层新风机房，经集中处理到所需状态参数后，再通过竖井送至各层末端设备。设备用房及卫生间设独立的排风系统。

2) 防排烟及加压送风系统

①前室、楼梯间防火系统。前室、楼梯间采用加压送风系统，风机设于顶棚，通过风井送到各层送风口。前室、楼梯间每层均设有加压送风风口，其中楼梯间为常开送风百

叶，前室为常闭加压送风口。当发生火灾时，前室及楼梯间加压风机启动，着火当层以及上下两层的前室送风口打开，对前室及楼梯间进行加压送风，以防止烟气进入疏散通道。

②架空层、前室较长的消防通道均设有加压送风系统，以保证其压力高于车库及其他用房，防止烟气窜入。

③自然排烟系统。首层、二层展厅、珠江散步道均为自然排烟，在展厅两侧幕墙顶部设自动排烟窗，火灾时自动开启，每个自动排烟窗系统分别带动16～24个排烟窗。平时可以兼作散热用，每个展厅安装有一个气象开关，根据天气的变化控制排烟窗开启状态，智能化程度相当高，也是安装调试重点部分。

④机械排烟系统。地下车库等采用风机进行送、排风及排烟。电房、机房及首层卡车场等处（主要集中在地下室的东北边处）采用排风/排烟风机进行排风排烟。

架空层展厅火灾排烟系统与平时空调系统合用风管，火灾发生时通过电动密闭阀将平时送风管道转换为排烟系统。

3）空调系统风管施工难点

①展厅环柱风管制作安装及保温。由于风管分四等分围圆柱安装，风管靠柱一面的保温及法兰拧螺栓相当麻烦，而且风管固定形式如何必须等装修确定后共同讨论才能确定。初步考虑采用风管在地下组装完并保温之后再整体吊装的施工方法。

②架空层展厅中空调与排烟共用管路系统的安装与调试。架空层为了节省管路安装费用及空间，设计院采用空调与排烟合用系统方案，并通过大量的电动密闭式调节阀与消防中心联动来转换管路的功能，由于排烟管道风速相对较高、温度较高（70℃以上），所以施工过程中必须要加强风管的强度及采用耐高温材料作为法兰密封材料和设备软接；电动密闭阀必须密闭性及电动机械性能好，才能满足排烟要求。

③地下室架空层空调风管管径较大，管线较多，交叉部位多，如何综合排管及如何确保架空层净空是施工前重要任务之一。在施工前，各专业负责人要及时组织协调，合理安排各种管线的标高及走向，局部地方必须设计布管详图，通过专业讨论再进行施工，原则上考虑空调水主管及风管等大管先进行施工，后安排小管线施工。

④空调工程高空作业多，尤其是展厅中净空较高，空调风管的吊装有一定的难度。考虑采用移动式平台，另出专项方案。

（2）镀锌风管施工方法

镀锌风管用于空调送、回风系统及部分排风系统。

1）镀锌风管施工流程（图2.1.3-3）

2）工艺措施

本项目的大部分通风管道由风管生产线加工成机制风管组件，在现场组装；少部分非标风管将在现场制作。

①风管手工制作。经检验合格后的镀锌钢板，按表2.1.3-2的要求，对不同规格的风管采用按规范要求的不同厚度的板材。在熟悉图纸风管的尺寸和布局的基础上，由熟练的技工师傅放线开料，保证风管的外观尺寸及管道的规范化。

风管法兰按照图纸规定的系列规格统一制作，法兰的螺栓孔采用钻床钻孔，法兰的成型焊接也采用专用模具进行定位焊接，以确保同一规格的风管法兰具有互换性。

钢板开料后，由熟练铆工进行压加强筋、咬口、折弯等工序进行风管的制作，咬口处应严密。制作成型后，将法兰固定于风管两端，并在两法兰面平行风管和法兰翻边铆接时，翻边应平整、宽度应一致，且不应小于 6mm，并不得有开裂和孔洞。风管与法兰的共同制作关键点是材料开料的准确和制作场地的平整，制作好的风管不得有扭曲或倾斜。风管制作好后根据系统进行编号。

矩形风管钢板厚度及法兰选用表 **表 2.1.3-2**

矩形风管长边尺寸（mm）	镀锌钢板厚度（mm）	法兰角钢规格
80～320	0.50	L25×3
340～630	0.60	L25×3
670～1000	0.80	L30×4
1120～2000	1.00	L40×4
2200～4000	1.20	L50×5

②机制风管的拼装工艺。

a. 按出厂编号找出同一段风管的对应预制件。

b. 把预制件平正地放在水平放置的角铁框上，用抹布抹干净。

c. 由于风管的折弯角度，咬口风管在运输过程中可能有变形，因此，在装配前必须对咬口和法兰进行调整。

d. 用螺钉批将风管件咬得过紧的咬口调整到适合的位置。

e. 有咬口的一端插入法兰角，并打上密封用的玻璃胶。

f. 把单骨拍入双骨中。

g. 重复以上工作，将另一面进行咬合。

③风管安装。风管管段间的连接采用无法兰和有法兰两种连接方式。无法兰连接用于边长较小(≤630mm)的风管，常用为C形插条连接；法兰连接用于边长较大(＞630mm)的风管，有普通角钢法兰及TFD机制专用法兰（采用弹簧夹连接，图 2.1.3-4）两种形式，法兰间应垫密封胶条。

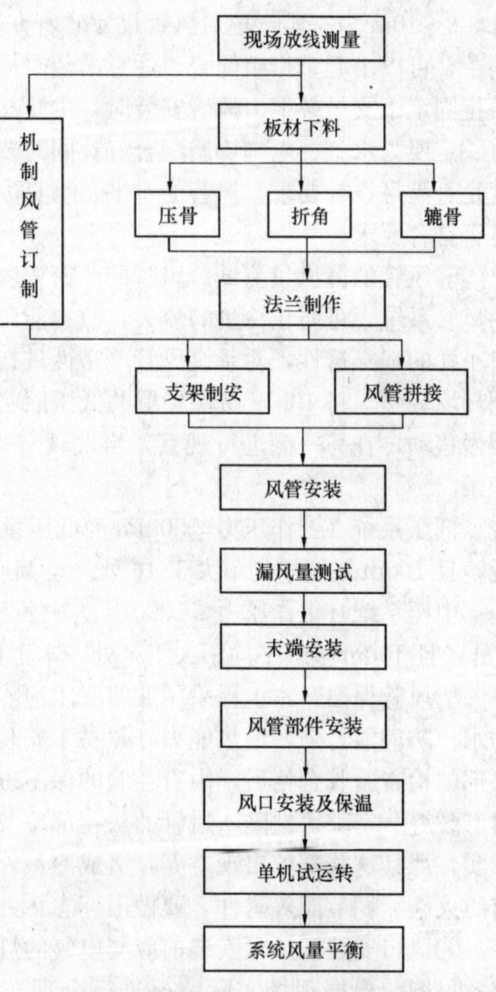

图 2.1.3-3 镀锌风管施工流程

④支吊架制作安装。根据规范的要求，对不同规格的风管采用不同大小的支吊架。吊杆的长度要根据风管的尺寸和安装高度，以及楼层梁的高度来下料加工。吊杆的吊码用角钢加工，吊杆的末端螺纹长度要满足调节风管标高的要求，吊杆的顶部与角钢码焊接固

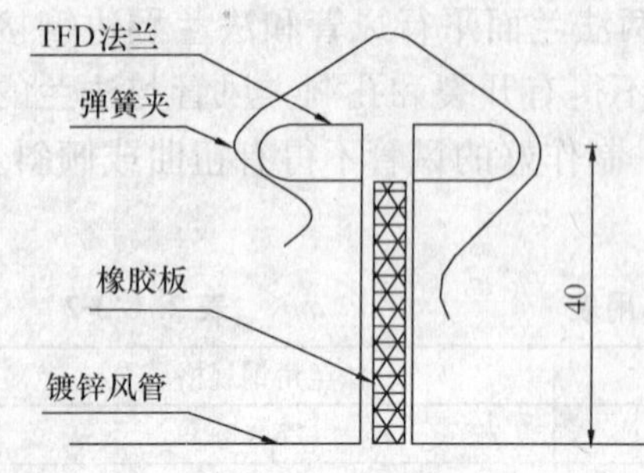

图 2.1.3-4　机制风管弹簧夹连接示意图

定，吊杆油防锈漆和面漆各两遍。吊杆制作好后，就可以根据风管的布置方位进行安装，支吊架设置时要避开风口、阀门、检查门、自控机构和风管法兰，同时为了防止风管摆动应在适当位置设防晃支架；支架间距应符合如下要求：a. 风管水平安装，直径或长边尺寸小于 400mm，间距不应大于 4m，大于或等于 400mm，不应大于 3m；b. 风管垂直安装，间距不应大于 4m，每根立管固定件不少于 2 个。

⑤风管吊装。根据设计图纸和国家规范的要求，进行风管安装。风管安装前，做好组装件的清洁工作之后，根据图纸风管各系统的分布，按照制作好的风管编号进行排列、组合，8～10m 为一段，核对风管尺寸，所在轴线位置符合图纸后，方可吊装。吊装用手动葫芦，可以由起重班组配合，注意吊装时风管的平衡升降，以防侧滑或倾倒。风管用角钢横担固定于支吊架上。风管安装时，主管尽量贴大梁底，支管也尽量向高安装。交叉作业时一定要与水施、电施协调配合好，同时要注意安全。风管安装好后，检查风管的安装高度是否满足设计要求，风管的水平、垂直度是否符合规范要求，支架是否歪斜，支架间距是否符合要求。

⑥风管的漏风量测试。风管的严密程度是反映安装质量的一个重要指标，经测试合格的风管系统，可防止冷量的流失，节省能源。风管漏风量测试采用漏光法，它是运用光线对小孔的强穿透性，对系统风管严密性进行检测的一种方法。检测应在晚上进行，保证四周环境较暗，将 100W 带保护罩的低压照明灯置于风管内侧或外侧，沿检测部位与接缝作缓慢移动，在另一侧进行观察，当发现有光线射出，则说明查到明显漏风部位，并做好记录。

低压系统（工作压力≤500Pa 为低压系统）抽查 5%，每 10m 接缝漏光点不应多于 2 处，且 100m 接缝平均不大于 16 处。空调通风系统都属于低压系统。

中压系统（工作压力≤1000Pa 为中压系统）抽查 20%，每 10m 接缝漏光点不应多于 1 处，且 100m 接缝平均不大于 8 处。本工程的防排烟系统属于中压系统。

⑦风管保温。本工程采用亚弗罗闭泡隔热保温材料，主要原料为三元乙丙胶，其具有防水、防潮能力强，绝热能力好，易于安装及外形美观等优点。空调风管安装好后，经有关部门检查验收合格后，由有经验的保温班组进行保温工作。保温层安装应平整密实，不得有裂缝、空隙等缺陷，风管的法兰部位及防火阀、调节阀等部件一定要用软质保温材料填实，严禁这些部位出现空壳，造成冷量外传导致结露现象；同时，风管保温过程中，如有防火阀、调节阀等附件，要做出标志，并不得影响其操作功能。

⑧风口安装。风口安装前应与电气的灯位、烟感、喇叭及消防的喷淋对照，并绘制安装效果图，根据现场实际情况进行合理布局，既满足工艺使用要求，又能满足装修的效果。

风口安装时要配合装饰天花进行，无天花的按系统的需要进行。风口与风管连接要严密，风口布置根据设计图纸，尽量成行成列，风口外观平直美观，与装饰面紧贴，表面无凹凸和翘角。

3）系统调试

空调通风系统在水通、电通、风机设备单机测试正常后，现场场地清洁干净，风口安装完毕，就可以对风系统进行风量平等的调整工作。

（3）无机玻璃钢风管施工工艺

现场放线测量→成品订制→法兰钻孔→支吊架制作安装→风管拼装→法兰边密封→

漏风量测试→风管附件安装→风机安装

无机玻璃钢风管运用于排烟及加压送风系统。无机玻璃钢风管是以氧化镁、氯化镁为基本材料，用玻璃纤维布为增强材料，加入无机化工材料进行水反应而制成的一种新型防火管道，它具有遇火不燃、无烟、无味、无毒、耐腐蚀、强度高等优点。

无机玻璃钢风管交由专业的定点厂家生产，由于本工程中风管生产量大，风管的尺寸较大，如果车间生产无法满足施工进度要求时，考虑采用现场制作与车间制作同时进行的方式，对于风管尺寸较大的直接在现场制模生产，尺寸较小的采用车间生产，这样既可以节省运输的费用，同时可以节省施工的时间，大大提高施工效率，确保施工工期。施工队伍确定后可以在架空层适当位置搭建加工场，具体布置将根据生产要求提供详尽的方案。

1）施工流程

2）工艺措施

①风管制作。专业生产厂家在熟悉图纸的同时要根据现场的实际情况测量尺寸，并根据实际尺寸进行风管模具的制作，然后再用合成树脂、玻纤布和填充料制成玻璃钢风管；风管应按表 2.1.3-3 的要求，对不同规格的风管采用规范要求厚度的板材。

玻璃钢风管板材厚度选用表 **表 2.1.3-3**

矩形风管长边尺寸（mm）	壁厚度（mm）	矩形风管长边尺寸（mm）	壁厚度（mm）
≤200	2.0～2.5	670～1000	4.0～4.8
250～400	2.5～3.2	1060～2000	4.8～6.2
420～630	3.2～4.0		

玻璃钢风管及配件不得扭曲，内表面应平整光滑，外表面应整齐美观，厚度均匀且边缘无毛刺，并不得有气泡、分层现象；法兰与风管或配件应成一整体，并应与风管轴线呈直角；法兰与矩形法兰两对角线允许偏差不应大于 3mm。

玻璃钢风管法兰材料规格应按表 2.1.3-4 的规定。

玻璃钢风管法兰材料规格（mm） **表 2.1.3-4**

风管直径或长边尺寸	法兰规格（长×宽）	螺栓规格
小于 400	30×4	M8×25
420～1000	40×6	M8×30
1060～2000	50×8	M10×35

②玻璃钢风管的安装。风管到达施工现场后，把风管排好，并用手枪钻打好连接孔。把钻好孔的风管用 M8（风管长边尺寸大于 1000mm 时，用 M10）的镀锌螺栓连接成 2～3 节一段，法兰间用防火的石棉橡胶板作垫料。大管用手动葫芦吊装，小管可在人字梯和脚手架上用人工安装，吊杆用 ϕ10 圆钢，一头套螺纹，一头用 L50×5 角钢钻孔后焊接，横杆用 L40～L60 角钢，风管长边大于 2500mm 以上用 8 号槽钢。

玻璃钢风管相对比较脆，安装前一定要检查好风管是否有扭曲、树脂破裂和脱落现象，并及时做好修复工作。连接法兰时要在螺栓两侧安装镀锌垫片，法兰中间采用石棉绳或石棉橡胶垫片进行密封，确保风管严密性。

③风管漏风量测试与上节测试相同。

3. 空调及通风设备安装

(1) 冷却塔安装

本工程冷却塔采用玻璃钢冷却塔，有 6 组共 39 台。必须重点保证这些设备的安装工艺，制定完善的技术措施和施工方案，确保工程的顺利进行。

1) 施工流程

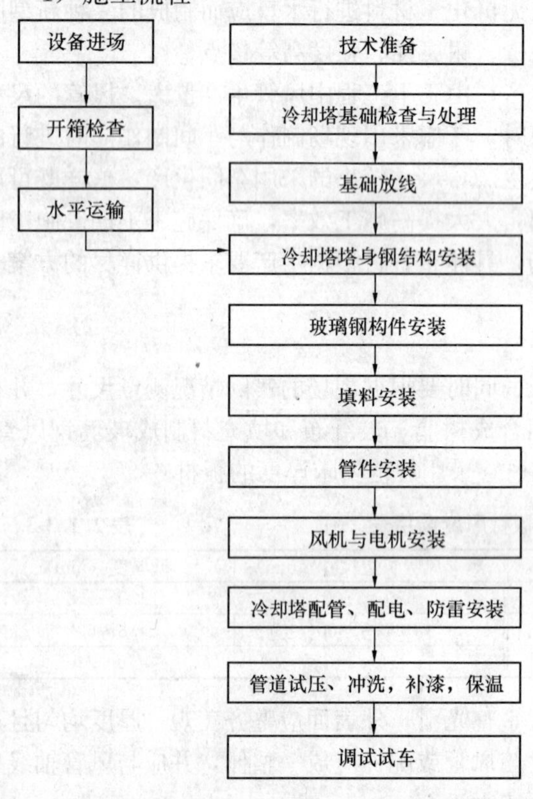

2) 注意事项

①为避免在施工中发生火灾和其他事故，故冷却塔施工动火要有严格防火手续和措施，并应严格按先施工金属构件后施工易燃构件，先施工上部后施工下部的顺序进行。

②安装完成通水前，应先清除管道内杂物，保证塔内无建筑垃圾，并应对管道、水泵、换热设备、集水盘等循环水道进行全面清洗，以免杂物阻塞管道及设备。

③所有管道自重不要让冷却塔承载，应做独立的支架承载管道负荷。

(2) 风机盘管安装

1) 风机盘管安装前应进行单机绝缘检测和三速试运转，检查是否有碰壳或其他异常情况。

2) 风机盘管的安装力求水平，方便调整及拆卸，可采用膨胀螺栓吊架固定。

3) 空调水管与风机盘管的连接采用金属软管，以便拆修，接管应顺畅，连接处应严密，严禁渗漏。

4) 凝结水管与风机盘管的连接，可采用透明胶管，以观察凝结水泄漏情况，透明胶管不得折弯。

5) 凝结水水平管的坡度不小于 0.01，泄水往指定地点，安装完毕后应进行通水试验，确保排水顺畅。

6) 风机盘管与风管、风口的连接必须严密。

7) 手动放气阀的出口应用接管接往凝结水盘。

(3) 诱导器安装

诱导器安装于首层、二层大展览厅，作为风柜送风的二次加压送风。诱导器工作原理为：经过风柜集中处理的一次风首先进入诱导器的静压箱，然后以很高的速度从喷嘴喷出，在喷射气流的作用下，诱导器内部形成负压，可将室内二次风诱导进来，再与一次风混合形成大开间的送风。

由于二层展厅层高较高，且与屋架施工单位交叉作业，安装难度相当大，诱导器与屋架单位安装导风板配合施工要有明确的程序，才能确保诱导器的安装效果。

1）装前应逐台进行质量检查

①机组到位时，应首先检查风机的绝缘和进行风机的试运转，确保无碰壳或其他异常情况。

②各连接部分不能松动、变形和破裂。

③喷嘴不能脱落、堵塞。

④一次送风调节阀应灵活可靠，并调到全开位置，以便于安装后的系统调试。

2）卧式诱导器吊装

①二层卧式诱导器吊装于屋面框架上。

②搭设脚手架，详见超高移动操作方案及使用说明。

③用吊杆固定于机电联合支架上，详见大跨度支架制安方案。

(4) 柜式空调机组、风机安装

1）空调柜机的安装地面应平整、牢固，就位尺寸正确，连接严密，四角垫橡胶减振垫，各组减振垫承受荷载应均匀，运行时不得移位，详见图 2.1.3-4、图 2.1.3-5。

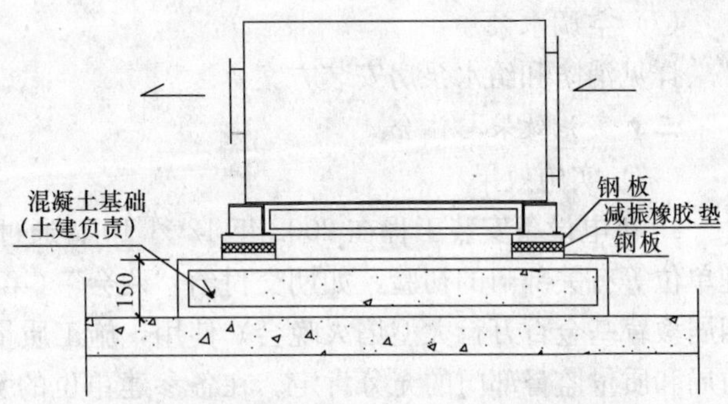

图 2.1.3-4 坐地式风机（风柜）安装图

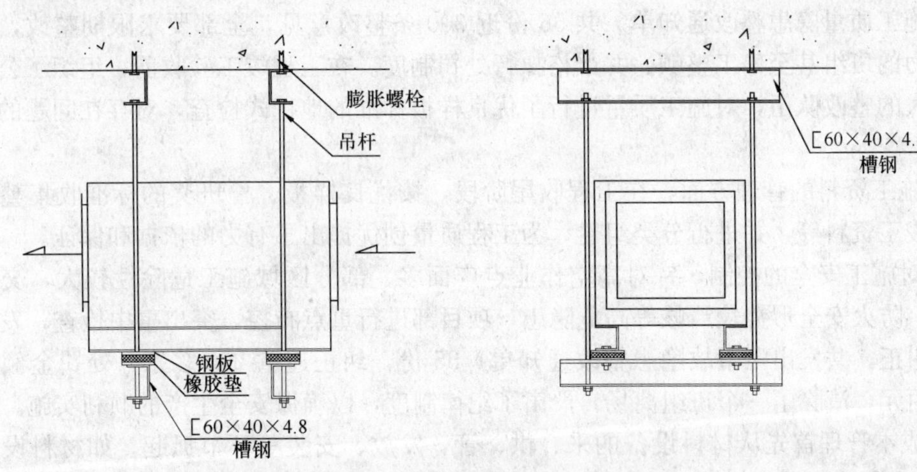

图 2.1.3-5 吊顶式风机（风柜）安装图

2）与机组连接的风管和水管的重量不得由机组承受。

3）风机、风柜进出口与风管的连接处，应采用帆布或人造革柔性接头，接缝要牢固严密。

4）空调水管与机组的连接宜采用法兰式橡胶软接头，以便拆修，机组外水管应装有阀门和压力表、温度计，用以调节流量和机修时切断水源。

5）凝结水管应有足够的坡度接至下水道排走。

6）机组内热交换器的最低点应设放水阀门，最高点设排气阀。

（5）消声器安装

1）消声器运输、安装时不得损坏，充填吸声材料要均匀，不得下沉，面层要完整牢固，消声器安装的方向应正确。

2）消声器保存过程中最主要是要做好防潮工作。

3）消声器片安装务必牢固，以防使用后跌落，片距要均匀。

4）消声器与风管的连接严密，消声器外用2.5cm厚亚弗罗闭泡材料保温。

5）消声器应单独设支架，其重量不得由风管承受。

（6）空调冷水机组

详见空调主机房施工方案。

（7）空调水泵

详见消防和给水泵房安装方案。

三、实施效果与体会

（一）实施效果

1. 机电设备安装工程在2002年12月10日通过了设计单位、建设单位、工程项目监理单位等有关部门的初验，如期交付给“两会”（第五届中国留学人员科技交流会，市第四届教育基金百万行大型焰火晚会）使用，施工质量、安全等方面得到业主、监理、市消防局和质量监督部门的充分肯定。在各参建单位的努力下，该工程获得2005年度“詹天佑土木工程奖”和2005年度“全国十大建设科技成就奖”。

2. 使质量和安全一票否决权，对出现质量隐患苗头的班组，质安部立即加以控制，下发《施工质量隐患整改通知单》共56份近300条整改意见，全部要求限期整改，对于整改不力的班组甚至停工整顿，并严格执行处罚制度。在工程竣工验收前，组织了公司历来最庞大的整改队伍，对施工质量进行了优良样板标准的地毯式检查，对存在问题的限期整改。

3. 施工资料的管理方面，在工程收尾阶段，按优良样板、鲁班奖的标准收集整理竣工图、竣工资料等，并进行分类组卷，为工程质量创优提出了有力的依据和保证。

4. 对施工安全的控制，针对高空作业点广面多、部分区域施工危险性较大，交叉作业严重，防火安全形势较严峻等高危隐患，项目部进行重点布控，突出事中检查，发现问题即时纠正，共发出《事故隐患整改通知单》35份，纠正违章200多宗，处罚金额壹万陆仟肆佰元，清除了一个班组离场，严肃了纪律制度，以确保安全生产的顺利实施。

5. 成本管理首先从材料设备的采、供、管、发放、安装等环节抓起。如材料设备以总量计划为控制目标，以分期计划作控制对象，实现长计划短安排，以减少资金积压和浪费；材料采购做到货比三家，在保证质量的前提下仍控制在预算价格范围内；对供货商和产品进行资质和质量评审，层层把关，有效杜绝了不及格品的流入；对人工费的开支实施班组承包，提高劳动生产率，改进革新技术工艺，打破“铁饭碗”，提高工时利用率。

（二）大力推广、大胆使用“四新”产品

1. 三相不间断电源（EPS）成套应急供电设备，分布于各区各楼层。不间断用电设备（台电梯、消防送排风机等设备）旁，主要根据设备容量配置，能确保用电设备在正常用电停止后应急供电两小时以上，安装布置简单灵活，供电质量较高、较稳定，可大幅度减轻变配电设备和应急发电机组的装机容量，以及线路电缆敷设安装等投资成本，特别适合大型项目，远距离配电使用。

2. 多功能活塞式缓闭水泵控制阀，具有遥远控制、缓闭止回、抑制水流湍动等功能，主要体现在水泵电机完全启动运行后才遥控开启，停泵前先遥控关闭阀门后才关闭水泵电机，达到水泵电机零负载启动和关闭。从而有效控制电机的启动电流，延长电机的使用寿命。

3. 流量平衡阀，具有精确的定量控制，确保实际流量符合设计和系统管网使用要求，从而有效控制设备超载，延长设备使用寿命，特别适合中央空调水系统管网使用。

4. 诱导送风机，具有定风量、低风速诱导送风功能，在国内民用建筑中央空调送风系统上从未使用过，该产品能灵活设置、占用空间小、不影响整体建筑装修效果，特别适合大面积、大空间、长距离、特殊吊顶装修效果等场所使用。能实现无管道送风，大大降低基本建设的投资成本。

5. 沟槽式管道连接配件，本工程主要应用于消防水系统管道设备连接，具有安装更换方便、密封性良好。管道采用专用机械压槽、开孔，加工后的管道不破坏保护层，有效提高送水质量，是一种支持环保的材料。

6. 虹吸式（压力流）屋面雨水排水系统，是利用“伯努利”定律，采取周密的计算，充分利用屋面和地面的高度差的能量产生虹吸作用，使系统在满流状态下快速排泄雨水。该系统比传统式屋面雨水排放系统有着明显的技术优势和经济成本价值，既不破坏整体建筑效果，又能达到雨水的及时收集与排放。

7. 中央空调系统主机房管道设备安装。该系统采用大温差、大流量循环形式，冷冻供、回水温度分别为5℃、15℃，温差达15℃，不同于一般的冷冻水温差15℃，这对于主机房的设备、管道、系统要求较高，设置的管径相应较小，保温绝缘要求较高。另外，还采用变水量定温差二级泵供水形式；空调水电子水处理器的应用；机电一体化式变频风机、风柜；智能定时、自动分析环境气候，自动分区园林喷灌系统；自动变频稳压供水设备；矿物电缆、预分支电缆；大（约100m^2，高12m）中型移动式高空作业工作平台的研制使用；大型管道（*DN*1300，*DN*100）限高5m、限宽4m敷设采用滑动送管吊装装置等应用。

2.1.4 火车站地下广场机电安装工程施工组织设计

一、工程概况

（一）项目简介

某火车站的北广场工程主要由地下车库、下沉式广场和地下通道组成。地下车库为地下二层结构，基底标高为－14.600m（相对标高）（±0.000m相当于绝对标高6.530m，现有场地标高为3.800m～4.800m），地下室顶板标高为 －3.000m，覆土厚度为1.5m，车库面积约为72200m^2（地下一层33200m^2，地下二层39000m^2），地下通道为地下一层，基底标高为－9.400（相对标高），地下通道顶板标高为－3.000，覆土厚度为1.5m，地下通道面积约为2500m^2，下沉式广场为地下车库与主站屋北出站大厅的连接区域，基底标高约为－7.000 m（相对标高）。主站屋北出站大厅与下沉式广场的沉降缝设在车道隔离带的中心部位，从该部位至北广场地下车库所围区域的面积为4067m^2，地下车库与下沉式广场及与地下通道之间均采用沉降缝断开，断缝位置均有防水措施。

火车站的南广场工程主要由下沉式广场、地下商场、地下车库和地下步行通道组成。南广场整体地面标高－2.00m（相对标高±0.00m，相当于绝对标高＋6.53m，下同）。地下室顶板标高－3.50m，覆土厚度1.5m；地下一层基底标高－8.90m，包括商场、办公、车库、仓库、地下通道、控制中心、空调机房、配电间、楼梯间、地面出入口、卫生间等。地下二层基底标高－14.00m，包括商场、办公、车间、地下通道、空调机房、配电间、排水泵房、柴油机房、变配电间、楼梯间、卫生间、冷冻机房、消防水泵房、雨水泵房、隔油设备机房等。半圆形下沉式广场为地面进入地下商业层的主要入口，使地下与地上、室内与室外空间自然过渡。地下商业层设于广场及斜坡绿化下，地下一层约10221m^2，地下二层约10099m^2（包括营业及辅助面积）。地下车库位于南广场地下二层，约7196m^2。地下步行通道沟通地铁一号线南站站、轻轨L1线南站站、轻轨明珠线南站站、南广场公交枢纽站、长途及近郊汽车客运站。

（二）机电安装工程承包范围

(1) 给排水：生活给水系统、热水系统、冷却循环系统、重力排水系统、真空排水系统等。

(2) 消防给水：消火栓给水系统、自动喷淋给水系统等。

(3) 动力：天然气供应系统（室内部分）、柴油发电机组及供回油、排烟系统等。

(4) 电气：变配电系统、动力配电系统、照明配电系统、应急电源系统、防雷接地系统等。

(5) 弱电：BAS建筑设备自动化系统、火灾自动报警系统、综合布线系统、有线电视系统、电视监控系统、广播系统、电话通讯系统、安保系统等。

(6) 暖通：蓄冰系统、电蓄热系统、空调风系统、消防排烟系统和加压系统、空调水系统、独立空调（分体式空调或VRV空调系统）等。

（三）建设要求

1. 质量标准

国家施工验收规范规定的优良标准，并达到市优质工程“白玉兰奖”

2. 合同工期

(1) 进场日期：2003年7月2日。

(2) 竣工日期及具体节点：

①配合总承包完成2004年9月28日地下结构和二结构施工；

②确保2005年8月30日机电设备按使用要求完成，分系统具备调试条件；

③确保配合其他专业单位于2005年12月31日整个工程竣工。

3. 合同金额

本工程合同金额暂定为人民币柒仟零贰拾万元整（70，200，000元）。

4. 质量目标

实行创优目标管理，确保工程质量达到优良标准，达到市优质工程“白玉兰奖”。

5. 工期目标

本工程机电设备安装开工日期为2003年7月2日，计划2005年12月31日整个工程竣工，总工期913天。

6. 安全文明施工目标

建设文明标准化工地，争创集团级、市级文明标化工地。

优化施工组织设计、施工方案，应用适合于本工程的先进施工技术及工艺，将施工的风险程度降低到最小。

(四) 现场条件

(1) 勘察现场测量基准点的位置。

(2) 了解现场水源、电源及排水设施的配置情况。

(3) 了解业主对现场临时设施的规划部署。

(五) 资源条件

1. 劳动力准备

根据前期的预留预埋工作面广、量大、密切跟踪土建施工进度的特点，项目部将配置技术素质高的管道专业施工队和电气专业施工队。

2. 检验测量设备、仪器准备

根据施工进度总体计划安排，结合该工程前期预留预埋及部分安装工作的特点、施工规范、质量验收统一标准和各专业的工艺施工要求，确定检验、测量设备、仪器配置计划。

3. 材料准备

(1) 根据设备材料分供清单，真空卫生系统，潜水泵，冷却塔，锅炉，空调水泵，泡沫灭火装置，不锈钢储热槽，餐饮、污水处理设备，冷水机组，换热器，空调箱，蓄冰装置，消声设备，柴油发电机组，中压柜，低压柜，变压器，计量直流柜，消防报警系统，灯具，弱电设备均为甲供，其余材料乙供。

(2) 设备材料入库时，应确定其质量状况，材料检查结果应在《收料记录》中登记，设备检验结果在《设备开箱检查记录表》上予以记录。对于甲供材料仓储工作若由乙方负责，双方另订设备管理服务协议。

(3) 物资采购部门及时按计划组织材料进场，同时根据施工进度编制甲供要料计划，送甲方物资部门实施。

二、摘选主要施工方案

(一) 车站杂散电流腐蚀防护施工方案

1. 工程概况

南站改建工程主要是将原地铁一号线地面站改建为地下车站，在地铁列车运行过程中，作为牵引车辆运行的动力是直流供电系统，额定电压为 DC1500V，额定电流达 3000A，这 强大的直流牵引供电系统所产生的杂散电流（也称地铁迷流），将对地铁沿线各种金属造成严重腐蚀。而在地铁直流牵引供电系统中，地铁列车直行钢轨是作为直流回流用的，而要使钢轨与大地保持绝缘是很难做到的。因此，流经钢轨的部分直流回流就有可能从钢轨“泄漏”到轨枕路基、隧道结构钢筋和隧道内各种金属构件上去，当迷流流经管道、构件、电缆桥架、电器箱、柜窜回大地时，经过这个管壁部位，电缆金属外皮、金属构架处发生电能作用而受到严重腐蚀。在长达 2.2km 的地铁一号线南站站改建过程中，杂散电流腐蚀防护范围是隧道内、地下车站及地面轨线，防护的原则是“以防为主、以排为辅、防排结合”。

(1) 根据设计要求，车站内接地网设置在车站底板下的淤泥内。车站全长为 274m，接地网引上线（－50mm×5mm 铜排）穿不锈钢保护套管后引入车站电缆夹层内接地母排，然后采用 ZR-YJY-1×120mm^2 电缆分别引至牵引变电所和降压变电所内配电设备的金属外壳作保护接地线和迷流排流。综合接地网材料采用－50mm×5mm 铜排，接地极采用 ϕ50mm 厚壁铜管，标高设置在 －9.175m 以下，接地电阻小于 0.5Ω。

(2) 隧道内，结构钢筋与车站结构钢筋保持纵向电气流通，在隧道结构的伸缩缝或沉降缝附近，将结构钢筋焊接引出结构表面，作为杂散电流连接端子之间不小于 ZR-VV22-1×50mm^2 规格绝缘电缆连接。

(3) 对各种管线敷设在地铁主体结构时（洞体结构、车站建筑结构等），所有支架膨胀螺栓均不与主体结构钢筋相碰，相互距离保持在 50 mm 以上，或利用绝缘材料加以隔离。敷设在道床表面的各种金属管线用素水泥土墩支托，金属管线穿过钢筋结构时预埋绝缘套管后敷设。

2. 施工方法及技术措施

(1) 土建挖土施工深度在㉕轴～㉛轴为 14.75m、①/② 轴～②轴为 14.42 m 时，开始开挖接地沟，接地沟深度必须大于 0.6m。待部分沟挖到要求深度时，打入铜管接地极 3/5 长度，接地铜排－50×5mm 敷设、焊接。待冷却后清除焊渣后，刷一遍清漆，然后打入余下的 2/5 接地极至沟底，最后回填土。

(2) 接地引上线 50mm×5mm 铜排，根据结构底板厚度加 400mm，留出长度为（㉕轴～㉛轴）2.2m、（①/②轴～②轴）2.6m。

(3) 接地引上线保护管采用 ϕ108×4 不锈钢管，中间设一道止水片，止水片厚度为 6mm，长度（㉕～㉛轴）1.5m、（①/②轴～②轴）1.9m。保护管内设 3 档固定铜排用圆形环氧板（厚度 δ10mm，直径 ϕ100mm)，保护管内采用环氧聚酯密封。

(4) 引上线位置在站台中心线两侧（㉕轴～㉛轴）5.4m、（①/②轴～②轴）3.8m，纵向位置按图面标注尺寸施工。

(5) 各种管线敷设在地铁主体结构时（洞体结构、车站建筑结构等）的所有管线支架的膨胀螺栓或预埋铁件均不得与主体结构钢筋相碰，相互距离保持在 50mm 以上。

(6) 所有电缆支架、线槽、桥架支架固定，采用螺栓与支架之间加尼龙绝缘垫圈的方式与结构钢筋绝缘。

(7) 将金属管线设置于距离走行轨 1m 远的位置安装，并在金属管表面涂绝缘涂层(明敷设金属电线保护管表面涂绝缘清漆一层)。

(8) 从排流柜引至道床排流网引出端子的电缆 ZR-VV-1×120mm^2 在牵引变电所夹层内过墙处保护套管采用 ϕ50PVC 管。

(9) 排流柜引至 MB×1～MB×4 的电位测量箱的 ZR-KVV-12（1×2.5）控制电缆在牵引变电所夹层内过墙保护套管采用 ϕ32 钢管，外壁加套绝缘层（阻燃型 PVC 管)。

(10) 车站及区间参比电极采用氧化锌电极，在结构连续墙上钻孔后防水安装。

(11) 整体道床跨接线采用 ZR-VV-1×120mm^2 电缆，采用铜接头冷压方式与整体道床引出 50mm×5mm 扁钢连接。

(12) 整体道床纵向钢筋与 50mm×5mm 扁钢为箍筋焊接时的横截面积不得小于 1200mm^2（土建施工)。

(13) 排流柜设在牵引变电所内，安装基础槽钢与地坪固定采用 ϕ12mm 绝缘膨胀螺栓，保证与结构钢筋隔开，进出排流柜线缆套管外壁垫绝缘层，保证与结构钢筋绝缘。

(14) 从电位测量箱至各参比电极及电位测量点的管线采用阻燃型 PVC 管（ϕ20），沿墙明敷。

(15) 接线箱采用 PVC 材料，当二根管平行敷设时，进线箱为 100mm×100mm×70mm。一根管采用 PVC 明装接线盒做过线箱。

3. 主要工艺过程

铜排在焊接前用 0 号砂皮打磨去氧化层，铜排与铜排搭接长度不小于铜排宽度 2 倍，铜排与接地极（ϕ50mm 厚壁铜管）紧贴铜管表面焊接，ϕ50mm 铜管接地极顶端离泥土面层≥0.6m，接地网铜排在土层内不得水平放置，必须立放。铜排焊接应饱满，无夹渣、气孔等现象。焊接部位清除干净后刷一层清漆，施工完毕做好产品防护措施。

4. 杂散电流腐蚀防护施工工艺流程

（注：不包括土建专业和轨道专业施工范围）

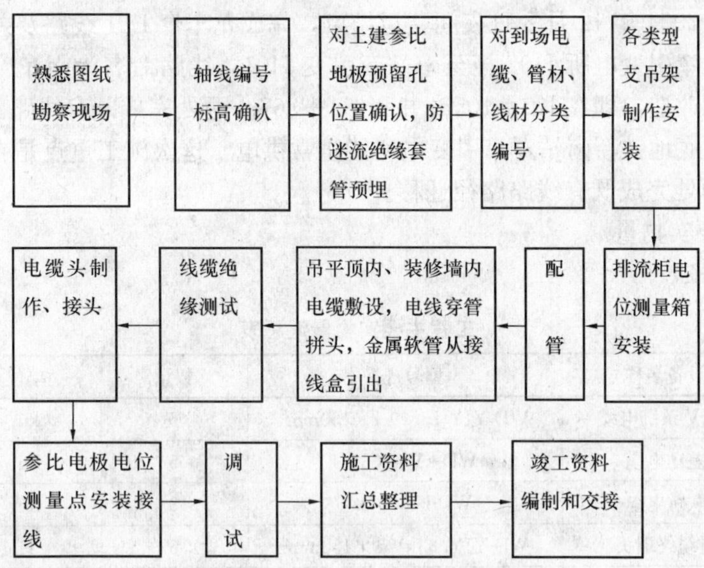

5. 主要施工注意事项

(1) 当电缆敷设交叉不可避免时，应尽可能在电缆的始端或终端进行。为避免减少交叉，事前需认真做好电缆排列图，电缆标牌用不褪色的油性记号笔填写，电缆弯曲半径要符合要求。

(2) 各类型的支架膨胀螺栓与结构钢筋距离≥5mm。

(3) 为使膨胀螺栓嵌入混凝土中牢固，钻头孔径不得大于膨胀螺栓外径 0.5mm 以上。

(4) 剪切 PVC 管应使用塑料管剪刀钳，PVC 管与 PVC 灯头盒连接前必须清除管外壁油污杂物后，均匀涂专用 PVC 胶水后插入。

(5) 电缆进出保护套管处必须用防火堵料严密封堵，防止小动物进入造成事故。

（二）车站降压变电所电缆转接方案

1. 工程概况

南站牵引变电所设两路 33kV 进线，一路由主变电所 H01 柜至南站牵引所 H02a，线路命名为上南牵 Y32；另一路由车辆段牵引变电所 H02 柜至南站牵引变电所 H01 柜，线路命名为南车牵 L31。

既有地铁南站牵引变电所电源接自上体馆站 110kV 主变电站，线路名为上龙牵 Y32，而另一路电源同样来自上体馆站 110kV 主变电站直接通过莲花路站牵引变、车辆段牵引变返送到既有地铁南站牵引变的电缆编号为 L31。为了确保在线路转接前，既有牵引变和新建牵引变同时具有向接触网送电能力，事前将上龙牵 Y32 电缆迁移至新建牵引变。为确保两个牵引变供电的可靠性，临时增设一根 33kV 联络电缆，称之为龙南牵有 Y32 临，新建牵引变所在安装工程结束后，即可进行单项和系统调试，具备向接触网供电能力，既满足线路一次转接，又满足线路二次转接。

本工程将分为两个阶段实施线路改造：

第一阶段：2004 年 10 月 16 日夜间运营结束，完成上龙牵 Y32 线路及差动改造，改造后进线为上体馆主变电所 H01 柜至南站牵引变 H02a，线路命名为上南牵。

第二阶段：2004 年 12 月 8 日夜间营运结束，完成龙车牵 L31 线路及差动改造，改造后进线为车辆段牵引变电所 H02 柜至南站牵引变 H01，线路命名为南车牵；完成上莲牵 Y31 线路及差动改造，即在 K0＋105m 井和 K1＋367m 两处完成既有线路路径迁移。为满足 2004 年 10 月底地铁新南站对牵引变电所能正常供电，这次施工重点是在 K0＋105m 井和 K1＋367m 两处完成既有线路路径迁移。

2. 工程主要实物量

见表 2.1.4-1。

工程主要实物量汇总表　　**表 2.1.4-1**

序号	设备名称	型号规格	数量	单位	备注
1	33kV 系统电缆	WD-YJY-18/30-1×150mm²	6	km	
2	差动电缆	WD-kV-4×2×1	5	km	
3	联跳电缆	WD-kV-7×2.5	3	km	
4	电缆终端头	WD-YJY. 33kV 1×150mm²	6	只	
5	电缆中间接头	WD-YJY. 33kV 1×150mm²	6	只	

3. 施工方案和技术措施

(1) 主电缆判别

本次主电缆割接仅为上南牵 Y32，而其他均为新敷设电缆。故排摸工作只需对 Y32 作出判别。

由于在既有漕南区间上下行共有两回路 33kV 电缆，根据地铁建筑公司提供的前期排摸情况，初步判定上行线靠中隔墙处敷设为 Y32，下行线靠中隔墙处敷设为 Y31（上莲牵），由于 Y31 不列入本次割接范围，所以对 Y32 准确的所在位置判断就非常重要。目前确定排摸方法如下：

①人工排摸加钳型表测量：目前该项工作已经基本结束，初步确定 Y32 为上行线靠中墙处，且线路空载电流为 3～6A。

②调度操作加钳型表测量：夜间运营结束后进入割接区域，通过调度对上龙牵 Y32

和上莲牵 Y31 的分、合闸操作，严格判断出 Y32 电缆位置。为保证该方法有效性，在割接前一天晚上运营结束后进行此工作，并在判断完毕后需在割接点的位置两侧编写对应编号。

③割接当夜应根据地铁项目部明确 Y32 电缆需割接后，并书面下达给上安五分公司《电缆切割指令书》后，才能进行电缆切割作业。

（2）电缆交割施工工序流程

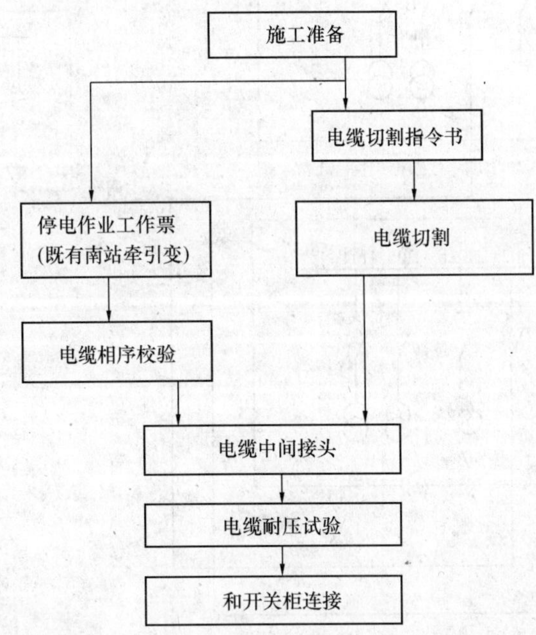

（3）前期施工准备

①既有正线右线（上行线）上龙牵 Y32 线路切割点作业平台在 10 月 15 日前制作完成，放在不影响列车运行处附近。

②电缆切割作业需用高压绝缘劳动防护用品应在 10 月 15 日 16 时前准备就绪。

③电缆切割点和新建正线右线电缆接头点准备临时施工照明，包括临时施工配电箱。

（4）施工关键要求

①既有正线（上行线）电缆切割点切割电缆必须在得到上海地铁建筑工程有限公司《上龙牵 Y32 电缆切割指令书》后，并经上安九分公司调试班检测确认已断电（并放电）的情况下才能进行切割作业。电缆是否带电可采用 FCI-2086 型带电电缆识别仪，或采用九分公司现有电缆识别仪器进行鉴别。操作人员需套上高压橡皮手套、穿上高压绝缘靴、脚垫高压橡皮地毯。

②进入既有南站牵引变对上龙牵 Y32 切割后电缆进行相序测定工作前，必须取得《停电作业工作票》后才能进行操作。

（5）主电缆相序判断

见图 2.1.4-1，用回路法判定 A′点主电缆相序关系。具体如下：在既有南站牵引变内解开 1 号整流变压器进线端（B 点），合上 H02 三位置闸刀，合上 H02 开关，合上 H03 三位置闸刀及 H03 开关，然后在 B 点 A、B、C 三相任意两相加回路电压（可用 3V 电池)，在 A′点处用直流电压表判断极性以确定相序。由于 A′点与 A 点对应电缆有相同的编号，在正确判断 A′点相序后，可校正 A 点的相序，并同时缠绕黄、绿、红三相色带(长度 10cm)。

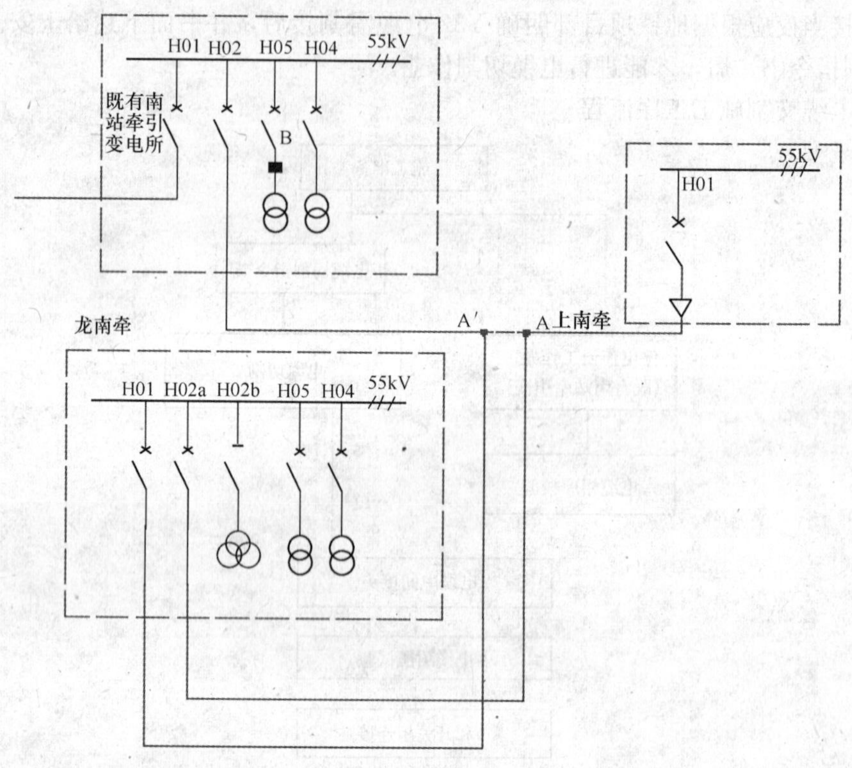

图 2.1.4-1　割接一次系统图

(6) 主电缆试验标准

①上南牵 Y32 新电缆部分耐压试验标准为直流 72kV。试验规则为：终端头制作完毕后进行耐压试验。试验完毕终端头插入高压柜（H02a）。

②上南牵 Y32 整条线路部分耐压试验标准为直流 36kV。试验规则为：利用新南站 H02a 柜测试端子。

③龙南牵 Y32 临新电缆部分耐压试验标准为直流 72kV（电缆终端套塑料袋充 SF_6）。试验规则为：终端头制作完毕后进行耐压试验。试验完毕终端头插入 H01 柜。

④龙南牵 Y32 临整个线路部分耐压试验标准为直流 36kV。试验规则为：利用新南站 H01 柜测试端子。

4. 工程质量保证措施

(1) 33kV 电缆选用的是低烟无卤交联聚乙烯绝缘聚烯烃护套单芯电缆，敷设过程中必须保证电缆弯曲半径大于电缆直径的 20 倍。

(2) 利用能达到电缆曲率半径空间，在接近电缆终端和中间接头附近做好电缆备留裕量。

(3) 单芯电缆沿电缆支架敷设，需按“品”字形排列，每隔 10m 左右距离用尼龙扎带抽紧。

(4) 在电缆终端头、中间接头、转弯处、夹层内、隧道、竖井两端电缆上装设标志牌。

(5) 单芯电缆在电缆支架上的固定夹具不得构成闭合磁路。

(6) 电缆在进出隧道、牵引变电所等应使用防火泥封堵。

(三) 空调系统调试方案

1. 工程概况

南站广场工程北广场地下建筑分为地下一层及地下二层，地下一层建筑面积 35665m^2，地下二层为 35500m^2，建筑总面积约 71165m^2，设置采暖、通风、制冷空调、防排烟及人防通风系统，北广场地下建筑的空调设置独立的冷热源，地下的商业、办公用房及通道均纳入集中空调系统。地下车库设置机械送排风系统（兼消防排烟系统），同时地下室设备用房均设置独立的机械排风系统。

2. 主要施工方法及技术措施

(1) 调试、检测目的

1) 调试目的。通风空调系统经过风管、部件的制作安装及系统设备、附属设备的就位组成了各个完整的系统。为保证业主（建设单位）能够尽早投入使用，必须对系统按施工及验收规范进行试验调整，使单机能够达到出厂性能，使系统能够协调地工作，使各项设计参数达到预定的要求。

2) 检测目的：①空调通风系统测定与调整的目的，就是要检测各空调机组送风量和排风量是否满足设计要求，并按设计要求调整平衡各个风口的风量，以保证室内换气次数、温度、湿度、噪声、空气流速等满足人体舒适性要求。

②为保证工程能达到使用要求，必须对系统按施工验收规范进行检测，使单机能够达到出厂性能，使系统在施工队的调整下达到设计要求。

(2) 调试、检测应具备的条件

1) 调试应具备的条件：

①通风空调工程结束，对工程质量进行检查，必须符合设计图纸和施工验收规范的要求。

②与调试有关的设计图纸和设备资料必须齐全，并熟悉和了解设备的性能及技术资料中的主要参数。

③调试前，必须查清施工方法与设计要求不符合及加工安装质量不合格的地方，并且提出整改意见。

④准备好试验调整所需仪器和必要工具，安排好调试人员及调试配合人员，调试配合人员应包括通风工和电工。

⑤调试期间所需的水、电等动力应具备使用条件。

⑥通风空调设备及附属设备所在的场地土建施工应完工，门窗齐全，场地应打扫干净，不允许在门窗不能封闭及场地脏乱的情况下进行调试。

⑦消防楼梯的门须全部安装完毕并装好闭门器，所有与通风空调专业有关的自控须全部施工到位（尤其是 BOX 系统）。

⑧业主（建设单位）应明确其现场的调试负责人，便于工作的协调和解决试调过程中重大的技术问题。

2）检测应具备的条件：

①通风空调工程结束，工程质量必须符合设计、图纸和施工验收规范的要求。

②有关的设计图纸和设计资料必须齐全。

③机房及附属设备所在场地施工应完工，场地应清扫干净。

④检测时必须有现场通风工、电工的配合。

⑤提供登高工具。

(3) 调试、检测程序

1）调试程序

该工程的风系统设备主要为风机（箱）和空调设备，在调试前需进行外观检查和系统检查。

①外观检查：

A. 风机（箱）和空调机的风机段：

a. 核对风机和电机的型号、规格是否符合设计要求。

b. 检查风机和电机两个皮带轮的中心是否在一条直线上，各部分螺栓是否拧紧。

c. 检查风机进出口柔性接管是否严密，打开系统上全部阀门，并检查各个阀门灵活性，清理机组内杂物，检查风管的通畅性，特别是风机吸入口的障碍物必须清除。

d. 检查各风机皮带松紧程度，过紧会增加摩擦力，皮带易损坏，电机负荷过大；过松会使皮带在轮上打滑，造成风量变小。

e. 检查轴承处是否有足够的润滑油。

f. 用手盘车时，风机叶轮应无卡碰现象。

g. 检查风机、电机的电器设备应符合有关规定要求，达到供电可靠，控制灵敏。

B. 空调机的其他部位：

a. 机组整体外观应无破损、各段之间连接应紧密，检查门应开启灵活且不漏风。

b. 过滤器应无破损及脏污现象，盘管翅片应无倒覆、变形。

C. 风管系统的风阀、风口检查：

a. 关好空调器（风机箱）上的检查门。

b. 主干管、支干管及风口上的多叶调节阀应全开，防火阀应在开启位置。

c. 所有风阀均应启闭调节灵活，有固定装置，并有开关标记。

②试运转。对各风机（箱）空调器的电机进行外壳绝缘、三相绕组平衡、启动电流和电压、转数进行检测调整并记录：

a. 初次启动时，一经启动应立即停止运转，检查叶轮与机壳有无摩擦和不正常的声音，并检查叶轮旋转方向是否正确。

b. 启动时，应采用钳型电流表测量风机的启动电流，待风机正常运转后再测量电机的运转电流，若运转电流超过电机额定值，应将风量调节阀逐渐关小，直至达到额定电流值，防止由于超载而将电机烧坏。

c. 风机运转过程中应用金属棒和螺丝刀，仔细倾听轴承有无杂声，判断轴承是否损坏或润滑油中是否混入杂物。风机运转一段时间后，用表面温度计测量轴承温度，温度值不应超过设备技术文件的规定。

d. 在风机运转过程中如发生不正常现象，应立即停车检查，查明原因并消除处理后再行运转，风机经运转检查正常后便可连续运转，运转时间不得小于 2h。风机运转正常后，应对风机转速进行测定，并将测量结果与风机铭牌或设计给定参数进行核对，以保证风量风压满足设计要求。

③风量平衡。在风机运转正常和通风管网中所有问题都消除后，即可进行风量平衡，这是风量平衡前的一个关键环节。通过风量平衡，可以发现设计、施工或设备上存在的问题，并会同有关方面商议拿出解决问题的办法。

通风空调系统风量测定和调整的主要内容包括风机最大风量及全压值、系统总送（回）风量、新风量及排风量、主风管风量及送（回）口风量，测定的方法一是用毕托管和微压计测量风管内的风量；二是用热球风速仪（叶轮风速仪）测量送（回）风口的风量。

a. 测定的截面位置和截面内测点位置的确定。测定截面的位置原则上应选择气流比较均匀稳定的部位，测定截面及测点的位置、数目应选择适当，考虑到本工程大多为矩形风管，可将其截面划分为若干个相等的小截面，并使小截面尽可能接近正方形，每块面积不大于 $0.05m^2$，而测点应位于各小截面的中心，测点的位置视现场情况而定，以方便操作为原则。

b. 风量的测定顺序。为了检查测定截面选取的正确性，可在开始测量时同时测出所在截面上的全压、动压、静压，并用全压＝动压＋静压公式来检测结果是否吻合。

风量的测定顺序如下：

第一步：用流量等比分配法或基准风口调整法，按设计要求调整送风、回风各主、支管、各送（回）风风口的风量；

第二步：按设计要求调整风机（箱）或空调机的风量；

第三步：在系统风量平衡后，进一步调整通风机的风量；

第四步：经调整后各部分调节阀位置固定并做好标记，重新测得的风量作为最后的实测风量。

风机盘管测定三档风量及风机盘管的噪声。

c. 室内噪声的测定。空调房间噪声测定，一般以房间中心离地面 1.2m 处为测点，较大面积的空调区域应按设计要求，室内噪声测点可用声级计，并以声压级 A 档为准。

测点的选择应注意传声器放置在正确的点上，以提高测量的准确性，对于风机、电动机等设备测点，应选择在距离设备水平 1m、高 1.5m 处测量。

对房间噪声测量时要避免本底噪声对测量的干扰，如声源噪声与本底噪声相差不到 10dB 时，则应扣除本底噪声干扰的修正值。

对于风机盘管噪声，应在安装前试运行，并测出其噪声是否符合实际要求。

2）检测程序

①对施工图纸及施工说明的查阅。

②核对风机和电机的型号、规格是否符合设计要求。

③检查风机和电机皮带轮及各部分是否拧紧。

④检查风机进出口柔性接管是否严密。

⑤用手盘风机看是否有卡碰现象。

⑥过滤器应无破损及脏污现象。

(4) 数据整理与分析

检测全部完毕后，将测出的原始数据进行计算整理，将这些数据同设计和工艺要求的指标进行比较，评价被测系统是否满足要求，同时出具合格调试报告。

三、实施效果与体会

(一) 实施效果

本机电安装工程经过26个月的施工，按期顺利完成了各项施工任务，一次合格，满足了业主对工期的要求，施工组织设计得到了顺利的实施与贯彻，工程质量、工程进度、工程HSE管理、成本控制、工程结算及效益等方面都取得了良好的效果。

(1) 项目管理方面：运用了电子计算机系统对项目运行的各个方面进行了管理。在"三算"对比方面，计算机辅助管理系统显示了它及时、准确的优势，对这样一个大的项目的成本控制起到了十分重要的作用。

(2) 安全管理方面：任何人在任何时间任何地点都没有特例、特权。同时，项目部在安全管理上还坚持全员管理，通过坚持实行以上两个主要的安全管理活动，使得本项目的安全生产始终在受控状态，实现了项目初期制定的安全目标。

(3) 工程成本及效益方面：该工程施工总成本为6500余万元，控制在公司下达的责任成本范围以内，由于施工过程中设计变更较多，工程量增加较大，成本的控制也采取了动态调整的办法，工程结算价达9000万元，项目利润约为2500万元，利润率约30%，取得了良好的经济效益。

(4) 质量控制方面：加强了对关键节点关键部位的质量控制，例如针对本工程风机盘管比较多的特点，特别对风机盘管凝结水排放及供回水管保温等问题进行过多次专项检查，对一些质量通病项目部也给予了足够的重视。另外，在各个工种各个施工单位之间交叉配合上产生的质量问题也花费了大量的力气将其降至最低。多个单体获得了"白玉兰"等质量优质奖项。

(5) 进度控制方面：安装工程特点是工程的高峰期时既要做好与土建配合，也要照顾装饰单位封顶等问题，同时还要保证对弱电单位的供电等，因此工程的高峰期对安装进度的要求相当高，特别是本工程单位工程多，施工作业面大，给工程进度控制带来更大的难度。为此，在工程高峰期没到来前就提早做好准备，仔细分解各工序，调整材料进厂时间，将不影响或对后续工序影响很小的工作尽量在工程高峰期前完成，以减少工程高峰期的工作压力。其次，就是运用先进的网络图法编制工程施工计划，从而找出工程施工的关键线路，以确定关键工作，然后主要针对这些工作来进行进度控制。使得本工程在设备供应不是很及时的不利情况下仍然满足了业主提出的进度要求，提前完成了施工任务。

(6) 项目竣工资料方面：在施工开始前就对此问题给予了重视。在施工的过程中项目部对资料的编制及整理专门咨询了有关人员，从单位工程的划分到资料序号的编排等对资料的编制及整理进行了统一的、严格的要求，避免了一般情况下工程验收后资料混乱局面的发生。另外，在与档案馆的交接上，我们也采取了早动手的原则，在工程还未竣工时就提前到档案馆咨询，还邀请档案馆人员到现场指导，以保证资料的齐全和规范。使得本工程竣工资料移交十分顺利，也为竣工决算的顺利进行提供了资料上的保证。

(二) 本工程施工技术特色

1. 采用统一的轻型镀锌支吊架

本工程管道、电气和通风系统采用镀锌支架和镀锌丝杆轻质C形钢支架，既能减少其占有空间，同时又提高了观感质量。镀锌丝杆与C形钢连接处采用双螺母或锁紧螺母旋紧，以提高轻型镀锌支架的安全可靠性。丝杆切割处用防锈漆和银粉漆涂刷，同时在C形钢两端套上塑料封帽，以防生锈。

2. 工厂化预制施工

本工程充分运用工厂化预制。预制前根据设计施工图要求，首先确定各工种之间管线平面布置标高，确定支吊架标高、位置及支吊架形式，同时根据南北广场地下建筑物平面造型呈弧形的特点，管道、线槽、风管安装前，确定现场平面安装弧度，小口径管道D_g100以下采用现场冷弯方式进行，大口径管道煨弯委托专业加工单位进行。同时，桥架安装弧度根据建筑实物，采用地上放样、拼组实际组装的方式进行，使之安装观感质量得到了满足。

3. 机电安装各专业统一规划布局

本工程项目部根据各专业施工图，确定安装工作量，将各专业工程的平行管线、交叉管线以及各管线起点、终端利用CAD绘于同一张平面图上。根据机电安装工程避让原则，再绘制机电安装综合布置剖面图，精耕细作实现机电安装的空间优化。根据建筑的弧形，确定风管的弧度与建筑弧度一致，再以风管的弧度为基准，确定管道、线槽、电管的弧度与风管保持一致，使工程的观感质量得到了提高。该工程建筑面积约80000m^2，在大面积地下建筑机电安装施工中，具有曲线的水、电、风管线弧度保持均匀，具有直线的水、电、风管线保持横平竖直，达到施工要求始终如一，观感质量和谐统一。

4. 机房精心安装

机房施工支吊架安装较为重要，本工程项目部将CAD深化设计图中的水、电、风管线先在地上放样弹线，然后引至顶上，再统一拉线安装膨胀螺栓和已预制好的支吊架，并使型钢的面统一朝向，使施工质量一次到位。管道安装焊接是关键，焊缝表面成型良好，焊缝与母材应圆滑过渡，焊缝表面无裂纹、焊瘤和飞溅，焊缝高度不宜超过1.5mm，宽度均匀一致、无咬肉现象。电气桥架内各种规格电缆排列整齐，并用塑料扎带固定。成排泵安装时，泵基础应弹出十字墨线，对泵的进出口位置及标高应拉线校对，设备口与管道接驳处应在无应力自由状态。

5. 杂散电流腐蚀防护

在杂散电流腐蚀防护施工方面，地铁的直流牵引供电系统所产生的杂散电流（也称地铁迷流），将对地铁沿线各种金属造成严重腐蚀。在地铁一号线南站改建过程中，杂散电流腐蚀防护遵循“以防为主、以排为辅、防排结合”的原则。对各种管线敷设在地铁主体结构时（洞体结构、车站建筑结构等），所有支架膨胀螺栓均不得与主体结构钢筋相碰或利用绝缘材料加以隔离，并根据现场实际需要发明了施工简便而且造价便宜的绝缘膨胀螺栓，获得国家专利实用新型授权。

6. 氧化镁电缆的应用

根据工程实际情况，凡涉及消防和应急回路的动力、照明电缆，设计材料选择均全部采用BTTZ（重型铜芯铜护套氧化镁绝缘防火电缆），电缆的材料都是无机物，无任何可助燃物质，具有耐高温、防爆、耐腐蚀性强、载流量大、机械强度高、体积小、重量轻、寿命长、良好的接地性能、防水性能好等优点。

7. 喷淋管道辅助电加热的施工

火车站广场的露天及半敞开式的消防喷淋管均提供电缆伴热。它以电热元件为热源，属于较稳定的热源，伴热温度可通过温度控制器精确地控制，整个管路加热均匀，不易造成汽化现象。仅当需要提供热量时，才投入通电，能耗也较低，而且施工简便，维护量极少。所有伴热电缆可以随意剪切。电伴热线为经过辐射交联处理的自控温伴热电缆，当温度升高时，伴热电缆可自动减少功率输出；当周围温度变冷时，伴热电缆发热功率又会自动上升，能达到节能和安全的要求。

2.1.5 城市轨道交通机电安装工程施工组织设计

一、工程概况

（一）工程简介

××市轨道交通六号线全长33.52km，其中，高架段长12.2km；敞开段长0.18km；地下段长21.14km，共设有28座车站。它的建成，将保税区、出口加工区、金融贸易区、现代生活园区、居住区等有机衔接起来，并通过与二号、四号线等轨交线路的换乘，纳入城市轨交网络，大大改善公共交通状况。

（二）工程范围

(1) 环控系统：采用屏蔽门系统，即设置车站公共区制冷、通风、排烟系统；车站站台下及车行道顶排热系统；区间隧道活塞/事故通风系统；车站设备和管理用房的局部空调等子系统。施工范围包括环控系统的安装、单机和车站环控系统调试、配合火灾自动报警系统对防排烟系统的联动调试。

(2) 给水排水系统：包括车站生产、生活给水系统；消火栓给水系统；自动喷水灭火系统；污废水、雨水排水系统；区间内消防给水、废水系统。施工范围包括车站内生活用水、生产用水及冷却循环用水安装；排水含污水、废水及雨水排放；消防设消火栓系统和水喷淋系统安装与调试。区间内由消火栓给水和旁通道区间排水安装与调试。

(3) 动力照明系统：包括提供车站内环控、给水排水、通信、信号、电梯、自动售检票、FAS、BAS、气体灭火、屏蔽门等系统电源；车站照明及区间动力、照明、泵房、风井等配电。施工范围为从降压变电所400V低压开关柜及交流屏出线端到相关专业配电箱电力干线电缆敷设和中间、终端头制作、接线、封堵；车站内照明配电设备电源电缆的采购、安装，从降压变电所400V低压开关柜出线端及直流屏的事故照明出线敷设电缆至照明箱；区间动力维修箱、区间泵控制箱、区间照明系统配电设备、材料的采购、安装。

（三）施工特点

(1) 除了公司承担的环控、给水排水及动力与照明外，车站和隧道装饰、屏蔽门、牵引供电、触网和轨道、市政管网、消防、通信、信号、自动售检票系统等由其他承包商施工的内容要同期进场施工。站厅、站台等公共区域内各专业管线比较集中，局部地区几种管线均要反复平衡的复杂情况。因此，协调工作量比较大，必须综合考虑合理的布局，不影响其使用功能和其他专业的施工。同时，施工时车站内施工空间有限，不可能会有宽敞的预制加工场地，必然要加大现场外的工厂化预制。

(2) 东方路沿线交通流量大，车站又毗邻住宅小区，大型设备、材料进出场可能会影响交通。在施工过程中必须做好文明施工工作，噪声比较大的作业不得安排在夜间施工，把施工对周边环境的影响尽可能降到最低。

(3) 地铁工程施工的垂直运输量大，所有站台层、站厅层施工机械、大型设备、安装材料都要吊到地下层，而区间施工材料设备还需由地下水平运输到区间作业点。

(4) 地下车站施工环境相对地面来说比较潮湿，特别是环控系统正式应用前湿度更大，对产品的保护要求高，必须加强现场通风。

(5) 为防止直流牵引电流通过轨道道床、电缆支架、管线支架、区间隧道结构等无规则分流，即杂散电流（迷流）引起地下金属管线严重腐蚀，所有安装的电气设备、支架、管线和车站主体结构之间必须采用绝缘膨胀螺栓或绝缘预埋铁板安装工艺，不得与主体结构钢筋直接接触。

（四）建设要求

(1) 质量目标：优良、争创市优质工程“白玉兰奖”。

(2) 工期目标：2006.6.15 开工，2007.7.28 交工，总计 409 日历天。

(3) 安全文明施工目标：死亡事故为零；重伤事故为零；火灾事故为零；一般轻伤事故频率低于 1‰；建成市政工程示范工地，确保市重大办文明工地。

(4) 环境保护目标：无环境污染事故。

（五）实施条件

(1) 现场条件：本工程车站和区间隧道主体结构已施工完毕，正式运行轨道将于 2006 年底敷设结束，临时水、电已接至现场边缘，现场道路、场地已平整，目前已具备机电进场施工条件。

(2) 资源条件：施工队伍已落实，主要施工机具、测量和试验设备计划已提出，主要材料用量计划和采购要求已明确。购置土建结构施工用的临时设施用于工程施工的生活、生产。

(3) 法规条件：施工合同已签约；履行合同所需甲方申请办理的各种许可已办理。施工图纸已提供；执行的施工质量验收标准已明确。

二、摘选主要施工方案

环控系统施工技术方案

1. 风管及支吊架制作

(1) 金属风管：风管采用按扣式咬接形式，风管与法兰连接时采用铆接。制作用镀锌钢板的厚度、制作法兰所用角钢的规格及螺孔或铆钉孔的孔径、孔距严格按照国标 GB 50243的规定执行。

(2) 无机玻璃钢风管：蓝村路车站的上排风风风管采用不燃无机玻璃钢风管，委托外加工。

(3) 防火风管：风管须达到 GB 50243 中压系统的要求，采用镀锌钢板风管外包防火材料（板）的方式，接缝采用咬口形式。

(4) 支、吊架：按照通风图集《风管支吊架》T616 用料规格和做法制作。

2. 风管安装

(1) 金属风管

1) 空调、通风金属风管选用高发泡聚乙烯材料作法兰垫料；排烟系统风管选用厚 3～5mm 石棉橡胶板作法兰垫料。风管法兰的连接螺栓均匀拧紧，防止因不平整引起的漏风。

2）水平安装时，风管大边长≤400mm 时，支吊架的间距不超过 4m；>400mm 时，支吊架的间距不超过 3m。垂直安装时，支吊架的间距不应大于 4m，单根直管至少应有 2 个固定点。

3）风管穿越楼板时在楼板上层设固定支架，穿越墙洞应另设支架，不得搁置在墙洞上。吊架不得设置在风口、阀门及检视门处。悬吊的风管应在适当的位置设置防止摆动的固定支架。

(2) 无机不燃玻璃钢风管

参见公司编制的施工工艺《玻璃纤维氯氧镁水泥风管安装工艺》ZK-0.06-2000 进行安装。

1）车站上排风玻璃钢风管，间隔 1～1.2m 安装一吊架，吊架横梁采用 L50 的角钢，吊杆采用 ϕ12 的圆钢；每间隔 10m 用 L50 的角钢做固定支架，并用 M12 的不锈钢膨胀螺栓固定。玻璃钢风管安装时，风管内增加 L30 的角钢，风口固定于角钢上，以防止列车运行过程中因虹吸作用引起风口跌落。

2）在位置、空间允许的情况下，风管及部件的安装宜采用地面分段组装，然后分段整体吊装的方式。

(3) 防火风管

1）各车站公共区排烟风管穿设备管理用房区；设备管理用房通风空调系统的风管穿排风道、区间风机房；设备管理用房通风空调系统的排烟管穿新风道、走道的吊顶等，采用耐火极限 1h 的防火风管，风管穿封闭楼梯间、消防泵房、钢瓶间采用耐火极限 2h 的防火风管。具体安装方法，参见公司施工工艺《防火风管施工工艺》ZK-0.09-2005。

2）防火风管较一般镀锌风管重，支吊架间距要相应缩小。风管大边长 400mm 以下，支吊架间距 4m 边长。400～1500mm，支吊架间距 3m 边长；1500～1600mm，支吊架间距 2.5m 边长；1600mm 以上，支吊架间距 2m。支吊架采用相应的防火保护措施。

3）防火风管穿墙时，要对其进行封堵。防火风管与墙体的缝隙可用不燃材料填塞，封堵后用自攻螺钉将角钢与外覆防火板条固定。

4）防火风管系统与风机的连接采用不燃材料的柔性连接。

3. 风管漏光量检测

(1) 风管在安装完成后，对风管采用漏光法对风管严密程度进行检测。抽检率为 5%。

(2) 采用 100W 带保护罩的低压照明灯作漏光检测的光源。白天检测时，光源置于风管外侧；晚上检测时，光源置于风管内侧。

(3) 检测光源沿被检测部位与接缝作缓慢移动，在另一侧进行观察。当发现有光线射出，则说明查到明显漏风部位，并做好记录。

(4) 系统风管采用分段检测、汇总分析的方法。本工程的风管均属中、低压风管，以每 10m 的接缝漏光点不超过 2 处，且 100m 接缝透光点平均不大于 16 处为合格。

(5) 漏光检测中如发现条缝形漏光，则需视不同的漏光部位分别进行处理。如是法兰处，则用拧紧螺栓、更换密封垫方法；如是咬缝处，则用密封胶密封等方法。如咬缝漏光严重，则重新制作安装该段风管，并重新做漏光测试。

4. 风管漏风量测试

风管的漏风量检测必须在漏光检测合格的基础上进行，按 20%的抽检率进行抽检。如有不合格时，进行加倍抽检直至全数合格。为确保风管漏风量检测的真实、可靠性，风管的抽检部位由业主及监理进行指定。

风管的漏风量测试采用的计量器具必须是经检定合格并在有效期内，同时采用符合现行国家标准《流量测量节流装置》规定的计量元件搭设测量风管单位面积漏风量的试验装置。风管单位面积允许漏风量的检验标准见表 2.1.5-1。

风管单位面积允许漏风量 **表 2.1.5-1**

工作压力（Pa）	500	600	800	1000	1200	1500
中压系统允许漏风量（$m^3/h \cdot m^2$）	2.00	2.25	2.71	3.14	3.53	4.08

注：试验前的准备工作：将待测风管连接风口的支管取下，并将开口处用盲板密封。

（1）试验方法

利用试验风机向风管内鼓风，使风管内静压上升到 700Pa 后停止送风，如发现压力下降，则利用风机继续向管内进风并保持在 700Pa，此时风管内进风量即等于漏风量。该风量用在风机与风管之间设置的孔板与压差计来测量。

（2）试验风机

为变风量离心风机，风机最大风量为 1600m^3/h，最大风压 2400Pa。

（3）连接管：

Φ100mm。

（4）孔板

当漏风量≥130m^3/h 时，孔板常数 C=0.697，孔径为 0.0707m；当漏风量＜130m^3/h 时，孔板常数 C=0.603，孔径为 0.0316m。

（5）倾斜式微压计

测孔板压差为 0～2000Pa；测孔管压差为 0～2000Pa。

（6）漏风声音试验

在漏风量测量之前进行。试验时先将支管取下，用盲板和胶带密封开口处，将试验装置的软管连接到被测风管上。关闭进风挡板，启动风机。逐步打开进风挡板直到风管内静压值上升并保持在试验压力。注意听风管所有接缝和孔洞处的漏风声音，将每个漏风点做出记号并进行修补。

（7）漏风量测试

本试验在有漏风声音点密封之后进行。测试时，首先启动风机，然后逐步打开进风挡板，直到风管内静压值上升并保持在试验压力时，读取孔板两侧的压差，按下列公式计算被测风管的漏风量。

$$Q = 3600Av\ v = (2\Delta P/\rho)0.5 \times C$$

式中 Q——漏风量（m^3/h）；

v——风速（m/s）；

A——孔板面积（m^2）；

C——孔板常数（流速系数 ε 与流量系数之乘积 α）；

ΔP——空气通过孔板的压差（Pa）；

ρ——空气密度（kg/m^3）。

5. 风管保温

本工程空调送回风管采用 48kg/m^3 离心玻璃棉毡（复合铝箔贴面）保温。保温棉敷设平整、密实，板材拼接处用铝箔自粘胶带粘结，粘胶带的宽度不得小于 50mm。风管法兰部位的绝热层的厚度，不应低于风管绝热层的 0.8 倍。

风管保温钉的分布要均匀，其数量底面每平方米不应少于 16 个，侧面不应少于 10 个，顶面不应少于 8 个。首行保温钉至风管或保温材料边沿的距离应小于 120mm。

6. 风口安装

在安装风口时，注意风口与所在站厅、站台或房间内线条一致。为增强整体装饰效果，风口及散流器的安装采用内固定法，从风口侧面用自攻螺钉将其固定在龙骨架或木框上，必要时加设角钢支框。

成排风口安装时要用水平尺、卷尺等保证其水平度及位置准确，并用拉线法保证同一排风口/散流器的直线度。

7. 消声器安装

为了满足环控设备对公共区及设备管理用房的噪声控制标准和《城市区域环境噪声标准》GB 3096 的噪声标准，环控大、小系统轴流风机均采用消声器进行消声处理。

根据地铁工程应用特性，消声器分金属外壳消声器和结构消声器两种，前者多用于通风进出口两端，直接与风机前后渐扩管/渐缩管相连接；后者多用于进、排风土建风道内以降低轴流风机运转时发出的中频、低频噪声。

（1）管式消声器和消声弯头安装

单独设置支吊架，其重量不得由风管承受；安装的位置、方向应正确，与风管的连接应严密，不得有损坏或受潮。

（2）金属外壳片式消声器安装

安装前应检查金属壳体壁板平整度，组装顺序为先连接四面壁板，后装入消声片，消声片安装顺序为先安装两侧壁，后由一端开始逐片装入。消声片与金属壳体上下壁板连接处敷设耐热橡胶板，并画线定位保证消声片片距符合要求。吸声体用定位型钢挤牢，并将型钢与上下壁面和吸声体底部或顶部分别固定牢固。

（3）结构片式消声器安装

安装前应检查风道几何尺寸及支承基座平整度。组装顺序为先下后上，先侧后中，先固定后可移。组装消声片，应横平竖直，其外缘侧面不垂直度$<$0.003。可移消声片最后安装，在确定可移消声片定位销位置时，要保证关门后各种消声片前缘平齐。位于可移消声片顶上的固定消声片采用横担支承，并在其顶上铺以吊装点以保证安全。

（4）土建风道内使用结构消声器

消声片直接设置在风道内，但其一侧应留有人员出入口（其中一片应做成可移动式），且一人能用手推动。

8. 防火阀安装

在安装防火阀前，拆除易熔片。待阀体安装后，检查其弹簧及传动机构是否完好并安装易熔片。防火阀按正确的方向安装且单独设置支、吊架。防火分区隔墙两侧的防火阀，距墙表面不应大于 200mm。防火阀直径$>$630mm 时应设单独支、吊架。

9. 环控设备安装

(1) 冷水机组安装

冷水机组体积大，重量重，在设备安装前须仔细检查混凝土基础是否达到养护强度，表面的平整度、位置、尺寸、标高、预留孔洞及预埋件是否符合要求，合格后方可安装。设备吊装前根据现场工况情况编制机组吊装方案，经批准后实施。

机组安装的位置、标高和管口方向必须符合设计要求。隔振器安装位置应正确，各个隔振器的压缩量应均匀一致，偏差不应大于 2mm。

(2) 空调机组安装

1) 组合式空调机组各功能段之间的连接必须严密，并保证机组整体平直、检查门开启灵活。

2) 机组减振器要严格按照设计的型号、数量和安装位置进行安装。

(3) 水泵安装

1) 水泵就位后进行找平找正，通过调整垫铁，使之符合下列要求：水泵安装以进出口法兰为基准进行找平，水平度允许偏差纵向为 0.05mm/m，横向为 0.10mm/m。

2) 采用联轴器传动的泵，两轴的对中偏差及两半联轴器两端面间隙要符合泵的技术文件要求和施工及验收规范要求。

3) 与泵连接的接管设置单独的支架。

(4) 风机安装

1) 当风机安装在混凝土基础上时，应先校测基础的标高和水平度，各组隔振器承受荷载的压缩量必须均匀，不得偏心。隔振器安装完毕后，在其使用前采取防止位移保护措施。

2) 风机悬挂安装时，使用的隔振支、吊架必须安装牢固。隔振支、吊架的结构形式和外形尺寸应符合设计要求或设备技术文件的规定。

3) 安装在管道中间的风机须设置专用支、吊架，与风机相连的异径风管在风机就位找平后安装。

10. 空调供回水管和冷却水管安装

应按设计要求设置放气和排水装置。当供回水管与其他管线、设备相碰为避让产生向下转向敷设时，其管道变位前的最高处也应加设放气装置，以利放尽管道内空气，避免产生气隔堵塞现象，影响管道供热或供冷的运行效果。

(1) 管路连接

本工程的空调供回水管和冷却水管径≥100mm 时采用沟槽连接；管径<100mm 时采用镀锌钢管丝扣连接。

1) 沟槽连接时压槽机压槽滚轮及压槽深度限位应根据管径大小选定。当一台压槽机连续压同一规格槽时，应对压槽深度进行抽检，防止滚轮磨损影响压槽深度。

2) 凝结水管管道坡度、坡向、支架的间距和位置应符合设计要求。有条件时应尽量加大空调器滴水盘与冷凝水管的高差，减少管道变向转弯敷设，确保冷凝水管道畅通。

3) 凝结水管通水试验前要清除空调器滴水盘内的垃圾异物，在通水试验时必须逐只检查空调器的滴水盘，不得有倒坡现象。

(2) 支、吊架制作安装

1）管道支、吊架制作前，确定管架标高、位置及支吊架形式，同时与其他专业核对图纸，在条件允许的情况下尽可能采用共用支架。管道支吊架的最大间距见表2.1.5-2。

钢管道支吊架的最大间距（m）　　**表2.1.5-2**

公称直径 DN（mm）	不保温	保温	公称直径 DN（mm）	不保温	保温	公称直径 DN（mm）	不保温	保温
15	2.5	1.5	50	5	3.5	150	7.5	6.5
20	3	2	70	6	4	200	9	7.5
25	3.5	2.5	80	6.5	5	250	9.5	8.5
32	4	2.5	100	6.5	5	300	10.5	9.5
40	4.5	3	125	7.5	5.5	＞300	10.5	9.5

2）空调水系统总管设置承重支架，以增强管道安装时支架的刚度与强度，避免在管道系统运行时由于重力和热膨胀力产生的管道变形，确保管道的安装质量符合验收标准。

3）沟槽连接时在每个沟槽配件旁设置一个固定支架。

4）支吊架固定的位置尽可能选择固定在梁、柱等部位。支架横梁必须保持水平，每个支架均与管道接触紧密。

5）冷冻水管道的支吊架与钢管间采用经防腐和防火处理，厚度为50mm的木托绝热，木托中间空隙必须填实，不留空隙。

(3）阀门安装

1）阀门的安装高度和位置，按设计要求及规范规定执行。

2）根据介质流向确定阀门安装方向。水平管段上的阀门，手轮应朝上安装。

3）调节阀应垂直安装在水平管道上，两侧设置隔断阀，并设旁通管。在管道压力试验前宜先设置相同长度的临时短管，压力试验合格后正式安装。

(4）波纹补偿器安装

1）空调水系统管道上的补偿器，采用不锈钢波纹补偿器。对采购进场的补偿器均应进行全面地核对检验。补偿器的型号规格、压力等级和波纹补偿能力等技术参数均应满足设计要求。

2）补偿器采用后安装的方法，即待管道安装好，导向支架与固定支架安装定位后，再安装补偿器，以确保补偿器的同心度不受影响。

3）波纹补偿器上的临时固定装置，在管道试压冲洗结束后才能拆除或调整（约束固定装置必须按照厂商提供产品的要求拆除或调整）。

(5）管道与设备连接

1）管道与软接头、设备之间的连接，在不受应力作用的影响下安装定位，严禁强行对口，与设备隔震软接头连接的管道均应有支吊架固定，确保管道与设备连接安装达到施工验收规范的要求。

2）与空调机组、泵类设备连接时，在连接法兰间预设石棉纸板做成的盲板封堵，防止在施工中异物落入设备引起损坏。

3）换热器等设备的管道安装，可以在循环清洗后安装。如果要求在循环清洗前进行安装的，必须在循环清洗前将管道在设备的进出口处临时连通进行循环清洗，防止管道内异物进入设备，清洗合格后再接通。

(6) 管道的循环冲洗。

1) 冷冻供回水管应循环冲洗，循环冲洗应用空调循环水泵。立管与干管的冲洗时，干管上应有旁通阀，通过旁通阀，实现干管的小循环。各层供回水支管设旁通措施，使进水支管与出水支管直接相通，即不通过空调箱仍可实施冲洗，以免支管内的杂物、脏物进入空调箱。

2) 打开空调箱的进出水阀门，实现整个系统的分层循环。

3) 拆洗空调箱前的过滤网。

(7) 管道保温

1) 空调冷冻供、回水管、空调凝结水管、膨胀水箱采用 64kg/m^3 离心玻璃棉管壳保温。

2) 保温施工之前，管道试压完毕；绝热用固定件、支吊架、紧固螺栓等已安装完毕；管道表面无污物并按规定涂刷完防腐油漆。

3) 安装保温管壳时，核对管壳的规格与需保温的管道规格是否一致。对较大管径管道及阀门、三通、弯头等复杂形状的管件保温采用板材保温。

4) 阀门及法兰的保温采用板材保温，所有接缝处必须涂抹胶水；管道三通保温同阀门保温。

11. 系统调试

(1) 系统初步检查

1) 对整个空调系统全部设备和部件（包括所有的通风管路、风机、过滤器、空气处理器以及进风口、送风末端装置等）进行一次全面地、系统地核对和外观质量检查。

2) 对系统调节装置特别是手动和电动调节阀，以及连锁装置、防火（调节）阀、风口、转向导流叶片、检查孔等进行检查。

3) 按 GB 50243 的要求，在调试前必须对原系统漏光法和漏风量检测的资料进行审核。

4) 检查风机、电动机和传动装置的安装精度允许偏差的相符性与润滑，以及检查过滤器等装置。

(2) 电气检查

电气设备要符合绝缘要求，保证全部控制屏和开关已为运行做好了准备，并有合格的电线和保险丝、过载装置等，要保证按标明的各项额定电压供电。

(3) 设备单机试运转

风机试运转应能正常启动，运转时无异常噪声、异常振动，运转方向应正确。在风机运转正常且稳定后，测定电源的电压、电流及风机转速，实测数据应与样本相符。如数据与样本不符，应及时检查设备、电源，查找原因，并予以更正并复查。

(4) 设备机房的噪声检测

设备机房在进行设备调试时，应按设计要求对机房噪声进行检测，是否符合设计规定的分贝值。若噪声超过设计值，应对机房进行墙面隔声层施工，确保达到设计要求。

(5) 系统和风机风量的测定调整

1）风量的测试主要是检查系统和各房间送风量是否符合设计要求。在测定时，测定断面和测点的选择应符合规范的要求。

2）测定断面的选择：测定断面一般应考虑设在气流均匀而稳定的部位，即应在直管段上，离弯头、变截面、三通等产生局部阻力的部件距离≥4～5 倍矩形风管大边的长度，及至其后面的三通、弯头等部件的距离≥1.5～2 倍矩形风管大边的长度处。

3）风机风量风压的测定：一般用毕托管－微压计测定，风速小的系统亦可用热球风速仪测定风速。通风机的风量为出入口所得风量的平均值。一般空调系统只把风机出口管上所测的风量，作为风机风量。实测风量与风机的额定风量相一致，不应小于 10%。

4）空调系统的风量测定包括总送回风量、新风量、一二次回风量、排风量以及系统中各总支管、支管和房间风量。

5）经上述对整个空调系统风量初步摸底测定之后，便可开始进行系统风量的平衡调整，使其符合设计的要求。

6）整个系统调整合适后，固定好调节阀的位置，并做好标记。

三、实施效果与体会

（一）实施效果

(1) 轨道交通六号线 40－3 标机电设备安装工程从 2006 年 7 月 15 日正式开始施工，历经 409 日历天，到 2007 年 7 月 28 日竣工，按期顺利完成了各项施工任务，并于 2007 年 12 月 28 日全线正式通车，满足了业主对工期的要求，施工组织设计得到了顺利的实施与贯彻，工程质量、工程进度、工程 HSE 管理、成本控制、工程结算及效益等方面都取得了良好的效果。

(2) 工程成本及效益方面。该工程施工总成本为 4300 余万元，控制在公司下达的责任成本范围以内，由于施工过程中设计变更较多，工程量增加也较大，成本的控制也采取了动态调整的办法，工程结算价 4800 万元，项目利润为 500 万元，利润率约 10%，取得了良好的经济效益。

(3) 在施工生产、生活过程中，配合交通主管部门做好车站周边交通组织，保证了道路交通的畅通。整个施工过程中也保持了同各相关方及当地居民的良好关系，保持了自然和人文环境的和谐。

(4) 工程质量方面。贯彻 ISO 9001 质量体系的要求，加强现场质量管理，重视质量细节，及时发现、纠正质量隐患，杜绝了各种质量事故的发生。整个工程达到国家现行施工质量验收规范、施工图纸、合同约定的技术要求，单位工程验评一次合格率达 100%，优良率达 75%。

(5) 工程进度方面。通过充分做好施工准备工作，加强技术管理，加强施工管理，加强物资管理，加强施工协调和制定工期应急措施，保证了车站机电设备安装的工期，保证了整条线路的按时开通运行。

(6) 通过本项目的顺利实施，也取得了较好的社会效益，使公司在轨道交通地铁车站机电设备安装施工领域保持了先进水平，为公司轨道交通领域树立了良好的榜样。该项目实施后，公司先后承接了上海多条地铁线路车站的机电安装任务。

（二）本项目施工技术特色

(1) 工序的衔接和配合：针对轨道交通地下车站施工的特点，首先，对施工条件较好的站厅层、站台层的公共区域，展开施工作业，在尽可能短的时间内为后续装修施工创造条件。继而完成站厅层和站台层公共区域风管制作与安装；公共区冷冻水管安装；站台层轨行区顶部排热风管的安装；公共区消防水管、给水管的安装、水压试验和电缆桥架的安装。其次，是完成站厅层和站台层两端设备区风管、水管、电缆桥架的安装；风机、冷水机组、电动风阀、消声器、水泵、环控配电柜等设备安装；区间隧道的机电安装，这部分各专业将在大范围内进行交叉作业，是地铁车站机电安装矛盾最为突出的区域。第三，是完成对已安装到位的设备进行动力控制电气配置，包括各种落地箱、柜等设备的安装，动力电缆、控制电缆敷设；地面冷却塔、膨胀水箱及补充水管道安装，突击完成各区间隧道内的实物量。最后，完成消防水系统的整体水压试验及冲洗；消防水、给排水系统接入市政管网；系统的单体调试及联动调试。

（2）环控系统安装：风管采用镀锌钢板角钢法兰连接风管、排热采用无机不燃玻璃钢风管、公共区排烟采用耐火极限为 1h 的防火风管，风管均采用工厂化预制，现场组装施工工艺，既保证了风管制作质量，减少现场加工场地，也有利于文明施工，保证了施工工期。根据地铁工程应用特性，消声器采用了金属外壳消声器和结构消声器两种，规定了各消声器的安装程序，满足了环控设备对公共区及设备管理用房的噪声控制标准和《城市区域环境噪声标准》（GB 3096）的噪声标准的要求。

（3）环控设备吊装：结合不同车站的结构特点，采用液压汽车吊，通过吊装孔吊入到站厅或站台，然后采用轨道车运输到安装位置。或利用风亭未封闭之前将大型设备吊入地下层，然后用轨道车运至安装位置。小型设备采用直接用吊机从地面的活塞风井吊入站厅层和从区间隧道吊入及从出入口吊入再拖运到站厅层。

（4）给水排水系统安装：车站内生产、生活给水管 $DN\leqslant100$ 的采用钢塑复合管，丝扣连接；$DN>100$ 的采用热镀锌钢管，沟槽式连接；车站消火栓给水系统和区间隧道消火栓给水系统中消防水管采用热镀锌钢管，除 $DN100$ 管道采用沟槽式连接外，其余均采用丝扣连接；区间隧道消防水管均采用内涂塑热镀锌钢管，沟槽式连接；车站污水、废水管、通气管和雨水管（除与洁具连接的管径 $D_e<50$mm 的采用镀锌钢管）均采用 UPVC 管，粘结连接；区间隧道废水管采用热镀锌钢管，沟槽式连接；车站压力排水管采用镀锌钢管，丝扣连接。管道采用工厂化预制加工工艺，特别是对大量采用的沟槽式连接管道的沟槽压制，明确了工艺要求，保证了工程质量。

（5）动力与照明系统安装：桥架立柱采用 8 号槽钢，桥架宽度在 400mm 以下为单立柱形式，托臂采用 TB-03；桥架宽度 400mm 以上为双立柱形式，托臂采用 6.3 号槽钢制作。桥架采用热浸镀锌防腐处理，立柱及托臂底板与混凝土板（梁、柱）用 M12 膨胀螺栓连接。矿物电缆（无机防水电缆）采用包含全套安装工具及原厂原装电缆终端固定装置、辅助工具、配件。各类箱、柜的基础槽钢与结构钢筋保持绝缘，泵房内采用双拼槽钢（10 号）制作。电缆采用密封填料关系到整个系统的密封性、防潮能力、耐火能力，本工程所有电缆密封材料全部采用从英国进口专用产品，使电缆中间和终端接头达到长期稳定的防潮效果。

（6）为防止直流牵引电流通过轨道道床、电缆支架、管线支架、区间隧道结构等无规则分流，即杂散电流（迷流）引起地下金属管线严重腐蚀，所有安装的电气设备、支架、管线和车站主体结构之间采用了绝缘膨胀螺栓、绝缘预埋铁板安装工艺，防止其与主体结构钢筋直接接触。

(7) 在设备性能检测方面，规定了环控系统的射流风机、轴流风机、混流风机、风管、管部件和消声器及系统性能检验；给排水系统的潜水泵、消防泵、消火栓箱、水泵结合器、灭火器箱、管网、水雾喷头及系统性能检验；动力和照明系统的配电柜、控制柜、照明配电箱、电缆桥架及桥架内电缆敷设、电线电缆穿管和线槽敷线及系统性能检验的关键指标和一般指标，为今后地铁车站的机电设备性能检测提供了依据。

2.1.6 地铁消防系统改造工程施工组织设计

一、工程概况

(一) 项目简介

地铁复—八线始建于 1990 年，于 1999 年 9 月 28 日通车试运行，全线共计 11 座车站，各车站整体结构为钢筋混凝土结构。工程设计期间，设计单位执行的是 1992 年版本的地铁设计规范，2002 年颁布了地方标准《消防安全疏散标志设置标准》，2003 年 8 月，国家颁布了《地铁设计规范》，新旧设计规范之间存在差异，根据“安全第一、预防为主”的原则，地铁复—八线经市委同意按新规范进行消防改造。

(二) 工程内容

改造工程为全线各站及区间的消防给水排水系统、气体自动灭火系统、火灾自动报警系统、环境与设备监控系统、通风系统、动力照明系统。

(1) 给水系统。工程改造主要包括进水管安装倒流器；区间、车站增设灭火器；改造区间消火栓门等内容。

(2) 气体灭火系统。包括各车站变电所、通信机房、信号机房、综控室、低压配电室设气体灭火装置。

(3) 火灾自动报警和环境与设备监控系统。改造内容包括完善区间火灾自动报警系统；增设区间消防安全疏散标志，并纳入火灾自动报警系统控制；火灾情况下，增加非消防电源强切功能。

(4) 车站通风系统。包括车站公共区环控通风及防排烟系统、车站设备及管理用房通风及防排烟系统、出入口排烟系统、冷冻机房排烟系统。

(5) 动力照明系统。包括增加车站地面、出入口、紧急出口标志灯；为区间消防安全疏散标志提供电源；改造消防水泵控制柜；与火灾自动报警系统配合，落实非消防电源的强切情况；完善应急照明电源系统，提高其可靠性，提供应急照明照度。

(三) 施工难点

(1) 本次改造在不能影响地铁正常运营的情况下施工，进行改造的衔接工作必须十分精确，稍有不慎后果不堪设想。

(2) 本次改造中需改动系统原设计的联动控制关系，技术难度非常大。

(3) 拆改任务大，工期紧，任务重，战线长，施工处于敏感地段，责任重大。

(四) 建设要求

(1) 质量目标：合格，一次通过消防局验收。

(2) 工期目标：开工日期为 2005 年 1 月 15 日，竣工日期为 2005 年 8 月 12 日，工期总天数为 210 工作日。

（五）实施条件

（1）本工程是消防改造工程，原有系统都处于使用状态，所以进行改造的空间十分有限。

（2）由于白天列车运行占用隧道，有效作业时间只能集中在凌晨1：00～3：00进行。

（3）为保证整个工程按期高质量竣工，工程承包方根据复一八线改造工程的特点，派出了曾经参与过复一八线工程施工，并且有丰富工程施工经验的技术人员及现场管理人员组成项目经理部，组织有地铁施工经验的施工队伍参与施工。

二、摘选主要施工方案

（一）消防报警系统施工方案

1. 工艺流程

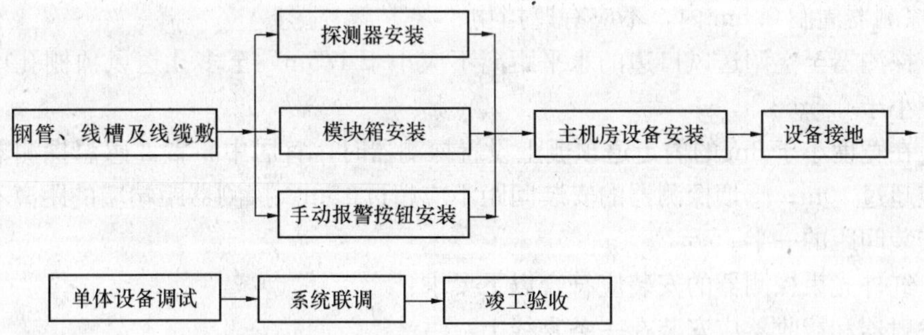

2. 操作方法

（1）钢管、金属线槽及线缆敷设

钢管、金属线槽及线缆敷设请参照动力照明有关章节进行，火灾自动报警系统中钢管和金属线槽敷设及穿线应满足下列要求：

1）火灾自动报警系统线缆敷设应根据《火灾自动报警系统设计规范》GB 50166的规定，对线缆的种类、电压等级进行检查。

2）对每回路的导线用250V的兆欧表测量绝缘电阻，其对地绝缘电阻值不应小于20MΩ。

3）不同类型、不同系统、不同电压等级的消防报警线路不应穿入同一根管内或线槽的同一槽孔内。

4）埋入非燃烧体的建筑物、构筑物内的电线保护管与建筑物、构筑物墙面的距离不应小于30mm。

5）如因条件限制，强电和弱电线路同用一竖井时，应分别布置在竖井的两侧。

6）在建筑物的吊顶内必须采用金属管、金属线槽。金属线槽和钢管明配时，应按设计要求采取防火保护措施。

7）暗装消火栓配管时应从侧面进线，接线盒不应放在消火栓箱的后侧。

8）管线与线槽的接地应符合设计要求和有关规范的规定。

9）火灾自动报警系统的传输线路应采用铜芯绝缘线或铜芯电缆，阻燃耐火性能符合设计要求，其电压等级不应低于交流250V。

10）火灾报警器的传输线路应选择不同颜色的绝缘导线，探测器的“+”线为红色，“—”线应为蓝色，其余导线应根据不同用途采用其他颜色区分。接线端子有标号。

(2) 火灾探测器安装要求

1) 火灾探测器安装应符合设计图纸的要求。

2) 探测器宜水平安装，当必须倾斜安装时，倾斜角不应大于45°。

3) 探测器的底座应固定可靠。

4) 探测器的连接导线必须可靠压接或焊接，当采用焊接时不得使用带腐蚀性的助焊剂，外接导线应有0.15m的余量，入端处应有明显标志。

5) 探测器确认灯应面向便于人员观察的主要入口方向。

6) 探测器底座的穿线孔宜封堵，安装时应采取保护措施（如装上防护罩）。

7) 在电梯井、升降机井设置探测器时其位置宜在井道上方的机房顶棚上。

8) 探测器至墙壁、梁边的水平距离，不应小于0.5m。

9) 探测器周围0.5m内，不应有遮挡物。

10) 探测器至空调送风口边的水平距离不应小于1.5m，至多孔送风顶棚孔口的水平距离不应小于0.5m。

11) 在宽度小于3m的内走道顶棚上设置探测器时，宜居中布置。感温探测器的安装间距不应超过10m；感烟探测器的安装间距不应超过15m。探测器距端墙的距离不应大于探测器安装间距的一半。

12) 红外光束探测器的安装应符合以下要求：

①发射器和接收器应安装在一条直线上。

②光线通路上应避免出现运动物体，不应有遮挡物。

③相邻两组红外光束感烟探测器水平距离应不大于14m，探测器距侧墙的水平距离不应大于7m，且不应小于0.5m。

④探测器光束距顶棚一般为0.3～0.8m，且不得大于1m。

⑤探测器发出的光束应与顶棚水平，远离强磁场，避免阳光直射，底座应牢固地安装在墙上。

(3) 手动火灾报警按钮的安装

1) 手动火灾报警按钮的安装位置和高度应符合设计要求，安装牢固且不应倾斜。

2) 手动火灾报警按钮外接导线应留有0.10m的余量，且在端部应有明显标志。

(4) 区域报警控制器安装

1) 区域报警控制器应根据设计要求的位置用金属膨胀螺栓明装，且安装时应端正牢固，不得倾斜。

2) 用对线器进行对线缆进行编号，将导线留有一定的余量，分束绑扎。

3) 压线前应对导线的绝缘进行摇测，合格后方可压线。

4) 控制箱内的模块应按设备制造商和设计的要求安装配线，要求合理布置，且安装应牢固、端正，并有标识。

(5) 消防控制主机安装

1) 消防控制主机安装应符合下列要求：

①消防控制机柜槽钢基础应在水泥地面生根固定牢固。

②机柜按设计要求进行排列，根据柜的固定孔距在基础槽钢上钻孔，安装时从一端开始逐台就位，用螺栓固定，用小线找平找直后再将各螺栓紧固。

③控制设备前操作距离，单列布置时不应小于1.5m，双列布置时不应小于2m，在有人值班经常工作的一面，控制盘到墙的距离不应小于3m，盘后维修距离不应小于1m，控制盘排列长度大于4m时，控制盘两端应设置宽度不小于1m的通道。

2）引入火灾报警控制主机的线缆应符合下列要求：

①对引入的电缆或导线，首先应用对线器进行校线，按图纸要求编号。

②线间、线对地等绝缘电阻不应小于20MΩ。

③摇测全部合格后按不同电压等级、用途、电流类别分别绑扎成束引到端子板，按接线图进行压线，每个接线端子接线不应超过二根。

④线缆标识应清晰准确，不易褪色；配线应整齐，避免交叉，固定牢固。

⑤导线引入线完成后，在进线管处应封堵，控制器主电源引入线应直接与消防电源连接，严禁使用接头连接，主电源应有明显标志。

（6）系统接地安装

1）工作接地线应采用铜芯绝缘导线或电缆，不得利用镀锌扁钢或金属软管。

2）由消防控制室引至接地体的工作接地线，在通过墙壁时，应穿入钢管或其他坚固的保护管。

3）消防控制设备的外壳及基础应可靠接地，接入接地端子箱。

4）消防控制室一般应根据设计要求设置专用接地装置作为工作接地。采用联合接地时，接地电阻应小于1Ω。

5）控制室引至接地体的接地干线应采用一根不小于16mm^{2}的绝缘铜线或独芯电缆，穿入保护管后，两端分别压接在控制设备工作接地板和室外接地体上。

6）消防控制室的工作接地板引至各消防控制设备和火灾报警控制器的工作接地线应采用不小于4mm^{2}铜芯绝缘线穿入保护管构成一个零电位的接地网络，以保证火灾报警设备的工作稳定可靠。

7）接地装置施工过程中应分不同阶段做好电气接地装置隐检、接地电阻摇测、平面示意图等质量检查记录。

8）工作接地线与保护接地线必须分开，保护接地导体不得利用金属软管。

9）接地装置施工完毕后，应及时做隐蔽工程验收。

（7）1站消防综控室自动报警及联动系统设备安装

1）1站综控室概况。本次1站消防报警及联动控制系统的施工和其他各站情况不同，原有设备主机及全部外线、报警设备，以及管线、线槽全部更新，因此施工、调试工作量较大。

1站消防综控室设备，主要包括NF-3E报警主机、联动控制柜、电源柜、CRT图形显示系统、区间疏散指示标志主机，以及本机房的气体灭火系统。

本次施工内容包括新设备的安装，报警及联动系统外线设备的配线、校验及连接，报警及联动设备的调试，原有设备的拆除。

2）消防综控室布置。1站消防综控室新设备的安装布置有一定的特殊性，主要因为在新设备施工调试期内，原有的Simplex报警及联动系统设备仍须保证正常工作，因此新设备在安装、调试时的安装位置，有一定的局限性。经过现场调研，根据机房的房形，针对原设备的布置位形，做出了新设备的布置。

由于消防报警及联动控制台中的消防广播柜要移出，经现场调研，消防广播控制盒与CRT显示屏放在专用的琴柜内。

(8) 综控室外线敷设

根据复一八线消防验收完善工程施工设计（西单站）火灾自动报警专业施工图深化设计（工程号：8923）图纸要求，进行了报警（含联动）专业外线设备及配线（包括钢管及线槽）的施工。最终汇入消防综控室的各种外线设备的配线，分别放置在位于消防综控室北墙西侧的东、西两个100mm×100mm的耐火线槽中，并由综控室顶棚引入抗静电地板下面，分别和NF-3E-J2火灾自动报警主机、联动控制柜、电源柜、CRT图形显示台连接。进入消防综控室的外线设备的配线如下：

1) 东侧线槽：

①3对2×1.5mm^2 信号报警及控制总线（B）；

②3对2×1.5mm^2 电源总线（P）；

③3对4×1.5mm^2 手报线（F）；

④2对3×1.5mm^2 警铃电源线（JL）；

⑤9对2×1.5mm^2 直通电话线（T）；

⑥3对2×1.5mm^2 紧急广播控制线（待设计确认）；

⑦6条6×2.5mm^2 直启耐火电缆；

⑧4条12×2.5mm^2 直启耐火电缆；

⑨2条12×4mm^2 直启耐火铠缆。

2) 西侧线槽：

①2对2×1.5mm^2 信号报警及控制总线（B）；

②2对2×1.5mm^2 24V电源总线（P）；

③2对4×1.5mm^2 手报线（F）；

④2对3×1.5mm^2 警铃电源线（JL）；

⑤11对2×1.5mm^2 直通电话线（T）；

⑥4条6×2.5mm^2 直启耐火电缆；

⑦3条12×2.5mm^2 直启耐火电缆；

⑧2条12×4mm^2 直启耐火铠缆。

(9) 火灾自动报警控制器的安装

1站火灾报警控制器，包括NF-3E-J2主机、联动控制柜、电源柜、CRT图形显示台。其安装要求：

1) 设备底部宜高出地坪0.1～0.2m。西单站消防综控室抗静电地板高度已满足此项要求。

2) 设备应安装固定牢固，不得倾斜。

3) 引入控制器的电缆或导线，应符合下列要求：

①配线应整齐，避免交叉，并应固定牢靠。

②电缆芯线和所配导线的端部，均应标明编号，并与图纸一致，字迹清晰，不易褪色。

4) 端子板的每个接线端，接线不得超过2根。

5）电缆芯和导线，应留有不小于 20cm 的余量。

6）导线应绑扎成束。

7）导线引入线穿线后，在进线管处应封堵。

8）控制器的接地，应牢固，并有明显标志。

9）铠装电缆的钢带不应进入盘、柜内，铠装钢带切断处的端部应扎紧。

10）控制器的主电源引入线，应直接与消防电源连接，严禁使用电源插头。主电源应有明显标志。

(10) 固定式防火挡烟垂壁安装

1）系统概况：

①根据设计图纸要求，在 9 个地下站的站厅各出入口、站厅、站台中央、站厅至站台步梯周围的吊顶内按防火分区的划分设置挡烟垂壁。

②挡烟垂壁从垂直方向分两部分，吊顶以下采用单片防火玻璃，吊顶以上采用无机布基防火帘片。以吊装玻璃的钢梁为帘片下沿，使之从主结构吊顶以下 500mm 融为一体，满足设计要求。

③单片防火玻璃不仅技术性能（耐火极限 90min，强度为普通玻璃 90 倍左右）满足防火挡烟垂壁需要，更主要的是安装后其通透性好，不影响地铁站厅、站台各类设施（如时钟、监控等）功能。

④无机布基防火帘片用于吊顶以上，（检测指标防火、挡烟、防辐射性能为 4h），作为柔性材料，尤其适应地铁各层吊顶以上管线分布及主结构形状。

2）施工方法：

①施工流程。

防火挡烟垂壁安装流程如下：

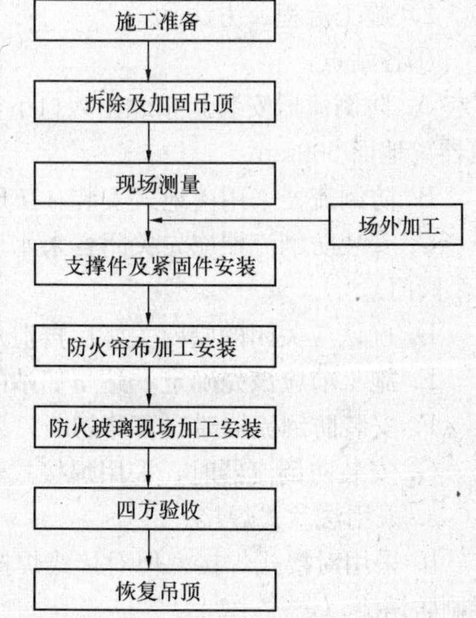

②施工准备。施工前进行充分地现场调查，施工材料、人员准备就绪，施工计划经甲方、运营公司审批认可完毕，地铁运营公司配合人员到位。

③拆除及加固吊顶。准备就绪后在施工作业部位拆除吊顶，首先拆除 1～2 块吊顶板，然后人员进入，清除拆除吊顶部位周围的浮土，逐步拆除所有施工部位的吊顶，在需要断开吊顶龙骨的地方进行局部加固。

④现场测量及场外加工。进入吊顶内进行实地测量加工尺寸，由于站厅、站台施工时不允许动火，所有安装附件需在现场准确测量加工尺寸，在场外基地进行加工，角钢及方钢等金属附件加工完毕后刷防火涂料。

⑤支撑件及紧固件安装。附件加工完毕后运至现场进行安装，首先安装支撑件，在结构主体顶板及侧墙上采用胀管螺栓进行固定，将吊件调直，然后连接安装紧固件，支撑件及紧固件安装完毕后防火涂料有破损处补刷防火涂料。

⑥防火帘布加工安装。支撑件及紧固件安装完毕后，无机布帘的加固采用钢结构边框、周边螺丝安装，其形状尺寸现场切割，随弯就弯，确保吊顶以上密封，达到防火分区划分的要求。

⑦防火玻璃加工安装。单片防火玻璃的加固采用钢梁（垂直水平调直）吊装工艺。保证吊顶以下 500mm，其标准尺寸为 600mm×1200mm，遇有接头、梯形顶按异型现场加工制作。固定玻璃时，玻璃两侧加防火胶垫。

⑧五方验收。施工完成后组织地铁建设公司、地铁运营公司、设计、监理及施工单位现场验收。

⑨恢复吊顶。验收合格后立即恢复吊顶。

(11) 防倒流器安装

1) 施工准备

施工前进行充分地现场调查，施工材料、人员准备就绪，施工计划经甲方、运营公司审批认可完毕，地铁运营公司配合人员到位，冷冻站部位按计划请地铁运营公司机电五队与冷冻站管理部门提前协调。

安装前阀门及阀件现场打压试验，所有阀门及阀件加工完毕后连接打压，分为 1MPa、1.6MPa 两次打压，耐压试验合格并经监理确认。

××站区间泄水无地漏和排污井，只能把水泄到水道里，施工前提前一天夜间检查下层排水沟是否畅通（含洞内库线）。

施工前先试验地漏，泄水前检查车站东西两侧无水后方可断管。

施工前应先关闭自来水引入阀门，再关闭消防泵出入口以上阀门，由安装公司与地铁机电五队共同确认阀门关严。

双管并行时，由安装公司与地铁机电五队共同确认引入管，防止割错。

2) 施工流程、方法

①各站点：

A. 防倒流器安装到东北出入口下部的消防泵内。把原有立管管路切断、提高，防倒流器离地面 500mm。

B. 防倒流器采用落地式安装（Ⅱ形支架 2 个）。

C. 安装防倒流器应先关闭自来水引入阀门，再关闭消防泵出入口以上阀门（共关闭 4 个阀门）。

D. 确认应关闭的阀门关好后再泄水，泄水时应先看排污水泵是否正常。

E. 施工前应该先确定本站与邻站的连通阀门是否已经打开，打开后方可施工。

F. 安装防倒流器时，管路切断，采用气割方式。

G. 安装防倒流器时，采用焊接式和法兰连接式。管道焊接式有两种：

a. 采用法兰式焊接。

b. 采用对接式焊接，但对接式焊接口与法兰式焊接口不大于 400mm，确保焊口内外能刷防锈漆。

H. 管路焊口内外刷防锈漆，外面刷银粉漆。

②两站点之间的区间站：

A. 防倒流器安装到从水井下去后的水道内，防倒流器安装按原有管路的标高，离地面 1.5m。

B. 安装防倒流器采用落地式安装支架，8 号槽钢 2 根。

C. 安装防倒流器应该先关闭自来水引入水井阀门，和水道内主管与管网处的 1 个蝶阀。

D. 区间泄水，泄到东侧的排污井内，确认排污泵工作正常，方可泄水。

E. 因为区间的自来水引入管起加压作用，所以施工前要确认管网连通阀门是打开的就行。

F. 安装防倒流器时，管路切断，采用气割方式。

G. 安装防倒流器时，采用焊接式和法兰连接式。管道焊接式有两种：

a. 采用法兰式焊接。

b. 采用对接式焊接，但对接式焊接口与法兰式焊接口不大于 400mm，确保焊口内外能刷防锈漆。

H. 管路焊口内外刷防锈漆，外面刷银粉漆。

③特殊要求

A. 安装过程中镀锌有破损处按设计要求补刷防锈漆，然后刷银粉漆。

B. 原有管道有保温的，新增的防倒流器处也须进行保温处理，根据地铁运营公司建议，保温材料采用硅酸镁。

C. 从防倒流器进场直至调试完毕开通送水，要求厂家技术人员全过程到场配合。

D. 所有支吊架由设计进行复核计算无误后方可进行安装。

(12) 无管网气体灭火系统安装

1) 施工工艺流程：

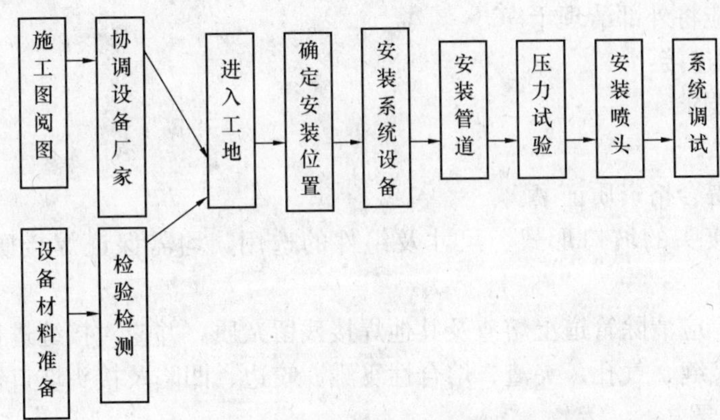

2) 作业条件：

①主体结构已验收，现场已清理干净；

②管道安装所需要的基准线应测定并标明，如吊顶标高、地面标高、内隔墙位置线等；

③管道支架、预留孔洞位置的尺寸正确；

④有吊顶处的喷头安装按设计图纸已确定位置，吊顶龙骨安装完。

3) 材料及设备要求：

①本工程系统管道采用符合国家标准《输送流体用无缝钢管》GB/T 8163 规定的无

缝钢管，灭火剂输送管道内外表面应做镀锌防腐处理。镀锌层的质量参照国家标准《低压流体输送用镀锌焊接钢管》GB/T 3091 的规定执行。

②灭火系统的储存装置（由贮存容器、容器阀、高压软管、单向阀、安全泄压阀、集流管和压力指示器组成）、选择阀、管网系统及喷嘴等主要组件的规格型号应符合设计要求，配件齐全、铸造规矩、表面光洁、无裂纹、启闭灵活，有产品出厂合格证。

③喷嘴的规格、类型应符合设计要求，外形规矩，丝扣完整，喷头有产品出厂合格证。

4）灭火剂输送管道安装要求：

①管网安装前的要求。施工前应对管材进行外观检查、清除管壁内外的脏物、异物后再进行校直等工作。在含有腐蚀性物质的场所敷设或埋设系统管道，安装前必须进行防腐处理。

②管道材料要求。本工程系统管道采用符合国家标准《输送流体用无缝钢管》GB/T 8163 规定的无缝钢管，灭火剂输送管道内外表面应做镀锌防腐处理。内外镀锌层的质量参照国家标准《低压流体输送用镀锌焊接钢管》GB/T 3091 的规定执行。

5）灭火剂输送管道管道螺纹连接要求：

①钢管宜采用机械切割，切割面不得有飞边、毛刺。

②加工的钢管螺纹密封面应符合现行国家标准的有关规定，应完整光滑，不得有缺扣或断扣，尺寸偏差应符合标准要求。

当管道变径时，宜采用异径接头。

在管道弯头处不得采用补芯。

螺纹连接的密封填料应均匀附着在管道的螺纹部分，拧紧螺纹时不得将密封材料挤入管内；连接后，应将外部清理干净。

6）管道沟槽连接：

见相关安装要求。

7）焊接要求：

①焊工应取得合格资质证书。

②管道焊接接头的坡口形式、尺寸及组件的选用，均需保证焊接质量和减少焊接变形。

③焊接完毕，应清除管道上熔渣及其他焊接残留杂质，并应对接缝进行外观检查，不允许焊接表面有裂缝、气孔、夹渣、熔合性飞溅、咬边、凹陷及接头坡口错位等。

8）管网安装要求：

①钢管安装时，出钢瓶间的一段管应先安装好，找准尺寸后固定牢靠，管与管之间的距离应严格按照施工图纸确定，确保管道及喷嘴支管的安装尺寸，严禁任意改变管道方向和长度。

②系统管道三通接头的分流出口应水平安装。

③吊顶下喷嘴支管安装前，应按照图纸在现场确定出喷嘴位置，也可以配合吊顶装修进行，但封吊顶板前应完成系统压力、严密性试验。

④分布管系的水平定向敷设坡度取顺向 1～3/1000。

⑤管道穿过墙壁、楼板处应安装套管。穿墙套管的长度应和墙厚相等，穿过楼板的套

管应高出楼面 50mm，套管与套管间的空隙应用柔性不燃烧材料填塞密实。

9）管道支、吊架的安装要求：

①管道应固定牢靠，管道支、吊架的安装应符合相关规范的规定。

②管道末端喷嘴处应采用支架固定，支架与喷嘴间的管道长度不应大于 500mm。

③管道支架一般采用导向支架，允许有少量轴向移动，不允许有横向移动，同时设置部分防晃支架。

10）管道连接强度试验和气密性试验：

①灭火剂输送管道安装完毕后应将喷头处堵死进行管网连接气压强度试验和气压严密性试验。

②水压强度试验要求。由于防护区为室内，且温度适宜作水压强度试验，故各个防护区均能进行水压强度试验，其试验压力应为 6.3MPa，稳压 5min，检查管道各连接处应无明显滴漏，目测管道无明显变形。

③气压严密性试验要求。气体灭火系统管网的严密性试验应在管网的水压强度试验后进行。试验介质为氮气或压缩空气，试验压力为 4.2MPa，试验时应缓慢将压力升高至试验压力，关断试验气源后，3min 内压力降不应超过试验压力的 10%，且用涂刷肥皂水等方法检查防护区外的管道连接处，应无气泡产生。

④管网吹扫。水压强度试验后和气压严密性试验前，对管道系统进行吹扫，吹除管道中的灰渣，保证管道的畅通性。吹扫时，管道末端的气流速度不应小于 20m/s，采用白布在管道末端检查，直至无铁锈、尘土、水渍及其他脏物出现，即认为合格。

⑤涂漆。灭火剂输送管道的外表面应涂红色油漆。在吊顶内、活动地板下等隐蔽场所内的管道，可涂红色油漆色环，并用字母缩写标示。色环间距不应大于 6m，宽度间距应一致，且每个建筑隔墙内至少应有一个色环。

11）喷嘴安装要求：

①喷嘴的规格、类型应符合设计要求，外形规矩，丝扣完整，喷头有产品出厂合格证。

②喷嘴安装应在系统管网安装完毕并进行完水压强度试验和气压严密性试验后进行。

③喷嘴的数量、型号和规格应符合设计要求。喷嘴应完好，无损坏，无腐蚀痕迹，内外应无粘着物及油污等。

④应按照设计要求放置喷嘴的位置，喷嘴开孔规格与开孔朝向必须满足设计要求。

⑤安装喷嘴所需的弯头、三通等宜采用专用管件。

⑥安装过程中不得对喷嘴进行拆装、改动，也不得加任何装饰性涂层或外套。

⑦安装在吊顶下的喷嘴，其连接螺纹不应露出吊顶。喷嘴挡流罩应紧贴吊顶安装。

⑧喷嘴的安装应采用工厂配备的专用扳手。

⑨发现喷嘴损伤时应更换喷嘴，更换上的喷嘴应与原喷嘴规格、型号相同。

⑩喷嘴用螺纹连接时防止旋入太深，防止将密封带挤入喷嘴和连接件内。

⑪喷嘴安装后应逐个核对其孔口尺寸、型号、规格、喷嘴方向及安装位置是否符合设计要求。

12）钢瓶间内整套设备的安装要求：

①灭火剂贮存容器安装要求：

a. 灭火剂贮存容器运输时应采取保护措施，防止碰撞、擦伤。

b. 安装时压力表观察面及产品标牌应朝向操作面。安装高度和方向应一致。

c. 钢瓶应排列整齐，间距应符合设计要求。固定钢瓶的抱卡高度应在钢瓶的 2/3 左右并尽量避开标牌。

d. 贮存容器的布置应便于再充装和装卸。操作空间净宽度不宜小于 1.2m。安装贮存容器的支、框架应固定牢靠，且应做防腐处理。

e. 贮存容器正面应标明设计规定的灭火剂名称和贮存容器的编号。

②集流管安装：

a. 集流管制作完成后，应进行水压强度试验和气压严密性试验。

b. 集流管安装前应清洗内腔并封闭进出口。

c. 贮存容器一般通过弯管接头，高压软管和单向阀与集流管相接。集流管宜采用焊接方法制造。

d. 集流管外表面应涂红色油漆。

e. 集流管应固定在支、框架上，应至少设两个固定支架固定牢靠，且应做防腐处理。

f. 集流管末端应设安全泄压阀，阀的泄压方向不应朝向操作面。

③选择阀安装：

a. 选择阀应提供水压强度试验和气压严密性试验报告。

b. 选择阀安装在集流管的排气口，选择阀安装高度应一致。

c. 选择阀的操作手柄应布置在操作面一侧，当安装高度超过 1.7m 时应采取便于操作的措施。

d. 采用螺纹连接的选择阀与管网连接处应增加一个法兰活接口。

e. 每个选择阀上应设置标明防护区名称或编号的永久性标志牌，并将其固定在操作手柄附近。

④阀驱动装置的安装：

阀驱动装置的电气连接线应沿固定贮存容器的支、框架或墙面固定。

⑤气体驱动装置管道的安装要求：

a. 管道布置应横平竖直。平行与交叉管道之间的间距应保持一致。

b. 管道应采用支架固定，管道支架的间距不宜大于 0.6m。

c. 管道应进行压力实验，实验压力不低于驱动气体的贮存压力。

⑥阀门及其附件现场检验要求：

a. 阀门的型号、规格应符合设计要求。

b. 阀门及其附件应配备齐全，不得有加工缺陷和机械损伤。

c. 阀门的型号、规格应符合设计要求。

13）气体灭火系统喷气试验：

应按照要求做模拟喷气试验。调试时可以按照自动控制、手动控制、机械应急操作三种工况进行。

①自动控制：即自动探测报警，发出一报和二报火警信号、放气信号，灭火系统的自动控制在接收到火灾信号后自动启动灭火系统进行灭火。

②手动控制：即自动探测报警，发出火警信号，经人工现场查证后按下该保护区的气

体灭火控制盘上的放气紧急启动按钮，气体灭火系统自动进行规定的联动动作。上述自动控制与手动控制的转换在气体灭火控制盘上实现。

③机械应急操作：

a. 模拟探测报警，发出火警信号，但电气控制部分出现故障，不能执行灭火指令的情况下。

b. 模拟发现火警，由于电源发生故障或自动探测报警系统失灵，不能执行灭火指令的情况下。

c. 机械应急工况必须在钢瓶间内进行。

若不能进行模拟喷放调试，应将释放阀的电源线摘下，在确保不能放气的情况下进行上述试验。试验时可使用万用表检测释放阀的电源线有、无电压的方式检测有无释放气体信号。

（二）消防系统调试方案

1. 工程概况

本工程施工主要是对原有消防系统设备进行完善工作。由于××站原使用 Simplex 消防报警及联动控制系统，此次改造是废除 Simplex 系统设备，改为日探消防系统设备，达到全线统一。其余各站是在保证原系统消防功能的前提下，对原有系统设备进行完善工作。

2. 调试方法

（1）调试工具

探测器试验器 MTB（日探产品专用测试工具），万用表，摇表，剥线钳，螺丝刀，电笔，手电筒，电源配电盘及照明设备等。

（2）调试要求

1）火灾自动报警及联动控制系统调试，应在报警设备安装、接线及相关被控设备正确接线完成后进行。

2）调试前，准备一套完整的设备平面图、接线图、系统图等必要的技术文件。

3）消防控制中心、消防水泵房、通风系统、配电室等设备安装机房能正常供电，保障系统调试的顺利进行。

4）调试现场应有照明，若没有正常照明设施应提供临时照明设施。

（3）调试组织

由于本工程是在保证地铁正常运营的基础上进行施工，施工具有特殊性，且现场情况复杂，施工工期短。

消防系统调试从东端××路站向西进行，成熟一站调试一站。调试时，先选取××路站为样板进行系统调试，确定软件、硬件无问题前提下，再展开其他站施工调试。调试过程可先进行报警系统调试，然后进行联动控制系统，最后进行总体调试。

由于正处于夏季高温期间，为保证地铁内设备正常运行及地铁的正常运营，地铁内通风系统在运营时间段内不能停止运行，调试时，将影响运营的消防联动控制调试安排在夜间地铁停运后进行，将不影响运营的消防报警系统调试安排在白天进行。

3. 系统调试

（1）调试准备

1）按设计图纸等技术文件要求，查验设备的规格、型号、数量等，并以表格的形式做好相应的记录。

2）完成对原有系统报警探测器的清洗、安装。

3）检查系统设备安装质量，如：探测器安装是否符合安装规定，接线是否正确；手动报警按钮的安装高度是否正确、一致，接线是否正确；火灾报警控制机是否到位，与墙的间距是否符合规范要求，接线是否正确；消防控制设备的安装是否正确；系统接地装置的安装是否正确；以及本工程中火灾自动报警系统所包含的原设备及新增设备的安装和接线。对以上项目进行逐一检查，发现问题及时解决。

4）对系统线路进行绝缘、接地复测，对于错线、开路、虚焊和短路接地等问题进行及时处理。

5）检查普通烟感探测器、手动报警按钮、红外对射探测器、警铃等报警设备终端电阻是否完好，连接是否正确。

6）对调试工具进行检查，检查其完好性，以便进行正常调试。

（2）消防报警系统调试

1）检查火灾自动报警系统的主电源和备用电源，应能自动转换，并有工作指示，主电源的容量应能保证所有联动控制设备在最大负荷下连续工作4h以上。

2）使用日探专用的调试工具MTB，对探测器、报警模块等现场设备逐个进行调试，检查编码是否与图纸一致、正确，报警功能是否正常，并以表格的形式做好记录。

3）开通报警主机，连接系统干线，将报警设备接入主机，进行控制器功能检查：火灾报警自检功能、消声及复位功能、故障报警功能、火灾优先功能、报警记忆功能、电源自动转换和备用电源的自动充电功能以及备用电源的欠压过压报警功能等。

4）开通主机，对现场报警设备逐个进行加烟试验，检查报警及确认灯是否正常；对每个手动报警按钮逐个进行试验，检查报警及确认灯是否正常；检查新增红外对射探测器的报警功能是否正常。

5）检查各消火栓按钮接线及功能是否正确，并连接到主机，测试报警功能及报警后确认灯动作是否正常。

（3）消防联动控制系统调试

消防联动控制系统调试前，应完成各种联动设备安装及接线，自动报警系统调试完成并能投入正常运行，风、水、强电专业完成对其设备的单体调试试验。

1）单机调试

①风阀调试：

a. 防烟防火阀（FH）、排烟防火阀（HFH）设备调试。

这两类阀门不需要DC24V电控，系统只接收位置返回信号，联动信号与阀门的接口位置在阀体的接线端子上。调试时，先检查消防报警系统控制模块与阀门之间的接线是否正确，标号是否完好。确定接线无误后，手动现场阀门使阀门动作，同时使用万用表检测位置返回信号是否为无源信号，确定阀门位置返回信号是否正确，确认NF-3E主机上是否有动作反馈信号且正确。

b. 排烟阀（PYF）、常闭排烟口（PYK）、防火风口（FHFK）、电动风口（DFK）、电动防烟防火阀（FD）、电动排烟防火阀（HFD）、立转门（LZM）设备调试。

此类设备需要DC24V电控，同时系统接收位置返回信号，联动信号与阀门的接口位置在阀门配电箱内端子排。调试时，先检查消防报警系统控制模块与受控设备（阀门配电箱PD）之间的接线是否正确，标号是否完好。确定接线无误后，从NF-3E报警主机送出控制信号，使控制模块（LRT）端口输出控制电压DC24V，同时使用万用表检测模块端口电压是否正常，确认受控设备是否动作。设备动作后，使用万用表检测位置返回信号是否为无源信号，同时确认位置返回信号是否正确，确认NF-3E主机上是否有动作反馈信号且正确。

c. 电动调节阀（DT）、电动组合风阀（DM）设备调试。

这两类风阀需要DC24V电控，同时系统接收位置返回信号，联动信号与阀门的接口位置在阀门控制箱内。调试时，先检查消防报警系统控制模块与受控设备（阀门控制箱DT、DM）之间的接线是否正确，标号是否完好。确定接线无误后，从NF-3E报警主机送出控制信号，使控制模块端口输出脉冲控制信号DC24V，同时使用万用表检测模块端口电压是否正常，确认阀门是否动作。设备动作后，使用万用表检测位置返回信号是否为无源信号，同时确认位置返回信号是否正确，确认NF-3E主机上是否有动作反馈信号且正确。

这两类阀门控制箱具有对控制信号自保功能，同时具有消防系统优先控制的功能，即当FAS系统控制信号到达时，不再接收BAS系统的命令。

②风机设备调试：

风机主要有车站公共区送风机、排风机，区间风机，附属用房风机。风机控制分为自动控制（远程）、手动控制及本地控制方式，与消防联动系统接口位置在风机控制箱内。

自动控制调试前，检查消防报警系统控制模块与风机控制箱之间的接线是否正确，标号是否完好。确定接线无误后，从NF-3E报警主机送出控制信号，使控制模块端口输出常压控制信号DC24V，同时使用万用表检测模块端口电压是否正常，控制信号通过风机控制箱内的DC24V中间继电器，联动风机接触器动作，完成对风机的控制。风机动作后，确认相应的返回信号是否正确且为无源信号，同时确认NF-3E主机上是否有动作反馈信号且正确。

完成自动控制调试后，进行手动控制的调试。手动控制调试前，检查联动控制柜与风机控制箱之间的接线是否正确，标号是否完好。确定接线无误后，按下综控室内联动控制柜面板上的风机启动按钮，送出DC24V控制信号，检查风机是否动作及动作后相应的返回信号是否正确，确认联动柜面板上的反馈信号指示灯是否点亮。

③消火栓泵调试：

本工程消火栓泵调试只涉及到10站和11站，消火栓泵控制分为自动控制及手动控制方式，与消防联动控制系统的接口位置在消火栓泵控制箱内。

自动控制调试前，检查消防报警系统控制模块与消火栓泵控制箱之间的接线是否正确，标号是否完好。确定接线无误后，从NF-3E报警主机送出控制信号，使控制模块端口输出常压控制信号DC24V，同时使用万用表检测模块端口电压是否正常，控制信号通过消火栓泵控制箱内DC24V中间继电器，完成对消火栓泵控制回路的控制，从而实现对消火栓泵的控制（控制模块有DC24V输出时，水泵启动；无DC24V输出时，水泵停止；无需自锁）。消火栓泵动作后，确认NF-3E主机上“手自动”、“运行”、“故障”无源状态信号是否正常及且正确。

完成自动控制调试后，进行手动控制的调试。手动控制调试前，检查消防综控室联动控制柜与消火栓泵控制箱之间的接线是否正确，标号是否完好。确定接线无误后，由联动柜输出 DC24V 控制信号，检查消火栓泵的动作和相应的返回信号是否正确，联动柜上的显示是否正确。

④非消防电源强切系统调试：

此系统强切是通过 DC24V 控制信号实现，与消防联动控制系统接口位置在照明配电箱、低压柜内。调试前，检查消防报警系统控制模块与照明配电箱、低压柜的接线是否正确，标号是否完好。确定接线无误后，从 NF-3E 报警主机送出控制信号，使控制模块端口输出脉冲控制信号 DC24V，同时使用万用表检测模块端口电压是否正常，控制信号通过照明配电箱、低压柜内的 DC24V 中间继电器，联动控制空气开关分励脱扣掉闸，将空气开关的常闭辅助接点信号返回，同时使用万用表对返回信号进行检测，保证返回信号是无源的。

⑤气体灭火系统调试：

本工程气体灭火系统自成系统，消防报警及联动控制系统对其不控制，只是对其进行监视，消防系统要求气灭系统提供气灭区报警、气灭故障、气灭喷气、气灭手自动四路信号，且反馈信号为无源信号。调试时，应使用万用表对反馈信号进行检测，检查信号是否正确，确认信号在 NF-3E 主机上的显示正确。

2）联合调试

开通主机以及现场控制设备，将现场设备置于自动控制工况下，在现场吹烟或手动报警设备，检查现场各项联动设备的动作情况，并对照设计图纸等技术文件要求进行核对，检查联动逻辑功能是否正确。检查报警主机、联动控制柜的显示是否正确。计划用两天完成联合调试，第一天完成对 1 系统联合调试，第 2 天完成对 2 系统的联合调试。

①防排烟系统调试：

排烟分区内的探测器报警信号/排烟分区内的手动报警按钮报警信号→启动该排烟分区的排烟阀（排烟口）→排烟阀（排烟口）打开信号，启动排烟风机。

排烟风机入口处排烟防火阀（280°）的关闭信号→停止相关部位排风机。

综控室内 NF-3E 报警主机能正确显示排烟阀、防火阀的开启状态，正确显示风机运行状态。

②消火栓系统调试：

消火栓按钮动作→启动消火栓系统消防泵→消防泵启动信号（故障信号）反馈到报警控制主机。

消防控制室手动启动消防栓泵→消防泵启动信号（故障信号）反馈到报警控制主机。

③非消防电源强切调试：

探测器报警信号/手动报警按钮报警信号→启动非消防电源强切输出模块动作→该模块输出信号启动断路器（空气开关）脱扣机构使断路器（空气开关）跳闸切断非消防电源。

④气体灭火系统调试：

气灭区探测器报警信号→气灭联动控制盘→气瓶喷气→报警、故障、喷气等信号反馈到报警控制主机。

4. 调试配合

(1) 系统调试前，提前向机电五队报调试计划，机电五队安排专人进行开门、看护。进入施工现场严格履行机电五队的登记、注销手续。调试过程中，需要其他段配合，应提前向机电五队反映，协调解决。

(2) 消防系统调试时，各专业应紧密配合进行。风、水、强电各专业安排一名技术人员和一名工长，负责调试过程对本专业出现的问题及时解决，如电源送不上，风阀机械故障等问题。

(3) 设备厂家应完成系统软件的编程工程，并进行现场调试配合指导。

(4) 调试过程中，做好与业主、监理、运营之间的协调沟通工作，做好调试的技术保证。

(5) 及时完成各种调试资料的编写，并上报监理审批。

5. 质量控制措施

(1) 调试前，组织专业技术人员编写调试方案、调试技术交底，为调试提供技术上支持和要求。

(2) 调试前，对敷设的线缆进行绝缘摇测，保证线缆无开路、短路等问题，同时将摇测的结果进行记录（填写专用的资料表格）。

(3) 调试前，对消防设备进行复检（包括原有系统设备），保证设备完好。

(4) 调试应对每个报警点进行点对点的调试（包括原有系统设备），单机调试完成后进行系统联动调试。

(5) 调试过程中，组织专业质检员进行检查，及时解决现场存在的质量问题。

(6) 消防工程是系统工程，调试过程中，风、水、强电、弱电各专业应紧密配合，有效的保证调试的可操作性。

(7) 调试完成后，认真地填写调试报告，并形成文字记录，进行资料归档。

三、实施效果与体会

(一) 实施效果

(1) 施工总体部署准确可行，施工方法准确具体，施工进度安排合理，实际施工严格按照施组中的施工部署进行，基本不用进行调整，在各站需要调整的地方均另行编制施工方案。运用创新的施工技术，确保了在9月份一次通过消防局验收，整个施工过程中没有一次影响到地铁的正常运营。

(2) 工程质量符合要求，一次性通过市消防局验收。

(3) 工期与计划基本相符，施工进度完全满足要求。

(4) 由于地处敏感地带，文明工地的管理非常严格，项目部、加工间及料场均设于公司基地，不设于现场，现场管理十分规范。

(5) 科技推广项目实施应用成效显著，如固定式挡烟垂壁的施工、地面疏散指示标志的施工、市政管网防倒流器安装、无管网气体灭火系统泄压阀的安装等施工项目均为国家级科技推广项目，在本工程中得到成功的运用。

(二) 技术经济指标分析

通过周详的施工组织安排，合理创新的技术方案应用，通过技术手段降低成本272万元，按结算结果总计降低成本约 3.4%。

（1）采用新材料、新工艺，节约施工成本。

如车站地面疏散指示标志的施工，原设计是采用地面嵌入式灯具的设计，需要在车站地面进行大量的剔凿工作，装入灯具后再进行浇筑，施工周期长，由于是在已经运营的车站内施工，施工时需对于施工部位进行长时间的围挡，对于地铁运营时乘客的疏散带来很大的安全隐患且施工难度大周期长。经过反复对比筛选，选用一种国内领先的地面粘贴自发光式疏散标志，施工简便快捷，可以大幅节约施工人工及材料费用。

（2）合理安排流水段施工，精确计划，避免窝工，大量节约人工成本。

在施工中严格按施工组织设计的内容统筹安排调配人员及施工机具，最大限度的避免人员闲置、窝工的出现。

（3）科学计划，充分提高劳动生产率。

在施工中严格按计划进行工序顺序的施工。根据从 0：00 列车停运开始至凌晨3：00 必须结束退场，难以大面积的铺开进行作业的特点，在每天晚上精细地计划，按回路进行施工，一旦当天晚上一个回路贯通，即立即进行通电调试，合格后经运营单位、监理当场签字认可，最大限度的提高劳动产出率，避免重复工作。

（4）合理安排物资进场。

由于施工时间十分紧张，必须保证材料物资的供给，但是已运营的车站内不允许存放大量的材料物资，而且存放大量物资必定带来人员看管、丢失、损坏等各种弊端，故合理安排物资进场十分重要，根据总体安排，在各站的施工过程中保证物资及时供给，即用即供，即供即用，同时也保证地铁的正常运营。

2.1.7　机场候机楼机电安装工程施工组织设计

一、工程概况

（一）项目简介

某机场二期工程总建筑面积 12.7 万 m^2，包括 13 个登机桥位，12 个远机位登机。候机楼的高峰客流量为每小时 5500 人，其中国内部分 4000 人，国际部分 1500 人。出发层及到达层的高峰客流量为总客流量的 70%。

候机楼由结构上相互独立的主楼和候机指廊组成，内部设施完善、技术先进。大约每 80m^2 使用面积就有一个插口。每个插口可扩充为 13 部电话，也能用作图像显示及电脑终端。计算机利用微波卫星可与世界各个角落并网联系。控制中心由电视屏幕、计算机形成自动化控制系统：楼宇自控系统、保安监控系统、消防自控系统、航班及行李显示系统等 20 余个系统。通风空调、能源供给、火灾报警、给水排水、监察、防盗、巡更、通道管制、停车管理、行李输送、自动扶梯（步道）运行、航班及显示、离港系统、广播通信、世界报时等各种数据状态都显示在屏幕上，输入到计算机内瞬时反映和处理。

（二）工程内容

1. 防雷、接地系统

候机楼为一类防雷建筑，由屋顶设的避雷带组成接闪器，利用柱内两根主钢筋作引下线连至基础钢筋网。接地装置，利用地梁或底板内钢筋和护壁柱内钢筋焊接连成闭合矩形水平回路，利用桩基内两根贯底主筋作接地体。99 根桩、198 根主筋与水平接地网焊接连成电气通路，组成自然接地系统。

2. 变、配电系统

(1) 高压配电系统：机场为一级负荷供电，设计两路独立的 10kV 电源，选用 4 根 $3\times185mm^2$ 的高压电缆引至候机楼内的中心配电室的高压配电柜，共设置了四个变电所。

(2) 低压配电系统：变压器选用干式变压器，变压器与低压配电柜之间全部采用铜密集式母线槽连接，在各配电室顶板上设置支承母线槽的吊架。地下室的电缆和 4 条 2000A 的密封式母线槽，供地下室照明、动力以及屋架下的大空间泛光照明灯 288 套和屋顶 28 个排风机用电。东西指廊低压供电沿指廊底部顶板下敷设的两条 1200mm 宽桥架送至各用电点。

(3) 柴油发电机系统作为候机楼的第二电源。

(4) 动力、照明系统：动力主要用于空调设备、给水排水设备、纵横向运输机械等的供电，共有配电箱和控制箱 486 台。所有电气供电线路采用阻燃型铜芯塑料电缆或阻燃型铜芯电线，在桥架或钢管内敷设。对于地下室空调负荷比较集中的部位，供电采用 2000A 的密集型母线槽作送电线路。大多数配电箱及控制箱采用自动化系统遥控。动力照明系统敷设镀锌钢管 15.3 万 m，电缆桥架线槽 2.3 万 m，穿线 68 万 m，放电缆 9.8 万 m，制作控制电缆头 120 个，终端电缆头 1360 个，安装照明变压器 23 台，灯具 1.6 万套，诱导灯 288 套，标志灯箱 1063 个及 800t 支吊架等配套工程。

3. 通风、空调系统

(1) 主机与设备：由 6 台 600 冷吨的离心式冷水机组、6 台低噪声冷却塔、6 台冷却水泵、21 台冷冻水泵、2 套化学水处理设备、82 套空调机组、19 套新风处理机、960 台风机盘管和各类排风机 178 台等组成。采用数字式程序控制器（DDC）以优化机组及空调器的运行操作，实行电脑系统管理。

(2) 空调水系统：分空调冷冻水、空调冷却水、空调凝结水三大系统。有钢管 3.5 万 m，PVC 管 8350m，加厚铝箔超细玻璃棉管壳 4.9 万 m，阀门 4642 个，过滤器 165 个，温度感应器 189 个，压力感应器 114 个，水流开关 8 个及有关工程等。

(3) 风系统：空调风管系统包括送风、回风、新风、排烟排风系统等。有镀锌薄钢风管 7.6 万 m^2，单层百叶风口 623 只，双层百叶风口 642 只，方形散流器 2550 只，条形风口 6126m，夹筋铝箔离心玻璃棉 $2074m^3$。保温铝箔软管 2408m，风量调节阀 110 台，防火调节阀 861 台，止回阀 76 台，不锈钢风管 $185m^2$。由于候机楼人员流动及密度变化极大。采用 DDC 控制方式，对空调系统在出力控制方面具有极大的灵活性。

4. 给水排水系统

候机楼给水源由市政供水管网提供两路 $\phi300$ 供水管，按环状供水供入中央机房储水池内，然后采用集中式变频和气压供水系统向候机大楼各用水点供水，总用水量 $933m^3/d$。污水处理池设在室外，污水排放量 $630m^3/d$。雨水排放，在斜屋面设置有特别设计的排水堰，逐级自上向下流，直至平屋面再用立管（$\phi150$ UPVC 管）经地下室排入楼外雨水总管。室外停车场排水采用格栅盖明沟，将雨水排至干管进入市网。共有给水镀锌管 6.92m，给水铸铁管 1440m，排水钢筋混凝土管 4436m，排水 PVC 管 12500m，阀门 310 个，生活给水泵 4 台，潜污泵 46 台，坐式大便器 280 套，挂式小便斗 84 套，洗脸盆 185 套等。

5. 消防自动灭火、报警系统

（1）消防自动灭火系统：消防管道 6 万 m，喷头 11000 只，室内消火栓箱 204 套，室外消火栓 6 套，湿式报警阀 14 套，水流指示器 14 套，消防水泵 4 台，水泵接合器 4 台，稳压泵 4 台，阀门 131 个，监控阀 43 套，预作用阀 8 套。

（2）火灾自动报警系统：采用智能型感温和感烟探测器、模块化和软件控制功能的消防自动报警控制机组成的智能型消防报警系统。在每个防火分区设置的手动报警器，要求在防火分区内的任何位置到最邻近的一个手动报警器的步行距离不大于 30m。

6. 程控电话交换系统

装置 1500 门程控交换机容量扩展到 20000 门。在楼内设置内线电话 739 部，直线电话 491 部，磁卡电话 98 部，电脑 397 台，共 63 点。在各墙面上装设电话、电脑插座面板。电话系统设备连接大楼综合布线系统。

7. 广播系统

共分二十三个区，工程主要内容有配钢管 2 万 m，广播线槽 3400m，金属软管 1500m，穿线 4.5 万 m，线槽配线 3.5 万 m，电缆 2050m，广播接线箱 30 个，音箱 72 个，扬声器 2084 个，拾音器 13 个及其配套的支架安装调试等。

8. 共用天线电视系统（CATV）

架设 ϕ6m 电视卫星接收天线 2 套，电视接收天线一组（UHF1 套，VHF2 套），FM 天线一副。主要安装内容，除屋面外部设备外，还要配管 6100m，放同轴电缆 1.2 万 m，桥架 43m，电视放大器 9 个，分配器 11 个，分支器 73 只，电视插座 202 个以及相关的安装调试等。

9. 综合布线

纳入综合布线系统的有：闭路电视系统、楼宇自动化管理系统、航班显示系统、子母钟系统、保安监视系统、防盗报警系统、离港控制系统、通信自动化系统、办公自动化系统、建筑设备电脑管理系统及中央计算机系统。共敷设 6 芯光纤电缆 16.2 万 m，三类主干电缆（100 对）2.3 万 m，五类主干电缆（25 对）3050m，三类非屏蔽双绞线（4 对）18.6 万 m，五类非屏蔽双绞线（4 对）9.2 万 m，300 对卡接式配线架 59 套，1 对快接式跳线 3.2 万 m，光纤接续单元 47 套。

10. 运输机械及安检设备

有 15 部具有较高运输能力的自动扶梯，额定速度 0.5m/s，每分钟可运送 75 人。9 部液压电梯，7 套自动步道，18 套安全检查设备和行李输送系统。

（三）工程特点

（1）候机楼安装工程的二十三个系统，功能齐全、技术先进、工艺复杂、施工难度大、技术要求高、施工工期短、交叉施工多、社会影响大。

（2）候机楼地处北纬 24°27′，东经 118°04′，平均气温为 21℃，年平均降雨量为 1000mm，属于亚热带海洋性气候。

（3）由于是“三边”工程，边设计、边施工，设计院深化的施工详图不能满足现场需要，不能按时提供，给施工安装带来了很多的麻烦和困难。

（4）安装工程工期 20 个月，为赶工期，需加大交叉作业，除投入较多的安全装备和设施外，还要投入较多的成品保护、半成品保护的费用，加大劳动量的投入。此外，业主提出工程创优要求，故投入超常规创优质工程的成本投入。

二、摘选主要施工方案

（一）弱电控制系统施工方案

1. 综合布线安装施工方法

（1）系统概述

①为适应机场信息系统种类多、传送速度快的要求，3 号候机楼采用结构化的网络布线系统——综合布线系统。

②综合布线系统具有开放式的结构，能兼容和支持机场内使用的电脑设备系统、数据通信系统、语音应用系统和图像传输系统，能收集、处理、存储、传输、检索和提供决策能力，为大楼的拥有者及客户提供最有效的信息服务。

③综合布线采用非屏蔽铜芯双绞线、光缆作后盾，提高线路的传输速度和抗干扰的能力。

④3 号候机楼纳入综合布线系统的有：闭路电视系统、楼宇自动化管理系统、航班显示系统、子母钟系统、保安监视系统、防盗报警系统、离港控制系统、通信自动化系统、办公自动化系统、建筑设备电脑管理系统及中央计算机系统。

⑤综合布线系统采用模块化结构，方便系统的扩展，并具有极大的灵活性，需要系统修改或设备移位时，不必变更布线，只需在相应线架中将线跳接即可。

⑥采用国际统一的标准插座 RJ45，既能作为电话出口，又能用作图像显示及电脑终端，做到一“座”多用。

（2）主要施工技术要求

综合布线系统施工单位只做配合工作，施工要点执行电气配管、电缆桥架等施工的要点及技术要求。

2. 程控电话交换系统施工方法

（1）系统概况

①3 号候机楼工程设计装置 1500 门程控交换机，容量扩展到 20000 门。

②在楼内设置内线电话 581 部，直线电话 395 部，投币电话 90 部，电脑 397 台，共 63 点。

③在各墙面上装设电话、电脑插座面板。

④电话系统设备连接大楼综合布线系统。

⑤电话系统方框图如图 2.1.7-1 所示。

（2）电话系统安装

①通信电缆进出 3 号楼时，在该楼外进线点设置人孔或手孔，并自人孔或手孔预埋钢管进入楼内。800 对线的电缆进出该楼应敷设 4×ϕ100mm 的钢管，其中 50% 的套管留作备用。埋深一般为 800mm，手孔或人孔的标准应符合市电话局的规定。

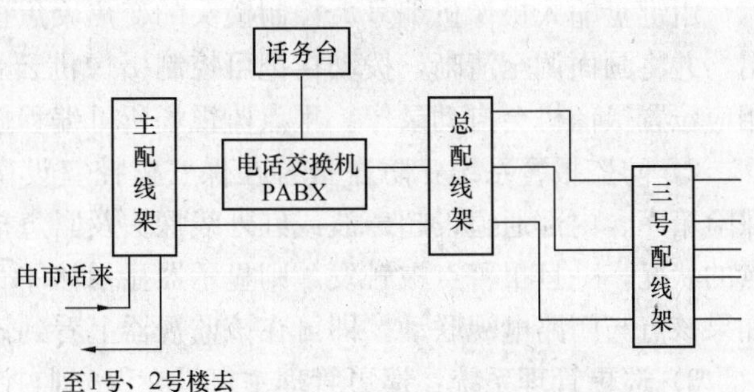

图 2.1.7-1 电话系统方框图

②通信电缆均在电话线槽中敷

设，竖向敷设时，应在弱电竖井内沿线槽敷设，至房间或电话出线座的电话线路就近的线槽中引出，在吊顶或墙内、地板内穿管暗敷。

当暗敷管需要弯曲时，其角度不能小于90°，每条暗管的弯曲不能超过二处。在弯曲处不能有皱折，以免磨损电缆。

③电话线槽安装的技术要求参见"电缆桥架及线槽安装施工技术要求"一节。

④电话分配箱在弱电竖井内安装，一般为墙上明装，底边距地1.5m。

⑤电缆敷设时，在分线箱内均应沿箱绕半周或一周，作为备用。预留线应在箱内四周或侧壁，不得占用中心位置。

⑥分配箱内严禁穿放电力线或非本系统的其他线路。

⑦分配箱的门面上应标明线序。

⑧电话电缆在布放前，首先应对其规格、线对数进行核对，然后测试心线电阻和检查不良线对，新电缆绝缘电阻应不低于800MΩ/km，所有的检查测试合乎要求后，才能进行电缆敷设工作。

⑨敷设电话电缆时应从电缆盘的上方放出，避免电缆在支架、障碍物或地面上摩擦或拖拉，并不得使电缆过度弯曲，电话电缆的弯曲半径不得小于电缆外径的10倍。

⑩配线架及分配箱在安装前，应检查接头排的端子板有无裂损，接线端子应牢固，胶垫不失效，如有缺损，应予修理或更换。用兆欧表检查接头排端子间及端子对地的绝缘电阻，当温度为20℃±5℃时，不能低于500MΩ，配线架及分配箱外壳均应用软铜绞线接地。

⑪在配线架和分配箱内接线端子板上接线时，一般内侧一排接干线，外侧一排接至用户进线。

⑫至用户电话出线座的线路应采用四芯塑料线馈给，并宜使用组合式话机插座，以便于用户终端加设电话线路或采用多功能话机。

3. 保安及闭路电视监察系统安装施工方法

(1) 系统概况

机场候机楼的保安监察闭路电视系统是集防护、保安、管理为一体的大型系统。包括闭路电视监察、防盗报警、通道管制、巡更管理及车库管理等。主要由摄像机、电脑矩阵切换器、监视器、录像机、稳压电源等组成。

1) 闭路电视监察系统：采用微机控制视频信号切换器，在主控点或副控点可由键盘输入摄像机及监视器的编号，则所选择摄像头摄得的图像即在相应监视器上显示。

由键盘输入摄像机编号，控制镜头的变焦聚焦按钮，即可把监视器上的画面拉近或推出，并将画面调至清晰，拨动摇把可控制摄像机云台上下、左右动作，与报警信号联动，相应位置摄像机会自动录像。重点监视场所可编程按时录像。

2) 防盗报警系统：防盗报警在保安监控室设微机控制报警主机。在商场营业柜台、保险箱库、内部通道设超声波或红外线探头及紧急报警按钮。控制中心的监视器上监视各点的状况，一旦报警点被触发，则显示器显示该平面，被触发报警点会在显示屏上闪烁。如果该点与闭路电视联动，即可在该监视器上看到该处画面。

3) 巡更管理系统：巡更管理主机设在保安监控室，按事先编好的程序进行。每到一报更点，将密码卡靠近密码感应器，便可将到达时间及有关代码由打印机记录下来。

4）通道管制系统：通道管制系统的中央控制主机设在保安监控室，内部通道入口或重点保护房间入口，装近距式密码感应器，当持有相符合密码卡的人接近时，微处理器控制电锁开门。

5）车库管理系统：车库管理采用自动管理系统。内部车辆使用月票进出停车场，外来车辆在入口出票机取票即可进入。出来时先到车场管理处交费，经号票机号票后的票放入出口入票机，即能控制电闸放行。车场车位由场地控制盘自动控制，当所有车位已被使用时，自动控制车场入口“满”字牌亮灯。

（2）保安及闭路电视监察系统安装

1）保安及闭路电视监察系统工艺流程：本工程的保安监察闭路电视系统主要由摄像机、电脑矩阵切换器监视器、录像机、稳压电源组成，其系统如图 2.1.7-2 所示。

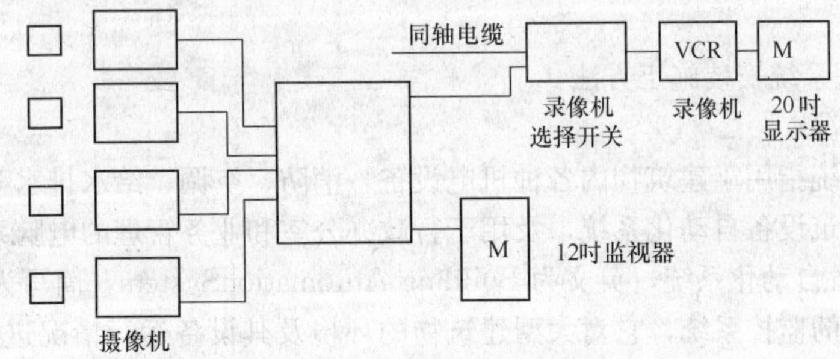

图 2.1.7-2 保安监视系统示意图

在大楼各出入口，迎送客厅候机室，候机廊顶部以及各重要场所安装摄像机进行监视，每四台摄像机的信号通过传输电缆送入电脑矩阵切换开关连接到一台 12 吋监视器上进行监视，监视器设在到达层 16 号房的保安监视中心，所有的 12 吋监视器的信号都送入录像机选择开关，由操作人员根据需要选择回路录像和用 20 吋监视器监视。

在闭路电视保安系统的传输通道中，因距离超过 200m，选用同轴电缆传输视频信号。

2）保安及闭路电视监察系统安装：

①摄像机、监视器等电器设备在安装使用前，必须会同业主代表共同进行开箱检查，双方会签检查记录。检查项目有：

a. 出厂合格证、试验记录、随箱图纸、说明书是否齐全。

b. 设备材料铭牌、型号规格与设计图纸是否相符。

c. 设备部件或元器件有无丢失、损坏、锈蚀、变形、易损件有无破裂。

d. 设备表面有无损伤变形，油漆有无损伤脱落。

e. 按装箱单清点附件、备品、专用工具等是否齐全。

②摄像机与监视器用同轴电缆连接。同轴电缆不能与其他管线放在一起，更不能与冲击负荷的电力线接近，以免造成干扰。

a. 电缆敷设前，应检查电缆是否有机械损伤。

b. 电缆敷设应在建筑抹灰及地面工程结束后进行。在穿线前，应将管线内或线槽内的积水与杂物清理干净。

c. 电缆在管线内或线槽内，不应有接头，不能有扭曲、折叠，不能有死弯。

d. 不同型号的电缆不应混用，否则，当信号从一种电缆传送到另一种电缆时，由于反射结果，会提高电压驻波比。因此，电缆连接时，最好自始至终采用同一牌号的电缆连接器。

e. 施工时不应使用机械拖拉同轴电缆。射频电缆与邻近的高压电缆至少应间隔300mm/kV，如果必须交叉，则应垂直交叉。

f. 敷设电缆避免靠近大电机、电感器件或电焊机等设备，避开高温地区或会使电缆外壳受到化学腐蚀的地区。

g. 在电缆剥切端头时，要小心，不要损伤下面裸露的屏蔽网，切去金属箔与绝缘体时，不要损伤中心导体。

3）摄像机属贵重设备，并且体积小、重量轻，容易丢失。为防止丢失，应采取预组装方式，待交工验收时，再正式安装。在安装前，应妥善保管，并采取防尘、防潮、防腐蚀措施。

4. 电脑管理系统安装施工方法

（1）系统概况

电脑管理系统指用于建筑物内各种机电设备，消防、空调、给水排水等装置的自动化管理和控制的建筑设备自动化系统，及用于行政办公室和业务管理的电脑系统两部分。

1）建筑设备自动化系统，英文为 Building AutomationSystem，简写为 BAS。实际上是以计算机为主的监控系统，它对大型建筑物的环境及其设备运行情况进行监察及控制。在该工程中它对下列各项进行监控：

①空调系统（包括环境）；

②动力、照明；

③给、排水系统；

④制冷机组；

⑤消防；

⑥保安；

⑦电梯、扶梯、自动步梯；

⑧广播、电视等。

BAS 日夜不停地对建筑物中的各种电器、机械设备的运行以及其他需要监控的情况进行监控，收集各种各样需要的资料，自动加以处理、制表和报警。采用 BAS 后有下列优点：

①节省大量人力，在中控室就可以监控各种设备的运行状况，发现设备故障的性质，以及发生故障的时间；

②建立完整的设备运行记录，加强设备管理、计划、检修；

③配上适当的软件，对电力设备及空调设备的运行进行适当的控制，在保证建筑物环境舒适的前提下节省能源及运行费用。

BAS 一般由中央主机（CPU）、外围设备、传输通道、数据收集站和监测元件等几部分组成。

DDC 全称为“Direct Digital Control”，是指每一个 DGP 本身包括有 CPU 的功能，能独立工作，而且 DDC 的 DGP 可以连通到中央主机（CPU）上，做一些资料处理或文字处理。

DGP将现场检测元件收集来的信号经信号传输通道传入RAM（随机存取存储器），即当主机CPU查询时信号发回中控室。主机CPU对发来的数据加以处理后存入内存，操作人员随时可以将收集来的数据资料显示或打印出来。主机CPU对这些数据的处理方法以及是否自动输出命令以控制现场的机电设备的运行，或者在必要时发出声光报警讯号等，这些则完全由事先编制的软件来确定。经CPU监控后的输出的有关指令可按地址码发给相应的现场DGP，再由DGP分别控制相应的执行机构，以完成指令动作。

2）管理电脑系统。管理电脑系统与建筑设备自动化系统的系统原理大同小异。对于繁杂的业务管理，采用先进的科学技术装备，可以加强业务管理，增进为旅客服务，提高办公效率，同时尽可能地减少人力操作、降低成本、减少差错。

电脑管理系统产品甚多，一般都是采用普通机型配以专业软件系统组成，采用小型机多终端的集中式系统。

主要设备包括：

①中央处理机连内存。

②软盘驱动器。

③硬盘驱动器。

④高速打印机。

⑤打印机。

⑥终端机。

(2) 施工技术要求

1）BAS系统的安装工艺流程及质量控制：

①BAS系统的安装工艺流程如下。

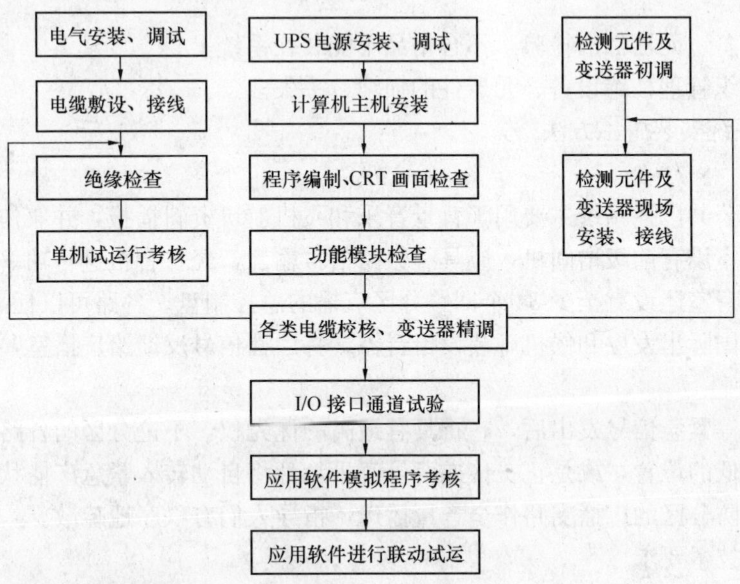

②BAS安装工程质量管理点控制图如图2.1.7-3所示。

2）管理电脑系统的安装：

①组织施工技术人员和工人熟悉设计图纸和国家规范，熟悉计算机资料和逻辑流程图，对重点部位进行详细的技术质量交底。

图 2.1.7-3　BAS安装工程质量控制点

②严格设备、元器件的检验，不合格品不能装在系统上。

③加强组织管理杜绝设备、元器件的损坏、丢失。

5. 广播系统安装施工方法

(1) 概况

该工程的公共广播系统主要用于背景音乐和飞机航班资料播报，并兼作消防紧急广播之用。在播音室设有前级增间机，应具有数路信号输入，经扩音机进行功率放大后输出播音信号。在播音室还设有至少34个回路分区广播的总控制盘。各路可以任意组合和切换。

在国内、国际出发层和候机廊装设拾音器，将广播信号反馈给广播室，监听广播内容的准确性。

一旦火警等紧急信号发出后，它将具有最高的优先权，不论分区的各路输出是否处于切除或音量最低的位置，或是正在传递背景音乐，都将自动转入紧急广播状态，并自动接通各个预定消防分区的广播支路作全音量播送，指导人们有秩序地疏散。

(2) 施工技术要求

公共广播系统主要包括了从传声器或声音再生装置、功率放大装置到扬声器装置，以其间的各种装置和线路的组织，设备配接是广播系统的一个关键工作。

1) 前端配接，即传声器或声音再生装置等信号源与前级增音机或功率扩大装置之间的配接。

①为了使传输获得高效率，保证频率响应和满足失真度指标的要求，信号源的输出阻抗应与前级增音机或扩音机的输入阻抗相匹配，其匹配的原则是：信号源的输出阻抗应接近其负载阻抗，但不得高于负载阻抗。

②信号输入时，应按其输出电压等级接入前级增音机或扩音机的相应输入播孔，否则，如输入电压过低则音量不足，过高则严重过载失真。

2）末级配接，即扩音机与扬声器之间的配接，按扩音机输出形式不同可分为定阻抗式和定电压式两种配接方式。

①定阻抗式配接。定阻抗输出的扩音机要求负载阻抗接近其输出阻抗，阻抗相差不应大于10%，否则会产生失配、失真的不良影响。如果扬声设备的阻抗难以实现正常配接，可以选用一定阻值的假负载电阻，使得总负载阻抗实现匹配。

在实际施工中，为了减小线路阻抗和便于匹配，常常配接在扩音机的高阻抗端输出，这样，在扩音机和扬声器之间必须接入相应的线间变压器，借助于线间变压器上不同的抽头，实现阻抗匹配。

功率分配应根据相应的供声区域分配不同的功率比例。

②定电压式配接。定电压式扩音机都标明输出电压和输出功率，扬声器则大部分标称阻抗和功率，必须把扬声器的标称阻抗换算额定工作电压，换算公式为：

$$U_{sp} = P_{sp} \times Z_{sp}$$

式中 U_{sp}——扬声器的换算额定工作电压（V）；

P_{sp}——扬声器的标称功率（W）；

Z_{sp}——扬声器的标称阻抗（Ω）。

定电压式扩音机与扬声器的配接原则是扬声器的输入电压（即扩音机或输送变压器的输出电压）不得高于扬声器的额定电压U_{sp}，为此，应选择相应变化的线间变压器来实现扩音机与扬声器的配接。

③输送变压器的选用。输送变压器分定电压式输送变压器和定阻抗式输出变压器。

定电压式输送变压器在变换线圈抽头时应注意线圈的极性，同时输送变压器的标称功率不得小于扬声器的总功率。同规格的线圈应并联使用，以获得较大电流。

定阻抗式输送变压器根据标明的标称功率、初次级阻抗换算出与扬声器相适应的阻抗。

④连接导线。信号源至前级增音机或扩音机的连线，前级增音机与扩音机之间的连线等，在零分贝以下的低电压线路都应采用屏蔽线，以减少噪声干扰，屏蔽可以选用单芯、双芯或四芯屏蔽电缆。连接方式采用平衡式或不平衡式（中心接地或不接地）。

扩音机至扬声器之间的连接可以不使用屏蔽线，采用多股铜芯塑料护套软线。

室外扬声器的连线采用穿管暗敷。

⑤扬声器的安装。大楼内有吊顶的地方采用嵌入式暗装扬声器。阁楼商场的扬声器嵌入垂直风管柱内暗装。地下停车库及无吊顶处安装挂墙式扬声器。室外停车场的扬声器挂于灯柱上。

扬声器的布置应根据声场的空间和平面以及扬声器的不同指向特性，控制扬声器的位置、悬点、俯角和它们的功率分配来组织声场，尽量使声场均匀。

挂墙式扬声器和灯柱上的扬声器应注意悬挂点的俯角。为了增强声能效率，把扬声器稍向地面倾斜，利用地面反射，可增加辐射效率。

调整时，用声级测试和调整扬声器角度，直到声级计读数最大为准。

3）严格执行国家有关规范、标准，并遵守市有关规定。接受甲方、监理工程师的监督检查。当设备的安装及线路的敷设与现场的实际情况不适合时（如位置、高度、角度等），以甲方代表及监理工程师的意见为准，并做好各工序的质量检查和记录。

6. 共用天线电视系统安装施工方法

（1）系统概况

在中心机械厂屋面架设电视卫星接收天线，接收亚洲一号卫星四套节目，美国及日本卫星各一套节目。架设电视接收天线一组，接收当地电视台节目。架设FM天线一副，接收当地调频立体声广播节目。

在到达层电视播放室设录像机及镭射影碟机播放自制娱乐节目、广告、通知。

系统与电脑连接，接收航班动态资料；

系统与市有线电视网连接，接收有线电视节目；

在3号候机楼候机厅、休息室、会议室、商场、娱乐场所及其他需要地方设有TV/FM输出插座，供电视机及收音机接收以上的节目、广播。

（2）施工技术要求

1）系统安装必须符合当地主管机构提出的安全规则，并不得破坏大厦的结构。

2）电视/音响、广播接收天线、卫星天线须有适当的接地及防雷保护，须按BS-6651-1985或JGJ 16—83设置。

3）系统安装必须符合当地管理部门所颁布的电缆系统的技术规范和要求。

4）进场的元器件必须具有完备的技术资料，如产品合格证、安装使用说明书等，并应是性能良好、互相匹配、效率高、经济可靠的高频插接件。

系统适用在2kV（1±10%）的电源上运作，电视设备适用于PAL制式。

5）安装完成后，应对系统进行调校，以确保系统工作在最佳状态。调校工作包括对天线位置及朝向调校，对前端设备信号电平的调整，对线路放大器、信号电平调整、系统统调等。

6）系统调定以后，要按《30MHz～1GHz声音和电视信号电缆分配系统》GB 6510—86规定的系统技术性能标准及测量方法进行全面测量。

7）系统的验收包括电气性能和施工质量两方面的验收。其中电气性能验收除对系统进行客观测量外，还要进行主观评价。

（二）航站控制系统施工方案

1. 航班/行李显示系统安装施工方法

（1）系统概况

航班/行李显示系统是由微电脑控制的硬/软件系统，通过它向旅客提供在机场各区航班及行李的信息及其他一般信息。

3号候机楼设置有138处航班/行李显示点和三十多个工作站。

显示屏分发光二极管（LED）、监视器屏幕两种。发光二极管最大的显示屏为68行，尺寸13352mm×2958mm，监视器最大的显示屏由14个监视器组成，尺寸为4811mm×1168mm。

所有的显示屏由散件到货，在现场组装，经装饰与建筑物协调，保持同等格调。

在出发层的5个岛式柜台上空的网架结构上共安装60个2000mm×174mm的发光二极管的条形显示屏，所有线路在网架结构中穿行，无任何接线盒外露，格调与网架协调。

（2）安装方法

①在网架中穿行的管线，要与网回安装紧密配合，合理施工，不能破坏网络结构应有的建筑效果。

②对发光二极管（LED）、监视器屏幕等设备、材料、器件、线、缆进场前要进行严格的检验，不合格品不准进入现场，更不得安装使用。

③屏幕的安装要与精装修紧密配合，保证与建筑装修的格调一致。

④加强现场警卫和制定严密的成品保护措施，以防止设备的丢失和损坏。

2. 子母钟系统安装施工方法

（1）系统概况

就一个国际航空港而言，对往返于国际城市间的旅客或迎送的亲友，对航空港的地勤人员及其他工作人员，以及各航空公司及其他相关的单位，都需要应用同一组既准确可靠而又具有公信力的时间资料。提供这样的时间资料是国际航空港所必需的一种公共服务，也关系到航空港本身的服务品质。3号候机楼采用子母钟系统。

该系统为计算机管理系统，在设定的时间内同步输出一组信号驱动子钟，以显示本地时间及世界各重要地区的时间，以达到整个计时系统同步，共设37个台钟。

三个母钟设控制室。

一个世界地区子钟设在出发层大厅。

一个圆形钟设在高架桥。

其他32面子钟设在大楼各处。

（2）施工技术要求

子母钟、微电脑等设备和器件必须经合同业主代表共同进行开箱检查，双方会签检查记录，其检查项目有：

①出厂合格证，随箱技术文件，说明书等是否齐全；

②设备器材铭牌、型号规格与设计图纸是否相符；

③设备部件或元器件有无丢失、损坏、锈蚀、变形，钟面等易损件有无破裂；

④预埋管必须准确，不得错配漏配。

3. 离港控制系统安装施工方法

（1）系统概况

出港离境控制系统是包括内容很广的一个电脑控制系统，简单地讲，就是对一个旅客从买到机票开始至到达目的地止的全程服务和管理。

（2）施工要点

①紧密配合地面、墙面装修、安装线槽及电脑出线插座。

②其他要求同电脑管理系统。

4. 港内无线电系统安装施工方法

港内无线电通信系统是航空港必备的、有目的、有选择的对讲系统。从控制中心引一条漏波电缆，供发射和接收之用。

5. 广告、灯箱安装施工方法

(1) 工程概况

3 号候机楼广告灯箱的设置区域及数量。

①国际出发、到达区设：单面广告、灯箱 70 面，双面广告、灯箱 8 面。于残疾人电梯和厕所、货梯、娱乐室设单面板广告、灯箱 4 面。

②国内出发、到达区设：单面广告、灯箱 64 面，双面广告、灯箱 17 面。于残疾人厕所、银行、电话间设单面板广告、灯箱 4 面。

③食堂设：单面广告、灯箱 6 面。

④停车场设：单面广告、灯箱 14 面，双面广告、灯箱 28 面。

(2) 施工技术要求

①每个灯箱下沿离地 2.5～2.7m。

②从吊顶往下吊。

③电源线穿管放在标志板上方的吊顶内（留余线 2～3m)。

④线、管的敷设按照有关规范执行。

三、实施效果与体会

(一) 实施效果

1. 施工部署

该施工组织全面、系统、科学地制定了安装工程的施工工艺、施工程序、施工方法和操作要点；规定了实施的技术措施；确定了工程质量检验方法和手段，其内容丰富、可行、可靠。施组对弱电综合布线等工程所制定的施工工艺和施工操作要领，既细又实用，弥补了当时国内没有弱电施工技术规范的不足，保证了施工质量和进度，工程提前一个半月完成安装施工任务。也完成了项目部和安装公司规定的经济目标。

2. 质量控制

全部安装工程一次效验合格 100%，工程质量总评定为优良。设备及楼宇自控、步道机、行李运输机、冷水机组等，均为一次试运成功，一次投入正式运行成功，效果极明显。工程质量和施工技术受到当时中国民航总局的高度赞誉。

3. 安全与文明施工

未发生重大安全事故，也未发生恶性的多人轻伤事故，轻伤低于 1‰，无施工机械事故，无安装设备事故。未发生职业病和流行病。生活区现场未发生任何火灾和触电事故。被评为安全文明施工工地。由于地处海边，又临台风和热带风暴，因而现场防洪防灾措施得力，即雨水采用管和渠双项排水，故未发生现场积水、漂管事故。地坑采用管和渠引流汇合、沉淀后机械排水，未发生淹没事故。

4. 工程技术管理

风管制作采用插条式无法兰连接技术，节省大量的角钢，降低了工程成本，其施工工艺和施工技术，当时是国内先进水平。楼宇自控、综合布线等弱电工程，在无任何借鉴的条件下，由我们进行综合集成和完善设计及选定设备材料，同时应用了先进制图软件绘出施工图、施工节点图，既保证了施工进度，又提高企业的技术水平和市场竞争能力。弱电工程安装技术，总结后编写的《弱电工程安装工法》评为当时的国家级工法。安装工程施工技术、弱电工程施工技术分别评为局科学技术进步一等奖。工厂预制和先进施工机具的采用，提高了工厂化施工，使工程又快又好。

（二）体会

1. 该工程由于国外设计的不确定性，国内设计单位深化设计的不到位，给工程施工带来许多困难，为了保证工期和质量，施工单位不得不投入一定的人力物力，加大施工单位施工成本。而当时未签订深化设计合同，深化设计费用决算时未能收回。因此必须在合同中列项，比如深化设计取费，以保护自身的利益。

2. 深化施工图设计是检验施工单位技术水平和技术管理的重要途径，必须在大量调研基础上进行，比如楼控的综合集成，既要保证系统的先进性，也要保证可靠性和实用性，还要避免重复设置及浪费。综合集成必须考虑到各专业、各系统的共性、特性及相互依赖和相互排斥的特点，合理解决其矛盾性，统一其相对共性，这是避免不必要的重复的重要措施和手段。目前国内设计、施工是分离的，施工单位技术人员应付深化设计精力严重不足，经验也少，从而存在着选择设备不确定性，具有一定的风险。

3. 新技术、新材料、新设备的应用，伴随着困难和复杂工艺，必须加强技术的管理，在攻关、开发、调研基础上逐个解决。

2.1.8 体育馆机电安装工程施工组织设计

一、工程概况

（一）项目简介

×市文化体育中心占地 52 万 m^2，包括体育馆、棒球场、文化体育设施，以及作为公共服务的配套商业设施，总建筑面积约 35 万 m^2。

体育馆是篮球比赛场地，地下一层，地上五层。总建筑面积为 61591m^2，檐口距室外街道地面为 27.86m，下沉广场距地面为 37.36m，设计看台的总座位为 17754 席。周围通过一个巨大的绿化和疏散广场。

（二）工程内容及功能

1. 通风、空调及采暖系统

（1）冷、热源：在地下机房层设集中冷、热源机房，以满足全楼所有的冷热量需求。制冷设三台电动离心式冷水机组，一台电动螺杆式冷水机组，冷冻水温 6～12℃。供热利用市政热力作为一次热媒 110～70℃，通过热交换产生本楼所需的二次热水。

（2）采暖系统：首层和三层观众休息大厅设辅助性地板辐射采暖系统（兼作值班采暖），热交换机房内设板式水－水交换器，二次水温为 40～30℃。地板辐射供暖水系统为定流量运行。

（3）比赛大厅及观众休息厅等大空间主要采用全空气系统。比赛大厅为座椅下送风，在每个固定座椅下部设一个专用送风口，活动座位区是通过设在下面侧墙上的送风土建静压箱送风，冷气流经过活动座椅之间的缝隙到达观众席和比赛场地。

（4）在贵宾接待室、赞助商包厢、休息室、媒体用房、办公室、会议室、比赛技术用房等处设风机盘管加新风系统，根据需用进行分室调节。

（5）全楼的空调房间和不具备自然通风的非空调房间都设置了机械排风系统，训练馆、比赛大厅和休息厅的排风系统按照最小及全新风量设置，可实现全新风模式运行。

（6）空调水系统：本工程空调水主要为二管制一次泵系统，供冷水温定为 6～12℃。空调再热系统夏季热交换机房内的交换器提供 50～40℃ 热水。

（7）消防排烟系统：地下机房层、竞赛层和夹层按照“高规”的要求，在不具备自然排烟条件的办公室、培训用房、健身房、更衣室、库房等房间以及长度超过 20m 的内走道设机械排烟设施。

排烟风管为金属风管或土建风道，金属风管外表面增加保温隔热材料使其耐火极限达到 1.0h。

2. 给水排水系统

(1) 生活给水系统：给水系统分高、低区。首层以下为低区，由市政自来水管网直接供水。二层以上为高区，由变频调速泵组供水。

(2) 生活热水系统：本工程热源利用城市热网提供的 110～70℃高温热水作为热媒，生活热水供应温度为 55℃。运动员卫生间、浴室、体育馆公共卫生间等处设集中热水供应系统。生活热水系统的竖向分区与生活给水系统相同。

(3) 生活污水系统：污、废水采用合流制，室外设化粪池，生活污水经化粪池后排入“文化体育中心”的排水管网。室内污水排放分两个系统，三层为一个系统，依靠重力排出室外，二层以下为一个系统，污水排入地下室集水池，由潜水泵提升排出，出户管道设在步行大桥下方。

(4) 中水系统：中水由规划用地北侧的市政中水管网引入水源，供整个“文化体育中心”使用。中水回用系统用减压阀分为高低区，以避免用水点压力超过 0.25MPa，回水中水供体育馆卫生间冲厕，总供水管道压力 0.25MPa。

(5) 雨水系统：屋面雨水经管道收集后沿步行大桥下排出，环形车道雨水经排水沟收集至 7 处泵房的集水池，再依靠潜水泵提升排出。将较为清洁的屋面雨水收集后储存在室外地下水池中，经初期弃流、沉淀和过滤处理后用于室外绿化。

(6) 消防给水系统：室内设消火栓给水系统、自动喷洒系统、水喷雾系统、自动消防水炮灭火系统。除水炮系统外，在室外消防车道设水泵接合器，与室内各消防给水系统连接。

3. 电气工程

(1) 变配电室：①电源：两路 10kV 电源分别引自北侧××小区 110kV 变电站和东南侧××10kV 开闭站。两路高压电源同时运行，互为备用，母联断路器为手投或自投，自投回路设有选择开关，根据需要切换到自投或手动操作位置。

②分界室：高压电缆分界室设在竞赛层，设有层高 2.1m 的电缆夹层，由 π 接柜向 1 号变电室供电，2 号变电室电源引自 1 号变电室的高压出线柜，并在 2 号变电室设置高压隔离柜，以供检修使用。低压供电采用抽屉式低压柜，低压侧额定电压为 380V，单母线分段运行。当市网断电时，重要负荷由本工程设有的 1500kW 柴油发电机组自动投入供电。当一路市网断电时，发电机空载启动备用，当两路市电均失电跳闸时，发电机自动投入运行。

③电容补偿：采用低压自动补偿，补偿后功率因数在 0.9 以上。电容器选用干式全膜金属化电容器，并设有过电压自动切除的保护装置。

(2) 照明和应急照明：

①照明光源：一般照明和应急照明主要采用荧光灯，体育场地照明采用金属卤化物灯，体育场地应急照明采用卤钨灯，室外停车场和车道采用金属卤化物灯，车道出入口通道采用荧光灯，车道墙壁上装 LED 灯，夹层高大空间采用电磁感应灯。

②照明控制：比赛场地、观众席及公共照明均采用智能化照明控制系统，机房、办公室等非公共照明区域采用就地控制。

照明支路一般为 BV-750 聚乙烯绝缘铜导线穿镀锌钢管。

③应急照明：火灾时仍需保持正常工作的房间（如：消防设备机房、疏散通道、变电室、通讯机房等）照度应保持正常照度的 100%。疏散诱导灯采用 LED 光源，并自备 90min 备用电池，同时应具有智能化导向系统，诱导灯可根据火灾状况自动指示疏散方向。

(3) 动力系统：到各类弱电机房的电源均为预留，待设备确定后，明敷设到位。

动力干线电缆沿走廊敷设在电缆托盘内，动力机房内的设备电源电缆线敷设在金属线槽或金属管内。

电力系统保护采用 TN-S 方式。

(4) 防雷及接地系统：本工程按二类防雷设计，屋面接闪器采用高压脉冲式提前放电避雷针。屋面及其外沿的金属板，所有突出屋面的金属物体及其构件均应与防雷系统连为一体。建筑物所有铝合金外墙及玻璃幕墙龙骨、铝合金窗、金属结构物等通过埋铁与建筑物做等电位联结。所有进出建筑物的金属设备管道均应进行等电位联结。电力系统保护形式为 TN-S 系统（发电机组除外）。弱电机房均设接地端子，并采用 BV-1×25mm² 穿 PVC32 引出至室外环形接地体。

（三）工程特点及难点

1. 工期紧

体育馆工程总工期目标为：2005 年 3 月 29 日开工，2007 年 7 月 8 日完工。建设工期时间紧，各专业施工队伍较多，又要经过两个冬季和三个雨季的施工期，客观上给该项目的施工带来了一定的困难。

2. 质量标准高

工程的质量目标竣工长城杯，力争鲁班奖。

3. 系统复杂

本工程专业系统多，设备专业各系统间以及与其他专业系统间存在大量的接口，因此在施工中与机电各专业，还有土建、装饰等专业存在大量的交叉作业，协调配合难度较大。

4. 新工艺、新产品多，施工难度大

本工程电气专业的新产品、新工艺比较多，给施工造成一定的难度。施工工艺复杂，精度要求高，在施工中要编制专门的方案。

5. 系统综合调试难度大

本工程汇集了几乎所有最前沿的强电、弱电、电信通信等专业系统，功能齐全、设备先进、智能化程度高，电气设备安装复杂，系统调试、联动调试难度大。

（四）建设要求

1. 质量目标

竣工工程获“市建筑工程长城杯金杯”，争创“鲁班奖”。

其中：检验批、分项工程、分部（子分部）工程、单位（子单位）工程、建筑工程一次验收合格，合格率 100%。达到“长城杯”工程质量评审标准中的各项“精”的评审等级。

2. 工期目标

工程工期定为2005.3.29～2007.7.8，共832天。

3. 安全生产目标

杜绝死亡、重伤事故，杜绝重大交通事故、重大火灾事故、重大治安事件，因工程轻伤率控制在3‰以下。

4. 文明施工目标

建设“花园式”工地，全过程实现“绿色施工”，无扰民、无污染，确保市文明安全施工样板工地。

5. 成本目标

以科技创新、科学管理及先进的经营理念和手段，降低成本率达1%。

6. 环保目标

做好现场环境保护，做到“黄土不露天”，实行场地绿化，使用绿色建材，进行绿色施工，体现“绿色奥运”。

7. 服务目标

实行国家或地方的有关保修标准，履行保修责任；承诺为市运动会保驾护航。

（五）实施条件

1. 现场条件

体育中心占地面积52.0377hm²，现已四面建围墙封闭。施工场地已平整完毕，道路已硬化，在基坑周围形成环状车道。

2. 资源条件

项目管理人员已配备齐全，劳务分包合同部分已签订；材料供应单位已部分选择；机械设备购置与租赁已完毕；新产品、新材料、新工艺的应用计划已制定，测试仪器已准备；预付工程款已到位。

3. 法规条件

相关法规收集、学习已完成。

二、摘选主要施工方案

地板辐射空调系统施工方案

1. 编制依据

（1）建设单位提供的设计文件、图纸资料。

（2）规程、规范、标准、图集见表2.1.8-1。

规程、规范、标准、图集目录　　**表2.1.8-1**

类　别	名　　称	编　　号
设计依据	采暖通风与空气调节设计规范	GB 50019—2003
	民用建筑设计标准	DBJ 01—602—97
	地面辐射供暖技术规程	JGJ 142—2004
	新建集中供暖住宅分户热计量设计技术规程	DB J01—605—2000

续表

类 别	名 称	编 号
施工技术规程	低温热水地板辐射供暖系统施工安装	03K404
	新建集中供暖住宅分户热计量设计和施工试用图集	京 01SSB1
	建筑给排水及采暖工程施工质量验收规范	GB 50242—2002
	低温热水地板辐射供暖应用技术规程	DBJ/T 01—49—2000
综 合	建筑安装工程资料管理规程	DBJ 01—51—2003
	建筑工程施工技术管理规程	DBJ 01—80—2003
	建筑工程施工质量验收统一标准	GB 50300—2001

2. 工程概况

(1) 项目概况

本工程为××市篮球馆地板辐射系统工程。热源采用集中供暖、制冷方式，冬季供回水设计温度 30～40℃。夏季供回水设计温度为 17～20℃。

地板表面的设计温度：人体活动较为集中的区域为 28℃，人体活动较少的区域为 32℃。加热盘管的管内热媒的流速不小于 0.4m/s。分水器供、回水压差不小于 30kPa。

散热量计算以塑料类材料为依据。设计间距为 300mm，设计温度按 16℃。参选散热器可达 78.5W/m^2。

(2) 工程特点

本分集水器为国产优质品牌，供暖管采用带阻氧层 PB 管，管径为 ϕ20×2.0，系统工作压力为 0.4MPa。保温板材采用挤塑板。

(3) 环路长度

1) 本工程环路设计长度均为 100m 左右，相近的环路长度可以有效地保证环路之间的水力平衡。环路的长度直接影响到系统阻力的数值，即系统所需工作压力的大小。

2) 环路阻力及流量见表 2.1.8-2。

环路阻力及流量 **表 2.1.8-2**

长度 (m)	设计热负荷 (W)	修正系数	修正后负荷 (W)	装饰层	管间距 (mm)	环路阻力 (kPa)
98	2450	1.05	2573	木地板	300	30

3. 施工资源准备

(1) 施工组织机构（略）。

(2) 劳动力计划见表 2.1.8-3。

劳动力计划 **表 2.1.8-3**

序 号	工 种	人 数	从事何种工作
1	管工	10	地板采暖辅材安装及管路铺设
2	钳工	2	分集水器及连接部分安装
3	电工	1	临时用电设备
	合计	13	

(3) 主要施工机具见表 2.1.8-4。

施工机具计划 表 2.1.8-4

名称	型号规格	产地	用途
气压泵	3MHJ	德国	试压
压力表	Y100-1.6MPa	上海	试压
管切钳	ϕ40	韩国	紧固
壁纸刀	BZH	上海	切苯板
冲击钻	16da	德国	安装分水器
手电钻	D5670	德国	修理
热熔焊机	HHJ-3T	国产	管道连接
扳手	一套	德国	紧固
管钳	350mm	济南	紧固
断丝钳	2.0mm 小号	济南	切钢丝网
水压器		韩国	水压试验
电线盘	ϕ50×2.5	韩国	供电

4. 施工技术

(1) 施工工艺流程

安装分集水器→固定边角保温→铺设保温板→平铺铝箔反射层→铺设加热盘管环路→安装分集水器→套装PE波纹保护管→水密性强度试压→配合回填豆石混凝土及安设膨胀缝→二次试压。

(2) 地板辐射结构剖面(图2.1.8-1)

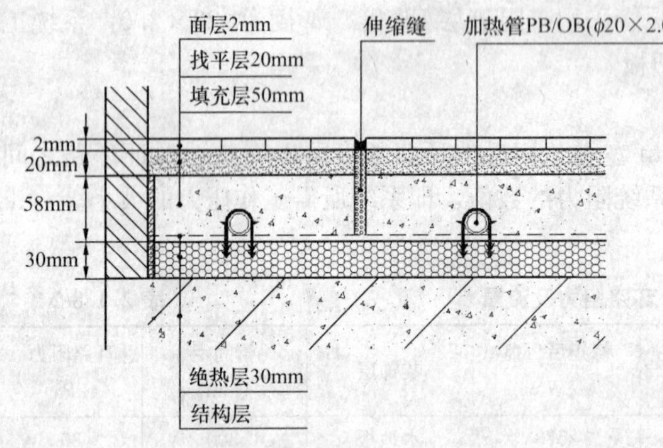

图 2.1.8-1 地板辐射结构剖面图

(3) 各分项施工方案及技术措施

1) 固定边角保温。在供暖房间所有墙、柱与楼(地)板相交的位置敷设边界保温带,高度为100mm,宽度为10mm。

2) 铺设保温板。绝热层应铺设在平整的基地上,绝热层应铺设平整,塔接严密。保温板采用厚度为30mm的挤塑板。保温板为国内知名品牌,表观密度大于等于40kg/m^3,压缩强度大于400kgf/m^2。

3) 铺设铝箔反射层。铝箔反射层应整张平整粘贴在保温板上,不能有起泡现象,不得有破损。铝箔反射层采用无纺布/PE镀铝膜层,铝箔表面应表明铝箔反射膜的品牌及坐标。

4) 加热管的配管和敷设。按设计图像的要求,进行放线配管,同一道路的加热管应保持水平。按照设计图纸敷设塑料管,间距敷设误差应小于10mm;所有沿墙敷设的管段均按照图纸敷设。按设计环路连接分/集水器的上、下管口,加热盘管的弯曲半径不小于管材外径的5倍。填充层内的加热管不应有接头。采用专用工具断管,断口应平整,断面应垂直于管轴线。加热盘管应加以固定，用卡钉将加热管固定在绝热层表面。管道系统应扣紧以使其水平和竖直位置保护不变，铺设现浇层后，管道垂直位移不应大于5mm。加热盘管固定点的间距，直管段不应大于700mm，弯曲管段不应大于350mm。距离卫生器具边缘大于200mm。安装过程中，应防止油漆、沥青或其他化学溶剂污染塑料类管道，应及时封堵管道系统安装间断或完毕的敞口处。

5）分、集水器的安装。按照施工图核对分/集水器位置。分、集水器的直径应不大于总供回水管径。分、集水器应高于地板加热管，并配置排气阀。不同房间和住宅的各主要房间，宜分别设置分支路。当垂直安装时，分集水器下端距地面应不小于150mm。加热盘管与分、集水器装置牢固连接后，或在填充层养护期后，应对加热管每一通路逐一进行冲洗，至出水清洁为止。

6）套装PE波纹保护管。加热管始末端的适当距离内或其他管道密集处，以及穿越伸缩缝处、过门处，应设置柔性套管等保温、保护措施。

7）试压。试验压力为0.8MPa（升压时间不宜少于15min）；稳压1h内压力降不大于0.05MPa，且不渗不漏为合格。

8）混凝土填充层的浇捣和养护及伸缩缝设置。过门口处和地面面积超过30m^{2}或边长超过6m时，设置伸缩缝。伸缩缝采用高发泡聚乙烯，两边用PE片材固定，高度为50mm，宽度为10mm。管材穿越伸缩缝。与墙、柱的交接处应填充厚度≥10mm的软质闭孔泡沫塑料。加热管穿越伸缩缝处应设长度不小于100mm的柔性套管。

在试压合格后，进行卵石混凝土填充层浇捣。卵石粒径不大于12mm，并掺入适量的防止龟裂的添加剂。土建施工人员完成现浇层。填充混凝土时，不应迫使管子移动；避免砂浆进入绝热层及边界保温带的接缝处；手工铺平、压实混凝土。填充层的养护周期不小于48h。混凝土填充层浇捣和养护过程中，系统应保持不小于0.4MPa的压力。

（4）技术措施

1）在工程中采用先进的施工技术，以提高工程质量，缩短工期。

2）采用配套的施工机具及先进电动机具，以提高工效，加快施工进度。

3）在安装过程中，增加人力物力，延长作业时间，集中进行操作加快施工进度，为下一道工序的提前进入提供条件。

4）进行科学管理，统筹安排，合理施工。

5）严格按照总包单位施工进度计划进行施工，确保工程同步进行，保障工程按期交工。

5. 质量标准

（1）主控项目

1）地面下敷设的盘管埋地部分不应有接头。

2）管道试验压力为0.8MPa，不渗不漏。

（2）一般项目

1）分/集水器位置型号、规格、公称压力及安装位置、高度符合设计要求。

2）防潮层、防水层、绝热层及伸缩缝符合设计要求。

3）填充层强度标号符合设计要求。

6. 成品保护

在多工种、多层次交叉流水的施工现场，做好成品保护工作，有利于保证质量和施工进度，并可节约和人工，因此应采取以下措施：

(1) 现场成立成品保护小组，制定成品保护制度，加强成品保护教育。加强工序间的验收，上道工序相对下一道工序都是成品，下一道工序的施工人员对上一道工序完好有保护责任。为了确保地暖管道在施工过程中不受损伤，达到满意的使用效果，土建施工应与地暖施工密切配合，协同工作。特提出如下要求：地暖施工必须在室内初装修完毕与地面施工同时进行，要求室内所有水电管线必须安装完毕，卫生间、厨房间墙砖施工完毕，确保地暖安装后在地面上不再凿洞。为了保证地暖施工的环境温度（不低于5℃），应将门和窗进行封闭处理。考虑到卫生间和厨房间的标高要求，地面防水层应在地暖管道和给水管道安装完毕后再做。

(2) 地面必须干净、平整，要清除地面的砂石碎块，堆积的灰尘、钢筋、管头等杂物和渣子，如地面有明显凸凹不平的部位要铲除或用水泥砂浆找平，地面水平度为±5mm。

(3) 浇筑地面混凝土时，必须铺设踏板（踏板上不能有钉子等尖锐物，以防损伤地暖管道)，手推车严禁直接在管路上碾压；倒混凝土时不能直接倒在管道上，必须在踏板上倾倒；铲灰时铁锹不能接触管道，以免破坏管道。浇筑地面混凝土时，应先浇筑房屋的四周，再浇筑中间，以免钢网受压跷起。

(4) 地面做完以后，其他分项工程施工时，对地暖系统设备应采取有效的保护措施：不得剔凿填充层或向填充层楔入任何物件；严禁在地面上运行重荷载（$2t/m^2$ 以上）或放置高温物体。

(5) 在杂物堆放区、脚手架支腿及手推车与地面接触部位，应支垫硬质木块保护，增加与地面的接触面积，使地面强度满足使用要求。

7. 安全措施

(1) 安全保证体系要求

①安全生产保证体系的建立应符合建筑安装企业的特点，并形成安全体系文件。②人员的配备，岗位的位置应符合本工程的特点而定，做到相对固定，不得随意变动。③配备必要的设施装备和人员，确定控制和检查手段。④确定整个施工过程中重点内容，关键点，危险部位的控制手段和措施，以确保安全。⑤保证方案的内容具有可操作性、严密性、可行性。

(2) 防火安全

保障施工现场的防火安全以利施工作业的顺利进行，是安全生产的重要组成部分。①在防火领导组的领导下，按照防火制度对重点部位进行检查，发现火险隐患必须立即消除。②施工班组必须配备足够的消防器材，由专人负责维护管理，定期更新，保证完好。③必须严格执行用火审批制度。重点部门专人监管。

(3) 文明施工

①施工阶段制定详细明确的文明施工要求，严禁野蛮施工，并由项目经理部按照文明施工方案组织实施，具体由项目经理落实。

②控制晚间不必要的加班加点，夜间装卸材料要轻拿轻放。

③宿舍卫生应干净、整洁，垃圾不能乱堆放，每天清理一次。

④施工现场文明施工必须遵守有关规定，要有一名工长主抓，施工小组均有一人管文

明施工。项目部对现场文明施工管理要统一布置，统一安排，每个班组要有岗位责任制，贴在小组工具房。工长交底必须对文明施工提出具体要求，重要部位要有切实可行的具体措施、书面交底。操作地点周围要做到整洁、干净、脚下清，活完料尽、剔凿、保温完后要随时清理干净，将废料倒在指定地点。上道工序必须为下道工序创造质量优良的条件。施工现场堆放的成品、材料要整齐，以免影响场区景观。

8. 地面裂缝情况及处理方法、标准

(1) 填充层表面不应有明显裂缝，系指裂缝宽度一般不大于 2mm，且每平方米内裂缝总长度一般不大于 2m 。当达不到要求时，应采取适当的补救措施。

(2) 混凝土填充层应设置以下热膨胀补偿构造措施：辐射供暖地板面积超过 30m² 或长边超过 6m 时，填充层应设置间距≤6m、宽度≥5mm 的伸缩缝，缝中填充弹性膨胀材料（图 2.1.8-2）。

(3) 与墙、柱的交接处，应填充厚度≥10mm 的软质闭孔泡沫塑料；加热管穿越伸缩节，应设长度不小于 100mm 的柔性套管。

(4) 在试压合格后，进行卵石混凝土填充层的搅捣，强度等级应不小于 C15，卵石粒径宜不大于 12mm，并宜掺入适量防止龟裂的添加剂。填充层的养护周期，应不小于 48h，混凝土填充层浇捣和养护过程中，系统应保持不小于 0.4MPa 的压力。

(5) 地面层的施工：在填充层养护期满之后，方可进行地面层的施工。地面层及其找平施工时，不得剔凿填充层或向填充层楔入任何物件。地板辐射供暖的安装工程，不宜与其他施工作业同时交叉进行。混凝土填充层的浇捣和养护过程中，严禁踩踏。在混凝土填充层养护期满之后，敷设加热管的地面应设置明显标志，加以妥善保护，严禁在地面上运送重荷载或放置高温物体。

9. 地暖管道与其他管道出现交叉现象的解决方法

其他管道如给水管道和地暖管道交叉时，其他管道可铺设在地暖管道下面的保温层内，见图 2.1.8-3。

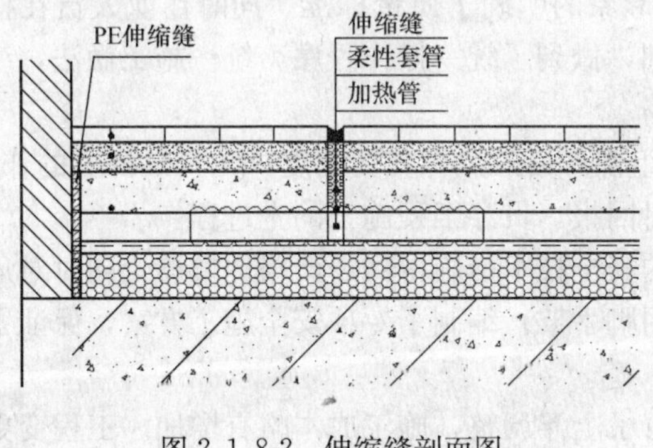

图 2.1.8-2 伸缩缝剖面图

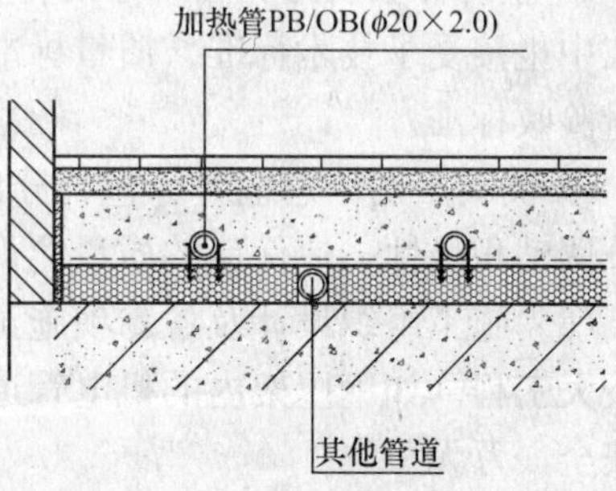

加热管PB/OB(φ20×2.0)

其他管道

图 2.1.8-3 与其他管道交叉做法

三、实施效果与体会

(一) 实施效果

(1) 施工进度：由于建设单位股权变更及新股东对体育馆部分功能的调整，合同工期进行了相应调整，实际工期比计划工期推迟六个月 。

(2) 工程质量：工程被评为市建筑长城杯，达到合同目标要求。

(3) 施工安全：在整个工程施工过程中未发生死亡、重伤事故，重大交通事故、重大火灾事故、重大治安事件，因工轻伤率小于1‰。

(4) 文明施工：工程被评为市文明安全施工样板工地。

(5) 成本目标：降低成本率1%。

(6) 本工程发表技术成果论文两篇，施工工法两项，达到预期目标。

(二) 体会

(1) 由于体育馆功能增加导致设计变更十分频繁，边设计边施工，给进度控制带来很大困难。技术准备、劳动力、物资等调整幅度较大。总工期目标进行了两次大的调整，月计划调整频繁，凸显了工期紧、任务重的特点。

通过进度计划的科学安排、劳动力的及时补充和主要节点的严格控制，克服了工程变更带来的不利因素，最终比计划工期提前10d完成。节点工期的合理确定和执行是其中最重要的因素。

(2) 频繁拆改同样给质量控制带来很大难度。由于各项保证措施得到有力执行，本工程获得了建筑质量最高奖项"鲁班奖"。在各项措施中更重要的是：

1) 注重对分包队伍的选择。面对频繁的拆改和严格的工期，没有一支技术过硬、组织有力的分包队伍参与工程施工，再强大的总承包也无能为力。

2) 合同的预控作用。各分包合同、采购合同中对质量目标、质量要求和对应的奖罚条做到了全面严谨，责权明确，不留漏洞。

3) 严格材料、设备供应商的选择和进场检验是保证工期、质量的又一重要因素。尽管本工程较一般工程的材料、设备检验程序繁琐、复杂，但由于前期招标采购工作细致，避免了施工中大宗物资的退货，基本做到一次进场验收合格。

4) 严格按方案施工。完备的施工组织设计和可行的施工方案，以及可操作性强的措施交底，保证了全部工程整体部署有条不紊，机械配备合理，人员编制有序，施工流水不乱。施工操作人员严格执行规范、标准的要求，有力地保证了工程的质量和进度。

5) 坚持样板引路。各工序的样板工程形象的明确了质量标准。同时作业人员在样板施工中也接受了技术标准、质量标准的培训，做到了统一操作程序，统一施工做法，统一质量验收标准。

6) 奖罚严明。总包对分包、分包对班组都严格的执行奖罚制度，尤其发挥奖的作用，充分调动积极性，使优良的质量能得到及时回报，贯穿工程施工的全过程。

(3) 施工组织设计及各专项施工方案的安全技术措施得到了严格地贯彻，同时对危险性较大工程（如钢屋架内的机电管道安装用脚手架）编制了专项安全施工方案，保证了施工安全，万无一失。

(4) 由于施工后期劳务人员人工费进行了上浮调整，施工成本略有增加。工程变更费用基本合理，未造成成本增加。通过挖掘材料节约的潜力弥补了人工费带来的成本压力，总体达到了成本降低的目标。

2.1.9　自行车运动馆弱电系统工程施工组织设计

一、工程概况

(一) 项目简介

自行车馆建筑高度（檐口）20.80m，总建筑面积32920m²。建筑结构形式为框架结构，分为地下一层，地上三层。其中地下一层为人防地下室（人员避险处）、地下消防水泵房及地下电缆夹层。地上一层为场馆主要附属用房，包括运动员休息及训练等附属用房、办公用房、设备机房、观众服务用房、设施设备库房、后勤用房、媒体用房等。地上二层为观众厅主要入口、休息厅及辅助用房。地上 13.060m 标高层为观众厅固定座席区及自行车赛道与内场。地上三层为观众厅临时座席区及自行车比赛用相关技术用房。

（二）弱电系统工程内容

(1) 综合布线系统：6 类非屏蔽＋屏蔽（公安专线）＋光纤方式支持电话、数据、图文、图像等多媒体业务，系统信息点共计 2029 个，其中数据 980 个、语音 1005 个、光纤到桌面 44 个。

(2) 计算机网络系统：计算机网络系统及其应用服务，计算机工作终端共计 750 个。

(3) 有线电视系统：卫星电视接收及当地有线电视接入，860MHz 电视图像双向传输，共计前端信息点 182 个。

(4) 公共广播及扩声系统：场地扩声系统由观众看台区域扩声系统、比赛场地区域扩声系统、低音列阵系统、机房监听系统、数字中央控制系统、信号输入输出接口组成。各类前端扩声扬声器 22 个。公共广播系统共划分了 22 个广播分区。根据不同区域的不同要求，共装有吸顶式扬声器 579 只。

(5) 建筑设备监控系统：对冷、热源系统、空调系统、给排水系统、配电系统设备进行集中管理，分散控制，共计各类控制点 454 个。

(6) 电视监控系统：设置 99 台摄像机，其中彩色半球摄像机共 29 台；彩色快球摄像机 34 台；彩色固定摄像机共 27 台；电梯彩色摄像机 9 台。

(7) 会议系统：新闻发布厅扩声系统：主、辅音箱设置；视频显示系统：150 吋投影显示；同声传译系统：4＋1 同传、4 个译员室、75 套红外耳机。

(8) 门禁（报警）系统：主要分布在馆内的出入口、主要设备控制中心机房、重要办公用房，在上述通道口安装门磁开关、电子门锁及读卡器等控制装置，由安保控制室统一监控。前端门禁控制点 12 个、报警控制点 2 个、报警按钮 37 个。

(9) 时钟系统：比赛中央监控系统连接，通过比赛中央监控系统主机，实现系统的网络控制、时间设定、状态监控等。系统前端共设 29 个子钟，其中 3′单面子钟 9 个、5′单面子钟 1 个、5′双面子钟 19 个。

(10) 升旗系统：可伸缩挂杆，确保最多 5 面国旗同步升降；升旗时间长短和所奏国歌时间同步；采用远程、本地和手动控制三种方式，保证任何情况下都可以自动升降国旗；提供数据接口，满足比赛中央监控系统的集成。

(11) 比赛中央监控系统：实现对大屏显示系统、场地灯光控制系统、场地扩声系统、计时记分及现场成绩处理系统、场地时钟系统、国旗自动升降控制系统的监控。以计算机网络为基础、软件为核心，通过信息交换和共享，将各个具有完整功能的独立子系统整合成一个有机体，为活动及场馆的日常运营服务。

(12) 设备集成系统：系统与消防自动报警系统、设备监控系统、保安监控系统、门禁系统、进行相关监测信息的传递和由这些信息而引起的相关联动控制。

（三）建设要求

(1) 质量目标：本次招标范围内的弱电系统安装工程质量达到合格标准，不影响整体工程的整体创优目标。整体工程创优目标：竣工长城杯金奖和鲁班奖。确保本次招标范围内的弱电系统安装工程质量符合“建筑长城杯”质量评审标准，符合“鲁班奖”质量评审标准。

(2) 工期目标：2006 年 3 月 15 日开工，2007 年 5 月 28 日竣工，工期历时 440 天（日历天）。

(3) 工地管理目标：杜绝死亡、重伤和重大机械设备事故，无火灾事故。符合环境管理体系 ISO 14000 的要求；创建花园式施工环境，营造绿色建筑。

二、摘选主要施工方案

(一) 综合布线系统施工方案

1. 工程概况

系统采用 6 类非屏蔽＋光纤方式，支持电话、数据、图文、图像等多媒体业务，系统共计设信息点 2029 个，其中数据 980 个、语音 1005 个、光纤到桌面 44 个。

根据建筑特点，系统共设 10 个配线间。

2. 施工流程图

综合布线系统施工流程如下：

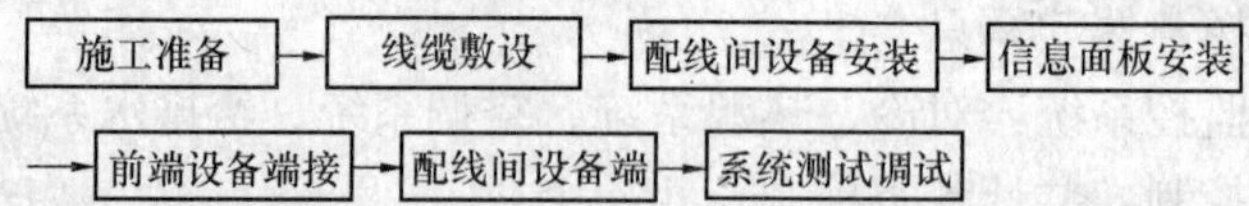

3. 施工准备

(1) 材料设备准备

1) 主要设备检查。主要设备包括本工程布线系统所需的配线架、理线器、机柜、通信模块等。

在设备安装前，将主要进行如下的检查措施：

① 工程所用设备型号、规格、数量、质量在施工前进行检查，无出厂质量检验证明与设计不符者，不得在本工程中使用。

② 经检验的设备做好记录，对不合格的器件单独存放，以备核查与处理。

③ 工程中使用的缆线、器材与订货合同或封存的产品在规格、型号、等级上相符。

④ 备品、备件及各类资料齐全。

⑤ 各种型材的材质、规格、型号符合设计文件的规定。

⑥ 预埋金属线槽、过线盒、接线盒及桥架表面镀层均匀、完整，不得变形、损坏。

⑦ 管材采用钢管，管身应光滑，无伤痕，管孔无变形，孔径、壁厚符合设计要求。

⑧ 设备的表面处理和镀层应均匀、完整、表面光洁，满足质量要求。

2) 缆线检查：

① 工程中使用的对绞电缆和光缆型号、规格应符合设计的规定和合同要求。

② 电缆所附标志、标签内容齐全、清晰。

③ 电缆外护线套需完整无损，电缆应附有出厂质量检验合格证。

④ 电缆的电气性能抽验应从本批量电缆中的任意三盘中各截出 100m 长度，加上工程所选用的接插件进行抽样测试，并做测试记录。

⑤ 光缆开盘后应检查光缆外表有无损伤，光缆端头封装是否良好。检查光缆合格证

及检验测试数据，在抽测时，主要测试光纤衰减和光纤长度，测试要求如下：

a. 衰减测试：采用光纤测试仪进行测试。测试结果如超出标准或与出厂测试数值相差太大，应用光功率计测试，并加以比较，断定是测试误差还是光纤本身衰减过大。

b. 长度测试：要求对每根光纤进行测试，测试结果应一致，如果在同一盘光纤中，光纤长度差异较大，则应从另一端进行测试或做能光检查以判定是否有断纤现象存在。

⑥ 光缆接插软线（光跳线检验）应符合以下规定：

a. 光纤接插软线两端的活动连接器端面应装配有合适的保护盖帽。

b. 每根光纤接插软线中光纤的类型应有明显的标记，选用应符合设计要求。

3）接插件检查：

① 配线模块和信息插座及其他接插件的部件应完整，检查塑料材质是否满足设计要求。

② 光纤插座的连接器使用形式和数量、位置应与设计相符。

4）配线设备要求：

① 光、电缆交接设备的型号、规格应符合设计要求。

② 光、电缆交接设备的编排及标志名称应与设计相符。各类标志应统一，标志位置正确、清晰。

（2）主要机具准备

管锁钳、斜嘴钳、偏嘴钳、电钻、钻头、通电测试仪、钢锯、螺丝刀、断丝钳、多用刀、电缆夹、布线支架等。

4. 施工工艺

（1）线缆敷设施工工艺

1）线缆敷设。综合布线系统的敷设要遵照六类综合布线系统的指标要求进行施工，同时按以下施工工艺要求进行：

①线缆的布放应平直，不得产生扭绞、打圈等现象，不应受到外力的压挤和损伤，特别是光缆，转弯处的半径一定要大于线缆的10倍半径（4对双绞线要大于30mm）；如果光缆和双绞线在同一线槽内，光缆不要放在线槽的最下面，避免挤压光缆。垂直线槽中，要求每隔1～2m在线槽上捆扎一下。

②每一根线缆两端（配线柜端和终端出口端）都要有相同的、牢固的、字迹清楚的、统一的编号（编号标签统一打印，避免字迹不清楚和手写难以辨认的问题）。

③线缆在终端出口处要拉出不小于50cm的接线余量，盘好放在预埋盒内。防止其他工序施工时损坏线缆。

④配线柜处，线缆接线余量将根据每层楼面情况留足（一般情况，线缆进配线柜后留5m）。

⑤布线时遇到阻力较大时拉不动，注意不要用力过猛，防止线缆芯线拉断。应先找出故障原因，并予以排除。

⑥布线缆时，从配线柜至终端出口，线缆中间任何地方均不得剪断和接续。

⑦为了使线缆更便于检查，在穿线时不仅要做好标签，而且要记下线缆两端的长度记录。

⑧要求各施工队做好施工记录，认真填写穿线施工记录表，责任到施工组。每天施工

结束把施工记录交本区项目负责人，以便项目组及时了解施工进度，发现问题，及时调整施工计划。

2）线缆敷线的施工条件：

①施工楼层内所有线槽、管线、预埋盒、过线盒等均安装到位，经验收符合要求。

②水平布线缆后，不允许再有管线变更和电焊等施工，以防损坏线缆。

③配线间的内墙、地坪等装修完毕，走线槽（管）竖井已经安装到位。机柜（架）安装位置已经确定。线缆布线后，决不允许再有墙面抹灰、地坪浇筑等土建施工，以防损坏线缆。

④施工图纸已经全套完整，所有终端出口都已在图纸上统一编号完毕。

（2）设备安装

1）信息插座安装：

① 安装在墙体上，宜高出地面 300mm，如地面采用活动地板时，应加上活动地板内净高尺寸。

② 信息插座底座的固定方法采用扩张螺钉方式。

③ 固定螺栓需拧紧，不产生松动现象。

④ 信息插座标签，以颜色、图形、文字表示所接终端设备类型。

⑤ 安装位置符合设计要求。

⑥ 按照设备厂商的安装指导书进行设备的安装。

⑦ 按照设备厂商的安装指导书进行设备的接线。

2）机架安装：

① 机架安装完毕后，水平、垂直度符合规定要求。

② 机架安装按防振要求进行加固。

③ 安装机架面板，架前应留有 1.5m 空间，机架背面离墙距离应大于 0.8m。

3）配线架安装：

① 配线架缆线端接按工程管理人员提供的配线架配置表进行端接；各楼层信息点模块分区卡接。

② 配线架及时安装带标签的标签托架，标签能准确反映出配线架中模块与信息插座的对应关系及总配线架与分配线架线缆的连接关系。

③ 为了体现跳线管理的规律性、灵活性、方便性，配线架安装跳线环，为跳线、软线和电缆提供交叉连接线道。

④ 配线架和机柜的接地电阻应小于 2Ω。

⑤ 信息插座安装完毕后，端接配线架前，利用测试仪对每个信息点进行一次性能测试，发现问题，及时整改。

4）模块安装：

① 按照设备厂商的安装指导书进行设备的安装。

② 模块设备完整无损，安装就位，标志齐全。

③ 安装螺栓牢固，面板保持在一个水平面上。

④ 信息点模块安装时，以二人为一组，每天做好施工记录，并报项目管理组。这样，每道工序都责任到人，并且都有详细的记录，便于今后的维护及排除问题。

5. 系统测试与调试

（1）测试仪器

测试仪器见表 2.1.9-1。

测 试 仪 器 **表 2.1.9-1**

序 号	型 号	用 途
1	Fluke DSP4300 系列	智能型双绞线六类测试仪
2	Fluke FTK200	光纤测试仪

（2）光纤测试

测试前对光纤连接器插头进行洁净处理，测试仪设置衰减量阈值。

1）光纤系统的测试指标：

①衰减量<1.5dB（1300nm）。

②衰减量<2.5dB（850nm）。

2）测试项目：

①连通性测试。

②全程衰减及 SC 连接头衰减测试。

3）具体测试方法：

①多模光纤水平子系统需要测试端的参数，沿一个方向在波长 850～1300nm 处测试衰耗值。

②多模光纤主干系统需要测试的参数，沿一个方向在波长 850～1300nm 处测试衰耗值。

（3）双绞线测试

对于水平电缆，逐条进行连通性和极性测试，同时采用国家及国际认证产品厂家认可的测试仪进行线路性能测试。从而确认水平电缆、分配线架、设备连接电缆、信息模块和终端连线等部分的信息传输性能和指标，保证整个布线系统有良好的性能，为今后的高速信息传输打下基础。

1）测试信道定义：

此工程的验收将测试信道（Channel），见图 2.1.9-1。

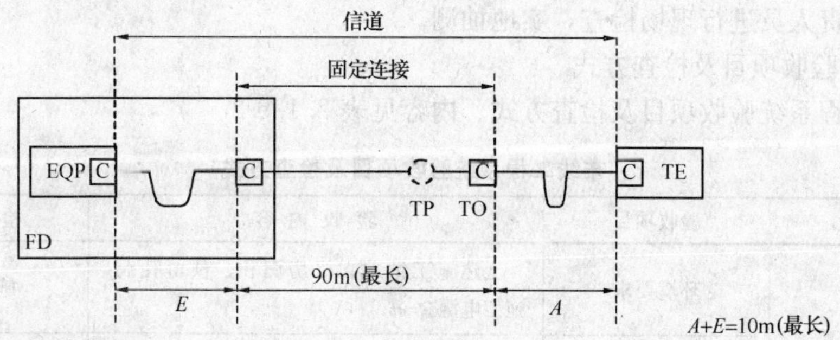

图 2.1.9-1 测试信道定义

2）信道测试内容：

信道测试内容包括：

①连通性；

②端接线序（Wire Map）；

③长度；

④直流电阻；

⑤特性阻抗；

⑥衰减（Attenuation）；

⑦近端串扰衰减（NEXT Loss）；

⑧功率总和近端串扰衰减（PS-NEXT Loss）；

⑨衰减串扰比（ACR）；

⑩功率总和衰减串扰比（PS-ACR）；

⑪等效电平远端串扰衰减（ELFEXT Loss）；

⑫功率总和等效远端串扰衰减（PS-ELFEXT Loss）；

⑬回波损耗（Return Loss）；

⑭时延（Delay）；

⑮时延偏差（Delay Skew）。

（4）布线系统交接和系统开通

在以上各项工作的基础上，把有关的资料整理出管理文档和测试报告。最后通过业主对系统的检查和验收，完成整个系统的验收工作。在此期间，配合用户工作需求，进行有关应用系统（如电话等）的开通使用工作。

工程完工并通过自检测试后，施工单位以书面形式向甲方提出工程验收，甲方组织相关人员对工程进行联合验收。

（5）系统验收

进行系统测试、现场全面检查，对测试不符合要求的进行整改，在我方认为可以已符合要求时，向甲方提出验收申请。

系统验收主要包括以下工作：

提供系统验收资料，包括：系统测试报告、竣工图、管线槽走线图、信息点分布图、系统维护手册、竣工证书。

用户负责人员进行现场检查，实地抽测。

6. 系统验收项目及检查方式

布线工程系统验收项目及检查方式、内容见表 2.1.9-2。

布线工程系统验收项目及检查方式　　　　**表 2.1.9-2**

阶　段	验收项目	验收内容	检查方式
施工前检查	环境要求	土建施工情况、机房面积、预留孔洞，施工电源	施工前检查
	材料检验	外观检查、规格、品种、数量，电缆、光纤电气性能抽样测试	施工前检查
	安全、防火要求	消防器材、危险物的堆放，预留孔洞防火措施	施工前检查

续表

阶 段	验收项目	验 收 内 容	检 查 方 式
设备安装	设备机架	规格、外观、安装垂直、水平度；防振加固措施、接地措施	随工检验
	信息插座	规格、位置、质量安装符合工艺要求	
电、光缆布放	电缆桥架及槽道安装	安装位置正确、安装符合工艺要求，接地	随工检验
	缆线布放	缆线规格、路由、符合布放缆线工艺要求	
缆线终端	信息插座	符合工艺要求	随工检验
	配线模块	符合工艺要求	
	光纤插座	符合工艺要求	
	各类跳线	符合工艺要求	
系统测试	电气性能测试	连接图、长度、衰减、近端串扰系统所规定的测试内容	竣工检验
	光纤特性测试	类型、衰减、反射系统所规定的测试内容	
	系统接地	符合设计要求	
工程总验收	竣工技术文件	清点、交接技术文件	竣工检验
	工程验收评价	考核工程质量，根据规范确认验收结果	

7. 系统验收

我方进行系统测试、现场全面检查，对测试不符合要求的进行整改，在我方认为已经符合要求后，向甲方提出验收申请。

(1) 验收条件

设备间、交接间或楼层配线间工作区土建工程已全部竣工。房屋地面平整，门的高度和宽度应不妨碍设备和器材的搬运，门锁和钥匙齐全。

配线间的面积、环境温度、湿度、清洁度符合规范要求。

中心机房的环境应符合国家标准《电子计算机房设计标准》和《民用建筑电气设计规范》要求。

房屋预留的地槽、暗管、孔洞的位置、数量、尺寸应符合设计要求。

将各项检验的详细记录和各种技术资料准备充分，并在验收前移交给建设单位。

(2) 验收资料

验收资料内容详见表 2.1.9-3。

综合布线系统验收资料　　**表 2.1.9-3**

序号	资料名称	说明
1	综合布线系统图	系统图应反映整个布线系统的物理连接拓扑结构，图中应注明光缆的数量、类别、路由，每根光缆的芯数，信息端口数
2	信息点分布图	反映每层信息端口在房间中位置、类别及编号，不能使用的信息端口位置也应标出
3	信息点编码对照表	表中应严格给信息端口编号与配线架端接位置编号之间的一一对应关系
4	综合布线系统路由图	路由图应反映路由的类型，接地情况，路由在楼层间、楼层内的走向及其占用情况
5	综合布线系统性能测试报告	系统性能测试的结果，保障系统施工达到传输标准的要求

（二）建筑设备监控系统施工方案

1. 工程概况

建筑设备监控系统（又名楼宇自控系统）主要包括对以下各控制子系统的控制、监测：

（1）制冷及换热系统。

（2）新风机组。

（3）空调机组。

（4）送风机、排风机。

（5）水系统。

（6）变配电系统。

（7）电梯系统等。

共计各类控制点 454 点。

2. 施工流程

建筑设备监控系统施工流程如下：

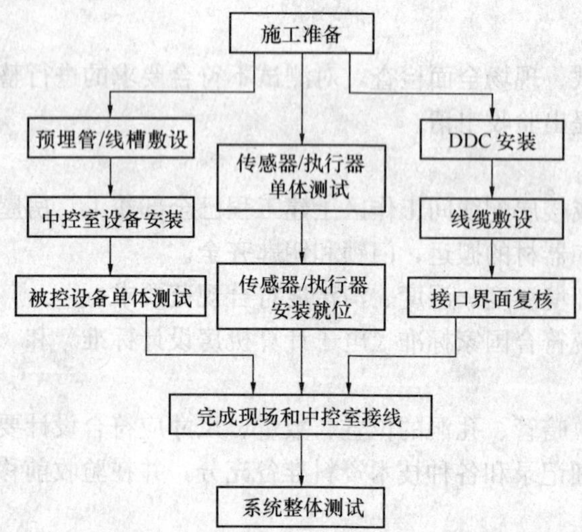

3. 施工准备

（1）材料设备准备

1）主要设备检查

主要设备包括DDC、前端执行器、控制箱、通信模块等。在设备安装前，将主要进行如下的检查措施：

① 工程所用设备型号、规格、数量、质量在施工前进行检查，无出厂检验证明材料、与设计不符合者不得在工程中使用。

② 经检验的设备应做好记录，对不合格的器件应单独存放，以备核查与处理。

③ 工程中使用的缆线、器材与订货合同或封存的产品在规格、型号、等级上相符。

④ 备品、备件及各类资料应齐全。

⑤ 各种型材的材质、规格、型号应符合设计文件的规定。

⑥ 各种铁件的材质、规格均应符合质量标准，不得有歪斜、扭曲、毛刺、断裂或破损。

⑦ 设备的表面处理和镀层应均匀、完整，表面光洁。

⑧ 各类前端执行器的型号、规格、尺寸等是否符合图纸要求，有无出厂合格证。

2）线缆检查

① 工程使用的对绞电缆或专用线缆，其型号、规格应符合设计的规定和合同要求。

② 电缆所附标志、标签内容应齐全、清晰。

③ 电缆外护线套需完整无损，电缆应附有出厂质量检验合格证。

3）UPS检查

① 确定电源的功率、型号、波形是否和图纸、合同要求的相符。

② 设备的表面处理和镀层应均匀、完整，表面光洁。

③ 设备在进场前自行检测其功率、电压、电流、波形失真度等各项功能。

4）中央管理计算机检查

① 确定是否具有监控、显示、操作、控制、数据管理辅助、安全保障管理、记录、自诊断、内部互通以及其他系统通信等功能。

② 确定管理计算机的型号是否和合同相符。

③ 设备在进场前自行检查设备运行状况。

（2）主要机具准备

管锁钳、斜嘴钳、偏嘴钳、电钻、钻头、通电测试仪、钢锯、螺丝刀、断丝钳、多用刀、电缆夹、布线支架等。

4. 施工工艺

（1）系统安装、测试主要工序

系统安装、调试主要工序内容详见表2.1.9-4。

建筑设备监控系统安装、调试主要工序内容 **表2.1.9-4**

工　序	主要工序内容	目　的
外围设备安装	各类阀门执行器、信号传感器的安装、信号/电源线缆的端接	确保系统实施过程中每一步骤均满足规范及专业技术要求； 确保机电联调中接线的准确性，确保设备安全
	单件通电测试检查	
控制器的组装	盘内各类控制器的定位安装、内部线缆的端接、单体通电测试检查	
控制盘的安装	控制盘的定位安装与信号/电源线缆的端接；点对点通电测试	
作站/服务器安装、软件安装	单体监控动作测试	
	系统的调试、联动	

(2) 中央控制室

本工程建筑设备监控系统中央控制及网络通信设备在控制室的土建和装饰工程完工后安装，设备在安装前进行检查，保证型号、规格符合设计标准。

同时，按系统设计图连接主机、UPS、打印机、HUB集线器、网络控制器等设备间的连线，保证中央控制室与现场控制器DDC之间线路正确。

(3) DDC区域现场控制器

本工程中各区域现场控制器都安装在监控机电设备的现场附近，如新风机组、冷冻机房、高低压配电机房等处，现场控制器可以采用挂壁式安装（或视装修条件采用支撑式安装）。

本系统中各现场控制器是处于系统结构的中间层，向上与控制主机连接，向下与各种监控点探测器、传感器、执行机构连接。

现场控制器是通过通信的接线端子板的端接以现场总线方式与控制主机相连接。现场控制器向下各类监控点相连接，现场控制器采用模块化结构。

因此在此部分安装中，要根据系统该区域监控点的数量和类型，根据设计内容来配置模块板的数量和类型。同时，按照系统设计图进行安装、接线。

各DDC之间通信线一般采用双绞屏蔽线以确保DDC之间通讯正常。DDC安装位置应尽量放在弱电间或监控机电设备附近。

首先拿下DDC箱门，再按DDC箱底四个开孔的尺寸在墙上用6mm的电钻钻四个孔，然后放入8mm的金属膨胀螺栓，将DDC箱的四个孔分别挂在四个膨胀螺栓上，并且拧紧螺母固定住DDC箱，最后装上箱门。

(4) 现场传感器、变送器

由于本系统BAS在智能化系统中采用大量的、多种规格型号的传感元件和变送原件。例如设备监控系统的温度、流量、压力传感器，与变配电智能监控系统、中央冷冻冷却系统配合集成接口等，因此，必须严格按照传感器、变配电智能监控系统厂商等提供的安装手册进行安装接线。

(5) 现场执行机构电动调节阀

各区域现场执行机构中，电动调节阀应垂直安装在水平管道上，并应考虑到手动操作及维修拆装的方便，安装调节时应考虑设置旁通管路，以便在检修或自控发生故障时可以进行手动操作，不致影响空调系统的正常工作。

电动调节阀在安装后，当阀处于最大开度时清洗管道，清除污物，以免运行时发生卡滞现象或损坏阀芯、阀座。

电动调节阀安装时，应避免给调节阀带来附加应力，以免因自重的影响使调节阀变形及破损，当调节阀安装在管道较长的地方时，应安装支承架，特别是用在振动剧烈的场合必须辅以支撑或采取相应的避振措施。

大口径的调节阀安装时应避免倾斜，因阀芯自重较大，将偏向一侧，加大阀芯与衬套之间的机械磨损，填料部分易泄漏，对此应特别注意。

电动调节阀安装时应使介质流向与阀体流向标志一致，如阀的公称通径与管道通径不一致时，应采用渐缩管件，安装时，接合处不允许有松动间隙。

(6) 外部检查、线路校验

1）外部检查

① 在系统控制设备、执行机构安装完成后，按图纸检查各种配线的情况。

② 检查电源线、信号线是否到位，是否存在不同性质的线缆共管现象。

③ 检查各种设备的接线是否正确，接线排列是否合理。

④ 检查接线端子处标记是否齐全。

⑤ 检查工作地和保护地是否接线正确。

2）线路校验

①先将被校验回路中的各个部件装置与设备接线端子打开进行检查核对，以万用表用导通法逐线检查线路敷设、接线是否正确，各回路是否存在短路情况。

②然后逐一与设备接线端子联结，检查有无开路、阻抗值异常情况。发现问题及时解决。

③通过处部及线路的检验，为确保本系统的正常单调、联调及正常运行提供了可靠的保障。

5. 系统测试、调试

（1）现场调试、测试

现场调、测试主要内容见表 2.1.9-5。

建筑设备监控系统现场调、测试主要内容 **表 2.1.9-5**

关键控制点	工作内容	工作重点
调、测试内容	系统软件进场前调试	需对各阶段工程进度及调、测试进行准确记录
	系统硬件进场前调试	
	控制设备单体调校	
	工程现场软硬件冷态调校	
	系统的联动调试工作	
调试步骤	中央设备的调试	对调试过程准确记录
	建立中央主机与现场控制器的通信	
	现场控制器端接点与现场器件的调试	
	联动程序的演示	
	系统的试运行	会同设计院、监理公司审核

（2）DDC 的调试

首先用万用表检查 220VAC 电源，然后打开电源开关，确认电源模板上的状态灯闪烁，即为 DDC 已开始运行，再用便携式电脑将已完成的数据输入 DDC 的控制模块，当控制模板上的网络指示灯闪烁时就代表此 DDC 已连上网络并和其他 DDC 相互连通。

（3）中央控制室调试

首先连接台式电脑、打印机、数据解码器、UPS 不间断电源、MBC，然后从 MBC 中收回已下载的数据，并将完成的各系统的平面图放入电脑中进行并且取得动态图，从动态图中便可控制设备，监测设备的运行状态，故障报警，温度变化等实时数据，并可根据不同要求修改启停时间，数据参数和观察趋势图。从电脑中分别测试每个点，并从现场确认每个点的动作是否有误。

6. 系统验收

(1) 空调与通风系统检验

建筑设备监控系统对空调系统进行温度调节、预定时间表自动启停与节能优化控制方式时，检测空调机组设备（风机、风阀、水泵、加湿器及电动阀门等）的联动控制、送风温湿度或室内温湿度的自动控制、最优启停控制。

建筑设备监控系统是否实现对空调设备（风机、风阀、过滤器、水泵、加湿器、检测器、电动执行器及调节阀门等）进行运行参数、状态、故障等的监视、记录与报警，是否实现对室内与室外空气的温湿度与室内空气品质进行监视、记录与报警，是否实现室内空调参数的遥控调整。

建筑设备监控系统除提供基本的 PID 控制功能和顺序控制功能外，是否提供串级、前馈、纯滞后时间补偿等控制功能，对空调系统是否实现以下控制内容：送风温湿度回风温湿度的连续调节，根据室内外空气焓值作节能调节的运行，空调系统末端分区启停等，以满足各类用户的要求。

建筑设备监控系统是否实现对建筑物通风用送排风机的运行状态进行监视与控制，局部重要区域（如停车库等）是否能按空气环境要求自动控制送排风机启停。

(2) 变配电系统检验

建筑设备监控系统是否通过系统接口，实现对变配电系统进行电压、电流、有功功率、功率因数、频率、用电量等到各项参数的测量和记录，是否能显示电力负荷及上述各参数的动态图形，当参数值超出允许范围时是否产生报警信号。

建筑设备监控系统是否实现对高压开关柜、低压开关柜的工作状态、故障状态进行监视，对电力变压器的温度进行监视，对应急发电机组的工作状态进行监测。

(3) 给排水系统检验

建筑设备监控系统是否实现对给水系统的水泵、水箱、减压阀、管道等设备进行流量、压力、液位、温度等参数的监测与报警，监视设备进行状态与故障状态，是否能自动调整水泵转速与投运的水泵台数，联动相应的进出水阀门。

建筑设备监控系统是否实现对排水系统的水磁、集水井、污水处理池、管道等设备进行流量、压力、液位等参数的监测与报警，监视设备的运行状态与故障状态，是否能自动调整水泵转速与投运的水泵台数，联动相应的进出水阀门。

(4) 中央管理工作站检验

中央管理工作站是否具有所有监控点进行监视的功能，是否对部分控制点具有远程遥控功能。中央管理工作站是否采用汉化图形界面，以便于操作人员工作。中央管理工作站是否能实时记录各种运行状态信息、故障报警信息、各种统计数据，发生报警时有关系统的画面或数据能自动调出显示。中央管理工作站存储的历史数据时间是否大于三个月。

(5) 建筑设备监控系统与主要设备间的数据通信接口检验

建筑设备监控系统是否与主要设备以数据通信接口方式相联。

主要设备系指冷水机组、电梯及其他系统设备等，这些设备产品的控制器大多已采用计算机控制方式，并配有数据通信输出接口。当系统与主要设备以数据通信接口方式相联时，不仅减少了大量参数检测器的配置，而且掌握的主要设备运行状态量大大多于传统方式。数据通信以双向方式传输时，还可以对主设备的工作参数进行调整。

(6) 建筑设备监控系统其他功能的检验

① 网络和数据库的标准化。

② 系统的冗余配置情况。

③ 系统可扩充性 I/O 口有 10%备用量，机柜留有 10%的卡件安装空间和 10%的备用接线端子。

④节能功能评价。

⑤空调设备的最优启停控制、冷热源能量自动调节、水泵台数与转速控制、空调系统控制等。

三、实施效果与体会

(一) 各项指标完成情况

(1) 质量目标：工程合格率 100%，物资供应合格率 100%，系统试运行一次成功，系统启用一次成功。

(2) 工期目标：2006 年 3 月 16 日进场，3 月 18 日正式开工。2007 年 5 月 28 日开始系统试运行，但由于建设单位提供的机电设备未能按时具备条件，导致楼宇自控分系统正式试运行延误。

(3) 工程造价控制目标：完成公司核定的收益指标。

(4) 安全文明施工目标：重大伤亡事故/多人事故为零；重大设备（机具）事故为零；火灾事故为零；职业病发病率为零；年从业人员轻伤事故率控制在 1‰以下。

(5) 环境保护目标：严格执行企业管理手册要求，其中固体废弃物回收率达 100%。

(二) 体会

(1) 该工程的弱电系统是根据当前国际流行的比赛场馆智能要求进行设计的，其中相关系统对绿色环保和人性化管理都有独到的要求。施工组织设计编写比较完善、具体、详细、准确。各系统专业的施工方案、施工设备及机具，确保工期、质量、安全、文明施工的技术和组织措施，环保措施等内容，编写得也比较具体，施工中依据工程设计不断调整技术方案和施工组织，圆满地完成了各项计划指标。

(2) 对二次深化设计考虑较全面，从根本上保证了各系统施工的规范、标准和测试成功率。

(3) 根据工程的进度计划和设备材料的进场等因素进行劳动力计划的综合安排，尽量避免或减少了劳力的过剩或不足。

(4) 针对智能系统进口设备较多的特殊情况，编制材料进场预订计划，统筹考虑了材料的供货周期。

(5) 针对工程具体特殊性，在施工组织设计中应加入一些具有针对性的预案。

2.1.10 大型体育场钢结构工程施工组织设计

一、工程概况

(一) 工程简介

××体育场是全国第九届运动会的主会场，是一座集体育场与酒店于一体的现代化大型体育场馆，占地 300000m^2，建筑面积 145600m^2，分地下一层、地上七层，看台可容纳 80012 位观众，其钢结构工程是近些年来国内少有的大型体育场钢结构工程之一，由××省体育运动委员会投资兴建。

（二）工程范围

1. 钢屋架屋盖总重约1.2万t，采用东西两条飘带式桁架结构，飘带式屋架合计全长828m，宽78m，飘带最高点73m，最低点约50m，钢屋架分别由径向主桁架、环向主桁架、径向次桁架和环向次桁架组成，投影面积约6万m^2，整个钢屋架靠21根塔柱上的42榀主桁架支承，每榀主桁架长75.1m、高5.6m、宽仅0.6m，每根塔柱上有2榀主桁架，主桁架悬臂54m，用铰支座支承，铰支座后边4.8m处有一个悬空的后支座，每榀主桁架的后部有2根拉索予以调节平衡，两个塔柱之间20～40m不等，两柱之间有1榀环向主桁架，3榀径向次桁架。钢桁架由进口H型钢焊接而成，由于采用飘带式设计，每根柱甚至同根柱上的每榀主桁架标高都不相同，相邻柱间标高最大相差7m，8000个高空焊接接头无一相同。采用的型钢以及重量因其承力不同而不同。

2. 整个屋面分东、西两大片（两条飘带），共有A、B、C、D、E、F、G七个区间，环长约735m，环宽（即单片屋架长）75.1m。钢屋架的所有构件，全部支承于21组塔柱上，并由后部84条钢索予以平衡。

3. 钢屋架由径、环向桁架纵横布置，主要有以下桁架：

(1) 径向主桁架：共42片。每一塔柱上有两片主桁架，其单片重量约110t。除自身有上下弦杆和腹杆外，两片主桁架之间由支承桁架和水平桁架连为一体，合计重量约248t。

(2) 环向主桁架：共38片，它是联结径向主桁架的主要构件，分布于21根塔柱之间，最大片重量达22t。

(3) 径向次桁架：总数57片，单件重量最大约为36t，每两组塔柱之间有三榀径向次桁架，其长度和外形与径向主桁架相同。

(4) 环向次桁架：总数152片。单件重量最大约28t，它是连接径向主、次桁架的基本构件。

(5) 边缘桁架：总数有四部分，分布于东西两大片屋架的边缘，结构近似于径向次桁架。

(6) 支撑桁架：总数210片，是将两片径向主桁架连成一体的轻型构件。

(7) 水平支撑：分布在径向主桁架及环向主桁架的上弦部位，杆件均为方形钢管，采用高强螺栓连接。

(8) 其他构件，除以上桁架外，本工程还包括了边部支撑、屋面、檩条、钢索、马道、火炬和塔柱锚座等。

（三）工程及施工特点

1. 总体造型为空间立体飘带式结构，每一根杆件都有不同的三维坐标，不具有互换性，加工制作和安装难度较大，工艺要求高。

2. 每片径向桁架悬臂伸出5m多，全部重量靠塔顶铰轴支承，以及后臂拉索得以平衡。其结构设计甚为独特，桁架的安装、调整及测量必须按图纸的坐标要求认真进行。

3. 所有构件除径、环向主桁架的水平支撑为高强螺栓连接外，均为焊缝连接，主桁架上下弦翼缘厚度多在40～125mm之间，焊接量较大，且有一定难度。焊接质量直接影响整个工程质量。

4. 安装作业面主要在50～70m的高空作业区，加之地面场地是观众梯台，给吊装工作增加了困难和压力。

（四）主要工程量

1. 体育场钢屋架制安工程，其钢结构总重量1.2万t，钢屋面的最高点约72m。

2. 整个屋面分两大片七个区间，环长约735m，环宽（即单片屋架长）75.1m。钢屋架的所有构件，全部支承于21组塔柱上，并由后部84条钢索予以平衡。

3. 径向主桁架共42片。其单片重约110t。上下弦杆和腹杆外，两片主桁架之间由支承桁架和水平桁架，合重约248t。

4. 环向主桁架共38片，分布于21根塔柱之间，最大片重量达22t。

5. 径向次桁架总数57片，单件重量最大约为36t。

6. 环向次桁架总数152片，单件重量最大约28t。

7. 边缘桁架总数有四部分，结构近似于径向次桁架。

8. 支撑桁架总数210片。

9. 水平支撑分布在径向主桁架及环向主桁架的上弦部位，杆件均为方形钢管，采用高强螺栓连接。

10. 其他构件，本工程还包括边部支撑、屋面、檩条、钢索、马道、火炬和塔柱锚座等。

（五）建设要求

1. 本工程施工必须符合美国国家标准协会标准。

2. 质量目标：保证一次成优，确保工程质量达到“鲁班奖”要求。

3. 工期目标：钢屋面施工总工期为6个月。钢屋架制作安装工程预计2000年4月开始施工，需确保在2000年10月全面完工。

4. 安全及文明施工目标：施工全过程实现“六无”，即无死亡、无重伤、无中毒、无爆炸、无重大机械交通事故、无火灾，年工伤事故频率不超过2.4‰；确保工程实施全部顺利完成。

5. 环境目标：有效控制重要环境因素，杜绝重大环境污染事故；防污治污达到排放标准；加强管理，节能降耗，提高经济效益。

（六）实施条件

1. 现场条件：现场“四通一平”（水、电、通信、道路通，场地平整），划出预制加工场地、临时设施、材料堆场，禁止占用道路。同时临时设施的布置尽量避开地下管道电缆，避免多次移位。

2. 资源条件：

(1) 合同签订后七个工作日，根据业主提供的施工图纸和详细资料，将编制详细的施工作业计划报业主审批；并根据现场的实际进度情况，计划每周更新一次。

(2) 材料计划应根据分段施工计划，提前做好材料进场的准备工作，保证及时供应合格的材料。图纸会审后立即制订详细的机具进场计划。

(3) 抓住计划“关键路径”的施工作业，从实际出发，合理安排工序，做好人力、物力的综合平衡。主桁架吊装，选用了两台500t汽车吊，分两个工作面同时施工。

（七）法规条件

1. 工程合同签订后，协助甲方进行报建报装工作，并随时与当地的质监站、公安消防队、供电局、自来水公司、劳动局、技术监督局、环保局、防雷办等政府有关职能部门联络。

2. 检查特种作业人员如焊工、起重工、电工、无损检测人员等的资格证，组织上岗培训。

二、摘选主要施工方案

（一）飘带式屋盖钢结构吊装方案

1. 工程概况

（1）结构概况

钢屋架屋盖设计新颖、独特，总重约 1.2 万 t，采用东西两条飘带式桁架结构，合计全长 828m、宽 78m，飘带最高点 73m，最低点约 50m，钢屋架分别由径向主桁架、环向主桁架、径向次桁架和环向次桁架组成，投影面积约 6 万 m^2，整个钢屋架靠 21 根塔柱上的 42 榀主桁架支承，每榀主桁架长 75.1m、高 5.6m、宽仅 0.6m，每根塔柱上有 2 榀主桁架，主桁架悬臂 54m，用铰支座支承，铰支座后边 4.8m 处有一个悬空的后支座，每榀主桁架的后部有 2 根拉索予以调节平衡，两个塔柱之间有 1 榀环向主桁架，3 榀径向次桁架。钢桁架由进口 H 型钢焊接而成，由于采用飘带式设计，每根柱，甚至同根柱上的每榀主桁架标高都不相同，相邻柱间标高最大相差 7m，8000 个高空焊接接头无一相同。采用的型钢以及重量因其承力不同而不同。

（2）钢屋盖特点

本工程结构体系为框架、空间钢桁架结构。设计空间造型复杂，观众席为花瓣形，钢屋面呈波浪状，建筑平面布设轴线多，形成由 92 条径向轴线和 7 条环向轴线组成的网状闭合图形，图形圆心分布有 19 个，半径各不相同，最大半径接近 562m，附属工程也分布有圆心 15 个，径向主桁架分别安装在 21 组变截面的塔柱顶上，每组塔柱顶的三维坐标各不相同。钢屋架工程难点如下：

① 造型新颖，结构复杂，施工难度大，而且是高空作业。

② H 型钢桁架结构，等强度对接，空中对接难度大，吊装工艺要求高。

③ 制作和安装精度高、难度大：各构件三维坐标不一，主桁架安装误差≤2mm；测量控制难度大。

④ 焊接难度大：钢结构板厚达 125mm，空中接头多，且为全熔透的Ⅰ级焊缝，100%通过超声波检验。

⑤ 工程量大，工期要求高：屋盖总重量达 12000t，工期只有五个半月。

⑥ 在两组塔柱的主桁架之间，由径向次桁架和环向桁架构成一个悬空框架（称为一跨）。每跨有三榀径向次桁架呈等距分布，其间用环向桁架相连。径向次桁架每榀整重 33～37t。环向桁架分上、斜、下三根弦杆（见图 2.1.10-1）。

2. 吊装方案的选择

吊装方案的制定受各种条件的制约，如环境、工期、安装工艺以及经济条件等。

（1）环境条件

整个工程工期比较紧，不可能根据钢屋架的吊装要求来安排其他机电和土建工程的施工工序。而且在钢屋架吊装时，体育场的看台等土建结构已经完成，由于考虑到主桁架重心偏移，所以采用场外吊装。

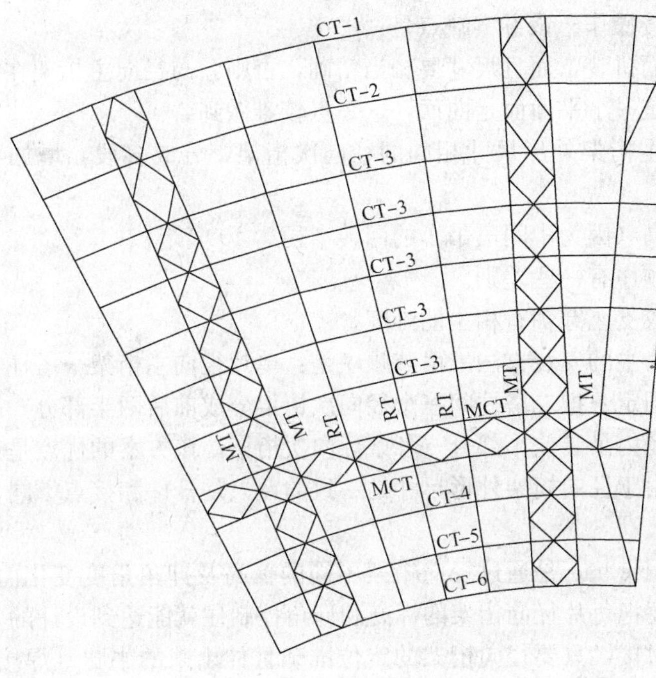

图 2.1.10-1 钢屋架平面图

(2) 安装工艺要求

1) 焊接方面：主桁架对接接头最厚板为 125mm，最薄 60mm，为了保证焊接质量和节约时间，板厚 45mm 以上的焊接接头尽量在地面焊接。

2) 穿轴方面：主桁架是用轴与事先固定在柱上的铰支座相连的，但由于两榀主桁架有标高差，两榀主桁架的轴不是穿在同一条轴线上，只能单榀主桁架吊装。

(3) 起重设备的限制

每榀主桁架约 120t，就位高度约 50m（柱标高），周边地区的最大吊车性能在这样的吊装高度和回转半径内，只能吊一榀主桁架。

(4) 工期方面的考虑

原总体施工进度安排钢屋架安装有 10 个月的工期，后由于设计图纸出不来等原因，仅剩下 5 个半月时间，应采用容易移动的吊装设备。

综合考虑以上因素，径向主桁架的吊装我们采用 500t 汽车吊单榀整体吊装，单榀径向次桁架分前后两段利用 250t 履带吊分别在场内外吊装，整个吊装过程采用流水作业。

(5) 桁架吊装方案的选择

首先，通过认真研究图纸和分析桁架结构，尤其是主桁架的节点和分段情况，计算出主桁架重量及重心位置；其次，要认真熟悉所用吊车性能，认真分析每一片主桁架吊装的吊装环境，如塔柱高度，看台飘出部分的高度、长度，周围地面建筑物情况等。并结合钢结构的受力顺序是：环向次桁架→径向次桁架→环向主桁架→径向主桁架。综合考虑各种因素，设计了几套吊装方案。

方案一：在体育场内组装二片径向主桁架（共约 250t），在看台大柱上做一些支承点，用两台吊车抬吊的办法将桁架吊装就位。在二片径向主桁架完成后，以二片环向主桁架组装成一组，用吊车吊至空中与径向主桁架对焊。这一方案的优点是不用搭排栅，可利用径向主桁架的马道进行焊接操作。该方案缺点是：

①每组环向桁架需在地面拼装，而且尺寸要相当精确，否则，与径向主桁架在空中无法连接。由于钢屋盖形状不是一个平面而是曲面，这一点较难做到。

②把二柱间三片与径向主桁架外形尺寸相同的径向次桁架，分成多段，增加了焊接接口。

③吊车起吊能力要求较高（因为中间段吊车的回转半径达40多米）。

④安装顺序与设计传力顺序有一些差别。

⑤径向主桁架的抬吊和铰支座穿轴有相当的难度。

方案二：是以径向桁架为主的安装方法。吊装顺序是：单片径向主桁架→塔柱上二片径向主桁架空中组装→拉索固定→把二塔柱间三个径向次桁架分成前后两半部分，吊装后半部并连成整体，然后再在场内吊装前半部分→各条环向次桁架。该方案的优点是：

①加工制作比较容易。由于径向桁架外形尺寸是一致的，只是杆件和接点不同，便于工厂加工。

②便于定位。钢屋盖呈飘带状，是通过径向桁架不同的标高及仰角角度变化而形成。以径向桁架为定位标准，只要把每片径向桁架的标高和仰角控制住就能达到设计的效果。

③容易进行桁架的空中对接，只要径向桁架的定位准确且伸出来的牛腿（焊接接点）加工正确，环向桁架就容易对接。

④焊接接点最少，同时可避免厚度较大的杆件在空中焊接。

⑤吊车的吊装能力可充分发挥。吊装重的径向桁架，其回转半径小，在中间位置回转半径大时吊装较轻的环向杆件。

⑥安装顺序可完全与结构传力顺序一致，不会附加安装应力。

缺点是：空中焊接点分散，从操作和安全角度着想要搭排栅。就此工程而言，由于屋盖前后二端都有18m长的下层装饰板，端头还有不锈钢圆弧板，需要搭设排栅才能施工。即使采用第一方案，两端的排栅也不能免除，而排栅量最大在两端，由于看台呈阶梯状，所以中间排栅高度较小。

方案三：从塔柱出发，把钢结构分成许多井字形小块在空中对焊。用这种方法，在空中定位和对焊都相当困难，而且有大量的厚板在空中对焊，工期和质量都无法保证。

按照工期、质量、安全、成本的要求进行综合比较，我们选取方案二。

（6）吊车的选用及定位

1）本工程主桁架吊装，选用了两台500t汽车吊，分两个工作面同时施工。不同的吊机有不同的特性曲线，即使同一台吊机在不同的工况下也有不同的吊装性能，因而吊机的选用及分配是否合理对整个吊装工程具有重要的意义。

主桁架分三段在场外加工，在现场采用卧式拼装，由于主桁架侧向稳定性差，长75.1m，重120t，且前重后轻，在翻身过程中为防止变形，采用6个吊点，用300t为主和150t为辅两台吊车同步进行。主桁架的吊装以500t吊车为主，150t吊车吊主桁架之间的连接杆件及吊拉索；径向次桁架和环向桁架的吊装以250t吊车为主；300t吊车作主桁架翻身，150t吊车吊屋面板及檩条。

本工程施工周期非常短，为保证工期，尽可能提高机械化施工程度，本工程采用了150t以上大型吊机9台，50t以下的小型吊机6台。

2）吊机一个位置的多点吊装

500t汽车吊的优点在于起吊能力强，配以超级提升装置，扩大了吊车的工作半径，但它的移位，需要拆杆、倒杆，需要搬运配重、支脚，极为麻烦，一般移位需用4d时间。42片主桁架分布于不同位置，频繁的变动吊车位置，将浪费许多宝贵的吊装时间。

为节约宝贵的时间，采取吊车一位多吊，对吊车的占位位置进行了严格的计算、复核，测量了相关建筑物的尺寸、高度，对主桁架的重心及吊车工作半径做精确计算。这样采用了一位多吊共节约了10次吊车移位时间约40d。

3. 吊装技术难点及其措施

（1）倾斜吊装

一般大型设备及构件的吊装，都要求确保被吊物体水平，为的是使受力均匀、吊装平稳。由于42片主桁架的安装倾角都不相同，高空就位时角度调整较为困难，加之铰轴支脚与轴座的插入间隙太小，主桁架上弦前后端高差最大达16.2m，为满足安装要求采取了主吊点为承力吊点，副吊点为调整吊点的“一点半吊装法”。

实际吊装中，注意使副吊点在已就位桁架一侧，并使副吊端低于主吊端，让副吊端先于主吊端就位。为确保吊点不超载，吊前对主桁架的重心进行了计算和测定，经几何分析（见图2.1.10-2）可知，$A=(1/6\sim1/10)B$，$B=\tan\alpha$（α为倾角）。

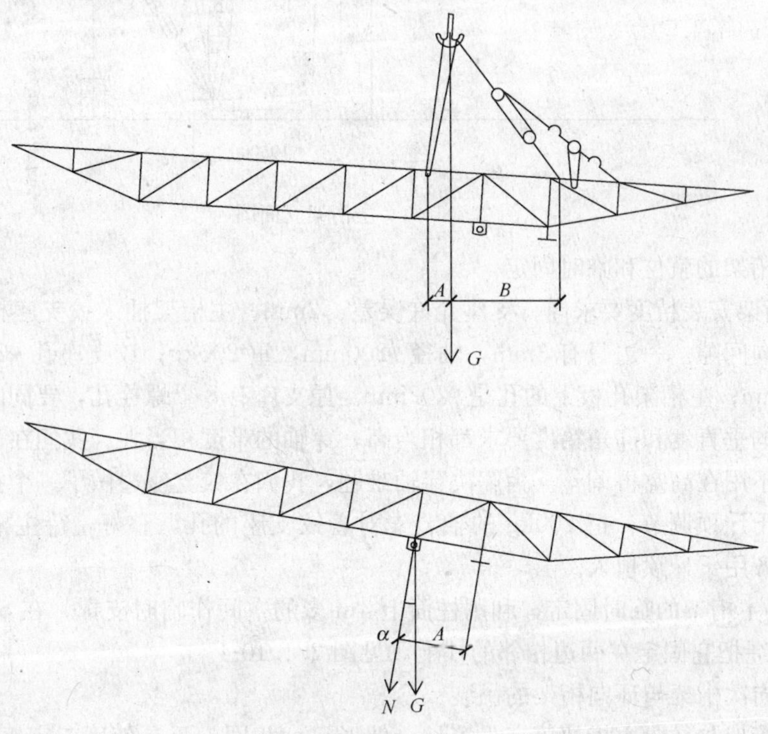

图2.1.10-2 主桁架倾斜起吊分析图

（2）吊点的选择

考虑吊车的起吊能力，我们采用一个主吊点和一个辅吊点的办法（见图2.1.10-3），主吊点离主桁架的重心位置1～1.5m左右，辅吊点采用一组30t滑轮组，用捯链调节主桁架的仰角，每榀主桁架的仰角都不相同，最小为2.5°，最大12.5°，辅吊点同时也增强主桁架的稳定性，由于主吊点不在节点上，采用专用夹具夹住上弦，在主吊点两边，用杆件与下弦连接，改善上弦的受力状态，避免上弦的局部变形。利用临时杆件，把主桁架的中间部分作局部加强，增强其侧向刚度。

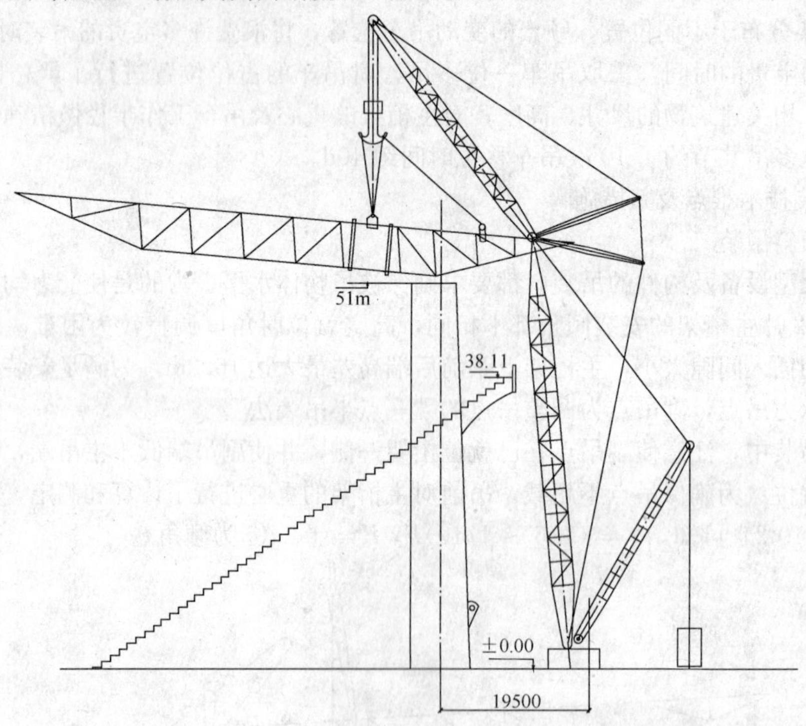

图 2.1.10-3　主桁架立面图

(3) 主桁架的就位和临时固定

1) 主桁架安装精度要求高，支座允许误差≤2mm。主桁架插入铰支座槽内的两个孔板与槽的侧向间隙。一边只有 3mm，轴径 ϕ200mm，重 200kg；铰支座孔 ϕ200.3mm，间隙只有 0.3mm；主桁架孔板上的孔是 ϕ202mm。原支座有 8 个螺栓孔，要同时就位，所以主桁架吊装的垂直度和仰角精度要求都相当高，穿轴的难度相当大。我们在吊装时已调好仰角，一般不用在高空再调整。为解决穿轴难题，我们在铰支座边做了一个托架并在任意方向都可用千斤顶调节，把 200kg 的轴节先对着铰支座的孔调整好，待主桁架就位并与铰支座孔对齐用千斤顶顶入。

2) 单榀主桁架的临时固定，利用柱面上 4m 多的空间作临时支撑，在 54m 悬臂上用 2～3 组缆风绳把它固定在两边相邻的柱上，见图 2.1.10-4。

(4) 径向次桁架与环向桁架的吊装

径向次桁架与径向主桁架等高、等长，外形尺寸相同，只是使用工字钢的规格不同，每榀重量只有 30～40t。把每榀径向次桁架分成二段，分别由场内外吊装，难点在于定位和安装的顺序安排。由于屋盖钢结构呈飘带式，故每榀径向次桁架的标高、仰角都不相同。其受力方式是：环向次桁架→径向次桁架→环向主桁架→径向主桁架→塔柱。安装顺序必须与设计的传力方式相一致。为此，在完成相邻塔柱上的径向主桁架后，先吊装二柱间后半部分的径向次桁架。为支撑该半榀桁架，我们用一根 ϕ630 的钢管作临时支撑，其

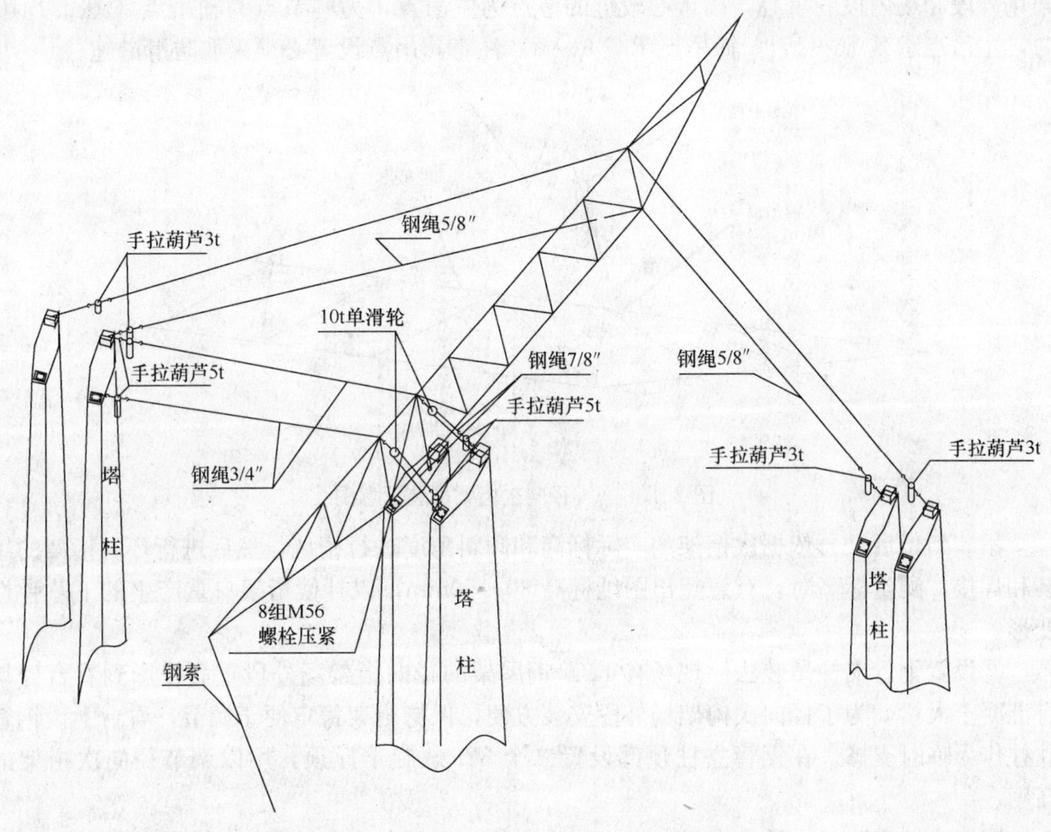

图 2.1.10-4 单榀桁架临时支撑示意

作用一是支撑，二是用来调节径向次桁架的标高。半榀桁架长约 30 多米，一个支点并不稳定，我们同时在径向主桁架上立若干小桅杆，吊住一些环向桁架与之相连，待完成后半部分桁架及环向主桁架后，再吊装前半部分径向次桁架及其环向次桁架。

1）径向次桁架和环向桁架吊装分析。吊装径向次桁架场外段时，经计算吊装半径一般为 23m 左右。吊装高度一般为 45～66m。钢屋架场外边缘高度一般为 38～55m，选用吊车的主臂最好高出钢屋架场外边缘，履带式吊车回转机构离地一般有 2.5m 高，所以场外选用型号为 LS368-RH5 的 250t 塔式工况履带吊进行吊装。该吊车主臂 54m、副臂 48～61m，在 26m 回转半径时起吊能力为 24t。

为了加快钢屋架安装施工进度，场外也采用 150t 履带吊，吊装部分环向桁架、边缘桁架及配合其他吊装工作。

对径向次桁架场内段吊装，其吊装半径一般为 25m 左右，有部分吊装半径达 38m，吊装高度一般为 48～71m，所以也选用主臂 60m、副臂 60m 的 250t 塔式工况履带吊，型号为 CC1400 型，其吊装半径 28m 时，可以起吊 22t。

2）安装径向次桁架场外段、场内段之前先安装至少三组环向桁架和设置临时支撑立柱，以便径向次桁架支撑和定位。安装场外段径向次桁架时必须增加临时支撑或吊车不松钩的情况下进行安装、施焊。

①吊点确定与找正方法。径向次桁架设置同样采取“一点半吊装法”。计算径向次桁

架场外段和场内段的重心，离重心较近的节点为主吊点，另一节点为辅吊点（图 2.1.10-5），主吊点承载 16～17t，辅吊点承载 6～7t。注意，吊点设置必须采取防滑措施。

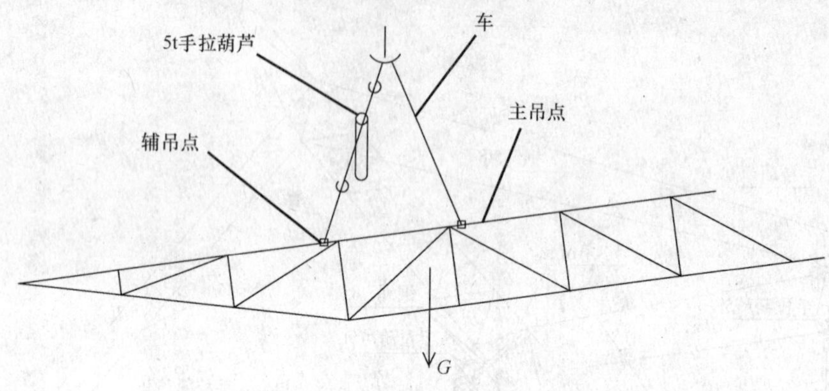

图 2.1.10-5 径向次桁架吊装示意图

吊装到位后，再依据次桁架的实际标高和倾斜角度进行精调，然后进行环向桁架的组装和焊接，测量标高时，有意超出图纸标高 30～50mm，以补偿桁架自重产生的下坠弹性变形。

②设置钢管支柱吊装法。现场有 12 跨钢屋架的径向桁架场外段重心投影到看台处均有混凝土大梁，为了径向次桁架场外段安装方便，保持桁架稳定便于调节，看台上设钢管立柱作为临时支撑。在钢管立柱顶部设置二个 32t 螺旋千斤顶，用以调节径向次桁架的高度。

钢管立柱安装好之后，在径向主桁架上安装三组环向桁架，每组环向桁架都用人字扒杆吊住，场外段吊装到位后，一方面支承在钢管上，另一方面和环向桁架相连，保持稳定牢靠并调整好径向次桁架的标高和角度。

③特殊区域径向次桁架吊装法。大部分区域可用钢管立柱的方法安装径向次桁架，但体育场仍有七片暂称为特殊区域，由于建筑结构不适应设置钢管支柱，考虑到二片径向主桁架及其支撑桁架安装完毕之后，刚性比较好，受力也没问题，故吊装边跨径向次桁架时，在径向主桁架（4.8m 塔柱段）下弦设置悬臂梁，悬臂梁用径向主桁架上弦杆处的人字扒杆拉住，临近主桁架的两段次桁架装配并焊接完成后，人字扒杆和悬臂梁暂不拆除，接着进行中间一榀径向次桁架的吊装，在两榀次桁架之间，架设一根钢横梁，横梁两端固定在径向次桁架下弦上。同时，再在已装好的次桁架上各立一根人字扒杆，从两边吊住横钢梁，然后在横钢梁中间支撑上吊装到位的径向次桁架场外段，三榀径向次桁架场外段和环向桁架全部吊装并焊接好以后，再拆除横梁、悬臂梁和人字扒杆。

3）径向次桁架场内段吊装。场内段长 38m，重量 14～15.8t。如果在体育场外组装，就采取空中接力的方案，先把径向次桁架场内段运至场内，再进行吊装。

场内段离看台高度较高，达 40～60m，在平台上树立钢管支柱较困难，采取下述方法吊装：场外、场内段接头处的上、下主弦杆端头，增焊连接板，用双头螺栓临时连接，同时在主桁架上预吊装到位后，用双头螺栓连接好上、下弦杆，连接径向桁架接头，调整好标高和角度后，在吊车不松钩的情况下，将上、下弦杆和斜杆以及环向桁架的接头全部焊接好以后，再松开吊钩。

4）径向次桁架标高控制。吊装径向次桁架时，必须至少先安装三组环向桁架。在径向次桁架与三组环向桁架的安装螺栓连接好之后，必须测量控制其标高和方向，然后再行焊接施工，焊接完毕之后，再复核其标高。

5）环向桁架的安装：

①与径向次桁架配合吊装。如前所述，在吊装场外、场内段径向次桁架以前，就预先在主桁架上安装三组和一组环向桁架，其吊装方法如下：设计一根约 7m 长的平衡横杆，在横杆下设置了多个吊耳，以吊装不同长度的环向桁架。

②环向桁架成组吊装。径向次桁架吊装到位连接好预装的几组环向桁架后，剩余的 8 组环向桁架，同样采取上、斜、下弦三根一组的方式进行组装。当上弦杆连接好以后便可松开吊车钩，斜杆、下弦杆用手拉葫芦便可组装。

（二）焊接工程施工方案

1. 焊接工程概况

（1）体育场钢屋架材料均为进口 H 型钢和钢板，材质为美国标准低合金高强度铌钒优质结构钢，钢号为 ASTM A572 Grad50 级，钢材总重约 1 万 t，由钢结构制作单位将预制好的钢构件运至工地现场，由安装单位吊装，进行高空组对焊接。

（2）安装单位进行高空焊接，受现场各种施工条件和环境因素影响较大，焊缝容易产生各种焊接缺陷，而设计单位要求所有高空焊接对接焊缝质量等级为Ⅰ级，从而对焊前准备、焊接过程和焊后检验的各个环节提出了很高的要求。焊接质量是整工程质量的关键所在，所以必须精心组织施工，严格管理，使焊接质量达到设计要求和国家规范的规定。

（3）焊接工艺编制考虑的一些问题：

①径向主桁架 H 型钢板厚最大为 125mm，焊接工作量很大，根据运输条件，部件的组焊尽可能在钢结构制作单位完成。

②从安装工序和部件组焊考虑，高空焊接尽量采用平焊、横焊和立焊，避免仰焊。

③高空焊接，焊接顺序选用正确，能有效减弱焊接应力，避免拉裂，减小构件焊接变形，从而改善构件的承载性能。

④高空焊接工期共 4 个半月，从 2000 年 6 月初至 10 月中旬，近 7500 个焊接接头，焊缝总长度约 6500m，耗用焊条 35t，投入焊机 88 台，焊工 90 名（施工高峰期）。

2. 焊接工艺评定

按照《钢结构焊接规范》（美国标准 ANSI/AWS D1.1-98），制定焊接工艺评定方案报监理公司批准后进行有关项目的评定，并根据合格的评定报告制定焊接规程（WPS），确定对应项目的焊接工艺参数。

（1）通过工艺评定选择最佳的焊接材料、焊接方法、焊接工艺参数、焊后热处理等，以保证焊接接头的力学性能达到设计要求。在进行焊接工艺评定之前编制评定方案，并报送监理公司批准后进行。

（2）根据国家标准《钢结构工程施工及验收规范》GB 50205 第 4.7.1 条规定：“焊接工艺评定应按国家现行的《建筑钢结构焊接规程》JGJ 81 和《钢制压力容器焊接工艺评定》JB 4708。”但由于国家规范、标准的适用范围不能满足本工程的需要，在与设计单位和监理公司深入、慎重地交换意见之后，监理公司最终同意并批准按照施工单位的建议，焊接工艺评定方案的编制以美国国家标准《钢结构焊接规范》（ANSI/AWS D1.1，以下简称《美标规范》）为依据。

（3）由于本工程厚度介于60～125mm的钢材焊接量比较大，为了提供更有说服力的实验数据，施工单位进行了最高硬度试验。从试验结果看，经预热的厚度为125mm的试样，其最高硬度只有HV_{10}319，而超过HV_{10}300的总共只有2点，与国产钢材16Mn（碳当量C_{eq}=0.415）的允许最大硬度HV_{10}319相比，是比较低的。亦即表示，A572 Grad50对冷裂纹是不敏感的。这也符合“最高硬度小于HV_{10}350即表示冷裂倾向不严重”的焊接常识。

（4）金相试验结果表明，无论预热还是不预热的试样，其热影响区都没有出现马氏体，金相组织及晶粒度都令人满意。因此，按《美标规范》编制的《广东奥林匹克体育场屋架钢结构　焊接工艺评定方案》通过监理公司批准后，按照《美标规范》的要求实施各个项目评定，各项试验、检验结果均合格，达到了评定的目的。由此可见，按《美标规范》进行本工程的焊接工艺评定为焊接工艺规程（WPS）的制定提供了充分的依据，是合理、可行的。

3. 保证焊接工艺主要措施

（1）根据设计要求选购的焊条，除有质量合格证明书外，还按比例抽样送有关单位进行复检，复检报告书的化学成分和机械性能试验结果均符合国家标准的规定。

（2）引弧板、引出板和焊接衬板：

①引弧板、引出板在引弧或熄弧处组成与坡口形式类似的形状点焊，板长均为50mm，宽度为20、30、50mm。

②焊接衬板长度方向两端分别超出相应焊缝50mm，宽度均为40mm。

③焊机：由于排栅操作平台高度达50～60m，且操作平台上面的钢结构桁架还有6m多高，要求焊机质量稳定、重量轻、移动方便、维修快捷，适应露天恶劣的工作环境。且由于焊线较长，可达100m，要求焊机的电网补偿幅度大，抗干扰能力强，输出电流稳定。

4. 钢屋架高空焊接的顺序

（1）径向主桁架平面方向焊接顺序：由于钢结构制作、吊装、栓接和焊接过程中各种因素导致的尺寸误差、安装误差和变形误差的积累，不可避免给以后桁架的组对、安装、焊接带来困难，也相应影响了焊接质量。所以，重要结构部位必须先焊，以保证其焊接质量，为此先焊塔柱位置，再分别按向体育场内外两个方向进行焊接。

（2）径向主桁架组垂直截面方向的焊接顺序：由于钢结构是一个空间三维的栓－焊结构，为了保证整个结构在焊接过程中稳定，采用由上而下的焊接顺序。先焊上横杆，再焊斜杆，最后焊下横杆。

（3）径向次桁架与径向主桁架形状相同，分段吊装时对焊接口的焊接顺序为：

先焊上弦杆，再焊中间杆，最后焊下弦杆。

（4）环向桁架平面焊接顺序：塔柱与塔柱之间共有12行环向桁架，每行4节，根据吊装顺序和高空组装顺序，先焊径向主桁架与相邻的径向次桁架的连接部位，然后焊中间的径向次桁架与一边的径向次桁架的连接部位，最后经过调整，焊中间的径向次桁架与另一边的径向次桁架的收口部位。

（5）环向桁架径向方向的焊接顺序：为了避免在结构刚度大的情况下焊接，便于焊缝自由收缩，结合吊装顺序，先焊下横杆，再焊斜杆，最后焊上横杆。

(6) 高空焊接实际测量的收缩量最大为 8mm，最小为 3mm，均小于理论收缩量，同时高空焊接的超声波探伤结果表明焊缝质量优良，无裂纹产生，从而证明高空焊接顺序有效地降低了焊接内应力，控制了焊接变形，保证了焊缝质量，是合理、可行的。

三、实施效果与体会

(1) 经过全体施工人员的奋战以及多方面努力和配合，本体育场钢屋盖终于像两条飘带一样飘舞在体育场主场馆的上空。精心组织，精心施工，本体育场工程最终获得了中国建筑业界的最高荣誉“鲁班奖”。

(2) 本工程安装工程量大、施工难度高、工期之短，在国内外为数不多。例如，对钢结构节点的三次设计变化，土建施工为了赶工期，没有给后续的钢屋架吊装提供方便的施工环境等因素，对方案的编制造成了较大影响。项目部为此专门成立了方案组，制定包括“预埋、测量、吊装、焊接、屋面板安装”五个大项的细化及执行的工作方案。通过五个系统施工方案的实施，缩短了工期，节约了成本，避免了返工损失，提高社会效益及经济效益。同时也对今后体育场钢结构工程或其他同类工程的施工预埋、测量、吊装、焊接、屋面板安装技术的实施具有较强的指导作用，为复杂条件下选用预埋、测量、吊装、焊接、屋面板安装技术提供了先例。

(3) 本工程前期准备工作所面临的困难和压力绝非一般工程可比。比如，钢屋架所用材料全靠进口，国家的钢材进口指标控制非常严格，要求 1999 年（本年）度一定要完成，逾期不予申请。而钢屋架施工详图直至 1999 年 12 月 1 日还未出齐，且存在着较多的问题。我方组织技术人员认真研究图纸，吃透图纸的每一处技术要求；并对图纸中对订货材料有影响的错误予以纠正，再进行详细优化，并且对尚未出图部分，给予充分合理的估计，最后列出材料订货清单，与国际钢铁企业的驻华办事处充分接触和谈判。施工过程中存在的预埋件安装，加工制作工艺、施工现场规划、主桁架吊装，特殊区域次桁架吊装、高空焊接、屋面板施工以及工程测量等技术难点和困难，经过施工人员的共同努力，都得到攻克和克服。

(4) 本工程施工采用了科学、先进、实用的施工方案，应用了建筑施工中的多项先进技术，比国内同类工程缩短了一半工期，取得了上千万元的经济效益，值得大力推广。工程施工测量采用进口全站仪测量和控制屋盖安装精度，克服了由于温度高仪器测角测距反常、下雨天精度降低、高空施测危险等困难，成功地保证了±2mm 的设计要求，为钢屋盖的顺利完工打下坚实的基础，得到指挥部、监理公司的高度评价。针对特殊构件研究制定了一套特殊制作方案，打破常规将生产厚度只有 0.6mm，宽为 0.4mm，长达 40m 的 KL 高强板的设备和原材料运至体育场工地现场进行加工制作，解决了长板运输的技术难题。本体育场钢结构工程的钢结构总重量达 1.2 万 t，采用 500t 的汽车起重机单片整体吊装，吊装工期只有 6 个月。相比国内某市能容纳 8 万人体育场的主体钢结构总重量为 4000t，吊装采用 300t 吊机在场外单机安装，吊装工期为 10 个月，大大缩短了安装时间。

(5) 本工程施工的大型钢屋架制安技术达到国内首创，具有总结及推广价值。其结构的焊接过程，严格执行有关规范、标准和根据焊接工艺评定报告制定的焊接工艺规程（WPS），焊缝超声波探伤自检合格率达到 95%以上，一次返修合格率 100%，省质监站超声波探伤抽检一次合格率 100%，焊缝内部和外观质量优良。

2.1.11　文化健身广场机电安装工程施工组织设计

一、工程概况

(一) 项目简介

××文化健身广场由体育场、体育馆、训练馆、游泳馆和游泳场组成。总建筑面积约为 65164.65m^2。

体育场位于文化健身广场的中心位置，是一幢兼具宾馆客房、娱乐健身、办公与商业功能的综合性体育建筑。可容纳观众达 2 万人，有客房标准间 140 余间。体育场设计为地上四层，总建筑面积 34283m^2。

体育馆位于文化健身广场的西南方向，是一幢兼具办公、娱乐健身功能的综合性体育建筑，设计有观众席 3500 座。体育馆设计为地上三层，地下一层，总建筑面积 18730m^2，建筑高度 23m。

训练馆位于文化健身广场的西南方向，与体育馆相邻。训练馆为单层建筑（设计了一个夹层），总建筑面积 4273.44m^2。

游泳场馆位于文化健身广场的东南方向，游泳馆设计有观众席 200 座，游泳场设计有观众席 1000 座。游泳场馆设计为地上二层，建筑高度约 19.30m，总建筑面积 7878.21m^2。

该工程为某地的重点工程，定于 2006 年 10 月要投入召开的省运动会使用。

(二) 安装工程内容

1. 供配电系统

(1) 供电系统。本工程电源从外部引一路独立 10kV 电源至体育场总的 10kV 高压配电室，再向各体育场馆变压器供电。体育场设有 1000kVA 变压器两台，315kVA 变压器两台，800kVA 柴油发电机一台；体育馆设有 800kVA 变压器两台，在游泳馆设有 500kVA 变压器一台，体育学校预计设 1250kVA 变压器一台。

(2) 低压配电系统。文化健身广场的低压配电采用放射式配电方式，采用 TN-S 系统，1 号、2 号变压器和 3 号、4 号变压器分别单母线分段运行。

(3) 照明系统：照明包括比赛场地照明、一般照明和应急照明。

(4) 自动控制系统：控制冷冻水泵→冷水机组；喷淋泵；消火栓泵；排风排烟风机。

(5) 防雷接地系统。

(6) 安全保护系统。

2. 综合布线系统：

为一个混合型综合布线系统，由建筑群子系统、设备间子系统、主干布线子系统和水平布线子系统组成。建筑群光纤配线架和建筑物设备间总配线架合设。建筑群间的数据干线采用多模光缆，场内干线采用多模光缆和超五类 UTP 绞电缆，水平布线使用超五类 UTP 双绞电缆，电话通信全都采用全塑市话电缆和电话线。

(1) 有线电视系统

接入市内光缆/同轴电缆混合（HFC）有线电视网，在体育场内设一个有线电视光节点，文化健身广场的体育场、体育馆、训练馆和游泳场的有线电视用户都从该光节点引接。

(2) 闭路监视电视系统：分为比赛闭路监视电视系统和安防闭路监视电视系统。该系统共有摄像机 14 架，其中智能球摄像机 2 架，配万向云台的三可变摄像机 6 架。

(3) 消防控制中心：系统按一类民用建筑一级保护对象要求组成控制中心报警系统。该系统设一台 JB-TB-JBF-区域报警与消防联动控制系统。一台 JB-TB-JBF-11S/C2032 型智能火灾报警控制器（联动型）。本系统共有感烟探测器 537 只，感温探测器 13 只，手动报警按钮 74 只，消火栓按钮 113 只，输入接口和输入/出控制模块等共约 152 个。

(4) 电源及接地：各强、弱电系统的工作和保护接地采用共同接地方式，共同接地电阻值经测试均小于 1Ω，消防控制室、声控室、计算机中心、电话虚拟交换机和电信进线间内各设有一块接地汇流排。

3. 给排水工程

由市政自来水供水，从文化中心内环状给水管接入，供水水压 0.35～0.40MPa。室外给水管采用孔网钢塑给水管，热熔连接，公称压力 1.6MPa，室内采用 PP-R 管，公称压力 1.0MPa。室内排水管材为 UPVC 管，采用废污合流经化粪池处理后排入市政污水管。

4. 通风与空调工程

空调采用风机盘管或吊顶式空调机加新风系统；辅助用房设置风冷热泵分体式空调机。通风：走道设排烟（风）系统，每层分为两个防烟分区，排烟量按最大防烟分区 $120m^3/(h \cdot m^2)$计算。卫生间、淋浴室设排风系统或排气扇，换气次数为 10 次/h。

体育场空调冷、热源：招待所夏季空调冷负荷约 570kW，冬季热冷负荷约 400kW 选用二台风冷涡旋冷水（热泵）机组。体育馆大楼的空调冷负荷约 1685kW，选用两台风冷螺杆式冷水机组，设在地下制冷机房内。空调水系统：空调水系统采用一次泵系统，双管同程式，冷却塔设在室外地面，膨胀水箱设在四层。

游泳馆采暖系统：游泳馆采暖系统采用散热器与热风相结合的方式采暖并分两个独立热水系统。采暖总热负荷 Q=450kW，其中热风采暖负荷 Q=330kW，热媒采用 60/50℃热水，选用 2 台柜式空调机组，每台制热量 Q=190kW；游泳馆排风、消防排烟系统选用 3 台双速排烟消防风机箱．看台下排风、消防排烟系统分设风机合用管道，1 台排风机和 1 台消防排烟风机。

（三）建设要求

(1) 工期要求：532 日历天（2005 年 4 月 10 日～2006 年 9 月 27 日）。

(2) 质量目标：确保“合格”，争创省“优秀安装质量奖杯”。

(3) 工程造价控制：机电安装总造价控制在 4500 万元。

(4) 安全文明施工目标：配合土建总包单位达安全文明“双标化”工程。

(5) 环境保护目标：配合土建总包单位创建绿色工地。

（四）实施条件

(1) 土建总承包施工队伍已办好施工许可证手续并已进场开始施工；施工临时用电、用水、道路工程已完成。办公室、食堂、卫生间、住宿、浴室等五小设施已建成，材料仓库、堆场及加工场地已统一布局。

(2) 机电安装合同已签订，项目部管理人员优化组合完成并已得到公司领导审核批准进场开展工作。施工图自审、施工图会审工作完成并形成了施工图会审纪要文件。材料预算形成并经项目经理审定后已送材料部门组织采购供货。劳动力已组织并根据现场进度需要陆续进场参加施工。

(3) 已办理完机电安装施工的手续，并向某地建设主管部门交纳了民工工资保证金。向工程监理公司上交机电安装工程开工申请报告，监理公司项目总监已在开工申请报告上签上同意开工意见。

二、摘选主要施工方案

管道安装施工方案

1. 施工程序和施工部署

(1) 施工程序

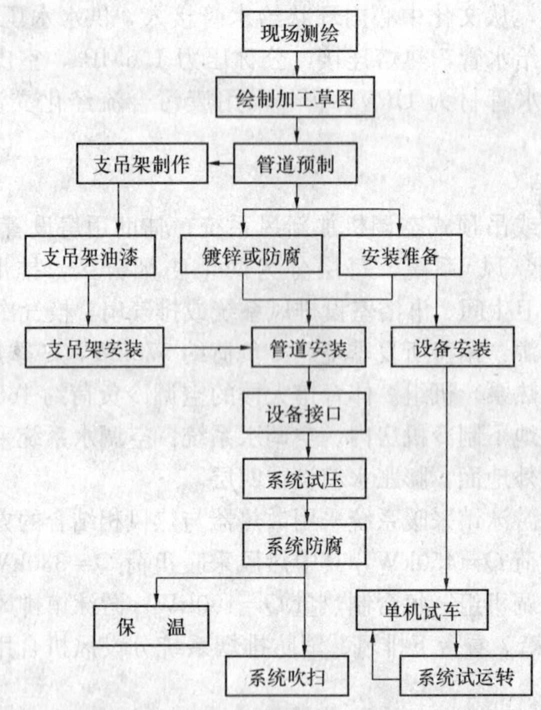

(2) 施工部署

1) 楼层为依次施工的自然段，自下而上施工。每层平面按土建施工分区划分安装施工段。每个平面施工段的管道按系统划分施工线，即有生活给水排水、照明与动力电气系统、空调水等系统，每个系统为一条施工线，由每个专业班组的不同作业小组实行平行流水施工。各条线的综合施工顺序：室外管道→室内立管→水平横管干线→支管→设备接口→试压试水→防腐、保温。

2) 每条施工线根据土建施工段顺序和所能提供的安装作业面，划分为不同的施工段，根据现场实际情况，决定各段的起点和施工流向。以系统“线”为经，以平面“段”为纬，组织线、段结合的流水施工。

2. 给水、空调水等系统金属管道安装

(1) 按核对无误的管道单线图，实测管线标高、走向、支架位置，选用正确的支架形式，按国标图纸制作。支架应在预埋件上焊接，无预埋件时用膨胀螺栓固定，要经设计同意。不可在混凝土结构上手工打洞。在钢结构网架上固定支架时，不准直接焊接，只能用抱箍或挂件。

(2) 管道安装前仔细清理管道内部，确保无异物，无污垢。

(3) 管道穿越楼板和墙壁时，应设套管。套管采用比管道大2号的硬塑管或钢管。楼板上套管顶部高出楼板20mm，底部与楼板平齐，穿墙套管两端与墙面平齐。套管与管道间填塞密封胶，用水泥砂浆封口抹平。

(4) 管道穿越水工构筑物及屋顶时，按S312/8-5.8Ⅱ.Ⅳ做刚性防水套管。

(5) 丝扣连接：*DN*100以下镀锌管采用丝扣连接，不准焊接。丝扣要端正光洁，不乱扣，不掉丝。连接时先在管端外螺纹上涂一层铅油，逆螺纹方向缠麻丝。接头不可拧得过紧，外露丝扣2～3牙。接头上紧后，要清除外露的麻丝头，丝扣外露部分刷红丹防锈漆，银粉漆盖面。*DN*50以上消防喷淋管道不可采用活接头。

(6) 法兰连接：垫片采用3mm石棉橡胶垫，表面清洁完好。垫片与法兰同心，用十字交叉法紧固螺栓。管道法兰连接时，无论干管支管，都要在便于拆卸检修的长度内设置法兰，镀锌法兰必须采用镀锌紧固件。

(7) 水平横管尽量抬高贴近顶梁。如征得设计同意，可在顶梁上水平方向留孔，使小口径横管穿越顶梁，敷设在梁间空格内。

(8) 所有管道按设计规定做好防腐、绝热。

3. 阀门安装

(1) 所有阀门安装前都要逐个进行检查，强度和严密性试验比例要高于国家规范要求1倍以上。阀门既是系统控制的关键部件，又是潜在的跑冒滴漏点，严格的筛选是必要的。

(2) 阀门安装时，应仔细核对阀门的型号与规格是否符合设计要求。阀体上标示的箭头，应与介质流动方向一致。

(3) 阀门安装位置应符合设计要求，便于操作。消防系统的阀门，规定常开状态的，调试后置于常开位置并加铅封。

4. 卫生洁具安装

(1) 卫生洁具镶接安装，要在管路系统通水、试压合格后待土建卫生间门、窗、瓷砖、马赛克装修好后进行。

(2) 卫生洁具的型号、规格必须符合设计要求，在安装前应严格检查本体有否破损，表面是否光滑。

(3) 卫生洁具的安装固定必须牢固，平稳不倾斜，垂直度偏差不大于3mm。用膨胀螺栓固定，不用木螺钉。洁具与支架之间要加软垫。

(4) 找准洁具安装位置、坐标，按国标图纸放线。单独洁具允许误差10mm，成排洁具允许误差3mm。

(5) 洁具排水管与承插口连接，如采用铸铁管，必须保证承插深度，用油灰嵌缝，环缝均匀；如采用塑料管，一般用活接头或卡环连接。主要是保证接口部位接触面及密封垫清洁、平整。

(6) 有排水栓的洁具，排水栓与洁具底面的连接应平整且略低于底面，地漏安装在地面的最低处，其箅子顶面应低于设置处地面5mm。

(7) 洁具排水口与暗装管道要连接良好，严密无渗漏，且不影响装饰美观。

(8) 阀门、水嘴开启灵活，不漏水。水箱铜器位置要摆正，不漏水，给水配件装饰罩与墙面接触良好。

5. 管道与设备接口、保温

(1) 空调水管道与设备接口要用软接头过渡。

(2) 管道与设备的接口，管口要自然到位，中心对准，间隙正确。不能靠强制组对或硬性连接，应在设备上的管口上先连接软接头后再与管道系统连接。

(3) 冷媒供回水管的支架，要用标准木托衬垫。

(4) 凝结水管，必须坡向出口处，且低于风机盘管滴水盘，不得有倒返水现象。

(5) 空调管道接口附近的保温必须完整，保温套管内径必须与水管外径吻合，接缝严密，套管与壁粘贴紧密。

6. 沟槽式管接头安装

(1) 管子的滚槽加工，首先要使管子在下料时的切口平整并垂直于管子轴线。经加工后的沟槽宽度和深度符合标准要求。

(2) 管道的支架设置除满足国家施工质量验收规范要求外，最好将支架设置在靠近卡箍接头的100～150mm 处。一定要先设置支架，再进行管子的安装工作，这样的工序施工才能确保整体管系的安装质量和整体管道外观效果。

(3) 卡箍接头安装时，应首先满足接头的两个管子端头处于静止状态，且两个管端口轴线在同一直线上，并使二管端口处留一定的间隙，间隙应符合标准要求。并将橡胶密封圈位于接口中间部位，在其周边涂抹润滑剂（洗洁精或肥皂水）在接口位置橡胶密封圈外侧安上下卡箍，并将卡箍凸边卡进沟槽内，在卡箍螺栓孔位置，穿上螺栓，并均匀轮换拧紧螺母，防止橡胶密封圈起皱。

(4) 管道安装完毕后，应及时进行系统试压。试压前应全面检查各安装管配件、固定支架等是否安装到位。管道试压时，不得转动卡箍、螺母等部件。管道试压值、持压时间、试压合格标准应按国标规定。

7. 管道试压、冲洗

(1) 成立专门的试压小组。管道分布面积大，管线长，试压必须很好地组织和安排。试压小组由一名管道施工员负责，项目技术组编制试压方案。

(2) 地下隐蔽管道试压：

①排水管道隐蔽前，做灌水试验，满水 15min，如液面下降，再灌满，保持 5min 液面不降为合格。按停止点方式各方会检确认。

②压力管道隐蔽前，做水压试验，按停止点方式各方会检确认。

(3) 系统试验：

①试压前对管道系统进行完整性检查，核对安装是否符合设计要求。检查阀门开闭状态，管道有无敞口，严防遗留敞口跑水污染建筑装修。

②不能参与试压的设备、仪表用临时盲板隔离。试压放水用临时排水管引入现场排水沟。试压管道的最高处设排气阀。临时盲板必须编号记录在案，试压后按记录逐个取出。

③干管的最低处要牢固支撑，所有支架要检查、调整。

④准备好检定合格的压力表和试压泵，压力表设于管线最低点。

⑤试压使用5℃以上清洁自来水。

⑥试压按系统分层、分区段进行，区段不宜太大，否则，不便操作和检查。

⑦排水管以楼层分区，按轴线分段。用压气球胆作封堵工具，从上管口灌满水，无渗漏，水位不下降为合格。

⑧给水、消防、喷淋先试总管，后干管，再支管。喷淋管网密、丝扣接头多，要合理分段，精心操作和严格检查。

⑨雨水管以一个垂直立管为试水段。立管段底口封堵，上口灌水，水面不下降，不漏水，然后再做通水试验，水流畅快不堵为合格。

⑩分段试压后，还会留有部分部件、接头未经试压，可待全系统接通后，再进行一次全系统试压和冲洗。

⑪空调冷凝水管道做灌水试验。

⑫卫生器具做盛水检查

⑬冷却循环水分段试压后，要进行包括冷却塔、冷冻机在内的全系统试运转循环。循环期间连带进行管道冲洗。

⑭试压时，先注水排出空气，然后缓缓升压，待达到试验压力后，稳压30min，检查管线，无泄漏和变形，且压降不大于0.05MPa为试压合格。

⑮试压过程中如发现压力表指针突然下降，并伴有异响或管道变形，要立即停止加压，查明原因，卸压处理，重新再试。

⑯试验压力按设计规定值，设计未规定时，执行规范规定，并须经业主和监理认可。

8. 塑料管安装

本工程室内排水管道采用UPVC塑料给水管。塑料管耐腐蚀，管腔不结垢，重量轻，施工方便。但强度、韧性不如金属管道。

(1) 塑料管敷设支架间距、膨胀节间距都应小于金属管道。管道与金属支架之间，要用塑料弧板衬垫。

(2) 施工进场前，应对现场进行必要的清理，施工时应注意防止泥砂等污物进入管道内；管道外应防止沾油污；安装间断时，应将管口临时封堵好。

(3) 管道埋墙安装时，应与施工中其他各工序协调好，避免打钉、钻孔时操作管道。

(4) 管的切断一般使用专用的管剪，也可使用手锯或其他切割工具切断。

9. 产品保护

(1) 施工中的所有管道和部件敞口要随时封堵，最迟不得晚于当天下班前。预留长期置放的管口，要用管帽、点焊罩盖等方式封堵。

(2) 焊接时不可在管道上引弧，不可把镀锌管道作为焊接零线。

(3) 已安装的卫生设备房间，要把门窗加锁保管。

(4) 对预留的安装孔、埋件要注意保护，不被碰坏和改变位置。

(5) 吊装管道不准以吊顶龙骨吊架和风管吊架为受力点，不准以安装的风管为脚手架上人或放置重物。防止碰撞梁、柱、墙面。

(6) 不准踩踏管道的丝接部位。

(7) 不准随意在土建结构上打洞，不污染墙面和顶棚。

(8) 塑料管道及附件不准露天堆放，以防止日光曝晒，而且要远离火种。

(9) 使用机油的套丝机等设备，地坪上设置时，机座下要垫油毡或木板，及时清除滴落的油品，防止污染地坪。

10. 主要质量管理点

(1) 试压试水应采取正确方法，一丝不苟，全线试足。从根源上解决跑冒滴漏堵问题。

(2) 阀门产品质量。把好采购关，安装前检验关，试压试水试用时滴漏关。阀门是最主要的跑冒滴漏源，国产阀门市场上水货甚多，尤其是龙头、水龙头之类小阀门。通过把好三关，彻底剔除不合格品。

(3) 卫生上下水管预埋及器具镶接。也是跑冒滴漏堵的一大根源。要确保预埋位置准确，不堵不漏，镶接顺当、严密。

(4) 消除质量通病，提高观感质量。重点是管口到位准确，支架制作规范，安装牢固、均匀，整齐美观，防腐完好。管道保温完整，色漆鲜亮，阀门挂牌，流向有标志。管网整体布局合理有序。

11. 管道工程质量通病的防治

(1) 管道支架结构不合理，制作不规范，安装位置不妥的预防措施：

①支架的结构形式应根据所承压的管道根数多少，管径大小的实际情况来确定支架的用材规格，确定支架的结构形式。

②支架制作时，下料、钻孔均不得用气割、气烧；支架应除锈后刷红丹漆一遍，面漆二遍防腐后才能进行支架安装工作。

管支架焊缝宽度除设计注明者以外，均不得小于4mm，应全长满焊。

③成排支架应排列整齐，布置合理，埋设平整牢固，与管道接触应紧密，固定应牢固。

④支架设置除满足施工规范规定要求外，还应在穿墙、梁、板处，上返的水平弯管下或下返的水平弯管下加设支架。

⑤管道井内的竖管安装，应认真做好立管下的管座（墩），如设计无要求时，应做好大于 *DN*150 管径以上的立管固定支架工作（尤其是对木垫块支架固定的立管）可以在隔开二至三层处设置一个承重固定支架。

⑥屋面管道设置支架时应考虑屋面的防水层的质量要求，可在屋面防水层没施工前安装支架，这时在支架上应考虑止水板，如支架待屋面防水层完成后施工，应考虑支架与防水层之间的隔离措施，防止安装支架时破坏防水层，造成屋面的漏水现象出现。

(2) 管道螺纹接口渗漏的预防措施：

①螺纹加工时应严格按标准进行。要求螺纹光滑，无毛刺，不断丝，不乱扣等。

②管螺纹加工后，配件可用手拧入2～3扣，再紧就需用管钳子继续上紧，最后螺纹留出管配件外1～2扣。在进行管螺纹安装时，选用的管钳子要合适，按施工规范要求进行。如用大规格的管钳子上小口径的管件，会因用力过大造成管件损坏，反之，用小管钳子上大口径的管件，会因用力不够而使管件与管子不紧密而造成漏水。安装配件时，不仅要求安装紧密，还需考虑配件的位置和方向，不允许拧过头而用倒拧的方法进行找正，这样易造成滴漏水。

③管螺纹与管件连接时，应根据管道输送的介质及温度需要而采用各种相应的填料，以达到连接严密。常用的填料有麻丝、厚白漆、石墨、黄粉、聚四氟乙烯薄膜等，安装时要根据要求正确选用。

④管道安装完毕，要严格按照施工规范要求进行管道严密性试验或强度试验，认真检查管道及连接处有无裂缝、砂眼等缺陷，接头处有无渗漏水。

⑤地下管道覆土回填时，管道周围的覆土要用细颗粒泥土用手工分层夯实，避免管道局部受力过大而造成丝口处断裂。

(3) 阀门安装不合理或不符合规定的预防措施：

①阀门安装前，应根据要求仔细核对型号、规格，鉴定有无损伤，清除通口封盖和阀内杂物。

②按照施工验收规范要求，凡出厂没有强度和严密性试验单的阀门，安装前都应补做强度和严密性试验，属于安装在主干管上启闭作用的闭路阀门，应逐个做强度和严密性实验。

③一般阀门的阀体上印有流向箭头，箭头所指即介质流动的方向，不得装反。

④在安装位置上要从使用操作和维修方面着眼，尽可能将阀门安装在便于操作维修的地方，同时还要考虑到整个管道的外形美观。阀门手轮不得朝下。落地阀门手轮朝上，不得倾斜。

⑤安装法兰阀门时，法兰间的端面要平行，不得使用双垫，拧紧螺栓时要对称交叉分几次用力均匀拧紧。

(4) 室内管道施工时的缺陷情况：

①管道穿越基础、隔墙或楼板未预留孔洞，造成施工时重新开洞或开洞过大，影响土建结构质量。

②不同用途的管道间距与电气管线距离、位置不符合施工验收规范要求。

③没有按设计要求达到坡度或倒坡。

④管道与管道、管道与结构物间的距离不符使用与维修的要求的预防措施：

a. 管道施工时，要预先考虑与土建的配合，即在土建结构施工时，及时配合土建进度需要，将管道穿越基础、隔墙和楼板需要的孔洞预留位置正确，这样既可防止损坏土建结构，又可以节省打洞开孔的劳动力。孔洞的大小除设计有规定外，一般可用大一档规格尺寸预留。

b. 在一栋建筑物内，有各种管道和电气管线敷设，为了保证使用安全，各种管线的间距，在施工规范中都有具体规定，在进行管道安装时，必须严格执行。

c. 管道的坡度是保证管道正常使用的关键，有些管道必须有坡度，甚至绝对不能反坡，否则，就不能使用。管道安装时，必须预先看好施工图规定的管线坡度，根据坡度和管线长度计算出管道起始的标高，并用直线将起始标高处绑直，再根据支架的间距需要安装好支架，以保证坡度的正确。

d. 按设计和施工验收规范规定，管道与管道、管道与建筑结构的距离都有具体尺寸要求，以便于管道使用和维修，在进行管道安装时应严格遵守。

(5) 室内消防管道水流不畅或管道堵塞的预防措施：

①管子安装前，应认真检查管子内有无异物或污染，如有应清除干净后方能安装

使用。

②使用管子割刀断管子时，管口易产生缩口现象，一般应用管铣再扩口一下，以保证断面不缩小。

③管道在安装过程中，应随时加管堵封严敞口，以防交叉施工时异物落入；给水系统上安装的贮水箱，应及时加盖，防止杂物落入。

④水箱的溢流水管不准直接排入废水管内，可直接排在屋面或地坪上。

⑤管道使用前，必须按照设计和施工验收规范要求进行水压试验和清洗工作。待二项试验工作完成合格后才准投入使用。

(6) 管道立管甩口不准的预防措施：

①管道按设计的坐标或标高安装后，必须将管道用支架固定牢固，以防移位。

②管道安装前，注意土建施工中地坪尺寸的变动，发现问题，及时与土建施工人员商量，协同土建做好管道的标高尺寸的定位工作。

③在管道安装前，应仔细审查施工图，并与相关专业及土建共同编制交叉施工方案，对于管道的安装位置，要周密考虑，详细计算，认真定位。

④对于干管上甩口用的管件，应预先进行选择试装，以防装上后，造成甩口位置不准。

三、实施效果与体会

(一) 实施效果

(1) 创优夺杯目标：本工程荣获2007年度省优秀安装质量奖和全国优秀建筑装饰工程奖。住户使用后很满意：2006年10月成功召开省十二届运动会，受到了省委领导和全体运动员、教练员的一致好评。

(2) 工期目标：2005年6月19日，安装正式进场配合土建结构施工。2006年2月26日，正式进入大面积的给水排水、电气、通风与空调、智能建筑等工程的安装工作。2006年9月28日前，按照业主要求对给水排水、电气、通风与空调、智能建筑工程均一次完成通水、通电、供气、空调及消防、监控、自动智能管理各系统正常运行的调试工作。

(3) 工程造价控制目标：项目部完成了预定的工程造价控制目标，经公司核定，实现了预定的各项经济指标。

(4) 安全文明施工目标：重大伤亡事故和一般事故为零；施工机械设备（机具）事故为零；火灾事故为零；职业病发病率为零；年从业人员轻伤事故率控制在0.1%以下；创公司安全文明标化现场。

(5) 环境保护目标：施工过程中采取有效措施防范了噪声、弧光等对人体和环境所造成的损害；废弃材料及时收回，施工垃圾及时清理，对环境进行了有效保护。

(二) 体会

(1) 本施工组织设计对安装工程全过程中的施工质量、施工工艺、施工进度、施工安全、文明施工、环境保护、公共关系处理和相应的资源配置等作出了科学合理的安排，为安装施工生产活动的连续性、协调性、均衡性和经济性提供优选方案。优化了施工活动中各环节的相互关系与对外联系，为确保正常的安装施工秩序起到了有效的协调作用。

(2) 在施工过程中针对土建主体结构完成后，装饰工程迟迟定不下方案的情况下，安装项目部及时调整了施工计划和施工程序，先行完成与装饰工程无关联的安装施工工作，确保了最终按时竣工投入使用。

(3) 施工场地布置合理，使施工前的预制工作有序进行，为现场的正式安装缩短了时间；材料的合理堆放，减少了二次搬运的重复劳动，同时也避免了浪费。

(4) 应明确施工过程中发生变更设计时，业主在与施工单位应及时办理书面手续和工作程序，有利于确保竣工资料的完整和有效。

(5) 应针对出现过的灾害天气、工程所在地的环境制定出相应的应急预案，有利于在出现特殊情况下确保人员、财产的安全。

2.1.12 超高层建筑钢结构安装施工组织设计

一、工程概况

(一) 项目简介

(1) 本建筑为塔楼，占地面积 9650m^2，总建筑面积 167000m^2，包括地下 4 层停车场，地上 72 层智能写字楼以及 10 层商业广场裙房，总高度 301.8m，是迄今为止世界上已建和在建的采用钢管混凝土结构的最高建筑物之一。

(2) 本建筑钢结构采用了目前世界上先进的结构体系和结构选型—框筒结构体系、钢管混凝土柱、钢梁组合结构，建筑物以钢结构为主。塔楼采用 43.2m×43.2m 的正方形切角的八边形平面，基本柱网尺寸为 12m×12m。平面对称八角形的塔楼周边布置了 16 根直径 1600mm 的钢管外柱，中央则布置了 20m×22m 的四方形核心筒，核心筒周边布置了 28 根直径为 1100mm、800mm 的钢管柱，与核心筒内的 4 根组合柱、20 根工字钢柱以及型钢暗梁形成密框筒结构。钢结构以圆形钢管柱为主体，与实腹工字钢梁组成刚性框架，圆形钢管柱结构体系具有结构新颖复杂、刚性小弹性大的特点。

(3) 大厦从立面上可以分成地下室、裙房、塔楼标准层、避难层以及 64～72 层特殊结构层和钢塔 6 个部分；平面上可以分为裙房、塔楼外筒、核心筒 3 大部分。

(二) 施工的特点与难点

(1) 结构新颖独特，技术要求高。

大厦钢结构以圆形薄壁钢管柱为主，圆形钢管柱结构体系与普通的工字形钢柱、箱形钢柱结构相比具有刚性小、弹性大的特点，在安装、焊接过程中容易产生变形，而且变形的方向难于掌握和控制。

大厦地下室逆作法施工过程中核心筒的土方是一次开挖到底，核心筒内除了 4 根组合柱外，钢结构是采用的正作法。安装过程中钢结构不但要先于土建独立形成一个整体框架体系，而且在总体安装顺序上要"先外后里"，没有混凝土核心筒作为钢结构安装的依托，增大了钢结构安装的难度，在钢结构的吊装、测量、校正、焊接四大工艺上必须进行新的探索。

大厦整体高度 291.6m，按照《钢结构工程施工及验收规范》GB 50205 的要求，单节柱的垂直度最大不超过 10mm，建筑物的整体垂直度最大不超过 50mm。而业主为了保证大厦的施工质量提出了单节柱垂直度最大不超过 10mm、位移不超过 7mm 的双控指标，提高了质量技术要求。

大厦的 19 层、34 层、49 层、63 层避难层，由于采用大量的"V"字形箱形钢臂支撑，且为全焊接结构，给钢结构的安装、校正以及焊接变形的控制带来了很大的难度。

(2) 工期紧、工程量大、施工难度大。

施工现场场地狭小，西面为繁华的街道，东面、南面、北面为正在使用中的市场，特别是钢梁的安装，作业空间狭小、工作环境恶劣，更重要的是在构件安装时无法采用大型机械。

大厦的钢结构由于钢板厚度小（最厚 32mm），总计 22590t 的钢结构总件数达到 16543 件，因此将造成安装、校正量大，焊缝数量多。在钢结构主体施工的同时，楼面上的压型钢板、栓钉以及土建的混凝土浇筑和塔吊的提升作业均交叉同步进行。

(3) 危险性大、安全防护困难。

大厦属于超高层钢结构安装，施工现场一面临街，三面为正在使用的大厦。且由于结构本身的特殊性，塔楼为不等边八角形，观光电梯、幕墙挑檐等临边安装作业相当多，安全防护相当困难。

二、摘选主要施工方案

(一) 钢结构构件吊装施工方案

1. 概况及施工段划分

(1) 概况

大厦主体结构的钢结构部分，主要由钢管柱、框架梁及楼层梁、避难层桁架构成，另有一些楼梯间、电梯间、外桁架等辅助构件，钢构件数量共计 16543 件，重量 22591t。全部构件的吊装按其部位和总体施工顺序，应分成三个施工阶段：即标高±0.000m 以下地下室阶段；标高±0.000～+50m 的裙房及主楼阶段；标高 50～291.6m 的塔楼阶段。这三个阶段的施工作业内容均不相同，因此施工难点及采取的施工方案和技术措施应该有所不同。

本工程钢结构吊装施工与一般的超高层钢结构建筑的钢结构吊装施工比较，有三个方面的特点，这也是施工中的难点。

1) 柱网吊装时无可依附的核心筒体。大厦主体结构有内外两圈钢管混凝土柱，其中内圈柱是加密钢管混凝土柱，内圈柱及其里面的加密工字柱形成剪力墙，按其施工程序，只能最后构成核心筒。因此，核心筒只能是在钢管柱吊装完成后才能形成，同时又因该项工程地下室采取逆作法施工，核心筒内的剪力墙体系也需在地下室土方完成至底板时才能开工。核心筒滞后于钢结构安装，就使钢构件吊装时没有可供依附的刚性体，因此必须采取合理的施工程序，只能够利用钢结构自身形成钢架体系。这与一般超高层钢结构混凝土核心筒，并能领先于钢结构先行施工，钢构件吊装就可直接依附在混凝土核心筒体上的情况完全不同。必将对构件的吊装及校正，主吊机械的布置等产生一系列不利影响。

2) 地下室全逆作法施工。由于大厦采取全逆作法施工，因此只能是在自然地面以上完成首层钢构件安装，并完成混凝土楼面后，在建筑物立面同步向上及向下展开施工作业。这就造成首层钢管柱必需在人工挖孔的狭窄坑底进行吊装作业，三层地下室钢梁的安装也必须采取特殊的安装技术。

3) 圆形截面的钢管柱安装。圆形截面的钢管柱的圆心非直观性，使之与一般的工字形截面柱或箱形截面柱在接口、位移、垂直度校正方面有明显的不同。须正确地处理钢管柱构件轴线与钢管柱位移、垂直度之间的关系。为此，必须开发新的校正技术，才能保证管柱的安装指标达到规范要求。

根据大厦结构工程的三方面特点，结合该工程的三个施工阶段，应将吊装技术的重点放在施工方案的选择、主要施工方法、主吊机械选择与布置、平面施工区段的划分与流水施工的组织等方面。

(2) 施工段划分

地下层钢结构及裙房钢结构安装分三段施工，划分区域及构件吊装平面见图 2.1.12-1。

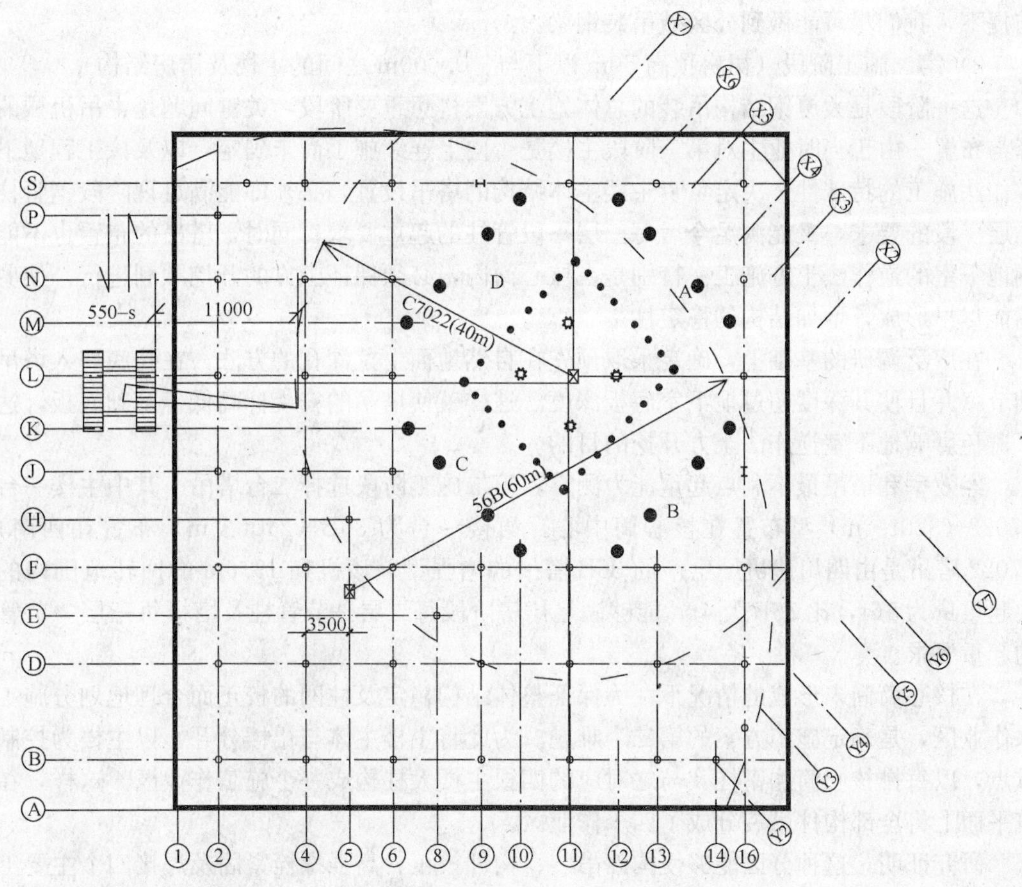

图 2.1.12-1 施工区域划分及裙房构件吊装平面示意图

1) 第一施工阶段（首层标高以下地下室施工阶段）。

该阶段吊装应再分为两个部分，第一部分是为实现逆作法施工必须首先完成的钢管柱及首层钢梁；第二部分是伴随着地下室逆作法的土方施工，逐层向下安装的三层钢梁。

第一部分吊装的构件中，最重件为直径 1.6m 外圈钢管柱，长度 24.2m、重 27.6t。对此选择最大起重量为 110t 的 SA-1100 汽车吊来完成。该吊机的前后轮可同步转动，非常适应在布满桩孔的地面上做小半径转弯；其他管柱及楼层梁选择最大起重量 50t 的 550-S 型履带吊来完成。吊车的布置行走路线和站位见图 2.1.12-1。

第二部分的三层地下室钢梁在逆作安装时是与地上钢结构安装同步进行的。全部构件均利用塔吊送到取料口，再利用卷扬机拖动滑车组的方法进行倒运和吊装。

首层钢管柱柱底的基础连接设计与一般钢柱不同，柱脚预先焊接胡子筋，在安装完成后与基础预留筋整体浇筑。对此设计定位钢架将钢管柱临时架空，并且在钢管柱校正时采取与一般地面单根柱的校正方式完全相反的方法。即先按孔口放线确定柱顶，然后调整柱脚找正钢管柱的垂直度。柱脚校正时，按预先投放在柱脚支架上的定位点进行。

鉴于地下室管柱可在洞口位置自身固定，为配合构件供应不及时这一现实，施工实践中基本上是采取分件吊装法，将梁柱分开完成。为使土建能展开流水作业，在构件到位的前提下，我们尽可能做到分区域吊装钢梁。

2）第二施工阶段（裙房顶高 50m 以下与±0.000m 之间的主楼及裙房结构）

这一阶段是大厦钢结构吊装的总体施工方案构想重要阶段，关键问题是主吊机械的选择与布置。由于当时业主对第三阶段主楼是否向上连续施工尚未确定，以及该工程地下室逆作法施工的特殊性，决定负责主楼主体结构的塔吊设置，必须即能满足现阶段钢管柱每二层一段的要求，又能满足今后每三层一段管柱的起重要求；同时，塔吊的布置也不能影响地下室的逆作法土方施工。特别是在核心筒内，必须保证土方的开挖顺利进行，使剪力墙能尽早形成，增加结构的稳定性。

在广泛调研的基础上，确定采取预先在自然地面上挖深孔的方法，在孔底埋入塔吊基础节，并且使其深度超过地下室底板深度。这样就使塔吊的安装标高低于基础底板，达到了避免影响地下室逆作法土方开挖的目的。

经效率和塔吊最不利点起重能力测算，第二施工阶段选择二台塔吊。其中主楼一台为 C7022（320t·m）型布置在核心筒中心，裙楼一台为 36B（240t·m）布置在西南角。C7022 塔吊是由四川建机厂生产的 36B 塔吊的增强型，该机在 19.6m 的回转范围内的最大起重量为 16t，比 36B 大 4t，能够满足裙房阶段每二层一节管柱及塔楼每三层一节管柱的起重要求。

在核心筒尚未形成的情况下，为保证整体结构稳定及柱网的校正而合理地划分施工流水作业区，是确定施工方案的第二个难题。为此将主楼主体与裙楼分开，以主楼为控制的重点，以每排核心筒加密柱及与之对应的四根主楼大柱构成一个施工作业区。这样，在建筑平面上将全部构件吊装分成了四个作业区。

研究证明，这种分区能够使构件吊装、构件校正、高强螺栓紧固及焊接四个主要工序组织成相互联系的流水施工。特别是构件校正工序，基本上能脱离吊装工序，独立集中地进行，从而可提高施工效率。

所以，在此施工作业区合理划分的基础上，必须自行开发流水区间中心单元校正法。这种方法比之传统的单根柱跟踪校正技术有很多优点，主要有：在无混凝土核心筒可供依附的状态下能利用钢结构自身形成刚架；钢管柱吊装时只进行目测初校，使吊装速度加快；整体校正用缆风绳比单根柱起稳定作用的缆风绳的数量大为减少，因此作业量减少；管柱根部是铰接状态，有利于牛腿与钢梁对正；柱网集中校正时间可选择在早晨或傍晚集中进行，对消除日照及温差影响大有好处。

3）第三施工阶段（裙楼顶标高以上的塔楼）

第二施工阶段接近完成时，按业主决定连续向上进行塔楼施工，又增加一台内爬式

M440D（600t·m）塔吊，原 C7022 吊机改装后挪位，两台塔吊全部在钢结构框架上爬升。

塔楼施工阶段钢构件吊装、校正方法及施工流水段的划分与第二施工阶段主楼相同。随着楼层不断升高，如何缩短楼层梁等较轻构件吊升时间，提高塔吊利用率至关重要。为此应在业主监理及设计院配合下，开发梁两端腹板设置吊装孔的方法布置吊点，可加快构件搬倒、翻身捆扎的速度并且实现一机多钩吊装。事实上应用这种方法可以极大地提高吊装作业效率。

利用大厦钢结构外圈钢管柱在柱芯混凝土浇筑后刚度明显增大的特点，将 M440D、C7022 塔吊放在外框钢架上进行爬升，能满足钢结构外框先于内筒的施工程序。因此在该工程的一般构件吊装方法上，如构件的捆扎、起吊、就位、各种爬梯、步道操作平台等安全设施，均在常规做法上加以改善。在施工过程中，将要试验一种能随建筑升高向上同步爬升的外围安全防护设施，在钢结构施工时，使建筑物外缘安全保护条件得到很大改观。

4）争取主楼以平均 3d 一层的速度向上发展，并最终使主楼的最终偏差低于规范规定的 25mm，且不发生重大安全事故，就能完全做到优质、高效、安全的组织施工，扩大企业的影响，能够产生良好的社会效益和经济效益。

2. 钢结构构件吊装

（1）地下管柱及首层平面梁吊装

1）本工程地下管柱拟采用双节地面组对、双机抬吊递送、单机直立就位的施工方法。

2）主吊机械选择及开行路线：

①首层以下构件吊装最不利吊装点为 ϕ1600 管柱：位置在(X6)/(Y2)轴，长度 24.2m，重量 27.6t。据此选择 ϕ1600 管柱主吊机械为 SA-1100 型吊车。该机最大起重量 110t。使用 SA-1100 型吊机时，吊臂接长至 29.8m，吊机起重性能见表 2.1.12-1，由上表可见，吊机工作时的回转半径限制在 8m 范围。

主塔吊 SA-1100 性能表 **表 2.1.12-1**

回转半（m）	6.5	7	8	9
起重量（t）	32	30.5	28	25.6

②当吊装 ϕ1600 管柱时，由 SA-1100 汽车吊作主吊，550-S 履带吊配合抬吊，吊点在柱尾。

③当吊装其他管柱时，由 550-S 履带吊作主吊（该吊机最大起重量 50t），另配一台 35t 汽车吊配合抬吊，吊点在柱尾。

④塔吊与履带吊车吊装位置布置、履带吊车行走路线、双机抬吊位置见吊装图。

3）管柱地面拼装：

管柱拼装可以在滚轮托架上进行，也可以在现场搭设的钢制平台上进行，依据现场条件灵活控制和掌握。

①铺设支架前，把支架铺设地面进行抄平，弹出轴线后再进行铺设。

②每节柱设两组托架，托架根据现场条件设计制作。

③待支架铺设完毕后把钢管柱放在支架上，管柱高低左右可调整支架托轮完成。

④检查平直度，采用拉钢丝检查，待钢柱校正平直度为0mm时，即施行定位点焊。最后检查无误后，可进行焊接。

4）构件捆扎：

①管柱主吊机吊点按捆扎图示方法捆扎。

②管柱辅助吊机吊点按捆扎图示方法捆扎。

③楼层梁吊装均采用两点钢丝绳捆扎吊装。

5）吊装工艺：

①吊装前主要准备工作：

a. 检查管柱的型号、几何尺寸、牛腿位置；

b. 标出管柱轴线、标高线；

c. 安装施工人员上下绳梯、校正缆风绳、溜绳等；

d. 高强螺栓连接面清理、接口面打磨除锈；

e. 检查基础柱脚螺栓的轴线位置及用垫块操平的标高偏差。

②双机抬吊：

a. 为防止柱底边破坏，减小吊装难度，本工程管柱吊装拟采用双机抬吊递送，单机直立就位的施工方法。

b. 双机同时起钩，将构件吊离地面约1m。

c. 主机起钩并向铺机方向旋转，同时铺机向主机方向旋转喂进。

d. 管柱立直、辅机摘钩后，主机即对准桩孔插入，柱脚接近预埋螺栓时停钩。

e. 操作人员下孔内，将柱就位并拧紧螺栓。

6）管柱构件校正：

①校正内容。本工程中管柱的校正至关重要，具体控制确定三个方面：位移、垂直度、标高。

②柱脚位移。在柱脚螺栓预埋时位移即已确定，为此埋设柱脚螺栓时，采取埋设模板(与管柱底板相仿的钻模）及支架来严格控制其轴线偏差，并设置数道支撑以保证在混凝土灌注时能承受一定的施工荷载；柱子安装前亦需要检查螺栓位置，如仍有少许偏差则需改正螺栓孔来补偿。

③柱子标高。在柱脚环板下选择三点，均匀布置三组叠合钢板，严格找平。混凝土表面凿平，每组垫板不多于三块。

④柱顶位移。地下管柱安装数根形成方格网后即安装首层连梁以形成框架，以ϕ1600管柱为基准柱，整体将框架校正，校正时以卡设在孔口上的平直槽钢梁上的测设轴线为基准。

(2）地上钢管柱及楼层平面安装

1）主吊机械及其布置：

①地上构件中，1号塔吊的最不利点为⑯/ⓒ轴的第一层管柱Z90-5，长11m，重3.5t，选用36B塔吊作主吊。

②地上构件中，2号塔吊的最不利点为㊻/⑫轴的第一层管柱Z160－2，长11m，重12.8t，选用C7022塔吊作主吊。

③在①轴线外另布置一台履带吊 550-S，将 Z160 管柱送至楼层并使头尾分别放在 C7022 及 36B 塔吊的回转范围内。

④吊机布置参见安装布置图。

2）钢管柱吊装工艺：

①吊装前准备工作同第（1）5）①项。

②吊点及捆扎同上。

③塔吊分工：

a. 1 号塔吊为构件卸车主吊机械，并将除 Z160 以外的构件送至 2 号塔吊回转范围以内及平吊至楼层堆放区堆放。Z160 管柱由 550-S 吊机来送。

b. 2 号塔吊为 ϕ1600 管柱的主吊机械，此时 1 号塔吊为辅吊机械。

c. ϕ1600 管柱由 550-S 塔吊将柱头送至 2 号塔吊时不到位，采用滚杠拖运方法，用 5t 卷扬机将其运到机回转半径以内再行吊装。

d. 在管柱抬吊时，1 号、2 号塔吊互为主、辅吊机械。

e. 双塔吊抬吊操作动作与第（1）（4）（2）项相同。

f. 柱子就位后柱底按施工图方法连接，柱顶用缆风绳加倒链固定。

3）管柱校正：

①管柱校正内容同第（1）6）条。

②待数根管柱吊装完成形成柱网后，即开始吊装连梁形成框架。

③开始柱网框架校正，框架安装及校正工序顺序以塔楼为中心向裙房过渡。

④校正柱垂直度。利用 2 台经纬仪，互为垂直的轴线方向观测，经纬仪首先后视柱脚的定位轴线，然后仰视柱顶中心标志，当两者一致时，则该柱垂直。

⑤校正时参照下节柱的偏差方向和数值，当垂直度仍超偏时，采取调整柱脚位移方向的方法进行校正，借位值不得超过 3mm。

⑥垂直度测量贯穿吊装，高强螺栓、焊接的全过程。

⑦校正柱标高。采取加大柱间隙来调整，加大间隙处中垫入钢板，当超差时，可切割柱脚衬管解决。

4）脚手架、工作平台及安全绳网：

①施工人员上、下首先利用外爬电梯到达有混凝土面的楼层、再通过固定于管柱上的钢梯到达已完成吊装的楼层。正在施工的管柱上下，则通过挂于柱顶的钢梯来实现。

②未形成楼面的楼层架设钢制施工走道。

③施工区域不具备安装走道条件时，在柱子之间拉设安全绳，安全绳为 6×19+1，ϕ6.2 钢丝绳。

④整层钢梁安装完成后，在上翼缘整体铺设一层安全网。

⑤梁接头焊接及打高强螺栓时悬挂吊笼。

⑥柱接头安装及焊接搭设操作平台。

（3）地下室楼层梁

地下室楼层梁与逆作法土方开挖配合进行。

1）地下楼层梁运输利用土方运输路线运至地下。

2）利用由 5t 卷扬机拖动的滑轮组卸车，排列、选择构件型号。

3）利用5t卷扬机拖运就位，吊装。

（4）塔楼钢结构吊装

1）吊装机械的选择：

①塔楼柱最重构件为第18～20层柱段（即第19层刚臂柱段）达14.0t，避难层整体钢臂最大重量在第34、49层，钢臂重12.6t，桁架重10.1t。根据现场施工场地以及上述构件最大重量和整体工期要求，塔楼选用一台M440D变幅式起重机和一台C7022塔式起重机。

②考虑两台起重机的布置，C7022塔式起重机臂长将由40m改造为30m。M440D起重臂长定为47.5m，便于构件卸车堆放及起吊。两台起重机的机械性能见表2.1.12-2、表2.1.12-3。

C7022塔吊改造后性能表　　　　**表2.1.12-2**

臂长（m）	3.1～19.61	20	22	27	28	30
起重量（t）	16	15.64	12.04	11	10.53	7.8

M440D塔吊吊臂47.5m性能表　　　　**表2.1.12-3**

回转半径（m）	19	30	40	45	52.5
起重量（t）	32	18.1	12	10	8.7

③C7022最小回转半径为3.1m，柱距C7022最小距离为4.15m，M440D最小回转半径为4.2m，与柱最近间距4.523m，符合最小回转作业半径起重范围。

④C7022塔吊起重机柱安装作业范围考虑最大柱重量，距Z15间距16.2m，此时起重量约为16t，距Z5间距为19.94m，此时起重量约为15.64t，

能满足最大重量柱14t的要求。

⑤M440D塔吊起重机安装作业范围最大柱重量距Z16间距31.3m，此时起重量为15t，均能满足柱最重14t要求。

⑥起重机纵向布置：M440D、C7022均采用内爬式，爬升间距为12m，M440D塔体身高40m，C7022塔身高36m（具体两台起重机安装爬升施工方案另作）内爬支撑柱最高点为258.42m，停机坪标高为278.8m，相距20.38m，两台起重机起吊高度均能满足。

2）施工方案与施工方法：

①流水段划分：塔楼结构安装采取平面分为五个安装区域。为减少各种积累误差，塔楼整个平面由24根钢柱建立四个标准框架，以利控制整楼平面提高安装精度。凡是柱梁在吊装之前，应对其进行组合拼装。

②施工流向：平面流向Ⅰ→Ⅱ→Ⅲ→Ⅳ→Ⅴ区进行安装。每一区域安装首先安装六根钢柱，而后自下而上安装钢梁形成整体框架，经充分校正后形成标准框架。以此标准框架为标准进行两边扩展安装。

③各主要工序之间的工艺流程参见安装流程图。

3）吊装前的准备：

吊装前检查构件型号、几何尺寸和牛腿位置→标出管柱轴线和标高线→安装上下人员

的爬梯、缆风绳→连接板清理、打磨、穿装→检查下柱的标高尺寸，进行抄平处理。

4）钢柱吊装：

采用与裙房相同的吊装工艺。主要原则是利用两台塔吊，合理划分吊装区域，管柱一次吊装就位的方法。在松钩之前，应按照钢管柱上画好的轴线位置利用定位连接板初步校正钢管柱的方位和上下口错边量，使柱上下口的轴线标记基本对正，以不超过5mm为标准；上下口的错边量控制在6mm之内。初校完成后，紧固四个方位的连接板安装螺栓，松钩。

5）钢梁安装：

塔楼钢结构为一节柱3层钢梁，为提供吊装效率，采用一钩多件工艺：

①一钩多件，钢丝绳采用6×37＋1，ϕ19.5mm钢绳破断拉力为19.35t，允许荷载3.5t。ϕ17.5mm钢绳破断拉力为15.28t，允许荷载2.54t。

②插钢绳10m两根，2.5m四根，2m十根。每根千斤绳的接头采用卡环相连，即一个5t卡环连三个千斤绳。

③绑扎方法：见相关图示方法。

④绑扎时注意事项：

a. 先安装构件在最下面依次向上绑扎。

b. 起吊后构件与构件之间距离不应少于1.5m，以便安装人员操作。

6）避难层（第19、30、49、63层）钢臂和周边桁架的拼装与吊装：

塔楼第19层、34层、49层、63层共计四层，周边设置钢桁架及钢臂。桁架是由“工”字钢组成，钢臂是由箱形组成。首先吊装钢管柱，要求：柱底标高要在同一水平线上，初校时考虑到钢臂焊接时的焊接变形，周边ϕ1600mm钢柱应向外倾斜2～4mm，不允许立柱向内倾斜。

“K”字形钢臂分单件吊装时，首先吊装“K”字底梁，定位板定位固定后再分别安装两根斜梁。吊装斜梁时，要在斜梁上焊接吊点，用钢丝绳、卡环、5t手拉葫芦将斜梁摆正角度，吊装就位后紧固定位板，而后安装横梁。

两榀“K”字形刚臂安装后进行桁架安装。首先在钢平台上将桁架组拼为一体。斜梁及底梁之间放线定位后采用安装螺栓进行临时固定，组装完成后进行整体吊装。

①钢臂：

a. 拼装场地选择在两吊车的回转半径和主吊机有效荷载（10.35t）以内；

b. 钢臂在吊装前首先在地面或裙楼面进行拼装，拼成“K”字形。其中底梁与斜梁相接口处用连接板固定（如没有连接板要先加焊连接板），连接板定位一定要准确；

c. 拼装顺序：

a）先把底梁摆平整，牛腿朝上；

b）斜梁上部拴好两根缆风；

c）用吊机把拴好缆风斜梁与底梁拼装好螺栓紧固后，两根缆风拉紧；拆钩后安装另一榀斜梁；安装后一榀斜梁前，先在吊钩上挂好两个3t葫芦和主吊钢绳；然后进行另一榀斜梁的拼装；当斜梁拼装完毕后，用挂在钩上的两个倒链和千斤绳把斜梁拴好并拉紧捯链；

d）用主吊钢绳绑扎底梁两吊点；

e）后吊机缓缓起钩同时松两个挂在斜梁上的倒链；起钩速度与松捯链速度要基本保持一致；待主吊钢绳拉紧后，捯链再稍松些即可起吊；

f）待钢臂吊到安装位置后，采用从柱侧进入安装位置。待就位后底梁、斜梁安装好后，底梁进行点焊，方可松钩。

②桁架：

a. 桁架采用整榀吊装，吊装前在地面或裙房楼面拼装。

b. 拼装步骤：

a）垫好枕木把钢梁按每榀桁架形状倒放在枕木上进行拼装；

b）钢梁拼装完后，穿入高强螺栓进行初拧。桁架边缘两悬臂斜杆，用捯链绑扎好；

c）柱和梁连接采用高强螺栓连接时，高强螺栓应先进行初拧。

c. 大桁架吊装方法：采用二台吊机抬吊翻身，回直后主吊机起吊安装，两机抬吊使用两部对讲机，每一吊机一部，频率分开，不可互相干扰。

d. 小桁架吊装方法：拼装方法与大桁架相同；拼装完后，两根斜杆采用捯链与上梁拉紧后翻身；翻身时吊钩缓缓起钩同时拴在斜梁，挂在吊钩上的两个捯链跟吊钩起吊同步进行，放松，使桁架直立；待桁架直立后松下两个翻身捯链，检查主吊钢绳位置是否正确，如不合适进行调整后即可起吊安装。

e. 斜梁吊装，工具钢绳采用 ϕ19.5mm。

7）管柱及框架的校正：

框架校正方法应与裙房相同。管柱校正采用缆风绳校正工艺，无法拉缆风处采用千斤顶立顶校正工艺。梁、柱校正，本文有专门详述。

8）塔楼顶层、停机坪柱段层的吊装：

塔楼顶停机坪由 8 根方形钢柱与四根核心井组合柱、钢梁组成。安装时，由于方柱上半部向核心井里倾斜，故方柱吊装采用分节安装。首先安装底段、立直段，待 8 根柱立完后，安装主梁、次梁。待形成整体后，进行整体纠偏校正、焊接。

斜柱安装待直柱安装完毕后，进行吊装时，先利用夹板，进行临时固定，待 8 根斜柱安装完后，进行主梁、次梁安装，之后进行整体纠偏校正。校正方法，采用两台经纬仪互成 90°进行定位、定轴。

因立柱长 12.2m，重 3.1t，斜柱长 8.6m，重 2.2t，在吊装过程中，仍用塔吊吊装，但是应注意柱的刚度，绑扎时要选择正确位置和方法，必要时加固，防止变形。

停机坪环形梁安装方法：机坪环梁安装分为 8 段，每段梁外环管梁、内环型钢梁与内外环梁辐射管梁组成一整体进行安装，每段长 12m，重 5.7t，安装第一梁段长以能够落在 Z—1 两支座上，并且梁端两头均长出 300mm 为准。第二段至第七段，每段梁一端放在柱支座上，另一端与前梁端相接。第八段两端与第六、七段端头相接。环形梁也分段吊装。

(5) 梁柱节点高强螺栓施工

在施工中，钢梁节点，凡采用高强螺栓连接时，可按图 2.1.12-2 实施。

1）钢管柱等结构，柱和梁连接，部分是采用高强螺栓连接的，本工程拟定采用六角法兰面扭剪型高强螺栓，性能等级为 10.9S，设计预紧拉力 P=190kN，安装工艺流程如图 2.1.12-3。

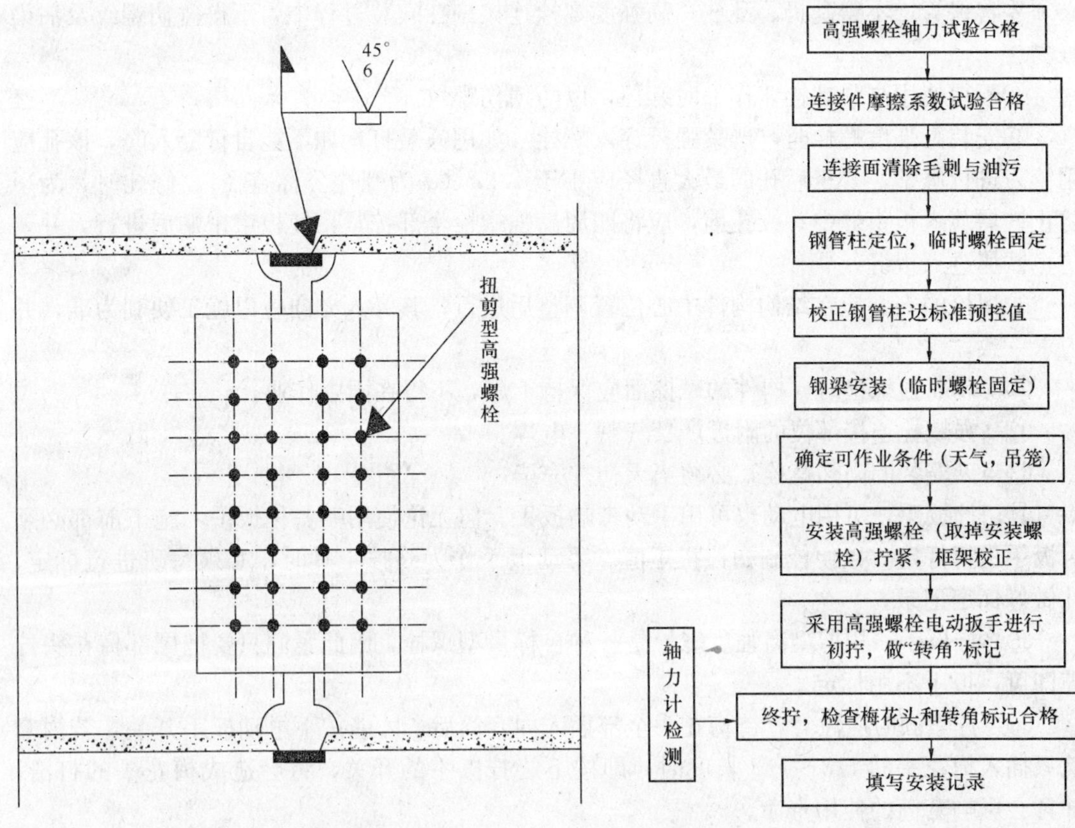

图 2.1.12-2 钢梁节点示意图　　图 2.1.12-3 高强螺栓安装工艺流程

2）施工控制：

①按照出厂检验批每 3000 套抽取 8 套进行紧固轴力复检，要求紧固轴力平均值和变异系数小于 10%。

②钢结构以 2000t 为一安装批，做 1 套 3 组试件进行摩擦面的抗滑移系数试验，要求大于 0.35。

③初拧和终拧均要按照由中央向四周且交替施工的方式，保证单个螺栓和整体螺栓群的紧固轴力均匀一致。螺栓紧固时分初拧和终拧，初拧紧固到标准预拉力的 50%，初拧和终拧的扭矩控制值为 300N·m 和 600N·m；初拧后的高强螺栓应用颜色在螺母上涂上标记，然后进行终拧，直至拧掉尾部梅花头。

④在高强螺栓施工期间，按照每层为一施工批采用计量扳手对螺栓的初拧和终拧力矩进行检测，每区抽检 1 个节点并予书面记录。

⑤六角法兰面扭剪型高强螺栓连接副由一个螺栓、一个螺母和一个垫圈组成，高强螺栓连接副应在同一批内配套使用。螺栓、螺母和垫圈只允许在本箱内互相配套，不同箱不允许互相混用。

⑥高强螺栓连接副应按包装箱上注明的规格分类保管存放在室内仓库中，地面应防潮，防止生锈和沾上脏物，堆放不宜高过 1m。

⑦工地安装时，应按当天需要的高强度螺栓连接副的使用数量领取。当天安装剩余的

必须妥善保管，不得乱扔、乱放，高强度螺栓连接副在安装过程中，不得碰伤螺纹及沾染脏物。

⑧不得使用高强螺栓兼作临时螺栓，以防损伤螺纹。

⑨安装高强度螺栓时，严禁强行穿入螺栓（如用锤敲打）如不能自行穿入时，该孔应用铰刀进行修整，修正后孔的最大直径应小于 1.2d（d 为螺栓公称直径）。修孔时，为了防止铁屑落入板束缝中；铰孔前，应将四周高强螺栓全部拧紧，使板束密贴后进行，并要防止铁屑进入板缝。

⑩螺栓的安装应在结构构件中心位置调整后进行；其穿入方向应以施工便利为准，并力求一致。

⑪安装高强螺栓时，构件的摩擦面应保持干燥，不得在雨中作业。

⑫高强螺栓连接部位的附近严禁气割、电焊。

⑬当天安装的高强螺栓，必须当天初拧完毕。

⑭初拧扳手，可用电动也可用手动带响扳手。但无论使用哪一种扳手，施工前都必须对扳手进行标定，以便控制初拧扭矩值。手动扳手作为终拧工具时，必须每班进行标定，并做好标定记录。

⑮终拧扳手：扭剪型高强度螺栓是一种自标量型螺栓，因此紧固只要把尾部梅花头拧掉即可，扳手不用标定。

⑯终拧紧固时应注意，待梅花头全部插入内套筒后，才能按下电动扳手开关，若内套筒只插入梅花头的 1/3～1/2 长度时，即按下终拧扳手的开关，将会造成梅花头的打滑，并且会影响套筒的使用寿命。

⑰紧固时，终拧电动扳手应和构件摩擦面垂直，扳手倾斜时紧固螺栓容易引起螺栓尾部梅花头打滑。

⑱使用及保管中应注意防雨、防潮，发现有异常声音应立即停机检查。

3）检验：

①到现场的每批高强螺栓，必须有出厂检验证明，施工单位还应从每批再抽验一定数量的螺栓进行轴力试验，合格后方能正式使用。

②每个接头安装完成后，用目测检查螺栓尾部梅花头是否被拧掉，如发现未被拧掉者，应通过复拧检查是否达到终拧轴力。

③终拧后的螺栓应用目测检查外露螺纹长度，无外露螺纹或外露螺纹过长，检查原因，应予更换，换下的螺栓不能再用。

（二）超高层钢管柱钢结构安装测量方案

××广场的塔楼是呈八角形超高层钢结构建筑物，而钢结构又是采用钢管柱混凝土结构，测量难度很大，为此，制定了专门测量方案，解决这项技术问题。

1. 钢管柱钢结构测量方案

（1）测量工程的难点

1）大厦钢结构的显著特点是采用了新颖独特的钢管混凝土柱。相对于普通型钢柱来讲，圆形钢管柱在测量方面具有以下难点：

①钢管柱圆心定位困难，须准确定位钢管柱的制作圆心，从相互垂直的 2 个轴线方向上对圆心进行定位测量。

②从塔楼的平面图可以看出在建筑物的最外侧布置了16根钢管柱，钢管柱最外侧临边悬空，在该方向无法架设仪器测量。

③16根边柱采用缩径形式，直径由下至上依次为1600mm、1500mm、1400mm、1300mm。钢管柱上下直径的差别要求在进行垂直度和柱顶位移的测量时，经纬仪必须准确架设在定位轴线上，由于操作面的限制，在每个区的施工过程中又往往达不到这种条件，因此，必须采取措施，解决仪器每偏离轴线1°视觉误差增加1mm的难题。

2）作为超高层钢结构建筑物，大厦的总高度达到了353.8m，位居世界高层建筑物第26位，其竖向投点高度已超过普通光学经纬仪的测视范围。广场的施工测量难度不仅在于其超高，而且由于塔楼自身平面尺寸大（43.2m×43.2m）；形状复杂（呈八角形），一般的控制网做法和测量方法，如外控法，用普通经纬仪通过延长轴线或侧向借线将轴线从底层向上逐层投测进行建筑物的竖向控制，已不适应本工程安装精度的要求，施工测量难度增大。

3）大厦分为裙房和塔楼2大部分。裙房呈正方形，塔楼为不等边的八边形，且在塔楼里面又分有内外筒之分，结构形式相差很大，因此平面控制网的设置必须做到精密、准确、针对性强。高层钢结构的安装对标高的要求也很高，相邻钢柱的高低差不能超过5mm。而且随着建筑物高度的增加，影响标高的因素不仅仅是钢柱的制作误差和焊接的收缩变形，建筑物的整体载荷也是一个重要的考虑因素。

4）在大厦钢结构施工方案中，根据现场的具体条件，拟定将塔楼外筒从平面上分为A、B、C、D四个区，核心筒作为施工调节的第五区。在A、B、C、D四个区域内实施吊装、校正、焊接、报验4道工序的流水作业，测量作为钢结构安装的龙头，既要先行，又不能占用主工期时间，因此要求测量必须采用切实可行的控制技术，才能保证流水作业的顺利实现。

5）高层钢结构的测量精度不仅仅取决于测量工作本身的质量，同时也受到塔吊作业、混凝土浇筑等相关施工作业的影响，以及风、温差等外界环境因素的影响，因此测量工艺中必须进行认真安排，克服这些因素的干扰，为钢结构的安装提供准确、可靠的安装依据。

（2）测量技术的选择

1）设备选择：

为了提高超高层钢结构的测量精度，本工程选用的测量仪器为全站仪、激光天顶仪、自动安平水准仪等高精度的先进设备，见表2.1.12-4。

测量设备的精度　　**表2.1.12-4**

名称	型号	数量	用途	精度
全站仪	SET2B	1	平面控制网的设置、闭合，平面控制的测量放线工作	角度测量精度2″，距离测量精度±(3mm+2ppm)
天顶仪	WILD-ZL	1	网点的竖向投递	1/200000
水准仪	AL-M4	1	标高测量控制	±2mm/km

2）测量控制网布设、投测技术：

采用直角坐标法、选用高精度日本产 SET-2B 型全站仪[精度 2″±(3+2×D)]在首层（±0.00mm）设置两套控制网：裙房 Q1～Q4 为一个矩形网，塔楼 T1～T8 为一个双向相交矩形控制网，解决钢柱密集数量多、裙房及塔楼截面尺寸及位置相差大、塔楼自身平面形状复杂的难点。

控制网网点的竖向传递采用内控法，选择最适合于高层钢结构安装的仪器—WILD-ZL 激光天顶仪。为了保证平面轴线控制网的投测精度，应将投点全部放在凌晨 4：00～8：00点进行，同时投测时塔吊、电梯必须停止运转，风速超过 10m/s 时应停止投测，避免相关施工和日照等环境因素对投点造成不利影响，在操作上则采用“一点四投，连接取中”的方式降低操作误差。

通过以上方法、措施的采用，基本可以消除外界因素对测量精度的影响，考虑到设备精度、仪器置中、点位标定等因素还要对控制网点接力传递误差累积进行计算，当±0.00m 控制网上的单个控制点经过 4 次接力传递时，最终到达 291.6m 柱顶的点位中误差值应低于规范规定，要求其最终将测量大厦的整体垂直度误差修正值不高于规范规定的 50mm。

3）平面测量的控制：

钢结构安装每节柱顶平面的放线精度直接影响到整体建筑物的竖向精度控制，为此通过“近角布点、平台接点”解决钢结构施工层八点网线闭合、柱顶排尺放线的难点，按照钢结构安装施工流水作业区域的划分，我们专门将开发的“同步传递、整投分控”测量技术，即“分区流水、八点投递、闭合检查、分区定线、吊后复核”等用于广场钢结构测量过程中，即能保证测量精度，实现工程质量优质。同步传递，整投分控的示意图如图 2.1.12-4。

2. 主要测量方法及技术措施

（1）为了解决平面轴线控制精度要求高、钢柱密集数量多、塔楼自身平面形状复杂等难点，应设置双向矩形相交控制网，此网易传递、易闭合、放线精度高、工作简单、工效高。

（2）本大厦总高度 301.8m，如果用普通光学经纬仪做垂直控制，难以保证整体垂直度小于 50mm 的精度要求。为此，应选用进口 Wild-ZL 天顶仪作为垂准测量设备进行竖向控制，将精度提高到 $L/200000$。

（3）首层（±0.000m）以上标高的引测，采用日本进口宾得 AC－M4 自动安平水准仪（在 1km 内的测回精度只有±2mm），根据相对标高法设置 3 条能够相互校核的标高控制网点，用检定合格的一级尺（50m 钢尺）进行标高传递。

（4）利用“借线板、找平板”，解决外边柱最外侧的测量，消除视觉误差。

（5）采用“分布传递、整投分控”技术，解决钢结构先于土建形成的难题，顺利实现流水作业。

（6）在内外筒的校正过程中，采用不同的控制工艺进行预留预控，保证内外筒连接后的整体精度。

3. 平面控制网的测设方法

（1）由于本广场施工场地狭小，需采用内控法利用垂准原理进行竖向测量控制。考虑

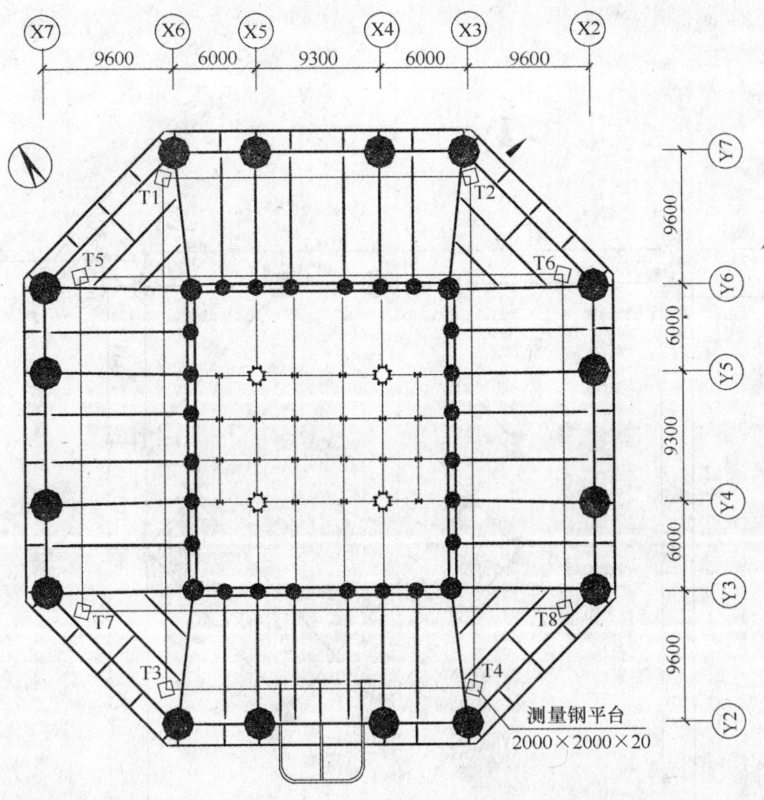

图 2.1.12-4 “同步传递、整投分控”示意图

到裙房及塔楼截面尺寸及位置相差很大，应在首层设置两套控制网：裙房 Q1～Q4 为一个矩形网，塔楼 T1～T8 为一个双向相交矩形控制网。

（2）控制网的测设采用直角坐标法，能提高精度。选用日本产 SET-2B 型全站仪进行控制制网的测设，精度可以达到 2″±(3mm+2ppm×D)。该仪器是电子经纬仪与光电测距仪的综合体，在一个测站上可以连续进行角度测量和距离测量，并把结果经过数子仪的处理直接显示在屏幕上，这样能够避免使用普通经纬仪测角读数误差及钢尺排距的误差，使闭合误差的工作简单易行。角度和距离测量选择 3 个测回，将偏差严格控制在国家规范要求范围内。为保证测量精度，必须做好控制网的布点设置，其平面控制网布设如图 2.1.12-5。

（3）控制网测设时，还应考虑温度对混凝土楼面板上网点间距的影响。由以往的测量经验和教训，温差对于控制网的测设精度是有影响的，即控制网同混凝土面一样具有热胀冷缩效应。为此，应在第 11 层楼面混凝土上先进行距离测量实验，实验证明在温度相差 10℃时，混凝土面上的 20m 间距相差至少 3mm。为此，要求将测设时间选择在早晨 4：30～8：30 之间，此时温差很小。在高温下进行测量，必须考虑混凝土膨胀量，标准距离进行系数折算。

（4）根据《工程测量规范》GB 500626 的要求，平面控制网测设精度的 8 个控制点交角最大允许±10″，角度闭合差允许±20″，距离最大误差允许 $L/20000$。实际测量只能控制在±6″、±7″和 1mm 间。高精度的控制网能为本广场钢结构的安装质量奠定良好的

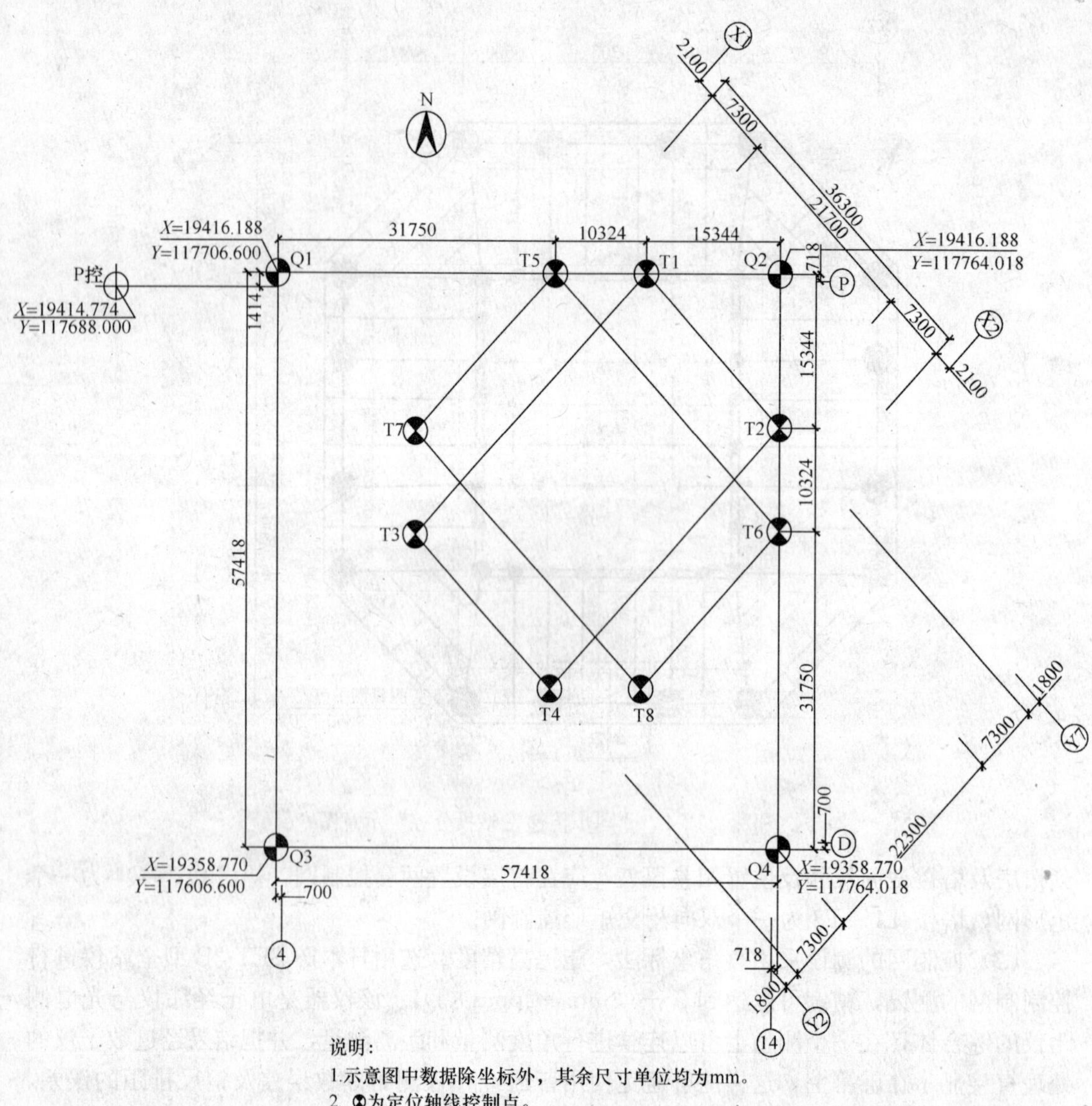

图 2.1.12-5　平面控制网布设示意图

基础。

4. 控制网的竖向传递方法

(1) 选择 WILD-ZL 激光天顶仪进行网点的竖向传递，主要是为了避免激光光斑发散投点不准，选定控制网的竖向投递分四次进行。第 1 次从首层传递到 11 层，第 2 次从 11 层到 32 层，第 3 次由 32 层到 55 层，第 4 次从 55 到 72 层。

(2) 网点竖向投递采用的是内控法，要求在每个施工层楼板上、与网点相同的平面位置上预留 100mm×100mm 的孔洞进行竖向传递，见示意图 2.1.12-6 和图 2.1.12-7。

(3) 将 WILD-ZL 激光天顶仪和自动安平水准仪分别架设在 T1～T8 八个网点上，将点位投测到控制网转换层，投点方法如下：

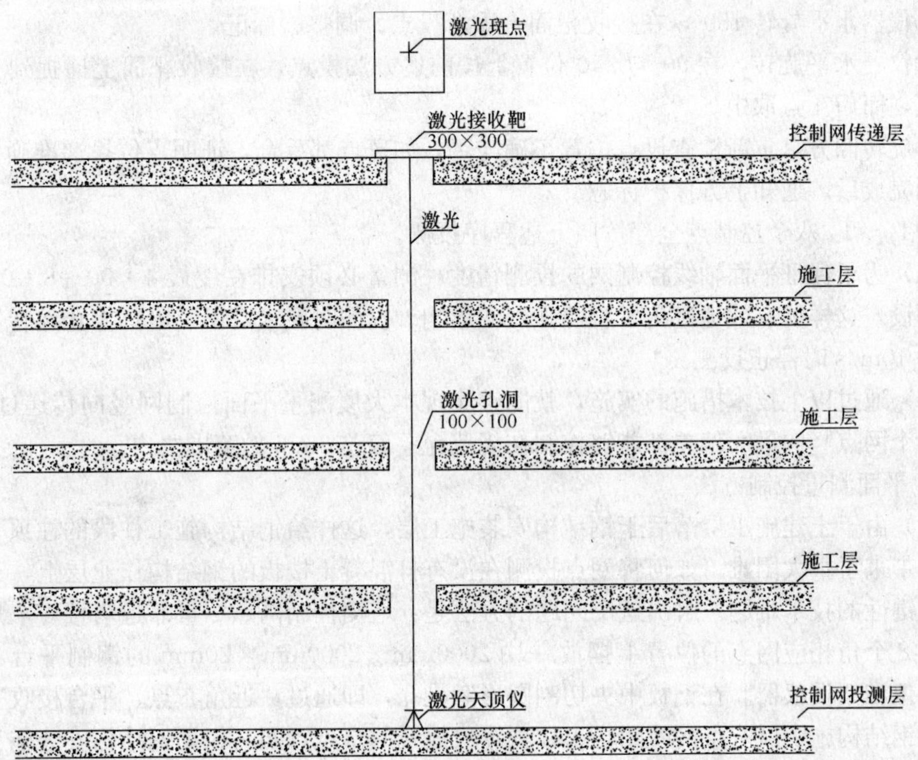

图 2.1.12-6 竖向投点立面示意图

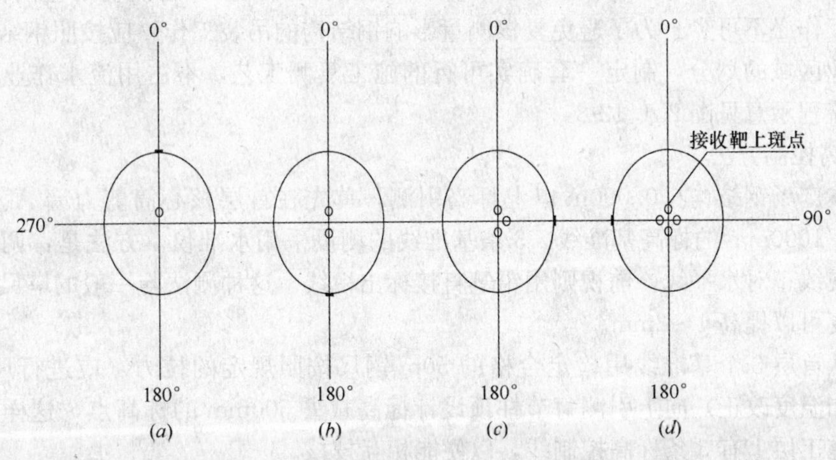

图 2.1.12-7 竖向投点点位标记示意图

①置仪、对中、整平，水平度盘指向 0°度（轴线方向）。

②通知上方安装好激光接收靶（接收靶采用一块 300mm×300mm 有机玻璃，表面上粘贴白纸）。

③打开激光，将光斑投测到接收靶面上，调整仪器使光斑调到最小，上方在白纸上标记出光斑，完成后通知下方。

④仪器水平旋转 180°，在接收靶面上重新投点、调整、标记。

⑤仪器水平旋转，在 90°与 270°位置上按前述方法投点，在接收靶面上捕捉到 4 个激光斑点，而后 4 点取中。

⑥旋转四方，重新检查投点位置正确与否，如斑点都重合，证明点位投递准确。一个点投测完成后，通知上方保护标志。

⑦T_1～T_8 八个控制点全部按照上述程序投测。

(4) 为了保证平面轴线控制网的投测精度，测量必须安排在凌晨 4：00～8：00 进行投递测设，这样能有效地避免了日照强烈的影响。投测时要求塔吊、电梯停止运转，而风速超过 10m/s 时停止投测。

(5) 通过以上技术措施的实施，就能够实现本大厦测量平面控制网竖向传递过程中，塔楼 8 个网点竖向最大偏差都能够控制在规范允差偏差 3mm 的范围之内。

5. 平面测量控制方法

(1) 由于土建施工层落后于钢结构安装施工层，这样给钢结构施工柱段的柱顶平面放线工作带来了很大困难。如何将网点投测在没有打混凝土楼板的钢结构作业层上，又是另一个关键性的技术难题。解决这个问题的方法是：塔楼控制网点尽量靠近塔楼 6 个角，在施工层 8 个角相应网点的位置上摆放一块 2000mm×2000mm×20mm 的钢制平台，用于人员站位和架设仪器。在钢板中央切割圆形激光孔，即通过“近角布点、平台接收”就能够解决钢结构施工层八点网线闭合、柱顶排尺放线的难点，同时根据钢结构安装施工流水作业区域的划分，采用以往开发的“同步传递、整投分控”测量技术，保证测量质量的中心内容是：分区流水，八点投递、闭合检查、吊后复核。

(2) 钢结构安装每节柱顶平面的放线精度也直接影响到整体建筑物的竖向精度控制，因而复核工作必不可少。为了避免复核测量影响钢结构的吊装工作，应按照钢结构安装施工流水作业区域的划分，制定一套确实可行的施工复测工艺，不占用流水作业的有效工时。复核流程示意见图 2.1.12-8。

6. 标高控制方法

(1) 本广场钢结构±0.000m 以上标高引测，首先在首层核心筒剪力墙 A、B、C 区建立 3 条+1000mm 的标高基准线。3 条基准线的测设采用水准仪。方法是：调整仪器高度使其后视线正对水平线，前视则用铅笔直接标出视线。这种测法与一般的塔尺标记测法相比，精度可以提高 1～2mm。

(2) 从首层 3 个基准线用检定合格的 50m 钢尺按照规定的拉力（应进行尺长改正，钢结构不加温度改正）向上引测每节柱顶设计标高减去 500mm 的标高点，这样在每个钢结构安装施工层上有 3 条标高控制线，以便能相互校核。

(3) 柱顶标高的控制：

①本广场属于预制构件的高层钢结构安装，不但要注意每节柱顶的高差不能超过标准，更要注意控制各层的标高，防止制作误差及安装误差的累积而使建筑物的总高度误差超限。

②为此在各施工层标高测出以后，根据误差情况及相应的下节安装柱长度，应进行数据综合处理，在下节柱施工时对层高进行调整。在上下柱口接头处适当加大间隙、垫入不大于 5mm 的钢片。如果个别钢柱标高过高时，应采用切割柱底衬板来调整标高，切割衬

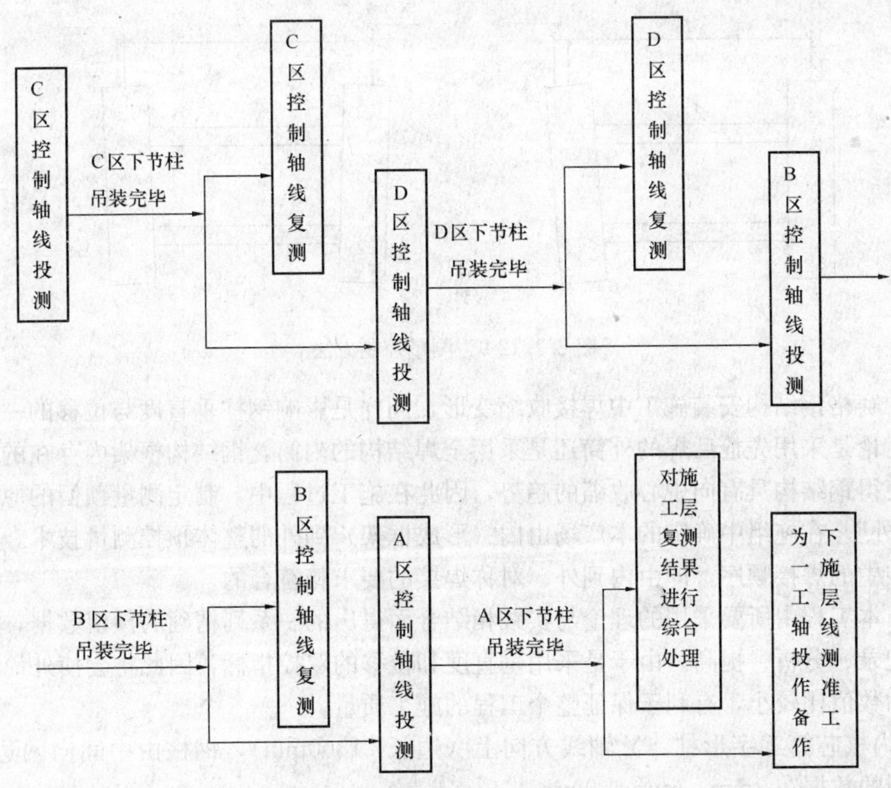

图 2.1.12-8 轴线控制网复核工艺流程

板不能大于 5mm，切割后将割口打磨平整，开始应在进行施工过程中反复观测的基础上，进行数据分析，然后再根据现场统计的焊缝收缩量，及时与制作厂家联系，建议或要求厂家在钢柱制作时加长 3mm 作为补偿值，这样才能每隔 20 层通知厂家统一进行构件长度的调整。

③本广场钢管柱安装时，可不考虑建筑物的沉降量对柱子标高的影响；但要适当考虑柱接口焊接收缩变形和上部荷载加大产生的压缩变形对建筑物标高的影响；

(4) 只要是通过采取以上方法及技术措施，就能够使赛格广场钢结构安装的柱顶标高控制在规定范围内，这样，才能够使同一层柱顶高差小于 5mm，柱顶标高±10mm，故而能够完全满足规范要求。

7. 预留预控方法

(1) 为了解决本广场钢管柱上牛腿数量多、方向各异，圆管柱的直径、圆度、端面平整度、柱身纵向弯曲、牛腿各方向上的翘曲、变形等制作偏差不易控制以及钢管柱弹性大、空间框架尺寸易变动的难题，加快施工速度，应选择已开发的在校正上采用“中心单元”校正技术，其做法是在由 2 排钢管柱组成的流水区段内，由中间向两侧进行梁柱组合校正。即不以单根钢管柱作控制对象，而以施工流水划分区内的柱群为一研究对象，控制施工区的整体结构空间尺寸同时也使得柱群的偏差得以均匀分布。例如：当一根柱子通过测量达到规范要求时，而相邻柱却超差，这时就需通过整体测量数据进行调整，使两根柱都满足规范要求，见图 2.1.12-9。

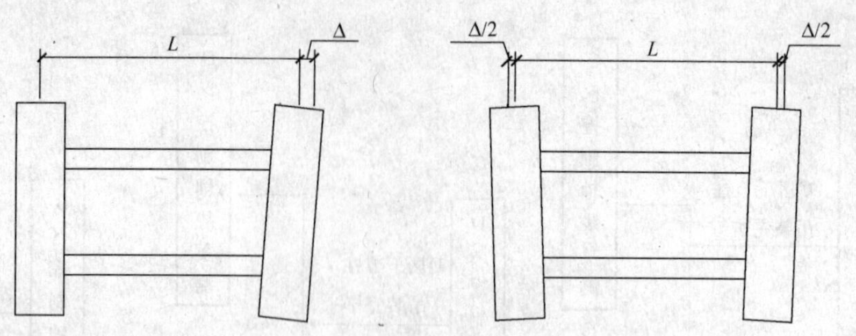

图 2.1.12-9　测量控制方法

(2) 赛格钢结构安装施工中焊接收缩变形，同样是影响钢柱垂直度与位移的一个重要因素。无论是采用先栓后焊的外筒还是采用全焊结构的内筒，钢结构框架内存在的焊接残余应力使得钢结构具有向中心收缩的趋势，因此在施工过程中，制定测量预留的原则仍是"由里向外"。在施组中确定的本广场由内（形成框架）到外的整体预控测量技术，是与钢结构安装中的焊接顺序，即由内到外、对称焊接的要求相符合的。

(3) 本工程中所要采用的理论与实践相结合而得出的一系列精确的预留数据，都应进行认真记录、分析、提高。由于是采用垂直度和位移的双控指标，因此将会使外筒钢管柱的预留的数值比较小，有利于保证整个工程的施工质量。

1) 内核芯筒工字形柱。Y 轴线方向上（边长 21300mm），钢柱由中间向两边倾斜，应该控制的数据在 3mm、6mm、9mm。

2) 外筒钢管柱：

①标准层：外围 ϕ1600 柱及其以上各变截面柱，均应向外预留 2～3mm。6 根 ϕ800 柱中，中间两根不做预留。以中间 ϕ800 柱开始，向 ϕ1100 柱方向预留，数据分别为 3mm、4mm、5mm。

②避难层：凡与钢臂相连的钢管柱均向焊接变形相反方向倒 8mm；不直接与钢臂相连的钢管柱向焊接变形相反方向倒 4mm。

8. 标准柱设立方法

在施工过程中，设立标准柱是钢结构测量校正中常用的技术手段，其作用是将结构平面中较为关键的柱子柱身垂直度测量校正到±0.00m，以起到规范周围柱子的作用。因此在本工程施工过程中，一开始就将 ϕ1600 柱作为标准柱进行测量。但由于核心筒施工滞后于外筒钢结构施工安装，使得密排框筒柱在焊接变形作用下，带动 ϕ1600 柱向里倾倒，这也是我们应该事先要做 ϕ1600 柱预留的主要原因。同时，考虑到本工程确定采用了中心单元校正控制技术，因此测量工作的重点应该是整体钢框架空间尺寸的保证，而不是单一标准柱的设立，因此在本广场施工中不特强调标准柱的作用，仅将外筒特别是 ϕ1600 柱作为测量控制的重点。要设标准柱的目的，就是能够更好控制整个结构施工质量，而标准柱仅仅是作一参照。

9. 圆形钢管柱的测量方法

(1) 精度要求：在施工中应参照《钢结构工程施工与验收规范》GB 50205 和《钢结构工程质量检验评定标准》GB 50221 以及有关钢管混凝土结构施工与验收的规范。同时，根据本工程的特点结合监理和钢结构专家的意见，为此，对本广场钢管圆柱的垂偏与柱顶位移控制精度规定如下：

①钢管圆柱柱身垂直度偏差≤L/1000mm，且≤10mm；

②钢管圆柱柱顶轴线位移≤7mm。

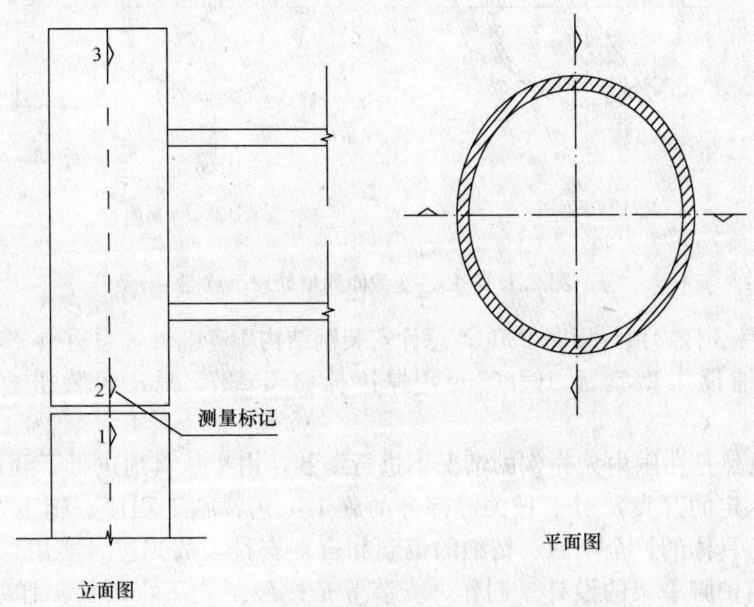

图 2.1.12-10 圆形钢管柱四向测量示意图

(2) 钢管圆柱施工层的轴线排尺放线过程中，应将柱顶相互垂直 2 个定位轴线方向上都进行放线，以便通过数据分析，纠正在吊装就位时产生的扭转，详见图 2.1.12-10。

①通过 1、3 点的对比观测进行柱顶位移的测量。

②通过 2、3 点进行柱子垂直度的测量。

钢管柱垂直度与柱顶位移为“双保”项目，同时可以相互进行借位调整。如垂直度超差时，可以通过考虑柱底位移的借位来满足要求。

(3) 在本工程施工中，还可以运用外控法借线原理，即在外围柱上焊接借线来进行测量，见图 2.1.12-11。

(4) 通过在钢柱变截面处加焊槽钢，使上下变截面圆柱半径相等，来消除变截面处圆心错位的影响，见图 2.1.12-12。

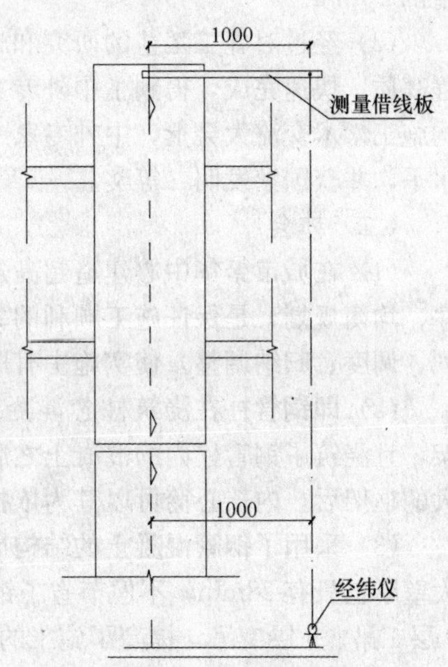

图 2.1.12-11 借线板使用示意图

三、实施效果与体会

(一) 实施效果

(1) 大厦钢结构安装从 1997 年 1 月 12 日开工，

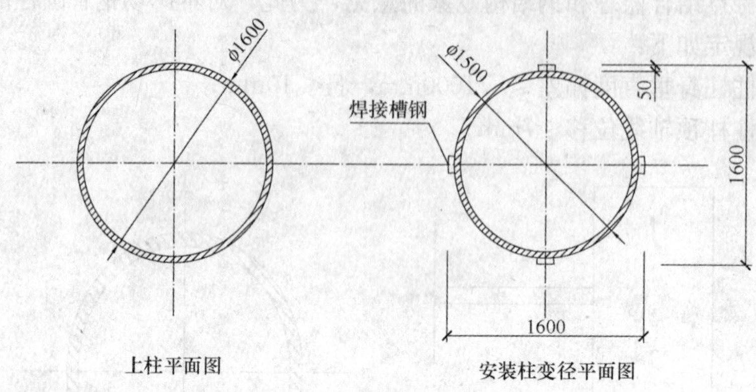

图 2.1.12-12　变截面测量处理示意图

到 1999 年 4 月 8 日封顶，历时 820d，总计安装钢结构 16543 件，总重量 22591t；完成焊缝 52348m，铺设压型钢板 104303m²，焊接栓钉 565275 只，安装扭剪型高强螺栓 239350 套。

本施组虽然是在国内无先例的情况下进行编制，由于认真地进行了调查研讨，对关键性技术做一定的开发，对工程关键部分的施工工艺、施工程序、施工方法、操作要领等，进行了具体的、全面的、精细的编制和合理安排，故先进、实用、可操作性强。比如，施工防护脚手架的设计、制作、安装等是按照正式工程的要求详细编写，将钢平台、滑轨立柱、方管支腿等按程序都作了具体规定和指导。对钢结构施工测量作了更加具体的规定和要求，如选用激光天顶仪、激光经纬仪、全站电子速测仪，极大地提高了测量精度，实现了“一点多投，连接取中”和“同步传递，整投分控”的测量技术，实施后达到了预期的目的，实现了高楼垂直度偏差只有 7mm，远远低于规范规定的 25mm。

(2) 经过对施工工艺的研究和施工方法的试验等，攻克了一系列技术难题，实现了工程高质、快速完成，得到了中外专家的高度肯定和赞誉。2000 年在北京召开的国际钢结构施工学术交流大会上，中外专家一致评价其施工水平达到国际先进水平和中国领先技术水平，并获国家发明二等奖。

(二) 体会

(1) 在城市繁华中心建造超高建筑，场地平面布置、平面运输和垂直运输的合理、有序、均衡规划，是保证施工顺利的关键。施工组织设计必须进行科学分析，灵活机动地排列、调度、归纳调整，使实施中有序、合理、流水。

(2) 即钢管柱在浇筑柱芯混凝土之前刚性小，容易实现校正；但是一旦形成刚性框架，且浇筑了钢管柱内的混凝土之后，它的刚性就会增加很大。因此，在外框形成刚性较大的框架后，内核心筒可以其为依托进行核心筒内相对较为零散的钢构件的安装。

(3) 采用了钢管混凝土的结构形式，使钢结构所用的钢板厚度明显降低，钢管柱的最大壁厚也只有 28mm，不但节省了钢材，而且钢构件的重量降低，使工程顺利实现了钢柱 2 层 1 吊、3 层 1 吊，提高了施工的速度和效率。钢管混凝土结构体系的钢结构与普通钢结构相比具有相当大的优越性，值得推广应用。

（4）新型的精密测量仪器，在整个施工测量中起到关键性的作用。激光测量仪器，如天顶仪、激光经纬仪、全站电子速测仪，不但可以实施先进的工艺和技术而且加快测量过程、数据整理，有力地提高了测量的精度和工效，为加快施工速度做了必要的铺垫。同时，根据钢结构的特点编制和采用切实可行的测量工艺也是一个重要的方面。"同步传递、整投分控"技术的实施，不但保证了测量精度的要求，而且确保了流水作业的顺利实现，从工期和质量上都取得了良好效果。

（5）钢结构采用中心单元校正工艺，是行之有效的一项新技术，简化了施工程序，有效地控制焊接变形，使得一次交验合格率达到100%，无损检验一次合格98%以上。

（6）由于技术复杂，施工难度大，又是边施工边编制指导文件，故出现了系统性、连续性不尽如人意，中间也影响了施工进度。尤其是施工开始，有些过于强调新技术和新设备的使用，因此早期投入过大，影响了经济效益。

2.1.13　高层大厦机电安装工程施工组织设计大纲

一、工程概况

（一）项目简介

（1）××高层大厦是集金融、银行业务，综合办公，酒店公寓，餐饮娱乐，商场，游泳池等部分组成的智能型综合群楼。总建筑面积225523.85m²，其中地下室共三层33307.05m²；裙房共四层44772.8m²；办公楼51层，高183.2m，建筑面积90114m²；酒店、公寓40层，高142m，建筑面积57330m²。

（2）本施工组织设计为投标水电、通风空调弱电等机电设备安装、调试的施组大纲，因其技术、管理、施工措施等诸多方面体现当时国内先进水平，中标成功。承担了机电设备工程的深化设计及全部设备材料供货、安装调试等。

（3）投标安装工程总造价为3.22亿元（包括设备和主材的当时价格）。合同安装工程造价为3.20亿元（包括设备和主材）。

（二）主要工程内容

（1）通风空调安装工程。

包括：通风空调设备安装（热泵机组、水泵、空调机组等）；风管制作与安装（支架、风口、阀门、散流器等）；冷冻管道系统安装（支架、阀门安装等）；消防排烟系统安装（排风风机、阀门、风口安装）；通风系统安装（卫生间通风、厨房排烟、地下室排烟等）；防腐、保温施工（冷冻水管除锈、涂漆和风管、水管保温等）。

（2）给排水安装工程。

包括：给水管道系统（支架、阀门安装，卫生洁具安装等）；排水管道系统（支架、阀门安装及污水、雨水管道安装等）；消防管道系统（消防喷淋、消防泵、消防喷洒及阀门、支架安装等）；蒸汽系统（支架阀门、换热器等安装）；热水系统（支架、阀门安装，管道安装、除锈、油漆、保温等）；煤气系统安装；中水处理系统设备安装；游泳池水过滤系统设备安装等。

（3）电气工程安装。

包括：变配电系统，变配电所变压器、高低压柜、开关等设备安装；电力系统（设备电力及控制、启动设备安装调试）；照明系统（箱体灯具、开关、插座等安装）；空调系统的电气安装（制冷机组循环水泵、冷水泵等、风机盘管风机及空调机的配电安装调试）；

鼓风机、引风机、油泵、水泵等配电安装、调试；防雷接地系统安装等。

(4) 弱电工程安装。

包括：火灾报警，配管、配线及烟感器、温感器安装调试；程控电话系统安装（程控变换机和管理系统及配管配线安装）；共用电视天线（卫星接收装置）有线电视系统安装；保安监视、综合布线等管理系统安装；综合布线系统安装；广播系统安装。

(5) 设备安装。

包括：吸收式溴化锂冷水机组、离心式冷水机组、柴油发电机组安装，冷却塔、泵类安装（进口）；空调机组，空调机组通风柜、风机、盘管风机等安装。

（三）工程特点

(1) 施工技术、质量要求高。

该工程系现代化智能型综合性办公、酒店、商场等大楼，内部设施完备、技术先进、装修水准高，土建安装施工均须达到高质量，须保证机电设施使用的可靠性、安全性，保证建筑、装饰、安装三者的整体美观与协调。

(2) 工程施工配合面广、量大，时间长。

该工程电气部分设备（含强弱电系统）电缆线敷设较多地采用钢管配线，在楼地面、墙体及吊顶天棚内敷设，大量的预留预埋工作必须配合土建主体施工；设于吊顶内的穿线管敷设，箱盒安装，也必须紧密配合二次装修工作而进行。

(3) 通风空调工程制作安装工程量大。

该工程的风管制作安装工程量估计达 10 多万 m^2，必须提前组织好风管及配件的预制，方能保证施工进度。

根据国家工期定额推算，安装定额工期为 730d。

（四）建设要求

1. 质量目标

(1) 工程质量一次交验合格率 100%。

(2) 单位工程优良率 95.6%。

(3) 机电安装工程综合评定为优良。

2. 工期目标

中标后，开工日期为当年 8 月 12 日，业主给定工日数为 558 天。

二、摘选主要施工方案

（一）给水、排水、中水及煤气系统施工方案

1. 生活用冷热水供应系统施工方案

(1) 管道安装方法

①镀锌钢管采用砂轮切割机切割，切口应平滑。专用套丝机套丝，保证丝扣接口连接紧密。

②管道安装前，要逐根进行检查校正，不合格的不准使用，不准安装。

③管道在安装过程中和收工之后，应随时将管口封好，以防止湿气或其他污物进入。

④管道在安装过程中，应根据图纸和现场条件，进行实测实量，然后进行预组装，以提高工作效率。

⑤管道的固定方式，支吊架的安装位置、类型及安装方法必须符合设计要求。与设备

相连的管道应另设支吊架，不能使设备因管道重量、伸缩而承受压力。

⑥垂直管道的支架用合格角钢做支撑，以防摇晃、松动、振动和共振。

⑦所有管道、阀门和配件在装配成系统前，用金属刷和棉纱将管内的油污、油脂或污物清除干净。

⑧清洗处理后的管道应用塑料布或管帽充分而严密地密封好，以防再次污染。

⑨铜管管径为$\phi 20 \sim \phi 100$，管道连接采用国内常用气焊连接方法。目前可以选择塑铝复合管代替铜管，即保安全，又保质量，节省投资。

⑩埋管施工中不得和电管交叉，更不允许多层交叉。如必须交叉敷设，需用隔离件分隔。钢管严禁与其他硬物相碰，敷设好后即用细钢丝绑扎在钢筋上定位。

⑪ 螺纹连接的接头采用锥形螺纹结合，接头用一氧化铅与甘油的粘稠混合物或用四氟乙烯带加到阳螺纹上进行结合。

⑫ 法兰连接时，应分几次对称、均匀用力拧紧。

⑬ 地下埋管安装时，应先将管子表面处理干净，然后涂刷防锈漆两道，再包防蚀带。

(2) 管道支架安装

所有管道支撑均为钢制。铸铁类管件用铸铁类托架，钢类管件用钢托架，铜类管件用黄铜托架，不同类型的管道采用不同类型的托架，不可通用，不可互换。为防止管道的过度变形，在邻近阀门及其他管道系统安装件的管道上按设计要求加设支撑。

(3) 管道安装完毕即进行水压试验。

2. 中水处理系统施工方案

(1) 系统简介

本工程的中水系统，其水源取自建筑物内的淋浴、洗浴等优质杂排水，经处理符合生活杂用水水质标准后，供给室内冲厕及洗车、绿化等用水。

(2) 安装要求

①中水系统所用管材为未增塑聚乙烯管，管道连接时应按制造商的指示采用溶剂焊接。

②为满足管道热胀冷缩的需要，距离超过 900mm 的固定空间，应装上密封圈接头。在长、直的管道上，每隔 3000mm 需加装密封圈伸缩接头。

③当聚氯乙烯管与铸铁管连接时，应按设计要求在接头处用指定的化合物填隙。

④在墙上或其他结构上安装的聚氯乙烯管与下述有关聚氯乙烯供水配管的方法相同。

3. 污水、废水排水系统、雨水系统及通气系统施工方案

本工程的污水、废水排水系统、雨水系统及通气系统所用管材按敷设形式和管径的不同分别采用符合英国标准的未增塑聚氯乙烯管和铸铁管。

(1) 未增塑聚乙烯管安装

①由于未增塑聚乙烯管强度较低，且脆性较大，为减少损坏，应在同一建筑内其他材质的管道基本完毕后，再安装该管道。

②未增塑聚乙烯管低温时性脆，受热易软化，材料堆放时要放平整，要防止遭受日晒和冷冻；该管的膨胀系数大，因此不能靠近输送高温介质的管道敷设，也不能安装在大于60℃的热源附近。

③管子如产生弯曲，必须调直后才能使用。调直方法是把弯曲的管子放在调直平台

上，在管内通入蒸汽，使管子变软，在自重的作用下，将管子调直。

④未增塑聚乙烯管的支架应比钢管密，管道与支架接触处，应垫软塑料、橡皮或其他软性材料，以免管壁在金属支架上磨损。

⑤未增塑聚乙烯管在穿墙和楼板时应放置金属套管，很少采用埋地敷设，埋地敷设时，管底应设连续的托架托平，并应防止硬物与管道直接接触。金属阀门处应放置底座。

⑥管道的切断可采用木工锯和粗齿钢锯，坡口可采用木工锉刀锉平。

⑦未增塑聚乙烯管材或板材进行热加工时，应一次成型，不可再加热，以防塑料老化变质。

⑧所有排水管道必须设有铅锤线，严格按设计和图纸上所列的坡度整齐地组合在一起，尽量减少相交点，并留有足够的排气、扩张、收缩和移动空间。

⑨在敷设地下排气管道之前应检查所有深度，当发现偏差时应立即通知业主和设计处理。

(2) 管道套管的安装

①管道在穿越墙壁、楼板时应设置钢套管，管道和套管之间用软的不沉降的防火填塞物密实，以保证气密性。

②安装后的管道应能在管道套管中自由移动，而不以套管作为支撑件。

③管道穿过防火墙和防火楼板时，应用6mm厚的金属环板焊在或用螺栓固定在该管子的周围，该环板应位于板、墙壁厚度的中心，环板的直径应与管道套管的内径相同。

4. 煤气供应系统施工方案

(1) 安装要求

①管道连接。室内煤气管道采用镀锌钢管，连接形式为（$DN \geqslant 50$mm）焊接，$DN <$ 50mm为丝扣连接，为便于检修，应在适应的部位加设活接头。室外煤气管道采用无缝钢管，均为焊接，焊接质量应符合国家施工及验收规范的规定。

②管道中的闸板阀其工作压力不得小于0.6MPa，闸板阀密封圈应为铸铁或不锈钢制成，不能用钢密封圈。

③为了保证安全，室内煤气管道，不得在建筑物下埋地安装，不得装在卧室、起居室等房间，应明装在厨房、走廊、楼梯间或地下室内。埋地的进气管尽量采取在室外穿出地面后过户进墙内。

④埋地的进气管应有0.005的坡度（倒坡）坡向室外管网。在穿出地面处上端均用三通加塞头代替弯头，以便于清除管道中的硬萘（可用四氧萘或石脑油溶剂将萘溶解，或用压缩的二氧化碳吹扫）。

⑤进气管阀门至煤气用具的煤气管道，应有0.002～0.003的顺流坡度，并在最低点设排水装置。敷设在地面上的主管上下两端宜安装三通和塞头，以便于疏通堵塞和排水。

(2) 除锈和防腐

①所有管道在外壁进行防腐处理前，均应除锈和除污。

②室外管道的防腐处理应根据管道敷设地点的土质对管道腐蚀的程度，选用不同等级

的绝缘层做法。管道在穿过有杂散电流地区时，应采取措施，保证管道的良好使用。

③室内煤气管道和附件除锈处理后刷樟丹油一道，银粉或灰漆二道。

(3) 管道试压

管道试验介质选用压缩空气或氮气，试验压力和要求按设计规定进行。

5. 游泳池水过滤系统施工方案

游泳池过滤系统包括游泳池、按摩池及水过滤系统。该系统的供、回水管道采用铜管，外包不锈钢保护套。投药及冷却水管道采用塑料管。

铜管及塑料管的安装均见前述同材质管道的安装方法。

6. 卫生洁具及设备施工方案

(1) 卫生洁具安装

①所有卫生洁具及设备的安装均按照制造厂家安装说明书上的规定的试安装，以保证其正常使用。

②图纸标示卫生洁具及设备是大约的位置，安装精确位置要由业主批准方可确定。

③卫生洁具及设备的固定方式，待开工后根据实际情况由专业工长提出方案交业主审批。

④卫生洁具及设备的标高、插座位置必须符合设计和施工规范的要求。施工中，应先做出样板，待业主认可后再正式施工。

⑤卫生洁具及设备安装要小心、谨慎，防止损坏。接口密封材料是使用特殊过敏塑料胶带，必须杜绝渗漏现象。

⑥卫生洁具及设备安装后用胶囊逐一进行试漏检验，不得漏试。

(2) 设备安装

1) 总则。设备安装时必须按设计施工，所用的机械设备、主要材料必须符合设计规定和产品标准，并应具有出厂合格证。设备安装过程中应精心操作，防止损坏，对设备进行妥善保管和维护，随时检查安装情况，避免出现难于纠正的差错，为验收提供依据。安装完毕，应进行设备的无负荷试运转，达到合格。

2) 技术要求：

①基础。设备基础附近杂物应清除干净，其尺寸、位置等的质量要求符合表2.1.13-1的要求。

设备基础尺寸和位置的质量要求 **表 2.1.13-1**

项次	项目	允许偏差 (mm)
1	基础坐标位置（纵、横轴线）	±20
2	基础各不同平面的标高	+0 −20
3	基础上平面外形尺寸 凸台上平面外形尺寸 凹穴尺寸	±20 −20 ±20
4	基础上平面的不水平度　每米 （包括地坪上需安装设备的部分）全长	5 10

续表

项　次	项　　目	允许偏差（mm）
5	竖向偏差：每米 全高	5 20
6	预留地脚螺栓孔：标高（顶端） 中心距（在根部和顶部两处测量）	+20 −0 ±2
7	预埋地脚螺栓孔：中心位置 深度 孔壁的铅垂度	±10 +20 −0 10
8	预埋活动地脚螺栓锚板： 标高 中心位置 不水平度（带槽的锚板） 不水平度（带螺纹孔的锚板）	+20 −0 ±5 5 2

②画线定位。设备就位前，应按施工图并依据有关建筑物的轴线、边缘线或标高线放出安装基准线。平面位置基准线对实际轴线间的距离允许偏差为±20mm，设备就位前，必须将设备底座面的油污、泥土等脏物和地脚螺栓预留孔中的杂物除去。灌浆处的基础或地平表面应凿成麻面，混凝土如被油沾污，应凿除，以保证浇筑混凝土的质量。

设备上定位基准的面、线或点对安装基准线的允许偏差应符合表 2.1.13-2 的规定。

设备上定位基准的面、线或点对安装基准线的允许偏差　　表 2.1.13-2

项　次	项　　目	允许偏差（mm）	
		平面位置	标　高
1	与其他设备无机械上的联系	±10	+20 −10
2	与其他设备有机械上的联系	±2	±1

固定在地坪上整体或刚性连接的设备，不应跨越地坪伸缩缝、沉降缝。

③地脚螺栓。一般地脚螺栓安装前，应将油污清除干净；振动较大设备的地脚螺栓应加防松装置（如弹簧垫、锁紧螺母等）；地脚螺栓的不铅垂度不应超过 1%；拧紧螺母后，螺栓顶端应露出螺母 1.5～5 个螺距；地脚螺栓弯钩外缘与基础孔壁的距离应大于 15mm，弯钩底端不允许碰孔底；地脚螺栓的长度要符合设计要求，设计无要求时，一般应为直径的 15 倍加设备底座和垫铁的厚度。

锚定式活动地脚螺栓的锚板埋设应平整稳固，其标高允许偏差为＋20mm；螺栓末端矩形夹应与锚板容纳螺栓头的槽的方向相符。

④垫铁。每个地脚螺栓至少应有一组垫铁，尽量靠近螺栓，相邻两垫铁组距离一般为 500～1000mm。垫铁与设备底座、垫铁与底面以及垫铁之间接触应良好。各组垫铁应垫

实、垫牢，每组垫铁不宜超过三层，特殊情况超过三层的必须焊牢。设备找平后，垫铁应露出设备底座，平垫铁、斜垫铁应露出 10～30mm。平垫铁规格应按表 2.1.13-3 选择。

平垫铁规格（mm） **表 2.1.13-3**

地脚螺栓直径（mm）	垫于螺栓一侧时			垫于螺栓两侧时		
	长	宽	厚	长	宽	厚
10	60	40	5～15	50	30	3～10
20	80	50	5～20	55	35	5～15
30	100	75	8～25	75	50	5～20
42	150	100	8～30	100	75	8～25
52	200	120	10～40	150	100	8～30
58	250	150	10～50	150	100	10～40
64	300	150	15～60	200	120	10～50
74	300	180	15～70	200	120	15～60
78	350	180	20～80	250	150	15～70
90	400	200	20～100	250	150	20～80
110	450	250	25～120	300	180	20～100
130	500	300	25～150	350	200	25～150

7. 配管施工方案

（1）排水干管配管

①图纸上所标示的管线位置只是大约尺寸，其具体位置应根据业主和设计要求，在建筑师提供的资料上定出实际的横、纵尺寸及坡度。

②为保证配管内部清洁，在安装过程中管内不能留下污物或其他物体，在下班和中间休息时应将开口处封堵好。

（2）下水渠及地下排水配管

在水平及垂直面内，下水渠及地下排水配管其每一段必须直线安装。敷设长度和坡度严格按设计图纸执行。

（3）末段配管

在管道的任何段落、检查井或其他部位需切割或为末段管件的管道，应在所有相隔邻的配管完成安装和接口后才能进行切割。

切割后的末段配管，应符合配管要求，如管件保护层或涂层受损，应及时修复完好。

（4）内装配管

安装在检查井室或结构上的管道须配以两个伸缩接头，每一接头与检查井、室或结构的外面的距离不超过 400mm 和 1300mm。

8. 油漆及保温施工方案

（1）油漆

管道和设备在喷涂底漆前，应清除表面锈污；喷涂油漆应使漆膜均匀，无漏涂、皱纹、气泡等现象，附着力好。

（2）保温

①管道保温采用玻璃纤维管壳外包不锈钢板保护层。设备保温采用玻璃纤维板外包镀锌薄钢板保护壳。

②保温工程一般按绝热层、防潮层、保护层的顺序施工。

③保温工作应在试压及涂漆后进行。施工前必须先清除管子表面脏物及铁锈，再涂上防锈漆二遍，并保证管道外表面的清洁干燥。冬雨期施工应有防冻、防雨措施。

④保温材料应有制造厂合格证明书或检验报告，其种类、规格、性能应符合设计要求。

9. 给水排水系统电气施工方案

详见相关节内容。

10. 消防管道安装施工方案

(1) 执行标准

①消防系统安装工程的安装要执行国家消防技术标准、规范和市消防局的要求。

②管道安装应严格按建筑法规和其他有关标准进行。

③所有与二氧化碳系统相配套的管道和相关工程，应符合本工程的招标文件要求。

(2) 安装工艺流程

由于消防系统工作面大，整体性强，所以要本着先地下、后地上、先主管、后支管的原则施工，并应注意与土建工种的协调一致，要与土建进度相吻合。要求土建打基础时做好管道预埋、预留工作。当土建主体完成后，在土建施工龙骨的同时，穿插进行管道吊架的安装，接着安装配水干管、配水管及配水支管，然后进行标高调整、试压，交土建做吊顶。待土建吊顶精装修完后，将喷头一一装上，经喷水试验后即可交付验收。具体施工工艺流程框图如下：

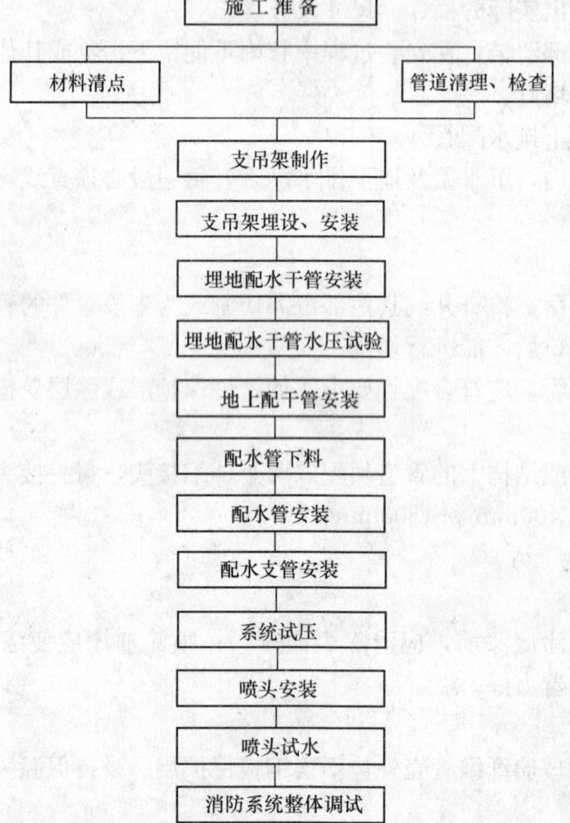

(3) 安装方法

①地上管道直径小于 *DN*200mm（含 *DN*200mm）的为中等镀锌钢管，采用螺纹连接。

地下管道直径小于 *DN*200mm 的为重型级别镀锌钢管，用螺纹连接。

管径大于 *DN*200mm 的管道为球墨铸铁管，内外均涂上沥青油漆，承插连接。

②法兰连接时，法兰和连接管要对准端面，然后分几次对称、均匀用力拧紧。法兰垫料采用氯丁合成胶密封垫圈。不同金属管之间的法兰连接，应在法兰、螺栓和螺母之间分别采用绝缘的密封垫料。

③螺纹连接的接头，采用锥形螺纹结合，接头用一氧化铅与甘油的黏稠混合物或用四氟乙烯带加到阳螺纹上，进行结合。

④管道安装前一定要用压缩空气或铁锤敲击等手段将管内清理干净。逐根进行检查、校正，不合格的不准安装，不准使用。

⑤管道在安装过程中和当天收工之后，应随时将管口封好，以防止湿气或其他污物进入。

⑥在安装与设备相连的管道时，一定要设置临时支撑，避免设备因承受扭力、弯力及垂直力等的负荷而影响到设备本身的运转，以致受到破坏。

⑦埋地管安装前，应先将表面处理干净，然后涂刷二道防锈漆再包防蚀带。

⑧每根水管的最低点设排水阀，最高点设排气阀，终端泄放管的安装标高应位于完工地板之上 150mm 处。

⑨二氧化碳管道安装：

a. 二氧化碳管道安装必须符合设计和本工程招标文件的要求；

b. 喉管的压力测试用氮气进行，试验压力为 4.2MPa，稳压 30min，压降不超过试验压力的 3%为合格；

c. 所有管道在安装前均应用压缩空气进行吹扫。

⑩管道的固定方式，支吊架的安设位置及方法必须符合设计要求。所有固定装置的螺栓必须配有密封垫片和螺母。

⑪ 管道穿墙和楼板时，应设置钢套管。管道与套管之间应使用与防火隔墙相同的耐火软填料填塞，然后在套管两端再用软胶粘剂填塞。

(二) 系统调试方案

1. 电气调试

(1) 电力系统调试

本系统所有高压、低压、保护等系统都应进行单机校调试验，系统调试、联动、连锁等调试。

1) 单体校验

本工程所使用的高低压电气设备及材料，依照中华人民共和国国家标准《电气装置安装工程电气设备交接试验标准》进行单体试验。保护用继电器及继电保护装置将参照《保护继电器检验》中的检验项目和方法进行检验。系统内所有指示仪表、计量用仪表根据国家计量检定有关规程进行检定。若设备生产厂或用户对电气设备及材料有特殊试验要求，将根据其要求进行试验。

2）系统联动试验

①测量及保护回路：用电流及电压发生器在检测端送入模拟信号，检查显示计量回路是否准确，保护回路动作值是否正确。

②操作及信号回路：手动操作各开关，检查开关动作是否正确，信号是否正确。

③待楼宇自动化系统完善，利用楼宇自动化系统操作控制本系统内开关，检查动作是否正确。

3）系统送电及试运转

待上述试验全部结束后即可进行带电试验。该项工作由建设方组织，并经地方电力部门批准后，由我司试验人员实施受电方案。

4）试验记录

试验人员对所有试验项目及试运情况进行记录，并由调试负责人审核，方可作为试验依据提交有关部门审核。

(2) 电话通信及PDS综合布线系统调试

1）电话通信系统调试

①线路及配线检查：在配线柜上将测试排T/S端子上用塑料插片插入相对应的插口，将测试线与主机线断开，分别检查各分机接线是否符合施工图要求，检查T/S端子接线是否对应，并根据查线情况将分机电话编码，中继线的接线与主机内的编码的对应关系应符合要求；

②检查供电电源应符合设备要求，与设备之间的连接正确无误；

③交换机的调试参照制造厂说明书进行；

④系统开通试验：上述工作结束后可开通主机，并进行系统设定使用分机试验，检查检查系统是否符合要求。系统的设定方法参照制造厂说明书进行；

⑤直接呼应电话系统的调试，参照控制主机说明书进行。

2）PDS综合布线系统调试

综合布线系统按功能和系统进行查线，按设计和产品厂家要求和提供的技术文件进行调试，常规调试主要是校线，元、器件安装是否正确，测各项技术参数及动作是否灵活、准确、可靠，校验终端设备等，具体等中标后专门拟定施工及调试方案和技术措施。

(3) 共用电视系统调试

1）接收天线的调整

采用场强仪测试天线输出信号的强度，调整天线方向，使所要接收信号最强。如电视信号来自不同方向或场强太弱，应采用单频道天线，不宜采用宽带天线。在测试场强的同时还应使用一台彩色监视器收看画面情况，使其无杂波干扰和重影，如出现上述情况应调整天线位置，两者兼顾，直到图像清晰。若场强太弱应增加使用天线放大器。卫星接收天线方向的调整应根据卫星定经度和站址的经纬度坐标计算出天线的角坐标。

2）前端设备的调试

用场强仪测试各元件输入输出场强情况，根据所测结果，在频道放大器前后或调制器后加入一定衰减器，使各频道之间的电平值差小于规定数值，并满足输出输入要求，注意在选用调制器时，不得使用邻频传输。

3）分支、分配传输网络的调试

由于信号在传输过程中，不同的频率衰减程度不一致，应根据实际测试情况在放大器前增加均衡器或衰减器，以满足放大器输入输出指标的要求，放大器的输出值不得调整过大，应小于最大输出电平，根据串联台数计算结果选定。

4）终端电平的测试

终端电平的测试结果应满足国家标准。电缆分配系统主要参数见表 2.1.13-4。

终端电平测试结果 **表 2.1.13-4**

<table>
<tr><th colspan="3">项　目</th><th>单位</th><th>极限值</th><th>备　注</th></tr>
<tr><td colspan="3">频率范围
前端输入电平</td><td>MHz
dB</td><td>45～800
225
≥57</td><td>C、N45dB NF8dB
附加 4dB</td></tr>
<tr><td rowspan="4">用户端
电平</td><td colspan="2">电平范围</td><td>dB</td><td>57～83</td><td></td></tr>
<tr><td rowspan="3">频道间
电平差</td><td>45～800MHz</td><td>dB</td><td>≤12</td><td></td></tr>
<tr><td>任意 6MHz</td><td>dB</td><td>≤8</td><td></td></tr>
<tr><td>邻近频道间</td><td>dB</td><td>≤3</td><td></td></tr>
<tr><td rowspan="4">信号质量</td><td colspan="2">频道内频率特性</td><td>dB</td><td>±2 以内</td><td>频率变化 0～5MHz
增益变化不大于 0～5dB</td></tr>
<tr><td colspan="2">载噪比
相互调制
交扰调制
交流声调制
回波成分
微分增益
微分相位</td><td>dB
dB
dB
dB
%
%
度</td><td>≥45
≥54
≥46
≥46
≤7
≤20
≤12</td><td>噪声带宽为 5～75dB 单频</td></tr>
<tr><td colspan="2">色　亮时延差</td><td>纳秒</td><td>≤100</td><td></td></tr>
<tr><td colspan="2">用户端隔离度</td><td>dB</td><td>≥22</td><td></td></tr>
</table>

5）系统的主观评价

主观评价极为重要。因为有时限于条件，所设计的系统不可能每项指标都能用仪器测试；另一方面，系统的最终效果是用眼睛观察图像，用耳朵听声音，以耳闻目测得出正确的结论。

①评价项目及评价标准见表 2.1.13-5。

评价项目及标准 **表 2.1.13-5**

项　目	电视机屏幕上的表现
载噪比	雪花干扰
交扰调制	图像上从右至左的垂直带状移动图案
互相调制	图像上倾斜或水平波纹
反射波	图像上水平方向有两条或多条轮廓线
色亮时延	彩色鬼影，轮廓模糊不清
交流声	图像上下滚动的横向黑白条

②评价方法：

用彩色电视机作为接收机，信号源用质量较好的电视节目或录像带或信号发生器的图像。

最好用多台电视接收机将各频道节目分别接收到不同的电视机上，以便于评价。

在柔和灯光下，观察者至少三人以上，按上述标准独立评价，以求得出较公正的结果。

图像质量在“四级”以上（包括四级）便认为合格，评分法见表 2.1.13-6。

评 分 方 法　　表 2.1.13-6

图像等级	主观评价	干扰和杂波造成的影响
5	优	觉察不到杂波和干扰
4	良	能觉察到但不讨厌
3	中	有点讨厌
2	差	讨厌
1	劣	无法收看

（4）保安报警及消防对讲电话系统调试

该系统经线路检查结束后，便可对系统进行检查试验。人为动作磁控传感器和保安报警按钮，检查报警状态是否正确，灯光、音响、记录系统工作是否正常，CCTV 监视系统工作是否符合设计要求。该系统的主机设备调试参见制造厂说明。

（5）楼宇自动化系统调试

①接线检查。对系统内全部接线进行校对，测量线路绝缘电阻应符合绝缘要求。

②接地电阻测试。对该系统的接地使用接地电阻测试仪进行测试，其接地电阻应符合要求。

③系统打点试验。分别在直接数字式控制器（DDC）的输入端（DI）输入开关量信号，检查中央监视及报警信号动作是否正常，将 DDC 装入程序，操作各控制开关，检查 DDC 开关输出信号（DO）是否符合设计要求。

④系统空负荷模拟试验。在现场各信号发生端人为动作开关，检查监视系统显示及报警信号是否正确，操作各控制开关，检查各控制设备及继电器回路动作是否正确。

⑤系统开通试验。系统经过上述试验检查后，即可投入运行，检查系统监视、控制功能是否达到设计要求。

⑥试验记录。试验人员在试验过程中详细填写试验记录，以及出现的问题、处理方法等，经调试负责人签字后提交有关部门。

（6）闭路电视监控系统调试

①电源检测。检查监控台上交流电压是否正确，关闭各分路开关，给监控台送电，检查各路输出电压是否正常，极性是否正确。

②线路检查。校验控制接线以及视频电缆连接位置，用兆欧表检查接线绝缘情况，绝缘电阻应大于 0.5MΩ。

③测量接地电阻应符合要求，系统接地电阻应小于 4Ω。

④单体调试。在监控室内，将控制设备与电动云台连接，接好视频电缆与电源，检查电动云台转动情况及图像质量。

⑤系统调试。上述试验测试完成后，便可以进行系统调试，按施工图及设计说明对每台摄像机、云台进行编号，开通电源，在监控室内监视每一路摄像机回路工作情况，使监视范围、遥控变焦、自动光光圈遥控云台满足设计要求，调整辅助照明灯具使图像清晰。

启动保安报警系统，检查系统是否满足设计要求。

⑥试验记录。试验员根据试验过程存在的问题及处理方法，测试结果等数据作详细记录，并由负责人签定结论性意见，提交有关部门。

(7) 公共广播及火灾事故广播系统调试

本系统除进行规定的一般性检查外，还要按设备说明书的要求进行调试。

(8) 其他弱电系统调试

包括：煤气侦漏系统、停车管理系统。

①一般性检查。对各系统的接线应校验使其满足施工图要求，线路绝缘电阻以及系统接地电阻测试结果都应满足要求。

②调试。这些系统的调试待中标完成施工图设计后，根据需要编制调试方案进行调试。

2. 通风空调系统调试

通风空调系统的调试主要包括：设备单机试运转、空调系统无负荷联合运转试验调整、风量的测定与调整、自动调节系统的调整与试验等。具体的调试方案待中标后制定。

3. 给排水系统调试

给排水系统调试方案待中标后制定。

4. 火灾自动报警及自动灭火系统调试

(1) 自动报警系统调试程序

1) 调试前应首先结束系统施工，并且在调试前检查系统施工质量，对质量问题和线路问题等应全部会同有关单位解决和进行处理。

2) 调试过程：

①调试消防探测线路，测试绝缘电阻，并用专用的检查器对探测器逐个进行试验，其动作应准确无误；

②调试中央屏上线路、信号装置；

③调试中央屏与区域报警控制器线路；

④输入分区指令给控制屏；

⑤从消防控制屏至探测单元，测试各报警分区，逐点检测；

⑥输入程序数据到消防控制机及调试其功能；

⑦火灾自动报警系统通电后，应按现行国家标准《火灾报警控制器通用技术条件》GB 50166 第 3.3.2 条进行系统调试；

⑧分别用主电源和备用电源供电，检查火灾自动报警系统的各项控制功能和联动功能；

⑨火灾自动报警系统应在连续运行 120h 无故障后填写试验报告；

⑩准备资料和图纸交给业主，同时保安主任在现场接受使用的培训；

⑪ 配合业主将消防系统所必需的资料及文件送交当地消防局审查、验收。

(2) 火灾报警系统与自动灭火系统的调试

为了保证该系统能够安全可靠投入运行，性能达到设计要求，在安装过程中和投入运行前要进行调整试验。调整试验主要包括线路测试、火灾报警系统与自动灭火系统设备单体试验、系统接地电阻的测试及开通试验。

1) 线路测试。对系统内接线情况先进行外观检查，接线端子压接是否有松动现象，然后用校线器检查其接线正确性。

2）线路绝缘电阻的测试。火灾报警传输回路经上述检查后，应进行绝缘测试。测试时采用 500V 兆欧表，其线路绝缘电阻应大于 20MΩ。

3）单体校验：

①各种传感器、控制器、报警装置在安装前要进行性能检查。探测器的检查采用 FJ-2706 型火灾探测器检查装置进行定性检查，定量检查数据由制造商提供。感温器采用电吹风热风检查；

②对报警控制器的试验也采用 FJ-2706/001 型火灾探测器检查，该装置可以通过操作开关，在背面端子上输出模拟报警信号和检查信号。将这些信号输入报警控制器进行检查，检查其产品功能应符合产品设计要求。

4）系统开通试验。火灾报警与自动灭火系统的调试开通，应在建筑内部装修和系统安装、各项安装施工全部结束后，现场环境具备了开通条件，方可进行下列工作。

开通调试工作由具有调试资格的人员负责，参加调试的其他试验人员分工明确，所有工作按照事先编写的试验程序进行。试验设备采用 BHTS-1 型便携式火灾探测试验器。应分别对探测器、区域报警控制器、集中报警控制器、火灾报警装置和消防控制设备按说明书进行单机逐台通电检查，正常后方能接入系统进行调试。系统通电后，应按国家标准《火灾报警控制器通用技术条件》GB 4717 的技术要求对控制器做功能检查，并按设计说明和设计文件，分别用正式主电源和直流备用电源检查火灾自动报警系统的各种控制功能和联动功能。系统功能正常后，再对每个探头逐个试验，验正编码位置是否正确，然后系统投入运行。

5）调试记录及报告。在整个调试过程中，调试人员根据实际情况，填写试验记录，试验记录应包括调试步骤、调试方法和仪器、调试中发现的问题以及排除方法、各种整定数据等。最后由调试负责人签注结论性意见，作为技术资料提交有关部门。

三、实施效果与体会

（一）实施效果

(1) 工程质量：一次效验合格 100%；单位工程优良率 95.6%。；机电安装工程综合评定为优良。

(2) 工期：实际开工日期 1998 年 8 月 12 日；实际调试时间是 1999 年 5 月 15 日开始，1999 年 9 月 26 日止；实际竣工日期 1999 年 10 月 31 日；实际绝对日数为 445d，提前 113d。

(3) 工程造价控制：成本控制完成了公司下达项目的各项经济技术指标。最终结算造价与合同价相近。项目实现了二次分配和奖励。

(4) 安全文明施工：安装过程未发生任何重大安全事故和恶性多个事故，轻伤低于 1‰。施工设备和机具无机械设备事故，安装的设备也无事故。现场无火灾消防事故，无触电事故。施工人员无职业病发生，施工现场、施工人员生活区未发生任何流行传染病发生。评为市文明施工工地。

(5) 环境保护：施工现场雨水、污水等分别进行沉淀，过滤后汇集而排向城市相应管网。生活区生活污水，排油烟专门设有沉淀池、隔油池、过滤网等，除油污等后再汇集排向城市相应管网。设专人和工具清理建筑垃圾，并于当天晚上运到指定地点弃掉并覆盖，防止二次污染。市区内施工按规定时间施工，避免了噪声污染和扰民。

（二）体会

（1）本施组属投标大纲，为确保中标而认真编写的。它的内容丰富，结构严谨，技术先进，方案实用，措施得力。中标后，在此基础略加修改和补充，即成为指导施工管理和施工操作的施工组织设计，起到了很好作用。

（2）本施组对施工工艺、施工程序、操作要领、技术措施等做了极其精细的编写，因此可操作性很强，受到监理和业主的欢迎。比如楼宇自控的综合集成，将消防、空调、安防、安保等进行了科学的集成，将其相关的、相互依赖的等进行了综合，进行共性处理，对不同的进行异类分类处理，故而避免了重复设点的浪费，也防止了动作的不连贯性出现，保证了系统一次投入运行成功。空调系统的楼控，取得预期节能控制效果。

（3）由于施组制定的施工工艺和规定的操作方法可靠，可操作性强，因此较好地指导了施工，使工程质量比较好，实现工程一次100%交验合格，达到了安装工程质量评定优良（因土建的原因未评上优质工程）。

（4）在施工过程应用了新的施工机具和工具，开发了新的施工技术，比如风管在预制场采用全自动放样、切割、成型、咬口加工制作，不仅加快了施工进度，节省劳动力，而且节约了施工成本。再如，将风管角钢法兰改成无法兰插板连接，为业主节约了建设成本。管道施工选用机械化加工工厂化预制、预装，到现场组装，既节省了施工成本，又实现了工厂化施工，还加快了施工进度，实现了提前完工。

（5）楼控设备和材料，进行100%安装前检测，检查合格后，挂牌对号进行安装，然后进行单机、分部系统、全系统分别进行调试、调整、检查，试运转故而保证了系统一次投入成功。

（6）在施组规定并开发的新技术的指导下，采用流水作业，分层、分段试压，预检、预警等技术措施，实现新技术节约达到200余万元。

（7）施工现场生活垃圾、建筑垃圾定期外运、专人负责，生活污水、雨水、施工污水分管排放，保证了现场无污染，实现了环保文明施工。

（8）必须消除为保证中标而施工组织设计将技术标准和措施手段盲目的提高，使之加大了工程施工成本和质量成本的投标通病。防止对市场估计不足，特别是楼宇控制系统的设备、配件、元件的价格、品牌了解不深，而被供货商忽悠，加大了材料采购成本，使投标效益流失。

（9）重视与当地土建施工队伍的配合，避免造成工期的浪费。

2.1.14 住宅小区机电安装工程施工组织设计

一、工程概况

（一）项目简介

该工程由六栋22层的住宅和一个地下车库组成，总规划建设面积27780.00m^2，总建筑面积为14万m^2，建筑高度为72m，其中地上建筑面积12万m^2，地下车库面积2万m^2。沿路四栋点式高层一二层为商铺。

（二）建筑机电工程内容

1. 给水排水系统

（1）生活给水系统：以城市自来水为水源，从市政给水管网引入两路$DN200$进水管，在小区内形成环网。小区内地下室设置生活给水泵房及消防泵房。

(2) 消火栓系统：按一类高层商住楼考虑，设置独立的室内消火栓消防系统。室外消火栓系统与生活系统合用室外管网。各系统单独设置水泵接合器。消防水源及贮水以城市自来水为水源，从市政给水管网引入两路 *DN*200 进水管，在小区内形成环网。走道、楼梯间等公共场所按“建筑灭火器配置设计规范”配置手提式灭火器。

(3) 污水、雨水系统：室内雨水与生活污水严格分流排放，最高日生活污水排水量：749.6m^3/d。

2. 通风空调系统

(1) 地下室车库只有人防区域两个防火分区设置 6 个排风系统，人防区域利用天井自然补风，其余防火分区采用自然排烟。

(2) 防烟楼梯间和合用前室设置机械加压送风系统，发电机房设有机械排风系统，水泵房设置独立的送排风系统，地下室设备房内走道设机械排烟系统。

(3) 消防中心、电梯机房设分体空调机组降温。

3. 高、低压变配电系统

(1) 供电电源：供电部门提供一路 10kV 电源，由电缆引至本变电所。

(2) 高压配电：高压采用一路进线，采用单母线不分段的接线方式；进出高压柜的线路采用下进下出的电缆走线方式。

(3) 应急电源：设一台柴油发电机组作为所有消防设备的备用电源，并在非火灾市电停电时用于重要负荷（包括电梯、生活泵、地下室排水泵等）电供电。

(4) 弱电系统：楼宇对讲及防盗报警系统；电话网络系统；有线电视系统；火灾自动报警系统。

(5) 设备供电：

1) 消防控制室设有双电源切换配电箱，供消防报警和联动控制设备及其他弱电设备所需的 220V 交流电源。

2) 火警系统内的输入输出等模块和消火栓按钮所需 24V 直流电源由消防控制室供应。

3) 有线电视所需的 220V 电源取自弱电竖井内的交流电源。

4. 工程难点

(1) 工程体量大，整个工程跨 1 个雨季、1 个春节，工期较紧张。

(2) 文明施工及环保要求高。

(3) 机电系统分包较多，各专业协调量大。

(4) 群塔作业。

二、摘选主要施工方案

给水排水及消防给水工程施工方案

1. 给水排水系统概述

(1) 生活给水系统

本工程从市政给水管网引两根 *DN*200 给水管，在小区内连成环状，每根入楼的市政给水管在室外水表井中均设止回阀。4 层以下由市政给水管网直供，系统入口压力 0.2MPa，5 层以上采用一套变频调速供水设备供水，恒压供水值为 80m，接至变频供水设备的给水管上设倒流防止器。给水泵房设在地下三层车库。

给水计量采用磁卡式水表。

战时贮水箱为不锈钢板水箱，饮用水箱和生活水箱分别设置。Ⅰ段饮用水箱有效容积 40.5m^3，生活水箱有效容积 25.2m^3；Ⅱ段饮用水箱有效容积 32m^3，生活水箱有效容积 20.2m^3。

生活给水系统管线在每户水表前采用内筋嵌入式衬塑钢管，卡环式连接；水表后采用无规共聚聚丙烯 PP-R 管，热熔连接，选用 S2.5 级。

防结露采用 10mm 厚难燃泡沫塑料外缠防火塑料布。

(2) 生活热水系统

本小区不设集中生活热水，每户预留燃气热水器的接管穿墙孔洞。

生活热水系统管线在每户水表前采用内筋嵌入式衬塑钢管，卡环式连接；水表后采用无规共聚聚丙烯 PP-R 管，热熔连接，选用 S2.5 级。

保温采用超细玻璃丝棉保温管外带铝箔保护层。

(3) 生活排水系统

排水系统采用污、废合流，污水经化粪池生化处理后汇入市政污水管线。污水立管均设通气管，通气管出屋面应避开土建排气道，透气帽距屋面 500mm。

住宅部分排水管采用机制柔性铸铁管，卡箍式连接。压力排水系统为集水坑污水泵提升至地下一层排至室外污水系统。压力排水管材采用内外热镀锌钢管。

(4) 雨水系统

屋面雨水汇集后经雨水管排至室外散水由地下一层或首层排入市政雨水管道。商业部分雨水管为内排水，接至小区雨水井。

雨水管材采用热镀锌钢管，沟槽连接。

空调冷凝水管采用 PVC 塑料管。

2. 施工准备

(1) 技术准备

1) 施工前熟悉施工图纸，认真详细地研究、了解设计意图、设计要求，针对工程特点及实际情况做好图纸会审，力争将图纸问题在施工前解决，保证施工过程中不因或少因图纸问题而影响工程进度及质量。

2) 明确工程内容，分析工程特点、重点及难点，根据施工进度由机电部经理组织，机电主任工程师及有关人员及时编制切实可行的施工组织设计和分部分项施工方案。

3) 针对工程对施工队做好各项技术交底，不仅要编制详细操作要求，还要说明质量要求，工期要求。对于在技术上、工艺上有特殊要求或容易出现问题的项目，提前做好准备工作，防患于未然。

4) 根据施工图提出预埋件、半成品等材料加工计划，提早落实各种材料的货源，确定进场日期。同时要做好各种材料进场后的复试工作。

5) 为防止以后返工和浪费，争取在工程开始前及早发现各专业图纸相矛盾的地方，提前做好各专业之间的协调配合工作，对各专业的图纸进行对照，进行深化设计，并由设计单位及监理单位认可方可实施。绘制各专业综合图，包括与土建的配合图。

6) 对图纸中须深化设计或由专业单位扩展设计部分，应提示甲方尽早落实，配合设计尽早出图，尤其是对结构预埋有较大影响的部位。

(2) 人力资源准备

1) 选择各专业技术工人进场，并选择参加过类似工程或大型工程建设的技术工人参加本工程的施工。

2) 根据工期进度安排，编制详细劳动力计划，配备充足的专业技术工人，保障工程施工的基础力量。

3) 参加本工程施工的所有人员，在进场前必须进行进场培训教育，内容包括安全、文明施工、现场各项规章制度等，并组织书面考试，考试合格后方可进场工作。

(3) 物资准备

1) 组织好设备、材料、机具资源。做好设备、材料订货、供货和配备充分的施工机具是施工准备的重要环节，是保障顺利施工的必要条件，为此我们特制定了设备及材料进场计划及施工机具进场计划。

2) 严格按照建设单位关于设备、材料的有关规定和设计图纸的要求选定设备、主材及其他材料。

3) 凡业主订货或参与订货的物料规格、技术标准、价格与支付条件以及供货时间、运输方式、售后服务等，应主动请示业主意见，并积极配合进行接货、检验和保管。

4) 设备、材料订货前，严格按程序向业主提供技术资料及供货依据，其中包括设备的定型测试、出厂验收试验的检测报告，而出厂验收时应有采购方的技术人员参加。

3. 工艺流程

本工程生活给水管、生活热水和中水管材为表前采用内筋嵌入式衬塑钢管，卡环式连接，表后采用无规共聚聚丙烯 PP-R 管，热熔连接；消火栓给水管材采用焊接钢管；自动喷水给水管材采用内外热镀锌钢管；住宅部分排水管采用机制柔性铸铁管，卡箍式连接；压力排水管采用内外热镀锌钢管；出室外部分采用机制柔性铸铁管；雨水管采用焊接钢管；管道安装工艺流程如下：

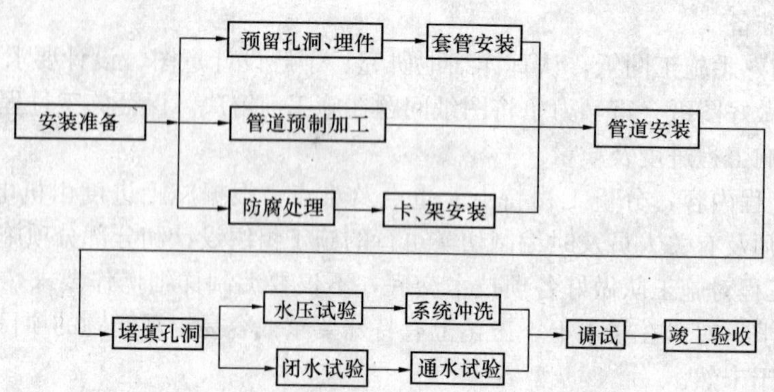

钢管管道支架竖向间距按照表 2.1.14-1 执行。

钢管支架竖向间距　　表 2.1.14-1

管径(mm)	DN25	DN32	DN40	DN50	DN65	DN80	DN100	DN150	DN200
保温管(mm)	2000	2500	3000	3000	5000	5000	4500	6000	7000
不保温管(mm)	3500	4000	4500	5000	6000	6000	6500	8000	9500

钢管水平支架按表 2.1.14-2 执行。

钢管支架水平间距 **表 2.1.14-2**

管径（mm）			De16	De20	De25	De32	De40
最大间距（mm）	立管		700	900	1000	1100	1300
	水平管	冷水管	500	600	700	800	900
		热水管	250	300	350	400	500

卡箍连接时，两管口端应平整、无缝隙，沟槽应均匀，卡紧螺栓后，管道应平直，卡箍安装方向应一致。

4. 施工工艺

(1) 内筋嵌入式衬塑钢管安装工艺

相关系统：生活给水、生活热水、中水内筋嵌入式衬塑钢管采用卡环式连接。

1) 管材质必须有出厂合格证，必须达到饮用水卫生标准。

2) 必须采用与管材相适应材质的管件，且必须达到饮用水卫生标准。

3) 管材进场应进行规格及外观检查有无裂纹和砂眼。

4) 安装要点：

①管道从末端至开槽的外部，必须无刻痕、凸起，或滚轮印记，保证胶衬的防漏密封。

②安装橡胶密封圈。把橡胶密封圈放在管端上，保证密封圈凸缘不外伸出管端，并在其凸缘和外侧均匀涂抹一层润滑剂或硅润滑剂。

③连接管端和卡环。把管端集合在一起，在槽之间对准密封圈中心，保证管道中轴线保持一致，密封圈部分不应延伸到任何一个槽中。然后，用一个螺母和拆下的螺栓在接头螺孔位置穿上螺栓，并均匀轮换拧紧螺母，防止密封圈起皱。最后检查确认接头凸边全圆周卡进两管道的沟槽中。

④插入螺栓。插入剩下的螺栓，使螺母容易上紧。保证螺栓头进入外壳的凹槽中。

⑤上紧螺母。轮流上紧螺母，并在角螺栓-垫保持均匀的金属-金属接触。上紧力矩应适中，严禁用大板子上紧小螺栓，以免上紧力过大，螺栓受损伤，保证一个刚性的结合。

5) 干管安装完毕后，应对管道系统进行全面检查、核对管子、阀门、垫片、紧固件等，全部符合设计要求及规范后，把不宜和管子一起试压的阀门、配件拆除，换上临时短管，对试验管段的所有开口处进行封闭，并从最低处灌水，高处排气。

6) 预制的管道支架，不允许气割下料、割孔，不允许电焊穿孔，应采用无齿锯下料、台钻钻孔。支架加工完毕刷防锈漆后方可安装。支架间距应符合规范要求，埋设平整牢固，与管道接触紧密牢固，排列整齐。

(2) PP-R 管道安装工艺

1) PP-R 管采用热熔式插接连接，连接工具采用专用机械。施工现场一般采用自调式聚熔焊机；大直径管道可采用台式焊接机进行连接预制；在无法使用上述两种方法的位置，可使用电熔接套。

2) PP-R 管自调式聚熔焊机插接步骤：

①管道和接头的表面要保证光滑、平整、清洁、无油。

②在管道插入深度处做记号（等于接头的套入深度），在焊接工具上把整个嵌入深度加热，包括管道和接头。

③当加热时间完成之后，把管道平稳而均匀地推入接头中，形成牢固紧密的结合，在管道和接头焊接之后的几秒钟之内，可调节接头位置。

④在短时间之后，接头就完全可以承受负荷。

3）电熔接套焊接步骤：

①沿着管的轴线垂直切割。用适用的工具（刀片或刮刀）把管口刮干净，要保证只刮掉一薄层表面，名义直径不会减小，并切出管的倒角。

②把管道和电熔接套要焊接的部位完全清理干净。用随电熔接套一起供货，浸有异丙基乙醇的棉纸擦洗，清洗时不能用油基溶剂。

③为了保证焊接时对中定位，用铅笔在管道的嵌入深度上做记号。

④电熔接头套焊接机操作：

a. 连接电源注意：保证电缆完全松开，避免电压的感应损失。

b. 把焊接电缆连接到接套上。按启动按钮，机器计算焊接时间。当焊接时间结束之后，机器的开关会自己断开。

c. 在另做一次焊接过程中，按压复原按钮，再操作系统之前至少应等待 1h。

⑤保证电熔接套和管道在同一轴线，且不会在焊接时受到应力和应变的作用。

⑥要保证焊接部位的内部或外部都没有存在水分。

⑦要保证焊件在冷却期都不受应力、冲击、水分或其他应变的作用（至少冷却 10min）。

4）给水表、中水表设置在净尺寸狭小的管井内，为便于物业查验、管理，安装时应避免水表表盖轴设在检查门一侧。

5）施工图所示的管井内净尺寸狭小，部分管道间距无法满足保温、缠裹防阻燃塑料布操作空间的需要，应会同发包方、设计人员根据现场情况重新确认管道间距，如有必要，应提前通知土建专业调整管井检查门的位置。

6）管道安装完毕应做水压试验：给水管道（包括热水、中水）系统试验压力应为工作压力的 1.5 倍，但不得小于 0.6MPa；检查方法：金属及复合管道系统在试验压力下观测 10min，压力降不应大于 0.02MPa，然后降到工作压力进行检查，各连接处应不渗不漏；塑料管给水系统应在试验压力下稳压 1h，压力降不得超过 0.05MPa，然后在工作压力的 1.15 倍状态下稳压 2h，压力降不得超过 0.03MPa，同时检查各连接处不渗不漏为合格。

7）给水管道交付使用前，还必须进行冲洗，直到出水口的水色透明度与进水目测一致；冲洗完的各个出水口，用管堵封塞；做好试验、冲洗记录。

(3) 排水机制柔性铸铁管道施工工艺

排水机制柔性铸铁管采用卡箍连接。

1）管材和管件在安装前应先清洗，管内不得有泥、砂、石及其他杂物。

2）管材可采用砂轮切割机、锯等切割，切割口应平齐，清除毛刺，防止安装时划伤橡胶密封圈，外圆略锉倒角。

3）卡箍连接。

将接口处的管外表面清理干净；首先将接口橡胶圈旋套在排水管端，使套环内侧面紧贴排水管端外侧面。把未和排水管接触的半边接口橡胶圈翻转，把另一截排水管或配件沿接口橡胶圈内纹路对好，然后把翻转开的接口橡胶圈回复原状，箍住这截排水管，把不锈钢卡箍套上。校准管道坡度、垂度和位置，用支架初步固定住管道，移动不锈钢卡箍套在橡胶圈外，拧紧卡箍上的固紧螺栓，接口完成，同时必须将锁紧处的导片与螺纹片平行地紧缩在一起，以防连接处错位变形，随即将管道牢固固定在支架上。

管道的安装位置应符合设计要求。

4）设在管井内的污水排水、废水排水立管均为隐蔽项目，其立管检查口需要为上一层排水器具做灌水试验，所以应每层各设一个。

5）排水铸铁管坡度按表 2.1.14-3 规定。

排水铸铁管坡度 **表 2.1.14-3**

管径（mm）	生活污水管标准坡度（%）	废水管最小坡度（%）
*DN*75	2.5	1.5
*DN*100	2.0	0.8
*DN*125	1.5	0.6
*DN*150	1.0	0.5
*DN*200	0.8	0.35

6）户内灌水试验结束后，要排净管道中的积水（存水弯中积水）做好安全过冬准备，及时将各进、出水口进行封堵保护，避免其他建筑垃圾进入排水管道造成堵塞。立管与排出户外的横管需做通球试验，球径不小于排水管径 2/3，通球率必须 100%，试验结束后要做好出户管端口保护，并做好灌水、通球记录。

7）排水支管安装时必须保证坡度、坡向。安装过程中至交工前，应防止油漆、沥青或其他化学溶剂污染管道，必要时要进行缠裹保护。保证操作现场和库房的胶粘剂、清洁剂远离火源。

8）机制排水铸铁管最小坡度及支架间距见表 2.1.14-4。

排水铸铁管最小坡度及支架间距 **表 2.1.14-4**

外径（mm）	最小坡度（%）	支架间距（mm）	
		横　管	立　管
*DN*75	2.5	750	2000
*DN*100	2.0	1000	2000
*DN*125	1.5	1100	2000
*DN*150	1.0	1100	2000
*DN*200	0.8	1100	2000

9）如果部分卫生间的上层排水管道的设计走向正好与下层卫生间的灯具位置冲突，考虑到二次装修一般做吊顶，灯具线可以调整，所以管道专业应事先与电气专业协商，请电气专业在配合土建浇筑楼板埋设电线管和预留灯头盒时，适当让出排水管道吊卡位置。

10）所有过楼板的管道洞口，在管道穿过后，需派责任心强的专门人员进行洞口封堵，以保证其密实。

11）排水支管做灌水试验时，水面高度不应低于底层排水器具的上边缘或底层地面高度。观察口满水 15min，水面下降后，再灌满观察 5min，液面不降，管道接口无渗漏为合格；压力排水管道做通水试验。

（4）沟槽连接工艺

相关系统：人防给水、消防自动喷水给水、压力排水。本工程 $DN>100$ 的热镀锌管道采用机械沟槽式连接。

安装操作要点：

1）安装前准备。

2）滚槽。

3）检查管端。管道从末端至开槽的外部，必须无刻痕、凸起或滚轮印记，保证胶衬的防漏密封。

4）安装橡胶密封圈。把橡胶密封圈放在管端上，保证密封圈凸缘不外伸管端，并在其凸缘和外侧均匀涂抹一层润滑剂或硅润滑剂。

5）连接管端和外壳。把管端集合在一起，在槽之间对准橡胶密封圈中心，保证管道中轴线保持一致。橡胶密封圈部分不应延伸到任何一个槽中。然后，用一个螺母和拆下的螺栓，在接头螺孔位置穿上螺栓，并均匀轮换拧紧螺母，防止橡胶密封圈起皱。最后检查确认接头凸边全圆周卡进两管道的沟槽中。

6）插入螺栓。插入剩下的螺栓，使螺母容易上紧。保证螺栓头进入外壳的凹凸中。

7）上紧螺母。轮流的上紧螺母，并在角螺栓-垫保持均匀的金属-金属接触。上紧力矩应适中，严禁用大扳子上紧小螺栓，以免上紧力过大，螺栓受损伤，保证一个刚性的结合。

8）管道的安装位置应符合设计要求。当设计无要求时，管道的中心线与梁、柱、楼板等的最小距离应符合表 2.1.14-5 的规定。

管道中心线与梁、柱、楼板的最小距离 **表 2.1.14-5**

公称直径(mm)	25	32	40	50	70	80	100	125	150	200
距离(mm)	40	40	50	60	70	80	100	125	150	200

9）管道支架、吊架、防晃支架地安装应符合下列要求：管道应固定牢固；管道支架或吊架之间的距离不应大于表 2.1.14-6 的规定。

管道支吊架间距 **表 2.1.14-6**

公称直径(mm)	25	32	40	50	70	80	100	125	150	200	250	300
距离(m)	3.5	4.0	4.5	5.0	6.0	8.0	8.5	7.0	8.0	9.5	11.0	12.0

10）管道支架、吊架、防晃支架形式、材质、加工尺寸及焊接质量等应符合设计要求和国家现行有关标准的规定。

11）管道支架、吊架的安装位置不应妨碍喷头的喷水效果；管道支架、吊架与喷头之间的距离不宜小于 300mm；与末端喷头之间的距离不宜大于 750mm。

12）配水支管上每一直管段、相邻两喷头之间的管段设置的吊架均不宜少于 1 个；当喷头之间距离小于 1.8m 时，可隔段设置吊架，但吊架的间距不宜大于 3.6m。

13）当管子公称直径等于或大于50mm时，每段配水干管或配水管设置防晃支架不应少于1个；当管道改变方向时应增设防晃支架。

14）竖直安装的配水干管应在其始端和终端设防晃支架或采用管卡固定，其安装位置距地面或楼面的距离宜为1.5～1.8m。

15）管道穿过建筑物的变形缝时，应设置柔性短管。穿过墙体或楼板时，应加设套管，套管长度不得小于墙体厚度，或应高出楼面或地面50mm；管道的焊接环缝不得位于套管内。套管与管道的间隙应采用不燃烧材料填塞密实。

16）管道横向安装宜设0.002～0.005的坡度，且应坡向排水管；当局部区域难以利用排水管将水排净时，应采取相应的排水措施。管网在安装中断时，应将管道的敞口封闭。

（5）焊接钢管焊接施工工艺

相关系统：消火栓给水、雨水。

1）采用焊接钢管焊接，焊接时应有防风、防雨雪措施，焊区环境温度低于－20℃，焊口应预热，预热温度为100～200℃，预热长度为200～250mm。

2）管材壁厚在5mm以上者应对管端焊口部位铲坡口，如用气焊加工管道坡口，必须除去坡口表面的氧化皮，并将影响焊接质量的凹凸不平处打磨平整。

3）干管安装要按设计要求控制好坡向、坡度，设计未注明按$i=0.002$敷设。在最高点和最低点分别安装排气和泄水装置。

4）管道变径采用偏心变径（顶平），变径长度为大管外径1～1.5倍，变径距三通不小于200mm。

5）管道转弯与分路弯头处采用不小于管外径4倍的煨制弯头，以减少系统阻力。接口焊缝距起弯点不小于一个管径且不小于100mm，接口焊缝距管道支架边缘不小于50mm。

6）立管中心距墙控制在50～60mm之内，距地1.5m安装双立管管卡，双立管中心距控制在80mm。立管垂直度不大于2mm/m。

7）对组对的管口必须进行V形坡口的准备，方法由机械或角向磨光机开坡口，认真清理管口内外壁锈、油污等，并露出金属光泽，区域为10～15mm。

8）组对焊口时不得强制配管，点焊时焊点长度不得低于10mm，管口不得有错口现象，对局部的错口值不得超过壁厚的25%，焊后必须清理焊缝表面的焊渣、飞溅及认真检查焊缝的外观质量。

9）焊接检验。每道焊缝须认真清理，焊缝表面不得有焊渣、飞溅、裂纹、气孔等现象；焊缝咬边深度不得大于0.5mm，咬边连续长度不得超过焊缝全长的20%；焊缝加强层应控制在1～2mm内，母材与焊缝连接处应有圆滑过渡。焊接技术资料，严格执行各项技术规范，焊接过程按焊接工艺卡要求执行。

（6）设备机房施工工艺

1）在安装工程施工中，机房的安装是非常重要的一部分。在机房中分布着大大小小的设备和风管、水管、电管等，在施工过程中，既要保证图纸的顺利实行，同时还要保证各种管道不会干扰；而且机房的噪声、积水等又对土建结构的严密性、防水性有较高要求。在以往的施工过程中，常常因为土建与安装、安装各专业配合不当，造成机房施工延误工期或质量不符合要求。

2）水泵安装：

①安装前检查泵叶轮是否有阻滞、卡涩现象，声音是否正常。

②水泵就位后进行找平找正。通过调整垫铁，使之符合下列要求：整体泵安装以进出口法兰面为基准进行找平，水平度允许偏差纵向0.05mm/m，横向为0.10mm/m；解体安装的泵以泵体加工面或进出口法兰面为基准，纵向、横向的水平度允许偏差为0.05mm/m。

③水泵减振基础的安装应加橡胶隔振垫。

④成排安装的同类型的设备，要尽量成直线。安装时先固定两头的设备，中间的设备采用拉线的方法与两头的设备找齐。

⑤采用联轴器传动的泵，两轴的对中偏差及两半联轴器两端面间隙要符合泵的技术文件要求和施工及验收规范要求。

⑥与泵连接的接管设置单独的支架。接管与水泵连接前，管路必须清洁；密封面和螺纹不能有损坏；相互连接的法兰端面或螺纹轴心必须平行、对中，不得借法兰螺栓或管接头强行连接。配管中要注意保护密封面，以保证连接处的气密性。

⑦有拆检及清洗要求的泵体，须对泵进行拆检并编号，用机油清洗后再按编号重新组装。

⑧水泵试车前，先拆除联轴器的螺栓，使电机与机械分离（不可拆除的或不需拆除的例外)，盘车应灵活，无阻卡现象。检查完后，再重新连接联轴器并进行校对。打开泵进水阀门，点动电机。叶轮正常后再正式启动电动机，待泵出口压力稳定后，缓慢打开出口阀门调节流量。泵在额定负荷下运行4h后，无异常现象为合格。

⑨管路与泵连接后，如在管路上进行焊接和气割，必须拆下管路或采取必要措施，防止焊渣进入泵内损坏水泵。

(7）保温工程施工工艺

1）保温材质：

①防结露保温材料采用10mm厚难燃泡沫塑料，外缠阻燃塑料布。

②防冻保温材料采用30mm厚超细玻璃棉保温管外带铝箔保护层。

③隔热保温材料采用超细玻璃棉保温管外带铝箔保护层，$DN\leqslant100$保温层厚度为30mm厚，$DN>100$保温厚度为50mm厚。

2）保温前，应清除管道表面和除锈，然后刷防锈漆两遍，再做保温。管道与其支吊架之间应采用与保温层相同的经过防腐处理的木垫块。所有需保温的管道在遇到穿墙或空心楼板时，先将套管内用保温棉管保温好，室外明露管道要求相同。

(8）卫生器具安装工艺

1）卫生器具依据图册进行安装，安装完后做通水通球试验。

2）卫生洁具安装的基本工艺流程：

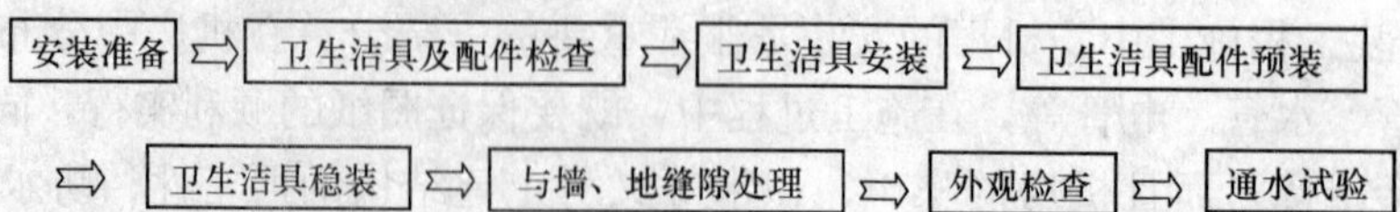

5. 质量标准和质量保证措施

分部分项工程达到一次交验合格率100%，分部工程优良率90%，过程控制质量超差点在6%以内，交工合验分部工程优良。

PP-R管的膨胀量比金属管较大，为防止管道因热膨胀而造成破坏，在安装时应注意：

(1) 自由管道（PP-R管）因温差引起的轴向变形量，可按下列公式确定：

$$\Delta L = \Delta T \times L \times \alpha$$

$$\Delta T = 0.65\Delta t_s + 0.10\Delta t_g$$

式中 ΔL——管道伸缩长度（mm）；

ΔT——计算温度（℃）；

Δt_s——管道内水的最大变化温差（℃）；

Δt_g——管道外空气的最大变化温差（℃）；

L——自由管段长度（m）；

α——线膨胀系数（mm/m·K），α参照厂家提供样本。

(2) 立管安装，在相邻两个支管附近各安装一个固定支架，将管道膨胀限定在两个支架之间，并在一定距离设置弯曲管给予补偿。竖井中两个固定点之间的距离不能超过3.0m。

(3) 水平管安装，管径ϕ20～ϕ50的管道可采用固定吊架，使用电缆夹固定住管道限制膨胀，管夹间距离约0.5～1.5m。横支管与竖井内立管连接时，需留有一定空间或采用非直连方式吸收膨胀量。

三、实施效果与体会

本施工组织设计为投标的项目管理规划大纲，中标签订合同后，针对该项目工程量较大，场地狭小，设计上多项变更及没有细化、工期又相当紧张、且缺乏异地施工经验等问题，在进场后又作了部分调整。该工程在合理的施工组织下，经受了地震的考验，克服了来自多方面的困难，顺利竣工。

1. 组织管理

(1) 施组和施工方案的内容有效，工期合理，技术可靠，施工可行，质量、安全有保证，审批手续齐全。

(2) 合理安排了开工顺序；合理划分施工验收段，地下地上均分阶段分别组织验收，一边提前安排装修队伍进场，保证装修有足够时间；合理划分施工流水段。

(3) 结构施工阶段时加大投入，确保工程足够的机械设备、人力、物力；合理分区，组织流水施工；分段组织验收，以便机电和内外装修提前插入施工，机电材料设备应尽早订货并确保供应。

(4) 装饰、机电安装施工阶段，尽量提前外墙封闭，分段提供精装修作业面，确保装修尽早施工；同时我们及时给业主指定分包提供必要的场地、库房、脚手架、垂直运输、临水、临电，以便于指定分包能尽快进行施工。

2. 技术管理

(1) 根据工程特点及经济效益方面，制定了各分项工程的施工工艺及材料选用；如装修施工方案的深化设计、外墙外保温的施工方案及工艺，屋顶防水的施工方案及工艺，罗马柱的施工方案、工艺等。

(2) 在施工工艺方面采用新工艺、新材料以提高施工质量及工程进度；例如：本工程基础底板厚度超过1300mm，属大体积混凝土，其质量控制是本工程的重点。从混凝土的浇筑、混凝土的养护以及混凝土裂缝三方面采用先进工艺。直径大于等于 18mm 的钢筋采用等强度滚压直螺纹连接技术工艺进行控制，保质、按期完成。

(3) 原施工组织设计地下室和地上结构施工选用商混及 5 台 HBT80 拖式地泵进行混凝土的场内运输，在浇筑面上用布料杆进行布料。后采用现场设 2 台中小型搅拌站，现场搅拌混凝土，大大提高了混凝土质量的稳定又保证了工期，还节约了成本。混凝土量节省 2%。混凝土施工随时都能保障。

3. 质量管理

(1) 制定详细的质量计划，明确了质量目标、岗位责任制、工作内容和程序、激励办法；签订责任书；合理配备资源等；制定有针对性和可操作性较强的各分项工程的施工方案，例如：外墙外保温、防水、砌筑等，使工人明确施工工艺，熟悉操作程序，清楚质量标准，克服质量通病，强调不合格的材料决不使用在工程。

(2) 根据不同队伍的技术素质和操作水平，制定了相应的质量措施，严格按国家验收规范的要求，进行技术交底和组织验收。例如为确保框架结构的混凝土质量及外观和钢筋隐蔽工程的质量，首先在材料选用上采用了经过严格控制的现场搅拌混凝土和多层板、竹胶板相结合作为模板的质量控制基础，达到清水混凝土效果。

(3) 针对施工组织设计、施工方案和技术交底，采用“方案先行，样板引路”，本工程按照方案编制计划，制定详细的、有针对性和可操作性的施工方案，从而实现在管理层和操作层对施工工艺、质量标准的熟悉和掌握，使工程施工有条不紊地按期保质完成。施工方案覆盖面要全面，内容要详细，配以图表，图文并茂，做到生动、形象，调动操作层学习施工方案的积极性。

4. 进度管理

(1) 在工程总进度之下，科学合理安排月、周进度计划，合理安排施工顺序和工序搭接；如主体结构与砌筑工程施工，机电安装施工与市政、园林施工等。

(2) 利用机械化回填土方，大量地节省了人力资源和最大限度地加快了回填进度；

(3) 合理利用新材料，既提高了施工质量又加快了施工进度。例如：外墙外保温采用胶粉 EPS 颗粒保温。它将胶粉料、聚苯颗粒按适当比例用水搅拌成灰浆状抹于外墙上，与主体墙结合成一体，干后重量轻，导热系数低，软化系数高，因此保温节能效果好，寿命长，不会出现拼缝热桥的问题，其抗负风压性能和现有技术相比提高 80%左右，而对门、窗、洞口施工容易；用该材料做保温墙体，不开裂、不空、不鼓。地下车库顶部采用整体防水工艺。

(4) 根据结构的设计尺寸进行模板设计，原地下墙体均采用 86 体系全钢大模板，现改为多层板和竹胶板，在满足质量的前提下提高了工效。

5. 施工安全管理

结合施工现场的特点，制定了一系列适合本项目实际情况的规章制度，用制度管人。严格按照工程所在地安全文明工地的标准管理施工现场。严格执行安全交底制度，强化安全检查制度，奖罚措施的实施，杜绝了违章指挥、违章作业、违反劳动纪律的现象，从而大大减少了各类事故的发生。

6. 施工成本控制

(1) 在整个施工过程中严格控制成本，尽量避免人为因素，从合同的签订、监督履行、管理备案到洽商的签证、管理、备案，均需适应市场的变化，严格控制造成成本变化的因素。

（2）重视工程全过程成本的控制：①认真审核设计图纸；②工程施工、设备材料采购招标采取公开招投标，获取最优惠的价格；③工程签证及时，不漏项，不漏量；④加强合同管理。招标文件中明确招标范围；与分包签订合同必须明确施工范围、结算调整原则；合同的签订不允许“只盖章不签字”，必须有负责人和经办人的签字，以明确责任，在以后发现问题时可以及时予以查询和解决；任何分包工程或材料、设备采购应先签订书面的合同或协议方可进行，尽量避免口头协议，以减少费用的无效支出。

（3）对分包商提出总目标及阶段性目标，包括质量、进度、安全、文明施工等各个方面，进行管理和考评，及时调控成本。通过严格的合同约束和有效管理，使各分包、供应商始终处于总包控制之中并符合整体要求。

2.2 工业建筑安装工程

2.2.1 循环流化床垃圾焚烧锅炉安装工程施工组织设计

一、工程概况

（一）项目简介

（1）本工程的循环流化床垃圾焚烧锅炉属于高温、高压电站锅炉。循环流化床锅炉是属于一种新近开发的新型燃烧锅炉，属于单锅筒、自然循环、膜式水冷壁，圆形绝热分离器、外围高温过热器技术结构。又由于采用了国外专利的外置换热器技术，可有效防止垃圾焚烧产生的 HCl 气体受热面高温腐蚀，锅炉产蒸汽参数高、效率高等特点，因此安装应特别重视。

（2）锅炉为烧各种不同的垃圾为主的环保型锅炉，又是高温高压锅炉，质量要求高，技术比较复杂，工期又特别紧，而竣工时间又多是冬季，施工高峰时间处于雨季，施工难度大，受环境气候影响比较大。

（3）锅炉安装是锅炉生产制造的一部分，又是系统性工程，工艺程序严格，因此制定施工方案和施工工艺、施工检验和质量评定等都必须适应当地的规定，满足业主要求。

（二）锅炉结构及主要技术经济参数

（1）锅炉本体分两大部分，即焚烧炉和余热炉。锅炉汽包在焚烧炉的炉顶部。锅筒内有波形板汽水分离器和旋风分离器，水冷壁上升管束的汽水混合物进入汽包内部装置的汇流箱。给水经省煤器后，由 2 根管引出，进入汽包和上升管束来的汽水混合物相混合后一起沿切线方向进入旋风分离器，实现汽水分离，汽体向上流动经波形板汽水分离器，由汽包上部的管子进入低温过热器（低温过热器在余热炉的顶部烟道里面）。

（2）焚烧炉四周布置有 $\phi60.3\times6.3$ 的锅炉无缝钢管组成的膜式水冷壁，炉室左右前后各 2 个回路，共 8 个回路。高温过热器安装在由后水冷壁弯管前后的空间的外置式换热器里面，目前还有一种结构是将高温过热器安装在物料旋风分离器两返料器集箱内，便于埋管、减少烟尘冲刷。炉内有燃烧系统及布风板。

（3）余热锅炉包括两组旋风分离器及返料器（就近又加入高温过热器），而低温过热器和对流管束及省煤器，空气预热器都属于余热锅炉。低温过热器由连通管直接进入高温过热器，省煤器通过集箱再由连通管进入高温过热器，对流管束也是由连通管进入高温过热器。过热蒸汽通过高温过热器集箱上主蒸汽调节阀进入主蒸汽管进入汽轮机，带动发电机进行发电及供热。

(4) 主要技术参数：

锅炉额定蒸发量：G=75～220t/h

锅炉额定压力：P=3.82～11.18MPa

锅炉额定蒸汽温度：T=450～541℃

锅炉给水温度 $T_{给}$=150～200℃

锅炉热空气温度：$T_{空}$=200℃

锅炉排烟温度：$T_{烟}$=190～200℃

锅炉设计燃料：生活垃圾+煤；纸浆+煤；秸秆；稻壳；甘蔗渣等

锅炉燃烧方式：循环流化床燃烧

锅炉热效率：η=85%～89%

锅炉安装水压试验压力：P_s=6.5～19.125MPa

锅炉脱硫方式：加石灰石，炉内脱硫

(三) 工程质量、安全目标

1. 质量目标

确保安装工程质量优良，分部分项工程质量优良率（按中国电力行业规定）达到80%。主体工程达到优良。

2. 安全目标

(1) 杜绝重大恶性事故，一般安全事故不超过0.3‰。

(2) 杜绝重大机械事故发生。

(3) 不可预料及自然灾害及人为破坏除外。

二、摘选主要施工方案

(一) 锅炉垃圾接收储存系统安装方案

1. 垃圾接收储存系统简介

(1) 垃圾接收储存系统

共有五部分组成，包括：垃圾称量系统；垃圾卸料系统；全自动液压抓斗起重机；大件垃圾破碎装置；垃圾坑等。

(2) 垃圾接收储存程序

垃圾接收储存系统程序如下：

垃圾车进场 → 地磅房秤量 → 经上料斜桥进入垃圾卸料大厅 → 经垃圾卸料门 →

倒入垃圾大坑 → 自动抓斗机 → 大件破碎 → 抓斗机 → 送入垃圾进料斗

(3) 垃圾接收储存系统简介

1) 垃圾称重系统。包括数字式地磅衡；车辆识别及电脑控制系统。

2) 垃圾卸料门。包括：垃圾卸料门；车辆检测器；垃圾卸料门液压站；垃圾卸料门液压泵和液压管道。

3) 全自动液压抓斗（垃圾吊）起重机。包括：全自动液压抓斗起重机；起重机电脑控制系统及相关电气系统。

4）大件垃圾破碎装置。包括：垃圾破碎机；配套控制装置；相关电气系统。

5）垃圾坑。全封闭的垃圾储存坑。

垃圾接收储存系统安装工艺程序如下：

垃圾坑安装→抓斗起重机安装→卸料门安装→液压泵安装→管道安装→管路冲洗→

卸料门控制装置安装、调试→车辆检测器安装→破碎机安装调试→控制装置、电气系统安装调试→

数字式地磅衡安装→车辆识别装置及电脑控制系统安装调试→垃圾坑及卸料门严密性试验→

系统控制及电气装置调试、试验→系统运行

2.系统安装工艺

（1）垃圾坑安装

垃圾坑一般是采用钢筋混凝土防水结构，通常由土建施工，但是为防止渗漏液渗漏，安装前应做微负压试验。

（2）自动液压抓斗起重机安装

1）自动液压抓斗起重机安装程序如下：

吊装梁制作、安装→吊车轨道安装→标高、跨距的检测校正→抓斗机桥架检测、组装→

桥架起升机构安装→整体吊装、就位→检测校正→抓斗组装安装→

电气装置和控制装置安装→控制装置和电气装置调试→行车行走试验→

抓重（超重）试验→运行→竣工验收

2）检测土建工程行车梁柱、标高及跨度并进一步复验，合格后进行行车梁的安装，不合格交土建返工，直到中间验收合格为止。

3）用起重机（轮胎吊）将合格行车梁吊至柱上，先就位，再检测、校正直至合格。

4）用起重机吊装钢轨，就位、检测、校正，合格后固定。

5）将组装好的抓斗起重机（起吊部分安装于桥架上），依据总重量和高度，选择起重机，进行整体吊装就位，也可以采用扒杆、卷扬机（或液压千斤顶组合）吊装安装。

6）抓斗机桥架找正和调整合格后，再用起重机将组装好的抓斗吊装就位，并经调整后锁定。

7）与此同时，安装并调试好抓斗机控制装置和电气系统，并调试合格后进行抓斗机行走（左右、前后）、升降等试车，检查其各参数符合设计要求。

8）进行抓斗机的联动运行、试运行。

9）按设计要求进行超负荷试验及检测。

10）上述工作完成并经验收合格后方可交付验收。

（3）垃圾卸料门安装

1）垃圾卸料门简介：

①垃圾卸料门位于垃圾卸料大厅和垃圾坑之间，由卸料门、车辆检测器、卸料门液压装置、液压缸、液压泵、阀、管路等组成。

②为了确保垃圾坑内气体不外溢，垃圾卸料门处于常闭状态。当垃圾车经过位于垃圾卸料门前地面内的车辆检测器上方时，则垃圾卸料门液压站通过液压管道和液压油缸驱动该垃圾门开启，然后垃圾车进行卸料到垃圾坑，卸料完成后，垃圾车再次经过车辆检测器

上方时，垃圾卸料门关闭。

③车辆检测器实际上是由两组感应线圈和信号处理器组成，感应线圈安装于垃圾卸料门正前方的混凝土地面上。凡是要通过检测器的垃圾车在经过感应线圈上方时，因通过的顺序和振动频率的变化，并将检测信号传至信号处理器，由信号处理器发出的信号启动液压泵站的油泵工作，从而用油缸将卸料门自动进行开启，使垃圾车进去卸料，卸料后垃圾车出门后卸料门自动关闭。

2）垃圾卸料门安装：

①在土建浇筑垃圾卸料门框混凝土的时候，应配合土建将安装垃圾卸料门的预埋铁件埋好，埋设时位置要准确，钢板面要垂直。

②预埋件要严格按设计要求进行选材加工，现场预埋时一定要固定好，防止土建混凝土振捣时移位倾斜。

③待土建施工完后，安装卸料门前，应对土建施工的各项几何尺寸和混凝土进行中间检查验收，并按图纸设计参数对其进行测量，确定垃圾卸料门下部底座的安装位置，并将下部底座与底座预埋件焊接牢固。

④在上料斜桥还未施工，抓斗车还未安装的情况下安装卸料门时，要选用大吨位吊车（也可以用土办法吊装）将垃圾卸料门的各部件按编号分别吊放在要安装位置的前方平地面上，并将垃圾卸料门朝垃圾坑的一面放置在上方。

⑤在吊装部件过程中，要采用尼龙吊装带，以防止吊装过程中损坏垃圾卸料门表面油漆。

⑥在下底座安装完后，进行垃圾卸料门安装。将组装好后的卸料门用吊车将门吊装就位，但是捆绑仍用尼龙带，可绑在门上也可以绑在转轴上，但一定要选择并计算好吊车起重能力，防止事故。

⑦待垃圾卸料门下门轴放置在下部底座后，再进行上部底座的安装。

⑧上部底座安装完成后，再进行垃圾卸料门上方驱动支臂、从动支臂、液压油缸固定支架的安装，再用液压油缸将固定支架及驱动支臂连接，用连接杆将驱动支臂与从动支臂连接。

⑨最后安装油缸、油泵，液压管路安装完后进行试压，合格后进行管路酸洗、冲洗、油循环过滤。上述工作完成并检测合格后做启动、关闭试验。

⑩车辆检测器及其控制线路、电气线路最后施工调试，并配合试车试运。

（4）垃圾破碎装置安装

1）破碎装置组成：

①垃圾中常有大件垃圾需要破碎，因此需要安装大件破碎机。大件垃圾破碎装置能剪切城市生活垃圾中诸如废弃的家俱，一般家庭用品，垫子、盒子、包装材料等大块废料。经过破碎后的垃圾能顺利地通过焚烧炉及除渣口，不会造成堵塞。

②垃圾破碎机由进料斗、剪切破碎机、底座、液压驱动装置、配套的控制和监控设备组成，而剪切破碎机又包括以下部分及功能：

a. 高扭矩、低转速液压马达驱动双转轴。

b. 高质量的刀片剪切大件垃圾。

c. 四重密封结构保护机器。

d. 用作导向梳理物料，防止破碎后物料回带，清理刀片的梳板。

e. 提高耐磨，保护使用安全的耐磨板。

f. 做动力传动的齿轮（斜齿）装置。

g. 保护破碎机过载运行的防振装置等。

2）垃圾破碎装置安装：

①检查验收设备基础，并找平画线。

②先安装设备底座，经粗平后固定。

③用吊车将破碎机整体吊入设备底座，就位后，先进行粗平，合格后再进行精平，最后固定。

④破碎机固定后依序安装进料斗、液压驱动装置、控制装置、监控设备和配电设备。

⑤待全部安装完后进行设备、电气、仪表控制、监控等原件部件检测调试，合格后进行单机试运行。

⑥单机试运行合格后，进行系统调试、连锁调试，都合格后再进行系统空负荷运行，负荷运行，直至交工。

（5）垃圾称重系统安装

1）系统设备：

①垃圾称量系统位于地磅房内，它是由数字式地磅衡、车辆识别系统及电脑控制系统组成。

②地磅衡秤重重量，车辆识别系统记录垃圾车的牌号、垃圾车进入时间、日期、重量等并自动在电脑上显示并存储，记录建立数据库。

2）地磅衡安装：

①检查验收地磅衡设备基础，并依据设计或产品说明书要求做基础测量、放线、修整，保证基础平整。

②地磅衡应在房屋屋面施工前进行安装，以方便模块化承重台的吊装。

③先安装、吊装称重传感器，并调整、找正称重传感器，以保证传感器的位置准确，标高偏差符合规范及相关标准。

④再用起重机（依重量、位置选择起重设备）将模块化承重台吊装于称重传感器上，调整承重台的位置和水平度。

⑤在安装调整过程中，一定要用框式水平尺和长形高精度水平尺检查承重平台水平度，只有高精度水平度，才能保证称重精确。

⑥最后安装数字化称量显示器（应在建筑物封闭施工完后进行）。

⑦地磅衡全部安装完后要进行系统调整，调试和检测、检验。

（二）烘炉、煮炉、锅炉首次启动方案

1. 烘炉

（1）烘炉的目的

本锅炉炉墙为重型炉墙，墙体内含水分较高，若直接点火运行，水分急剧蒸发膨胀，因来不及扩散蒸发，新砌炉墙就可能被胀裂。为此，烘炉一定要按工艺慎重进行。

（2）烘炉前必须具备的条件

1）本体管路安装及水压试验必须合格。

2）炉墙砌筑及本体保温工作全部结束后，炉门、观火门等已打开且通风自然干燥不少于 72h，为后一道工序烘炉准备条件。

3）烟、风管路接通，一二次风机和引风机调试合格，并要保证后期烘炉能正常进行。

4）烘炉需用的电器和热工仪表安装完毕，并检验合格。

5）炉墙上布置必要的测温点和取样点，尤其是过热器出口烟温测点能投运。

6）炉膛内脚手架拆除，场地清理干净。

7）照明设施安装好，并临时准备检查用的行灯（24～36V）及手电筒数只。

8）炉膛、烟风道、分离器、返料装置、空气预热器及除尘器等内部装置检查完毕。

9）锅炉膨胀指示器安装齐全，指针调至零位。

10）锅炉有关的热工仪表和电气仪表均已安装完毕，检验合格，可投入正常使用。

11）锅筒内部装置安装结束，锅筒水位计的水位标志清晰、正确。

12）向锅炉加软化水或化学除盐水至正常水位，水温与锅筒壁温温差不得大于 50℃，一般控制在 30～50℃之间，并将水位计冲洗干净。

13）分别在分离器、回料装置和分离器出口烟道上安装耐磨材料取样点。

（3）烘炉前的准备

1）在锅炉沸腾床上铺砌耐火砖栅格或均匀铺上厚 100mm 灰渣。

2）烘炉前旋风分离器及一级返料装置筒壁上必须现场开排汽孔（ϕ10mm，间距 500mm）。待烘煮炉合格后，正式运行前再将该孔现场密封。

3）烘炉重点是旋风分离器及一级返料装置炉墙，为了更好地对此两处炉墙烘干，建议在烘炉前把炉膛两个出口用钢板临时封住（炉内除一级返料口外所有其他开孔临时用硅酸铝纤维板堵死），从而使烟气直接从返料腿进入旋风分离器。

（4）烘炉过程

1）烘炉燃料：根据现场条件，采用火焰烘炉，其中前期燃料用木柴（前期烘炉亦可采用蒸汽烘炉），后期燃煤。

2）烘炉时间安排总时间为 150h 左右，本工程选 192h。

3）烘炉过程中烟温控制：先用木材在炉床中间点火，开始时火要小，可采用自然通风，慢慢升温，温升以过热器后的烟温控制。第一天烟温＜50℃，以后每小时升温控制≤10℃。第一天升温控制＜100℃，待第二天升温到 160℃，恒温 6h，然后以 30℃/h 升温速度升温，恒温 10h，从而结束第一阶段烘炉。

4）烘炉时，在返料室内可烘少量木材，烘烤分离器，木材可从人孔门加入。

5）在烘炉的同时还应该将燃烧器的油燃烧器拆下。在点火燃烧器内烧木材，烘点火燃烧器及水冷风室。

6）厂家要求，烘炉分三阶段进行，即低温烘炉、中温烘炉和高温烘炉。

（5）低温烘炉

低温烘炉，温度控制在 100～150℃（指后烟道壁面温度）。烘炉时间不少于 72h，低温烘炉应是：

1）炉内不填加任何床料。

2）在分离器入口段搭建临时不完全封闭隔墙，使大部分烟气从回料系统返窜至旋风筒子出口。

3）床下启动燃烧器油枪。启动时以最小的燃烧率投入第一只床下启动燃烧器，约

30min后，投入第二只床下启动燃烧器。稳定运行3h。

4）以28℃/h的速度提升温度，当汽包压力达到1MPa时，稳定运行6h。

5）继续以28℃/h的速度升温，使汽包压力达到4.15MPa，油枪以较大的燃烧率投入，稳定运行24h。分离器入口的温度约在150℃左右。

6）锅炉整体低温烘炉的同时，进行回料腿热养生：利用木材进行烘炉，温升速度控制30℃/h，温升至350℃，恒温，恒温时间取决于锅炉整体烘炉状况。

7）汽水系统的运行可参考同等级的煤粉炉。

（6）中温烘炉

中温烘炉，温度应控制在300～350℃，时间为60h左右，中温烘炉应是：

1）填加床料500mm厚，床下启动燃烧器，温升速度控制28℃/h，温升至150℃，恒温20h后，按照烟气温度变化率要小于28℃/h的控制要求逐步提高气枪出力，稳定运行24h。

2）旋风分离器入口的温度约在300～350℃左右。

3）在烘炉过程中，不论何种原因造成中断烘炉，烘炉必须重新开始。

4）本阶段烘炉结束后，停炉，拆除分离器入口的临时隔墙。

5）耐火耐磨材料的取样测试含水率应以耐磨材料厂家要求数值为准，一般经过中温烘炉后含水率不得超过2.5%。

（7）高温烘炉

高温烘炉应维持在中温烘炉温度的基础上进行烘炉，其温度不低于350℃左右，烘炉时间应不少于72h。其方法是：高温烘炉一般结合锅炉的酸洗、吹管、汽机冲转，依靠加煤提高炉膛及整个循环回路的温度来实现，烘炉效果要求耐磨耐火材料达到充分固化，并在外表形成一种油化状表面，增加抗磨强度。

（8）烘炉升温曲线

本烘炉按制造厂要求，其烘炉时间和温度如图2.2.1-1。

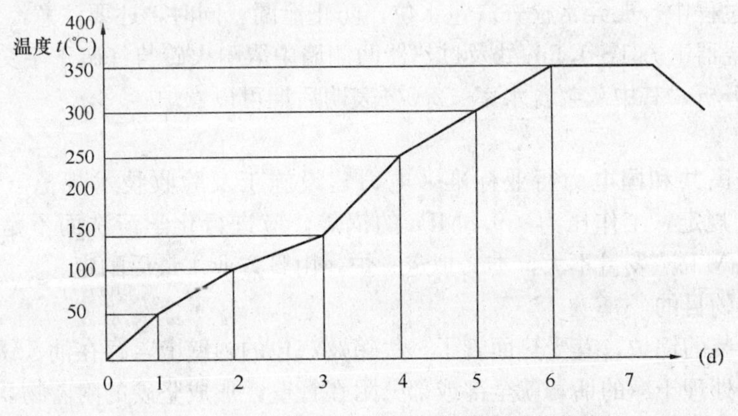

图2.2.1-1 UG-75/11.18-MT锅炉烘炉曲线

（9）烘炉操作步骤

1）关闭汽包及集箱上所有人孔、手孔门。

2）缓慢向汽包进水，并轮流打开各排污门，管道疏水门，以冲洗锅炉受热面各汽水系统。

3）由化验取样分析，确认水质符合标准后，方可停止冲洗，关闭各疏水排污门。

4）缓慢向汽包进水，水位控制在－140～120mm。

5）在临时烘炉床面上堆好木柴。

6）木柴上浇柴油，并用柴油棉团从炉膛中部开始点火，利用自然通风，维持小火。

7）燃烧室维持 200～300Pa 正压，稍开灰门及锅炉上部所有炉门，以放出炉内湿气。

8）勤添木柴，并按规定控制烟温并做好记录。

9）烘炉后期可以启动一二次风机及引风机，改用燃油，以加强燃烧，提高炉膛出口烟温，烘干后部炉墙，此时，维持燃烧室 2～3mmH_2O 柱负压。

10）每班要定期检查汽包水位及膨胀指示器，并做好记录。

11）由化验取灰浆样进行含水率分析，符合标准后，结束烘炉。

(10) 烘炉注意事项

1）做好烟温测点温度测定和记录：

①以过热器出口烟温为准，控制温度。

②升温过程和时间，严格按规定执行，不能过快。

③操作人员，每隔 30min 测量和记录烟温一次。

④注意汽包水位，保持正常水位。

⑤每天对烟温进行一次分析，并对炉子进行观察记录。

2）该烘炉方案仅供参考，以供耐火材料单位和筑炉单位方案为准。

3）烘炉后期，一定要启动已安装的燃烧器。

4）烘炉时，应注意观测炉墙伸缩缝、烟道补偿器及炉上补偿器的伸缩是否通畅自由，各种支架、吊架、恒力弹簧、预压缩弹簧是否工作正常，防止卡住。检查炉墙外形无裂纹，无凹凸变形。

5）若发生上述问题，应及时停炉，分析原因，制定补正措施，待验收后再进行烘炉下一步工作。

6）炉墙温升要缓慢，不得用烈火烘烤，火焰燃烧要均匀。

7）烘炉过程中，要经常检查汽包水位，防止泄漏，同时，还要注意经常排污补水。

8）在燃烧器上方 1～1.5m 处及过热器两侧墙中取耐火砖与红砖丁字交叉缝处的灰浆样 50 克进行分析，其中灰浆含水率＜2.5%表明后期可以煮炉。

2. 煮炉

按中华人民共和国电力行业标准《电力建设施工及验收技术规范（锅炉机组篇)》DL/T 5047 中规定，工作压力＞9.8MPa 的锅炉，应进行化学清洗而不是煮炉，考虑到 UG-75/11.18-MT 蒸发量不大，本文拟定煮炉，由日方业主最后酌定。

(1) 煮炉的目的

对于新安装的锅炉，其受热面管子，集箱及汽包的内壁上，存在油、锈等污染物，如果在运行前不处理干净的话，就全部或部分附在管壁，形成坚硬的附着物，使管壁的导热系数减少，从而影响锅炉的效率，另一部分溶解到水中，影响到汽水蒸气的品质，对汽轮机的安全运行危害十分严重。

(2) 煮炉人员

1）煮炉由甲方派专职司炉人员负责操作。

2）乙方负责制定方案，经甲方审议后，派专人监督操作情况。

(3) 煮炉前必须具备的条件

1) 烘炉结束后期耐火砖灰浆含水率≤7%。

2) 加药及取样管路畅通，加药泵安装及调试合格。

3) 准备足够的化学软化水。

4) 准备足够的煮炉药品。

5) 热工和电器仪表调试合格，并能投运。

6) 锅炉各传动设备均应处于正常投运状态。

7) 平台、扶梯、栏杆安装齐全。

8) 夜间照明设施良好。

(4) 煮炉要求

1) 烘炉结束后或烘炉后期才能进行煮炉。

2) 按锅炉水容量，配制 NaOH 和 $Na_3PO_4.12H_2O$，药量分别是：

①氢氧化钠 (NaOH) (100%纯度) 62～186kg。

②磷酸三钠 ($Na_3PO_4.12H_2O$) (100%纯度) 62～186kg。

③将两种药品溶化成溶液（分槽溶化），然后加入汽包。

④加药可按锅炉内铁锈厚薄而定，一般轻者 2%～3%（重量比），重者 3%～4%。

⑤NaOH 和 Na_3PO_4 含量基本相同。

(5) 煮炉步骤

1) 烘炉合格（即灰浆化验合格），水质化验分析合格，用排污方法使锅炉内水位控制在最低点（下限），然后将调整好、溶化后的 NaOH 和 Na_3PO_4 用加药泵送到锅炉汽包里，切忌将药液进入过热器内。

2) 加药后，再将锅炉内水补到高水位状态，一般控制在 300Pa 后停止进水。

3) 严禁煮炉时水位过高而造成药液进入过热器内。

4) 停止进水后，关闭给水旁路门，开启再循环门。

5) 煮炉最好用木柴（初期）煮炉，不要急于启动沸腾流化床。

6) 第一期煮炉：

①全面检查各设备，应处在正常启动状态，无任何异常情况。

②启动燃油系统、引风机、送风机，适当调整风量。

③按正常点火开始升压。

④当压力升至 0.23MPa 时，关闭空气阀，打开过热器疏水，并冲洗就地水位计一只。

⑤缓慢升压至 0.81MPa 时，对所有管道，阀门作全面检查，并拧紧吊杆螺栓。

⑥要求化验人员每 2h，取样分析一次，并根据分析结果，通知运行值班人员。

⑦全面定期排污一次，其排污量和排污时间由化验决定，并做好记录。

⑧排污时，要严密监视水位，力求稳定，严防破坏水循环，并做好水位记录。

⑨在第一段煮炉中，要求水压保持在 1300Pa 下运行。

⑩在 0.81MPa 压力下煮炉时间 8～12h。

⑪ 运行值班人员对烟温、烟压、温度、水位及膨胀指示值等每小时抄表一次。

7) 第二期煮炉：

①缓慢升压，当压力升至 3.05MPa 时，通知热工人员，对各仪表管路进行冲洗操作。

②在3.05MPa压力下煮炉10～12h。

③要求运行值班人员，严格控制水压，不得超过1600Pa。

④运行人员每隔2h校对上、下水位一次，并做好记录。

⑤通知化验人员，每隔1h取炉水化验一次。

⑥按化验通知，全面定期排污一次，在操作过程中，严格控制水位，力求水位波动小，并做好排污记录。

⑦在3.05MPa压力下运行，测试各风机出力及总风压与一次风压，并做好记录。

⑧要求运行值班人员，操作中对气压、水位、烟温的调节。

8）第三期煮炉：

①缓慢升压至额定工作压力50%时稳定燃烧。

②排汽量为10%～15%额定蒸发量。

③在此压力下运行24h，要求化学水准备好足够的补给水。

④然后采用连续进水及放水的方式来进行换水，直到水质达到试运行标准。然后停炉或升压进行蒸汽吹洗、蒸汽严密性试验及安全阀调整。

⑤待压力降至0，炉水温度低于70℃时，打开空气阀，汽包人孔门，检查汽包内壁锈蚀及油污情况，要求内壁有一层磷酸钠保护形成。

（6）煮炉注意事项

1）煮炉时，每隔3～4h在底部集箱进行一次排污，在排污前后1h进行炉水化验，其碱度不得低于58mg/L，磷酸根（PO_4）不得低于670mg/L，当低于此浓度时，应补充加药，加药到高于上述值继续煮炉；

2）煮炉应注意排污，前期每2h排一次，后期每1h排一次，每次排污时间为10～20s，容量为10%～15%。

3）煮炉时，还应注意适当排汽，排汽量不得大于10%，要注意观察和补水。

4）加药一定先溶，不能将固体状态药加到汽包里，也防止药液到处溢流腐蚀锅炉。

5）加药和溶药时，操作人一定要着棉布装，戴胶皮手套，穿胶鞋，防止对衣物和肌体腐蚀等。

6）升压一定缓慢进行，切忌过快，带压坚固螺栓时，要观察情况，不能漏汽紧固，一定降压紧固，防止伤人。

7）烘煮炉时，风帽要通风，防烧坏，给煤管、回料管、二次风管都要送入少量冷却风，冷却管子。

8）锅炉上水至汽包最低水位，开始溶液，先溶NaOH，后溶$Na_3PO_4.12H_2O$，连续一次加入汽包，加药完毕后补水至汽包最高水位。

9）溶药工作应在化工人员指导下进行，工作人员穿防护服，戴保护眼镜及耐酸碱手套，溶药工作的地方要备清水盆，以防药液伤人时及时稀释。

10）煮炉期间至少投入一支就地水位计，为保证煮洗效果，煮炉期间应保持高水位，但严禁满水，以防碱液进入过热器。

11）煮炉期间保证炉水碱度不低于50mg/L，当碱度降低时，应向正常加药系统加药。

12）加药煮炉后，每小时取样分析一次，分析炉水和碱度，每阶段排污前、后各化验一次炉水和蒸汽碱度。

13）煮炉期间每阶段升压前、后记录一次各点的膨胀值。

14）煮炉期间调整燃烧，保证过热排汽量为 14～18t/h，注意过热蒸气温度不超过 400℃。

15）煮炉一定要做好交接班和记录。并做好膨胀记录。

16）煮炉时，必须开启再循环门，过热器、疏水器等。

(7) 煮炉后锅内清洗

1）通过排污，使锅筒内炉水冷却，炉水温度降到 70～80℃，停一段时间，最好是 24h，从而让炉体缓慢降温，防止急降急冷。

2）将与碱水接触过的阀门、大盖、检查孔盖等拆卸下来，清洗铁渣和泥砂等。

3）打开汽包人孔、联箱手孔进行清洗。

4）反复置换炉内炉水，一边排一边进水，使炉内全部为合格的不含碱的炉水，并取样化验。

5）炉内清洗完后，恢复正常，保持系统完整，待命启动。

(8) 检查与验收

合格标准是：

1）锅筒和集箱内无油污和沉积铁砂。

2）擦去附着物后，金属表面应无铁锈、斑。

3）设备完好，炉墙未变形等。

3. UG-75/11.18-MT 循环流化床锅炉首次启动

(1) 点火前检查

1）锅炉本体、给水、出汽、排污、疏水、取样、加药等系统安装、试验合格，保温完毕。

2）各处膨胀间隙准确，膨胀位移时不受阻碍，锅炉膨胀指示器安装正确，牢固、校好零位。

3）给水、减温水管道冲洗完，并恢复完好。

4）锅炉冷态试验完毕。

5）必须的热工仪表（如温度、压力和流量表、过热蒸汽流量及一二次风流量表）均已校调完毕，能投入使用。

6）各运行岗位有可靠的通信、照明及消防设施。

7）所有脚手架拆除，杂物清理干净，锅炉梯子平台栏杆齐全，孔洞加盖。

8）所有汽水阀门、热工仪表、电子仪表、电气仪表、电缆挂牌、汽水门标明开关方向。

9）电动门、给水及减温水调节试完，给水及减温水调节门性能试验完。

10）各水位计水位清晰、位置准确、照明良好。

11）检查风机、回燃风挡板门动作灵活，实际位置与外部指示、盘上的指示应一致，开关方向正确。

12）安全门合格。

13）各转动机械按钮、联动试验、保护动作试验及灯光、音响、信号、报警装置试验完毕可靠。

14）锅炉运行人员经运行规程、安全规程学习考试合格，安装单位配齐检修人员。

15）主蒸汽管道吹扫临时管安装完毕。

16）启动领导小组成立且有明确分工，安排值班表、现场值班，协调工作。

17）工业水、冷却水系统能随时投入。

18）煤的颗粒度符合设计要求，垃圾（木柴和轮胎）中无超大尺寸的垃圾。

该炉在烘炉和煮炉时，可以采取临时供油供煤，但是锅炉热态调试，特别是锅炉燃烧状态的调整，锅炉汽密性试验及冲管等，都需要锅炉正式投运情况下进行，只有如此，才能够保证锅炉有足够的蒸汽量和压力。锅炉首次启动，则必须投入垃圾和煤混合燃烧，以便调整锅炉运行状态，测定运行参数。

(2) 流化床点火

流化床点火采取“床下点火”新技术，这里只介绍流化床首次点火操作。

1）锅炉“床下点火”前，应将锅炉燃烧室内点火装置和床层都布置好，用点火器等点火等。

2）当床层底料预热到规定温度，油烟温度达到点火条件，用点火器自动点火。

3）当料层点燃后，应对风门、风压进行调整。

4）关上炉门启动引风机、一次风机，调节一次风门，使风量为临界流化风量的80%，开度约7%～8%，维持炉膛负压在150Pa左右。当料层暗暗发红（约600℃）时，启动给煤机，少量加煤，(转速 50r/min) 时间为1min。随着床温的上升，调整风量，控制升温。

5）当床温达900℃左右，流化正常，床温上升趋于平稳，维持给煤机转速100r/min附近，一次风门开度在9%左右，并适当调整给煤机的转速和一次风门控制炉温。燃烧正常后开启返料风门，使其流化循环，直至进入正常运行状态。在投返料时，要注意炉温变化，如炉温下降很快，应及时关闭返料器风门，稍增加煤量，重复前面的操作，直到返料器完全投入运行。

6）当炉内煤的燃烧逐步稳定，返料器循环正常，则应逐渐减少煤的投放，并向炉内逐步投放垃圾，使炉内煤和垃圾混合燃烧状态逐步稳定正常。

7）炉内煤应逐步减少投入量，垃圾应逐渐增加投入量，这样使混合物料燃烧逐渐正常，直到垃圾量达到设计要求。

8）垃圾和煤的混合燃烧，其比例按设计规定，其负荷需靠调节一次风量和二次风量来进行调整。

9）此后要转入负荷控制调试，温床控制调试，床层压力控制调试，炉膛（悬浮段）物料浓度的控制调试，一二次风量控制调试和返料器控制调试及锅炉出力的调整等。

(3) 锅炉升压操作

1）在点火过程中，气压在不断上升，当气压升至0.05～0.1MPa时，冲洗汽包水位计，并核对其他水位指示是否与汽包水位相符。

2）当气压升至0.15～0.2MPa时，关闭汽包空气门，开减温器联箱疏水门。

3）当气压升至0.51～0.71MPa时，一次进行水冷壁下联箱排污放水，注意汽包水位。在锅炉进水时，应关闭汽包至省煤器入口的再循环管阀门。

4）当升压至0.71MPa时，通知安装单位，对法兰、人孔及手孔等处螺栓热紧和仪表管冲洗。联系汽机后开锅炉主汽门旁路门进行暖管，当压加升至1.22～1.4MPa时，全开主汽门，关闭旁路门。

5）当气压升至2MPa时，通知热工投水位计。

6）当气压升至4MPa时，稳定压力对锅炉机组进行全面检查。如发现不正常现象，停止升压，待故障消除后继续升压。

7）气压升至4.8MPa时，定期排污一次。

8）当气压升至6.1～6.9MPa时，冲洗汽包水位计，通知化学、化验汽水品质，并对设备进行检查，调整过热蒸汽温度，准备并炉。

9）锅炉升温要缓慢，控制饱和蒸汽温升50℃/h，汽包上下壁温度温差<50℃，整个升压过程控制在2～3h左右，并在以下各阶段记录膨胀指示值：

①上水前；

②汽包压力分别达到0.61～0.81MPa、2～3.05MPa、4MPa、7.93MPa、9.15MPa、11MPa或11.18MPa时，检查膨胀情况，如发现膨胀不正常时，必须查明原因且消除不正常，方可继续升压（中压3.9MPa，次高压为5.4MPa，高压为9.8MPa）。

（4）锅炉冲洗和吹洗

1）锅炉范围内的给水、减温水、过热器及其管道在投入供水与供汽前，必须进行冲洗和吹洗，以消除管道内的杂物和锈垢。

2）给水、减温水管道冲洗水质宜为除盐水或软化水，冲洗量大于正常运行时的最大水量。当出水澄清、出口水质和入口水质相接近时为合格。

3）过热器和主蒸汽管道的蒸汽吹洗。

①蒸汽吹洗前的准备工作及具备条件：

a. 锅炉烘煮炉结束，化学水清洗合格，被吹管道水压合格，支吊架安装完。

b. 按照吹扫系统图装好临时管，临时管接到厂房外1m左右，排汽中不准对着建筑物、电线等。排汽门应向上倾斜20～30°。临时排汽管支架牢固，且能满足膨胀要求，同时能承受排汽反作用力；临时排汽管内径应大于被吹扫管道内径。

c. 吹扫前严格校正各水位计（以锅炉就地水位计为准）。

d. 准备足够的锅炉用水，并保持随时供水状态。

e. 吹扫时锅炉汽门要求快速开关，要求阀门开关灵活，作可靠性试验，记录开关行程时间。

f. 被吹扫管道上流量孔板应予以拆除（如能方便拆除的话）。

g. 准备吹扫用的铝板10块；靶板宽为排汽管内径的8%～10%，长度纵贯管了内径。

②吹管方式及范围、流程：

a. 吹管方式：采用连续稳定吹洗和降压吹洗相结合的办法，吹洗过程中每个阶段应有一次停炉冷却时间；

b. 吹管范围：过热器系统、主蒸汽管道、主蒸汽母管。

c. 吹扫流程：汽包→过热器→锅炉主蒸汽门→主蒸汽管道→主蒸汽母管→临时排汽管→靶板检查器。

③吹管参数及质量评定标准：

a. 参数控制：吹扫参数初始压力1.2～1.4MPa，终止压力2.4～2.74MPa，吹扫时主蒸汽温度控制在 350～400℃；

b. 靶板鉴定：在保证吹管系数的前提下，连续两次更换靶板，检查靶板上冲击斑痕粒度小于 1mm，肉眼可见斑痕不多于 10 点为合格。

④锅炉的蒸汽吹管：

a. 吹管时用电动门和闸阀控制，在每一过程的吹扫中，锅炉电动主汽门后的各阀门全部开启，其他流程上的阀门关闭。

b. 每次锅炉吹管的点火升压均按运行规程进行。气压升到 0.98～1.37MPa 时，开启锅炉主汽门旁路门暖管。

c. 在每一流程正式吹管前进行一次较低压力试吹扫，以考验该管路和临时管道系统。若发现异常，应停止吹扫，若一切正常，则按正常参数进行，试吹压力初定为 2.0MPa。

d. 为了检查系统情况，第一次试吹时应加靶板。

⑤吹管注意事项：

a. 要有组织，统一指挥，分工明确。

b. 运行人员要精心操作，调整及时，为了保证不超温，减温水要处于备用状态。

c. 在吹管结束后，应对吹管不到的部分进行人工清洗。

d. 吹洗过程中，做好各项参数的记录及靶板的回收工作。

e. 吹管期间有关部位要划定禁区，无关人员不得入内。

f. 吹管过程中，若锅炉设备或其他设备出现故障，应立即停止吹管，修复后再重新进行。

(5) 锅炉蒸汽严密性试验

1) 锅炉蒸汽管道吹扫结束后继续升压至汽包工作压力进行严密性试验。

2) 在整个升温升压过程中力求平稳、均匀并注意记录。

3) 整个升压速度控制：(依据不同工作压力的锅炉)

0～0.5MPa，　40～60min；

0.5～1.0MPa　30～40min；

1.0～2.0MPa　30～35min；

2.0～3.0MPa　20～25min；

3.0～4.21MPa　30～40min；

4.21～5.4MPa　20～25min；

5.4～5.5MPa　10～15min；

5.5～5.61MPa　10～15min；

5.61～5.928MPa　10～15min；

5.928～6.024MPa　10～15min；

6.024～6.524MPa　10～15min；

6.524～7.024MPa　10～15min；

7.024～7.586MPa　10～15min；

7.586～8.193MPa　10～15min；

8.193～8.858MPa　10～15min；

8.858～9.556MPa　10～15min；

9.556～10.320MPa　　10～15min；

10.320～11.180MPa　　10～15min。

应做 11.18MPa 全压严密性试验，其具体做法，可依对方要求而定。

依据不同压力，应做记录。

4）在 0.5、1.0、3.0、4.5、5.4、5.5、5.61、5.928、6.024、9.8、10、11.02、11.18MPa 等压力下各记录膨胀一次。

5）在达到工作压力后，保持一段时间进行全面检查。

①锅炉焊口、人孔、手孔和法兰等处严密性。

②锅炉附件和全部汽水阀门的严密性。

③汽包联箱各受热面部件和锅炉范围的汽水管道膨胀情况，几个支座、吊杆、吊架和弹簧受力位移和伸缩情况是否正确。

④蒸汽严密性试验在稳压的情况下，应保持 30min 左右，以便观察和全面检查。

⑤稳压后，应在 11.18MPa 压力下进行全压严密性试验。

6）注意事项：

①无关人员远离法兰、堵头、人孔、手孔、水位计等处。

②检查结果准确记录，存在问题及时处理。

③带压情况下不准处理。

三、实施效果与体会

（一）工程实施效果

1. 工程质量

全部工程一次交验合格 100%。全部焊接，特别是耐热合金钢焊接焊缝质量一次检验合格率达到 100%，无损检验（射线）拍片检测合格率达到 96.8%～97.6%。每项锅炉安装，全部是"三个一次"成功，即一次整体试压成功、一次点火试运行成功、一次投产运转成功。二项工程被评为省"扬子杯"优质工程。多项工程被评为地市级优质工程。

2. 施工技术

被评为中国安装协会科技进步一等奖和中国安装协会"中国安装之星"。循环流化床安装工法被评为 2006 年度国家级工法一等。该施工技术关键技术鉴定，专家们一致评定为行业领先技术国内先进技术。已经形成企业技术标准。

3. 施工工期

一台 75～220t/h 锅炉安装需用 110～180d，在国内同类工程安装处于领先地位，受国人认可。

4. 工程造价

全部工程都较好完成公司下达的各项经济技术指标，而且项目部还有条件进行二次分配，部分人员还能进行三次分配。一台 75～220t/h 类似锅炉安装，每台可节省人工工日数达到 6708～15000 工日。

5. 安全文明施工

无重大安全事故，无多人次恶性事故发生，轻伤事故低于 2‰。无施工机械机具事故，无安装的设备事故。施工现场和生活区均未发生一起火灾事故，也未发生触电事故。现场施工人员均未发生职业病和任何流行病。现场评为当地文明施工现场。

6. 环境保护

严格按施工组织设计要求，现场清洁、整齐，垃圾当天清理运至规定地点并覆盖；雨水、污水分别过滤处理后汇合沉淀排入城市污水管网，保持了现场洁净环保。

（二）体会

（1）该施工组织设计被广泛用于国内、国外工程，深受业主、监理的好评。公司安装了数10台35～220t/h，工作压力3.82～11.18MPa循环流化床垃圾焚烧锅炉和循环流化床锅炉，安装工程优良率都达到了96%以上，无损检验一次合格达到了97.6%，许多业主在扩建新建工程时，主动将工程施工任务交给我们施工或总承包。经多年不断总结提高，已形成了标准化的施工组织设计。

（2）锅炉安装的施工流程合理，施工工艺先进，实现了施工过程中小流水作业，克服了施工现场因场地窄小造成交叉和窝工浪费，提高工效30%～40%。由施工组织设计派生出来的23种专业施工工艺（如焊接、水冷壁组装等）和23种专业作业指导书，直接指导施工人员操作施工。

（3）锅炉水冷壁管、过热器管、省煤器管、空气预热器管的组装工艺，规定单管逐根试压通球，检查、组装、焊接、再通球、再试压等工艺规定和程序，这样就能实现锅炉总体试压一次成功。耐热合金钢管焊接，规定先编制焊接工艺评定指导书，再作焊接工艺评定，确定焊接技术参数，保证了焊接质量，实现一次探伤检测率达到97.6%。区分碳钢和耐热合金钢及低合金钢，依据不同管道的材质和壁厚，依据气候条件不同选择不同的施焊方法及热处理办法。比如，焊接过热器、水冷壁管一律用氩弧打底手工焊盖面，或者氩弧打底盖面，可提高焊缝结晶质量，实现无损检验一次合格高达97.6%，基本上杜绝焊缝返工返修，节省劳力和焊接成本。

（4）规定每天工作完毕场清，确定专人负责，实现环保施工。焊机一律选用逆变节能型电焊机，一般节电达到10%～15%左右。凡是有蒸汽或热水的地方，选用蒸汽或热水烘炉，既节省成本，又能保证烘炉稳定和烘炉质量，还能减少因烧木柴、油和煤烘炉而排出的大量CO_2。

（5）施工安全：从未出现过重大安全事故和重伤、死亡事故。

（6）全部工程都是一次试压成功、一次启动成功、一次试运行成功、一次并网发电成功，大大节省劳力及材料消耗，仅75～220t/h锅炉安装每台就可以节省人工工日数达到6708～15000工日；选择先组装，再集中吊装，能提高吊装效率，减少车辆台班费；利用锅炉大架自身吊装汽包，不用租用机械，节省机械费；工程质量、速度一流，深受社会赞誉，任务越来越多，社会影响越来越大。

（7）施工组织设计标准化后，要随着规程的修订，技术的发展随时修改、补充；施工组织设计中过细的技术措施，使其更加适合实际，避免引起现场的纠纷。

2.2.2 30万t/d污水处理厂机电安装工程施工组织设计

一、工程概况

（一）项目简介

（1）×市污水处理厂二期工程建设规模为日处理污水30万t，是×省重点建设项目。工程占地324亩，与一期工程毗邻，工程总投资4.646亿元人民币，其中利用荷兰政府混合信贷1200万USD，其余主要来自于国家财政部发行的重点建设债券资金和市自筹资金。

(2) 本工程由荷兰公司负责工艺设计及技术引进，主要设备及技术从英国、荷兰、丹麦、德国等发达国家配套引进。污水处理采用以 AOE（改良的活性污泥法）为主体的鼓风曝气二级生化处理工艺，设计进水水质为：COD=350mg/L、BOD=160mg/L、SS=220mg/L、TN=30mg/L、TP=2mg/L；经处理后出水水质为：COD⩽60mg/L、BOD⩽20mg/L、SS⩽20mg/L、TN⩽15mg/L、TP⩽0.5mg/L。除能满足常规的二级生化处理要求外，还具有良好的降解有机物及除氮、除磷效果。污泥处理则分别采用重力浓缩、气浮浓缩，再经二级中温消化后进行脱水。全厂工艺先进，所选用的设备性能优越可靠，整个工艺流程自动化程度高，正常情况下无需手工操作，是具有国内先进水平的大型城市污水处理厂。

(二) 工程内容

全部机械及电气设备安装、工艺管线安装、电气管线安装，部分自控仪表及管线安装，各种沟渠钢格栅盖板安装，各种钢梯、平台、堰板、防雷防护双功能不锈钢碳钢复合栏杆等非标设施制作安装，5000m^3 钢制沼气柜制作安装，以及机电设备、管线的调试。

(三) 工程特点

(1) 工程意义重大。二期工程是迄今为止×市最大的环保项目，对提高城市环境综合质量，改善岷江中下游水体水质均具有重要意义。对我公司今后在环保工程领域的开拓，提高经济效益和社会效益具有战略性和决定性的意义。

(2) 安装工程量大，工期紧。工程所涉及的专业面广，又由于量大，交叉施工多，受天气影响大，因而工期十分紧张。

(3) 工程创优目标要求高。业主提出“一流设计、一流设备、一流材料、一流施工”，必须“创精品工程”和创“鲁班奖”的目标。

(4) 技术要求高。由于二期工程所采用的污水及污泥处理工艺先进，自动化程度高，整个系统运行具有连续性和不间断性，运行介质是对环境有害的污水和污泥，加之所选用的主要工艺设备来自荷兰、法国、丹麦、英国、德国等西方发达国家，性能优越，安装技术要求高，同时又须与国产管线、阀门、闸门及其他设备等相连接或相配套。此外，国产专用设备中，二沉池大型吸刮泥机也是国家下达的污水处理设备国产化的重点科研项目，需要在现场进行组装和完善。

(5) 施工难度大：

1) 整个施工现场主要的土建施工单位10余个，安装施工绝大部分由我公司承担，但高压供配电等工程另由其他两家单位施工，施工过程在时间和空间上存在大量的交叉作业，互为影响和互为牵制，不同施工单位之间及不同施工专业和施工对象之间的接口多，安装监理和土建监理分别由两家监理单位承担，都给施工作业和施工管理增加了难度。

2) 工艺技术和主要设备从国外引进，外商提供有关资料延续时间较长，设计院只得根据陆续收到的外方资料分批出图，实质上形成了“边设计，边施工，边修改”的“三边”状况，也给安装施工增加了难度。

3) 工艺管线埋地部分和电气管线埋地部分分别约占其总量的90%和70%，两者累计总长上百公里，种类、型号、规格复杂，埋设方式及埋深各异，土建埋设的混凝土管道，各种管线交叉、跨越、连接以及穿越混凝土道路和构筑物的情况不仅多，且处理方式不同，也给施工增加了极大难度。此外，工程所在地地下水位高，夏季多暴雨，春季、秋季阴雨连绵，而工艺管埋深最大为9m，地下管线施工难以摆脱水、雨、塌方、流沙和场地泥泞的影响，施工作业相当艰难。

(6) 环境条件不利。现场区域大，占地达20多万 m^2，现场通信联系不便，人员行动距离长，物资器材搬运量大，实际上是增大了作业强度，耗费了更多的工作时间。整个安装施工作业，大部分在露天进行，烈日、暴雨、绵雨、风霜等恶劣条件给施工作业人员的工作效率和身体造成不利影响。

(四) 施工组织管理模式

我公司承担全部主体工程安装。防腐工程、管沟开沟回填土方工程，以包工包料的方式分包；气柜基础、阀室经由某机械化施工公司承担。

二、摘选主要施工方案

(一) 粗细格栅间、提升泵房、钟氏沉砂池设备安装方案

1. 概述

来至污水提升泵房的污水，在细格栅间被进一步阻捞粗粒污物，较细粒的漂浮物通过污水口进入污水管，大量的污水通过细格栅两侧的排水渠排至沉砂池。

通过沉砂池搅拌，将沉砂池底沉砂通过砂泵打入螺旋分砂机进行砂水分离，经过初步处理的污水排到4个直径48m的初沉池。

2. 安装施工顺序

(1) 提升泵房及细格栅间施工顺序如下：

基础复测→电动葫芦安装→潜污泵安装→细格栅机安装→

螺旋输送机安装→电动阀门安装→电动蝶阀安装→单机调试

(2) 沉砂池施工顺序如下：

基础复测→搅拌机安装→顶置涡轮砂泵安装→砂水浓缩器安装→

砂水分离器安装→单机调试

3. 安装工艺要点

(1) 根据施工图和设备随机文件，仔细复测设备安装预埋件、预留孔洞的位置、尺寸、标高是否正确，若有不符合要求者，经处理合格后，方可施工。

(2) 格栅机和螺旋输送机安装前应一次性确定好螺旋输送机和细格栅机安装基准线，并用油漆做好标识。

(3) 根据随机资料和施工图，组装好螺旋输送机。螺旋输送机组装应符合下列要求：

①相邻机壳法兰面的连接应平整，用0.5mm塞尺检查，其间隙不应大于0.5mm；机壳内表面接头处错位采用直尺配合塞尺进行检查，不应大于1.4mm。机壳的直线度采用拉钢丝、挂线坠检查调整。

②螺旋体外径与机壳之间的最小间隙，若随机文件无规定，应符合GB50270中表6.0.2—1的规定。机壳法兰之间宜采用石棉垫调整机壳和螺旋体长度之间的积累误差。

(4) 螺旋输送机各中间轴承应可靠固定在机壳吊耳上，螺旋体转动应平稳、灵活，不得有卡阻现象。螺旋体轴线的直线度偏差，宜在轴承底座与机壳吊耳之间加垫片调整，长度不超过15m的螺旋输送机，其直线度允许偏差不应超过4mm。

（5）进出料口的连接法兰面应互相平行，不应强行连接；连接后应紧密，不应有间隙。

（6）螺旋输送机纵横轴线及水平调整后，经自检、专检合格后，打膨胀螺栓固定。

（7）安装粗细格栅机支座，将格栅机吊装到位，调整格栅机位置和水平。

格栅机与格栅井角度偏差，必须符合设计要求。格栅机机架安装水平度偏差不超过1/1000，用水平尺检查。安装完毕后，各运转部位均应按设计要求涂抹黄油，以利润滑和防护。

设备位置和水平调整自检、专检合格后，方可按图纸要求打膨胀螺栓固定。

（8）应妥善保管出库的零部件，并在零部件上标识清楚名称、数量，严格按设备编号进行安装，严禁挪用、混用其他编号的零部件。

（二）曝气池设备安装方案

1. 曝气头安装

（1）概述

该污水处理二期工程分南曝气池和北曝气池两大组。每组曝气池由4个独立的小曝气池组成，即整个工程由8个曝气池组成。每个曝气池分A区、O区和E区。曝气盘（曝气头）就安装在O区、E区池底上。O区曝气盘为长方块形，共由24块组成，每组曝气盘主要由一条$\phi 159\times 3$不锈钢进气管，$DN100$的ABS管为支管组成，曝气头安装于$DN100$ ABS管上。我方负责$\phi 159\times 3$不锈钢管制作安装及$DN100$ ABS管安装。ABS管由二期办提供（曝气头），E区曝气管为条状，共有12条，曝气头安装于$DN65\times 5.6$塑料管上。同样，塑料管由二期办提供，我方负责曝气管、曝气头安装。O区曝气盘共有$8\times 24=192$块，E区曝气管共有$8\times 12=96$条。曝气池为污水处理厂核心部分，曝气（头）安装好坏直接影响污水处理质量。

（2）安装工艺

1）曝气管安装：

①O区曝气盘、E区曝气管安装：曝气池底测量放线（并画出曝气盘支架立柱脚板位置）→曝气盘支架脚板处池底高程测量并绘图做好记录→支架脚板、立柱制作并防腐→支架（包括脚板）安装并补防腐→支架横梁安装→支架横梁高程调整→检验。

②曝气盘组对安装：ABS曝气管检验→曝气管管口清洗→曝气管组对→曝气管吹扫（压缩空气或氮气）→曝气头安装→曝气盘组装及安装→曝气头高程及水平调整→曝气盘安装检验→曝气盘防护。

③O区曝气盘主进气管制作：

a. $\phi 159\times 3$、$\phi 108\times 3$不锈钢管的检验。管道在下料前，管子应全面检查管子表面是否有明显缺陷，主要焊缝有无裂纹、严重夹渣、气孔、咬肉、凹坑等。

b. $\phi 159\times 3$不锈钢管调直。管道在运输或堆放中，有较严重变形弯曲，不能满足技术要求几何尺寸时应进行调直后方可下料。

c. $\phi 159\times 3$、$\phi 108\times 3$管子下料。下料前应认真核对施工图中尺寸及数量，明确无误后方可下料，$\phi 159\times 3$及$\phi 108\times 3$不锈钢管一般采用机械方法切割，如型钢切割机等，下料时，注意留出切割损量，确保设计尺寸。

④$\phi 159\times 3$不锈钢管开孔（孔径$\phi 102$mm）：O区曝气盘分为A、B、C、D四种形式，

其中 ϕ159×3 不锈钢管需开 *DN*100 孔制作成 *DN*100 支管与 ABS 管连接，需在 A 型主气管开 17 个 ϕ102mm 孔。B 型、D 型开 16 只 ϕ102mm 孔，C 型开孔 12 只 ϕ102mm 孔。开孔前应对管材外观、焊缝及尺寸认真检查，确定无误后，方可开孔，开孔采用机械方法进行（线切割），应对开孔模具按管材开孔图认真检查，无误后方可进行。

⑤ϕ108×3 不锈钢管马蹄口、坡口预制：钢管检查合格，并认真核查图纸后，对 ϕ108×3 不锈钢管下料，并精心制作马蹄口（*DN*150×100）及预制坡口，应做 T 形接管座。

坡口角度 $\alpha=50°\sim60°$，$\beta=1\sim2$mm。

为保证管内清洁，焊缝美观，采用氩弧焊焊接，焊丝直径为 ϕ2.0、ϕ1.6。

⑥ϕ159×3、ϕ108×3 不锈钢管焊口处理：焊口 50mm 范围内，应将管焊口管内外部位的污物、油污、毛刺清理干净，用 0 号砂布打磨焊口，用压缩空气吹扫，再采用 95% 纯工业酒精进行清洗，直至露出金属光泽，并及时施焊，不能及时施焊的部位，应作保护，从而保证焊接质量。

⑦焊前准备：为确保焊接质量和外观，应搭设一个专门用于焊接的场地，防风、防雨。制作防止焊接变形的平台、夹具，准备好焊条、氩弧焊机、氩气等焊接机具，调整电流，保证随时施工焊接。焊条、焊丝存于通风良好处。

⑧焊接：不锈钢 ϕ159×3 主管与支管 ϕ108×3（0Cr18Ni9）壁厚 $\delta=3$mm，为保证管子内壁清洁和焊缝根层质量及外观成形美观，采用氩弧焊进行焊接。

为防止根层氧化或过烧，焊接时内壁应充氩气进行保护。不能在被焊工件表面引燃电弧、试验电流或随意焊接临时支撑物，管子焊接时管内不得有穿堂风。钨极氩弧焊打底的根层焊缝检查后，应及时进行次层焊缝焊接，防止产生裂纹。

管子焊接及控制焊接变形是曝气盘主进气管制作的难点，在施焊时，应采取对称焊，间隔焊等方式。另外，采用制作专用平台和夹具防止变形，不得对焊接接头进行加热校正。

⑨焊接检验：焊接检验主要指三个过程即焊接前检验、焊接过程检验和焊接后检验。

焊前检验主要指焊口打磨、焊口表面处理及坡口预制是否满足工艺要求，焊丝直径、氩气送量、电流调节是否合适。焊接场地防风、防雨措施是否完好。

焊接过程中检验主要指在施焊中是否有气孔、过烧裂纹等缺陷，焊缝外观成型是否良好，特别是在管内壁焊缝成型是否良好。氩弧焊打底后要认真检查，无缺陷后，方可进行次层焊缝的焊接，注意防止产生裂纹。

焊接后检查主要指焊缝外观即焊缝的加强高度、焊缝宽度、表面颜色、保护宽度等进行较全面检查，并按不多于 1% 的比例抽查探伤。

⑩焊缝酸洗：焊接检验合理后，应对焊口进行酸洗、露出银白色金属光泽，并用压缩空气对管内进行吹扫。若不能及时组装，应将管口、法兰口包扎，避免灰土等杂物进入管内，并按不同型号分堆堆放（注意，堆放不能变形），为下道工序进行做好准备。

2）O 区曝气盘、E 区曝气管及曝气头安装：

①曝气盘、曝气管支架安装：

a. 曝气池底板测量放线：进场施工前，应将池底打扫干净并清除积水，按图中不同型号曝气盘逐一进行放线，并按图纸要求将曝气盘支架脚板在池底相应位置确定出来，用水准仪准确测量出每个支架位置、高程，并绘图做好详细记录，为支架立柱制作安装做好准备。

b. 支架、脚板、横梁制作防腐：按图纸要求，对支架脚板、横梁进行下料并按测量放线实际尺寸进行钻孔、打磨、防腐，并根据对支架脚板位置处高程测量，确定支架高度及螺栓连接孔高度，按此高度制作长孔（长孔尺寸按图要求配制）并编号、防腐。

c. 支架、脚板、横梁安装：核查支架位置放线及高程无误后，即可进行支架安装。首先安装脚板，按设计要求，脚板用 4M12×130 膨胀螺栓固定于池底。然后，将支架（按编号进行）焊接于脚板上，支架、横梁均用 L50×4 角钢制成，脚板为 5mm×100mm×100mm 钢板。安装时注意角钢方向应一致，并保证脚板与支架的焊接质量及焊缝高度。横梁用 M12×30 镀锌螺栓固定于支架上。螺栓应放在支架长孔中间位置，便于高程调节，最后补做防腐。

d. 支架横梁调整及检验：曝气池池底 O 区、E 区支架安装结束后，还应对整个曝气盘支架作高程调整检验，并作好记录。为下道工序做好准备。

②ABS 曝气管（曝气头）检验：由顾客提供的 ABS 管在组装前，应详细检查管材和外形尺寸是否符合设计要求，管材在运输及搬运中有无损伤、裂纹现象，曝气头数量、规格是否符合图纸要求，有无明显缺陷，检查无误后，方可组装。曝气头若用丝接，检查丝扣是否完好，连接是否可靠。

③曝气盘（曝气管）、曝气头组装及安装：曝气管、曝气头检查合格后，即可进行组装，组装时应将管口清理干净，除去灰尘、油污等杂物。同时进行曝气头安装（曝气头应自制若干专用工具进行）。若采用承插式粘接，则管口应用 95%酒精进行清洗，然后用 ABS 粘胶进行粘接，并用压缩空气将管内吹扫干净。

注意：组装时不能损坏配件（ABS 为易碎件），注意防护。

组装结束，检查无误后，用 ABS 管卡（顾客提供）将曝气盘、曝气管固定于支架横梁上。

④曝气头高程水平度调整：曝气盘（曝气管）曝气头安装结束后，应对整个曝气头高程水平度作调整。应使整个曝气头高程差控制在 1mm 内。主要用水准仪、框架式水平仪进行调整，在调整过程中注意不能破坏曝气头、曝气管。

⑤曝气盘、曝气头检验及防护：曝气头安装结束后，应组织专职质检员到现场进行检查验收，并邀请监理、业主参加，特别是曝气头高程水平度检查，合格后签证认可。

曝气盘（曝气管）、曝气头安装结束后，还应派专人进行防护，做好严防尘土进入曝气管头及曝气头防暴晒措施。同时，严禁池底积水，并及时有效清除雨水。曝气头安装结束后，所有人员应退出现场，防止人为损坏成品。

(3) 安全文明施工

①曝气盘在制作安装全过程中，应保持现场整洁。材料、机具堆放有序，各种型号曝气管应分堆堆放，严禁混堆。

②曝气池底作业属地下 6～7m 作业，现场人员应戴好安全帽，管渠上人员应注意保护池底作业人员，不能随意扔东西，避免砸伤人员及配件。

③在池底作业人员，应在管渠上明显标志，标明池底正在作业。

2. 潜水推进器安装

(1) 首先根据供货情况将潜水推进器进行组装。

（2）先安装潜水推进器底座，再安装潜水推进器升降吊架，以使确定导杆的位置，安装时，应保证导杆的垂直度，若随机文件无规定，安装时垂直度误差不得超过1/1000，且全长不超过1.5mm。

（3）将潜水推进器套入方导杆，并将潜水推进器与钢丝绳连接固定。

（4）安装完毕，将潜水推进器上下移动，要求灵活、无卡阻。

3. 堰板制作安装

堰板不仅对沉淀池起着调节水量的作用，而且堰板的安装对污水处理能否达到设计的等级标准起着至关重要的作用。根据我公司污水处理工程施工的经验，堰板安装要求其均布溢流口的相对标高误差在±0.5mm内，且严密不漏水。为达到以上要求，对堰板的制作与安装采取以下措施：

（1）严格控制堰板制作质量

鉴于构筑物几何尺寸允差大于安装精度允差，故应对浓缩池安装堰板处的几何尺寸逐一测量、记录、编号，据此逐一下料，并相应编号，以便对号安装。

要保证堰板安装后相对标高误差在1mm以内，在制作过程中，必须控制同一张堰板溢流口水平度在0.3mm内，故需采用专用精制模具进行冲压加工，达到溢流口均布且相对标高误差在0.3mm内的要求。

（2）堰板的安装标高应具有可调性

为满足安装后的堰板标高的可调性，堰板安装螺孔应为长孔，以便堰板上下调整。

（3）标高测量

采用水准仪与液位连通管配合进行精确测量，并配合堰板高程和水平调整，在通水前完全达到要求，避免通污水后再根据污水水面找堰板高程和水平。

（4）严密性控制

堰板安置的方式使用膨胀螺栓通过压板将堰板压贴并过顶固定在池壁上，在堰板与池壁结合面及堰板接头处采用密封垫或密封胶进行处理，若密封效果不佳处，可采用增加膨胀螺栓压点，以满足密封要求。

（三）系统调试方案

设备安装完毕，具备单机调试条件时，应抓紧时间进行单机调试工作。若正式电源未接通，调试用电可先采用临时电源。设备单机调试前应编制单机调试指导书，经业主审核认可后进行。引进设备的单机调试指导书应经外方确认，并在外方的指导下进行。

1. 系统调试原则

设备单机调试一般遵循以下原则：先模拟操作，后实际操作；先手动，后自动；先空载，后负载。

单机调试完成后按污水、污泥处理工艺流程对系统进行单元调试。单元调试分为：电气系统、自控系统、一级处理、二级处理、污泥处理。

2. 单回路模拟试验

（1）针对不同的检测、控制回路确定其相应的模拟替代方式，准备好各种所需的信号源及通信联络工具。

（2）对工艺系统每个检测、控制、报警、联锁回路都要逐一进行模拟试验。要求每个回路信号传送畅通；显示记录正确，精度满足要求；报警联锁灵敏可靠；动作正确，声、光、信号准确无误。

3. 控制调节系统

(1) 远方手动操作系统。电动执行机构在系统中为主要执行者，要求调整时机械传动机构灵活，调节器与执行机构及调节机构开关方向一致和行程一致。调整结束后可靠锁住执行机构机械限位。

(2) 自动控制系统。应符合设计动作程序，所有开关量应正确无误。

4. 工艺设备调试

(1) 起重设备

①试运转前的检查工作：

a. 电机系统、安全连锁装置、制动器、控制器及信号系统等全部符合要求，其动作应灵敏和准确。

b. 钢丝绳端的固定及其在吊钩、取物装置、滑轮组和卷筒上的缠绕应正确、可靠。

c. 各润滑点应按规定加注润滑脂。

②空负荷试运转：

a. 分别开动行走、升降等各机构的电动机，检查其运行方向是否与操作机构的方向一致，在运行时不应卡轨，检查各制动器能否准确及时地动作，各限位开关及安全装置动作是否准确可靠。

b. 当吊钩下放到最低位置时，卷筒上钢丝绳的圈数不应少于2圈。

c. 检查电缆放缆和收缆的速度是否与相应机构的速度相协调，并应满足工作极限位置的需要。

d. 检查起重机的防撞装置、缓冲器等是否可靠。

e. 以上除d项可做1～2次试验外，其余各项试验应不少于5次。

③静负荷试验：

a. 将起重机停在厂房柱子处。

b. 先开动起升机构，进行空负荷升降操作，并使其在全行程上往返运行，此项空载试运转不少于3次，应无异常现象。

c. 逐渐加负荷作起升试运转，直到加到额定负荷后，使其在全行程上往返运行数次，各部分应无异常现象，卸去负荷后轨道应无异常。

d. 无冲击地起升额定起重量1.25倍的负荷，在离地面高度100～200mm处，悬吊停留时间不少于10min，卸去负荷检查，不应有影响安全的损坏或松动等缺陷，此项试验应不得超过3次，第三次应无永久变形。

④动负荷试运转：

a. 各机构的动负荷试运转应分别进行，当有联合动作试运转要求时，应按厂家技术文件的规定进行。

b. 各动负荷试运转应在全行程上进行，起重量为额定起重量的1.1倍，累计启动及运行时间不少于1h，检查各机构的动作应灵敏、平稳、可靠、安全保护、连锁装置和限位开关的动作应准确、可靠。

(2) 泵类设备

①泵类设备调试应具备的条件：

a. 设备管道的安装检查已全部合格。

b. 设备及周围环境已清扫干净，管路内干净无杂物。

c. 油箱按制造厂说明书加注清洁润滑油，各润滑点按要求加注润滑脂。

d. 各重要部位螺栓必须拧紧。

e. 检查各部位接线正确，手动盘车无卡阻，点动电动机，检查其转向正确。

②试运转：

a. 开启进水管路上阀门，排尽进水管路内空气，使其充满水，关闭出水管路上阀门。

b. 启动电动机，此时注意观察压力表的读数，待压力表读数上升到计量泵的最大工作压力值的一半左右时，缓慢开启出口阀门直至全开。

c. 泵正常运转，应无异常噪声、无卡阻。连续试运转一般情况下泵负荷试车时间不应少于 2h，随机技术文件另有要求的，按随机技术文件要求执行。

d. 经常测量电机温升及轴承部位温升，并每隔 15min 记录一次。

e. 调节出口阀门的开度，并观察记录压力表、流量计的读数。

f. 发现异常应立即停车，并检查处理。

(3) 刮泥机

①调试应具备的条件：

a. 对设备各连接件处进行检查，不应有松动现象。

b. 对各润滑点按要求进行充分润滑。

c. 池底刮板与池底的距离不应大于 10mm。

d. 行走轮的中心距池中心的距离偏差不应大于设计要求。

e. 检查电气各部位接线应正确，供电电源符合要求。

f. 空负荷状态下，通电检查驱动电机转向应正确。

②空负荷试车：

a. 以上检查合格后方可进行空池运转，试运转连续运行时间不少于 8h，运行应平稳，无卡滞现象，设备运行的金属部件不得与池内任何部位接触。

b. 检查轮子的运行轨迹应重合。

c. 通过空池试运转，一切调试正常后，才能通水运行。

③负荷试车：

向池内注满清水，开车运转，连续运转时间不少于 72h。保证水位为设计要求水位，对以下部件进行调试：

a. 对出水堰的齿形堰板进行调平，以保证均匀出水及准确的出水量。

b. 调整浮渣刮板、浮渣耙板的高度位置，使刮板及耙板的底部位于水面以下 90～100mm，以保证浮渣的有效排除。

5. 联动调试（活性污泥培养方案略）

(1) 试车前的清理和检查

①现场清理：

a. 整个现场安装工作完成后，首先对各构（建）筑物进行检查、清扫、整理，将泥砂、杂物彻底清除干净。

b. 对已安装完毕的设备、闸门、工艺管道进行清理，除渣除尘，并重新刷漆防腐。

c. 检查各机械设备的润滑油是否加注到位，各转动轴承、转动件处润滑油是否加注，阀门传动齿轮和丝杆等转动部位的加油养护。

d. 对厂内各种管道（包括单体构筑物管道）、检查井、排水井、闸门井、水表井等进行清理，排除井内积水、泥渣。

②统一检查：

按有关施工及验收规范和通水试运行的要求，参加由业主组织的联动调试前的检查。检查以构筑物为单元，其主要内容如下：

a. 土建工程质量检查，构筑物防腐处理检查，各构筑物控制高程检查。

b. 各种工艺管道、闸门井的检查，按设计图纸检查各单体构筑物的管道位置、高程是否正确，防腐处理是否完好，各井高程、位置是否正确。

c. 各种设备，如水泵、刮泥机、起重设备、各种闸门及阀门等的润滑油和润滑脂的加注以及防腐是否已完成，单机调试是否完成。

d. 引进设备除符合上述要求外，还要经外商现场人员确认。

e. 电气、仪表已模拟调试。

（2）基本调试步骤

①向粗格栅井和污泥泵房分步通入清水检查各电动闸门、阀门的关闭情况，并为泵清水带负荷试车作准备。

②对所有阀门、闸门等做清水试验，检查闸门、阀门的密封性能。

③对单元调试中未调试的辅助设备进行单机调试。

④通水联动：

a. 打开进水闸门，污水从水渠到达粗格栅间。

b. 等污水到达一定高度后开动粗格栅机，同时开动配套的螺旋运输机，把污水中体积大的浮渣经过滤处理后运至厂外。

c. 经粗过滤的污水到达一定高度后，开动污水提升泵，先开动二台，再逐次开动另二台，再后逐次开动余下的二台。注意各种仪器仪表的读数是否正常，如有问题立即停机检查。停机顺序为：先关进水闸门再停泵，再关其他闸门和粗格栅机及配套设备。

d. 污水经送水总渠到达细格栅间后，打开闸门，开动细格栅机及相关的附属设备及螺旋运输机等。当浮渣过滤后，再打开闸门，经水下搅拌机搅拌后到达沉砂池水渠。

e. 打开沉砂池渠道闸门，污水分别进入各个沉砂池，开动搅拌机、涡轮砂泵、砂水浓缩器和砂水分离器，污水中的砂粒经搅拌机离心作用到达池底，经泵吸到砂水浓缩器、砂水分离器再次把砂水进一步分离。砂运至厂外，水排到厂区下水管，污水经过沉砂处理后，打开水渠道闸门，通过管道到达集配水井。

f. 污水到达集配水井，将污水均匀分配到8座曝气池，当水到达一定水位后，开动潜水推进器和空气阀门通过曝气头向污水加氧。

g. 打开至配水井闸门，经过曝气的污水经配水井，均匀地分配到各二沉池中，当污水达到一定水位后，开动刮泥机及撇渣机，浮渣经过撇渣机撇到浮渣槽，污泥被刮泥机刮到排泥廊道侧，最后排至污泥回流泵站。

h. 污泥到达污泥回流泵站后，开动污泥回流泵，将部分污泥抽至曝气池作为活化污泥对污水再一次活化，再开动剩余污泥泵，将污泥压至污泥浓缩脱水机房。

i. 开动污泥浓缩机，配好絮凝剂，同时开动污泥脱水机、螺旋输送机及加药泵等相关设备；污泥经脱水处理后，输送到污泥堆场。

j. 经二沉池处理后的达标水排至接触池，排至出水管道。

(3) 注意事项

①调试小组应由技术好、经验丰富、责任心强、身体健康的施工人员组成，对调试要求应心中有数，按调试方案顺序逐步进行，并随时汇报各种情况。

②调试中所用的仪器、仪表及通信工具应备用一套，以防意外。

③调试中施工人员应按规定穿戴好必要的安全防护用品。

④变电所送电前应另行制定送电方案及相应的安全措施，首次送电应取得调试负责人和监理的同意。

⑤试车时要坚守岗位，运转时注意仪表指示、灯光、声响等是否正常，发现问题应采取紧急措施。

三、实施效果与体会

(一) 实施效果

施工组织设计得到了顺利的实施与贯彻，工程质量、工程进度、工程 HSE 管理、成本控制、工程结算及效益等方面都取得了良好的效果。

(1) 进度管理：

工程于 1998 年 7 月中旬起陆续开始施工，污水一级处理系统于 1999 年 12 月 20 日通水，二级处理系统于 2000 年 2 月 2 日逐步开始进入试运行，2000 年 5 月 26 日整个工程正式竣工交付，按期顺利完成了各项施工任务。

(2) 质量管理：

重视质量细节，及时发现、纠正质量隐患，杜绝了各种质量事故的发生。所有单位工程验评合格率 100%，优良率 90%，主要单位工程均被质监站评定为优良工程。污水处理厂出水指标一次合格，满足了业主对工期的要求。该项目先后荣获市优质工程奖——芙蓉杯，省优质工程——天府杯金奖，以及国家优质工程奖——鲁班奖。

(3) 成本控制：

工程施工总成本约为 3500 余万元，由于施工过程中设计变更较多，工程量增加也较大，成本的控制也采取了动态调整的办法，工程结算价达 5000 万元，项目利润约为 1500 万元，项目利润率约 30%，取得了良好的经济效益。

(4) 环保和文明施工：

在施工生产过程中，以创造安全文明及绿色基本建设环境为目标，搞好文明施工生产，实现了施工现场周边地区高质量生活环境。整个施工过程中保持了同各相关方及当地村民的良好关系，保持了自然和人文环境和谐。

(5) 社会效益：

通过本项目的顺利实施，取得了较好的社会效益，使公司在省环保工程施工领域保持了领先水平，该项目实施后，公司先后承接了省内外近十多个污水处理等环保工程的施工任务。

(二) 施工技术特色

(1) 焊接技术。大量使用逆变电弧焊机，以适应作业地点移动多、焊接对象变化大的需要，既方便了一般的焊接作业和氩弧焊作业，也有利于重要位置的焊接和各种厚度的不锈钢材料焊接，对保证焊接质量，提高工效起到重要作用。二期工程所有沼气管总长约7000m，全部采用氩弧焊焊接工艺，既保证了焊接内在质量，也保证了管道内外焊缝成型质量。沼气贮柜钟罩顶板的焊接还采用了 CO_2 气体保护焊。

(2) 管道安装技术。不锈钢空气管道系统大量采用了压制成型的各种不锈钢弯头等精制管件；采用机械线（钼丝）切割和高能水力切割，开制不锈钢分气管马鞍形四通管口；进行了大量的ABS工程塑料管的粘接和安装。通过数十公里多种规格、多种材质、不同用途、不同埋深的埋地管线的敷设，形成了定位放线、标高及平面位置控制、管沟开挖、管沟基底处理、地下水及不良地质处理、沉降控制、下管对管、管道焊接、大直径钢管柔性接头安装、特加强级防腐及检测、管线交叉处理、管沟回填、系统试压等埋地管线成套安装工艺技术，积累了宝贵的实践经验。

(3) 机械设备安装技术。大量采用了化学锚固地脚螺栓技术，并使用金刚石钻机钻凿大直径地脚螺孔；采用了丹麦提供的弹性减振支承及其支承板与混凝土基础粘接的技术，安装大型单级离心式鼓风机；首次实践了多层金属片链节式弹性联轴器的安装；大规模安装了各种规格型号的沟渠闸门，掌握了其找平、找正、锚固、调整及密封技术。

(4) 电气安装技术。线号标牌全部采用日本×公司的标签印刷机和标签色带印制，既清晰美观又耐久；大量采用线号套管和压制式圆形终端；大量采用塑料波纹管；低压线路终端头和中端头制作，也大量采用热缩材料，这些技术或材料的应用，既有利于提高和保证电气施工质量，也提高了我公司施工质量档次和声誉。

(5) 不锈钢溢流堰板制作。采用模具和冲床，快速冲制溢流堰板齿形口；在堰板安装中采用精确测量，通水前准确调整标高的方法，避免了通污水后再根据污水水平面找堰板水平和高程。

(6) 埋地管线管沟开挖。使用了大型挖掘机、装载机、自卸汽车等联合连续作业的大规模机械化施工方式。

(7) 通过二期工程施工技术实践，就大直径钢管柔性接头的选型及安装，初沉池、二沉池中心圆筒电缆保护管安装方式，曝气池底宜设置排水沟和积水坑，埋地电缆保护管与电缆沟连接方式，大型管沟不良地基的处理等等技术问题，提出了许多有益的建议，为今后类似工程的设计和施工提供参考。

2.2.3 60000Nm³/h 空分装置机电安装工程施工组织设计

一、工程概况

(一) 项目简介

(1) 超纯气体改扩建项目（简称ALZT）由外资企业液化空气（中国）有限公司独家投资5亿元人民币新建的空分装置，建设地址位于原有厂址内，项目占地面积为 $22505m^2$，规模为一套 $60000Nm^3/h$ 空分装置，即每小时产品在标准状态下是 $60000m^3$ 氧气，另外还有氮气和氩气，其中安装工程总价约4000万人民币。其功能是生产的气体供应中铁集团的炼钢，富裕气体和稀有气体对外销售。

(2) 工程范围：ALZT装置空分装置内的设备机器、工艺管道（不含地下管道）、电气、仪表、管廊钢结构安装。

（二）工艺流程特点

（1）本装置采用法国液空空分技术，主体设备由法液空公司配套，由厂房内压缩机组、空气预冷纯化系统、换热器冷箱、主冷箱和氩冷箱（氧、氮、氩稀有气体分馏装置）、后备系统（液体储存汽化装置）、外管廊、变电所、仪表控制室等工艺单位组成。其产品液氧通过液氧泵加压气化后送入管网。

（2）本装置采用现场操作仪表盘和集散控制系统（DCS）相结合的方式对重要的运转设备及整个生产工艺过程进行监视、控制，实施工艺生产过程必要的操作、管理及经济核算等功能。在中央控制室可对工艺生产过程的重要参数实现采集、显示、报警、记录、控制及操作等。

（三）工程施工特点

（1）本套空分装置是采用内压缩无氢制氩工艺流程，整个冷箱高度67.7m，主、氩冷箱分体设计，冷箱内采用全不锈钢管道，外围设备特别是压缩机采用全进口，工作量与施工难度相当大。

（2）冷箱结构的安装与国内产品有很大不同，为散装结构，“模块安装”，其组装和吊装的难度较大。

（3）本套装置的成套资料和设计图纸部分用英文编制，很多分部引用了液空公司的企业标准，与我国现行标准规范有较大的差别，在施工中要严格遵循设计要求。

（四）主要工作量

（1）管道工作量：冷箱内（主要不锈钢）管道达21000英寸·径；冷箱外管道5000m。

（2）钢结构工作量：管廊钢结构140t；冷箱钢结构636t。

（3）仪表工作量：仪表管长度5000m，桥架1000m，电缆29000m。

（4）电气工作量：电缆41000m，中低压柜20台，桥架1200m。

（5）设备安装工作量：冷箱内设备约400t。冷箱外空压机3台，增压机1台，氮压缩机1台，分子筛纯化器2台，氮水塔1台，空冷塔1台，水冷塔1台。

（五）建设目标要求

1. 质量目标

（1）工程合格率100%。

（2）物资供应合格率100%。

（3）焊接一次合格率96%。

（4）开车一次成功。

（5）争创优质工程。

2. 工期目标

（1）主、氩冷箱2008年6月25日前具备进塔条件。

（2）空气压缩机2008年12月15日具备开车条件。

（3）膨胀机2008年9月30日完工。

（4）2008年12月5日开始空压机试车，2009年1月20日产品合格、进入管网。

3. 工程造价控制目标

确保完成公司核定的收益指标。

4. 安全文明施工目标

(1) 重大伤亡事故\多人事故为零。

(2) 重大设备(机具)事故为零。

(3) 火灾事故为零。

(4) 职业病发病率为零。

(5) 年从业人员轻伤事故率控制在5‰以下。

5. 环境保护目标

固体废弃物回收率达100%。

(六) 实施条件

1. 气象、地质条件

地处海港,风力较大且较为频繁。地质为海边盐碱类土质,较为松软。

2. 现场条件

现场具备以下开工条件:冷箱设备基础已经浇筑完成,通过基础验收;现场具备三通一平条件;已具备足够货物堆放场地,吊装场地完成初平。

3. 资源条件

(1) 人员已进场;

(2) 前期机具设备已安放完毕,并已完成调试,满足工程开工条件,大型吊机租赁合同已签定;

(3) 辅助材料已采购齐全,主材供应已经评审,具备供应条件。

(七) 法律法规的符合性

建设用地许可、规划许可、环境评估等均已办理,并由建设单位到建设主管部门办理了开工许可;安装单位已到当地技术监督局办理了特种设备安装告知,具备安装开工条件;根据工程需要,在当地办理了的安装工程一切险和意外险。

二、摘选主要施工方案

管 道 施 工 方 案

1. 适用范围

本方案适用超纯气体改扩建项目不锈钢管道、铝镁合金管道、碳钢管道施工。

2. 编制依据

(1) 液空企标管道预制与安装(E—GS—9—5—1)

(2) 液空企标管道焊接无损检测(E—GS—9—5—4)

(3) ALHZ公司管道专业设计图纸(文件号A3—515—500)

(4) 国家及行业现行的有关标准、规范

《工业金属管道工程施工及验收规范》GB 50235

《现场设备、工业管道焊接工程施工及验收规范》GB 50236

《石油化工钢制管道工程施工工艺标准》SH/T 3517

《石油化工施工安全技术规程》SH 3505

《承压设备无损检测》JB 4730

3. 工程概况

(1) 工程描述

液空沧州超纯气体改扩建项目（60000Nm^3/h 空分设备）采用 ALHZ 成熟的空分工艺流程，主体设备、管道由 ALHZ 成套提供，安装单位为浙江开元安装集团有限公司，监理单位为沧州朝阳石化工程有限公司。

(2) 流程简介

大气中空气经过滤压缩进入空冷塔冷却流向分子筛吸附器，湿空气经分子筛吸附器除去水分、杂质、CO_2 和碳氢化合物后分成两路，一路经过增压机再次压缩通过主换热器进入膨胀机，压缩空气膨胀产生空气液化分离主要冷量，膨胀空气进入分馏塔，作为物料和冷源参与精馏过程，分子筛吸附器后另一路干燥空气经过主换热器与分馏塔返流低温气体热交换后直接进入冷箱精馏塔，作为物料参与精馏过程。通过精馏塔精馏作用，产生液氮、液氧、氮气等产品，低温产品经过压缩输送至储存系统和用户。

(3) 管道施工主要特点

1) 管道规格多样，材质繁多，结构紧凑，场地面积小，预制难度大，吊装难度高，工作量大，工期紧。

2) 压力管道多，管道内壁洁净度高，焊接工作量大。

3) 低温管道热胀冷缩量大，管道支架安装严格按照设计要求进行。

(4) 主要工作量

1) 空分装置安装范围的工艺管道，包含：

厂房区（空压机、增压机、氮压机）管道。以碳钢管道为主。

冷箱内气体管道。以 0Cr18Ni9 不锈钢管道为主。

预冷净化（吸附器、空冷塔、氮水塔）。以碳钢管道为主，少量不锈钢管道。

管廊区管道。以中高压气产品输送管道、低压低温液体产品输送管道（真空管）为主。

液体储存系统。以中高压气产品输送管道（不锈钢氧气管、碳钢氮气管）、中压蒸汽管道、低压低温液体产品输送管道（真空管）为主。

2) 主要工作量清单见表 2.2.3-1。

工 程 量 表 **表 2.2.3-1**

序 号	系统名称	主要管道材质	延长米 (m)	工程量 DB	备 注
1	主冷箱	0Cr18Ni9	2246.9	14699.45	焊接管
			69.9		无缝管
2	板式冷箱	5083	296	4，009	
3	冷箱附属系统	0Cr18Ni9/20 号	111/462	1470/477	包括泵及膨胀机冷箱以及氮封管
4	冷箱外系统				

4. 施工准备

(1) 图纸会审

1) 核对图纸的数量是否齐全，内容是否与目录相符。

2) 核对管道平面图、单线图、管道一览表及综合材料表。

3) 通过管道平面布置图与管道单线图，检查管道规格、型号、材质、标高、走向、等级是否相符。

4）审查管道施工用的预埋件、预留孔等在建筑、结构图上的数量、位置，管廊、支架、管沟、管槽、管墩等。

5）审查管道与设备相连接的接管标高、坐标、方位及等级、规格。

6）审查设计选用标准及技术要求。

7）审查设计漏项、材料代用情况。

8）图纸会审中发现的问题汇总为图纸会审记录，待设计交底时提出，由设计解答。

（2）施工技术准备

1）方案编制：依据工程合同、设计文件、相应的施工规范以及设计交底记录，编制工艺管道施工方案，作为施工指导文件。

2）管道二次设计单线图的绘制：施工用的管道二次设计单线图在管道施工、记录、探伤委托等工作中起着关键作用，因此在预制工作开始前必须绘制好管道二次设计单线图。管道二次设计单线图是根据设计图纸、单线图进行绘制的，应包括管道特性参数、管段下料尺寸、探伤比例、管道预制焊缝及现场焊缝的位置、焊缝编号、焊工代号、焊缝检验结果及检验报告编号等内容。

3）无损检测委托编制：根据单线图，统计出每根管线的焊缝规格、数量，并根据规范确定检测形式。最后把整个装置的所有焊缝按照材质、规格、数量、检测形式汇总，为管道焊缝探伤委托。经确认后与无损检测人员进行交接并交底。

4）施工技术交底：管道施工开始前，应由技术员对施工人员进行技术交底，技术交底主要包括以下内容：工程概况及特点；工程内容及工作量；施工工艺及关键技术；质量标准；工序交接要求；施工过程控制点及检验、试验要求；施工安全措施；工程施工记录及要求等。

5）焊接前准备好工艺评定（PQR）、焊接作业指导书（WPS）。

（3）现场技术准备

1）现场条件已达到三通一平（通水、通电、通路，场地平整）。

2）工艺管道安装材料到位，并按照施工平面布置图指定位置堆放。

3）需配管设备及管道支撑结构已安装完毕，并已办理工序交接。

4）管道预制安装所需的设备、工装、工具辅材备齐。

5）技术文件及施工人员准备到位。

6）对铝镁合金和不锈钢管道焊接，焊前要作焊接工艺评定。

7）按照 ALHZ 要求，焊接施工人员应经过焊工考试中心培训和技能测试，并获得相应施工项目焊接的资格认定。焊接施工人员及专业工程师均应熟悉图纸关于焊接技术要求和国家标准规范规定。

8）收到设计图纸后，项目技术负责人组织项目技术人员进行图纸审查，参加 ALHZ 组织图纸会审，对图纸中设计不合理或影响施工安装部分，向设计人员提出修改意见。

9）各项安全设施已就位。

5. 材料验收与管理

（1）材料验收

1）所有材料必须具有制造厂的质量证明文件，且内容齐全，无质量证明文件不得使用；对材料质量证明文件内数据有异议时，应要求供货方复验，复验合格后方可使用。

2）材料管理要对材料质量证明文件和材料的规格、型号、数量、标记，以及管道材料材质、钢牌号、炉罐号、批号、交货状态等项目进行检查，不符合要求的及时联系解决。问题解决前，该批材料不得使用。

3）材料自检合格后，应及时向监理单位报验、联系检查；质量证明书经监理工程师审核并签字确认后，编号归档，以备调阅及交工。

4）材料验收合格后，由材料员及时填写材料验收表格，并存档备查。

5）材料外观质量检查：

①钢管内、外表面不得有裂纹、折叠、发纹、皱折、离层、结疤等缺陷；钢管表面的锈蚀、凹陷、划痕及其他机械损伤的深度，不应超过相应产品标准允许的壁厚负偏差；钢管端部螺纹、坡口的加工精度及粗糙度应达到设计文件或制造标准的要求；有符合产品标准规定的标识。

②管件的表面不得有裂纹，外观应光滑、无氧化皮，表面的其他缺陷不得超过产品标准规定的允许深度。坡口、螺纹加工精度应符合产品标准的要求；焊接管件的焊缝应成型良好，且与母材圆滑过渡，不得有裂纹、未熔合、未焊透、咬边等缺陷。

③阀门的外观质量应符合产品标准的要求，不得有裂纹、氧化皮、粘砂、疏松等影响强度的缺陷；阀体不得有损坏、锈蚀、缺件、脏污、铭牌脱落、色标不符等；阀门手柄或手轮应操作灵活，无卡涩现象；阀门两端的临时端盖封闭良好，阀体内无杂物。

④法兰锻造表面应光滑，不得有锻造伤痕、裂纹等缺陷；机加工表面不得有划痕、毛边、局部毛坯面等缺陷；环槽密封面的环槽两个侧面不得有机加工引起的裂纹、划痕、机加工精度不足等缺陷。

⑤金属环垫表面不得有裂纹、毛刺、磕痕、麻点、经向划痕及锈斑等缺陷，其表面粗糙度应不大于1.6；缠绕垫片不得有伤痕、空隙、松散、翘曲、锈斑等缺陷；垫片表面非金属带应均匀突出金属带，且平整；焊点不应有虚焊和过烧等缺陷；非金属垫片，表面应平滑整齐，不得有分层、裂纹、气泡、夹杂杂质及其他对密封有影响的缺陷。

⑥螺栓、螺母的螺纹应完整，无划痕、毛刺等缺陷，加工精度符合产品标准的要求；螺栓、螺母应配合良好，无松动或卡涩现象。

（2）材料管理

1）材料责任工程师在收到有效施工图纸后，应认真进行审图和材料统计。

2）材料到货后按照设计要求进行油漆防腐后方可入库存放。

3）材料应存放在防风雨的干燥室内，所有材料应上架并分类存放。

4）材料存放时不锈钢材料不得与合金钢材料或碳素钢材料相接触，且在不锈钢材料与货架之间需设置隔离层，以避免发生渗碳腐蚀。

5）工艺管道用的螺栓、螺母检验合格后方可入库。

6）材料合格品、不合格品及待检品应分区放置，并设置显著标识牌。

7）工艺管道材料的代用必须按有关规定，在未收到材料代用证明文件之前，供应部门不得批准发放拟代用材料。使用单位不得把拟代用材料投入施工。

8）材料领用与发放：

①施工人员提前一周将所要施工的管线号报材料部，由材料部按设计管段表进行

备料。

②材料领用以满足工程进度和班组工作量的前提下，尽可能少在班组存放材料。

③供应部按照设计管段表进行发料。材料领用单上应注明材料所应用的管线号，材料的材质、规格、型号、数量、材料质保书号、领用日期等内容，并由材料领用人本人签字。

④材料发放完毕后，由供应部及时对材料数据库进行更新整理，以备核查。

⑤当管段表中所列材料与实际需用材料不符时，施工人员应及时通知技术员，经技术员核实后与设计联系补料，然后再由供应部按设计变更单或联络单备料、发放。

9）焊接材料的管理及发放：

①存放焊接材料的库房应通风良好，配有保证温、湿度的设施，并有温、湿度记录，相对湿度控制小于60%，温度控制以10～35℃为宜。

②焊接材料的烘烤、发放应有专人负责。焊工在领用焊条时应使用焊条保温筒，焊条应随用随取，一次领用数量不得超过3kg或50根。同一焊条筒内严禁同时存放不同种类的焊条。

③未用完的焊条和用后的焊条头应由焊材管理人员统一回收处理。焊条重新烘烤次数不得超过2次。

④焊条的烘烤、发放与回收必须有完整的记录，并由当事人在相应记录上签名。

6. 管道施工技术方法及关键技术措施

(1) 施工程序

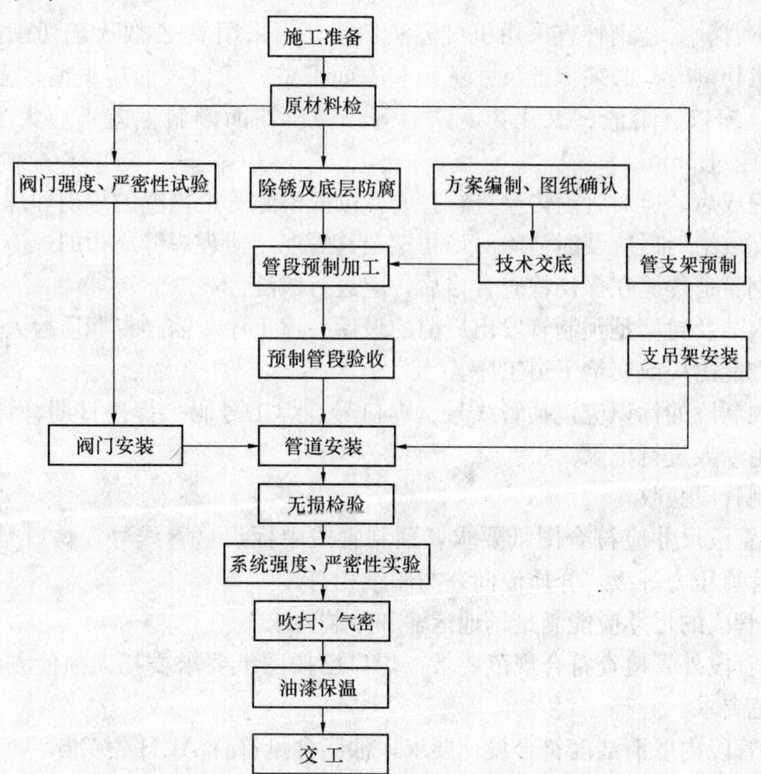

(2) 表面处理

详见管道脱脂专项技术方案。

(3) 管道预制

1) 预制深度要求：尽可能采用预制，准确的预制施工和材料到货是完成该项指标的关键，但是预制应考虑运输和吊装影响。

2) 管道的预制：

①本项目碳钢管道、不锈钢管道、管道钢结构支架、管道支托架等可以部分进行工厂化预制。

②按单线图管线号编制焊口号及用料卡，按用料卡配置用料，按单线图进行下料加工，预制管段要考虑方便场地运输、管廊内穿管、吊装安装就位要求，固定口处管段要留有余量，以便安装时调整。

③壁厚≥4mm的管道（件）对接前，管道（件）要进行坡口，坡口角度见焊接工艺指导书，坡口及其内外表面清理范围去除全部飞溅物。

④管道对接焊口的组对应做到内壁齐平，内壁错边量应符合表2.2.3-2的规定。

管道组对内壁错边量（GB 50236 表 5.0.7） **表 2.2.3-2**

管道材质		内壁错边量
钢		不宜超过壁厚的10%，且不大于2mm
铝及铝合金	壁厚≤5mm	不大于0.5mm
	壁厚>5mm	不宜超过壁厚的10%，且不大于2mm

⑤碳素钢管、合金钢管宜采用机械方法切割。当采用氧-乙炔火焰切割，不锈钢采用等离子切割机切割时，必须保证尺寸正确和表面平整。切口表面应平整，无裂纹、重皮、毛刺、凸凹、缩口、熔渣、氧化物、铁屑等。切口端面倾斜偏差不应大于管子外径的1%，且不得超过3mm。

⑥焊接完成后，应对管道内壁进行打磨，彻底清除管道内壁的焊瘤和焊渣。

⑦管道完成组对后应及时清除对口角钢及其焊疤，清理焊缝周边的焊渣飞溅。

⑧不锈钢管道焊缝在探伤检查合格后，应进行酸洗。

⑨管道内洁及封堵是预制管段出厂前的最后一道工序，需经专职质检人员及管段管理人员检收后方能出厂或交给下道工序。

⑩管道预制段的标识应包括管线号、焊口号、焊工号码、焊接日期、管道压力等级、介质流向，由专人进行记录。

(4) 预制管段验收

1) 预制管段尺寸应符合图纸要求，预制管段中标识（管线号，焊口号，焊工号码，焊接日期，管道压力等级，介质流向）与图纸相符。

2) 预制管段的尺寸应能满足场地运输和吊装要求。

3) 预制管段外管检查符合规范要求，焊口已按图纸要求委托无损检测，检测结果符合图纸和规范要求。

4) 预制管段内壁清洁度符合设计要求，油脂含量符合ALHZ标准，管道内壁干燥无水珠。

5) 预制管段验收以目测、抽查、程序资料检查为主。

6）验收合格后，预制管段应及时封存，防止二次污染。

（5）管道吹扫

1）编制吹扫方案，按照工艺流程绘制吹扫流路，安排吹扫步骤。

2）吹扫需做的技术准备和吹扫注意事项：

①要求阀门完好，开关灵活，极限位置准确，关闭严密，并符合设计要求。

②拆下各流路内部的测量元件，待吹扫结束后按原样复位。

③设置必要的盲板、挡板，以防异物进入设备和分馏塔，设置必要的压力表，特别是低压容器部分，便于检测吹扫压力。

④吹扫的重点是塔外管道，因异物较多，所以吹扫一定要彻底，在吹扫塔外管道时，要将冷箱连接的阀门法兰断开，用挡板挡住，以免异物进入塔内管道。

⑤在吹扫气源接通各系统时，必须先开吹除阀，再开入口阀，停止吹刷时先关入口阀，再关出口阀。

⑥吹扫时，要求计算机等仪表设备投入使用，各联锁报警可靠。

⑦由于在吹扫过程中，吹扫的风量经常发生变化，因此压缩机的压力容易波动，所以要求压缩机操作工必须坚持岗位，密切注意空气压力的变化，禁止主控室自动控制，保压操作保证压缩机输送风量的稳定，发现压力过高及时放空。

⑧管道吹扫流速不低于20m/s，吹扫一定要干净彻底，每开一个阀门，每吹扫一根管道，都要用标记在流程图上做好记录。

⑨用沾湿的白色滤纸或木板上涂上白色油漆 ，放置在吹扫出口处，经5min以后，无明显的机械杂物为合格。

⑩吹扫前应办理相应的许可文件，并做好安全保证措施。

（6）阀门试验

1）检查阀门的规格、型号、材质与位号是否正确，检查阀门外观是否良好，是否有裂纹、砂眼、锈蚀；法兰面是否平整；是否启闭良好，不合格者不得使用。

2）阀门安装前应做气密性试验和壳体强度试验，安全阀应调校整定后才能投入使用。

3）阀门气密性不合格的可解体检查、研磨，更换填料。在拧紧螺栓时阀门应在微开状态，避免压坏阀顶密封面。

4）阀门气密性试验以公称压力进行，以阀瓣密封面不漏为合格；壳体强度水压试验压力不得小于公称压力的1.5倍；气压试验压力不得小于公称压力的1.2倍，试验时间不少于5min。安全阀的校验按照特种设备安全监督条例执行；安全阀的起跳压力设计未规定下：工作压力≤1.0MPa，起跳压力为工作压力1.25倍；工作压力＞1.0MPa，起跳压力为工作压力的1.15倍。调校压力应稳定，每个阀门的启闭次数不得少于3次。阀门试验调校合格后填写“阀门试验记录”和“安全阀最初调试记录”，干燥并封存好。

5）氧气管道、设计压力＞1.0MPa或设计压力≤1.0MPa且设计温度小于－29℃的阀门应逐个进行壳体压力试验和密封试验，输送设计压力＜1.0MPa且设计温度为－29～186℃的非可燃流体应从每批中抽查10％且不得少于1个，有不合格时加倍检查。

6）与氧气接触的阀门要进行脱脂处理，油脂残留量小于125mg/m^{2}为合格。

（7）阀门安装

1）搬运阀门时要小心谨慎，特别是调节阀上的小零件。

2）阀门安装时阀口朝向应符合配管图要求。

3）一般介质的流向与阀体的流向标示一致，使填料不受负压，但对不经常启闭而又需要严格保证密封的阀门如加温阀、膨胀机出口阀安装方向应与设计一致。

4）低温液体阀门的阀杆与水平面成 10°～15°夹角，防止阀内液体流出及外壁结霜冻结阀杆和填料密封面。安全阀安装应垂直向上，安全阀安装好后应不会晃动，保证安全阀不会结霜。

5）焊接阀门焊接时阀门应处在开启位置，防止损坏填料和密封面。

6）所有阀门就位后应作一次启闭，灵活无卡滞为合格。

7）管道与阀门对接前应再次检查清理阀门内壁清洁度。

(8) 支架安装

1）阀门支架安装后横杠应水平，管道支架不允许随意焊接在设备支架或设备上，必须经设计院或设备厂家书面认可后方可安装。

2）所有支吊架的位置、形式均按设计要求施工安装。支吊架安装应牢固，支承面与管道接触良好。支吊架焊接时，不得有漏焊、欠焊或焊接裂纹等缺陷。

3）支吊架的固定和调整工作应与管道安装同时进行。

4）不得随意在正式管道上点焊临时支吊架，碳钢支吊架不得直接焊接在不锈钢管道上。

5）无热位移管道的吊架，吊杆应垂直；有热位移管道的吊架，吊杆应向热位移方向按位移值的 1/2 倾斜安装；滑动支架、导向支架的滑动面应清洁平整，不得有歪斜和卡涩现象，安装位置应向位移相反的方向偏移 1/2 的位移值。

6）固定支架应在补偿装置预拉伸或预压缩前固定。

7）有隔热要求的管道支架需留有隔热材料安装空间。

8）弹簧支架在安装前要核对弹簧支吊架的位号及弹簧的初始位移，弹簧支架定位销应在试压、保温完毕后，试车前拆除。

9）应确保管道支架有足够的稳定性和刚性，不能随便晃动，且要考虑管道的热胀冷缩，并按照管架图的要求进行施工。

10）离管道（固定点、阀门或设备口）较远的抱箍不能把管道抱死，冷缩方向上上部的管道不能固定，管道与支架间应有垫片。

(9) 管道安装

1）管道安装一般原则和注意事项：

①管道运输及吊装就位要小心谨慎，轻搬轻放，不得拖动，防止管壁被碰刮伤或变形。

②安装时按单线图找出相应的预制管段，对号入座，与设备、阀门连接的口应确认无误。

③管线上的开孔应在管段安装前完成。当在已安装的管道上的开孔时，管内因切割而产生的异物应清除干净。

④管道安装原则：先大管后小管，小管与大管相碰时应小管让大管，可以多层分组安装，但应遵循图纸原则，以免对接时造成错位太大。

⑤热电阻温度计应顺流动方向安装，取压头应安装在流动平稳或压力稳定的位置。

⑥流量计安装应符合流向、直管段、水平或垂直安装位置的要求，并且保证流量计安装牢固无晃动。

⑦管道应自然对接，绝不允许强行组对，以免增加对接应力。

⑧法兰连接处，法兰间采用的垫片应采用耐低温的材料，拧法兰螺栓时应对称均匀拧紧，使其密封面保持平整。

⑨法兰连接应与管道同心，并应保证螺栓自由穿入，法兰螺栓孔应跨中安装，法兰间应保持平行，其偏差不得大于法兰外径的 1.5%，且不得大于 2mm。不得用强紧螺栓的方法消除歪斜。

⑩直管段上两对接焊口中心面间的距离，当公称直径大于或等于 150mm 时，不应小于 150mm，当公称直径小于 150mm 时，不应小于管子外径。

⑪法兰连接时应保持平行、同轴。法兰与螺栓紧固应使用同一规格的螺栓，方向一致。紧固螺栓应对称均匀松紧适度，应与法兰紧贴，不得有缝隙。高温或低温管道的螺栓，在试运行时应按规定进行热紧或冷紧。热紧或冷紧应保持工作温度 24h 后进行。

⑫不锈钢管道安装不得用铁质工具敲击，支托架需用垫片与不锈钢隔离。

⑬所有管道焊接应采用氩弧焊底层溶焊、电弧焊盖面施工，确保焊接质量和管内清洁度。避免焊渣、飞溅滞留管内。

⑭管道安装完毕后，应对整个系统进行详细的外观检查，检查管道的布置、质量是否符合设计规范的要求，有无遗漏等。进行全面检查后，再按规定进行强度及严密性试验。

⑮阀门、管道、支架整体安装完毕，要进行系统检查，按流程、单线图、工艺要求逐条管线核查。

⑯在安装中，不能连续配管时，开口处务必加盖或用塑料布包好，防止异物进入。

⑰墙及过楼板的管道，应加套管，管道焊缝不宜置于套管内，如焊缝置于套管内焊口应 100%检测合格。

⑱低温气液混合管道、排液管道、蒸汽管道等设计有坡度位置，施工时要确保坡度。

⑲管道安装时要注意管道间的间距，保证管道保温厚度要求。

2）冷箱内管道安装：

①流量计安装应符合流向、直管段、水平或垂直安装位置的要求，并且保证流量计安装牢固无晃动。

②法兰连接时应保持平行、同轴。法兰与螺栓紧固应使用同一规格的螺栓，方向一致。紧固螺栓应对称均匀，松紧适度，应与法兰紧贴，不得有缝隙。高温或低温管道的螺栓，在试运行时应按规定进行热紧或冷紧。热紧或冷紧应保持工作温度 24h 后进行。

③不锈钢管道安装不得用铁质工具敲击，支托架需用垫片与不锈钢隔离。

④铝镁合金管道不允许用磨光机打磨坡口，以免磨光片颗粒污染打磨面。应使用铣刀进行切削。

⑤冷箱内铝镁合金接头焊接时应按照先焊铝段再焊不锈钢段的顺序进行。采取降温措施将温度控制在 100℃以下。

⑥冷箱面的开口、开孔位置根据阀门管道位置开孔，不得在安装前预开。

⑦冷箱管道试压必须使用干燥、无油的气源。

3）预冷分子筛膨胀机空分区管道安装：

①预冷分子筛空分区管道高、大、重，施工多以起重机配合。管道施工适合先从设备口开始安装，冷箱上适合先安装主管路后支管。

②工艺冷却塔、分子筛吸附器上部设备口宜在吊装前切割（每 90°位置留 30～50mm 长度不切割），防止切割时飞溅物对设备内填料层的损害。

③水冷塔、分子筛吸附器、加热器管道很长，施工时应注意管道垂直度。

④分子筛区域切换阀安装时应仔细核对流程图，注意阀门流向和密封方向的区别。

4）厂房区管道安装：

①厂房内管道施工多以行车配合施工，行车司机应听从指挥，行车速度不能过快，防止吊物损坏压缩机部件。

②与压缩机连接的管道，宜从机器侧开始安装，并应先安装管支架。管道和阀门等的重量和附加力矩不得作用在机器上。管道与机器连接前，应在自由状态下，检验法兰的平行度和同轴度，允许偏差符合 ALHZ 规定。

法兰平行度、同轴度允许偏差（GB 50235 表 6.4.2） **表 2.2.3-3**

机器转速（r/min）	平行度（mm）	同轴度（mm）
3000～6000	≤0.15	≤0.50
>6000	≤0.1	≤0.20

③压缩机出口膨胀节（波纹管）出厂前已调整好预紧力，施工时不得调整。待全部安装结束验收合格后，根据压缩机设备文件安装要求（或压缩机厂家现场服务代表意见）调整（一般做法：松开内侧螺栓，外侧螺栓松开 2～3 扣后用双螺母拧紧）。

④压缩机、电机、油箱冷却水管道安装应考虑管道冲洗要求，预留好冲洗口、连通管、隔离盲板等。

⑤各压缩机油管路安装必须保证管内清洁，应根据制造厂家的技术要求处理。如无制造厂要求一般供油采用不锈钢材质。安装程序如下：

油管预装点焊──→拆下分段焊接（氩弧焊接）──→酸洗──→碱性中和──→吹干后立即在管内壁喷油封闭包──→安装──→油洗合格──→交付试车。

5）管廊区管道安装：

①管廊区管路上的支架安装（固定支架、滑动支架、限位支架）应符合设计要求，支架与管道应焊接牢固，不锈钢管与碳钢管架间应有 PTFE（或不锈钢皮）隔离。

②固定支架应在补偿装置预拉伸或预压缩前固定。

③有隔热要求的管道支架需留有隔热材料安装空间。

④氧气管道法兰应有静电跨接，电阻小于 0.03Ω，氧气管道、积聚液空、液氧的管道和设备接地电阻小于 10Ω（一般要求 80～100m 管道有一处接地装置）。

⑤管道运输及吊装就位要小心谨慎，轻搬轻放，不得拖动，防止管壁被碰刮伤或变形。

⑥管线上的开孔应在管段安装前完成。管内因切割而产生的异物应清除干净。

⑦管道安装原则：先大管后小管，小管与大管相碰时应小管让大管，可以多层分组安装，但应遵循图纸原则，以免对接时造成错位太大。

⑧热电阻温度计应顺流动方向安装，取压头应安装在流动平稳或压力稳定的位置。

⑨流量计安装应符合流向、直管段、水平或垂直安装位置的要求，并且保证流量计安装牢固无晃动。

⑩法兰连接时应保持平行、同轴。法兰与螺栓紧固应使用同一规格的螺栓，方向一致。紧固螺栓应对称均匀，松紧适度，应与法兰紧贴，不得有缝隙。高温或低温管道的螺栓，在试运行时应按规定进行热紧或冷紧。热紧或冷紧应保持工作温度24h后进行。

⑪碳钢，不锈钢管道焊接应采用氩弧焊底层溶焊、电弧焊盖面施工，确保焊接质量和管内清洁度。避免焊渣、飞溅滞留管内。

⑫在安装中，不能连续配管时，开口处务必加盖或用塑料布包好，防止异物进入。

⑬管道安装完毕后，应对整个系统进行详细的外观检查，检查管道的布置、质量是否符合设计的要求，有无遗漏等。进行全面检查后，再按规定进行强度及严密性试验。

（10）管道试压

1）试压前应根据设计要求和工艺流程编制管道试压方案。

2）试压气源是无油干燥空气或氮气。

3）冷箱不可采用多系统同时试压，但试压过程中要保证试压各系统间不受到内漏或串压。试压系统等级和保压时间按设计要求和有关规范划分。

4）切断不同系统的连接管路，关闭或盲死与外界连接的阀门，盲板厚度必须经过核算，盲板处应有标识，阀门必须上锁。

5）一次性装好各个系统的标准压力表（压力表0.4级，表压在量程2/3～3/4），保证系统相互不串压，每个系统装两个压力表，装在各系统仪表管处冷箱接管上，以利对试压进行监视。

6）必须严格按管线分工查漏，检漏用无脂肥皂水作起泡剂，反复检查处理直至认为无泄漏为止后开始保压。

7）试压后及时做好试压记录，合格后及时办好签证认可手续。

8）试压期间应有严格的安全管理措施。

（11）冷箱面板管道开口、面板开口

1）为防止管道提前开口不到位二次开口破坏冷箱面板平整度及外观，冷箱所有管道、阀门开口在管道就位情况下再进行。

2）冷箱所有人孔等开孔采用先焊接人孔框架后开孔的方式进行，最大限度保证面板平直度。

（12）螺栓冷处理

1）冷箱内不锈钢螺栓应在使用前进行冷处理。

2）处理方法：将施工使用的螺栓浸泡在液氮中进行低温处理后再使用。

3）施工过程中注意好安全防护，防止冻伤。

7. 管道焊接

（1）焊工必须持有《锅炉压力容器压力管道焊工考试与管理规则》考试合格证书和IMPT颁发的合格证书，并只能焊接考试合格的项目。焊工合格证书必须在有效期内，超过有效期需重新考试，并取得合格证书。

（2）焊条的药皮不得有受潮、脱落或明显裂纹。焊丝在使用前应清除其表面的油污、锈蚀等。

(3) 下列环境下，未采取防护措施，不得焊接：

1) 非合金钢焊接，环境温度不低于－20℃；低合金钢焊接，不低于－10℃；奥氏体不锈钢焊接，不低于－5℃；其他合金钢焊接，不低于0℃。

2) 焊条电弧焊焊接时，风速等于或大于8 m/s；气体保护焊焊接时，风速等于或大于2m/s；相对湿度大于90%；下雨或下雪。

(4) 焊接工艺要求：

1) 管道焊接方法应严格按照WPS和PQR的指导。

2) 焊接接头组对前，应用手工或机械方法清理其内外表面，在坡口两侧20mm范围内不得有油漆、毛刺、锈斑、氧化皮及其他对焊接过程有害的物质。

3) 承插焊组对时，在承插端头与承插管件之间应留有1～1.5mm的间隙。马鞍口组对时支管与主管间应留有2～3mm的组对间隙。

4) 仪表表嘴在管道上安装时与主管间应留有2～3mm的组对间隙，当采用插入式管座连接时插入端应与管道内壁平齐，主管上须开坡口，避免出现未焊透、未熔和等缺陷。

5) 不锈钢管道坡口打磨时应使用专用砂轮片与其他碳钢类磨光片分开使用。

6) 除定型管件外，任意两条焊缝间距不小于50mm；直管段两环缝间距不小于100mm，且不小于管子外径；焊缝与支吊架边缘间距不小于50mm；需热处理焊缝距支、吊架边缘的净距离应大于焊缝宽度的5倍，且不小于100mm。

7) 定位焊应与正式焊接的焊接工艺相同。定位焊的焊缝长度宜为10～15mm、厚度为2～4mm，且不超过壁厚的2/3。定位焊的焊缝不得有裂纹及其他缺陷。

8) 严禁在坡口以外的母材上引弧和试电流，并防止电弧灼伤母材。不锈钢管道表面不得有电弧灼伤等缺陷。

9) 管道焊接采用氩弧焊封底、手工电弧焊填充盖面的焊接工艺。在焊接中应确保起弧与收弧的质量。收弧时应将弧坑填满，多层焊的层间接头应相互错开。

10) 奥氏体不锈钢焊接应在焊接作业指导书规定范围内，在保证焊透和熔合良好的条件下，采用小电流、短电弧、快焊速和多层多道焊工艺。焊完进行酸洗、钝化处理。

11) 每道焊口应一次性焊接完成，不得出现隔天焊接的情况。如因特殊原因不能连续焊接时，须对未完成的焊口采用塑料布等进行封闭保护。

12) 详细要求见《工艺管道焊接施工方案》。

(5) 焊接质量要求

1) 焊缝焊接完毕后应立即去除焊接药皮、飞溅等，清理焊缝表面，焊工自检合格后由质量检验员对焊缝表面进行检查。焊缝及热影响区表面不得有裂纹、气孔、夹渣等缺陷。

2) 外观检查合格后，由焊接工程师按照《管道无损检测总委托单》进行点口并委托检测。

3) 按比例抽检的焊缝若有不合格时，应按该焊工的不合格数加倍检验，若仍有不合格，则应全部检验。

4) 不合格焊缝，返修应制作返修工艺卡。返修后应按原探伤方法进行检验。

(6) 焊接用堵头管理

1) 不锈钢管道预制使用的充氩防漏堵头每个进行统一编号，由专人发放管理，不得自制堵头用于施工。

2）每个堵头的编号唯一，领用回收建立台账备查，确保在可控范围之内。

8. 管道无损检测

(1) 无损检测详见《无损检测施工专项方案》。

(2) 无损检测人员必须持有劳动部门颁发相应的资格证书，Ⅰ级无损检测人员只可在Ⅱ级无损检测人员指导下从事辅助性工作，无损检测报告的评定和审核均需由Ⅱ级以上人员担任，且评定和审核不能一人兼任，审核由无损检测工程师担任。

(3) 无损检测人员接到委托后，必须对工件表面进行复查，表面状况应符合无损检测工艺的要求，否则，拒绝检测。

(4) 探伤班组应按质检员所点焊口进行拍片，不得任意拍片，本工程无损检测工作执行标准《承压设备无损检测》JB 4730。

(5) 冷箱内所有管道执行100%拍片。

(6) 射线探伤作业主要采用X射线和γ射线，使用原则：能用X射线进行检测的全部使用X射线进行检测，后期无法用X光机检测的集中采用γ射线进行检测。

9. 管道施工质量保证措施

(1) 管道工程质量承诺

管道工程质量承诺：分项工程合格率100%，综合优良率≥85%。

(2) 压力管道施工质量保证体系

本工艺管道施工属压力管道施工，因此施工中应按建立压力管道质量保证体系并严格按企业压力管道质量保证手册运行，项目体系内的所有人员必须在体系质保工程师的领导下开展压力管道的施工与管理工作，要做到责任到人，管理到位，确保质量保证体系的正常运转。压力管道质量保证体系如下：

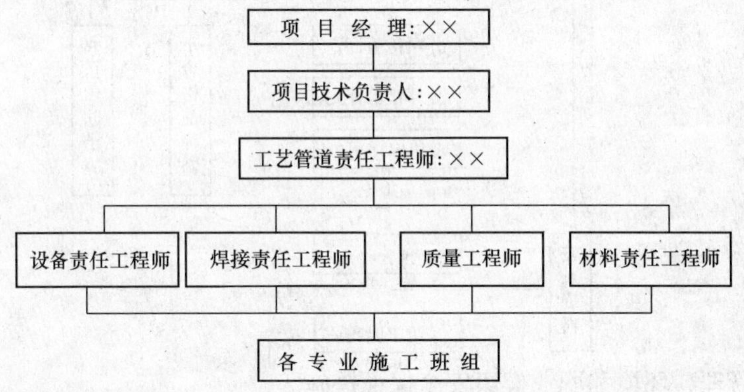

(3) 工程质量保证措施

1）工程的施工质量保证措施要落实在从施工材料进场到安装竣工验收的全过程之中。

2）施工作业人员必须严格按设计图纸、施工验收规范和已确认的有关施工技术方案进行精心施工、消灭通病，不但要求各个分项工程达标，而且要在工程感观上下功夫。

3）施工过程中严格执行“自检、专检、交接检”三检制度。质检人员要严格把好质量关，把存在的问题及时地消灭在施工过程中。焊缝的检查要严格按照设计要求的质量标准进行。

4）结合工程情况，采用新工艺、新技术、新方法、新的先进工具，以提高工程质量，加快进度，运用系统工程原理，对工程质量形成全过程控制。在每个环节上、关键部位上，做好相应的质量保证措施，特殊工种持证上岗。

5）认真填写施工技术资料，并要求与工程进度保持同步，质量记录做到完整、准确、可靠和有可追溯性。

6）质检员根据施工现场的施工进度要做好工序跟踪控制，实施专职检查并及时做好记录。对查出的质量问题填写“整改通知单”，通知有关人员限期整改，整改后由质检员确认。

(4) 管道工程质量保证过程和程序

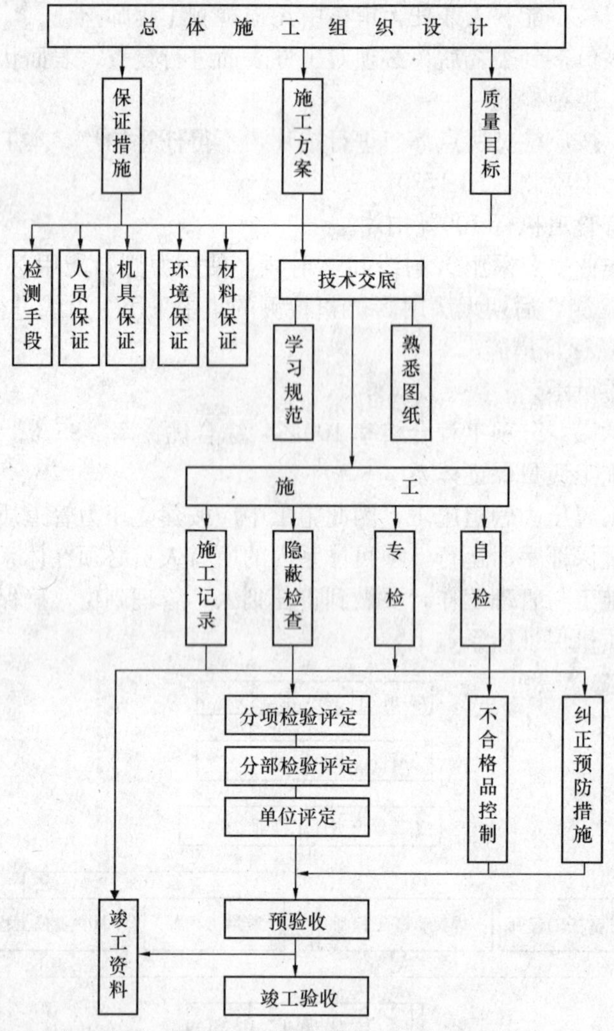

10. HSE管理、环境和职业健康安全保证措施

(1) 施工现场的安全控制

1）开工前的准备：

①根据施工现场实际，编制完整的安全保证方案。

②特殊工种必须持证上岗。

③坚持每天早上开班前安全会制度，针对当天的施工特点提出安全注意事项，每周要开一次周安全例会，并要做好有关记录。

④了解现场已安装的地下管道、电缆等现场状况。

2）施工过程的安全控制：

①所有进入现场人员必须按要求戴好安全帽，穿好劳防用品，高空作业要系好安全带，严禁不安全着装者进入施工现场。

②建立健全安全管理工作制度，专职安全员要深入施工现场，及时准确发现事故隐患，提出处理意见，并监督整改，对违章作业现象，有权制止、处罚。施工人员严格遵循业主和项目部的各种规章制度，遵守工艺纪律，做好现场文明施工工作。

③施工现场危险作业区域：设备吊装、射线作业、进罐容器、管道试压、管道吹扫应设置安全警示标志，并挂牌。射线、进罐容器作业还应执行作业票制度。“四口”必须设置可靠盖板和围栏，并悬挂醒目标志。

④每天工作完成后要做到工完、料净、场地清，施工机具要摆放整齐，每天都要及时清理施工现场，保持好施工场地环境卫生。工程用料、施工废料、生活垃圾都要适时分开，区分处理。做好固体废弃物、清洗液的回收和处理，保护环境。

⑤各班组长作为兼职安全员，要遵守安全技术操作规程及各项规章制度，制止违章作业，对本班组安全生产负责，坚持安全活动，做好经常的安全教育。

⑥管理人员和施工作业人员经常检查各岗位的安全生产情况，发现隐患及时消除，不能消除者，应采取防范措施。

3）管道安装安全注意事项：

①电气设备和供电线路应由专业人员维修，电工应经常检查电气接线，出现破损的线路应立即修补。接线工作应由电工完成，其他施工人员不得私自接线。

②在特别潮湿的场所，以及容器内作业电源电压不得大于 12V。

③凡与电源连接的电器设备，未经验电，一律视为有电，严禁用手触摸。

④管道吊运安装时，必须严格执行本工种的安全操作规程，对使用的起重机具、尼龙带等要仔细检查和必要的试验。

⑤吊装区域范围要用红白带隔离，施工人员不得随意进入吊装区域，并设专人监护。

⑥起吊时，要有专人负责指挥，信号要统一，思想要集中，吊装人的精力要集中，不准酒后作业，起重臂下不得站人或走动。

⑦立体交叉作业上下间应有可靠的隔离措施，上层严禁坠物。

⑧高空作业必须系挂安全带。具有恐高症人员不得上高空。高空作业严禁坠物，严禁向上、向下抛扔工具、材料等各种物件，禁止两人或两人以上在同一梯子上作业。

⑨脚手架搭设完成后应经安全部确认合格并挂上合格牌后才可投入使用，使用者攀登脚手架前应查看有没有经安全部确认的合格挂牌并检查其牢固性，在管道安装过程中，当脚手架妨碍管道安装时，应通知有关人员进行拆除及加固处理，不得擅自拆除、切割或损坏。未经检验合格的脚手架不得使用。

⑩严格遵守用火制度，氧气、乙炔瓶间距大于 5m，气瓶严禁曝晒，氧气瓶严禁沾油。堆放做到整齐牢靠，氧气、乙炔瓶分别堆放，空瓶和满瓶分开放。乙炔瓶与明火之间距离大于 10m。

⑪使用磨光机打磨时，要带防护眼镜。

⑫夜间作业应经项目部批准，并有足够的照明。

⑬进入容器内、管道内作业需办理有限空间作业手续。

⑭现场进行射线探伤作业由项目部批准，在特定的时间内进行。

（2）应急措施

1）受伤人员的救治：

当施工人员发生意外事故时，急救人员应尽快赶往出事地点，并呼叫周围人员及时通知医疗部门及相关部门，尽可能不要移动患者，尽量当场施救。如果处在不宜施工的场所时必须将患者搬运到能够安全施救的地方，搬运时应尽量多找一些人来搬运，观察患者呼吸和脸色的变化，如果是脊柱骨折，不要弯曲、扭动患者的颈部和身体，不要接触患者的伤口，要使患者身体放松，尽量将患者放到担架或平板上进行搬运。

2）应急反应：

一旦发生事故时，如果亲眼所见，必须立即按前面的规定进行报告并尽量多的告诉你所遇到的任何人。同时利用所掌握的急救知识开展伤员急救，有序地撤离现场人员，避免伤害的进一步扩大，向现场最高领导报告，再由现场最高领导亲自或通过无线电话向应急管理指挥部报告，特殊情况下，现场人员可直接向指挥部报告，应急指挥负责通过无线电向项目部主管部门报告，对外报警由应急指挥负责统一安排执行。

3）应急救援和控制：

①报警的同时，应急管理小组必须按照各自的职责分工，迅速组织事故现场的抢救和救护行动，分析事态发展并果断采取相应措施，在专业抢险救护机构到来前，努力控制事故的进一步扩大。

②通知现场救护值班车辆到事故现场，及时救护和转移负伤人员。

③在紧急状态下，现场员工不要紧张，必须听从应急指挥人员的命令，沿着安全通道到达安全集合点待命，专业负责人、班组长清点本部人员，并及时向指挥部有关负责人汇报。

④紧急状态下，后勤服务组在接到应急行动命令后，应立即做好人、财、物方面的救援准备，进入应急状态，随时准备出发。

⑤应急状态结束，项目部根据现场情况，作出复工决策，并由指挥下达复工令。复工前，项目部召集各级领导和负责人，由应急组组长介绍现场及事故处理的总体情况，下达复工要求。各级领导和负责人做好层层贯彻和交底，使每一个员工都清楚复工当日的施工安排，以稳当为主导。

(3) 安全组织

组织系统如下：

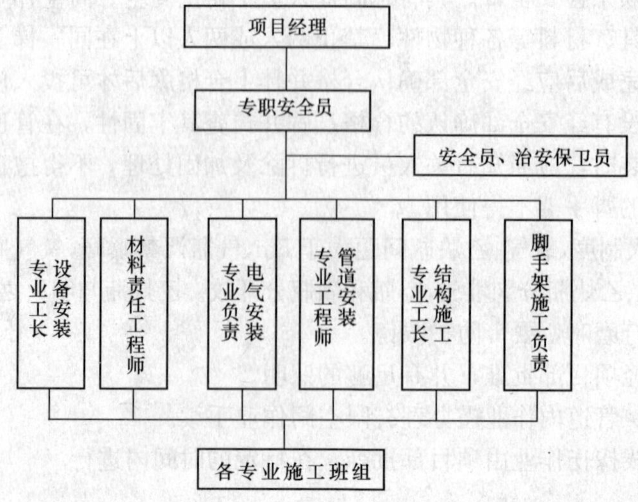

11. 资源配备计划

(1) 劳动力资源配备计划见表2.2.3-4。

劳动力资源配备计划 **表2.2.3-4**

工种	5月	6月	7月	8月	9月	10月	11月	12月	次年1月
焊接	5	12	15	20	20	18	13	10	2
管道	5	16	20	20	20	20	17	10	1
设备	4	5	4	4	4	7	8	2	2
仪表	0	4	4	4	4	7	7	6	2
起重	4	6	6	6	4	4	3	2	1

(2) 施工机具配备计划见表2.2.3-5。

施工机具配备计划 **表2.2.3-5**

序号	机具名称	单位	数量
1	500A交/直流氩弧焊机	台	8
2	500A交流电焊机	台	10
3	500A直流电焊机	台	6
4	管道机械坡口机	台	1
5	等离子切割机	台	1
6	ϕ400砂轮切割机	台	2
7	油脂浓度分析仪	台	1
8	电动弯管机	台	1
9	手用电动切割锯	把	8
10	手用电动铣刀	把	8
11	手用电动圆盘钢丝刷	把	8
12	手枪电钻ϕ12	把	2
13	角向磨光机ϕ125	台	8
14	角向磨光机ϕ100	台	8
15	氧-乙炔工具	套	10
16	电动套丝机	台	1

12. 施工技术表格的填写及要求

(1) 每天由技术员以焊接日报表为基础，整理为《管道焊接工作记录》。

(2) 每天预制结束后，由各施工班工长填写《预制管段检查记录表》，并由工艺质检员签字确认。

(3) 每天施工结束后，焊工须填写《管道焊接自检记录》，汇总后交工艺质检员处。

(4) 当出现焊道返修时，由焊接工程师填写《焊缝返修记录》。

(5) 转动设备配管结束后，由质检员进行检查，并填写《管道与转动设备配对法兰安装检查记录》。

(6) 管道安装结束后，由工艺质检员及工艺技术员组织系统检查，并填写《管道系统检查记录表》。

(7) 施工图自审记要、施工交底记录、焊接工艺评定引用目录、工序交接检查证书、合格探伤工登记表等表格由技术员整理、保管，待工程结束后，由公司档案室归档。

(8) 焊条烘烤记录表，焊条发放回收记录表，焊剂、丝发放记录，焊材库温、湿度记录等表格由焊接工程师定期整理、保管。待工程结束后，由公司档案室归档。

(9) 以上所列为压力管道控制表格，要求相关人员在施工过程中认真填写。此项将作为技术质量考核的主要依据。

(10) 管道预制、焊接、NDT 要形成数据库，方便比较查询。

13. 安装辅助材料表

用料计划见表 2.2.3-6。

用 料 计 划　　**表 2.2.3-6**

序号	材料名称	规格 (mm)	单位	数量
1	不锈钢板	δ14	m^2	0.5
2	无缝不锈钢管	ϕ168×19	m	0.20
3	不锈钢板	δ12	m^2	0.5
4	黑橡胶管		米	100
5	海绵	厚度为 50mm	m^2	5
6	白棕绳	ϕ13	m	500
7	氩气	0.2MPa	m^3	26 (液)
8	白棉布		m^2	200

三、实施效果与体会

(一) 目标完成情况

1. 质量目标

(1) 工程合格率 100%。

(2) 物资供应合格率 100%。

(3) 焊接一次合格率 96%。

(4) 三个一次成功：试压一次成功，设备试运行一次成功，系统开车一次成功。

2. 工期目标

(1) 2008 年 4 月 1 日进场，4 月 20 日正式开工。

(2) 2008 年 12 月 5 日开始空压机试车，但由于建设单位提供的电源和气源未能具备条件，导致正式试运行延误。

3. 工程造价控制目标

完成公司核定的收益指标。

4. 安全文明施工目标

(1) 重大伤亡事故、多人事故为零。

(2) 重大设备（机具）事故为零。

(3) 火灾事故为零。

(4) 职业病发病率为零。

(5) 年从业人员轻伤事故率控制在 5‰以下。

(6) 创公司文明标化工地。

5. 环境保护目标

严格执行企业管理手册要求，其中固体废弃物回收率达 100%。

（二）体会

本施工组织设计为确保正常的施工秩序起到了有效的协调作用。主要体现在：

（1）本施工组织设计重点突出液化空气的工程特点、施工所处地理气候条件，从实际出发对工程特点、重点、难点分析比较透彻。例如：冷箱钢结构安装施工采用“模块化”新施工工艺，通过吊装前对冷箱的模块化组装，降低了高空作业的频次，加快进度，同时有效保证了质量。

（2）施工现场布置合理，避免和减少了材料堆放场地的二次搬运。

（3）根据工程的进度计划和设备材料的进场等因素进行劳动力计划的综合安排，避免或减少了劳动力的过剩或不足。

（4）根据材料的特殊要求，编制材料进场预订计划，统筹考虑了材料的生产周期。

（5）方案的针对性、可操作性和可控性方面应更细致，在施工组织设计中应加入一些具有针对性的预案。

（6）安全有其特殊性，应根据不同的施工条件下做出相应的危险源分析，在方案中体现更全面。

2.2.4 半导体 TFT 生产线装修工程施工组织设计

一、工程概况

（一）项目简介

半导体第 2.5 代 TFT 生产线新建工程的产品为第 2.5 代 TFT-LCD 面板，由阵列和成盒两道工序组成，基板玻璃尺寸为 550mm×650mm，主要产品为手机使用的彩色 TFT 显示屏。主要由生产主厂房、动力站、纯水站、大宗气体站、废水站、特殊药品仓库等组成，其中主厂房为三层结构，中间区域为生产用洁净厂房，两侧为辅助区域，结构形式为框架结构。主厂房洁净面积共 12000m^2，洁净级别主要为十级、百级和千级。工程占地面积约 14 万 m^2，总建筑面积约为 5 万 m^2。

（二）产品的工作原理及工艺流程

（1）产品工作原理：液晶显示屏是透过硅玻璃上的电路形成电场，来驱动玻璃与滤光片间的液晶分子，在自然状态下呈并列平行排列，当电路对液晶层施加电场，液晶分子会朝不同的方向偏转，这时液晶类似于开关作用可以让光线通过，令液晶层形成不同的透光效果，从而达到显示不同画面的目的。

（2）工艺流程：

1）阵列工艺流程：玻璃基板投入→基板清洗→栅极金属溅射→栅极光刻→n+α－硅/α－硅/氮化硅层淀积→α－硅光刻→ITO 膜溅射→ITO 膜光刻→源/漏级金属溅射→源/漏级金属光刻→n+α－硅反刻→氮化硅淀积→绝缘层刻蚀→退火→检查。

2）成盒工艺流程：投入阵列和滤光玻璃基板→配向膜印刷→框胶图敷、垫料→滴入液晶→真空贴合→盒分割→贴偏光片→检查。

（三）工程特点

（1）该工程机电系统复杂，净化厂房面积为 12000m^2，净化级别分别为十级、百级和千级，动力系统包括大宗气体、特种气体、工艺冷却水、工艺真空、化学品等项目。本项目工作量大，工期紧张且工作强度相对较大，项目材料和设备要求较高，对项目承包商的能力和施工策划提出较高的要求。

(2) 工程对抗微振的要求很高。

（四）主要工程内容

(1) 土建部分：结构、建筑和钢结构。

(2) 机电部分：洁净室内装、洁净室空调系统、工艺排风系统、冷冻水系统、热水锅炉系统、工艺冷却水系统、纯水系统、废水系统、压缩空气系统、氮气系统、氧气系统、特气系统、消防喷淋和消火栓系统、低压变配电站、工艺设备配电、照明、弱电自控、火灾报警系统等。

(3) 洁净室内装：厂房火灾危险性为丙类，防火等级为 2 级，抗震烈度为 7 级。生产厂房内隔墙（彩色金属夹心板 17000m^2）；生产厂房吊顶（彩色金属夹心板 12000m^2）；环氧地面 14000m^2；架空活动防静电地板 12000m^2；架空地板用工字钢 42000m；各种风淋室 15 个。

(4) 电气工程：各种电压等级变压器 9 台；各种配电柜 156 台；各类灯具 7300 套；各种电气桥架 15000m；各种电线、电缆 543000m。

(5) 机械工程：厂房内的新风设计总风量为 150000CHM，由 4 台（三用一备）新风机组集中供给；自循环风机（DCFU）108 台；高效过滤风机单元（FFU）3020 台；一般排气系统 4 台（三用一备）离心式排风机；燃油蒸汽锅炉 3 台；水源热泵 2 台；离心式冷冻机 4 台；各种水泵 65 台（不含纯水、排风、废水、药液等非我公司范围）；各种管道 187600m；镀锌钢板 4800m^2。

(6) 钢结构工程及土建工程：钢屋面总计 3921t；混凝土 10255m^3；钢筋 2103t。

（五）建设要求

(1) 本项目采用总承包模式，业主将本项目的设计、采购、施工、测试、试验以及向业主移交的整个过程委托施工总承包方来完成，其中纯水站、废水站、特气系统、化学品供应系统由业主指定分包商完成。

(2) 业主从下半年开始筹备，第二年启动后我公司开始介入，业主委托我公司总承包本项目，第三年年初破土动工，第四年年初开始工艺设备搬入，工程建设周期为 14 个月。

二、摘选主要施工方案

洁净装修工程施工技术方案

1. 工程施工方案综述

(1) 工程施工要达到的基本要求

1) 土建结构工程施工基本结束，净化装修工程作业场地没有较大振动和噪声的其他分项工程施工作业。

2) 室内墙面抹灰工程结束，混凝土地面工程施工结束，外墙门窗工程结束，净化装修工程作业场所能够进行初步的人流、物流控制。

3) 吊顶内部其他分项工程基本结束，并且完成各项检测、试验等工作，要求吊顶内未完工的施工不对吊顶产生较大作用的荷载。

4) 净化间内部体积、质量较大的工艺设备就位安装完成。

5）施工作业面要求有足够的空间范围进行净化装修材料搬运，施工脚手架移动；施工用电安全供给。

（2）工程二次设计流程

净化装修工程的二次设计又称二次排版设计，是根据不同厂家的不同标准板模数对净化间吊顶、隔断板材进行排列组合的过程。二次设计对厂房装修的效果、施工材料的用量、施工的难易程度等有着至关重要的影响。科学、成功的二次设计是整个厂房施工水平最直观、最外在的表现，是净化装修工程施工顺利进行、施工用料有效节约的重要保证措施。

1）二次设计程序流程：

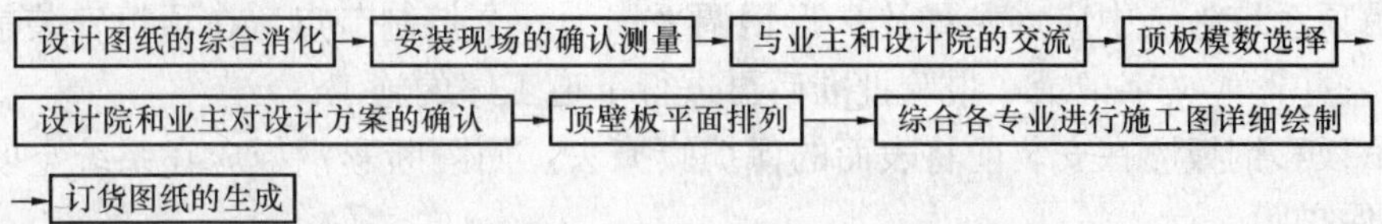

2）设计步骤说明：

①设计图纸的消化：主要指建筑平面图和送回风管道平面图、高效风口布置图、电气桥架、灯具平面图的综合布置。吊顶彩钢板的排列要兼顾厂房整体和风管、桥架、风口、灯具的协调。

②安装现场的确认测量：要精确测量现场尺寸，找出现场尺寸和图纸尺寸的误差，将误差考虑到二次设计中。出现严重误差要和业主和设计院及时沟通，制定出切实可行的修改方案。

③与业主的交流：净化装修是特殊的装饰工程，跟用户的生产和生活息息相关，在二次设计时要充分尊重业主的生活、工作习惯以及审美观点，在考虑业主意愿的同时提出合理化的建议，做出各方满意的设计方案。

④顶板模数选择：在做好各种设计准备工作后，可根据房间大小、灯具布置图以及风口布置图制定出顶板的模数。从而制定出初步的设计方案，报请设计院和业主审批。审批确认后就可进行顶壁板平面排列。

⑤综合各专业进行施工图详细绘制：顶壁板排列完成后，要考虑施工过程是否方便，是否出现大面积风管压顶板拼接缝的情况；是否出现桥架与风管、风管与风管位置相冲突的情况。出现以上情况，在不影响风管道气流组织以及其他设计原理的情况下，可考虑适当调整风管道位置，让出顶板吊杆的位置以及其他管道的通行位置，这样可减少龙门架安装，从而方便施工、节约成本。

⑥订货图纸的生成：二次设计图完成后，还要绘制出完整的订货图纸，这样才完成完整的净化厂房二次设计。

2. 金属壁板施工工艺

（1）吊顶彩钢板施工工艺流程（吊顶系统）

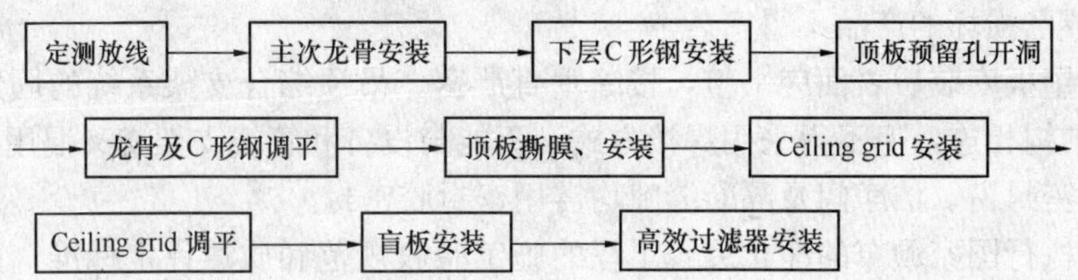

(2) 金属壁板施工要点

1) 金属壁板及其支架系统施工前，应对厂房进行彻底清扫，以避免净化间的成品、半成品在施工过程中被污染。尤其是隔墙壁板的安装，不但要保护壁板不被污染、划伤，还要保证架空地板面层不被污染和损伤。隔断壁板施工过程中，对地面的保护也是本工程施工中重点控制的质量措施之一。

2) 施工前应有经设计院批准的二次设计方案或二次设计图，完成现场勘测，控制土建结构的误差，将误差考虑到二次设计中。杜绝无图施工、边施工边发现、解决问题的做法。

3) 吊顶系统施工中应将龙骨及C形钢调平作为一个控制节点，在顶板安装前应进行调平工作，并形成文字记录，报验批准后再进行下道工序的施工。

4) 吊顶彩钢板应在安装前将表面的保护膜撕去，而隔断彩钢板应在系统空吹前再撕去表面的保护膜。

5) 本工程中金属壁板的安装缝隙，必须用无硅密封胶嵌缝，嵌填的密封胶应平直、光滑，不应有间断、外露、毛边等现象。密封胶施作时的环境温度应在0℃以上。同时，应选择不含硅的密封胶。

6) 金属壁板安装过程中，移动、搬运金属壁板时要轻拿轻放，不宜平抬；彩钢板放置场地需清洁并有必要的保护措施，以防被划伤和碰坏。

7) 规则的风口、管道穿越金属壁板，当其直径或大边长大于400mm时，宜在二次设计中予以考虑。在采购时应将穿越处由供货厂商预埋加强型材，以加强板材强度，同时用预埋型材控制夹心材料，以免在开洞时粉末状的夹心材料外泄，造成污染。对于不规则的开洞，或直径、或大边长小于400mm的洞口，在开洞后应用专用型材护口以增加开口后的板材强度，同时密封破口处，以防板材内部夹心材料外泄。

8) 门窗安装：壁板安装时，应按二次设计图留出门框、窗框的洞口，墙板安装调整后，可安装预制好的门框、窗框，安装时应注意检查门框的尺寸、垂直度等是否符合要求，窗框是否居中，并检查与壁板接缝的适应性。

9) 对指定的临时人流、物流通道处的彩钢板隔断，在表面应有保护措施（可用三合板、设备开箱板、包装板等附于隔断墙表面，尤其1.5m以下范围)。

(3) 金属壁板施工质量要求

1) 金属壁板的各项参数应符合设计要求；设计无要求的应达到优质及部颁标准。同时，金属壁板的质保书、性能检测报告、合格证书等质量证明文件应齐全。

2) 材料进厂后，工序开始前，应按要求完成材料的质量自检和报验工作，并做好相关资料的填报工作。

3) 净化装修前，室内空间必须彻底清扫至无积尘，金属壁板和配件应存放在清洁的环境中，平整地放在防潮膜、板等物上，防止变形。壁板和配件应在清洁环境中开箱启封。不合格或已损坏的产品不得安装。

4) 金属壁板安装后表面应平整，接缝垂直严密。吊顶综合支架系统的固定和吊挂应与厂房主体结构相连，但不得采用焊接方式；不能与设备和管线支架交叉混用。

5) 所有密封窗、洁净门及隔断缝隙均需用密封胶密封。

6) 严格执行国家颁布的净化装修工程的施工验收规范和质量评定标准，并做好各项隐蔽工程记录。

7）金属壁板安装允许误差：

①吊顶表面的平整度高低差小于2mm。

②接缝的平直度必须小于1.5mm。

③接缝高低必须小于1mm。

④缝隙不大于0.5mm。

⑤壁板的垂直度误差小于1°。

3. T-Grid（隔栅龙骨）施工工艺

（1）T-GRID组装

为了增加施工速度，尽可能合理、高效地施工，T-GRID安装时先将原材料及连接附件运到施工区域下架空地板上进行组装，然后再成片的用手拉葫芦起吊，吊装块的大小可根据现场实际情况（小组人员数量、施工可利用区域大小等）确定。组装时，须紧固连接件的螺栓，以确保连接可靠，从而避免不必要的二次连接，保证安全生产。T-GRID组装时需要注意的是，除吊点和连接件处，其他部位的保护膜尽量少破坏，以便以后减少或降低清洁的工作量和难度。

（2）T-GRID吊装

T-GRID吊装时如果起吊块较小可不用手拉葫芦起吊，但在不能保证起吊安全的情况下必须使用手拉葫芦起吊。起吊到T-GRID大致标高后，需在起吊块的四周边同时和吊杆连接，连接螺栓紧固程度保证T-GRID不会跌落即可，以便水平调节人员调节水平（由调平人员紧固T-GRID和吊杆的连接螺栓）。另外，T-GRID的吊装最好由内向外，由中间向四周进行，以减少施工误差。

（3）T-GRID水平调整

T-GRID起吊连接后，调平人员需立即进行调平工作。调平需用激光水平仪对每个吊点进行调节。但调节时可从起吊块的四周边先开始，在保证四周高度调节准确时，中间的吊点可用长标尺来检验，对个别有误差的进行再调节，从而加快调节速度。需要注意的是，激光水平仪使用前必须要校准，水平调好后，各吊点的螺栓紧固可靠。

（4）T-GRID成品保护

T-GRID施工完毕，其他专业施工未必完成，因此必须要对结构成品进行保护。不然，对整个工程的质量都会造成不良影响。可用塑料布将T-GRID包裹起来，以防划伤或污染。此外，T-GRID严禁硬物碰撞，对可能会被破坏的区域要挂有保护标志，必要时可安排人员值班保护，尽量减少成品的损坏。

4. 地面及地板施工工艺

（1）PVC地板地面施工工艺

1）作业条件

①基层地面为水泥地面、水磨石地面或其他硬质地面。地面平整（不平整度≤0.2%），不起砂，无裂缝，地面应干燥，若为一层地面应先作防水处理。

②温度：10～35℃，相对湿度不大于80%。

③应配备人工照明装置，并且室内其他各项工程已基本完工，不得上、下交叉作业。

2）施工工艺流程

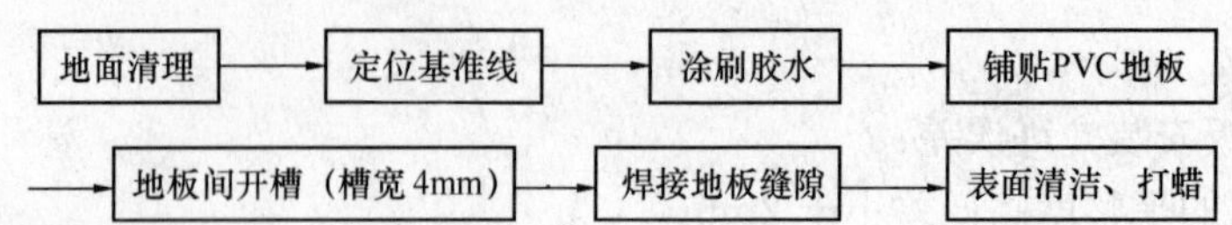

3）施工说明

①地面清理，基层应达到表面不起砂、不起皮、不起灰、不空鼓，无油渍。手摸无粗糙感。

②定位基准线，弹出互相垂直的定位线。

③基层与塑料地板块背面同时涂胶，胶面不粘手时即可铺贴。铺贴时，要用橡皮锤从中间向四周敲击，将气泡赶净。

④铺装完毕后对板缝进行焊接，焊条使用地板同类材料，颜色可以有所区别。焊接完后要及时清理地板表面，使用水性胶粘剂时可用湿布擦净，使用溶剂型胶粘剂时，应用松节油或汽油擦除胶痕。清洁完后进行打蜡。

4）质量标准

①PVC地板的品种、规格和技术性能必须符合设计要求，符合施工规范和现行国家标准。

②PVC地板表面清洁，图案清晰，色泽一致，接缝均匀，周边顺直，边角整齐、光滑。

(2) 导静电环氧自流平施工方案

1）基层处理

①目的：清理地面，保证环氧树脂与地面附着结实。

②施工工具：自吸打磨机，施工用工业吸尘机等。

③施工方法：整体均匀地用打磨机打磨表面并清理表面留下的灰尘。

2）导电底层施工

①目的：封闭素地，保证环氧树脂与地面的附着力并形成低电位层。

②材料：SEC环氧树脂导电底涂。

③厚度：0.1mm。

④施工工具：刮片，搅拌机等。

⑤施工方法：将材料按照指定配合比混合，充分搅拌，均匀地往素地渗透下去，保养12～24h。

3）中涂修补施工

①目的：使地面平整，无裂缝、凹坑等现象。保证承重层和面层的平整。

②材料：SEC涂地板修补材。

③厚度：0.2mm。

④施工工具：钢质刮片、搅拌器等。

⑤施工方法：将修补材按配比充分搅拌，把裂缝和不平整地面修补平整。

4）导电腻子施工＋接地

①目的：调整表面凹凸不平以及形成低电位层。

②材料：SEC导电腻子。

③厚度：1.2mm。

④施工工具：搅拌机，金属抹刀，接地。

⑤施工方法：

a. 将材料按照指定配合比混合，充分搅拌。

b. 首先将接地设置处局部涂抹并将接地粘结上去，在上面再度用腻子遮盖接地，将接地终端长度根据实际连接距离调整好，与接地插座连接上去；

c. 等接地处理结束后，将其余面积用抹刀均匀，平滑地涂抹上去。

5）面涂施工

①目的：满足使用要求，表达产品效果。

②材料：SEC-EC-AS（环氧树脂溶剂性防静电面涂）。

③厚度：0.5mm。

④施工工具：滚涂刷子，毛刷，刮片，喷枪，抹刀，搅拌机，空气压缩机等。

⑤施工方法：

a. 将材料按照指定的配比混合，充分搅拌；

b. 用抹刀或喷枪及滚筒施工，24～36h 后，确认固化情况。

⑥施工注意点：施工完毕之后 7d 以内避免加外力冲击，并避免涂膜受损。

（3）导静电环氧地坪施工方案

1）基层处理

①目的：清理地面，保证环氧树脂与地面附着结实。

②施工工具：打磨机、砂纸。

③施工方法：用手持打磨机打磨浮浆及不平整地面。

2）导电底层施工

①目的：封闭墙体，保证环氧树脂与地面的附着力并形成低电位层。

②材料：环氧树脂导电底涂。

③厚度：0.05mm。

④施工工具：滚筒，刮片，搅拌机，打磨机，砂纸等。

⑤施工方法：将材料按照指定配比混合，充分搅拌，均匀地往地面渗透下去，保养 12～24h。

3）导电腻子施工＋接地

①目的：调整表面凹凸不平以及形成低电位层。

②材料：SEC 导电腻子。

③施工厚度：约 0.25 mm（两次施工 0.05mm）。

④施工工具：搅拌机，金属抹刀，接地。

⑤施工方法：

a. 将材料按照指定配合比混合，充分搅拌。

b. 首先将接地设置处局部涂抹并将接地粘结上去，在上面再度用腻子遮盖接地，将接地终端长度根据实际连接距离调整好，与接地插座连接上去。

c. 等接地处理结束后，将其余面积用抹刀均匀、平滑地涂抹 2 道上去。

4）面涂施工

①目的：满足使用要求，表达产品效果。

②材料：SEC-EC-AS。

③涂抹量：0.1mm。

④施工工具：滚筒、喷枪、刮片、空气压缩机等。

⑤施工方法：

a. 将材料按照指定的配比混合，充分搅拌。

b. 用滚筒或喷枪及刮片施工，24～36h 后，确认固化情况。

(4) 普通环氧漆墙柱面施工方案

1) 基层处理

①目的：清理地面，保证环氧树脂与墙面附着结实。

②施工工具：打磨机、砂纸。

③施工方法：用手持打磨机打磨浮浆及不平整墙面。

2) 底层施工

①目的：封闭墙体，保证环氧树脂与墙面附着结实。

②材料：SEC 涂地板底涂。

③厚度：0.05mm。

④施工工具：刮片、搅拌器、滚筒、打磨机、砂纸等。

⑤施工方法：将底漆按配合比充分搅拌，均匀涂在墙体表面，12h 后施工修补层。

⑥修补施工：

a. 目的：使墙面平整，无裂缝、凹坑等现象。

b. 材料：SEC 无溶剂环氧修补材。

c. 厚度：0.25 mm (两次施工 0.05mm)。

d. 施工工具：刮片、搅拌器等。

e. 施工方法：将修补材按配比充分搅拌，平整涂在底漆层需修补处。

⑦面层施工：

a. 目的：满足使用要求，表达产品效果。

b. 材料：SEC 涂地板溶剂型面涂。

c. 厚度：0.05mm (两次施工 0.1mm)。

d. 施工工具：滚涂刷子，毛刷，刮片，喷枪，抹刀，搅拌机，空气压缩机等。

e. 施工方法：

a) 将面层材按配比充分搅拌，均匀涂在修补层表面，共施工 2 遍。

b) 每层保养时间为 12～24h 左右。

(5) 环氧喷涂施工工艺

1) 基面检查：地面及墙面必须彻底干燥，表面平整干燥，坚硬无缺陷。

2) 基面处理：清除表面污物、灰尘、油污及浮浆，使表面平整、干燥、无尘，含水率<10%，pH 值小于 10。

3) 施工方法：使用前将材料彻底搅匀，根据材料黏稠情况加入适量专用溶剂，然后用辊涂或刷涂的方法进行施工。

①滚涂封闭底漆一道，干燥时间 60min。

②喷涂面漆不得少于两道。

(6) 防静电活动地板的施工工艺

1) 一般规定

①防静电活动地板地面施工内容，包括基层处理，安装支架、横梁、斜撑，安装接地系统，铺设地板等的施工、测试与质量检验。

②施工现场温度应在10～35℃之间，相对湿度应小于80%，通风良好。

③活动地板施工前应精确放线，以防止安装过程因安装累计误差较大而无法进行施工。

④活动地板安装过程中在边角位置板块不符合模数时，应根据实际情况进行切割后镶补，并配置可调支撑和横杆，切割边与墙体交接处应用柔性的不产尘材料镶边或填缝。

⑤活动地板支撑结构安装前应检查地面面层，其标高应符合设计要求，且标高误差范围必须在活动地板可调节高度范围内。

⑥施工材料应符合设计要求。在设计无特殊要求时，应符合以下规定：

a. 防静电活动地板板面应平整、坚实，板与面的粘结应牢固，应具有耐磨、防潮、阻燃等性能。

b. 支架、横梁、斜撑表面应平整、光洁，钢制件须经镀锌、喷塑或其他防锈处理。

c. 防静电性能指标和机械性能、外观质量等应符合《防静电活动地板通用规范》SJ—10796的要求。

d. 储存在通风干燥的仓库中，远离酸、碱及其他腐蚀性物质，严禁置于室外日晒雨淋。

e. 施工工具包括切割机、手提式电锯、吸盘器、1m钢直尺、水平尺、清洗打蜡机、测试电极和测试仪表、水平仪等，其规格、性能和技术指标应符合施工工艺要求。

2) 活动地板施工工艺流程

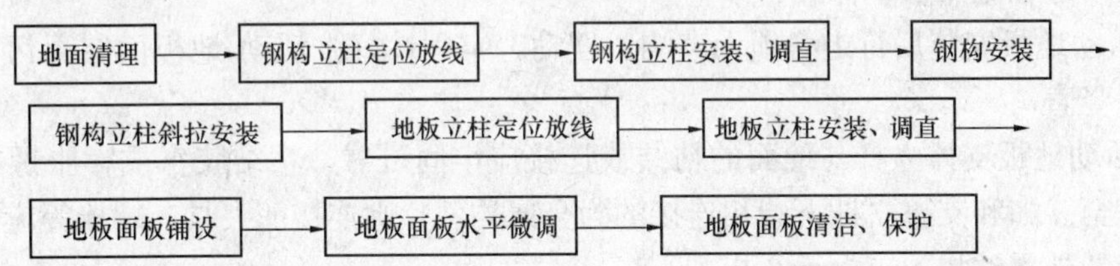

①施工准备及施工条件：

a. 熟悉施工图纸、勘查施工现场、考虑厂房空间误差，将误差考虑到厂房边角位置。

b. 基层地面无论是水泥地面、水磨石地面或其他硬质地面，都应表面平整、坚硬结实，如有裂缝、凹凸不平等必须修补；彻底清除施工场地的尘土、小砂石、水泥凝结块等影响工程质量的残留物。

c. 备齐各种施工材料、设备、器具，并经检验合格。施工人员到位，并具备一定的施工技术能力。

②活动地板施工：

a. 标设钢构立柱基准线：应根据厂房纵横方向的柱（尽量选择中柱）轴线，定位钢构支撑立柱的安装位置，并在地面上弹出安装位置基准线。在定位该基准线时，应选择经纬仪等精度较高的测量仪器。

b. 钢构立柱安装、调直：按照弹出的钢构立柱位置基准线，用M10×40膨胀螺栓将立柱固定在地面。

a）在安装膨胀螺栓时，不应将其螺母一次性拧紧，在拧的过程要边拧边调整钢构立柱的垂直度，直到钢构立柱完全垂直后再拧紧螺母。

b）钢构立柱底部与地面的固定常采用螺栓固定或液态强力胶粘结两种方式。

c. 地板底座放线：根据厂房中间柱的位置，依据图纸尺寸来定位架空地板底座的位置，准确无误后，用可以擦洗掉的墨水弹线即可。说明：地板底座定位弹线后，需选择厂房其他位置的柱来校核地板底座定位的正确性，或选择钢构立柱中心位置线来校核地板底座的定位。

d. 底座安装：用专用胶粘剂将地板底座安装在 H 形钢上。说明：地板立柱安装完成后，需用水平仪来校核立柱顶的标高是否符合设计要求，如有误差，通过立柱顶的丝扣段来调整。

e. 地板面板铺设：

a）铺设基准板：应在确定的基准线处用标准板开始铺设基准块。其高度与标高控制线应一致，用水平仪校平后，紧固支架，锁紧螺母。

b）铺设正规板：应以基准板为中心，向周边扩散铺设。铺设过程中应边铺边用水平仪调整支架高度，使相邻板面均保持水平后，逐块紧固支架锁紧螺母。

c）铺设异形板：厂房四周边缘、设备基础边等尺寸不足一块标准板时，应用异形板铺设。异形板是根据房间边缘的实际尺寸用切割机将标准板裁割而成。应在标准板铺设完成后，再进行异形板的铺设。地板和横梁经切割后，必须去除切割处毛刺，金属裸露面应涂防锈油漆；若采用的是复合板，切割处还应作防潮处理。异形板安装完成后，还应在切割剖口处做收边处理。

③活动地板施工质量标准：

a. 活动地板安装后行走必须无声响、摆动，牢固性好。活动 地板面层无污染，板块接缝横平竖直。

b. 活动地板支撑立杆与地面的粘结或连接应牢固可靠，粘结胶水或膨胀螺栓质量保证资料齐全。如和支撑立杆下端相连接的为金属构件，则连接的夹具、螺栓等应安全、可靠，螺栓的外露丝扣不应少于 3 扣。

c. 活动地板面层铺设允许偏差见表 2.2.4-1。

活动地板面层铺设允许偏差表（mm）　　**表 2.2.4-1**

项　目	允许偏差		验方法
	铸铝合金地板	钢、复合地板	
面层表面平整	2.0	2.0	2m 靠尺和楔形塞尺检查
面层接缝高低差	0.4	1.0	钢尺和楔形塞尺检查
面层板块间隙宽度	0.3	1.0	钢尺检查
面层水平方向累计误差	$L \leqslant 100m$	±10mm	经纬仪或测距仪检查
	$100m \leqslant L \leqslant 200m$	±20mm	
	$L \geqslant 200m$	±35mm	

注：L 表示活动地板地面水平面某方向的长度。

三、实施效果与体会

（一）实施效果

1. 本项目采用了总承包模式，充分体现了以下几方面的优势：

（1）业主转移和降低了自身的风险，包括设计风险、采购风险、施工风险和设计、分包商、供应商等配合问题造成的费用、工期增加的风险。

（2）由于采用了总承包模式，设计、采购、施工相互搭接，本项目用时缩短了30%。

（3）不需要业主的团队拥有很多的人手来参与总承包方的团队配合。

（4）有利于协调，有利于完工后的运行维护。

（5）可以充分保证项目功能目标的统一性。

（6）有利于造价控制。

2. 工程质量方面，半导体 TFT 厂房工程经过 15 个月的施工，按期顺利完成了各项施工任务，满足了业主对工期的要求，工程整体建设质量优于国内同类工程，系统运行稳定，净化厂房的各项指标均满足了业主投产要求，施工中杜绝出现不合格品，整个工程所有单位工程验评合格率 100%，优良率 90%，净化厂房各项指标均满足业主要求，项目一次性通过验收，并获得“省优工程”称号。

3. 工程进度方面，以各项技术和管理措施为保证手段，进行施工全过程的动态控制；以关键线路和次关键线路为线索，以网络计划中心起止里程碑为控制点，在不同施工阶段确定重点控制对象，协调不同专业和不同工种任务之间的冲突，确定相互交接的日期，强化工期的严肃性，保证工程进度不在本工序造成延误。

4. 工程 HSE 管理方面，通过一系列的安全文明管理措施，整个项目在施工过程中没有发生一例重大安全事故，“零事故”的安全和职业健康目标和“对周边环境零伤害”环境管理目标得以顺利实现，并获得“文明工地”称号。

5. 工程成本控制及效益方面，制定了较为清晰的成本控制流程，建立了项目资金成本目标动态观测管理体系，成本控制的关键点是设备材料的进出控制，各种采购在项目部内部实行了严格的公开招标程序，同质优价，使得采购成本得到严格控制；推行了较为完备的仓库管理程序，实行了较为严格的设备材料领用追溯制度，成本控制颇具成效。该工程各项决算顺利完成，一次回款率 90%，工程纯利润大于 10%。

（二）施工技术特色

1. 为缩短施工工期，保证洁净风管的严密性，通风空调系统采用了镀锌风管共板法兰制作新工艺。为保证厂内工艺用不锈钢管道内壁的洁净度和保证使用点工艺介质的质量，本项目中的不锈钢管道，均采用进口自动焊机进行自动焊接，属国内领先技术。

2. 净化装修的净化间吊挂采用了一二次钢结构合并，一次钢构模数与上顶板、FFU 龙骨模数协调一致，一次钢构为上顶板和 FFU 龙骨吊挂预留固定点的方式，大大便利了洁净室上顶板的施工，同时节约了建设费用。

3. 在净化厂房的下技术夹层，第一次采用国产轻型组合综合支架系统；消防喷淋管路系统进行了大胆的创新，将消防主干管和支管设置于上顶板上，大大减少了消防喷淋管路在洁净室施工的工作量，方便了洁净室管理，降低了工程造价。

4. 在净化施工管理方面，将安全控制和洁净管理相结合，并作为重点，最早时间建立正压，完全标准的实施洁净室施工，确保了工程质量。

上述技术创新及新技术、新工艺的应用，为项目的成功实施创造了便利条件，也为公司今后进行类似工程的实施积累了宝贵的经验。

2.2.5　5000t/d 水泥熟料生产线设备安装工程施工组织设计

一、工程概况

（一）项目简介

本工程为 5000t/d 水泥熟料生产线从石灰石破碎、输送至水泥包装及成品堆存整条水泥熟料生产线安装工程，包括：国内、外机电设备安装；自控装置及自动化仪表安装；工艺管道、非标件制作及安装；砌筑、保温工程；厂区照明、通信；现场设备的制安和窑尾塔架钢结构构件制作安装等。总投资 48966 万元人民币，其中安装工程约 4300 万元人民币。承包方式为施工总承包。

（二）工程主要内容

项目主要分部工程：砂岩破碎及输送、黏土破碎及输送、石灰石预均化堆场及输送、原料调配及输送、粉煤灰原料调配库、原料粉磨/废气处理、生料均化库/生料入窑喂料系统、烧成窑尾、烧成窑中、烧成窑头、煤粉均化堆场及输送、煤粉制备、水泥粉磨调配站、水泥储存、水泥包装及成品堆存、水泥汽车/水泥火车散装、压缩空气站、总降压变电站、循环水泵站、水池及冷却塔、中控室、对应车间电力室、控制室、石灰石破碎及输送、石灰石矿山胶带输送、矿山配电站。

（三）工程施工特点

（1）工程工期短，工程量大。

（2）工程规模大，投入机械、设备、人员多，现场调动频繁。

（3）多为露天作业，受气候影响大。

（4）高空立体交叉作业多，安全要求高。

（5）施工专业多，技术要求高。

（四）工程划分情况

（1）机电设备安装。

（2）工艺管道、非标准件及窑尾塔架制作、安装。

（3）砌筑、保温工程。

（4）调试。

（5）保修。

（6）投产保产服务。

（五）建设要求

1. 对工程承包单位要求

（1）投标人具备独立法人资格。

（2）项目经理具有建设行政主管部门颁发的一级项目经理资质。

（3）投标人具有冶炼或机电设备安装专业（总）承包一级及以上资质。

（4）要求投标人有近三年承担过三条（含三条）日产 5000t/d 及以上规模熟料生产线的机电设备安装施工业绩或类似工程业绩。

2. 工期目标

计划工期220d全部完成，即2004年5月1日开工，2004年12月10日竣工。

3. 质量目标

(1) 单位工程一次验收合格率100%。

(2) 合同履约率100%。

(3) 顾客投诉处理率100%，满意率90%。

(4) 杜绝重大质量事故，有效降低一般质量通病。

4. 安全目标

(1) 杜绝死亡、爆炸和火灾事故。

(2) 杜绝重大设备和交通事故。

(3) 一般轻伤事故频率≤8‰。

5. 环境保护目标

(1) 控制扬尘，扬尘控制措施实施率达到100%。

(2) 垃圾分类管理，有毒有害固体废弃物合理处理率100%。

(3) 控制噪声污染，噪声排放达标。

(4) 控制有毒有害气体的释放，变配电室施工过程中的火灾事故率为0；化学品库火灾事故率为0、泄漏率为0。

(5) 节能降耗，生产用水、用电措施实施率达到100%。

(六) 实施条件

(1) 现场土建基础具备交付使用；“三通一平”已基本具备；现场水、电接入位置已确定；办公临建用地和生产临建用地已在厂区总图上确认并已平整完毕。

(2) 总公司已组建项目经理部并主要人员到位，主要施工力量选自下属机械化施工公司，接通施工用水、用电，进行临建建设，采办或调迁办公、生产设施。生活临建建在厂区外，采用租用附近民居的形式。

(3) 主要施工方案已确定并得到业主和监理的认可，材料的供货商应取得业主、监理的审核确认。

(4) 大型机械设备如塔吊、履带吊等进行了维修保养工作，随时做好安装准备工作。

二、摘选主要施工方案

(一) 回转窑施工方案

1. 工程概况及特点

回转窑是水泥厂最重要的设备，安装质量的好坏直接影响到全厂正常生产，为确保安装质量，根据我公司多年安装回转窑的经验，结合招标所提供的技术参数及现场实际情况编制施工方案。

5000t/d水泥熟料生产线回转窑直径ϕ4.8m，长72m，生产方法采用窑外分解形式，其斜度为3.5%。回转窑包括：筒体、轮带、托轮、液压挡轮、传动机构、窑头、窑尾密封装置、润滑液压、冷却系统。

2. 工艺流程

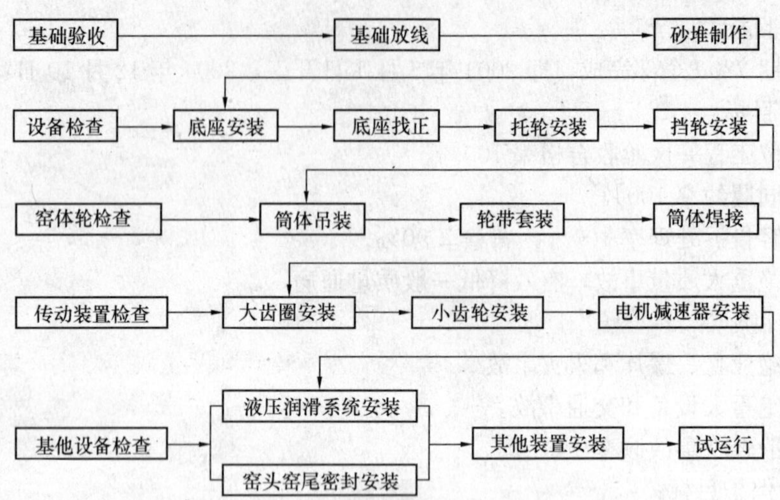

3. 基础验收及放线

（1）根据甲方给定的工艺坐标点及标高点，由甲方会同有关方面，检查基础的尺寸是否符合设计要求（见表 2.2.5-1)。

设备基础允许偏差　　表 2.2.5-1

序号	检查部位		允许偏差（mm）
1	基础外形尺寸		±30
2	基础坐标位置		±20
3	基础上平面标高		0 −20
4	纵横中心线及相互距离		1
5	地脚孔	相互中心位置	±10
		深　度	+20 0
		斜直度	3.5%，5/1000
6	标准点标高对厂区零点标高		±3

（2）提交安装设备的基础，必须达到施工规范要求。

（3）标板埋设及放线：

①基础验收后，根据安装要求埋设标板。标板安装好以后，以窑尾塔架中间柱子中心为基准点，画出 3 号基础的横向中心线，用激光经纬仪放出整个窑基础的纵向中心线并在标板上打上样冲眼。

②使用水准仪根据甲方提供的基准标点，测量标高，并在 3 号基础上设定一个安装过程中固定的标高点，基准偏差在±1mm 之内。在安装期间加以保护，作为整个安装过程的测量基准。

③基础各部分尺寸规范规定（以标板设定为依据）：纵向中心偏差±0.5mm；横向中心偏差±1.5mm。

（4）砂墩制作：

①根据工艺图与《水泥机械设备安装工程施工及验收规范》JCJ 03—90 的规定布置

垫铁，尽可能靠近地脚螺栓。

②砂墩制作：砂墩标高误差为0～－1mm，斜度为3.5%，水平度允许偏差0.2mm/m。砂墩的配比为：42.5级硅酸盐水泥：中砂：水＝1：1：适量，夏天浇水养护3d，养护期间砂墩不能受外力冲击。

4. 设备检查

回转窑的全部零件的检查，除按JCJ 03—90的总则有关规定外，安装前还必须做好设备的检查和尺寸核对工作，如检查结果与设计不符时，安装单位、建设单位、监理单位会同设计单位共同进行修正设计图纸。

(1) 底座检查：检查底座有无变形，实测底座螺栓孔间距及底座厚度尺寸，校核底座的纵横中心线等。

(2) 托轮组检查：检查托轮及轴承的规格，轴承座与球面接触情况及轴承底面纵横中心线等。轴承的冷却水瓦应试压，试验压力为0.6MPa，并保压8min不得有渗漏现象，如有渗漏现象应会同有关单位解决。

(3) 回转窑筒体检查：

①圆度检查着重在每节筒体的两端，圆度偏差（同一断面最大与最小直径差）不得大于0.002D（D为窑筒体直径），轮带处筒节和大齿圈下处筒节不得大于0.0015D。超过此限度者必须调圆，但不得采用热加工方法。

②圆周长度在两对接口处应相等，偏差不得大于0.002D，最大不得大于7mm。

③窑筒体不应有局部变形，尤其是接口处。对于局部变形，可用冷加工或热加工的方法修复，加热次数不超过二次。

④窑筒体的长度尺寸、轮带中心线位置至窑筒体接口边缘的尺寸、大齿圈中心位置至窑筒体接口边缘的尺寸都应符合设计要求。

(4) 核对轮带与窑筒体的配合尺寸，窑筒体外径加上垫板尺寸应符合图纸要求。

(5) 传动设备及大齿圈的检查：

①核对大齿圈及弹簧板的规格尺寸，大齿圈内径应比窑筒体外径与弹簧板的高度的尺寸之和大3～5mm。

②大齿圈接口处的周节偏差，最大不应大于0.005M（模数）。

③核对小齿轮的规格及齿轮轴和轴承配合尺寸。

(6) 加固圈及轮带挡圈检查：加固圈与轮带挡圈不得有变形，其内径尺寸应比窑筒体加固板的外圈尺寸大2～3mm。

底座安装允许偏差 表2.2.5-2

序号	项 目	偏差（mm）
1	底座纵向中心线	±0.5
2	相邻两底座中心距	±1.5
3	首尾两底座中心距	±3
4	相邻两底座标高差	0.5
5	底座加工面纵向斜度	0.05mm/m
6	对角线差	2
7	首尾两底座标高差	2

5. 底座与托轮组安装

(1) 托轮底座安装：

①底座面清洗检查，确认满足设计要求。砂墩强度达到与基础设计强度相同，底座安装就位。以3号底座调整完后为基准，开始2号、1号底座的调整，应满足表2.2.5-2中的要求。

②初步满足以上要求后，进行地脚螺栓

灌浆，浇筑的混凝土强度达到规定强度的75%以后，紧固地脚螺栓，塞实垫铁，进行精找正，精找正的精度须满足规范要求。

(2) 托轮、轴瓦检查、刮研及安装：

①轴瓦与轴颈的配合情况检测。采用重新研磨的方式，检查轴瓦与轴颈的配合情况，可先将轴承座吊装到位，拆开轴承座上盖、油杯、淋油板等部件，清洗轴瓦（在此之前，须对托轮轴进行清洗）。用着色法检查轴瓦与轴径的配合情况（在轴瓦内部涂好红丹），将轴瓦放到托轮轴径上轻轻转动轴瓦，然后将轴瓦吊起，检查轴与轴瓦的接触面，接触情况不良的则须进行刮瓦。轴瓦与轴颈的接触角度为60°～75°，接触点不应少于1～2点/cm²；轴瓦与轴颈的侧间隙，每侧为0.001～0.0015D（D为轴的直径，用塞尺检查）；轴瓦背与球面接触点不应少于3点/2.5cm×2.5cm；球面瓦与轴承底座接触点不应少于1～2点/2.5cm×2.5cm。

②根据基准点首先安装轴承座（在轴承座下应涂上二硫化钼），然后把托轮初步定位，检查托轮和轮带的外径是否符合图纸要求。如有误差，应根据窑中心不变来计算两托轮之间的跨距，作必要的调整。

③托轮定位时让托轮轴高端的止推圈与轴瓦的端面接触，而低端侧留有4mm的间隙，两托轮在高端的轮缘侧面应在同一个平面内，误差在0.5mm之内。

④以3号托轮进料端面为基准，调整托轮的中心线、标高、斜度，应符合表2.2.5-3的要求，具体测量方法见图2.2.5-1～图2.2.5-3。

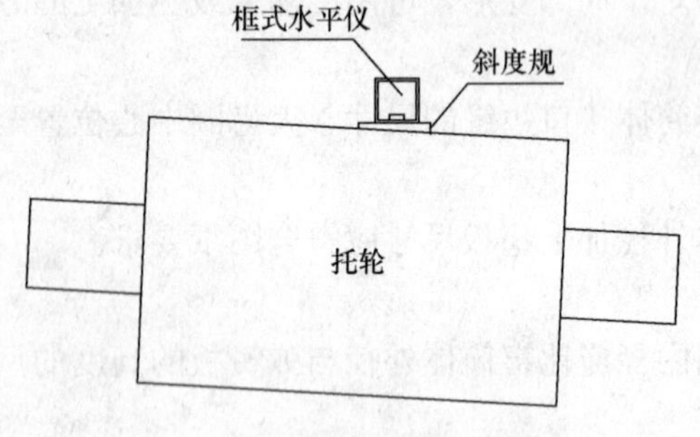

图2.2.5-1　托轮斜度测量

托轮安装允许偏差　表2.2.5-3

序号	项　　目	偏差（mm）
1	两托轮中心与底座纵向中心线	0.5
2	相邻两托轮距离	1.5
3	相邻两托轮对角线	3
4	相邻两托轮标高	0.5
5	托轮的斜度	0.05mm/m
6	同一挡两托轮水平	0.05mm/m
7	首尾两托轮距离	1.5

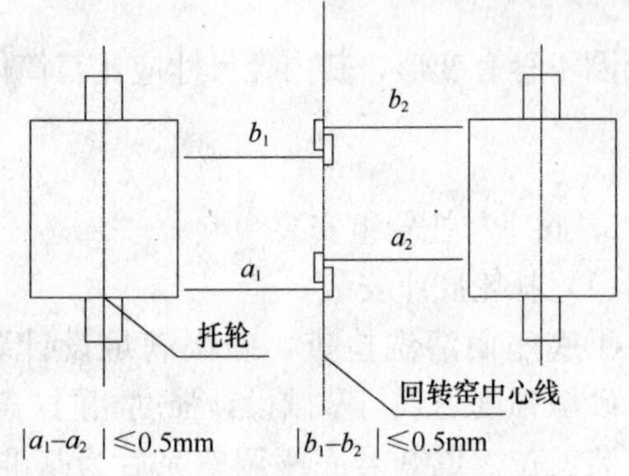

图2.2.5-2　托轮中心线测量

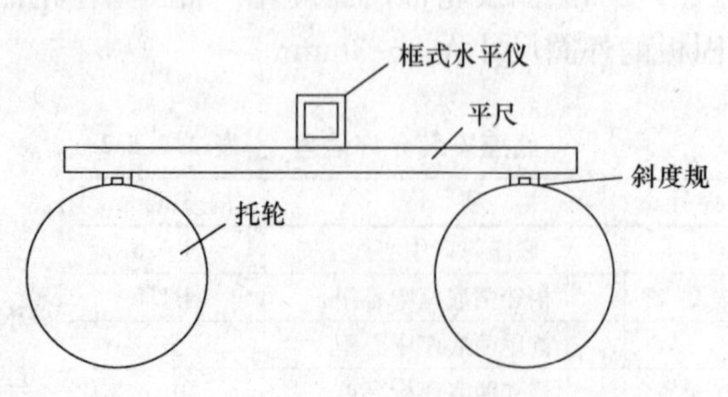

图2.2.5-3　同组托轮标高测量

⑤托轮调整完成后，会同监理、业主进行会检，会检合格后，将全部垫铁点焊牢固后，进行底座的二次灌浆。

6. 回转窑筒体吊装

(1) 由于使用桅杆或门式起重机人员投入大、工作效率低；履带式起重机进出现场成本高。因此，选择工作效率高，机动性灵活的200t汽车式起重机。根据200t汽车吊的吊装能力和安全性考虑，综合单元筒体的重量以及混凝土基础和周围地形地势的计算分析，编制回转窑筒体的吊装方案。依据现场实际情况选择吊装路线，将设计院设计的回转窑八段筒体和三个轮带分十一次吊装，从窑尾开始Ⅰ→Ⅱ→3号轮带→Ⅲ→Ⅳ→Ⅴ→2号轮带→Ⅵ→Ⅷ→1号轮带→Ⅶ的顺序吊装。

(2) 回转窑吊装方案：

①吊装前的准备工作。吊装前将起重机站位处清平，保证其站位平稳安全；检查吊索，确保吊索安全性；准备好临时支撑架与道木，并布置在支撑位置（见图2.2.5-4）；吊装前，确定托轮组安装已完成，并通过检验、签证确认；待吊窑筒体各段节按设计和规范要求检查验收，画好安装位置线；每组接口处焊接好一端连接螺栓座和插板，准备好对接的连接螺栓组及连接件。

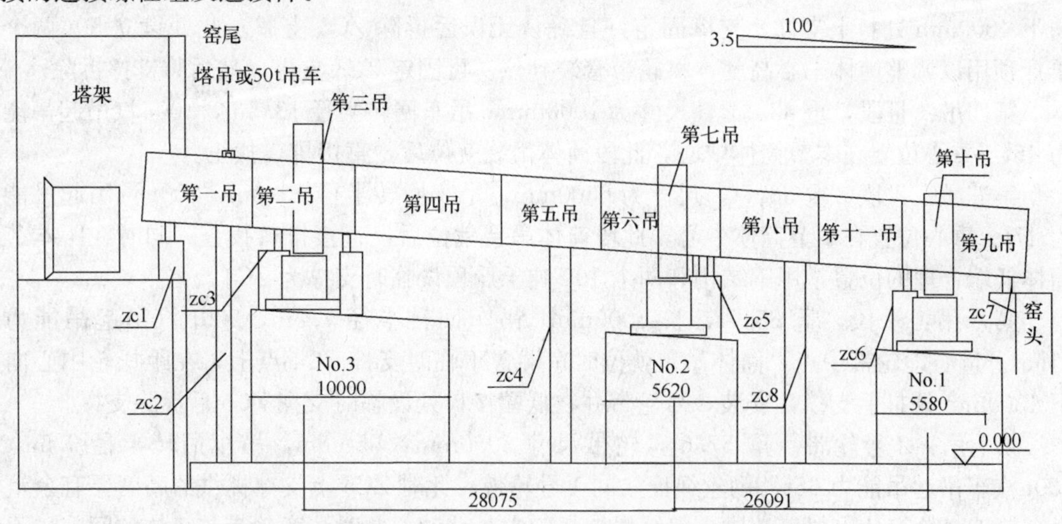

图2.2.5-4　回转窑吊装支撑具体布置形式示意图

②先进行试吊，将窑筒体吊起500mm后，检查起重机工况，然后下落筒体离地200mm时停止，检查起重机工况，连续2～3次，确认无误后正式吊装。

③回转窑吊装过程如下：（回转窑吊装立、平面图见图2.2.5-5、图2.2.5-6）

第一吊：筒体Ⅰ段，重21t，长度为6300mm，吊车回转半径14.5m，200t吊车起吊能力44t。由于窑尾塔架限制不能一次就位，在塔架内设2台10t手拉葫芦，另一端采用200t汽吊辅助使此段筒体吊装就位，设临时支撑ZC1位于窑尾预热器10150mm平面混凝土主梁上，ZC2位于塔架与3号窑墩之间的地平面上。

第二吊：筒体Ⅱ段，重49.97t，长度为8000mm，吊车回转半径11m，200t吊车起吊能力57.5t。筒体吊装就位时东端置于临时支撑ZC2上，另一端在3号窑墩上的适当位置设ZC3支撑。

第三吊：1号轮带。重46.21t，重心即轮带中点，轮带尺寸5880mm×800mm，吊车回转半径11m，200t吊车起吊能力57.5t。当轮带穿入筒体2500mm处时，在距托轮中心

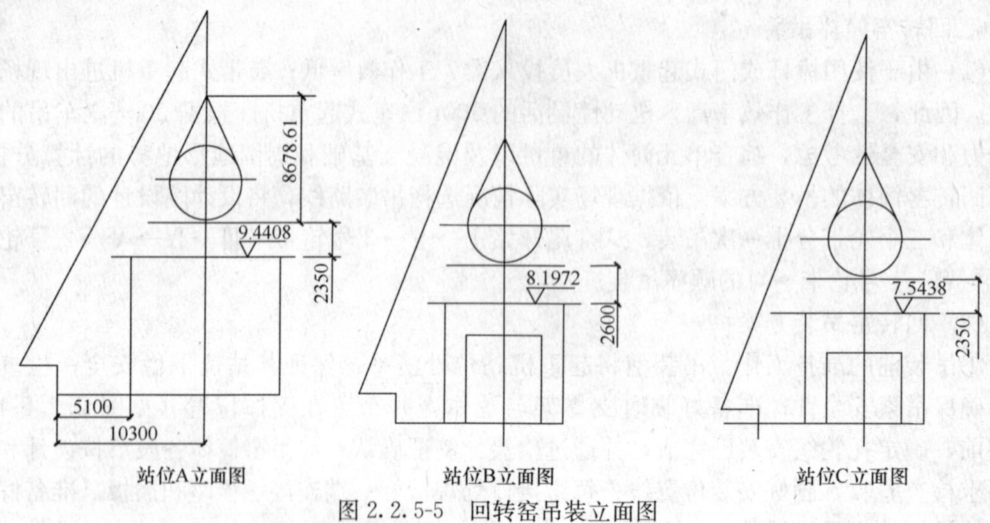

图 2.2.5-5　回转窑吊装立面图

向下 4000mm 处打上支撑，支撑固定好且确认无误后拆除 ZC3 支撑。此处设立 50t 两个千斤顶用以调整筒体中心高度，将轮带套装到位。再固定 ZC3 支撑，然后将支撑拆除。

第四吊：Ⅲ段，重 33.34t，尺寸为 1000mm，吊车回转半径 13.5m，200t 汽吊起吊能力 46t。重心位置在本节筒体中心，此段筒体吊装就位后，直接排口找正。

第五吊：Ⅳ段，重 36.7t，尺寸为 6300mm，吊车回转半径 13.2m，200t 汽吊起吊能力 47t。重心位置在本节筒体中心，此段筒体吊装就位后，直接排口找正；同时在距本节筒体低端合理的位置，用钢结构和两个 100 吨千斤顶设临时支撑为 ZC4。

第六吊：Ⅴ段，重 65.7t，长 6000mm，吊车回转半径 7.5m，200t 汽吊起吊能力 81.5t。重心即轮带中点，筒体吊装就位时东端置于临时支撑 ZC4 点上，在距托轮中心向下 1300mm 处打上支撑，安装 2 号轮带并在低端接口处设临时支撑 ZC5 后拆除支撑。

第七吊：2 号轮带。重 57.6t，轮带尺寸 5950mm×950mm，吊车回转半径 9.5m，200t 汽车吊起吊能力 66t。钢丝绳拴法同 1 号轮带，此时 ZC5 点支撑提供的高度要有余量供套轮带，轮带从出料口端进入，缓慢向托轮中心移动，此时注意轮带与筒体的间隙，不可让钢丝绳与筒体摩擦，轮带就位后拆除支撑。

第八吊：Ⅵ段，重 48.2t，长度 12000mm，回转半径 11.5m，200t 汽吊起吊能力 49t。重心位于筒体中心，吊装就位后。直接排口找正；同时在距本节筒体低端合理的位置，用钢结构和两个 100t 千斤顶设临时支撑为 ZC8。

第九吊：Ⅷ段，重 54.55t，尺寸为 8865mm，回转半径 10m，200t 汽吊起吊能力 63t。重心位于距出料端 5000mm，在距轮带中心上端适当位置上设 ZC6 钢构支撑及千斤顶支撑，同时在窑头设 ZC7 支撑，使支撑的高度要有余量供套轮带。

第十吊：3 号轮带。重 44.95t，轮带尺寸 5880mm×800mm，回转半径 9.5m，200t 汽吊起吊能力 66t。用 ϕ21 mm 钢丝绳在轮带及吊钩之间缠绕 6 圈，然后打绳卡，这样吊装时，绳扣在吊钩上滑动避免轮带割伤钢丝绳。吊装到位后，将轮带定位。

第十一吊：Ⅶ段，重 30.6t，长度 8000mm，回转半径 7.5m，200t 汽吊起吊能力 81.5t。重心位于筒体中心，吊装就位后，在 ZC5 与 ZC6 处排口找正。至此回转窑吊装工作全部结束。拆除钢结构支撑上的枕木，留支撑点作为焊接筒体时使用。

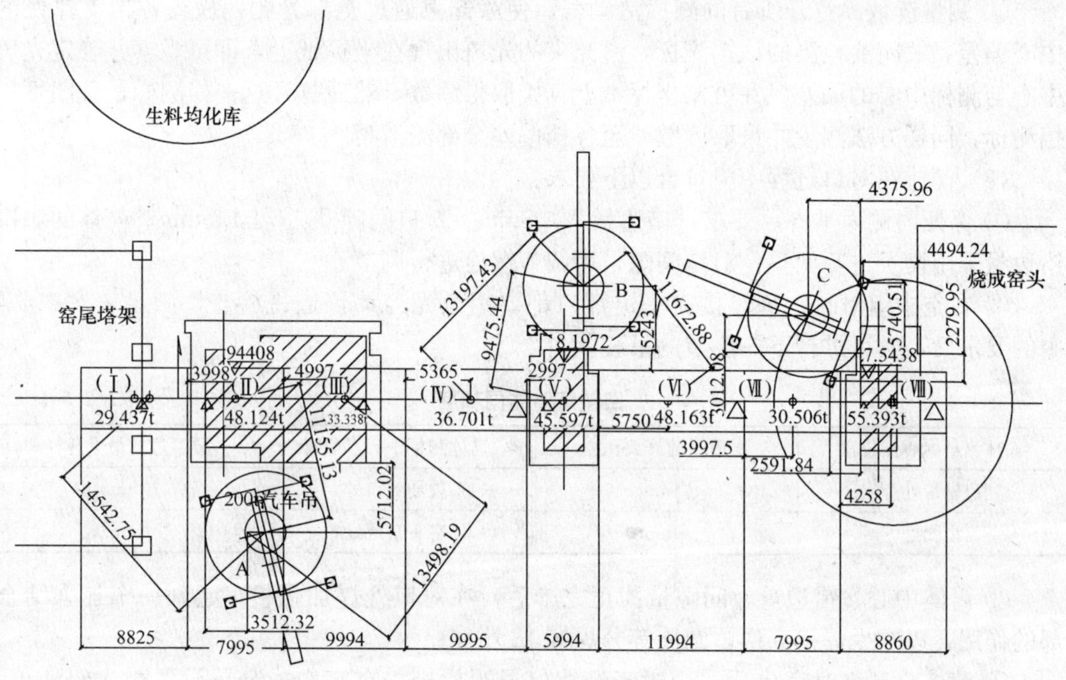

图 2.2.5-6 回转窑吊装平面图

7. 筒体的找正

(1) 在地面检查各节筒体的长度、椭圆度、断面垂直度、圆周长、轮带处筒体尺寸，所有检查结果必须符合规范要求，若不符合要求，应会同有关方面协调解决。

(2) 确定回转窑筒体各个断面的中心。

① 吊装前，在各筒节窑体内部支撑中心断面、轮带处、齿圈处内部的支撑中心用划规采用几何求中心法在中心标板上划出筒体的中心，作为激光经纬仪测量点。

② 设置激光测标。在各筒节窑体内部米字支撑中心设置激光靶。光靶体用薄钢板制成，尺寸200mm×200mm左右，焊于支撑上，其中心开直径为ϕ60mm的圆形孔，孔上设激光靶，光靶处粘贴坐标纸，激光靶设带铰链的活动盖，其结构见图 2.2.5-7。

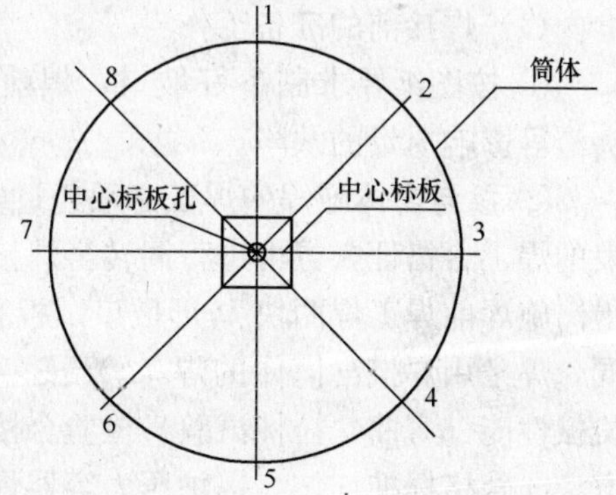

图 2.2.5-7 筒体各测点中心板上几何找中心示意图

③ 实际中心确定用十六点定心法。具体方法是：在窑筒体的同一垂直断面上将圆周16等分，然后每隔3点的4个对称点组成1组，共4组。同一组的4点分别为圆心，用划规在中心部位画4段半径略大于窑体半径的圆弧，4段圆弧相交于4点，其对角线为初步近似中心。用相同的方法画其他3组，找出3个近似中心。然后用作图法找出4个近似中心的中心，即为筒体该断面的精确中心。

④ 建立基准线。以靠近窑头和窑尾两挡托轮处的测标中心为基准点，反复调整激光束使之同时对准这两个基准点，即得到了激光束基准线。

⑤ 测量读数。打开所有的测标活动盖，使激光束通过全部光靶，检查各挡支撑处的中心偏差，关闭要检测的该挡测标，激光束的光斑出现在坐标纸上，即可观察并确定光斑中心与测标中心的偏差，并可从坐标纸上直接取得读数，然后打开这一档测标，关闭下一档测标，同样方法测量并量取读数，至各档偏差全部测清楚。

(3) 筒体在对口过程中应符合以下要求：

① 保证内侧面平齐。要求：错边量 $X \leqslant 2$mm，对口间隙 $T \leqslant 3 \pm 1.5$mm；筒体的对口错边量采用楔子进行调整；对口间隙采用调节螺栓进行调节。

② 在空中组对时，每对接完一道焊口都要用激光经纬仪通视检查，满足表 2.2.5-4 中的要求后，方可进行下一段节的吊装。

回转窑筒体同轴度 **表 2.2.5-4**

筒体测量中心点位置	要通过的最大孔径	筒体测量中心点位置	要通过的最大孔径
轮带处	ϕ4mm	现场对口处	ϕ5mm
齿圈处	ϕ4mm	窑头窑尾处	ϕ5mm

③ 筒体中心、错边量、间隙量找正完毕后，在对口处焊加强板，起到一个加强结合部的作用，以减少焊接变形，圆周等分焊接 18 块。

④ 筒体全部组对完成后，用激光经纬仪通视检查，在窑头或窑尾设置激光经纬仪，选择窑体两端轮带处激光测标中心为基准点，调整激光经纬仪，确定激光基准线；窑头或窑尾依次观测各激光测标中心与激光束的偏差值，就是该断面中心的偏差值，然后把该处的激光测标打开，观测下一个断面中心的偏差值，将各激光测标处所测量的中心偏差值做好记录，并画出中心偏差曲线，结合各断面的几何尺寸偏差值，确定窑体各断面调整的方位和调整量，利用窑体各接口处的螺栓进行调整，符合表 2.2.5-4 中要求后，方可进行焊接。

8. 筒体焊接

(1) 焊接前的准备工作

① 按图纸要求制备好坡口，焊前将浮锈、油污等清理干净，不准存在分层、裂纹、夹渣等影响质量的缺陷。

② 参与窑体施焊的焊工必须经过实际操作考核，合格后并持有技术质量监督部门颁发的焊工合格证，方可进行回转窑焊接，焊工必须严格遵守工艺纪律并有较强的责任心。上岗施焊前焊工焊两块 V 形坡口试板和两块 X 形坡口的试板，(试板的钢材与窑体母材等同，焊条用焊接窑筒体的焊条。) 按窑体施焊焊接工艺指导书执行，经外观、透视检查，机械性能（弯曲、拉伸试验）检验合格后方可正式上岗施焊。试板尺寸、检验内容、试验方法、合格标准均按《锅炉压力容器焊工考试规则》进行。

③ 施焊前，焊工应按工艺指导书规定调整好焊接电流，按《钢制压力容器焊接工艺评定》GB 4708 的要求进行焊接工艺评定，合格后，根据“焊接工艺评定指导书”要求对回转窑进行焊接。

④ 焊接材料选择应符合图纸要求，其质量应保证焊缝的机械性能不低于母材的机械性能。CO_2 气体保护焊，采用相当于 H08 A 的 ER50-6 焊丝；手工焊时，采用相当于 E4315（GB 5117）的焊条。焊条使用前应在 250～300℃温度下烘干 1h，以确保干燥。烘

干后必须放在100℃的保温筒内保存，随用随取，避免在空气中停留较长时间。焊条在保温筒内放置的时间不得超过4h，否则，需要重新烘干。

⑤ 碳弧气刨碳棒的使用要求：碳棒必须采用表面镀铜碳棒，以保证碳棒强度，清根采用ϕ6mm碳棒。

(2) 窑筒体焊接

① 回转窑焊接采用焊接变形小，施焊效率高，焊缝质量好，操作简单、灵活的CO_2气体保护焊。

② 回转窑筒体在地面预组对，筒体找正后焊18块连接板，用卷扬机转动筒体进行焊接；点焊在筒体内部对称进行，点焊长度100～150mm，间隔400～600mm，刚性大的区域可增加点焊焊缝，焊肉厚度不小于3mm。点焊两头要平滑，防止正式焊时造成未焊透或裂纹，焊波要均匀平整，不应有裂纹、夹渣等缺陷，以保证足够的强度，在焊接过程中应保证因旋转而不出现裂纹。

③ 点焊结束后进行窑体旋转，测出各环缝中心径向跳动最大值处，以跳动最大值段为正式焊接的起焊段，先焊接筒体外侧环缝。

④ 在回转窑筒体外部焊接时，制作焊接框架用来放置焊接设施和焊工施焊，并在窑筒体焊接区域搭设防风、防雨棚以保证连续施焊和焊接质量。

⑤ 每条环缝以径向跳动最大值段编号为第一段，其他按对称顺序依次编号，以保证窑体焊接减小变形。为削弱曲面对熔池金属流动的不利影响，在施焊外、内环缝时应逆工件旋转方向偏移一段距离，以获得良好的成型，偏移距离一般选择80～120mm。焊接示意图见图2.2.5-8。

⑥ 为保证焊接质量，每焊完一层焊缝须用小尖锤、钢丝刷将熔渣和坡口内的飞溅等清除干净，特高点用手砂轮打磨光滑。

⑦ 检查无缺陷后，才能进行下一层焊缝的焊接，在整条焊缝中，每层的起焊位置应错开，且不小于100mm。

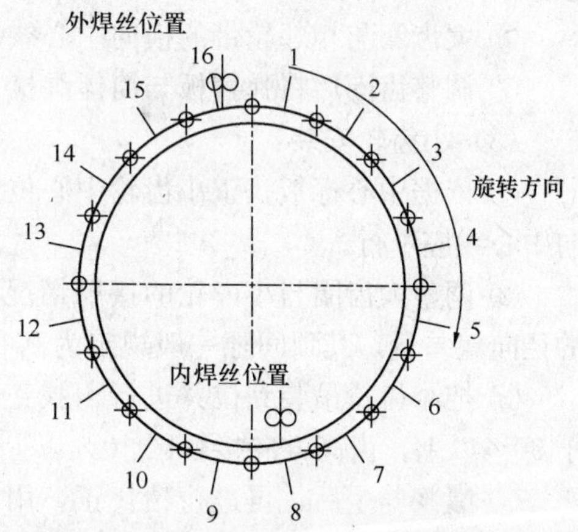

图2.2.5-8 回转窑焊接示意图

(3) 焊缝质量检验

① 焊缝表面要光滑平整，宽度一致，两侧与母材平缓过渡，接头处无明显凸凹现象，焊缝表面及热影响区不得有裂纹。

② 筒体内部焊缝余高烧成带不得大于0.5mm，其他区段不得大于1.5mm；外部焊缝余高不得大于3mm；焊缝的最低点不得低于筒体表面，并应饱满。

③ 采用超声波探伤时，每条焊缝均应检查，探伤长度为该焊缝的25%，质量评定达到JB1152中Ⅱ级的要求。对超声波探伤检查时发现的疑点，必须用射线探伤检查确定。采用射线探伤时，每条焊缝均要检查，探伤长度为15%，其中焊缝交叉丁字处必须重点检查，质量评定达到GB 3323的Ⅱ级为合格。焊缝不合格时，应对该焊缝加倍长度检查，若再不合格时则对其焊缝做100%检查。焊缝的任何部位返修次数不得超过两次，超过两次时须由技术总负责人批准，并且记录存档。

④ 焊接全部完成后，会同建设单位、监理单位进行同轴度检查（图 2.2.5-9），并做好记录。

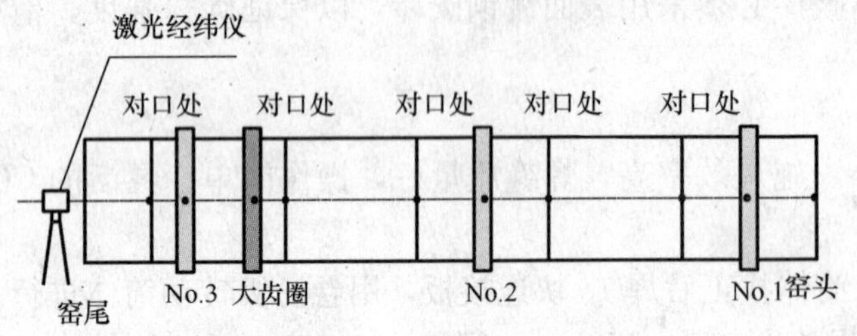

注: 图中黑点所示位置为筒体同轴度测量点。

图 2.2.5-9　焊接完成后的检查示意图

9. 传动及其他装置的安装

（1）以 3 号基础纵横向中心为基础，根据图纸画出各传动部位的纵横中心线，并确定其标高，检查各地脚孔尺寸偏差应符合要求，并制作砂墩。

（2）齿圈的安装找正：

① 在筒体上画出大齿圈的中心线及弹簧板贴合面的位置，齿圈下筒体段节的纵焊缝必须用砂轮打平，宽度应比弹簧板宽 50mm。

② 在地面进行设备的清洗、检查、地面预组装。

③ 把弹簧板安装在齿圈上，注意方向，弹簧板受力为拉力。弹簧板与齿圈连接的铰孔螺栓装上后，其一侧的垫圈与弹簧板轭板间应先塞入 0.3mm 垫片，待拧紧开槽螺母，装好开口销后，再撤去垫片，以保证 0.3mm 的间隙。

④ 用吊车先将半片齿圈吊装在筒体上，然后转动筒体，使其处于筒体下部，再吊装另半片齿圈。

⑤ 用百分表测量齿圈的径向跳动和端面跳动，慢转筒体，用专用工具进行调整。偏差要求：径向摆动：不得大于 1.5mm；端面摆动：($b=|b_1-b_2|$) 不得大于 1.0mm。

⑥ 大齿圈与相邻轮带的横向中心线偏差不得大于 3mm。

⑦ 调整齿圈后将弹簧板与筒体焊接，然后进行复测，详细做好记录。

（3）小齿轮安装：

① 依据中心标板找正小齿轮中心位置，偏差不大于 2mm。小齿轮轴向中心线与窑纵向中心线应平行。

② 调整大齿圈与小齿轮的接触情况和齿顶间隙，在确定齿顶间隙时，应考虑大齿圈的径向偏差量，其顶间隙一般规定为 0.25M+(2～3mm)范围内(M 为齿轮模数)。

③ 把小齿轮吊装到位并进行粗找正，基本达到大、小齿轮的齿长方向接触区不应少于 50%以上，齿高方向接触区 40%以上。

④ 灌浆养生后，再进行精找正，用压铅法检测大、小齿轮啮合时的齿顶间隙和用着色法检查齿侧间隙。应满足下列要求：齿长方向接触区达到有效齿长的 50%以上；齿高方向接触区达到有效齿高的 40%以上。注意，预留大小齿轮的热膨胀值。

（4）传动部分的其余设备，包括主减速机、辅助减速机、主电机等的安装按照有关图纸进行。

（5）回转窑的其他零部件按照有关图纸要求进行安装。

10. 单机试运转

（1）试运转前工作。检查托轮及轮带表面、大小齿轮啮合、窑头窑尾密封、托轮轴承密封。按设备使用说明书要求进行加油，且在每个托轮轴上加适量的润滑油。

（2）试运转程序

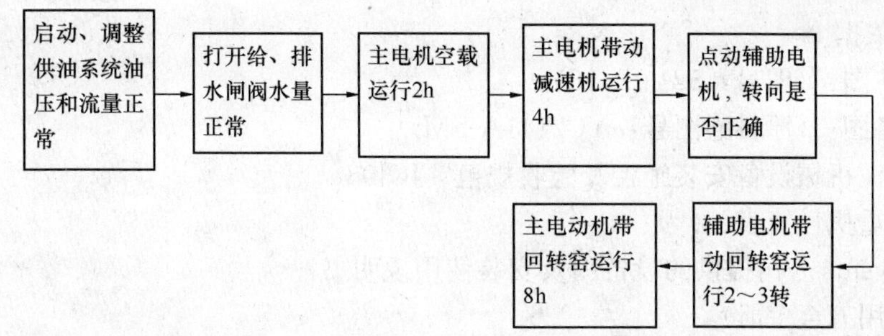

(3) 试运转中的检查。检查减速机的供油、电机、减速机及各传动部件轴承的温升、托轮轴瓦供油、油膜形成及温升、冷却机工作是否正常、轮带与托轮接触、挡风圈、密封装置有无局部摩擦等等。

以上须做好记录。运转合格后，方能进行筒体砌筑。

(4) 施工质量控制点：

① 基础沉降观测点各窑墩都要设置且标注在明显的部位，并定期观测、记录。

② 托轮顶面的横向跨距尺寸必须是实测筒体轮带处的横向距离加热膨胀量。

③ 测量筒体长度，基础及托轮横向跨距，必须采用同一钢盘尺，且张力相同。

④ 找正和复查工作，最好在同一气温下进行，否则，对仪器的精度有影响。

⑤ 设备组对，吊装完全采用机械化。

⑥ 筒体同心度采用激光经纬仪找正。

⑦ 测量跨距采用对角线法，以消除误差。

⑧ 水平及斜度找正，采用斜度规和方水平进行。

⑨ 大小齿轮啮合情况，采用着色法，压铅法和专用工具测量来保证，啮合质量，采用百分表找正。

⑩ 质量验收执行 JCJ03-90 标准。

(二) 立式生料磨安装施工方案

1. 概述

××水泥有限公司的原料粉磨是由德国 Polysius 公司生产的集粉磨、干燥、分离为一体的立式辊磨机。它的工作原理是：入磨原料通过喂料调节装置和进料槽喂入磨内，然后落至旋转的磨盘中央，接着被旋转的磨盘带至磨辊和磨盘间。由于磨盘离心力的作用，进入的物料被带至磨盘上边缘，同时被喷嘴环喷出的高温气流夹走，送至位于磨机上方的动态或静态选粉机处；选粉机将物料分成细粉产品和粗粉物料，细粉产品直接由热风送全袋收尘器，而粗粉物料则通过提升机再返回磨盘中央，继续粉磨。该设备具有粉磨效率高、电耗低、烘干能力大、产品细度容易调节、噪声低、磨损小等特点，也是本系统设备中安装精度要求最高的设备。其主要部件有：机架、驱动装置、磨辊对装置、磨盘、压力拉杆组装、液压系统、选粉机、喷水装置及附件等，各部件安装质量的好坏，将直接关系到整条生产线能否正常运行。因此，在施工中采用先进的施工方法和检测手段，严格控制每一道安装工序的安装质量，是确保本系统设备安装质量的关键。本安装工程有如下特点：设备形体大，重量重；厂房及设备基础在设备到货前已建成；卸货及安装场地狭窄，工期紧张。

2. 编制依据

（1）工艺图：(图号：521-12/16)

（2）设备图：(原料磨图号：YC2141A-SM)

（3）《水泥机械设备安装施工及验收规范》JCJ03

（4）《起重机性能表》

（5）Polysius 公司提供的设备图及安装使用说明书

（6）《实用五金手册》

3. 原料磨主要技术性能及参数

德国 Polysius 公司生产的辊式磨型号为 RMR57/28/555，规格是 ϕ8.4m×20.6m，生产能力 400t/h，重量为 782000kg（重量仅为磨机与选粉机总和）；允许入磨物料最大粒度：<25mm；允许入磨物料最大水分：3%～8%；成品细度：R80υm ＝12%，出磨物料水分：<0.5%。

4. 施工工艺流程图

施工工艺流程如下：

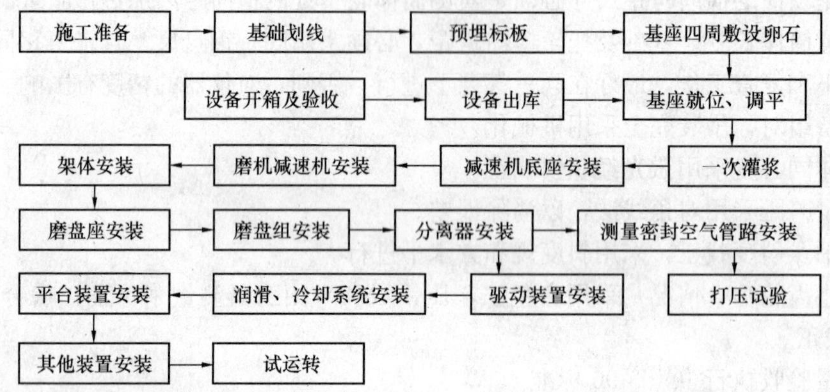

5. 施工工艺及方法

（1）施工准备

1）施工人员认真熟悉图纸、说明书，技术人员进行图纸会审并进行技术交底，讲解施工过程中难点、重点。

2）施工电源、工机具、材料准备。

3）设备开箱清件，填写《设备开箱记录》、《进货材料检验记录》，若有缺陷，即时报请甲方、监理代表，并积极配合处理。

（2）基础验收及画线

1）提交安装设备的基础，必须达到下到要求：

① 为了两次灌浆结合紧密，基础表面必须凿毛。

② 所有遗留的模板和露出混凝土外的钢筋等必须清除，并将设备安装场地及地脚孔内碎料、脏物及积水等全部清除干净。

③ 基础周围必须填平、夯实，并提供沉降观测点。

2）基础验收：

① 根据甲方给定的工艺坐标点及标高点和土建提供的交工资料，由甲方会同有关方

面，检查基础的尺寸是否符合设计要求。

② 基础外形尺寸，纵、横向中心线、标高、地脚螺栓孔相互位置尺寸，应符合施工图纸和验收规范要求，其允许偏差见表 2.2.5-5。

基础尺寸允许偏差表 **表 2.2.5-5**

项目名称	偏差（mm）	项目名称	偏差（mm）
基础外形尺寸	±30	地脚孔中心位置	±10
基础坐标位置	±20	地脚孔深度	−20
基础标高	-20	地脚孔垂直度	5/1000
中心线间的距离	1		

3）基础画线及预埋标板

① 每条主要中心线埋设 2 块中心标板，将中心线标示其上，并用红油漆标出记录。中心标板采用 100mm×50mm×8mm 钢板制作，用 M12 膨胀螺栓固定。

② 同一中心线各中心标板的中心点，允许偏差 0.5mm。

③ 两基础上横向中心线距离偏差不得大于±1mm。

④ 基准点标高允许偏差 0.5mm。

⑤ 画线后，在预埋板下打出样冲眼。

（3）设备验收

1）开箱检查：箱装设备进厂后，安装单位应会同建设单位、监理单位，根据设备的安装图纸和生产厂家提供的装箱清单，仔细清点和检查设备零部件的数量和质量，并认真填写“设备开箱记录”，三方确认，安装单位不得自行开箱。

2）大部件的检查应会同三方共同清点，检查其零件的制造质量、数量、外形等是否有损坏情况。

（4）减速机、电机底座板安装

1）根据图纸设计，画出减速机、电机底座纵、横中心线，通过调节顶丝调节电机、减速机底座平面的上表面标高并控制在＋0.350m，电机底座测量 4 点标高，减速机底座标高测量 16 点，安装尺寸偏差满足表 2.2.5-6 的具体要求，找正后按设计图上要求用铁板将底座与预埋件焊在一起，在焊接过程中随时检查标高点的标高是否有大的变化，待全部焊接结束后，再复查所有的尺寸线及各标高点的标高，经检验合格后，方可进行二次灌浆。

电机、减速机底座安装尺寸偏差表 **表 2.2.5-6**

序号	检查项目	允许偏差（mm）
1	电机底座上表面标高（＋0.350m）偏差	±2.5
2	减速机底座上表面标高（＋0.350m）偏差	±2.5
3	基础架纵向中心线偏差（沿主电机方向）	±0.5
4	减速机横向中心线偏差	±0.5
5	电机底座纵向中心线偏差	±0.5

2）减速机、电机底座板二次灌浆：

① 要彻底清除基础内的浮土，油污等杂物；灌浆前24h内用水润湿，但必须要清除基础表面残留的明水。

② 基础模板之间接触应紧密，最好用密封胶或胶带纸把缝隙封严，防止在灌浆过程中灌浆料从缝隙中漏料；灌浆层的标高为+0.350m。

③ 灌浆料采用高强无收缩的CGM-1加固型专用料，与水的配合比为100∶9.2。

④ 二次灌浆时，应从一侧或相邻的两侧多点进行灌浆，直至从另一侧溢出为止，以利于灌浆过程中的排气，不得从四侧同时进行灌浆。

⑤ 灌浆开始后，必须连续进行，不能间断，并尽可能缩短灌浆时间；在灌浆过程中严禁捣振，必要时可用灌浆助推器沿灌浆层底部推动CGM灌浆料，严禁从灌浆层的中上部推动，以确保灌浆层的匀质性。

⑥ 设备基础灌浆完毕后，应在灌浆后3～6h沿设备边沿向外切45°斜角，以防止自由端产生裂缝。

⑦ 当设备基础灌浆量较大时，CGM灌浆料的搅拌应采用机械搅拌方式，以保证灌浆施工。

（5）减速机的安装

1）减速机的安装就位因卸车时，基础回填还未完成，根据现场情况，减速机离基础中心线还有35m远，故还需利用卷扬机将其牵引到基础上。

2）因减速机在卸车后的平台与基础间的标高相差600mm高，故还需向下降，即将减速机用千斤顶升起，一层一层的抽出枕木，直到与基础平台标高一致。

3）在相距基础为21m的回填土的距离中，需在下面铺设枕木，上面架设钢轨，具体见图2.2.5-10。

4）在检查所有准备工作就绪后，启动卷扬机，然后缓缓滑动减速机（注意：滑动时要观察两台卷扬机的运行情况，随时调节以防跑偏），移到所指定位置。

5）在减速机安装前先用四台100t液压千斤顶将其底板顶高500～600mm高，用清洗油清洗减速机底面的防腐层及其他异物。复核减速机与底座的定位尺寸，并在减速机的底板适当位置画出减速机与底座之间的定位线，纵横定位的尺寸偏差小于±0.5mm。

6）在基座板上薄薄涂一层润滑脂，将减速机主机部分就位，就位过程中利用顶丝找正，然后再通过定位销定位。

7）在输出法兰就位前，必须对输出法兰下面的推力轴承油池进行严格清洗和检查，先检查活动扇面轴承是否安装到位，高压供油管接头是否拧紧，然后用干净布认真清理减速机及输出法兰上的推力轴承瓦面和油池、齿形渐开线花键齿面及齿圈、迷宫密封等部位，最后用30号或40号机油对推力瓦块及油池、花键彻底冲洗。

8）安装与减速机箱体连接的螺栓和定位销（注意销与销孔的接触情况），输出法兰就位检查无误后再盖上压板压盖，均匀拧紧螺栓；未紧固螺栓前用塞尺检查其接触面，关键部位其间隙必须小于0.1mm（齿轮与减速机的底座之间不允许加垫片）。

9）用方水平检查输出法兰的水平度，偏差控制在≤0.15mm/m；用百分表检查减速机上部压盖轴向跳动，偏差控制在≤±0.02mm，若超出要求，必须查出原因并进行调整。

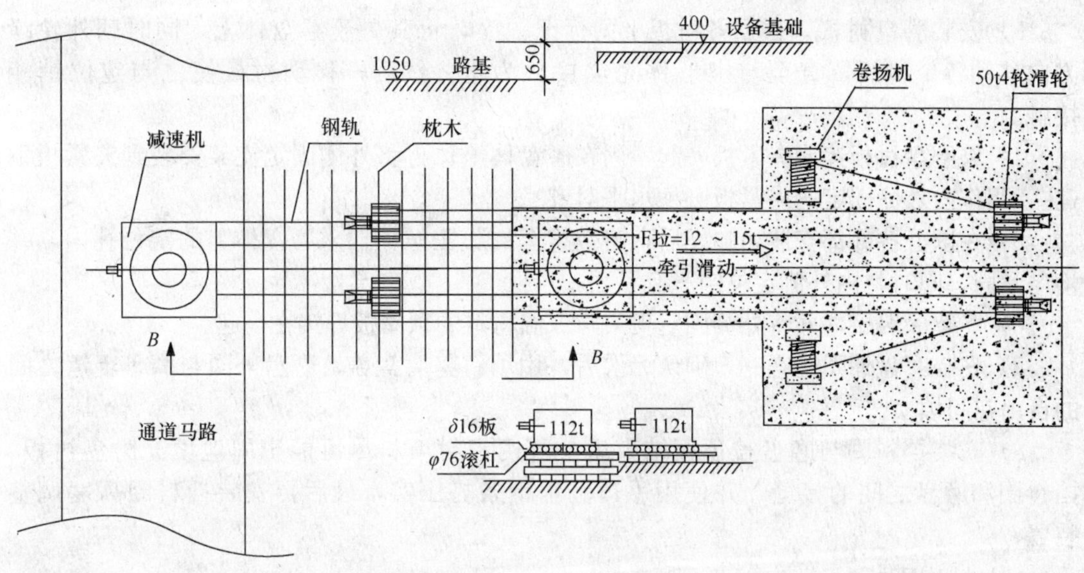

图 2.2.5-10 减速机安装就位图

10）减速机与基座连接的螺栓用专用力矩扳手按规定力矩对称拧紧。同时应根据装配图及说明书要求紧固减速机与底座之间的连接螺栓，在紧固螺栓过程中复检减速机输出法兰盘的水平度。

（6）机架壳体的安装

1）安装机架前，分别按照设计图和结构图检查立磨基尺寸；将径向轴线和横向轴线放在立磨基础上，以备安装时设备的对中及找正。

2）将磨机壳体底部吊放在基础上并调整；吊装之前注意将壳体底部及基础面清理干净。

3）用带 0.5mm 刻度的钢板尺和水准仪检查各立柱上平面相对标高，两相邻柱间高度差不大于±1mm。

4）下架体纵、横向中心线与减速器纵、横向中心线偏差不大于±0.5mm；下架体上部水平度，其偏差控制在 0.2mm/m 之内。

5）根据设备图纸安装耐磨环和锥体衬套，同时将卸料装置连接到磨盘上，然后校正壳体底部、调整卸料装置及耐磨环之间的距离，使其整个周边间隙大小一致。

6）将密封圈安装到磨盘上，检查磨盘周边边缘是否密封良好，同时安装喷口环，应注意所安装的喷口环到磨盘的间隔必须相同，并且误差都小于 10mm。

7）在下部壳体各部件安装调整好之后，利用设备上吊装梁安装上部壳体，同时应注意螺栓的旋紧。

（7）磨盘的安装

1）利用起重机将磨盘缓缓吊装并平稳放在减速器上，保证在止口处不倾斜，接触面接触能均匀、紧密，间隙不大于 0.1mm，并用水平仪复查磨盘水平度。检验合格后，使用螺栓将磨盘底部与传动机构的驱动法兰连接在一起。

2）将定位销插入磨盘体上的预留孔内，使其定位，然后将楔形件与双头螺栓一起连接到磨盘体上，同时应注意楔形件的外径应与磨盘体相接触。

3）安装磨盘衬板，根据各衬板上的标记顺序，将其置于磨盘体上，同时朝外轮缘方向移动各个衬板，直至与楔形件完全接触为止。然后，移动衬板使之与定位销相接触。

4）将磨盘衬板连同夹紧板一起紧固在磨盘体上；再将外侧固定支架安装到夹紧板下(注意用作内外侧固定的夹紧板必须水平对齐)。

5）在以上各部都安装调整好后，将带护套的膨胀螺栓插入磨盘体上的定位孔内，并均匀紧固，同时将内外侧定位销一起紧固。

6）安装保温层，并将外侧固定支架与保温材料的顶圈板焊接在一起。

7）安装磨盘外圈检查完，确认无误后，用填料将磨盘盖、磨盘外圈与磨盘辊道之间的自由空间填实。

8）安装挡料圈与磨盘盖顶板结束后，再用密封填料尽可能牢固地填充磨盘衬板、挡料圈和磨盘之间的接缝，并使用手锤和扁钢条打压实，最后再安装挡料圈高度调整装置。

(8) 磨辊安装

1）德国 Polysius 公司的立磨磨辊是由两个彼此独立旋转的磨辊对组成，轴承装配由径向轴密封，通过辊架，封闭空气进入辊内，其目的是为了防止脏物进入磨辊轴承，耐磨钢辊套被安装在带有夹紧环和双头螺栓的辊体上。

2）先用 110t 汽车吊及 50t 履带吊将其中一个对辊装置移进磨辊基础上；再将外部吊装横梁与两个内部吊装横梁对接，并查看螺栓旋紧程度。

3）依据设计图纸要求的力矩拧紧摇臂轴承盖螺栓及其他紧固螺栓；旋转摇臂，使摇臂翻口朝外的方向，为安装磨辊作准备。

4）磨辊安装前必须进行清理，并且涂抹一些油，然后利用已安装好的两台气动葫芦设备吊装装置将基础上的磨辊吊放到磨盘上；并将整个磨辊插入摇臂轴承座内，套上轴套，盖上轴承盖，拧紧螺栓。注意，在对辊装置中，磨损板和导向轴销之间的距离不能超过 25mm。然后用同样的方法安装第二个磨辊。

5）将磨辊放在磨盘上倾斜 15°，并使其轮缘中心与研磨轨道中心一致。

(9) 压力拉杆装置的安装

1）拉杆安装必须是在磨机壳体、磨盘和磨辊安装完成后进行。首先是将拉杆底座安装在预埋件底板上，调整、焊接完成并检查无误后，进行底座的二次灌浆；待二次灌浆养生期过后再安装液压缸支撑座、液压缸、连杆和连接件等。

2）将 U 形吊环扣紧在磨辊装置的外侧挂钩上，最后连接到拉杆上。安装时应注意液压系统未拉紧连杆之前，不能将连接件处的销轴螺栓旋紧到规定的力矩。

(10) 料层厚度超声波测量装置安装

1）超声波传感器可安装在任何需要的位置，但应避免安装在有严重的物料粘结、喷射水和强气流的地方，若实在不能避开，但至少也要距离 1m 以上。

2）按照图纸将超声波测量传感器固定在液压缸上面的支撑架上，并调平。

3）安装反射板并调平，注意反射板因其表面精度要求较高（粗糙度不超过 2mm)，在安装过程中，特别小心不要将其划伤。

(11) 选粉机安装

1）在拼装平台上组对选粉机下部壳体以及选粉机静百叶，回灰锥体；各部件组对尺寸偏差应符合表2.2.5-7的具体要求。

选粉机安装尺寸允许偏差表　　表2.2.5-7

序号	检查项目	允许偏差（mm）
1	选粉机下部壳体上，下端法兰同心度偏差	＜D/1000
2	选粉机下部壳体上下法兰平面度偏差	＜1mm/m
3	选粉机静百叶叶片直线度偏差	＜1/1000
4	选粉机静百叶叶片与端面法兰的垂直度偏差	＜1/1000
5	选粉机静百叶上下法兰的同心度偏差	＜D/1000

2）吊装选粉机下部壳体，按照图纸要求安装回灰溜槽及选粉机静百叶片支撑架，并顺序安装回灰溜槽与静百叶片。

3）在拼装平台上完成转子装配，并放置在静百叶片内；在拼装平台上将选粉机上部壳体及出风管组对成整体结构，并安装到选粉机下部壳体上。

4）找正安装管法兰面后，将安装管与出风管焊接，安装管法兰的找正要求与减速机的垂直中心线的同轴度偏差小于0.5mm，水平度偏差小于0.2mm/m，标高偏差小于10mm。

5）转子轴与减速机垂直方向中心线的同轴度应控制在0.5mm之内。

6）安装选粉机传动系统，安装精度应符合表2.2.5-8。

选粉机传动系统安装精度表　　表2.2.5-8

序号	检查项目	允许偏差（mm）
1	电机水平度	＜0.1
2	减速机水平度	＜0.1
3	电机与减速机联轴器间间隙偏差	＜+1
4	减速机与转子轴间联轴器间隙偏差	＜−3
5	联轴器轴向跳动	＜0.3
6	联轴器径向跳动	＜0.3

7）静百叶片必须置于安装图纸所示位置，将转子转动几次，检查叶片顶部与密封环有无碰撞或摩擦及异常缺陷，否则，须进行调整处理。

8）选粉机转子外壳锥体上法兰的水平度与椭圆度很重要，它关系到静百叶片装配精度和转子上部密封装置的装配精度，还影响到转子径向间隙和顶部间隙。因此，在安装锥斗时要控制其椭圆度。

(12) 磨机驱动系统安装

用两只百分表在联轴器径向、轴向方向进行检测其同轴度、倾斜角度。主电机安装精度应符合表2.2.5-9的要求

磨机主电机安装精度表 **表 2.2.5-9**

序号	检查项目	允许偏差(mm)
1	主电机水平度	<0.1
2	联轴器轴向跳动	<0.05
3	联轴器径向跳动	<0.25

(13) 液压系统安装

1) 按照液压系统图上的管道标号，相应地连接磨机和液压站之间的管道。

2) 管道安装前，必须进行吹扫，在安装过程中要保证其最大极限的清洁。

3) 管道的固定：管道的两端和软管前的管子必须固定，对弯曲的管子要在弯曲部位固定。

4) 在常温下弯曲管道，要进行去毛刺处理，经过热处理的钢管必须采用机械的方法清洗，必要时还需采用酸洗、中和和用油冲洗，处理后的管道在安装前必须用堵头堵住两端。

5) 有管接头的，必须要将其放置在够得着的地方。

6) 管道在焊接后，管道必须拆卸下来进行酸洗，彻底清洁后才能安装到壳体上，绝对避免残留的灰尘进入液压系统。

(14) 附件设备安装

1) 磨机附件包括密封空气系统、喷水装置和磨辊拆卸装置等。

2) 封闭空气系统用于防止灰尘进入磨辊，并且每个磨辊都有一个分开的独立的封闭空气系统，它是在磨机壳体和磨辊对辊安装完成后进行。

3) 喷水装置是由管道及管附件组成，安装的管道要进行冲洗，防止金属屑及尘土堵塞；安装完成后，再仔细结合图纸并全面核对，以防装错。最后，再检查各法兰螺栓是否拧紧。

4) 拆卸装置的安装即检修磨辊的提升装置，它是将其外部吊装横梁用鱼尾板连接固定在内部吊装梁上，内部吊装梁直接固定在磨机壳体的内部，在安装时特别注意各限位固定销的位置，使其正确的固定在提升吊具的两端。

5) 安装结束后，必须将所有的零部件全面地检查一遍，查看是否有漏装及错装，密封管道要进行泄漏检查。

6. 单机空负荷试运转

(1) 试运转前的检查

1) 所有螺栓是否拧紧。

2) 磨机各衬板装向是否正确，壳体内是否有杂物。

3) 各液压泵站和减速器内部的清洁度和油量情况。

4) 主电机的定子和转子应用压缩空气吹净，并测定其间隙是否符合设计要求。

5) 应检查喷水情况是否符合要求，电气装置是否正确。

(2) 试运转中的检查

1) 减速器和各润滑部位的供油情况是否良好，循环润滑系统的油压是否符合设计要求。

2）各传动部位轴承的温度和冷却水温度情况。

3）设备运转中的振动情况。

4）减速器运行平稳，应无冲击响声。

（3）试运转时间的规定

1）主电机单独空运转 4h，辅助传动运转 1h。

2）电机带动减速机一起运转 8h。

3）带设备试运转 8h，轴承温升应符合产品说明书要求。

（4）试运转结束后，应重新检查并紧固所有的螺栓。

7. 施工安全措施

（1）施工前，由安全员对班组进行安全交底，施工班组必须配安全员，进行监督检查。

（2）参加施工人员进入现场之前要经体检，不适合高空作业的人员一律禁止进入高空作业区。

（3）所有施工机具施工前都应检查，合格后方可使用；对于重要的起重设备、索具要进行负荷试验后，方可使用。

（4）保证施工现场文明整洁，材料、设备、机具放置有序，道路畅通。

（5）施工现场不得生火，乱拉电线，电动设备的用电应符合有关安全规定。

（6）进入高空作业一律系安全带，穿防滑鞋，戴安全帽，必要部位挂安全网。

（7）高空作业时严禁往下投扔物体，随手工具应放入工具袋内，严禁用抛掷方法传递物件。

（8）吊装时，重物及起重臂下严禁站人。

（9）吊装设备必须有专人负责指挥，指挥信号要协调、统一。

（10）楼梯栏杆必须紧跟设备安装进度进行安装。

（11）设备就位时，不能把手脚等放入起吊物和垫木、垫块之间。

（12）所有使用钢丝卡扣的地方，卡扣必须卡牢，卡扣和钢丝绳必须符合规定要求。

（13）使用的电动工具必须绝缘可靠，有良好的接地或接零措施。

（14）夜间施工应有足够的照明设施。

（15）施工垃圾必须每天及时清理、分类归堆，并按要求放到指定地点。

（三）筑炉工程施工方案

1. 施工准备

（1）临时工程项目地点的选择

1）保温板材和耐火砖、耐火泥临时堆置仓库。

大型砌筑工程，砖号多且数量大，需很大的堆置仓库，在选择临时耐火砖堆置仓库时，应使其与砌筑设备尽量接近，面积一般在 4000m^2 左右。从建筑厂家出材料时应按砌筑项目的先后顺序来出库，然后分门别类地按砌砖部位、砌砖顺序堆放。如因条件限制必须露天存放时，要下垫上盖，以防受潮。通常大型水泥厂预热器塔架的每一层平台都能堆放部分砌筑材料，但要注意防雨。因施工企业的仓库只是临时性的，因此可以因陋就简。

2）泥浆搅拌站。随着现代工业的发展、生产率的提高，炉的热负荷显著提高。世界各国正加快研制各种新型优质耐火材料。因此，使用的泥浆量也会越来越大。泥浆搅拌站一般要设在砌砖地点附近，站内设耐火泥临时堆场。安设搅拌机台数，根据砌砖用泥浆的种类和需要量来确定。现在国外引进的耐火泥一般都是速凝水泥，所以泥浆搅拌机要随砌砖地点而变动。当泥浆需要量较少时，也可用人工搅拌。

3）砖加工场。砖加工场应设在砖库附近，以缩短耐火砖运输的路程，节省人力和降低砖的损耗。水泥厂砖加工一般需要1～2台砌砖机。

4）模具制作站。水泥厂预热器部分需要大量的木模制作，要成立模具制作站，因模具制作需花费较长的时间，有些能提前制作的模具，要在开工前制作，这样可缩短工期。地点一般选在塔架的第一层和第二层平台上。

(2) 平面布置。模具制作站可设在合适的平台上；泥浆搅拌站要随工程的进度，砌砖准备的不同而改变；垂直和水平运输采用机械化或半机械化。

(3) 技术资料的准备。预热器砌砖的施工图纸及砌砖说明书；设计要求执行的规范和标准。

2. 砌筑工艺要求

塔架预热器每个旋风器设备在受力结构上是分段承重，为几个设备同时砌筑，分段筑炉在承重结构上奠定了可靠的基础。每个旋风器的内衬都是从漏斗底面自下而上环形砌筑，砌砖部位纵横交错，横平竖直，灰浆饱满，接槎可靠，圆弧面、直墙面要平稳，内衬之间、内衬设备之间要不留缝隙，中间落料管等物件可集中浇筑。等到所有设备施工及清理完毕才来装落料管等物件，本筑炉工程根据机械安装已完毕的情况，合理的调配人员，充足的施工准备是缩短工期的一个关键。

3. 工艺程序

(1) 预热器主要设备内衬砌筑工艺流程

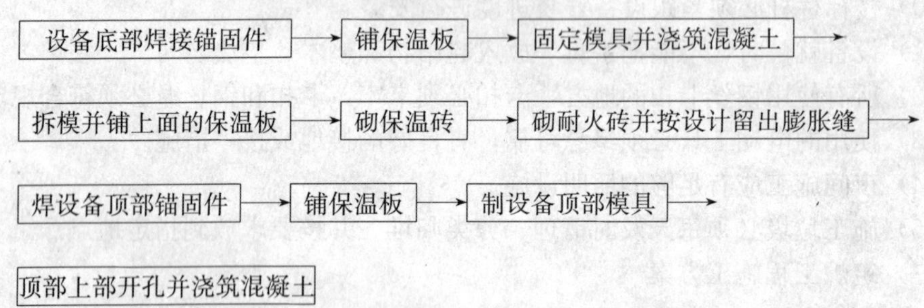

(2) 主要工艺介绍

1）模具设计与制作

预热砌筑，有大量的耐火水泥浇筑，因此需做大量的模具，一般模具设计尺寸要在现场量取，在模具加工站下料，到现场组装或固定，外形尺寸误差为2mm，木模具外面包上0.3mm厚的镀锌薄钢板，固定前刷一层脱模油（废机油之类的）。圆形管内部浇筑模具是直径小于0.5m时，用2mm厚的钢板卷成圆筒钢模具，内加加强筋，直径小于0.5m以上时，用2mm厚的卷成圆筒钢模具，但钢模要分割成两瓣或三瓣。内焊加强筋，瓣与瓣之间用螺栓连接。

2）耐火浇筑材料的养护

耐火混凝土凝固会释放出大量的热量，表面出现干燥现象时，要用水湿润混凝土表面。一般灌浆后8～12h可拆除模板，而拱顶、大型模横梁在灌浆24h以后才能将模板拆除。

3）耐火浇筑材料的搅拌

因现在从国外引进的都是速凝耐火浇筑材料，混合时间必须尽可能短在5min以内（从加水算起），尽量在半个小时内浇筑完成，而且振动器不能过分振动，否则，会影响浇筑的强度。

4）预热器筑炉要点

① 耐火砖的灰缝要保持在1～3mm内，在砌砖前，要进行选砖工作，做到大砖砌在同一层中，小砖砌在同一层中。

② 砖与砖之间的灰缝一定要平抹，不能凹进去，要起到光滑的作用。

③ 砌砖部位纵缝交错，横平竖直，在同一层中不能有高低起伏现象，砌筑前要从上而下按线砌筑。

④ 浇筑时，锚固件上沥青要均匀涂抹，在膨胀棉上面浇筑混凝土时，一定要在上面垫上一层塑料纸，防止混凝土渗入膨胀棉内。

⑤ 大面积混凝土浇筑时，要分块浇筑，大约1m^{2}左右为一浇筑块，块与块相隔的浇筑时间在4h以上，而且要纵缝相错200mm左右。

⑥ 设备本身制造加工时存在着误差，有些误差不影响砌筑，而另一些就要在砌筑前采取措施处理：当设备机顶设计为挂砖时，需要机械工把机顶的不平度控制在5mm以内；当设备机顶浇筑混凝土时，需要机械工把其不平度控制在20mm以内；当设备壳体向内凹的严重时，由机械工使凹进部分小于15mm，而且成平滑过渡；当设备壳体向外凹进来时，凸的部分不能越过50mm。

⑦ 保温板、保温砖、耐火砖和壳体之间要相互贴紧，不留缝隙。

⑧ 膨胀缝里严禁有异物进出。

4. 质量标准

（1）筑炉质量控制与检验，按照国家标准《工业炉砌筑工程质量检验评定标准》GB 50309执行，设计代表提供的技术联系单等有法律效力的施工文件均是本筑炉质量控制与检验的依据，国外材料按规范进行。

（2）为保证砌筑质量，在施工中采取以下措施：

1）不同类型、不同材质的砖要分开摆放，设专人管理，防止混用。

2）抓好施工每一环节，做好工序检查工作，质检员跟踪检查。

3）做好耐火浇筑材料记录，在浇筑每一块混凝土以前，质量检查员、施工班组长要填表签字，以加强责任心。

4）建立施工队长、技术负责人、质量负责人三位一体的质量责任制。

5. 施工管理

（1）编制施工工艺流程图，按作业内容做好时间安排。

（2）对筑炉工集中培训，由技术负责人讲解施工图纸，对于每个部位的结构形式，耐火材料的种类、型号、技术要求、操作方法进行仔细交底，使筑炉作业人员清楚自己的砌筑部位的工程情况。

(3) 对筑炉材料、模具加工实行超前管理。

(4) 根据施工工艺流程图，编制好日施工计划，做好日技术交底工作，技术负责人技术指导到筑炉岗位，根据工程量和施工进度随时调整筑炉作业人员。

6. 施工安全措施

(1) 严格执行中国机械工业建设总公司颁发的《机械安装工人安全技术操作规程》规定。

(2) 施工前严格检查电气设备，设置专人负责、使用。

(3) 严禁施工人员乘坐运料吊筐，一律使用爬梯或炉体平台楼梯。

(4) 炉体内上下层作业时必须设置防护板。

(5) 炎热天气施工要有防中暑措施。采取炉内外操作人员轮换制，及时供给清凉饮料。

(6) 砌筑材料应尽量堆放在塔架每层的材料堆放区。

三、实施效果与体会

(1) 本项目以合同要求及施工组织设计为基本指导，整条5000t/d水泥生产线27个工号各种机械设备安装调试、窑尾塔架钢结构制作安装、全厂电气设备及动力仪表线路安装调试、设备及管道保温、砌筑等工作内容，按期圆满完成合同约定。

(2) 质量管理：本项目竣工后，经业主、监理、设计、质监、施工等五单位的联合验收，工程质量达到设计要求，满足工艺要求，符合规范规定，符合客户要求。施工过程中对质量缺陷从项目内部管理程序上作相关处理，保证预防与纠正措施的有效实施。项目部认真地按照设计及规范施工，加强与业主的沟通和合作，为业主贡献了满意的工程产品。

(3) 安全和环境管理：本项目未发生重大人身及设备安全事故，轻伤事故频率小于6‰，未发生火灾和交通事故；施工现场文明施工情况良好，有效保护了环境，得到业主和监理的认可。

(4) 进度管理：实际进展与计划进度基本吻合，项目进度管理中跟踪与控制的方法在施工过程中得到了应用并发挥了作用。由于土建交验和设备到货延期，根据实际情况，阶段性任务计划做了相应调整。

(5) 成本管理。项目计划预算（目标成本）的编制合理科学，竣工后经实际测算，项目实际成本与项目计划预算（目标成本）相比尚有一定盈余。

(6) 新技术应用：回转窑采用分段吊装、筒体空中对接调整和CO_2气体保护焊接技术进行安装，技术先进，测控精确，质量优良，安全高效，获得中国安装协会2005年度“中国安装之星”奖。

(7) 本项目整个工程专业多、技术含量高、难度大、战线长、工期短、价格低，对项目部在成本、工期、质量、安全方面的控制提出了较高的要求。该项目部在整个施工过程中能够科学组织、合理安排、重视安全质量管理，充分发挥合同管理效能，有效实施分包管理；采用灵活多样考核机制，充分调动员工积极性；项目机构设置合理，提高管理效率；采管分离，有效控制成本，明晰物资采购管理关系，取得了良好的经济效益和社会效益，受到业主、监理、设计、质监单位的一致好评。通过这个项目的良好效果，公司又先后成功承接了数条5000～8000t水泥生产线。

2.2.6 35万t/a涂布纸生产线工程施工组织设计

一、工程概况

（一）项目简介

年产35万t高级低定量涂布纸工程为合资建设项目，项目总投资380880.30万元（折合外汇46000万美元）。项目占地面积1996亩。建设内容包括：（1）原木及废纸储存工程；（2）漂白热磨机械浆（BTMP）车间；（3）废纸脱墨（DIP）车间；（4）造纸及完成车间；（5）给水排水工程；（6）废水处理工程；（7）供电工程；（8）热电站；（9）仓储工程；（10）维修工程；（11）厂内外运输；（12）厂区外线工程；（13）厂前区工程；（14）总平面工程等。

本施工组织设计为该项目中的废纸脱墨（DIP）车间和造纸车间的施工组织设计。

（二）工艺流程简介

1. 废纸脱墨DIP车间的工艺流程

DIP车间以废旧杂志纸和废旧新闻纸为原料，采用高浓碎浆、多级筛选净分、热分散、浮选脱墨、漂白等工艺，生产出造纸车间所需要的浆料。生产线产能为400t/d。主要工艺流程为：废纸以一定的比例（50%旧杂志纸和50%旧新闻纸）经链板输送机连续输送并计量后，进入高浓转鼓碎浆机连续碎浆，并在碎浆机中连续加入白水及化学药品，碎浆机碎解浓度为15%～18%，操作温度为50℃左右，卸料浓度为4.5%。碎解后的浆料经过粗筛、预精筛，以去除浆料中的轻重杂质。然后浆料送入前浮选槽进行浮选脱墨，脱墨后的浆料经重质除渣器及精筛处理，良浆经多圆盘和螺旋压榨后进入热分散系统以分散热熔性杂质。热分散后浆料送入漂白塔进行过氧化氢高浓漂白，然后再送入后浮选槽浮选脱墨，脱墨后浆料再经多圆盘和螺旋压榨后，进行第二次热分散，出来的浆料经稀释后再进行连二亚硫酸钠还原漂白，漂白后的浆料进入贮浆塔进行贮存，再泵送至造纸车间。本系统产生的污泥经重力床和污泥螺旋压榨机进行浓缩处理，处理后的污泥干度可达50%以上，送去焚烧。

2. 造纸车间的工艺流程

造纸车间用商品漂白硫酸盐针叶木浆（NBKP）、废纸脱墨（DIP）车间生产的废纸脱墨浆及漂白热磨机械浆（BTMP）车间生产的漂白化学热磨机械浆为原料生产低定量涂布纸。从浆料进入系统起，至产出产品止，包括精浆、抄纸、施胶涂布、压光整饰、复卷、包装等工序。采用7800mm门幅（卷纸机处）纸机一台，纸机设计车速2000m/min，工作车速1800m/min，定量范围45～70g/m^2。工艺流程包括：

（1）打浆辅料工段，包括：NBKP浆生产线、DIP浆生产线、BTMP浆生产线、损纸处理系统、辅料制备生产线。

（2）抄纸涂布工段，包括：配浆系统、上浆系统、真空系统、白水及纤维回收系统、清水及喷淋水系统、蒸汽冷凝水系统、损纸碎解收集系统、纸机抄造系统。

（3）涂料制备工段，包括：碳酸钙、瓷土等颜料加入分散剂、NaOH在高速分散机中分散后，经振动筛过滤后贮存待用，与调制好的胶粘淀粉、CMC、胶乳、消泡剂、增白剂、染料、硬脂酸盐、抗水剂、杀菌剂等辅助原料混合，过滤制成涂布所需的涂料。

（4）完成工段，包括：自动输送搁纸架将纸卷自动输送至分切复卷机进行分切复卷。分切复卷后的合格纸卷由纸卷自动输送线送至纸卷打包系统，打好包的成品纸卷由纸卷自动输送线将其自动输送至一楼，然后由叉车送至成品库堆存。分切复卷后的非合格纸卷，送水力碎浆机碎解，碎解后的浆料则由浆泵送至涂布损纸塔。分切复卷以前的废纸卷及分切复卷机的纸边则送复卷机碎浆机碎解，碎解后的浆料由浆泵送至涂布损纸塔。生产出的低定量涂布纸经复卷机分切后，约20％送纸加工车间切成平张，经拖盘打包后送至成品仓库贮存，卷筒纸经自动输送、自动包装后送至成品仓库贮存。

（三）主要工作量

本次招标包含DIP车间及造纸车间内设备、管道、电仪、平台梯子制安、通风、防腐保温等工程，不包含车间内行车安装、车间照明、消防、非标槽罐制安等工程。主要工程量包括造纸机一台、DIP制浆设备、备浆系统设备、完成系统设备、车间通风设备、热回收系统设备、化学品系统设备等共计约1000台套，约9000t；工艺管道约60000m，管道支架约180t；液压、润滑油管道约30000m；风管制安约18000m^2；变压器安装48台；各种配电盘柜约810面，电缆桥架安装约22000m，动力电缆敷设约22万m，控制电缆敷设约15万m，电缆保护管约9500m，仪表电缆敷设约30万m，仪表电缆保护管约18000m。

（四）施工特点

（1）纸机本体长、设备吨位大、安装工程量大，其中压榨辊、超级压光机支架等部件较大、较重，吊装、找正难度较大；纸机各部分联系紧密，安装时要充分考虑各部分之间的关系，以防返工吊装；车间空间布置紧凑，附属设备具有一定的吊装运输难度，施工中要根据设备的布置位置按顺序吊装。

（2）纸机安装要求的精度高。为保证整体的安装精度及进度，要求在安装过程中采取一些先进的安装工艺和安装方法。

（3）管道布置空间较小、密度大，尤其是流送系统、真空系统、化学品系统及喷淋白水系统等，管材管件规格繁多，设计与现场实际布置会有出入。因此，施工中应充分考虑现场实际布局，完善设计；部分管线对施工要求较严格，如流送系统部分管内壁的光滑度要求$R_a=0.4$，损纸、浓白水及其他浆管道，管内壁光滑度越高，介质输送阻力越小，对管道施工的要求越高；工艺管道材料，多采用薄壁不锈钢管，松套法兰及焊接连接方式。为保证焊接质量及焊道光滑，需采用手工氩弧焊或氩电联焊的方法，但要注意国内生产的薄壁不锈钢管的椭圆度、直径超差比较严重，对口、焊接时应严加控制；管道施工与设备、仪表施工密不可分，施工中要与设备、仪表施工人员紧密配合，与电气施工的间接配合也应重视。

（4）由于现代纸机的高速化、高度自动化以及抄造纸种质量要求的提高，也使得纸机气动、液压、润滑系统越来越重要；管路施工质量要求的提高、管线和管件数量的增加以及管内介质压力温度的提高都增加了施工的难度；管路总量大，施工用期集中，管径范围广（$DN10$～$DN250$），材质为不锈钢及碳钢，连接方式多样（焊接、螺纹连接及卡套式接头连接）。

（5）车间通风系统主要设备有大型空调机组、混合风机等。空调机组外形尺寸大，一般在6000mm×4800mm左右，安装位置比较分散，设备运输就位难度大。

（6）纸机自动化程度高，仪表工程采用DCS、QCS、MCS系统，精度高、实施性好。纸机电视监控系统，现场控制点多，布置密集，仪表种类，各种管件、安装材料使用纷杂；电气工程电机容量大，采用10kV、660V、380V多电压等级供电，变压器为有载调压形式；动力电缆截面积大，数量多；变压器多，高压部分安装量大；软启动装置、变频器等用通信总线连接，减少了电缆数量；纸机传动部分采用交流变频设备，控制精度高，可靠性强。

(7) 工程工期短，任务重。

(五) 建设要求

(1) 工期为自2004年9月10日至2005年3月18日，共计191d。在合同规定的工期内完成全部的施工任务，确保按时开机调试。

(2) 质量目标为：工程一次交验合格率100%。

(3) 安全文明施工目标：杜绝死亡及重伤事故，轻伤事故率低于6‰。

(六) 实施条件

(1) 现场条件：施工现场具备三通一平条件，电力接口位于造纸车间中部北侧100m处，生产生活用水总管送至车间东部北侧100m处。车间完成封顶，设备基础、管道电仪所需的预埋钢板及预留孔洞等均已施工完成，土建工程仅剩余门窗安装、装饰装修等。造纸车间中部北侧约200m处有一处预留用地约10000m^2，可供临建工程及材料堆场、现场预制场地使用。

(2) 资源条件：管理及施工人员均已齐备，根据工程进度情况分期分批进场。工艺设备及材料由建设单位负责供应，根据进度要求陆续到货。施工及测量机具已备齐，其中吊车、平板运输车等大型设备根据施工需要确定进出场时间，其他施工设备在施工前一次进场。针对本项目的技术特点已编制了齐全的施工方案。项目预付10%的工程款，进度款每月支付，工程施工中所需款项不足部分由公司垫付。

本工程施工图设计比较完善，具备施工条件，不需要深化设计。

二、摘选主要施工方案

(一) 基础板施工方案

1. 架设安装钢线

在纸机基础板两端和中间共架设四个支架，使整条钢丝线分三段。架设钢丝线时使用经纬仪校验每个支架的架设点，要求各钢丝线应在垂直面内与两端永久标记线重合，钢丝线的架设高度应高于基础板设计标高80～100mm。

2. 基础表面处理

清扫基础板的基础，对基础表面进行打毛，以剔除全部浮浆并露出石子为合格，以利于二次灌浆层与原基础层的粘附。

3. 基础板安装

按图纸铺设基础板，旋入调整螺栓和地脚螺栓的螺母。根据横向基准铺设第一对基础板。用全站仪检查第一对基础板横向、纵向中心线位置应符合要求。依次向两端铺设基础板并初步找正。纵向位置要求基础板上的纵向中心线与架设的钢线重合，标高用水准仪检查确定。

基础板的精平、地脚螺栓的预紧力等各项指标应符合设备技术文件及国家标准《制浆造纸专业设备施工质量验收规范》的要求。自检合格的基础板形成一个批次，则可会同建设单位、设备监检单位联合检查，签字验收。

4. 基础板灌浆

基础板找正完成后，统一组织灌浆，灌浆选用灌浆料。在基础板的四周支好模板，模板内每隔 10m 左右做一个隔断，以保证一次浇灌量适中，利于灌浆料均匀流动。模板缝隙处用混凝土堵严。灌浆前 2h，用清水喷洒基础表面，冲掉浮尘并确保基础面处于湿润状态，但不得留有积水。依据灌浆料使用说明，确保单位用水量及搅拌时间。灌浆料灌入基础板部位后应使用钢带等条形物品反复抽拉，带出基础板底部空气。对灌浆的检查可在一侧基础板的一侧杵动，另一侧灌浆料可见轻微晃动，则说明灌浆料已填满底部。

待灌浆层表面指压无明显凹陷后即可进行浇水养护。养护时可用草帘等物品遮盖住灌浆层外露部位。灌浆料较普通混凝土反应剧烈，发热量更大，因此必须保证养护到位。灌浆达到强度后，采用敲击法检查是否有未灌实的部位，如有空洞可进行灌胶处理。

养护完成后，进行地脚螺栓的最终拧紧。首先将调整螺栓旋松 1/2～1/4 扣，同样旋松地脚螺栓的螺母，然后将地脚螺栓紧固到最终扭矩。

5. 刻线与钻孔

依据图纸尺寸，以辅助线标点为准，用全站仪画出主要设备操作、传动两侧的中心刻线，并用盘尺初步确定其他设备的中心线，再用全站仪进行精确定位。依据图纸，刻出各立柱的中心线。刻线要求清晰，操作侧刻线要打上相应的钢印编号；

使用美卓公司提供的机架模板，用全站仪定位各组模板的位置，用洋冲定位各螺孔的中心。供货方机架模板的上孔位多为几组机架的组合，螺孔定位时要仔细对照图纸中各组螺孔的位置，避免出现混淆。每组模板定位完成后，根据孔位确定机架横向中心线，用划针刻出。

螺孔定位完成，检查无误后，使用磁力电钻进行基础板的钻孔，最后完成攻丝工作。基础板的安装工作结束。

（二）纸机烘干部施工方案

1. 一组缸的安装

根据基础板上的画线，吊装 1 号烘缸两侧机架就位，以操作侧机外纵向辅助基准线为基准，以操、传两侧机架机加工面为基准点，用经纬仪找正机架，使其垂直于纸机纵向基准，用水准仪找平操、传两侧机架的等高度，同时保证跨度尺寸无误，使其横向对称于纸机纵向中心线。

吊装 1 号缸就位在机架上；以操作侧机外纵向辅助基准线为基准，用高精度经纬仪找正烘缸与纸机纵向中心线的垂直度，用水准仪找正烘缸的水平度，且保证传动侧齿箱和操作侧机架的位置精度。特别注意保证烘缸两侧机架与烘缸的垂直度。同时，保证烘缸横向中心对称于纸机中心线。

2. 二组缸安装

(1) 将二组缸所有的一层立柱按画线位置就位，将二组缸两个毛布干燥辊的机座按画线位置就位，并找平找正。

(2) 将二组缸两个毛布干燥辊吊装就位，并找平找正。

(3) 吊装二组缸烘缸的操、传两侧二层纵梁就位在立柱上，并找平找正。

(4) 将三个烘缸及稳纸器吊装在二层纵梁上，同时交叉安装刮刀及袋式通风器，并找平找正。

(5) 将二组缸所有的二层立柱吊装就位，并找平找正。

(6) 将二组缸三层纵梁及定距梁吊装在二层立柱上，并找平找正。

(7) 将二组缸毛布张紧器、校正器的机架吊装在三层纵梁上，同时交叉安装校正辊、张紧辊及导辊，并以烘缸为基准用吊线法找正各辊平行于烘缸，用水准仪或条形水平找正各辊的水平度。

3. 其余各组缸的安装

其余各组烘缸的安装工艺方法与二组烘缸相同。在安装其余各组烘缸时，特别注意每组第一个烘缸位置的确定。要根据安装图纸情况，使后一组烘缸的第一个烘缸与前一组烘缸的最后一个烘缸之间的位置尺寸无误。注意，用上层小纵梁实际连接尺寸确定其相关位置尺寸。

烘缸气罩的安装在干部设备安装完成后进行，先进行气罩支架的安装，然后进行气罩板的安装，最后进行气罩门提升装置及气罩门的安装。

(三) 纸机压榨部安装方案

本纸机压榨部为一道大辊压榨一道靴式压榨，如图 2.2.6-1 所示，压榨部布局结构比较紧凑，对安装的顺序要求比较严格，施工时一定要遵从先下后上、先里后外的原则进行。

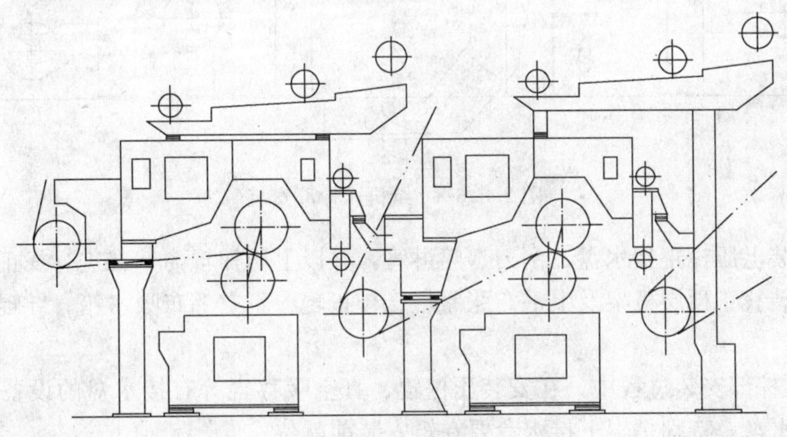

图 2.2.6-1 纸机压榨部安装示意图

(1) 以二层基础板上的位置画线为基准，在二层挂设横向钢丝基准线以及纸机纵向基准中心线，以钢丝线为基准，采用吊线法确定车间一层一压、二压下毛布校正辊、张紧辊和真空毛布吸水箱机架的纵横向位置。找正后焊接地脚螺栓固定支架，然后将校正辊、张紧辊和真空毛布吸水箱等吊装到位，待压榨辊安装后，以压榨辊为基准用吊线法找正各辊的平行度，用水准仪找正各辊的水平度，最后将刮刀、喷淋管吊放到位并找正。

(2) 根据基础板上的画线，将一压、二压操、传两侧机架以及一压、二压 4 个下辊机座吊放到基础板上，注意操作侧机座下加换网垫块，按画线粗找，稍稍紧固螺栓，再将悬臂定距梁吊装在机架上，随后用经纬仪以机外辅助基准线为基准，根据机架上的定位键找正机架的纵向位置，使其垂直于纸机纵向中心线，并整体的横向对称于纸机纵向中心线，用水准仪找正机架的标高差。同时严格控制机架的跨距。

(3) 安装并找正一压、二压的下压榨辊及真空吸移辊的接水盘。

(4) 将一压、二压下压榨辊及真空吸移辊吊装就位，用烘缸找正的方法进行找正。

(5) 确认找正无误后，安装并找正下毛布各导辊、刮刀等附件。

(6) 安装并找正一压、二压操、传两侧机架及一、二上压榨辊 4 个机座，同时安装上机架悬臂定距梁，注意安装 4 号、14 号操作侧机架下的换网垫块。

(7) 将一压、二压上压榨辊及一压真空吸移辊 15 号吊装就位，并找平找正（图 2.2.6-2）。

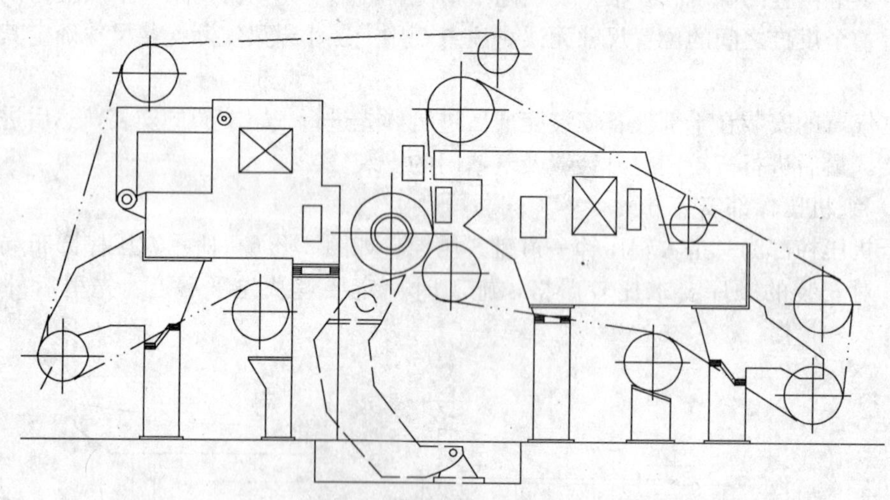

图 2.2.6-2　纸机压榨部安装

(8) 安装上压榨辊接水盘、刮刀、喷淋管，并以上压榨辊为基准进行找正。

(9) 安装找正顶层机架及上毛布张紧辊、校正辊、真空毛布吸水箱、导辊及其刮刀等部件。

(10) 压榨部安装过程中，在安装压榨辊、真空吸移辊等有接水盘的设备时，应适时交叉安装接水盘，特别是辊下接水盘要在辊安装前就位。

(11) 以已安装的各悬臂定距梁为基准，找正定位各悬臂定距梁的悬臂端锚点，然后固定。

(四) 流浆箱及网部安装方案

1. 流浆箱安装

先将流浆箱机架按照基础板画线吊装就位，以操作侧纵向辅助中心线为基准，根据机架所画中心线用经纬仪找正机架，然后用水准仪检查其标高差，在以上两项工作完成之后，吊装流浆箱本体就位，以流浆箱下唇板为基准和以操作侧纵向辅助中心线为基准，用经纬仪找正流浆箱与纵向辅助中心线的垂直度，然后用水准仪检查其标高差。

2. 内、外网部安装

本纸机网部为立式夹网式，结构比较复杂，布局紧凑，安装时应充分考虑其顺序，安装辊子时应考虑其附属的接水盘、刮刀、喷淋管的安装。

(1) 网部下层部件在固定机架未安装的情况下应提前放到位，网部机下接水盘在网部机架安装前安装。

(2) 根据基础板上的画线，将外网操、传两侧立柱，内网操、传两侧立柱及内网校正辊操、传两侧机架吊装到基础板上，按照画线初步调整，稍稍拧紧螺栓，用经纬仪以机外辅助基准线为基准，根据机架上的定位键找正机架的纵向位置，使其垂直于纸机纵向中心线，并整体横向对称于纸机纵向中心线，用水准仪找正机架的标高差。同时严格控制机架的跨距。

(3) 将内、外网校正辊吊装就位，待成形辊安装完后，以其为基准找正。

(4) 安装并找正外网驱网辊操作侧、传动侧两机架及内网驱网辊操作侧、传动侧两机架。

(5) 安装并初步找正内、外网操传两侧上机架，注意其跨距尺寸及操作侧机架下换网垫块的装配精度。将内、外网机架悬臂定距梁吊装在操传两侧上机架上，注意其装配面的接触精度，并最终整体找平找正内外的上机架，使其整体横向对称于纸机纵向中心，垂直于纸机纵向基准线。

(6) 顺序安装找平找正内网下导辊、成形辊、真空脱水箱、真空辊、内网驱网辊、外网驱网辊、导辊，同时交叉安装各接水盘、喷淋管、刮刀、毛布吸水箱等部件，特别注意辊下接水盘应先于辊安装。

三、实施效果与体会

1. 工程按期完工

本项目于2004年9月10日正式开工，2005年3月18日全部竣工。自2005年2月下旬开始进行调试，2005年3月18日开始试生产，第一卷纸下线。在施工过程中，管道安装工程因施工人员技术水平低于预期，施工进度一度滞后。项目部组织增加两支分包队伍，增加人力和施工机械的投入，经过积极组织及安排，最终按期完工。

2. 技术管理

认真落实施工组织设计、施工方案、技术交底的三级技术管理制度，做好图纸会审、设计变更等的管理工作。推广了全站仪、激光对中仪等新设备的使用工作，取得了一定的经济效益。

3. 质量管理

建立完善的质量管理体系，按照质量管理体系的要求，认真履行各岗位的质量管理职责，在工程物资、施工设备、监测装置、人力资源、文件记录等方面进行全面的质量管理，加强过程控制，工程质量优良，获得了建设单位的好评。

4. 安全管理

建立完善的安全管理体系，实行严格的安全管理。同时，项目部为全体施工人员缴纳了意外伤害保险。整个施工过程未发生死亡及重伤事故，达到了安全生产目标。

5. 成本管理

项目管理过程中严格执行公司的目标成本，建立计量交费制度，节约用水用电；完善材料设备使用的计划及交底工作，注意材料的节约及重复利用；统筹安排大型机械的租赁和使用；做好预控预防工作，建立奖罚制度，减少了质量及安全事故的发生；根据施工进度安排人员进场，加强过程控制，减少误工怠工等现象。经过努力，本工程按照目标完成了施工任务。

2.2.7　2×600MW 机组烟气脱硫工程施工组织总设计（标前）

一、工程概况

（一）项目简介

1. 某大型火力发电厂新建 2×600MW 烟气脱硫工程项目，面向全国招标，招标工程范围包括：2×600MW 机组烟气脱硫工程的材料供货（不包括设备），安装工程（不包括防腐工程、油漆保温），单体调试和试运、整个调试期间的消缺、维护和配合工作，设备的现场装卸、保管、维护、场内的二次搬运，技术资料及整套系统的保修和服务等。本公司承担包括机械设备及电气设备的安装；管道系统及附件安装；水、气、浆液等管道及附件安装；所有支吊架的安装；钢平台、扶梯安装；其中起重设备安装取证；电缆敷设接线等。

2. 工程接口：

(1) 烟气：

1) 入口：原烟气从锅炉接入烟囱入口的水平烟道接口引出。

2) 出口：烟道接入烟囱入口水平烟道的接口。

上述两接口由分包方负责。具体位置见设计院图册。

(2) FGD（烟气脱硫）装置的吸收剂储备和制浆：

1) 进口：石灰石粉仓出料口

2) 出口：—FGD 装置岛内部。

(3) 电源：

1) 6kV 动力电源从主厂房 6kV 负载开关下桩头引出。

2) 380/220V 动力电源由脱硫岛独立设置，380/220V 保安电源从主厂房保安段开关下桩头引接。

3) 直流电源由脱硫岛独立设置。

4) UPS 电源由脱硫岛独立设置。

(4) 工艺水：

1) 工艺水进口：FGD 装置岛外 5m。

2) 工艺水出口：工艺用户。

(5) 冷却水：

1) 冷却水进口：FGD 装置岛外 5m。

2) 压缩空气（仪用、工艺及检修）。

3) 压缩空气进口：FGD 装置岛外 5m。

3. 自然条件：

(1) 工程地质。

1) 未强夯区域地层构成如下：

在未强夯区域地层范围内，地基土仍然保持原来状态，根据详勘结果并按照 GBJ 25 规范评定，黄土的自重湿陷量小于 7cm，总湿陷量为 0～30cm。属非自重湿陷性场地，Ⅰ～Ⅱ级湿陷。

2) 夯后土的工程地质条件。

强夯地基在大的湿陷试验压力（500kPa）下已完全消除了湿陷；承载力的标准值大

于300kPa。其下部较深厚度的土层则未受到强夯的影响，属层②非湿陷性黄土，承载力标准值为150～180kPa；层③饱和黄土，承载力标准值为170～200kPa。

3）厂区地震基本烈度为7度，设计基本地震加速度0.15g。

4）厂区地下水位埋深37.40～43.80m。

（2）气象资料：

1）气温：多年平均气温13.9℃；历年极端最高气温43.2℃；历年极端最低气温−17.7℃

2）降水：多年平均降水量554.9mm；一日最大降水量115.8mm。

3）风：多年定时最大风速23m/s；主导风向：东北偏东。

4）冻土、积雪：最大积雪深度15cm；最大冻土深度45cm。

（二）施工特点

（1）施工工期紧。从安装工程开工至竣工完成移交，工期为9个月，相对同类型机组工期紧。必须投入大量的劳动力和机具来保证工程顺利进行。

（2）施工前期准备时间短。从工程决标到工程开工仅有不到10d的时间，本工程前期准备时间短，大批临建工作及机构的建立，人员、机械的转移工作必须在很短的时间内完成。需要做好施工前期策划工作，实现快速反应，为按期开工创造条件。

（3）运输以铁路为主、公路为辅。火电厂现场运输条件便利，公路、铁路运输线发达。建设期间所需的设备、材料经铁路专用线直接运至电厂，减少了设备二次搬运工作量。

（4）工程管理要求高。业主要求在本工程中使用P3计划软件、MIS管理等，对工程管理水平提出了更高的要求。

（5）施工制约因素多，工程施工协调工作复杂。

前期准备时间仓促，施工工期紧，土建与安装施工交叉严重，施工现场场地狭小，施工设施布置受到限制，对安全、文明施工要求较高等，工程施工协调工作复杂。

（三）现场条件

（1）施工用电。现场施工用电负荷分配调整由业主方负责，分包商进场后用电需向业主提出申请，经批准后由分包商按规定计量收费。

施工用电的管理范围：各分路开关以下的引出线及分包商所属区域内的支线用电管理由分包商自行负责。

（2）施工水源。施工用水执行二级管理。业主负责管理一级管道至供水网络的一次阀门，一次阀门至各分包商使用区域由各分包商自行负责管理。

（3）通信由分包商自行负责。

（4）承包商不提供分包商在施工现场的住宿、办公等临时设施。

（5）本工程现场施工场地已平整，施工用水、电已通，场内外道路已通。土建施工已开始进场施工。

（四）建设要求

（1）质量目标：省优质工程，主要质量指标达到国家和部颁有关质量检验评定标准的优良标准。

（2）工期要求：本标段烟气脱硫安装工程预计开工日期为2005年9月20日，绝对工期 270 个日历天。

二、摘选主要施工方案

烟气脱硫吸收塔施工方案

1. 工程概况

该电厂 2×600MW 机组工程烟气脱硫装置安装工程，共有两台吸收塔，塔体直径 16m，高度约 40m，壁厚 10～18mm，材质为碳钢衬玻璃鳞片，单台重 435t，共 870t。

2. 施工范围

吸收塔本体的安装，塔内件（喷淋层、喷嘴、除雾器及冲洗系统、托盘，氧化空气管、搅拌器等设备）安装；不包括需防腐衬胶的制作。

3. 施工构想

施工前期以吸收塔为主，采用分片组焊、逐圈上升方式进行安装。先采用 25t 吊车安装至 25m 高，再采用 50t 塔吊安装至塔顶，塔本体安装结束后，再视防腐情况，进行内件安装。

4. 吸收塔体施工

（1）施工准备

1）参加施工的人员应熟悉图纸，掌握组件的结构性，并参加施工前的技术、质量、安全交底工作。

2）安装通道畅通，场地平整。

3）施工机具：25t 汽车吊、50t 汽车吊，焊机，内、外脚手架，探伤机，磨光机等已到位。

4）检查材料设备是否有压扁、咬边、裂纹、重皮、撞伤、龟裂等缺陷。若有，应及时上报处理。

5）检查外加工的尺寸是否与图纸相符。

6）材料设备要满足施工需要，施工劳动力配备充足，安装中间交接签证已办理完毕，具备安装条件。

（2）施工顺序

设备清点与检查→基础划线→底板安装→基础表面防腐→吸收塔围板及围板加强筋安装 → 吸收塔内部设备安装→吸收塔顶板安装→吸收塔外部附件及平台扶梯的安装→打磨→防腐油漆→单体调试。

（3）施工技术措施、工艺要求、质量标准

1）设备清点与检查：

① 按照设计图纸和装箱清单，检查设备到货是否齐备，收好设备中的小件，并标记好安装位置，确保设备安装的随用随有。

② 检查到货设备是否有缺陷，如设备尺寸是否正确，在运输过程中有没有因碰撞、堆压和垫置部位不当等而引起的弯曲和扭曲变形；若有变形，应做好记录并进行现场校正；检查设备是否存在重皮或锈蚀现象等。

2）吸收塔基础划线：

① 对基础进行检查，检查基础的浇筑质量，基础的位置、标高和外形尺寸，应符合

图纸、规范要求，并做好记录；

② 以建筑工地提供的坐标为基准，画出基础中心线，标出中心点，并用墨线清楚地标记出来；

③ 检查基础预埋件的中心偏差、表面平整度、表面标高值，应符合规范要求，同时记录下每块预埋件的表面标高值。

3）底板安装：

① 检查基础二次浇灌后上表面平整度，在 2m 范围内最大偏差为±1mm。

② 用墨线在底板梁上弹出底板的安装位置线。

③ 将底板吊放在安装位置上，并按位置线放好，留出焊接间隙；与混凝土表面应密实贴合，不得有起拱凸起现象，以及与混凝土表面出现空隙。

④ 在底板未全部焊接完毕之前，雨天及夜晚时须用防雨油布罩住底板，以防止水进入到底板与基础间而产生雾气锈蚀焊接坡口。

⑤ 吸收塔基础上将底板组装定位。

⑥ 将底板点焊，焊接顺序由中间向四周焊。

⑦ 将底板间断焊，焊接顺序由中间向四周焊。

⑧ 将底板连续焊，焊接顺序由中间向四周焊。

⑨ 底板焊接结束后，底板对接焊缝须磨平，然后完成防腐工作。

⑩ 用洋冲在底板上冲出中心点、0°、90°、180°、270°位置标记。

4）吸收塔围板及围板加强筋安装：

① 吸收塔围板各层均在组合平台上组合完毕后进行吊装；为防止吊装过程中壳板在吊点处产生过大的变形，制作一个临时加强筋作为组合后壳板吊装的工具。

② 在围板组合前，应复核每片围板的尺寸，包括围板的高度、弧长，并做好记录。

③ 底板安装完毕后，在围板就位位置的内外侧焊上临时限位。

④ 吊装第一层围板，在围板与围板间、围板与环形梁间按图纸留好焊接间隙，排列好后，进行立焊缝的点焊，留一道立焊缝暂不点焊。

⑤ 立焊缝点焊好后，利用模型弧板来校正围板和立焊缝处的圆弧度符合图纸要求弧度。

⑥ 进行立焊缝的焊接，先焊立缝的外侧，外侧焊接完毕后，在内侧对立焊缝进行打磨清根，清根完毕后，进行立焊缝的内侧盖面焊接。

⑦ 进行预留立焊缝的焊接，在点焊前，复核整圈围板的上边周长与下边周长，若周长大于设计周长，则应对围板进行修割处理，再进行点焊，点焊及焊缝校正完毕后，再次复核上边周长与下边周长，应在设计周长允许偏差的范围内，方可进行正式焊接；每道立焊缝的上部预留 100～200mm 不焊，以便与上层围板对接时调整。

⑧ 在围板立焊缝焊接完毕后，开始进行围板与环形梁的角焊缝的焊接，先在内侧对角焊缝进行点焊，点焊完毕后，拆去限位，开始进行角焊缝的内侧焊接；为防止焊接环形焊缝时围板产生变形，应采用四名焊工分别从 0°、90°、180°、270°四个位置同时顺时针方向对称焊接，直至内侧焊缝焊接完毕；在外侧，将环形焊缝清根后，也由四名焊工同时从 0°、90°、180°、270°四个位置顺时针方向对称焊接，直至焊接完毕。

⑨ 所有焊接完毕后，对第一层围板进行安装尺寸测量记录，测量筒体的上下外圆周

长、上口内直径、上口标高及水平度、筒体垂直度。

⑩ 在第一层围板上做好测量基准标记，首先在围板的外壁 0°、45°、90°、135°、180°、225°、270°、315°处标出 1m 标高线，同时标出角度线，并标出角度值；其次，在筒体的内侧面标出一圈 2m 标高线，以便以后测量围板上口标高及水平度，所有标记均应清晰，能够长久保存。

⑪ 搭设吸收塔围板预组合检查平台，在围板直径（应扣除板厚度）内外侧焊好限位支架，沿围板直径内外边缘适当焊些限位块，以保证围板的弧度。

⑫ 将第二层围板依次吊入限位架内，复核每片围板的尺寸，包括围板的高度、弧长；用手动葫芦或对拉螺栓微调每片围板，按图纸留好焊缝间隙，用楔子进行立焊缝对口点焊，预留一道立焊缝暂时不点焊。

⑬ 复核整圈围板的上边周长与下边周长，应保证测量的上、下边周长与第一层围板的焊前上边周长保持一致后再进行焊接。

⑭ 按照以上第⑦项进行预留焊缝的焊接，应保证第二层围板周长与第一层围板周长保持一致。

⑮ 在第一层围板上边的内外侧焊好楔形限位，用钢板钳具将第二层围板吊入限位内，调整好对口环缝的间隙，用小垫块垫实并确保围板上边的水平度，用楔子将内外侧楔牢固。

⑯ 进行第二层围板与第一层围板的环焊缝对接，垂直度用在地面设置配重拎挂倒链的方法进行调整，垂直度、水平度均合适后再进行点焊，在对环焊缝点焊之前，应用楔子调整对接口，使得两层围板内壁对齐，焊接时，先焊焊缝内侧，再焊环缝外侧。

⑰ 第二层围板全部焊接完毕后，测量安装尺寸并记录，应全部在允许偏差范围内。

⑱ 依照以上第⑪ ~⑰ 项进行第三层至最上层围板的组合与安装。

⑲ 吸收塔围板加强筋的安装应在其所附着的围板安装完毕后进行，在安装加强筋时，应确保环形加强筋的水平度和标高、柱形加强筋的垂直度与圆周位置偏差符合规范要求。

⑳ 塔壁的焊接宜按下列顺序进行：

a. 塔底的焊接，应先焊纵向接头，后焊环向接头；当焊完相邻两圈壁板的纵向接头后，再焊其间的环向接头；焊工应均匀分布，并沿同一方向施焊。

b. 纵向接头采用气电立焊时，宜自下向上焊接。对接环向接头采用埋弧自动焊时，焊机应均匀分布，并沿同一方向施焊。

c. 塔壁环向的搭接接头，应先焊塔壁内侧接头，后焊塔壁外侧接头，焊工应均匀分布，并应沿同一方向施焊。

5）吸收塔顶板安装：

① 根据实际情况进行顶板部件地面组合，组合尺寸偏差应符合规范要求，顶板焊接时，应按图纸要求和焊接顺序进行焊接，以防止产生焊接变形。

② 用 50t 汽车吊将顶板组件吊至吸收塔最上层环形加强筋上，在焊接前应确保塔顶中心漂移允许偏差在 20mm 范围内。

6）吸收塔外部附件及平台扶梯的安装：

① 安装吸收塔人孔、检修门、管接头、测量孔，在安装前，应先标记好开孔中心线，确认无误后，方可开孔，对于具有立体角度的管接头，应确认管接头角度无误后，方可进

行管接头的焊接。

② 吸收塔管接头的内侧焊缝均需连续满焊，外侧焊缝则分为等长段焊接，段与段之间留 100mm 不焊。

③ 安装吸收塔外部平台扶梯，安装中，应控制好平台标高、水平度；栏杆挡脚板应顺直美观，接头圆滑过渡无毛刺。

7）吸收塔内部焊缝打磨。因为吸收塔内部需作防腐处理，检查吸收塔内部所有焊缝，对接焊缝必须磨平，角接的焊缝打磨成 $R>5$mm 的圆弧过渡。需作内衬的表面应平整，凹坑应补焊打磨平整，凸出处应打磨平，有棱角处应打磨成 $R>5$mm 的圆弧过渡。

8）吸收塔焊接施工：

① 施工人员的要求：

a. 吸收塔焊接作业的焊工，必须持有符合所焊项目的焊工考试合格证件且必须通过工程前上岗考试；

b. 本项目施工的焊接人员，应执行有关的技术规范和标准、吸收塔的焊接技术措施，做好施工记录，提高焊接质量，搞好分项工程验收。

② 焊接施工条件：

a. 施工前由技术人员依照作业指导书向全体焊接人员进行技术交底，明确本项目的焊接技术要求和验收标准；

b. 开工报告办理完毕；

c. 焊接材料合格，证件齐全，已申报；

d. 焊接机具完好，安全措施符合施工要求。

③ 焊接准备措施：

a. 焊前应仔细清理焊口，坡口表面及坡口内外每侧 10～15mm 范围内的油、漆、锈、水渍等污物必须清理干净，并打磨至露出金属光泽。

b. 单 V 形对接坡口应内壁齐平，错口值不应超过壁厚的 10%且不大于 1mm，X 形对接坡口不应错过壁厚的 10%且不大于 3mm。

c. 焊口局部间隙过大，应设法修整到规定尺寸，严禁夹填塞物。

d. 焊口位置应避开应力集中区。

e. 焊接组装的待焊工件应垫置牢固，以防止在焊接过程中产生变形或附加应力。

f. 在下列任何一种环境时，均采用有效的防护措施，否则，不得焊接。

a）下雨、下雪天气。

b）手工焊时风速>8m/s，气体保护焊时风速>2m/s。

c）当焊接温度低于 0℃，应在开始焊处 100mm 范围内预热到 15℃左右。

d）相对湿度>90%。

④ 焊接工艺措施：

a. 由于吸收塔主要是 Q235E、20 号钢的板材拼装，故采用手工电弧焊，焊条采用 J507（E5015），直流反接。

b. 焊条使用前按说明书要求烘焙，重复烘焙次数不得超过两次。

c. 焊工领取焊条后放入保温筒内，随用随取。

d. 吸收塔底板焊接结合底板安装的要求施工。

e. 吸收塔壁板的焊接：

a）塔壁在现场安装时，要使用专用的对口工具，不准在钢板上乱点乱焊。

b）吸收塔壁板每一层由预制钢板组成，安装时通过调整焊缝的对口尺寸来保证吸收塔的直径在规定的误差范围内。

c）不论是纵缝或是环缝，均是先焊大面积坡口侧，用角向磨光机清根后，再从小面坡口焊接，塔壁外侧盖面层焊缝最后焊接。

d）壁板竖向焊缝的焊接：每道竖向焊缝由一名焊工进行焊接，各焊工要求步调一致，焊接电流、焊接电压、焊接速度的差异≯10%；为保证焊缝外观质量，除了壁板外侧盖面缝可从下至上连续焊接外，其余焊缝的焊接必须遵照要求进行，壁板竖向焊缝上端预留 200mm 左右不焊接；调整完对口尺寸及平整度，才能对未完成的竖向焊缝进行焊接。

e）壁板环焊缝的焊接：环焊缝必须在该焊缝上下两侧的纵焊缝焊接完后进行；塔壁的环焊缝进行焊接时，要准备 4～8 名焊工，4 名焊工施焊时，每名焊工的起点分别布置在 0°、90°、180°、270°；8 名焊工施焊时，每名焊工的起点分别布置在 0°、45°、90°、135°、180°、225°、270°、315°，由于吸收塔的直径较大，环焊缝焊接时准备 8 名焊工较好。总之，要保证均匀分布、对称焊接。各焊工要求步调一致、方向一致、焊接电流、电压、速度差异≯10%，各层焊缝的焊接必须遵照要求进行。

⑤ 顶板的焊接：

a. 吸收塔顶板先点焊、吊装成一个整体后再进行焊接，顶板主要焊缝是角焊缝。

b. 首先焊接顶板构件之间的焊缝，焊接时由 4～8 名焊工对称焊接，每个焊工焊接构件时应从焊缝中间采用中心向两侧分段逆向焊。焊接完毕，将焊道按衬里要求打磨平整。

c. 吸收塔顶部与壁板焊接时首先将内外侧角焊缝点焊牢固，焊接吸收塔内部焊缝，内壁焊接完毕后再焊接外壁角焊缝；外壁焊接时首先要准备 4 名焊工，每名焊工的起点分别布置在 0°、90°、180°、270°；总之，要保证均匀分布、对称焊接；各焊工要求步调一致，焊接电流、电压、速度差异≯10%。各层焊缝的焊接必须遵照要求进行。

d. 吸收塔顶板焊接完毕后，安装最后一道加固梁。

⑥ 其他零部件的焊接。吸收塔所有的支撑梁、加固筋板等结构的焊接必须严格按照图纸的要求进行，焊角尺寸达到要求，并遵照上述的焊接工艺。

⑦ 人孔及管道接口的焊接：

人孔正反两面都要进行焊接，焊接时，两面各布置一名焊工，同时施焊，焊接方向相反，外侧焊缝分等长焊段，各段之间留 100mm 的间隙不焊：

DN＜100 接口，1 段

DN＜150 接口，2 段

DN＜300 接口，3 段

DN＜400 接口，4 段

⑧ 超长焊缝的焊接：

吸收塔的底板、底板梁与壁板、壁板纵缝、壁板环缝、顶板的对接或角接焊缝长度均较长，为把在焊接过程中产生的焊接变形控制在最小范围内，必须严格按照下列要求进行焊接：

a. 按照焊接的要求，合理布置焊工；焊接时运条要稳，焊接电流＜150A，采用短电弧进行焊接。运条至对侧焊缝处应有适当停留，以免因熔池温度过高产生焊接缺陷；焊接时尽量采用 ϕ3.2 的焊条，少用 ϕ4.0 的焊条；焊接参数见表 2.2.7-1。

焊接技术参数表 **表 2.2.7-1**

层　间	焊条直径（mm）	焊接电流（A）	焊接速度（mm/min）
打底层	3.2	90～100	80～100
其他层间	3.2	90～110	120～150
		110～140	150～200

b. 先将要焊接的焊缝进行分段，每段约 500mm 左右。根据分段，焊工从中心向两端进行跳焊焊接，在焊接每一大段时，焊工要将此段大致分为 3 等份，采用逆向分段跳焊法焊接。

c. 第一层焊道，采用直线运条，缩短电弧，尽量达到反面成型。以减少后续工作的工作量。第二层焊道的焊接方向、顺序与第一遍相反，但接头要错开 50mm 以上。

d. 施焊时焊条要局部摆动和上下跳动，但应限制在最小范围内，每一道焊缝的宽度不大于焊芯直径的 4 倍，采用窄焊道薄层多焊道。

e. 横焊时，坡口上侧温度高于下侧，所以在上侧运条时，要正确掌握焊条角度，避免发生咬边，并且每层焊道要彻底清除焊渣。

f. 焊接中要注意焊道的始端和终端的质量，始端应采取后退起弧法，终端应将焊坑填满。纵向焊缝应延至环缝的中心，在环焊缝焊前打磨光，接头处应打磨圆滑，以便焊接。

g. 两个焊工相交集的接头要搭好，先焊的始端要稍低，后焊的焊工要注意该段重熔，保证焊缝饱满，成型美观。

h. 每层焊接完毕后，应认真清理焊道内的焊渣及焊接飞溅物，并采用砂轮机，将焊瘤打磨至焊层齐平后，方可进行下一层焊接。

i. 严禁在坡口外面引弧、熄弧，引弧必须在坡口内进行。灭弧时，要注意填满弧坑，以免产生弧坑裂纹。

j. 多名焊工焊接同一条焊道时，应沿同一方向分段进行焊接。

k. 层间温度不得大于 250℃。

⑨ 焊接质量要求及检验：

a. 焊缝成型良好，焊缝过渡圆滑，焊波均匀，焊缝宽度均直。焊工对所完成焊缝及时清理药皮后做 100％自检，专职焊接质检员做 100％专检，并认真做好记录。

b. 焊缝表面不允许有裂纹、气孔、夹渣、未熔合等缺陷，咬边深度≤0.5mm，长度不大于焊缝全长的 10％且≯40mm。

c. 外观检查不合格的焊缝，不允许进行其他项目检查。

d. 底板：所有焊缝做 100％抽真空检查，无气泡为合格，所有焊缝做 100％PT/MT 检查。

e. 壁板：T 形焊缝做 25％的 RT 检查，其余焊缝做 2％的 RT 抽检，评片Ⅲ级合格，壁板焊缝内侧面做 100％PT/MT 检查。

f. 支撑件焊缝：20%PT 或 MT 检查。

g. 被环形加强筋或加强柱覆盖部分焊缝及其他隐蔽部分做 100%RT 检验，评片Ⅲ三级合格。

⑩ 施工技术措施：

a. 设备对接，严禁强行对口，接口处过渡平滑。

b. 设备地面组合要考虑吊车的性能及设备的刚性，对刚性较差的要进行必要的加固，膨胀节吊装必须有可靠的加固。

c. 滑动支架采用聚四氟乙烯板作为滑动面，安装时必须使聚四氟乙烯板与钢板接触良好，滑动自由，同时焊接时保护好塑料面，不致被烫坏，还要注意焊接变形。

⑪ 工艺要求：

a. 土建交安装的复验：

a）基础混凝土表面强度达到设计强度要求。

b）基础中心距误差≤10mm。

c）基础外形尺寸误差＋5～8mm。

d）基础上平面标高与设计要求误差＋5～10mm。

e）埋筋顶部标高误差±10mm。

f）预埋件埋设后中心位置允许误差≤3mm；标高允许误差＋0～5mm；表面平整度≤2mm。

b. 基础画线：

a）以标准柱为基准，可以根据系统外形及内部埋筋实际情况调整基础中心，以控制在±10mm 为宜，并画出基础十字墨线，标记清晰。

b）以基础中心为基准，划出圈梁中心线及圆周等分线，且标记清晰。

c. 底板安装：

a）底板与沥青表面密实贴切，不准有起弓凸起，底板与混凝土表面不准出现空隙，在格栅支撑梁方框内，底板平整度≤3mm/m。

b）底板的对接焊缝与塞孔焊接的焊缝必须磨平，搭接焊缝及角接焊缝必须打磨成 $R \nless 5$mm的圆弧过渡。

c）所有焊缝作 100%抽真空检查。

d）所有焊缝作 100%PT/MT 检查。

d. 壳体组合：

a）筒体组合平顺。

b）筒体圆周方向等分点测量垂直度允许偏差为测量高度 H（mm）的 0.7‰，且≯2mm。

c）筒体圆周方面等分 8～12 点测量上口水平允许误差 1.5mm。

d）筒体周长允许偏差是直径（mm）的±3‰，最大允许偏差≯30mm。

e）筒体直径允许误差是直径（mm）的±1‰，当 8000mm≤ϕ<12000mm 时，最大允许误差±8mm。

f）筒体相邻层间连接组件相配尺寸误差应趋向一致，其相配尺寸之间的误差要求，直径允许误差 2mm，周长允许误差 6mm。

g）以圆周方向等分 4 点测量筒体圆弧曲率允许误差 5mm/m。

h）筒体纵向的平直度≯4mm/m。

e. 塔顶组合：

a）塔顶组合直径允许误差为名义直径（mm）的 1‰，且当 10000mm≤ϕ<12000mm 时，最大允许误差±10mm。

b）组件圆弧曲率允许误差 10mm/1.5mm。

c）组件平直度允许误差 4mm/m。

d）拼板时，焊缝对口的错边量≯1mm。

e）加强梁间的距离允许误差<5mm。

f）锥体的高度允许误差±20mm。

f. 壳体安装：

a）筒体安装：

Ⅰ. 筒体安装后以圆周等分 8～12 点测量，直径允许误差是直径（mm）的±1‰，当 ϕ2000mm 时最大允许误差±10mm；当 8000mm≤ϕ<12000mm 时最大允许误差±8mm。

Ⅱ筒体周长允许偏差是直径（mm）的 3‰，最大允许偏差≯35mm。

Ⅲ. 筒体安装垂直度允许误差，在筒体圆周方向等分点测量垂直度允许误差为测量高度 H（mm）的 0.7‰，且≯25mm。

Ⅳ. 筒体各层间对口错边量是壁厚的 10%，且最大不超过 1mm，内壁焊缝应打磨平整，外壁焊缝应满足焊缝成形要求，不同板厚的接口，外壁焊缝要打磨成圆弧过渡。

Ⅴ. 筒壁圆弧曲率允许误差 6mm/1.5m。

Ⅵ. 筒壁纵向的平直度允许误差 4mm/m。

Ⅶ. 筒体标高允许误差+20～10mm。

b）环形加强筋的安装：

Ⅰ. 环形加强筋的标高允许误差±10mm（圆周方向测 8～12 点）。

Ⅱ. 环形加强筋的水平度允许误差 5mm（圆周方向测 8～12 点）。

Ⅲ. 柱形加强筋的垂直度允许误差 3mm。

Ⅳ. 柱形加强筋的位置允许误差±10mm。

c）壁板焊接检查符合以下要求：

Ⅰ. 壁板对接焊缝的坡口形式、坡口角度，对口间隙应符合设计要求。

Ⅱ. 垫板内衬面的焊缝做 100%PT/MT 检查和 2%的 RT 抽查，如设计无规定时应符合 GB/3323 的Ⅲ级焊缝要求。

Ⅲ. 壁板的 T 字形焊缝要做 25%RT 抽查，如设计无规定时应符合 GB/3323-87 的Ⅱ级焊缝要求。

Ⅳ. 板环形加强筋、柱形加强筋覆盖的焊缝及其他隐蔽部分的对接焊缝做 50%RT 检查，结果应符合 GB/3323-87 的Ⅱ级焊缝要求。

g. 塔顶安装：

Ⅰ. 塔顶安装标高允许误差±20mm。

Ⅱ. 塔顶边缘水平允许误差±10mm。

Ⅲ. 塔顶坡度允许误差±10mm。

Ⅳ. 塔顶中心漂移允许误差 20mm。

h. 壳体外部附件：

Ⅰ. 人孔、检修门安装：

● 人孔、检修门的位置尺寸误差±10mm。

● 人孔、检修门标高允许误差±10mm。

● 检修门开关灵活，滑道动作无卡涩现象。

Ⅱ. 管接头、测量孔安装：

● 管接头、测量孔安装位置尺寸允许误差±3mm。

● 管接头、测量孔安装标高允许误差±3mm。

● 管接头、测量孔安装倾角允许偏差±0.5°。

Ⅲ. 梯子平台：

● 梯子平台安装位置允许误差±10mm。

● 梯子平台安装标高允许误差±10mm。

● 平台接口平整、无突起，格栅方向一致、固定牢靠。

● 栏杆平整光滑无毛刺，连接牢固可靠。

Ⅳ. 烟道入口安装：

● 预组合场组合好烟道入口；法兰口用斜撑固定。

● 吊装到安装高度与筒体壳板对口；吊装前须标出烟道及罐体开口的中心位置线，便于找正对口。

Ⅴ. 烟道出口安装：

● 在预组合场组合好烟道出口；烟道法兰口用斜撑固定。

● 进行整体起吊安装。

Ⅵ. 焊缝无损检测：

对焊缝进行无损检测，检测比例按招标文件"技术规范书"要求进行。

Ⅶ. 焊缝煤油渗透试验施工步骤：

● 表面的清理。施工人员首先用砂轮机或钢丝刷将焊缝表面的焊渣、飞溅物和锈蚀物清理干净；如果是双面焊，焊缝两面都要清理。

● 渗油；将石灰水刷在焊缝内表面，在 5～10min 以后，确认石灰水以吹干，开始在焊缝的另一面均匀的刷煤油。

● 观察结果。观察结果时应在刷煤油 5min 后进行，对有渗漏的地方做出标识。

● 返修。对渗油处进行挖补，返修后的地方应按以上工序重做渗油试验。

Ⅷ. 盛水试验：通过充水试验检查下列内容：

● 罐底严密性。

● 罐壁强度及严密性。

● 基础沉降试验。

Ⅸ. 充水试验应符合下列要求：

● 充水前，所有附件及其他与罐体焊接的构件应全部完工。

● 所有与严密性有关的焊缝均不得涂刷油漆。

Ⅹ. 采用清洁淡水：

● 充水试验中应加强基础沉降观察，充水速度按基础设计要求确定。

● 如在24h后塔体无变形，无渗漏，无明显沉降，即可放水。

三、实施效果与体会

（一）实施效果

1. 本施工组织设计比较科学地制定了施工工艺、施工程序、施工方法；确定了保证施工工艺和施工方法的技术措施，同时又强调其可行性、可靠性、实用性，满足了业主的要求，工程顺利中标。

2. 在施工组织总设计大纲的基础上修改的施工组织设计，在实际工程应用中，工程质量优良，优良率达到96%，焊接质量达到一次交验合格100%，无损检验一次合格98.3%，一次交验合格率100%，综合评为优良工程。投产后脱硫效率超过98%以上。

3. 工程实现了"三个一次"，即一次试压试漏成功；一次启动试运行成功；一次投料生产成功。

4. 计划开工日期为2005年9月20日，计划竣工日期为2006年6月16日，考核工期为270个日历天。实际开工日期为2005年11月28日，实际竣工日期为2006年7月2日，实际工期为246d，提前24d，并抢出因设备进场延误所造成的影响。

5. 安全文明施工目标完成：

（1）无重大安全事故，无多人恶性事故。

（2）无施工机械事故和安装设备事故。

（3）施工现场和生活区无火灾事故，无触电事故。

（4）现场施工人员未发生职业病，生活区人员未发生流行病。

（5）现场未发生任何轻伤事故，项目部全年轻伤事故低于3‰。

（6）与电力建设公司共创了省级文明工地。

6. 环境保护目标完成：

（1）施工现场，生活区现场，清洁、整齐，垃圾当天清理并弃规定区域覆盖；生活污水严格管理排放，食堂废水排放设有滤油器，定期清理，因此无污染。

（2）塔内焊接全部选用逆变焊机，节能省电，减小CO_2的排放；塔内焊接人员区做机械排风换气，保证焊接人员不受空气污染。

（二）体会

1. 目前国内大型燃煤锅炉发电机组的脱硫基本上采用石灰石——石膏湿法脱硫，其吸收塔等设备安装没有现成的施工验收规范和标准，本施组参照相关的技术规范，在施组中规定了施工工艺、质量检验标准和检验方法，同时对施工操作方法及安全施工都作了比较详细的规定，起到了施工标准的作用。

2. 革新了采用大拼板安装，即在平台的胎具上加工拼装，实现自动埋弧焊，减少了高空拼接，既提高了工效，又保证安全施工，还能实现小流水作业。

3. 塔身壁板、底板焊接量极大，应用氩弧打底，埋弧焊盖面，焊缝质量经100%无损检验一次合格达到98.3%的优良级。

4. 回转式烟气换热器安装，一是件大，二是中心筒和轴的水平度、同心度要求高，而且膨胀装置与筒、轴要同心、难度很大，故施组中提出采用激光水平仪和红外线测距仪控制中心线并定位，实施过程保证了回转筒、膨胀装置、转轴等同一中心，其连接间隙均匀。

5. 升压机体大，轴长，为保证同心和圆周间隙均匀，选择高精密仪器监测控制，规定采用“三维立体交叉定位”，即“三维对称，立体显影”，解决了机组振值极小，低于规范规定的0.05mm，达到0.025mm。从而避免了机组内部产生变异涡流而出现的喘振。

6. 脱硫各参数和添加物量化，流速流量（烟及脱硫剂）均用自动化仪表、热工仪表等集成后由计算机控制，因此这些仪表、单系统、联合系统的安装和调试十分重要，故施组规定每个仪表进行单体检测，合格后挂牌对号入座安装，并记录。单元系统、多元系统、全系统，分别进行单系统、多系统的调试试运，无问题后进行系统联合试运等，避免了许多不必要的重复、盲目。

7. 2×600MW脱硫工程施工技术被评为中国安装协会第8届科技进步一等奖（2006年度）。该工程施工质量评为2007年“中国安装之星”。专家评定施工技术达到行业领先，国内先进水平。

2.2.8　2×200MW～2×700MW烟气脱硫技改工程施工组织设计

一、工程概况

（一）项目简介

装机容量为252万kW的某发电厂一二期工程已建4台30万kW国产燃煤汽轮发电机组。三期工程是2台70万kW进口燃煤机组。本工程范围为发电厂三期2×700MW机组烟气脱硫装置FGD工程合同范围内的所有土建、安装工程。工程投资约6000万元。

整个脱硫项目建设进度计划为2007年6月23日（合同签订后3日内）开工，2008年1月31日主要基建工程施工完毕。机组于2008年6月30日通过168h试运。室外管道改造工程2007年8月10日前完成。

（二）工艺流程

本期FGD装置采用石灰石—石膏湿法脱硫工艺，系统脱硫率为95%。FGD系统由：烟气系统、吸收塔系统、事故浆池及浆液疏排系统、工艺水系统、压缩空气系统等组成。

烟气自每台炉引风机出口烟道引出，进入FGD系统，经增压风机至气-气加热器(GGH)，经GGH后原烟气温度从原来的126℃降至92℃左右，进入吸收塔进行脱硫。脱硫除雾后的干净烟气再返回GGH加热，温度从45℃升至≥80℃，经烟道后通过210m高的烟囱排出。

脱硫剂为石灰石粉，通过石灰石磨制系统制成石灰石粉（90%通过250目），然后配水制浆，调配成浓度约为30%的浆液，不断地补充到吸收塔内。

脱硫副产品石膏浆液从吸收塔浆液池中由泵抽出，经一二级脱水后，得到含水率不大于10%的石膏。石膏储存在石膏库中，再运至厂外综合利用。

部分石膏脱水液送至电厂工业废水处理站。

（三）自然条件

1. 厂址条件

厂区距市中心约4km，有较好的区位优势，属典型的路口电厂。厂区东西宽约965m，南北长约1100m。一期（1号和2号）、二期（3号和4号）、三期（5号和6号）发电机组从厂区中部偏南向北依次布置。一期和三期余留的脱硫空地很紧张，电厂首先考虑二期机组烟气脱硫，然后再进行一、三期机组烟气脱硫。

2. 工程地质

厂址地貌成因类型为×河下游冲积平原，地势平坦，地面高程在21.80～20.60m之间，整个场地总的趋势为由西南侧向东倾斜，自然坡降为1/5000～1/10000，百年一遇洪水位21.60m。地层主要为第四系全新统和上更新统，岩性主要为黏土、粉土、粉质黏土和粉细砂。地面以下20～30m处的粉砂层和粉细砂层可作为高层或重载建筑物的桩基持力层。地震基本烈度为Ⅵ度。厂址地下水位深度为19.25～17.75m，地下水对混凝土无侵蚀性。

3. 气象条件

厂址地处暖温带半干旱季风气候区，四季分明，冬季受北方冷高压控制，寒冷少雪，夏季炎热多暴雨，春季干旱多风，回温迅速，秋季北方冷高压逐渐增强，气温下降快，具有明显的大陆性气候特点。累年各气象要素年特征值如下：

(1) 累年平均气压：1014.5hPa

(2) 累年平均气温：13.1℃

(3) 累年平均相对湿度：64%

(4) 累年平均风速：2.8m/s

(5) 累年夏季盛行风向：SSW，次盛行风向S

(6) 累年全年盛行风向：SSW，次盛行风向S

(7) 累年平均蒸发量：1977.9mm

(8) 最大积雪厚度：25cm

(9) 累年平均降水量：572.1mm

(10) 累年最大降水量：1058.9mm

(11) 累年最小降水量：256.7mm

(12) 24h最大降水量：188.7mm

(四) 现场条件

(1) 本招标文件提供的施工区的总平面布置是原则性的方案，投标人提交的施工组织设计、总平面布置经建设单位同意后将作为最后确定的总平面布置。根据工程进展实际情况，招标人有权对施工区进行调整。

(2) 招标人将书面提供三期工程厂址已有施工控制网资料，投标人以此作为施工测量放线和建（构）筑物定位的依据，并应仔细保护。在工程施工前，须对上述控制网进行复测，复测结果报监理与业主。

(3) 施工生产区在建设区内综合考虑，现场临建可根据业主的指定地点，由施工方自行搭设，临建的结构形式应充分考虑业主的安全与现场文明生产规定。

由招标人批准的施工组织设计布置图，投标人不得自行扩大范围，不得损坏邻近的工程（或生产）设施。施工时必须做到文明生产，各类废弃物必须运至指定地点，竣工时必须工完料尽场地清，所有临时建筑必须无条件拆除清理并恢复原状。

(4) 施工区内道路，建设单位已经完成脱硫岛区域外的道路建设，并且已经在脱硫岛周围形成路网。室外道路采用城市型混凝土路面，路面宽为7.0m或4.0m，路面汽车荷载为15级。路面上设置道路雨水口。承包人负责本标段施工区域内道路的建设、维护和管理。

(5) 厂区正式雨排水系统已经形成，施工单位的临时排水在经过沉淀达到排水标准的情况下可以排入雨排水系统。

(6) 现场施工电源接自厂内业主指定的变电所，最远距离为1km，可满足施工现场的用电需求。施工单位办理用电申请手续后，可在规定的变电站引接施工电源，同时按照业主要求设置可靠的用电保护装置。电费按电度表计，每月结算，由投标方自己承担。

(7) 施工现场供水系统建设，业主已经完成。投标人办理申报手续后，可从主干管网业主指定的阀门井（最远距离为3km）装表引接施工用水管道。由施工单位负责引接和引接部分管道的维护。工程的消防用水、生活用水也取自供水母管，消防水独立形成消防管网，施工单位进场后结合现场布置实际情况，在标段施工范围内，施工单位负责安装消防管网和生活用水引接及其维护，水费按水表计，每月结算，由投标方自己承担。

(8) 施工现场可提供部分办公临建，不足部分施工单位自行解决，所搭设临建的结构形式必须符合业主的有关规定。

二、摘选主要施工方案

(一) 热控系统主要施工方案

1. 热工取源部件及敏感元件的安装

根据系统流程图和机务管道布置图确定测点位置，取样安装能代表被测介质实际工况，并不受剧烈振动和冲击、无腐蚀气体，便于维护、检修，不得安装在管道和设备的死角处。施工前依据设备安装图纸设计加工件图，严格按照加工图纸制作取样装置。取样部件的材质要与主设备或管道的材质相符并有检验报告。循环浆液等系统的取样装置要考虑材料的耐腐蚀性，烟、粉、灰系统的取样要考虑耐冲刷。衬胶管路的取样必须在管道衬胶前进行。

(1) 温度取样及敏感元件安装

①测温元件的安装形式根据设计及选型决定。烟、风等低压测温插座采用螺纹连接方式。采用螺纹固定的测温元件，安装前检查插座丝扣和清除内部氧化层，在丝扣上涂擦防锈或防卡涩的涂料，测温元件与插座接触紧密。

② 测温元件安装前必须经过校验合格。传感器安装位置必须尽可能接触被测介质。表面式测温元件安装时将被测量部位打磨后，测量端紧贴被测表面且接触良好。安装设备内壁的测温元件时，检查外观，测量绝缘电阻值，在壁内与紧固件牢固固定，记录齐全、清晰。温度元件安装后，挂好标明设计编号、名称及用途的标志牌。

③ 要保证所有的引线都要接触良好。选择的热电偶补偿导线要满足热电偶的型号要求。测量电路中的屏蔽线在一个地方接地。

(2) 压力、流量、液位取样及敏感元件安装

① 施工前对承压部件、阀门进行检查和清理；对合金钢部件进行光谱分析并做标识；对取源阀门进行严密性试验。核对取源部件的材质与热力设备、管道的材质相符。

② 相邻两取源部件之间的距离大于管道外径，且不小于200mm。当压力取源部件和测温元件在同一管段上邻近装设时，按介质流向，压力在前，温度在后。

③ 在热力设备和压力管道上开孔，采用机械开孔；风压管道上开孔可采用氧－乙炔焰切割，切割后孔口磨圆锉光。取源部件的开孔、施焊及热处理工作在热力设备、管道清洗和严密性试验前进行。

④ 取源部件安装端正、牢固，无渗漏，并在安装后做标识。取源阀门的安装位置应靠近测点并便于操作，阀门固定牢固，并能补偿主设备热态位移。取源阀门及其以前的管路参加主设备的严密性试验。

2. 热控就地检测和控制仪表及变送器安装

(1) 就地仪表的安装环境比较恶劣，要防止仪表受到损坏的相应措施，如防水、防尘、防磕碰措施等。就地仪表应安装在光线充足、操作维修方便和振动影响不大的地方，其环境温度符合制造厂的规定。仪表有标明测量对象和用途的标志牌。

(2) 就地指示控制装置安装时，按规程规定的要求确定取样开孔位置，蒸汽介质开孔在管道水平方向上45°夹角之间，水、油、介质开孔在管道水平向下45°夹角之间，气体介质开孔在管道垂直上方及两侧45°夹角之间，要考虑被测介质的脉动和防止热介质进入仪表内，造成仪表过热损坏。用固定支架把仪表固定在相对无振动的位置上，连接仪表管要采用U形弯，以缓冲管道设备的振动。当介质有粉尘时，取样还要安装吹扫装置，以保证运行中不发生堵塞。当仪表安装低于取样时，在测量管进入仪表前安装疏水门，防止被测介质的凝结水造成测量误差。

(3) 变送器布置在靠近取源部件和便于维修的地方，并适当集中。变送器的附件安装要齐全，变送器的接头连接无渗漏、无机械应力。测量蒸汽或液体流量时，变送器设置在低于取源部件的地方；测量气体压力或流量时，变送器设置在高于取源部件的地方，如果安装条件不能保证，要采取放气或排水措施。变送器安装在保温箱内时，管路引入处要密封严密。

3. 仪表取样管路敷设

(1) 施工准备

① 施工前对仪表管进行检查，严禁使用有裂痕和腐蚀的仪表管。核对仪表管材质是否符合设计要求，合金钢管光谱分析并有检验报告。

② 检查合格的仪表管要进行清理，达到清洁畅通。清理好的仪表管，使用前和使用中管口都需加临时封堵，防止杂物掉入。

(2) 管路敷设原则

① 尽量以最短的路径敷设，减少测量参数的时滞，提高测量仪器的灵敏度；避免敷设在易受损伤、潮湿或有振动的场所；敷设的管路要便于维护。敷设地点的环境温度在5～50℃的范围内，否则，要采取防冻或隔热措施。管路敷设在地下及穿平台或墙壁时，要加装保护管。

② 对于蒸汽管路，为使管内有足够的冷凝水，管路不可太短。敷设测量气体的管路要从取压装置处先向上引出，向上的高度要大于600mm。油管路敷设位置距设备热表面要有一段距离，严禁平行敷设在设备热表面的上部。油管路和设备热表面相交时，相互之间距离要大于150 mm并有隔热措施，防止油管路泄漏引起火灾。

(3) 管路敷设

① 仪表管安装：仪表管的弯制采用冷弯。弯曲半径不小于管子半径的3倍，弯曲后保证仪表管应无裂缝、凹坑。

② 仪表管焊接：仪表管采用气焊或套管氩弧焊接。成排焊口尽量错落成斜线形排列在方便检查、维护的位置。表管与表管连接、表管与仪表、设备连接时，接头对准，确保

不承受机械应力。不同直径的仪表管的焊接，其内径差不得超过 2mm，否则，要采取变径管。高压管路上需要分支时，采用与管路相同的三通，不得在管路上开孔焊接。管路敷设完毕后要进行检查，保证无漏焊、堵塞和错焊等现象。

③ 排污管路安装：排污漏斗的规格按设计要求，排泄介质工作压力高于 4MPa 时排污漏斗加盖，排污管路根据现场情况敷设，集中排地沟。

④ 严密性试验：汽水系统随主系统进行水压试验，确保不渗漏；烟风系统仪表管路采用压缩空气进行严密性试验。吹扫时必须和就地设备解列。

4. 电缆架构安装及电缆敷设

(1) 电缆架构安装

① 电缆桥架的安装应符合设计的要求，不得安装在有碍检修、妨碍通行的地方，并远离热源。

② 桥架的安装应横平竖直，排列整齐，其上部与楼板之间应留有便于操作的空间。

③ 桥架的加工应采用机械方法，严禁使用电焊方法，当从桥架向外引电缆时，也应使用机械方法开孔，并采用金属软管保护。

④ 电缆保护管的加工应采用机械方法，并去除毛刺。安装前做好除锈防腐措施。

(2) 电缆敷设及接线

① 电缆敷设时应核对规格、型号，防止用错电缆。严禁敷设有损伤的电缆。

② 电缆敷设采用人工方法进行，敷设时应按要求进行分层，排列应整齐、美观。

③ 电缆敷设应避开人孔门、设备起吊孔、窥视孔、防爆门及易受损伤的地方并远离热源。

④ 电缆敷设时应防止电缆之间及电缆与其他硬表面间的摩擦。固定电缆时，应按顺序排列，不能交叉，松紧适度，并留有适当的余量。电缆敷设后应进行整理固定，使其整齐美观，并在两端挂有标明编号的标志牌。

⑤ 电缆接线前应先进行盘内电缆的绑扎固定，电缆应在引入仪表盘前 300mm 左右进行固定。

⑥ 电缆进入盘内后在适当的位置将电缆剥开，电缆剥开的高度应一致，注意不能损伤线芯。两端应做电缆头，电缆头考虑用塑料带制作。

⑦ 线芯在盘内采用成束布线，接线时应认真核对图纸，为保证正确，一律采用通灯查线。

⑧ 导线在端子的连接处应留有适当余量，线芯的端头须有明显的不易脱落的编号标志。

⑨ 对于屏蔽电缆应按照要求进行接地。

5. 仪表校验

(1) 仪表通常分为测量仪表和控制仪表两大类，根据其功能不同可分为传感器、变送器、显示仪表等，根据被测变量的不同，可分为温度、压力、流量、物位、成分仪表等。

(2) 根据所测介质的大小，区分出高、中、低压等不同量程范围，采用不同的标准装置进行校验。

(3) 全部的压力、差压、显示仪表均为 100%检定，测温元件按要求强检项目为 100%检定，抽检项目按分批总数量的平方根检定。

（4）试验室应具备相应的检定标准，室内应清洁，安静，光线充足，不应有振动和较强的电磁干扰，校验用标准仪表、仪器应具备有效的鉴定合格证，校验人员应有相应的校验资格证。

6. 分散控制系统安装、调试

DCS 控制系统的机柜对环境条件要求较高，在建筑工作结束，内部装饰完，照明、空调系统投用后，方可安装 DCS 控制柜。

（1）DCS 系统总体安装程序

首先对设备进行开箱、验收，合格后安装就位，连接壳体电缆、电源和接地线，整个系统安装检查验收后，对每个系统进行通电，再在每个单元上进行单元调试、诊断，最后进行系统测试和诊断，为系统的启动、组态和数据的输入及进一步检查做准备。

（2）DCS 系统开箱验收及安装就位

① 安装的准备工作：由于 DCS 系统设备比较精密，在系统安装前要会同有关单位进行控制室和机柜房的检查验收，确保机柜基础施工完，建筑地板、顶棚、墙面、门窗施工完，室内照明已全部施工完毕且投入正常运行，接地施工已完成且电阻测试符合设计规范及标准要求。

② 设备运输吊装：设备运输要平稳，车速不能过快；按设备安装先后顺序依次吊装机柜，吊装过程要平稳。

③ 设备运输开箱和就位安装：在进行 DCS 设备安装前对设备进行开箱验收，开箱前设备外包装应完整无损伤，开箱后内包装无破损、积水，防潮、防水、防振措施齐全完好；使用适当工具打开内包装，按装箱清单逐一清点检查，确认所有硬件、备件等完好无损，资料齐全完好。计算机室若有活动地板，在装活动地板前先将机柜就位，并进行密封，等活动地板做好后再开启密封进行安装工作。

④ 安装就位：利用小推车把设备运至安装位置进行安装就位，运输时可在地板上铺一层绝缘胶皮，防止损坏地板。机柜安装要垂直、平正、牢固，且机柜与基础连接要使用镀锌螺栓。

⑤ 接地：DCS 控制系统盘柜的接地严格按设计单位和制造厂家的要求施工。

⑥ 电缆连接：对包括室外控制室到仪表柜、机柜之间的连接电源线、信号线、通信线接地线进行施工，督促检查施工方法同相关的电缆施工方法。DCS 通信线必须安装单独保护线槽，不得和其他电缆混放。

⑦ 设备调试：设备安装完电缆接通完经有关人员检查验收合格后进行通电，按照系统检查及系统测试、系统启动及程序装载、功能检查、I/O 模件功能及精度试验、室内回路调试的顺序进行。

就地设备调试前解开和 DCS 控制柜的连线，在确保电压等级、回路无误后方可接入 DCS 进行系统调整，以免烧坏 DCS 模件。

7. 执行机构调试

电动执行机构由执行机构和调节机构组成。执行机构响应调节器来的信号或人工控制信号，并将信号转换成位移，以驱动调节机构来达到调节温度、压力或流量等参数的目的，执行机构安装、调试的好坏，直接影响系统运行和安全生产。电动执行机构调试步骤：

（1）电动执行机构调试前进行外观和铭牌标志检查、机械部件和电气部件检查、绝缘电阻检查，确保外观完整无损，机械转动灵活，控制回路绝缘阻值≥1MΩ，电源回路绝缘阻值≥1MΩ。检查手/自动切换手柄，确保灵活、无卡涩，切换力合适；检查手动操作手轮，确保灵活、无卡涩，操作力合适。对电路接线进行校对，确保接线正确；核实电源熔丝容量与设计一致；保证减速器油位不低于油标下限。

(2) 热工与机务共同确定阀门的开关位置，并调整好机械限位。

(3) 手摇摇把检查执行器的输出连接，保证动作灵活，死区小。送电正常后就地手操执行机构，点动观察执行机构动作情况正确。

(4) 就地手操执行机构分别为0%、25%、50%、75%、100%输出。调整对应输出的反馈电流为4mA、8mA 、12mA、16mA、20mA，同时调整好行程开关及辅助接点。

(5) 调校执行机构输出，确保行程误差≤允许基本误差、回程误差≤1/2允许基本误差、死区≤允许基本误差。调校伺服放大器其零点误差、增益误差在±1mV间；死区允差、信号允差符合设备厂家要求。

(6) 就地调整好后，联络运行人员共同进行远方传动，确保DCS系统可靠操作。

(二) 焊接检验施工方案

1. 焊接方法

(1) 小直径汽水管道采用氩弧焊打底、焊条电弧焊盖面或全氩弧焊工艺。

(2) 不锈钢管采用全氩弧焊接工艺，内部充氩保护；小直径油管道采用全氩工艺，其他油管道采用氩弧焊打底、焊条电弧焊盖面工艺。

(3) 仪表管采用氩弧焊工艺，小直径仪表管不适用氩弧焊的，采用气焊。

(4) 其他管道采用氩弧焊打底、焊条电弧焊盖面或焊条电弧焊工艺焊接。

2. 坡口加工

严格按设计或有关标准要求加工坡口，坡口加工以机械方法为主，采用火焰切割时，用机械方法将割口表面的氧化物、过热金属及淬硬层彻底清除干净。

3. 对口

严格控制对口质量，对口前将坡口表面及附近母材内、外壁（10～15mm）范围内的油漆、锈、垢等清理干净，直至发出金属光泽。对口不合格，焊工拒绝焊接。焊接质检员随时抽查对口质量，发现问题给予返工或停工等处理。

4. 预热

严格按《电力建设施工及验收技术规范》（火力发电厂焊接篇）DL 5007及《火力发电厂焊接热处理技术规程》DL/T的要求，对焊件进行焊前预热：

直径大于219mm或厚度大于20mm的大直径厚壁合金钢管，采用远红外电加热温控设备进行预热；小径合金钢管采用火焰预热，测温笔或测温仪测温。

焊接过程中保持层间温度不低于预热温度。

5. 焊接

焊接前，焊工认真检查定位焊缝，有问题及时处理，确认没有缺陷后进行焊接。

焊接时，认真进行层间清理，层间接头错开15mm以上，弧坑要填满。

露天施工搭设可靠的挡风遮雨棚。焊接过程中，管子内不得有穿堂风。

焊口焊完后，焊工认真清理焊缝表面及母材上的焊渣、飞溅物等，自检合格后标注焊工钢印代号。

6. 焊接质量检验

根据设计施工图纸、验收规范等，编制详细的焊接项目质量检验划分表，按计划进行相关的质量检验活动。

焊接质量检验严格执行三级验收制度。焊工自检合格后，由工程处质检员进行外观二级检验，检测中心质检员进行三级检验。外观检验合格的焊口，按要求进行无损检验。

按业主或监理的要求，及时通知业主或监理进行相关的检验活动。

三、实施效果与体会

（一）实施效果

电厂 2×700MW 烟气脱硫工程施工组织设计作为模板设计，已适用于 2×200MW、2×300MW、2×600MW 及 2×700MW 等规模电厂烟气脱硫设备安装工程。

（二）体会

(1) 在施工进度控制环节，要充分考虑到设备内防腐（玻璃鳞片）的特殊要求（防火）及交叉施工所需工时，适当调整工期。

(2) 在脱硫塔安装施工机具选择上，本施工组织设计考虑采用塔吊垂直运输，颇为适宜，既满足了塔体组装的需要，也将其回转半径内的一些箱、罐设备一并安装，显著降低了成本。

2.2.9 2×900MW 电厂超临界凝汽式燃煤机组工程施工组织设计

一、工程概况

（一）项目简介

××电厂二期工程由三家公司共同出资组建，是世界银行贷款项目。建设规模为 2×900MW 超临界凝汽式燃煤机组，主要设备分锅炉、汽机、仪控（I&C）、500kV GIS 和灰岛五个岛进行国际性招标采购。锅炉岛承包商为德国×公司，汽机岛承包商为德国×公司，是我国第一座单机容量百万千瓦等级的超临界燃煤机组，机组参数、热效率、自动化程度均很高。厂址交通运输方便，南侧为快速公路干道，西侧与具有 500t 起吊能力的重件码头新港区毗邻。

（二）工程内容

1. 土建工程

(1) 5 号机组、6 号机组范围内的土建工程及烟囱工程。

(2) 厂区道路。

(3) 地下管网及各种构架等土建工程。

(4) 厂区内循环水进水、排水系统的土建工程等。

(5) 其他标段中未包括的在本标段区域内的其他公用设施或系统。

(6) 本标段与其他标段之间的临时隔离设施的设置，以及化水、净水及废水处理等公用设施及系统的土建及安装工程。

(7) 500kV GIS 站的土建及安装工程。

2. 安装工程

(1) 5 号机组全部安装工程。

(2) 设备及系统的单体调试和单机试运。

(3) 分部试运工作中的单体调试和单机试运以及整套启动调试阶段的设备与系统的维

护、检修和消缺以及调试临时设施的制作安装和系统恢复等。

(4) 委托方交付后的设备、材料的贮藏、保养和监管，及对设备和材料的检测、调试、验收，现场设备、材料的短驳运输及制造厂设备、材料的施工现场卸货。

(5) 为锅炉及汽水系统进行化学清洗，以及蒸汽管道冲管而需安装的临时的或永久的设施和系统。

(6) 在调试阶段和试生产阶段为设备、整个机组进行性能试验等而安装临时的或永久的设施和系统。

(7) BOP 部分设计所要求的由现场进行制作的箱、罐和其他部件。

(8) 循环泵房机务、电气安装，循环水管道制作安装等。

(三) 现场临设

(1) 施工现场道路的交通管理、道路照明、道路清洁，公共施工场地等施工现场的文明生产。

(2) 施工现场防台、防汛。

(3) 施工现场主要出入道口的保卫、施工现场内的治安管理。

(4) 基建施工安全。

(5) 施工现场施工用水、施工用电、施工通信设施的维护等。

(四) 施工管理目标

1. 施工质量

推行“零”目标管理，实施精品工程，机组达标投产。

(1) 投产阶段

① 移交生产时未完成的消缺项目为“零”。

② 因安装原因而影响机组设计参数和运行水平为“零”。

③ 试生产期间因安装原因造成机组强迫停运为“零”。

④ 热工自动不投入率为“零”。

⑤ 全厂设备渗漏点为“零”。

⑥ 基建痕迹为“零”。

⑦ 建筑构筑物渗漏为“零”。

⑧保温表面温度超标为“零”。

⑨移交未签证项目为“零”。

(2) 调试阶段

① 因指挥及操作不当而造成设备损坏为“零”。

② 热工保护和电气继电保护误动作为“零”。

③ 热工保护和电气继电保护不投入率为“零”。

④ 调试到整组启动由安装原因引起的 MFT 为“零”。

⑤ 因安装造成锅炉或其他压力部件膨胀不畅而损坏设备为“零”。

(3) 施工阶段

① 重大安全、质量及人身死亡事故为“零”。

② 因施工原因造成工期延迟为“零”。

③ 实施成品保护设备二次污染为“零”。

④ 优化资源配置、严格施工程序、均衡连续施工，无序施工为“零”。

⑤ 设备定置管理、区域模块作业、施工绿化同步，非文明状态为“零”。

⑥ 执行工艺纪律、接受监理监督，分部分项工程检验数值超标为“零”。

2. 施工管理

在工程公司计算机局域网为中心，土建工程处局域网、安装工程处局域网联成一体的计算机网络系统基础上，全面推行计算机管理。以 P3、EXP 数据库为依托，Web 技术为手段的现场实时综合信息系统。应用 EXP 进行合同事务管理，以合同为中心，将本标段的工程资金、工程事件、工程资料全面纳入计算机管理。建立各部门的网页，通过计算机局域网，动态发布本标段工程进展的各方面信息。同时，本标段局域网通过电话网与电厂筹建处、其他标段承包商、上级部门和有关机构进行数据通信。

（五）技术难点

(1) 本工程建设在软土地基、高地下水的土地上，工程的深基坑施工、超大体积的混凝土基础底板的浇筑，都给施工带来特殊的难度。例如：确保深基坑开挖时的地下水位控制，预防边坡塌方，避免桩基位移；在松软地基上确保不产生超标的不均匀沉降；避免锅炉底板大体积混凝土施工冷缝和温度裂缝的出现等。

(2) 在主厂房与循环水管，锅炉房、集控楼、煤仓间、除氧间和汽机房的合理施工工序的安排，5 号机组和 6 号机组施工，土建与安装的衔接等方面都反映了施工技术、管理和协调上的特点。

(3) 116m 高的大容量塔式锅炉的吊装；大直径尾部烟道的安装；复杂精确的超临界螺旋水冷壁安装工艺；百万级的单轴单支点汽轮发电机组安装工艺；T91、P91 特殊焊材和大批量（6 万余只焊口）焊口的技术保障；超体积和重量的发电机定子、转子等设备的安装就位；统揽全厂的先进的热控设备的安装和调试，以及确保汽机油系统、汽机真空度的技术工艺措施等，都是安装这样一台世界一流的大型机组的技术和工艺上的特点、难点。

（六）建设要求

1. 质量要求

(1) 土建工程和安装工程、消防安装工程的施工应严格执行现行国家和市消防法规，国家和原电力部颁布的有关火电建设的设计、设备制造和施工的技术标准、规程、规范，有关经济定额标准、规定和工程质量、安全文明施工、启动调试、竣工验收等规定，以及本工程适用的国际通用标准，包括外商在其技术文件中所采用的技术规范和标准。如上述规范和标准之间，或它们与本标书之间有重大原则性冲突时，承包商应书面提交业主解决。工程施工期间，如果有新版本的规范和标准颁布，原则上应执行最新版本的规范和标准，作为特殊情况仍需执行非最新版本的规范和标准的，需征得委托方和监理工程师的批准。

(2) 主厂房钢结构制作、安装，钢结构高强螺栓施工、焊接以及无损检测等执行 ASME 标准，电气试验执行欧洲 IEC 标准，部分调试性能指标等执行德国 VGB 标准。在施工过程中，要求不仅满足以上标准以及制造厂标准，同时也满足电力部验评标准。

(3) 锅炉受热面 6 万余只焊口，国内电力部标准要求 25％射线检测＋25％超声波检测；ASME 标准一般要求 5％～10％射线检测，而本工程则要求对所有受热面焊口 100％

射线检测。

2. 施工工期

原招投标文件中确定 1 号机组施工工期从主厂房挖土到 168 试运行结束为 46 个月。5 号标段合同签订后，按照合同要求施工组织设计中一级进度计划从主厂房挖土到 168 试运行结束缩短为 44.5 个月。由于项目实施过程的曲折和设备交付的拖延，根据业主工作会议要求一级进度计划相继进行了 2 次调整。

二、摘选主要施工方案

(一) 锅炉钢结构吊装方案

塔式锅炉钢架由主、辅炉架及炉顶大板梁组成，主钢架部分由四根断面尺寸为 2.5m×2.5m 箱体结构的主立柱及 K 字横梁斜撑构成。主立柱纵向中心间距 31.5m、横向中心间距 30.5m，左右两侧辅钢架中心距离 51m，柱顶标高 109.4m，大板梁顶标高 114.5m，炉顶大罩顶标高 118m。辅钢架构件重量较轻主要承担平台扶梯、烟风道和管道重量，两根大板梁每根整体自重 253t。ALSTOM 在设计和制造时，将主炉架和大板梁分解成重量均在 50t 范围以内的组件。每一层内的主立柱被分成多段吊装，段与段之间用螺栓连接。大板梁分解成七部分在高空用高强度螺栓连接。

有关的图纸、资料应在安装开始 2 个月前交付安装，有关的设备材料应在安装开始 1 个月前交付安装，以使安装单位有一定的时间来熟悉图纸和对设备进行清点检查。

锅炉钢结构安装前土建应具备的条件为钢架吊装前 20 天锅炉基础应养护完毕并将其基准线（锅炉的纵横中心线和标高以及每个柱基础的十字线和标高）交付安装单位，锅炉运输道路已按要求施工完毕，并已交付使用，锅炉基础上已清理，道路两侧特别是道路转弯处应无障碍物，以免影响个别超大件的运输。

钢结构的主要吊装机械为 2 台 FZQ-1250（50t）自升式塔吊，分别布置在锅炉的左右两侧，塔吊回转中心布置位于辅钢架中心外侧 6m，距炉前主钢架立柱中心 19.5m 处，根据 FZQ-1250 塔机工作性能范围，另配备 2 台中型履带吊（KH-1000 和 KH-180）配合吊装，以配合锅炉钢结构的卸车和部分组合任务。配电盘、电焊机、空压机、氧、乙炔等已布置完毕并能投入使用。

钢结构吊装顺序

锅炉主、辅钢架吊装和塔吊顶升三者顺序关系为两台塔吊安装后塔吊高度即为 38m，开始同时吊装第一（固定端距 E2 处一根辅钢架立柱缓吊作为运输通道）、第二层主、辅钢架至 50m。然后两台塔机自升高度至 80m，同时安装塔身 22.5m、50m 位置上的两道附墙支撑。然后开始吊装第三、第四层主钢架到 89.5m 和吊装第三层辅钢架至 65.5m（65.5m 以上部分待大板梁吊好后再吊 ）。此后将塔身上 50m 的一道附墙支撑提升至 65.5m 位置，再将塔机高度升至 98m。此后吊完第五层主钢架至 109.4m 及大板梁和受热面吊杆螺栓。锅炉压力部件和第四、第五层辅钢架的吊装同时进行（65.5m～109.4m 这部分辅钢架为悬吊结构，要做好 65.5m 处的临时固定措施才能由下至上吊装）。塔吊进行最后一次顶升和塔身 89.5m 处的第三道附墙支撑安装，两台 FZQ-1250 塔吊回转台最终顶升高度为 122m。

钢结构共分成五层，每层钢结构主要包括立柱、横梁和斜撑，对于横梁和斜撑由于其连接形式，进行拼装成 K 形组件后吊装。

钢架吊装应尽量采用对称吊装方法，以避免由于基础荷载不平衡而引起的不均匀沉降。

第一层钢架吊装完毕后标准要求进行找正，验收合格后对底板进行二次灌浆。

锅炉钢结构的缓吊件主要考虑受热面组件的运输进档需要，固定端E2立柱缓吊作为运输通道。

大板梁每根分为七件在炉顶用高强度螺栓连接拼装，因此拼装工作平台应在地面搭设好随大板梁组件一同起吊，拼装时应随时对大板梁的有关尺寸进行测量，以确保大板梁的拼装精度。

（二）锅炉受热面安装方案

本锅炉塔式布置。采用超临界压力，一次中间再热，扩容式系统，平衡通风，单炉膛四角切向燃烧，露天布置，固态排渣。

锅炉受热面主要布置在钢架的主立柱内，炉膛四周为水冷壁，水冷壁在63.89m以下的炉膛和灰斗采用膜式螺旋管设计；在以上部分的低热通量区域和对流部分采用垂直布置；两者之间采用中间联箱连接。在98.122m以上采用非流体管包覆炉膛顶部。再通过吊杆悬吊整个水冷壁系统，集箱外置。

炉膛内部组件为省煤器、过热器、再热器蛇形管排，全部采用卧式布置，均通过一次过热器的悬吊管悬吊；蛇形管排均前后排列，通过穿墙短管与炉外的集箱连接；再热器的集箱均布置在炉后侧；过热器，省煤器集箱（除一次过热器出口集箱外）均布置在炉前侧。

所有的集箱均不承重，通过与水冷壁连通的不受热的ϕ139.7mm悬吊管与连接梁悬挂，和炉膛水冷壁及炉膛内组件整体同步膨胀。

整个炉膛截面为21.48m×21.48m，高度达104m左右，且炉内蛇形管排每组管排的根数多达10根以上，而节距只有120mm。

外高桥二期为900MW超临界发电机组，主设备均从国外引进，为适应高温、高压的运行技术参数，设备所选用的合金钢钢种多、合金钢成分高，且大量采用国外先进的耐热合金钢，钢号为SA-335P91及SA-213T91。

由于锅炉为塔式结构，其水冷壁为螺旋式，导致了受压焊口数量多达75000只左右，超过石洞口二电厂2台600MW锅炉的数量一倍有余。

P91、T91钢的焊接和焊接变形的控制是工程焊接施工的主要关键。

螺旋水冷壁由于制造和运输等因素的制约，管屏的尺寸不可能做得很大，因此交付现场安装的数量很多。螺旋水冷壁的过渡段，燃烧器水冷套和炉底管排的连接管按三维立体角设计，几何形状特别复杂，同时前后与左右水冷壁角部之间采用光管弯头连接焊接。过渡段的螺旋角的安装角度只要偏差1度，到运转层其中心就要偏转520mm，因此采取科学有效的施工方法来控制螺旋管圈水冷壁的整体偏转是这次安装中的重点攻关项目。

螺旋水冷壁高度高，上下片数多，为了避免安装积累误差的产生，对过渡段组件的下标高，喷嘴的上、下标高，以及螺旋管圈处设置多层控制点，参照锅炉钢结构主立柱所构成的矩形截面来核对炉膛十字中心线，并层层进行找正和固定，防止炉膛截面的水平扭转。

锅炉吊装采用右开口方式，进档位置在固定端E2～F1处。

有关的图纸、资料应在安装开始 2 个月前交付安装，有关的设备材料应在锅炉设备安装开始 1 个月前交付安装，以使安装单位有一定的时间来熟悉图纸和对设备进行清点检查。

受热面安装前要求受热面组件运输道路施工完毕，能交付使用，道路畅通，两侧无障碍物，炉膛内的沟道全部用黄沙填至与地坪齐并压实。

受热面的主要吊装机械为 FZQ-1250 自升式吊车，KH-180 履带吊作为辅助吊机，炉膛内部蛇形管排的吊装机械主要是用安装于炉顶下方的单轨吊。

受热面的安装方案：

组件的划分基本上以主吊机械 FZQ-1250 的起吊能力和设备的自然分段及炉架开口尺寸而定，同时还要考虑安装焊口的焊接位置。

组件组合应在专用的组合架上进行，组合前应对设备进行必要的外观检查，组合中应对组件进行整理编号，组合后及时做好有关的工作（验收、通球、封口等），资料齐全(焊接金属监督、验收记录等)。

受热面吊装采取先上后下，先吊垂直水冷壁，后吊炉膛内部蛇形管排，再吊螺旋管圈水冷壁及冷灰斗的方案。

受热面吊装前先将与垂直水冷壁有关的刚性梁临抛到相应位置，垂直水冷壁吊装后及时进行找正和刚性梁的安装。

炉顶水冷壁吊装后在其下方安装起吊炉膛内部蛇形管排用的单轨吊，作为过热器、再热器和省煤器蛇形管排的吊装机具，考虑到单轨吊的起吊高度问题，蛇形管排的吊装先用卷扬机将组件吊到单轨吊能接钩的位置，然后用单轨吊接钩并移动到安装位置。

螺旋管圈水冷壁高度达 60m 以上，吊装应分层进行，这样便于对安装的质量进行控制，也可减少因临抛件太多而引起的不安全因素，吊装前先进行该部分刚性梁的临抛，然后进行管排的吊装、找正、固定和焊接。

对焊接质量的控制措施：

(1) 线能量控制

根据 P91 和 T91 钢的焊接性能特点，在施焊中关键是焊接线能量控制和热处理工艺的有效实施，即采用小电流、薄焊道进行焊接，焊接中保持一定的层间温度，并在焊后及时热处理，以确保焊接接头的韧性满足要求。

(2) 变形量控制

螺旋管圈水冷壁上下管排鳍片间和四角单根管焊口及拼缝的焊接工作量非常大，安装中的焊接变形量控制是确保护膛尺寸的关键之一。应制定合理的焊接方案，采取分段、对称焊接方法，同时随时观察焊接变形情况，防止因焊接因素而引起的螺旋管圈水冷壁的整体偏转。

在华能石电二厂（600MW 超临界机组）螺旋水冷壁安装的成功经验基础上，结合本工程塔式炉的具体情况，须制定更合理、科学的施工工艺，使焊接变形得以有效的控制。

(三) 尾部垂直烟道安装方案

尾部垂直烟道安装过程中要求炉后从空气预热器到电气除尘器间的烟道支架缓装，在尾部垂直烟道安装结束后再进行。

尾部垂直烟道的主要安装机械采用液压索式提升系统，垂直烟道安装前，先将炉膛出口的转折烟道临抛到位，然后安装液压索式提升系统及进行尾部垂直烟道的拼装和提升。

尾部垂直烟道的拼装和提升位置固定在其垂直下方，同时在炉后设置一烟道拼装平台，进行单节烟道的拼装，即将卷制好的单片钢板拼装成单节烟道，然后拖运到尾部垂直烟道的拼装和提升位置进行垂直烟道的拼装。

首先在尾部垂直烟道的拼装和提升位置下方进行第一节异形件的拼装工作，同时安装上临时吊点，与液压索式提升系统连接，为垂直烟道的提升作准备。

将已拼装好的组件提升到其下口超过待拼装件上口500～1000mm处，在单节烟道拖运到位后将其放下进行对口焊接，然后再重复上一作业，直到尾部垂直烟道全部拼装完成后将其提升至安装位置，穿上吊挂装置。

垂直烟道下方的分岔段在空气预热器安装后再进行。

（四）电气除尘器安装方案

电气除尘器采用2台三通道四电场设备，占地宽达78m，深25.5m，总高度32.9m；烟气出口的粉尘浓度，即使停用10%电场，电气除尘器出口烟气含尘量不超过100mg/Nm^3，除尘效率也大于99.7%；漏风率小于3%。

有关的图纸、资料应在安装开始2个月前交付安装，有关的设备材料应在锅炉设备安装开始1个月前交付安装，以使安装单位有一定的时间来熟悉图纸和对设备进行清点检查。

电气除尘器的吊装机械选用覆盖半径达50m，起重量10t的SCM-D160动臂式行走塔吊。塔机布置于电除尘出口侧。电气除尘器安装时要求电气除尘器出口烟道支架缓装，待电气除尘器安装用SCM-D160动臂式行走塔吊拆除后再行安装。

在塔机起吊范围内规划施工预组装和设备周转堆放场地两块，布置在电气除尘器右侧，SCM-D160动臂式行走塔吊前后各一块。

电除尘器的设备，特别是阴阳极板在安装前，须对设备进行外观测量，有必要的还需进行必要的地面预校正立柱、大梁安装要严格控制精度，为墙板、灰斗、喇叭口的安装质量创造条件。

提高侧墙板、灰斗、喇叭口上焊接质量，是减少电除尘器漏风的关键，也是提高除尘效率的一个重要控制点和延长电除尘器设备使用寿命的重要手段，保证电场内部的焊缝光滑，以及彻底消除安装的临时铁件和毛刺，在升压调试前，认真清理电场内部，清除一切杂物，包括细小的回丝头，构件上的毛刺和大梁内石英瓷瓶上的尘埃，防止尖端放电。

（五）桥式起重机安装方案

主厂房二台桥式起重机额定容量为235/130/25t，安装安排在厂房结构吊装至＃14轴线时从扩建端吊装，吊装机械采用吊装主厂房钢结构的100t塔吊。桥式起重机设备部件由厂区运输道路运至主厂房＃14轴线外吊装位置卸车，桥式起重机设备清点、检查后，按设备供货组件方式直接吊装，吊装到位后进行主梁和端梁组合安装及小车安装。

桥式起重机吊装前，主厂房应完成＃1～＃14轴主厂房结构和行车梁及轨道安装。在桥式起重机吊装期间，＃14轴线后续结构缓吊。同时，在桥式起重机电气设备和滑线安装前，主厂房应完成＃1～＃14轴的屋顶和侧墙封闭。

（六）发电机定子安装就位方案

发电机为SIEMENS制造的水氢氢发电机，发电机定子外形尺寸约10.015m×5.016m×

4.428m；布置在17m运转层的⑦-⑧轴线间、纵向中心线距A排约15m。运输重量445t（不包括端盖和氢冷却器），起吊时设备净重量约426t。

定子吊装采用两台桥式起重机双机抬吊。为保证两台235t桥式起重机大车同步行驶，两台桥式起重机临时刚性连接成一体，大车运行控制系统改由一机控制。装好两机主钩下的抬吊梁及起吊千斤绳，调整小车位置使抬吊梁中心线与发电机定子安装中心线重合并加以固定，避免小车动作。

发电机定子由大件码头卸船后直接吊放在大型平板车上。运输车辆从海徐路上的2号门进入厂区大件运输道路，沿B1034.00道路行驶右转到A188.00道路再左转到B1184.40道路，行驶至主厂房A排12b～13轴线处（两柱之间净开挡距离10.6 m）倒车进入吊物孔，用卷扬机、滚杠将定子水平拖运卸在转台上，确认方向后用手拉链条葫芦使其旋转90°。两台桥式起重机松下抬吊梁，起吊发电机定子，确认正常后垂直提升至超过运转层（17m标高）600mm，然后两台桥式起重机向固定端行走，将发电机定子吊至⑦-⑧轴线安装位置，松下定子就位。

（七）汽轮机安装方案

外高桥电厂二期工程900MW超临界汽轮机为单轴、四缸、四排汽、反动式无调速级凝汽式机组，高压缸共14级，中压缸26级，低压缸2×2×6级。高、中压缸及低压缸均为双层缸，高压外缸采用圆筒结构，轴向分开。汽轮机高、中压缸均整体出厂，现场不需打开重新装配。汽轮发电机组共有八个轴承，其中一个为推力－径向轴承。单轴承整体联轴器靠止口定中心，中、低压转子仅用一个轴承支承。低压内缸支撑在轴承座上，低压外缸端轴封采用波形膨胀节结构。低压外缸需在现场进行拼装，外下缸与凝汽器接颈直接焊接相连。

1. 汽机台板就位前的要求

5号机主厂房应封闭，不漏雨水，能遮蔽风沙。

汽机岛及其运转层围护平台、栏杆施工结束，并验收合格。

基础的纵向中心线对凝汽器和发电机基座的横向中心线应垂直，基础纵横向中心线、各孔洞断面尺寸、标高符合设计要求。

基础埋件安装符合设计和安装要求。

基础沉降测量点和原始测量数据已移交。

桥式起重机安装、调试结束，具备使用条件。

2. 汽轮机安装

（1）高、中压缸安装：

高、中压缸整体出厂运到现场后，在汽机房吊物孔内直接用桥式起重机卸车并吊装就位，然后进行整体找正。高、中压缸就位前轴承座应完成找正找平和基础二次灌浆及养护工作。

（2）低压缸安装：

低压外缸由于外形尺寸较大，制造厂供货时是以散件形式运至现场，然后在现场进行拼装成整体。低压外缸拼装前应完成凝汽器壳体拼装、找正及凝汽器与接颈的拼装组合工作，同时应根据制造厂设计要求编制低压外缸拼装焊接工艺措施，重点是制定在拼装焊接过程中控制变形的措施。低压外缸拼装工作直接在汽缸安装位置进行，先完成外下缸的拼装及找正找平工作，然后再进行外上缸的拼装工作。

由于低压内缸是直接支撑在轴承座上，所以低压内缸就位前应完成轴承座的找正找平和基础二次灌浆及养护工作。低压内缸安装过程中的翻缸，是采用主厂房桥式起重机加辅助手段进行翻转。

低压内缸动静叶通流间隙在静态调整结束后，最终定位应在扣完内缸、盘动转子的状态下，用顶缸法进行确认。

(3) 轴系中心找正：

汽轮机转子找中心、汽缸找正找平应符合制造厂设计要求。为确保转子联轴器中心和汽缸找正后不产生偏移，必须保证轴承座支承刚度：在施工时修正基础混凝土表皮，剔除疏松的砂浆和油脂类；轴承座应用除油剂清洗，铲除锈斑与氧化皮；二次灌浆要密实，充满每个部位，不能有脱壳现象。同时，在下列工作阶段进行转子中心复查：低压缸扣盖后；导汽管或大口径管连接后。另外，在低压缸扣盖前完成凝汽器灌水，使基础承受凝汽器运行时的重量，以确保转子找中心值符合设计要求。

(八) 除氧器安装方案

除氧器及水箱总重165t，安装于B～C排标高为34.5m的除氧层上，位于④～⑧轴线之间。除氧器水箱重125t，外形尺寸ϕ3.85m×34.5m（除氧器水箱分两节供货）。除氧器重40t，外形尺寸ϕ2.5m×15m。

在除氧层①-⑧轴线之间铺设两道由双拼＃700H型钢组成的水平拖运轨道。整条轨道的各支点承力在主厂房轴线水平横梁上，轨道上放置（30t×4）×2重物运移器构成的两部小车，⑩轴线处布置一台由5t卷扬机穿绕16t滑车组构成的一套完整的拖运体系。

除氧器及水箱按起吊顺序由100吨平板车逐件运至①轴线B-C排外侧现场，两台履带吊抬吊设备超过拖运轨道标高后同时行走，先将一端放在小车上，解除250t履带吊吊点。5t卷扬机、16t滑车组开始水平牵引，200t履带吊跟随同步前进直到另一端放在第二部小车上。解除200t履带吊吊点，将设备拖运至安装位置。起吊顺序依次为除氧器（临抛于安装位置的钢屋架上）、两节水箱。除氧器水箱拼装利用千斤顶调整两节水箱筒体的纵向、横向位置和标高、水平度等，使之符合设计要求。水箱焊接措施与制造厂共同确认后实施。除氧器在水箱拼装就位结束后，直接从上部临抛位置下放至水箱上部进行连接安装。

(九) 高、低压加热器安装方案

高压加热器共四台，其中7号高加两台，6号高加两台，均相应布置在除氧间25.00m层和17.00m层。3号、4号低压加热器均布置在除氧间8.60m层。

高、低压加热器吊装就位均采用类似于除氧器的吊装方法，按设备布置位置有程序地从固定端相应的各层吊入后沿预先铺设好的轨道拖运到位。

(十) 凝汽器安装方案

本工程凝汽器为单体双流程双回路表面式凝汽器，冷却水管为钛管。凝汽器各部件到现场后需在现场进行拼装组合。凝汽器壳体分为4大件到现场，接颈供货为散件。

凝汽器设备卸车机械选用KH-1000（200t）履带吊。

在主厂房A排沿凝汽器横向中心线铺设设备拖运钢平台（此钢平台铺设前基础要铺设大石块和路基箱进行加固）；在凝汽器就位位置铺设组合平台；在拖运钢平台与凝汽器组合平台之间铺设四条拖运轨道。

首先完成凝汽器接颈整体拼装并临抛在汽轮机基础上；热井拖入并放置在基础底板上；凝汽器壳体到现场后用200t履带吊吊放在拖运钢平台上，然后用卷扬机、滑轮组、重物移运器拖入组合平台进行拼装。

凝汽器拼装时要预先考虑焊接变形和焊接收缩，焊接前要制定焊接顺序图，焊接时必须严格执行焊接工艺要求，以减小焊接变形。在拼装组合时，在适当位置穿部分定位管作辅助监测措施，确保管板和隔板中心保持良好。

凝汽器壳体拼装完成后用千斤顶顶起壳体，拆除组合平台进行就位找正。壳体就位找正后，放下接颈与壳体进行拼装。最后进行热井与壳体的拼装。

内置式1号、2号低压加热器在凝汽器就位找正后，使用桥式起重机吊装就位。

（十一）GIS系统安装方案

根据500kV配电装置基础图仔细核对土建标高，这是一步很重要的工作，直接影响到GIS的安装质量。安装与土建应进行交接验收，然后安装进入开关室，开始基础划线，基础槽钢安装。封闭式组合电器基础及预埋槽钢的水平误差，不应超过产品的技术规定。

(1) 对环境的要求：

SF_6断路器的安装应在无风沙无雨雪的天气下进行，灭弧室检查组装时，空气相对湿度应小于80%，并采取防尘防潮措施。

(2) 机械组装前准备：

500kVGIS设备大部分需要吊装，须事先准备好吊车及室内行车，吊绳为尼龙绳。准备好GIS安装专用工具。

(3) 开关外壳就位及校正，闸刀、母线、管道和高压套管等设备组装：

根据现场实际情况和设备布置图，确定设备的先后领运程序，然后依次进入开关室。按产品的技术规定选用吊装器具、吊点及吊装程序。

(4) 开关芯子的安装：

在组装运输单元前，必须要测量所有单元的接触电阻，其值要符合规程或出厂试验值，现场安装接头也要测量接触电阻。

(5) 设备钢支架安装，液压机构安装：

包括液压油管道配制，液压机构试验等。根据现场S/V指导，严格按施工图进行，有现场修改须经现场S/V、监理同意并有修改通知单。

GIS及其传动机构的联动应正常，无卡阻现象；分合闸指示正确，辅助开关及电气闭锁动作正确可靠。

(6) 密度继电器校验：

它是监视气室中压力的重要部件，其动作值正确与否影响到GIS的安全运行，故密度继电器和压力表安装前，应先校验其本身的正确度，然后根据产品技术条件的规定，调整好补气报警、闭锁合闸及闭锁分闸等的整定值。

(7) 注入SF_6气体：

新的SF_6气体应具有出厂试验报告及合格证件，运到现场后，每瓶应作含水量检验；在SF_6气体充入气室8天后（或根据制造厂要求），用自动露点测试仪测定SF_6气体含水量，应达到规定要求。用专用SF_6气体泄漏测量仪探测SF_6泄漏量，应达到规定要求。

（十二）电缆敷设方案

电缆合理布置和导管施工好坏，直接影响到电气的施工质量和美观。为此我方定出电缆敷设的质量方针：电缆桥架安装应达到平直整齐；电缆敷设要排列整齐、弯曲度一致；动力电缆按工艺操作、绝缘良好；控制电缆二次接线做到美观无误、抗干扰。

(1) 桥架的安装

电缆桥架安装严格按规范和二次设计施工图的要求，桥架安装时不得使用电气焊切割，应使用机械切割方式进行，所有切割断口应做好防腐处理，拼接接口美观。

所有电缆进出的保护管应配在桥架的两侧，不得在盖板上任意开孔。

为避免电缆发生故障时危及人身安全，电缆桥架应接地良好，距离较长时还应根据设计进行多点接地。

(2) 电缆导管安装

电缆保护管连接应牢固，密封良好，保护管支持点间的距离应小于 3m，设计有规定时按设计。

引至设备的电缆管管口位置，应便于与设备连接并不妨碍设备拆装和进出。并列敷设的电缆管管口应排列整齐。金属软管与电缆保护管接头均要用管子钳或力矩扳手紧固，以防设备进水。另外，利用电缆保护管作接地线时，应先焊好接地线再敷设电缆。

(3) 电缆敷设

本工程电缆敷设打算采用统一部署的办法，对于相同路径的动力、控制、热控电缆，统一组织施工人员进行统一敷设，并且控制电缆做到单根敷设。这样，就可以做到所有电缆一次敷设到位，以避免相同路径的电缆的重复敷设，并可以减少电缆交叉敷设。因此，根据所提供的施工图及划分好区域的电气设备布置图，技术人员在数据库中调用相应区域的电缆清册，作为电缆敷设的施工依据。

对电缆供货进度的控制：为了使电缆敷设有一个较合理的工期，除了合理安排施工进度外，还应加强对电缆供货进度的控制。技术人员应会同物资供应部门积极要求供应商按进度要求提供相应规格、数量的电缆，并根据供货的实际情况，适当灵活调整施工进度。

各种规格的电缆敷设位置按电缆桥架规定的位置进行敷设，即在中压动力层桥架敷设 10kV、3kV 动力电缆；在低压动力层桥架敷设 400V 动力电缆，在控制电缆层桥架敷设控制电缆；在电缆托盘内敷设低电平电缆包括屏蔽控制电缆、通讯电缆和计算机电缆等，低电平电缆与强电电缆间须隔开一定的敷设距离，以免强电电缆影响低电平电缆的正常运行和造成干扰，甚至于造成对 DCS 微机监控设备、辅助厂房 PLC 设备、通讯设备的危害。电缆在桥架上的上下排列顺序，按规范规定一般为高压动力电缆、低压动力电缆、控制电缆、低平电缆自上而下排列。

(4) 电缆防火封堵

电缆防火封堵是一项非常重要的电缆施工要求，为了电厂的安全运行，必须遵循国标和电力行标的规定，电缆防火封堵的主要部位如下：所有的电缆进出口和孔洞（包括穿越楼板、建筑物墙体和设备的所有孔洞）；每隔 40m 长度段的电缆桥架或电缆沟道部位；在电力电缆接头两侧及相邻电缆 2～3m 长的区段施加防火封堵或防火包。每台不同机组之间或不同机组与公用系统的电缆都必须加以防火分隔，以避免上述电缆之间互相影响。

(十三) DCS系统安装方案

1. DCS系统安装要求和特点

(1) 系统的温度和湿度条件:

由于DCS装置在高温状态时故障率增加，寿命降低，信号误差大。在低温状态时容易引起误动作，在高湿度状态时由于绝缘性能降低引起误差增大或误动作，在低湿度状态时会产生静电损害。因此我们将严格执行外商的规定，确保DCS装置的温湿度条件。

(2) 系统对尘埃环境的要求:

由于尘埃能够使系统的可动部分动作不良，接触部分接触不良，还能引起存储器的存取错误。导电的金属粉尘，可能降低绝缘性能甚至引起短路现象。所以，DCS系统的防尘对策，除机房本身采取防尘措施外，还应净化空气，使用防尘盖等。

(3) 系统对干扰的要求:

系统所受的干扰形式多种多样，有电磁感应，静电感应，接地电位等干扰，它们都可对系统和仪表的电源线，信号线，地线等信号产生外部干扰。所以，系统的电缆敷设和接线都要考虑防干扰措施，在系统投用试运行时，进入机房人员禁止带入对讲机、手机等电磁辐射设备，以避免干扰DCS系统正常运行。

(4) 安装前对环境的要求:

DCS装置所在的控制室内装修基本结束，室内中央空调能够投用，如不能投用，须加装临时空调以确保室内温度满足DCS装置的要求，另外，在进盘前必须保证室内清洁，要配备吸尘器定期清扫，使室内的尘度符合要求。控制室，计算机室内必须铺设防静电的塑料地板，并应有专人24h值班，办证入室，无关人员严禁随意进出。

(5) DCS系统的安装要求:

DCS装置的运输必须有防震措施。

DCS装置盘的安装应按设计要求的排列进行，整排盘之间的间隙、垂直度、水平度都应符合规范要求，盘与盘之间的接地线必须连接牢固，符合要求。

装置之间的预制电缆必须敷设在专用的电缆槽板或导管中，不同信号的电缆也应分开进行敷设。计算机光缆的敷设严禁弯折，而且敷设时切勿用力拉，应该轻放，使其比较和顺地敷设在电缆桥架中。

2. DCS装置的电缆敷设

现场与装置信号线缆的屏蔽线，原则上应在控制室装置侧接地，可以与装置盘内的屏蔽用铜汇线连接，此铜汇线用作系统接地。工程师应根据盘内电缆线信号的类别指点安装人员应该分类绑扎，以确保减少信号的干扰。

DCS装置的接地，接地电阻符合制造厂规定和设计标准，接地线应为专用接地，接地线长度应尽量短，而且必须采用一点接地。

三、实施效果与体会

1. 进度管理

本工程1号机组于2000年5月11日挖土，2004年4月20日投产，历时47个月零10天，比合同工期提前了71天。

2. 质量管理

施工质量始终处于受控状态，机组调试顺利，各项技术指标优良，并做到了厂用受电、锅炉整体水压、汽机扣盖、锅炉点火、整套启动“五个一次成功”。

土建工程：共验收分项工程5105项，一次合格率100%，优良率94%；分部工程217个，优良214个，其中3个合格，优良率98.6%；单位工程共37个，其中除两个单位工程评定为合格外，其余均为优良，优良率94.5%。

安装工程：5号标段主体工程及净、化、废水等外围辅助系统：单位工程共54个，优良率100%；分部工程229个，优良率100%；分项（段）工程验收数共1325个，优良率100%。

煤、灰、渣系统：单位工程共10个，其中与5号机组相关的3个单位工程，全部优良；分部工程40个，全部优良；分项工程479个，全部优良。

除此之外，烟囱外筒混凝土结构、汽机基座混凝土结构获市“优质结构奖”、主厂房钢结构施工、制作获市“金钢奖”和中国建筑协会钢结构“金奖”、土建施工成套技术获得2003年度“中国电力系统科技进步二等奖”，锅炉受热面6万多只现场焊口，经100%射线检测，焊口一次合格率达到99.7%，在水压试验中无一泄漏，确保了水压试验一次成功，且在热态运行阶段未发生任何爆管泄漏事故。

3. 安全与文明施工管理

首次尝试开展实行个人安全承诺制活动，严格实施安全施工保证金与经济挂钩的管理办法，提高了自我管理能力。对每个项目都进行危害和环境因素的辨识、评价，对重要危险源和环境因素制定管理方案，将安全设施全部实行标准化制作、管理，提高了反事故的能力。

在施工现场建立了标准化的排水设施，以厂房扩建端为界，按永久厂房区和施工生产设施区两大区块分别组织编制《雨排水系统布置图》、《排水系统管理实施细则》，除明沟以外，在施工区域增设雨水总管，并分段收集雨水，在百年未遇的大雨阶段也都能做到雨停水退。公司相继连续3年被评为市级文明工地。

4. 物资管理

甲供设备材料均由业主方委托第三方物流管理单位负责与供货商的接洽和货物接收工作。对所有设备、材料的仓储协同业主统一规划，统一配置，既满足了工程需要，又为业主方节省投资，减少周转环节，主体功能发挥得更全面，专业公司的优势更能体现，从整体规划到具体落实上，更体现计划性，更能做好优化组合工作，也更有助于对具体环节之间的协调和对具体工作的开展。实践证明，这样的管理模式是先进的，也是成功的。

5. 物资与能源消耗

所有生活用水均安装水表计量收费，生产用水则按有关规定收取费用。各单位生活用水量合计888809m^3。

本工程施工用电总容量按6000kVA考虑。各单位施工用电量合计12493235kW。

各单位施工阶段劳动力消耗统计：2000年3152；2001年14465；2002年27043；2003年30740；2004年84850。

6. 信息管理

结合现场的管理模式，公司投入百万元资金，首次在施工现场建立了企业级计算机局域网，形成了一个从作业层、管理层到决策层以及各层次相互沟通的信息资源体系，在工程建设中有效实施了工程信息（例如：进度、质量、安全、设备、材料、合同等动态信息）的实时控制和管理，也为领导的决策提供了有价值的参考依据。首次应用P3软件对施工进度进行全过程管理；对施工进度的安排起了很好的指导参考作用。

7. 机组调试技术指标及总体评价

（1）5号机组整套启动试运行满负荷阶段主要技术性能和经济指标见表2.2.9-1。

5号机组整套启动试运行满负荷阶段主要技术性能和经济指标　　表2.2.9-1

序号	考核项目	单位	设计值或标准	实际值	备注
一、整套启动期间的主要技术性能和经济指标					
1	整套启动试运行的总运行小时	h	—	1258	
2	整套启动试运行的总发电量	万kWh	—	74419	
3	整套启动试运行的总厂发电量	万kWh	—	6819	
4	厂用电率	%	4.49	9.2	调式空负荷及低负荷
5	整套启动总燃煤量	t	—	302358	
6	整套启动总耗水量	t	—	118438	
7	整套启动总开机次数	次	—	18	
8	50%甩负荷时最高飞升转速	r/min	3150	3084	
9	100%甩负荷时最高飞升转速	r/min	3300	3139	
二、满负荷试运行期间的主要技术性能和经济指标					
1	机组额定出力	MW	900	—	
2	168h累计发电量	万kWh	15120	15275	
3	168h累计供电量	万kWh		14718	
4	168h累计厂用电	万kWh		733	
5	168h平均负荷	MW	—	909	
6	168h满负荷运行小时	h	>96	98	
7	168h平均负荷率	%	—	101	
8	168h最大负荷	MW	980	956	
9	168h燃煤量	t	42790	54548	
10	168h燃油量	t	0	0	
11	168h耗水量	t	13380	10742	
12	发电煤耗	g·kW/h	283(标准)	295.3	
13	供电煤耗	g·kW/h	296.4(标准)	306.4	
14	主要保护投入率	%	—	100	
15	主要仪表投入率	%	—	100	
16	自动投入率	%	—	100	
17	程控投入率	%	—	100	
18	机组额定转速	r/min	3000	3000	
19	机组最大瓦振	μm	—	1.7	
20	机组最大轴振	μm	<76	55	
21	主蒸汽压力	MPa	23.96	24.6	
22	主蒸汽温度	℃	538	540	

续表

序号	考核项目	单位	设计值或标准	实际值	备注
23	再热汽压力	MPa	5.128	5.3	
24	再热汽温度	℃	566	560	
25	汽机真空值	kPa	4.9	4	
26	发电机氢系统漏氢	Nm^3/d	≤10	8.8	
27	给水温度	℃	269.3	267	
28	汽机轴瓦最高温度	℃	—	102	
29	给水合格率	%	—	100	
30	补给水合格率	%	—	100	
31	蒸汽合格率	%	—	100	
32	凝给水合格率	%	—	100	
33	汽机润滑油颗粒度	NAS	8级	7级	

(2) 168h试运后质量监督检查的综合评价。

5号机组168h试运行以全投煤运行，锅炉断油、投高加系统、投电除尘、汽水品质合格，符合满负荷试运条件。168h试运行期间，发电量15275万kWh，最高负荷956MW，平均负荷909MW，平均负荷率101.00%，额定负荷900MW连续运行小时为98h。主要仪表投入率（DAS）100%、自动投入率（MCS）100%、主要保护投入率100%、程控系统投入率（SCS）100%，符合《火力发电厂基本建设工程启动及竣工验收规程》的要求。机组通过168h热态试运行，电负荷达到额定值（900MW），主辅机运转基本正常，机组轴系最大振动55μm。整套启动试运行范围内的设备和系统的安装质量和调试工作达到火电机组"验评标准"、"验收规范"和"新启规"的要求，施工质量处于受控状态，工程施工调试质量优良。试运行参数符合新启规要求。

(3) 启动验收委员会意见。

按原国家电力公司的启动验收规程要求，经过分部试转、整套启动，到168h满负荷运行，从静态到动态的实绩考核，机组的总体质量优良。机组的各项技术参数的重现性好，机组的总体技术指标优良，工程质量以及热工保护、自动投入率等符合国家有关规范、规程和规定的质量标准，机组运行性能良好，机组按新启规要求进行了空负荷、带负荷调试的各项试验，包括500MW及900MW甩负荷试验，机组最大负荷试验和最低的燃油负荷试验均获得满意的结果。5号机组为达到部优、国优、鲁班奖的标准，严格控制工程质量，在土建质量、施工安装的工艺上作了进一步优化。如土建除了大模板施工，除对提高表面质量外，还在内在质量上采取措施，真正做到内实外光。安装施工对炉管焊接进行100%拍片检查，油系统从施工开始就采取严格防范措施，试转后几次翻瓦检查，轴颈光洁如新。电气二次接线工艺改进，电气接线合格率达100%。整个试转阶段未发生过一次电气、热控插件烧损事故等。同样在消除基建痕迹、安全和环保等方面都能做到为工程着想，为业主着想，精心调试达到中华第一机组提前发电的预期目标，为稳定热态进入生产打下坚实的基础，启动委员会同意5号机组正式移交商业运行。

2.2.10 电厂 2×600MW 机组工程施工组织总设计

一、工程概况

(一) 项目简介

2×600MW 国产燃煤凝汽式机组工程是国家“西电东送”北通道的一个重要电源点，共配置两台 2028t/h 控制循环汽包炉和两台 N600-16.7/538/538 型汽轮机。两回出线，电压为 500kV。

电厂厂址在黄河四级阶地上，场地平坦开阔，呈梯田型台阶式由东向西倾斜。地面高程约为 940～960m，坡度约 3%，地质情况较好。气象条件为显著季风气候，昼夜温差大，全年无霜期 110～160d，年主导风向是偏南风。按施工地区分类属于Ⅲ类（严寒）施工区。50 年一遇 10m 高 10min 平均最大风速 23.2m/s。根据中国地震烈度区划图显示，该地区地震烈度为 6 度，属建筑抗震有利地段。本工程地震设防烈度为 6 度，厂区内的乙类建构筑物按 7 度抗震构造措施设计。

(二) 主要设备与建筑

锅炉采用亚临界、控制循环、一次中间再热、单炉膛、全钢结构、紧身封闭、摆动火焰、四角切圆燃烧、平衡通风、固态排渣、单炉膛 Ⅱ 形煤粉炉，其型号为：HG-2028/17.45-YM。汽轮机为 N600-16.7/538/538 型单轴，三缸四排汽、亚临界一次中间再热、凝汽式汽轮机。配套发电机为 QFSN-600-2-22 型，水氢冷却式三相同步发电机。

主厂房由汽机间、煤仓间、锅炉间组成，主厂房横向由汽机房外侧排架柱与煤仓间框架组成钢筋混凝土框排架体系。机、炉、电集中控制，两台机组设一个集中控制室。汽机间跨度 36.0m，高度 32.0m，柱距 10.5m，煤仓间跨度 12.0m，高度 40.0m。主厂房±0.0m相当于绝对标高 951.0m，2 号机厂房总长度 73.5m，横向总宽度 94.0m。主厂房建筑面积 2100m^2。主厂房采用天然地基。

(三) 主要工程量

包括 2 号锅炉、汽机以及 500kV 配电站、化学水处理、卸煤沟、输煤栈桥、干灰库等附属系统的建筑和安装工程。

建筑工程主要工程量：(略)

安装工程主要工程量：

1. 热力系统

(1) 2 号锅炉及其附属设备：锅炉 1 台 HG-2028/17.45-YM，空气预热器及其附属设备 2 台，一二次风暖风器，暖风器疏水罐、疏水泵，吸风机，送风机及其附属设备，一次风机及其附属设备，冷却风机各 2 台，磨煤机及其附属设备 5 台，密封风机及其附属设备 2 台，给煤机及其附属设备 10 台，连续、定期排污扩容器，静电除尘器 2 台，送风机、一次风机入口消声器。

(2) 2 号汽轮机及其辅助设备：汽轮机 N600-16.7/538/538 型汽轮机，汽机润滑油系统，润滑油净化装置，轴封蒸汽系统，凝汽器 2 台，高压加热器 3 台，除氧器，低压加热器 4 台，汽动给水泵 2 台，给水泵驱动汽轮机 2 台，主给水泵前置泵、凝结水补充泵、凝结水泵、氢冷升压泵 2 台，电动给水泵、汽机快速冷却装置，凝汽器真空系统真空泵组 3 套，凝汽器胶球清洗装置系统 2 套，高压旁路装置、低压旁路装置 1 套。

(3) 2 号发电机：发电机 1 台，氢油水系统 1 套。

(4) 2号机组检修起吊设施：汽机房行车、锅炉设备起吊设施1台，电动单轨车12台，单轨行车6台，磨煤机、磨煤机电机检修起吊设施10～5台。

(5) 2号机组汽水管道：主蒸汽管道124.3t，再蒸汽管道239t，旁路管道26.4t，高压给水管道236.6t，中低压管道1120t。

(6) 2号机组烟风管道：冷、热风道645t，烟道600t，原煤管道25t、送粉管道350t，设备平台扶梯栏杆支架170t。

2. 电气系统

2号发电机引出线及封闭母线，2号机组主变压器3台，2号机组高厂变2台，2号机组主厂房厂用电部分，2号机组电气除尘器电力变压器，2号机组灯具，2号机组铜芯塑料电线，2号机组消防用24V直流电源屏，2号机组主厂房直流系统，网络直流系统，2号发电机励磁系统，500kV配电装置，SF_6断路器，电流互感器，隔离开关，电容式电压互感器，氧化锌避雷器，并联电抗器、中性点小电抗器，接地开关，支柱绝缘子，耐张绝缘子串、V形耐张绝缘子串，悬垂绝缘子串，特种轻型钢芯铝绞线，扩径空芯铝钢绞线，铝合金管型母线。

3. 燃料供应系统（略）

4. 化学水处理系统（略）

5. 除灰系统（略）

6. 热工控制系统（略）

二、摘选主要施工方案

(一) 锅炉吊装方案

(1) 锅炉钢结构由顶板、柱梁、垂直支撑和水平支撑组成。全部采用高强螺栓连接形式，其安装方法采用散吊为主，组合为辅，分层吊装，分层找正，先本体、后尾部、中间穿插预放部分汽水管道，烟道及其他大件设备的方法。梯子平台与每层钢结构同步进行。影响受热面吊装的部分梁，水平支撑、平台暂缓安装。

(2) 大板梁吊装见“大件设备吊装措施”。(见光盘)

(3) 汽包吊装见“大件设备吊装措施”。(见光盘)

(4) 受热面主要包括水冷壁，省煤器，顶棚过热器，包墙过热器，低温过热器，屏式过热器，高温过热器，再热器等。水冷壁、顶棚管过热器，包墙过热器由膜式壁构成，前侧及两侧水冷壁上部内侧附有辐射式再热器。

(5) 水冷壁采用分散吊为主的方式，上部水冷壁组成3个组合件，由7300型覆带吊或DBQ3000塔吊起吊。水冷壁刚性梁在水冷壁吊装中穿插预放到各层钢结构上，待四侧水冷壁拼合后安装。

(6) 包墙上部分为前侧左右两组件，侧包分为前、中、后三个组件，后侧分左右两组件。由7300型履带吊起吊。

(7) 省煤器、再热器和四级过热器均采用散吊的方式，由DBQ3000塔吊吊装。省煤器管排与低过卧式管排在包墙吊完后吊装。立式再热器在折焰角组件吊完后进行。低过立式管排，在卧式管排完成完空投就位。分隔屏过热器、后屏过热器、末屏过热器、末级过热器将密封板、夹持管、高顶板一并组合后，单片就位，与各集汽联箱连接。

(8) 集中降水管在汽包吊装前，钢结构吊装过程中采用单根预放在H—H4间，汽包就位找正后，由卷扬机起吊就位。分散降水管在水冷壁合找正就位后，倒链起吊对口。

(9) 烟、风、煤管道采用组合场制作组合，其组合件的大小以钢架间的允许尺寸确定。大件烟风道在锅炉钢结构装过程中穿插预放到位。

(10) 锅炉配备两台三分仓容克式回转空气预热器，施工中对其内漏、外漏作为重点检查控制。安装顺序：画线，膨胀支座安装→下梁推力轴承组合吊装→下部烟罩壳体板安装→推力轴承找正→中心筒安装找正→上梁安装→导向轴承安装找正→传热元件安装→围带安装→密封件安装调整→驱动装置安装→辅助设备安装→试转验收。

(11) 每台锅炉配备 5 台 BBD3854 型 BM73t/h 双进双出磨煤机。采用 300t 履带吊将大罐吊至临时拖运轨道上，然后利用卷扬机将大罐拖运就位。安装顺序：基础画线和垫铁配置→主轴承检修→主轴承安装→主轴承台板与轴瓦中心线及标高复核→罐体安装→大齿轮安装→传动装置及电机安装→润滑油系统安装→衬板安装→小齿轮安装→减速机安装→主电机安装→齿轮罩安装→冷却水系统→油循环→空载试转→加钢球。

(12) 每台炉配备 2 台双室电气除尘器。用 300t 履带吊吊装就位。主要部件包括：钢结构、灰斗、壳体、阴阳极系统、进出口烟箱、扶梯平台、顶部盖板及起吊设备、集中下水等设备。安装顺序：底部钢结构组合吊装→找正验收→基础二次浇灌→膨胀支座安装→灰斗安装→立柱及顶大梁安装→扶梯平台安装→阴极大框架→阴极小框架→阳极板→振打系统→进出口烟箱→极距调整→顶盖板安装→顶部起吊装置→集中下水→顶部变压器→空升试验→气流均度试验。

(13) 本工程保温主要材料为：硅酸铝纤维毡，泡棉板，可铸型超轻耐热保温材料，微膨胀耐火塑料，耐火浇注料，微孔硅酸钙，岩棉管壳等、保护层采用镀锌钢板，电除尘用压型外护板。

保温施工程序，分为六阶段施工：

第一阶段是水压前完成项目，水压前只能进行一些辅助的系统，如水冷壁及包墙的门孔耐火，保温混凝土浇筑，一些厂用蒸汽管路保温，承压设备保温固定件焊接等。

第二阶段是水压后，风压前，从事锅炉范围内管路保温，炉顶耐火可塑料，耐火浇注料施工，喷燃器耐火浇注，水冷壁及包墙保温，烟风道保温固定件焊接等。

第三阶段是风压后，酸洗前，烟风煤粉燃烧系统全面开工，水冷壁及后包墙可大面积保温，锅炉范围内汽水管路继续保温施工，同时，汽机房除氧间的设备和管路开始保温。

第四阶段是酸洗后点火前，锅炉范围内所有保温全部完汽机房和除氧间的设备和管路保温完 40%。

第五阶段是汽机本体及本体各种管路保温的突击阶段。

第六阶段是整套试运期间，这期间是完善系统和配合试运，并进行热态保温测试。

(二) 汽轮机本体安装方案

(1) 汽轮机本体安装工艺流程：基础准备→低压缸台板研制→低压缸台板就位（A、B 缸）→二次浇灌挡板制作安装→低压外下缸组合→低压缸就位（A、B 缸）初步找正→前箱→中箱就位→高中压缸就位→低压转子找正→低压缸负荷分配→高、中压转子找正→隔板及隔板套找中心→通流部分间隙调整→扣大盖→二次浇筑→转子对轮中心复查→对轮连接→附属部件管路安装。

(2) 校核汽轮机基础的纵横中心、标高、地脚螺栓孔位置及垂直度。

(3) 根据垫铁布置图画出垫铁位置线，找平凿毛，垫铁与基础之间用 0.05mm 塞尺塞不进。

(4) 低压缸台板及轴承箱台板与滑块研刮，滑块双面研刮，要求接触点在 75%以上。并配轴承箱台板与箱体间滑销，两侧总间隙符合厂家要求。

(5) 就位低压缸台板，组合低压外下缸，就位低压外缸并紧固低压缸与台板间的联系螺栓，拉钢丝找正低压外缸，并用精确度为 0.01mm 的地质水准仪调整汽缸面标高。

(6) 就位找正低压内缸。

(7) 根据汽封凹窝找中心，同时保证转子扬度符合厂家要求，兼顾低压缸内外缸标高，扬度合乎要求。

(8) 利用测力计进行低压缸负荷分配，并镶配低压缸台板垫铁，紧固地脚螺栓。

(9) 中、低压转子对轮找正时兼顾轴承箱扬度、油档中心及缸与箱的开档距离。对轮找正后，配轴承箱台板垫铁，并紧固地脚螺栓。

(10) 高中压缸根据转子找中心，并调好高中压缸的扬度。

(11) 利用拉钢丝，并用电流表辅助测量法进行高、中、低隔板找中心，同时要考虑到转子静挠度，通过调整隔板挂耳两侧垫片，将隔板与汽缸找同心。

(12) 试扣汽缸，测量外缸与隔板套、内缸与隔板的膨胀间隙。

(13) 汽缸扣盖，热紧螺栓。

(14) 基础二次浇灌，二次浇灌强度达到 75%以上后进行导汽管连接。

(15) 连接对轮，对轮面要光洁，铰孔、对轮螺栓与对轮孔间隙 0～0.03mm 可手推对轮螺栓入对轮孔。紧固对轮螺栓时要求螺栓冷态拉伸量符合设计要求。连接后对轮晃度小于 0.05mm。

(16) 机本体管路安装。(汽封管、疏水管、门杆漏汽管等)

(17) 油系统施工工艺流程：主油箱就位找正二次浇灌→主机各轴承箱定位→密封油系统、密封油控制站就位，找正二次浇灌→调节保安油系统、主汽阀、调节阀定位→油管路布置的二次设计、安装→油管路酸洗完并做好保护措施。

(18) 油循环分三个阶段进行：第一阶段：系统轴承箱、冷油器短路用大量冲洗装置冲洗管路、油箱；第二阶段：恢复轴承箱短路系统，但不进行轴承冲洗；第三阶段：正式系统冲洗。

(19) 发电机安装工艺流程：基础放线、凿毛→垫铁布置→底板安装→发电机出线盒就位→静子起吊与就位→发电机穿转子→发电机轴承安装→发电机找正→端盖与油密封装置安装→气密性试验。

(20) 发电机静子吊装见“大件运输和吊装”。

(21) 发电机穿转子步骤：

① 将厂家提供的转子铁芯保护装置，装于钢丝绳绑扎转子处。

② 将吊绳双跨于转子重心处，在轴颈处放置水平仪，监视转子水平，吊起行车大钩，检查转子的水平度应水平。

③ 行车缓慢吊起转子后，调整转子纵向中心线和定子中心线吻合。

④ 缓慢行走大车，使转子穿入定子。同时要有专人监视，避免转子和定子铁芯相碰，直到吊绳接近励侧定子线圈处。

⑤ 将转子落到定子铁芯内预放置的滑板上，转子励侧靠转子托架支撑，保证转子水平，并支撑稳。拆除吊绳及保护装置。

⑥ 将行车移到转子励端轴颈处，起吊使托架离开滑道。

⑦ 利用汽端预先设置的牵引装置，将转子拉入定子内，行车随牵引速度前移，整个牵引过程中，应专人监视，转子汽端对轮处，在定子铁芯内部的四周间隙，并及时调整，避免碰撞定子铁芯。

⑧ 牵引到位后，起两侧端盖，将转子落上轴承上。取出定子内预先放置的滑板，橡胶垫等，并彻底检查，确认无遗留物。

（三）电气施工方案

(1) 高电压系统：

① 以发电机——主变压器组单元接线方式接至厂内 500kV 母线。500kV 系统采用一个半断路器接线。出线两回接入系统。

② 高压启动/备用电源，由厂内 500kV 母线引接，发电机与主变之间的连接母线及厂用分支母线均采用全链型自冷式分相封闭母线。

③ 高厂变、高启备变与厂用 6kV 配电装置采用共箱母线连接。高压厂用电采用单母线分段接线，每台机设置四段母线，分别由两台双分裂变厂供电，高压不设公用段。

④ 500kV 升压站设备采用网络计算机监控系统（NCS）进行监控。

(2) 发电机检查：发电机穿转子前，根据施工验收规范及制造厂家资料技术要求，进行发电机检查，检查定子铁芯、绕组、绝缘，槽楔，冷却水管道、接头，转子风道、绕组、绝缘，槽楔等，确认无缺陷，无杂物后方可穿转子，检查时穿软底鞋，防止损坏设备，不能遗留物体在定子内。

(3) 发电机内部施工时，特别注意严禁烟火，并采取强制通风措施，照明应采用安全电压 12V 灯具及照明变压器，机外设专人监护。出线套管安装前应先进行密封试验。水管接头不漏水，法兰面结合严密不漏氢。绝缘包扎要缠紧，不得在层间留有气泡。封闭人孔前，检查发电机内部应清洁，无遗留物。

(4) 发电机电气安装应与调试单位配合，及时做有关试验。

(5) 主变压器安装程序：附件清点→变压器就位→变压器油过滤→附件密封性试验、附件电气试验→吊罩检查、附件安装→一二次注油→整体密封性试验。

(6) 主封闭母线按照封母序号就位，头尾及顺序不得颠倒，调整母线支持绝缘子，使母线和外壳的同心度小于 4mm，外壳不圆度应不超过直径的 1%。

(7) 封母导体焊接要保证有足够的高度和截面，外壳焊接前要检查导体与外壳间，确认无杂物遗留，内部清洁，外壳焊接也要保证足够断面，保证其气密性。

(8) 封母与设备间连接均为柔性螺栓连接，接口误差＋5～－10mm，连接前先将外壳密封用伸缩皮套临时套上，清理干净连接面，涂上电力复合脂，接上铜编织线接头，按规定力矩用力矩扳手紧固。

(9) 根据电缆敷设设计，编制施工清册，制定合理的敷设顺序及排列顺序，原则上尽量减少交叉。

(10) 敷设电缆按施工清册顺序排列，敷设一根，整理一根，敷设时电缆应从电缆轴上方拉出，每隔 1m 用绑带扎牢。

(11) 电缆敷设完后，应符合下列标准：纵看成片，横看成线，引出方向一致，弯度一致，余度一致，松紧适当，相互间隔一致，挂牌位置一致。

(12) 全部电缆敷设好后，按设计及规程要求进行防火封堵施工。

(四) 焊接、热处理与探伤方案

(1) 焊接工作量主要包括：锅炉受热面、锅炉范围内汽水管道、汽机高低压管道，以及燃油系统油罐的制作、主厂房屋架制作、复水器、铝母线等焊接任务。

(2) 机组由于各个系统温度、压力参数不同，钢材的种类繁多，合金成分复杂，有12Cr1MoV、10CrMo910、15NiCuMoNb、A335P91、A6721370CL32等，部分材质可焊性差，工艺要求严。

(3) 机组容量大、焊接工作量大、焊口数为5～6万个，受监焊口3～3.5万个，安装焊口增多，各种空间位置焊口都有，有的操作位置狭窄，增大了焊工操作的难度和工作强度。

(4) 安装焊接以手工操作为主，焊工是焊接质量的直接责任者，焊工技术操作必须适应焊接工艺要求，工程开工前，必须对焊工进行严格的培训。

(5) 高压小径管焊接采用双人对焊。吊焊一人在下，一个在上。横焊位置两人各站管排一侧。吊焊打底时，上面焊工自下而上施焊，下面焊工自上而下施焊。

(6) 蛇形排管的焊接，应尽量采取由一端向另一端，以减少困难的焊接位置。

(7) 多排密集管组焊时由应一排一排地进行，即点焊一排，焊接一排。每排管口焊接是先内后外，打底一个焊口，即作盖面焊接。

(8) 对于汽、水、油、气管道采用TIG来打底，SMAW盖面以保证焊接质量及介质的清洁度。

(9) 对于$\phi \geqslant 194$mm的管子都要求两人对称焊，如两人对称焊有困难时，采用对称位置交替施焊。

(10) 对于油管路及不锈钢材质的焊接采用内部充氩，保证根部焊接质量。

(11) 对于安装焊口，不把困难位置、死口留到最后焊。当日打底的焊缝必须全部盖面。

(12) 大径管指管子（直径≥219mm）施焊过程中，层间温度应不低于规定的预热温度的下限，但不高于350℃。

(13) 中合金钢管子和管道焊接时，内壁充氩气保护（如主蒸汽P91管）。

(14) 对容易产生延迟裂纹的钢材，从焊接预热到焊后热处理，全过程跟踪，严格控制层间温度。

(15) 热处理采用感应加热，力求内外壁和焊缝两侧温度均匀，恒温时，在加热范围内任意两测点间的温差低于50℃。

(16) 进行热处理时，测温点对称布置在焊缝中心两侧，且不少于两点，水平管道的测点上下对称布置。

(17) 对中厚板、大径管焊接性良好的低碳钢和普通低合金钢的制作，焊缝采用埋弧焊，主要用于循环水ϕ3000mm、ϕ2200mm、ϕ900mm管制作焊接。

(18) 焊接后的检查：

① 焊工及质检人员应认真贯彻执行工程质量三级检查验收制度，必须严格按有关规

程、规范施工，强化焊工质量意识，以自检确保焊接质量。

② 要求每个焊工必须认真自检，对不符合质量要求的焊缝要返工；多道焊缝无漏焊处；保证焊缝规定的尺寸；焊缝表面的熔渣清除干净；焊工代号、钢印要打在易见处。自检后认真填写自检记录。

③ 工地组织技术员、质量员，对已焊的受监部件质量按《火电施工质量检查验收及评定标准》规定按比例进行重点抽检。检查内容为：已焊部件的安装工艺，外观质量和焊接技术记录等技术资料。

④ 自检合格的焊口及时委托进行无损检验，对于无损探伤结果为不合格焊缝上做出明显标记，写出质量整改通知单，通知焊工进行返工。返工后及时由质量员签收，合格后进入下道工序。

(19) 金属试验方法包括：无损检验、理化检验，其中无损检验含射线、超声波、渗透、磁粉、涡流、理化检验含光谱分析、硬度测试、机械性能等试验。

(20) 检测方案：

① 金属试验室按合同、规程和焊接质量验评标准要求，划分检验项目，确定检验比例和方法，制定出相应的检验作业指导书，以专业检验工艺为基础实施检验。

② 对检验过程中评定为合格的焊缝出具质量合格通知单。不合格焊缝作如下处理：出具“返工通知单”，注明不合格焊缝的编号、缺陷性质、尺寸和所在位置，送达各有关单位。焊接单位接到“返工通知单”后应及时安排焊工返修。焊工可采取挖补方式返修，但同一位置上挖补次数一般不得超过三次，中高合金不得超过二次。须进行热处理的焊接接头，返修后重做热处理。

三、实施效果与体会

(一) 实施效果

1. 该工程共用了29个月，历时877d投产发电，较原有的2×600MW机组新建工程建设56个月定额工期提前27个月投入商业运行。1号机组整套试运工期29d，2号机组整套试运工期16d，创造了国内同类型新建电厂建造和调试最短的记录，2号机组于168h试运结束后未停机消缺，取得连续安全运行159d的优异成绩。

2. 累计成本39253.66万元，成本降低额为5785.46万元，降低率为12.85%。

3. 质量指标：

(1) 2号机组分项工程四级验收项目1089项，其中建筑工程842项，合格率100%，优良率98.1%；安装工程247项，合格率100%，优良率100%。

(2) 2号锅炉本体累计完成承压焊口28857道，其中小径管总焊口28224道，检验率100%；中径管总焊口481道，抽样检验258道；大径管总焊口152道，检验率100%。锅炉本体焊口检验一次合格率99.19%，锅炉水压试验一次成功，承压焊口无一渗漏。

(3) 2号机组整套启动试运期间，点火启动、汽机冲转、并网发电、机组168h试运均实现一次成功，主要指标如下：

1) 机组连续运行大于168h；

2) 机组平均负荷率98.3%；

3) 热控、电气自动投入率100%；

4) 热控、电气保护投入率100%；

5）热控、电气仪表投入率100％；

6）厂用电率4.75％；

7）发电机漏氢量5.2m^3/d（标准11.3m^3/d）；

8）真空严密性为0.22kPa/min（标准小于0.4kPa/min）；

9）汽轮发电机组轴振最大值6号瓦66μm（标准不大于76μm）；

10）A、B空气预热器漏风分别为3.1％和5.4％（标准投产一年不大于10％）；

11）吹管至机组168h试运燃油消耗1200t；

12）从锅炉点火吹管至168h连续满负荷试运结束，历时29d；

13）从汽机首次冲转至168h连续满负荷试运结束，历时16d；

高标准、高质量组织2号机组整套启动前分部试运。

4. 安全指标：

（1）实现全年重大职业安全健康、环境事故为零，轻伤事故频率低于3‰的目标。同时，实现现场开工以来887d无事故的里程碑目标；

（2）无火灾事故，无交通事故。

（二）体会

1. 在资源配置上，优先调集优势兵力、大型机械，适应业主三次大的进度调整，确保了2号机组大件运输、吊装的安全以及里程碑进度，解决了因电除尘设备供货严重滞后为施工带来得一系列问题，得到了业主各个方面的认可。把原来与1号机组间隔6个月投产的工期，提前到现在间隔2个月投产发电。比合同工期提前11个月完成168h满负荷试运移交生产。

2. 在计划管理上，制定网络计划。采用了四级网络计划管理，并根据实际情况编制了技术保障、物资保障、安全防护、质量控制计划，同时采用了PMS软件，做到对工程科学管理、全方位控制。

3. 在施工组织上，建立统一的指挥协调系统，加强现场组织协调工作，做好资源的调度工作，科学合理地协调解决施工中存在的问题。认真落实各级网络进度计划，合理安排工序，确保各关键路径工期控制点按期实现。锅炉受热面地面组合至锅炉水压有效工期7个月。汽机安装从凝汽器组合安装至三缸扣盖仅用3个月的安装工期。发电机安装从设备到现场水平运输至安装完仅用1个月的安装工期。

4. 在现场设备管理上，当好设备的主人。进入施工现场设备，24h看护，避免丢失损坏。现场发现的设备问题及时主动配合厂家处理，需要返厂处理的设备主动派车返厂处理，不等不靠为工程提前投产赢得了时间。

5. 切实落实各级安全生产责任制，签定安全责任书，开展多样性安全教育，加强现场安全治理，切实不断强化安全管理。强化安全过程管理，加大反违章力度，做好危险因素识别和风险预测，加强施工过程的跟踪监督，及时纠正不安全因素。

6. 质量体系健全，运作正常，工程质量，工艺水平明显提高。加强施工过程控制，严格执行四级验收管理制度。在确保工程内在质量的同时进一步加强了对其外观工艺的控制。大力开展"亮点工程"创优活动，建筑安装共设立9个单位工程创优计划，调动各专业的特长和优势，新工艺、新方法得到广泛应用，为工程整体创优奠定了基础。

（1）2号机组的分部试运，坚持高标准、高质量。真正达到了检验安装质量的目的。

在组织分部试运期间，成立试运组织机构，并设立专业试运小组，制定了《试运纪律》和《试运缺陷管理办法》，保证试运工作做到了有条不紊。

(2) 在机组分部试运过程中，实行"工序卡"和"分系统试运检查卡"签证制度，加快了2号机组的分部试运的进度，确保了设备的安全运行，设备缺陷、设计缺陷、施工缺陷及时进行处理并验收。

(3) 安装质量指标：发电机漏氢量 5.2m^3/d（标准 11.3m^3/d)；真空严密性为 0.22kPa/min（标准小于 0.4kPa/min)；汽轮发电机组轴振最大值6号瓦 66μm（标准不大于 76μm)；A、B空气预热器漏风分别为3.1%和5.4%，各项实验结果比国家《新启规》的标准有大幅度的提高。

从该项目实施过程看，圆满完成了《电厂一期工程 2×600MW 机组Ⅱ标段施工组织总设计》中的全部计划，说明施工组织设计当初编写时借鉴的经验是有效的。

2.2.11　热电厂2×300MW机组建筑安装工程施工组织设计

一、工程概况

(一) 项目简介

新建的热电厂 2×300MW 供热机组工程，位于黄河北岸冲积平原上，建筑场地类别为中软场地土Ⅲ类。根据《中国地震动参数区划图》GB 18306 规定，该厂址地震动峰值加速度为 0.15g，地震动反应谱特征周期为 0.35s，地震基本烈度为7度。该地区属大陆性季风气候，一般年份冬季寒冷而漫长，夏季炎热而短暂，冬春季多风，主导风向为西北风。日照率高，无霜期短，蒸发量大，降雨一般集中在 8～9 月。累年平均气压 898.4hPa。极端最高气温 39.4℃，极端最低气温－35.3℃。累年平均相对湿度 48%。累年平均降水量 154.2mm。累年最大风速 20.0m/s。累年最大冻土深度为 138cm。

(二) 系统的主要特征

(1) 热力系统：主厂房按常规布置。锅炉紧身封闭。采用 2×300MW 亚临界抽汽凝汽式汽轮发电供热机组。主蒸汽、再热蒸汽、高压给水均采用单元制。设置旁路系统。制粉系统采用中速磨冷一次风机正压直吹式制粉系统。两台机组设计6台电动调速给水泵。

(2) 燃料供应系统：采用铁路运输，经包兰铁路和电厂专用线进入电厂。采用翻车机卸煤，每台翻车机下设2个受煤斗，煤斗下装设皮带给煤机，向双路受料胶带机给料，并将煤送至主厂房。贮煤场设置斗轮堆取料机，同轨布置2台斗轮堆取料机。

(3) 除灰系统：除灰、渣系统按干除灰、渣系统设计，采用灰渣分除。锅炉排渣送入渣仓储存，由汽车外运至综合利用点或灰场。干灰由正压浓相气力除灰系统集中至灰库后，经搅拌机加湿装车运至综合利用点或灰场。干灰场占地面积为49公顷。

(4) 水处理系统：水源采用中水，经石灰石处理后，锅炉补给水系统为微滤＋反渗透＋一级除盐系统。

(5) 供水系统：循环冷却水系统采用单元制供水系统。冷却塔选用逆流式自然通风钢筋混凝土水塔。一台机配一座水塔，淋水面积 4500m^2。补给水系统的中水由污水处理厂引接。

(6) 电气升压站：220kV 屋外配电装置采用双母线带旁路的主接线形式Ⅱ回送出厂外。

(7) 热控系统：采用机、炉、电集中控制方式，采用分散控制系统，对单元机组进行集中监视、分散控制、保护及辅助安全监视。

(8) 烟气脱硫系统方案：湿法脱硫工艺（石灰石进厂，石膏浆出厂）。

(三) 施工范围

1. 工程内容

1号、2号机组主厂房建筑及安装工程包括：主厂房汽机间、除氧间、煤仓间、锅炉间、电除尘、燃油系统建筑及安装；引风机室建筑及安装；集控楼建筑及安装；除灰渣脱硫综合控制楼建筑及安装；A列外配电装置及启备变建筑安装；除渣系统建筑安装；全厂接地；循环水系统建筑安装；制氢站及化学水处理室建筑安装工程；煤仓间顶部水平皮带安装；灰库安装工程；油处理系统、综合泵房、工业废水集中处理站建筑安装。

2. 安装专业主要工程量

(1) 热力系统：锅炉机组（锅炉 HG-1025/17.5-YM 型，风机，除尘装置，制粉系统，烟风煤管道）汽轮发电机组（汽轮发电机本体，汽轮发电机辅助设备，旁路系统，除氧给水装置），热力系统汽水管道，热网系统，热力系统砌筑保温及油漆。

(2) 燃油系统。

(3) 除灰系统。

(4) 化学水处理系统（预处理系统，锅炉补给水处理系统，凝结水精处理系统，给水、炉水校正处理，空压机系统）。

(5) 供水系统（循环水系统，压力水管道）。

(6) 电气系统（发电机电气与引出线，主变压器系统，主控及直流系统，厂用电系统）。

(7) 热工控制系统（机、炉、电机组控制系统，控制盘、台、柜）。

(8) 附属生产工程（制气系统，制氢站，油处理系统，环保工程，工业回收水泵房）。

(四) 工程目标

1. 质量目标

(1) 安装工程合格率100%。

(2) 单位工程优良率99%以上。

(3) 受监焊口无损检验一次合格率98%以上。

(4) 观感质量、油漆、焊接、连接螺栓、挂牌、标识、室温、文明施工等各个方面，都符合《火力发电机组达标投产考核标准》达标投产的具体要求，实现机组达标投产。确保施工结果及成品质量项项符合标准，件件达到优良。

2. 计划进度目标

工程进度运用P3软件实施四级工程进度管理模式。一级进度控制二级，二级控制三级，三级控制四级。本工程开工时间2004年7月15日，1号机组计划投产时间为2006年7月31日，2号机组投产时间为2006年11月30日，总工期28.5个月。其中，1号机组投产工期24.5个月，比招标文件要求工期提前1个月。

3. 安全文明施工目标

努力做到"我要安全、我懂安全、我会安全"。凡是有人工作的地方，必须要有安全设施和安全监督。努力实现施工企业和工程项目的"事故零目标"。

(1) 不发生人身死亡事故；不发生人身重伤事故。

(2) 不发生重大机械设备损坏、火灾、责任交通事故。

(3) 不发生严重环境污染事故。

(4) 不发生严重职业伤害事故。

二、摘选主要施工方案

(一) 电气安装工程施工方案

(1) 新建供热机组采用发电机—变压器组单元接线方式接入 220kV 升压站内的双回主母线上。高压侧采用架空接入，低压侧采用离相封闭母线接入发电机套管。设置一台与工作厂高变同容量的启动/备用变压器。启动/备用变压器电源从新建的 220kV 配电装置引接，6kV 侧通过共箱母线引至每台机组的两段 6kV 工作母线上作为备用电源。

(2) 高压厂用电系统设置 6kV 工作 A、B 段，采用单母线接线。互为备用及成对出现的高压厂用电动机及低压厂用变压器分别由不同的 6kV 段上引接。低压厂用电接线采用 380/220V 中性点直接接地系统，主厂房内采用 PC-MCC 供电方式。容量 75kW 及以上的低压电动机和 200kVA 及以上的静止负荷由 PC 供电；容量为 75kW 以下的电动机及 200kVA 以下的静止负荷由 MCC 供电。

(3) 发电机引出线安装：引出线套管表面要清洁，瓷件、法兰完好，无裂纹、无损伤，出线箱法兰与套管法兰结合面要平整无损伤，橡皮密封垫平整、无变形。安装套管时，先用白布蘸酒精擦净法兰结合面及瓷件表面上的污垢，套上干净的密封垫，再对角均匀地拧紧法兰螺栓。套管接线端子的安装方向符合图纸规定，不得装错。

(4) 引出线绝缘包扎在套管及过渡引线安装完毕，并经水压试验合格后才能进行。确认包扎绝缘部位的所有螺栓及引水管接头已紧固后，用白布蘸酒精擦净所包部位金属裸露表面，在定子出线、伸缩节、过渡引线及螺栓处包扎绝缘带，层间涂胶合剂。胶合剂的配方根据制造厂提供的材料和配合比方法进行。再次用填料填平凹陷部位，并将各部做成一圆滑过渡且易包扎的形状。全面半叠包一层绝缘带，表面涂胶合剂。

(5) 变压器及附件到达现场后，应立即对其进行必要的检查：本体应无撞击现象，若安装了冲击记录仪则应符合厂家要求；内充氮气压力应正常且为正压。变压器本体及浸油运输的附件其油箱应无渗漏。

(6) 对厂家提供的补充油及变压器本体内的油，取样进行检验。

(7) 吊罩检查时，必须让器身在空气中暴露 15min 以上，待氮气扩散后进行，不吊罩直接进入变压器内检查时，要注意采取通风措施，以确保入内工作人员的安全。

(8) 抽真空和真空注油应在晴天进行，抽真空的最初 1h 内，当油箱内抽成 0.02MPa，然后按每小时均匀地增高 0.067MPa 至 0.101MPa 为止，且保持时间不少于 8h，开始真空注油，注入油的温度宜高于器身温度，注油速度不宜大于 100L/min，油位距油箱顶的空隙不得小于 200mm。注油后，应继续保持真空不小于 4h，将油注满变压器油枕，排尽变压器内部的气体，最后将油位降至正常油位。

(二) 热控安装工程施工方案

(1) 机组控制系统包括：以微处理器为基础的分散控制系统（DCS），汽机数字电液控制系统（DEH）；汽机安全监视系统（TSI）；旁路控制系统（BPS）；汽机跳闸控制系统（ETS）；汽机安全诊断系统（TDM）等。

(2) 电缆施工流程：桥架敷设→电缆领取→电缆运输→电缆架轴→检查电缆绝缘→写临时电缆牌→敷设路线人员布置→开始敷设→电缆敷设到位整理，两端留够长度，中间用绑线固定→挂临时电缆牌，端头剪断→敷设下一根。

(3) 水平安装电缆桥架时，其立柱可在楼板下吊装、梁下吊装、侧壁安装以及露天立柱或支墩上安装。吊装时，立柱顶部可直接焊在预埋钢板上，亦可通过角连片焊接在预埋钢板上或用膨胀螺栓固定在混凝土结构上，当支架为三层及以上时，双立柱的固定应增加斜撑，立柱之间的最大距离小于1.7m，层间净距离应大于0.25m。

(4) 离地面或平台距离大于5m主桥架通道，为了便于电缆敷设和以后电缆更换，要架设人行步道。

(5) 电缆敷设前要对电缆的线—线间、线—屏蔽层间、线—铠装层间进行绝缘测试，满足要求方可敷设。

(6) 电缆敷设路径应符合下列要求：

1) 以盘柜接线端子为准，分层排列，保证电缆美观整齐。就地敷设的电缆不外露。所有支架必须做防腐处理。

2) 按最短路径集中敷设。

3) 电缆应尽量集中敷设，排列整齐。

4) 电缆敷设应躲开人孔、设备起吊孔、防爆门和窥视孔等。敷设在主设备和油管路附近的电缆不应影响设备和管路的拆装。

5) 电力电缆、控制电缆、信号电缆应分层敷设，并按上述顺序从上至下排列。

(7) 取样管路水平敷设时，应保持一定坡度，一般应大于1/100，差压管路应大于1/12，其倾斜方向应能保证排除气体或凝结液，否则，管路的最高或最低点装设排气或排水阀门。

(8) 取样管路敷设应整齐、美观，固定牢固。尽量减少弯曲和交叉，不允许有急弯和复杂的弯，成排敷设的管路，弯头弧度应一致。

(9) 检出元件和取源部件的安装位置，在满足技术要求情况下应尽量选择在靠近平台的地方。

(10) 炉侧变送器应安装在保温箱内，导管引入处应密封，排污阀必须安装在箱外。

(11) 系统工程师进行DCS设备受电、软件下载、系统静态调试，主要工作有：核对全部接线，检查全部保险管和电源进线电压；检查机柜包括操作站供电单元，做考核性试验；检查电源调整卡的各档电压，是否在允许的范围内；用厂家提供自诊断程序（软盘）对硬件进行诊断；工程师站输入组态数据，对电气、仪表、工艺数据、联锁、报警信号等进行工艺确认，根据工艺要求进行组态数据增减修改。

(三) 管道安装工程施工方案

(1) 施工程序：场地布置→设备领用清点及外观检查（包括光谱复查）→设备焊口无损探伤检验及性能试验→管道支吊架配制焊接→管道起吊、安装、支吊架安装→热处理焊口检验→整个管道系统光谱复检→管道系统水压、冲洗或吹扫→验收签证→保温→支吊架调整。

(2) 小径管安装时，要提前进行施工设计，同一参数的疏放水管集中布置，进入同一联箱，集中排放到设计位置。布置时既要合理，又要美观，且不与平台、栏杆相冲突，不影响保温及管道的热膨胀。阀门布置应整齐美观，便于操作。

(3) 四大管道及旁路系统的管道，在组合前根据吊装机械的起吊能力和现场实际情况绘制分段图，明确组件的长度、重量。并进行集中排料、下料，应经反复校核尺寸，才可下料切割。

(4) 炉侧的管道用250t履带吊装。汽机侧的管道用行车、卷扬机吊装。

(5) 阀门安装前，复核产品合格证和水压记录，按图纸要求核对型号和安装方向。

(6) 阀门安装时保证自然连接，防止附加应力损坏阀门。

(7) 管道支架、吊架的安装按支吊架设计图进行，尺寸和吊点一定要正确。按设计要求正确装设支吊架的偏移方向及尺寸。

三、实施效果与体会

(一) 实施效果

1. 进度计划

计划工期要求：2004年7月15日开工，2006年12月31日完工。实际工期：2004年8月6日开工，2007年4月24日完工，其中1号机组2006年6月26日完工，比计划工期提前2个月完工；2号机组2007年4月24日完工，比计划工期晚4个月完工，主要是2号机组安装完成后准备试运行前，得知甲供的主汽、主给水这批管道，在别的工程使用中出现了质量问题。建设单位决定更换该批管道，因此造成返工。

2. 质量目标

(1) 建筑分项工程合格率100%。

分项工程优良率96%（组织设计目标90%以上)。

单位工程优良率96%（组织设计目标95%以上)。

(2) 安装分项工程合格率100%。

分项工程优良率100%（组织设计目标98%以上)。

单位工程优良率100%（组织设计目标99%以上)。

(3) 受检焊口无损检验一次合格率98.8%（组织设计目标98.5%以上)。

1号、2号机组锅炉水压、风压、汽机扣缸、厂用带电、点火、冲转并网、168h试运全部一次成功。

各专业质量目标也都实现了组织设计的要求。

机组在168h试运中的各项参数也全部达到了设计要求。

3. 安全/环境管理目标

(1) 人身死亡、重伤零事故。

(2) 重大机械设备损坏、火灾、责任交通零事故。

(3) 严重职业伤害零事故。

(4) 实现了安全管理制度化，人员行为规范化，安全设施标准化，物料堆放定置化，施工环境人文化。

(二) 新技术、新工艺、新材料的运用

1. 建筑工程

(1) 主厂房基础上部框架结构、汽轮机基础上部结构采用大型胶合板，有效地提高了混凝土外观工艺质量，基座被评为本工程的精品工程和亮点项目。

(2) 大体积混凝土工程掺加粉煤灰和减水剂，改善了混凝土的和易性，有效控制了大体积混凝土的裂缝产生，降低工程造价，本工程未发现大体积混凝土的严重裂缝。

(3) 建筑测设采用全站仪，提高了测设精度和效率。

2. 安装工程

(1) 汽轮机本体安装隔板找中心施工，采用了拉钢丝，结合电流表，用内径千分尺测量调整的施工工艺。

(2) 汽机油循环中采用了大流量冲洗技术，确保油系统冲洗彻底，油质合格，缩短分步试运时间。

(三) 工程量变更

(1) 原设计汽机间屋顶结构为球形钢网架，后变更为钢屋架。

(2) 引风机室由于设计失误，造成与电除尘烟箱不配套，完工后又进行了返工，变更为钢结构。

(3) 渣仓初设为露天，后变更为全封闭。

(4) 6 号输煤栈高跨部分原设计为钢筋混凝土现浇结构，后为了加快施工总进度，变更为钢结构。

(5) 安装工程量在 1 号机组试运期间，发现除灰能力不足，增加了除灰管线的管径和设备。

以上项目增加了施工难度和土建施工工期，占用了主吊机械的资源。

(四) 主吊机械的实际布置变更

(1) 1 号炉作业区采用 DBQ3000 作为主吊机械，待大件吊装完后，在炉顶布置了 7050 塔吊作为吊装机械。

(2) 临时组合场用 DMQ540-30 门座吊，辅以炉后移动的 LR368RH-5 履带吊 (250t) 吊装。

(3) 扩建端锅炉组合场用 LQ4042 龙门吊，2 号炉也用 DBQ3000 作为主吊机械，也辅以炉后移动的 LR368RH-5 履带吊 (250t)。

(4) 汽机施工区未安装吊车。

(5) 修配铆焊区采用 DMQ540-30 门座吊。

(6) 主厂房土建施工布置 3 台 TCP5613-38 进行 BCD 框架施工，汽机房屋面及桁车梁等的吊装用 LR368RH-5 履带吊 (250t)。

(五) 临时设施变更

(1) 施工用电原设计采用 6 座 1000kVA 箱式变电站向施工、生活区供电 (A、B 标)，实际现场中部东侧的汽机施工区、锅炉施工区、修配铆焊区、搅拌站、租赁站、材料库、机械站、钢筋加工区等电厂前期仅安排我公司使用 2、3、4 号箱式变电站，各 800kVA；后容量不够，又增设 8 号箱变 500kVA 专供锅炉组合场 3000t·m 塔吊及 40t 龙门吊使用。

(2) 现场供水：由于现场水源水质达不到饮用水标准，所以电厂所供水只能用于生活区冲洗水，搅拌站生产用水，消防用水等。现场施工用水全部采用井点降水水井水源，就地取用，原设计供水管线未实施。职工生活用水全部采用外购合格饮用水。

(3) 现场供热：原设计依靠电厂启锅供施工期间冬施用热源及生活用热源，由于启锅投入使用晚，因此项目部在生活区建设了采暖与洗澡用综合锅炉（3t 炉 1 台、2t 炉 1 台）。施工生产区用炮弹炉 2t2 台，1t2 台作为采暖和冬期施工用热源。

（4）施工通信：原设计项目部装 80 门的交换机辅以对讲机来解决本单位各职能部室及各专业分公司之间的联系。在实际实施中，通过与当地通信部门及建设单位的联系、协调，一起并入了建设单位的程控交换系统，在不投资交换机的情况下，实现了对内对外的联络畅通，方便解决了本单位各部门之间的生产调度和对监理、业主及其他参建兄弟单位的联系。

2.2.12 250 万 t/a 炼油厂加氢裂化装置施工组织设计

一、工程概况

（一）项目简介

250 万 t/a 加氢裂化装置是 1500 万 t/a 炼油工程的组成部分，与 50000Nm^3/h 制氢装置、污水汽提装置和溶剂再生装置组成联合装置。联合装置占地 4.325hm^2，加氢裂化装置为联合装置中最重要的生产装置，占地约为 2.2739hm^2，占联合装置总占地面积的 52.6%。

加氢裂化装置规模为 250 万 t/a，应用加氢精制和加氢裂化催化剂，采用双剂串联一次通过的加氢裂化工艺。反应部分采用国内成熟的炉前部分混氢方案；分馏部分采用脱硫化氢汽提塔＋常压塔出柴油方案；吸收稳定部分采用重石脑油作吸收剂，柴油作再吸收剂的方案；脱硫部分采用 MDEA 作脱硫剂，进行液化气和低分气脱硫的方案：催化剂的硫化采用干法硫化；催化剂的钝化采用低氮油注氨的钝化方案；催化剂再生采用器外再生方案。

（二）工程特点

（1）装置按流程布置，占地面积小，结构紧凑，其东侧、北侧均为在建的新装置，南侧、西侧分别为厂区道路，施工区域狭长，有效施工面积小，现场基本无法进行设备、材料的堆放和预制；设备、管道吊装不能充分利用吊车进行吊装，大型吊车进厂困难；难以组织大批施工人员进行施工。

（2）装置区内超限设备多，2 台反应器、循环氢脱硫塔、高压分离器等设备的重量在 200t 以上，管廊上的空冷器由于其重量大、吊装半径大也是设备吊装的重点之一。

（3）高压设备、高压管道多，高压管道、高压设备的介质多临氢，无泄漏，高压法兰多采用梯形槽法兰的密封面，生产过程要求设备的人孔、管孔法兰密封面严密。

（4）高压管道多，且高压管道多临氢塔，施工工艺复杂且要求严格。

（5）高压设备特别是高压换热器在施工的全过程应着重进行保护。

（6）4 台压缩机和高压泵的施工也是本装置施工的难点和重点，是关系装置开车的关键所在。

（7）装置中有两台加热炉，炉管焊接量大，焊接、安装精度要求高。

（三）工程范围

工程范围主要包括 250 万 t/a 加氢裂化装置的钢结构、设备、管道、仪表和电气安装、防腐绝热工程及室外给排水工程。本装置主要包括 5 个重要单元区域。

（1）反应部分：包括加氢精制反应器、加氢裂化反应器、循环氢脱硫塔、冷低压分离器、循环氢压缩机、反映进料加热炉等。

（2）分馏部分：包括硫化氢汽提塔、分馏塔、汽提塔、柴油汽提塔等。

（3）吸收稳定部分：包括吸收脱吸塔、石脑油分流塔、柴油再吸收塔等。

（4）液化气和低分气脱硫部分：包括低分气脱硫塔、液化气脱硫塔等。

（5）公用工程部分：包括硫化剂罐、缓蚀剂罐、紧急放空罐、地下污油罐等。

（四）气候条件

（1）气温：年平均气温：11.6℃，极端最高温度：42.6℃，极端最低温度：－27.4℃，最热月平均最高温度：33.1℃，最冷月平均最低温度：－12.8℃。

（2）湿度：年平均相对湿度：60.5%，年平均最大相对湿度：79%，年平均最小相对湿度：43%，最冷月平均相对湿度：51.3%，最热月平均相对湿度：70%。

（3）气压：年平均气压：＜0.1MPa，极端最高气压：0.113MPa，极端最低气压：0.096MPa。

（4）降雨量：多年平均降雨量：655mm，最大年降雨量：830mm，日最大降雨量：161.1mm。

（5）雪载荷：最大积雪深度：250 mm，基本雪压：0.4kN/m^2。

（6）风载荷：瞬时最大风速：42m/s，标准风压值：0.4kN/m^2，年主导风向：东北、西南，全年最小频率风向：西西北。

（7）抗震设防烈度：8 度。

（8）土壤冻结深度：－0.85m。

（9）年雷暴日数：36.7d/a。

二、摘选主要施工方案

（一）管道工程施工方案

1. 本工程工艺管道安装的特点

250 万 t/a 加氢裂化装置共有工艺管道 56000 多 m，其中不锈钢高压管道 400 余 m，不锈钢高压管道的材质为 0Cr18Ni10Ti，碳钢高压管道 3000 余 m，碳钢高压管道的材质为炼油厂石化裂化管 SMLS—A820 钢。高压管道的阀门由国外供货，部分管件也由国外供货。

本装置工艺管道安装的特点：

（1）管道制安工作量大，材质有不锈钢、碳钢等多种，管道焊接具有一定难度。

（2）工艺系统易燃、易爆介质多，尤其是氢气、酸性气含高度危害的 H_2S，管道条件复杂，防泄漏要求高。

（3）主要物流普遍温度较高，绝热工程量大。

（4）高压管道梯形槽法兰的密封面质量要求高，施工中法兰连接件紧固的压力和顺序要求高。

（5）与压缩机连接的管道施工精度要求高。

2. 工艺管道施工程序

管道预制、安装施工程序见图 2.2.12-1。

3. 管道预制

为优化作业环境，提高工作效率，将大部分管道的预制工作放在管道加工厂内进行。管道预留段、设计更改部分等在安装现场进行预制。

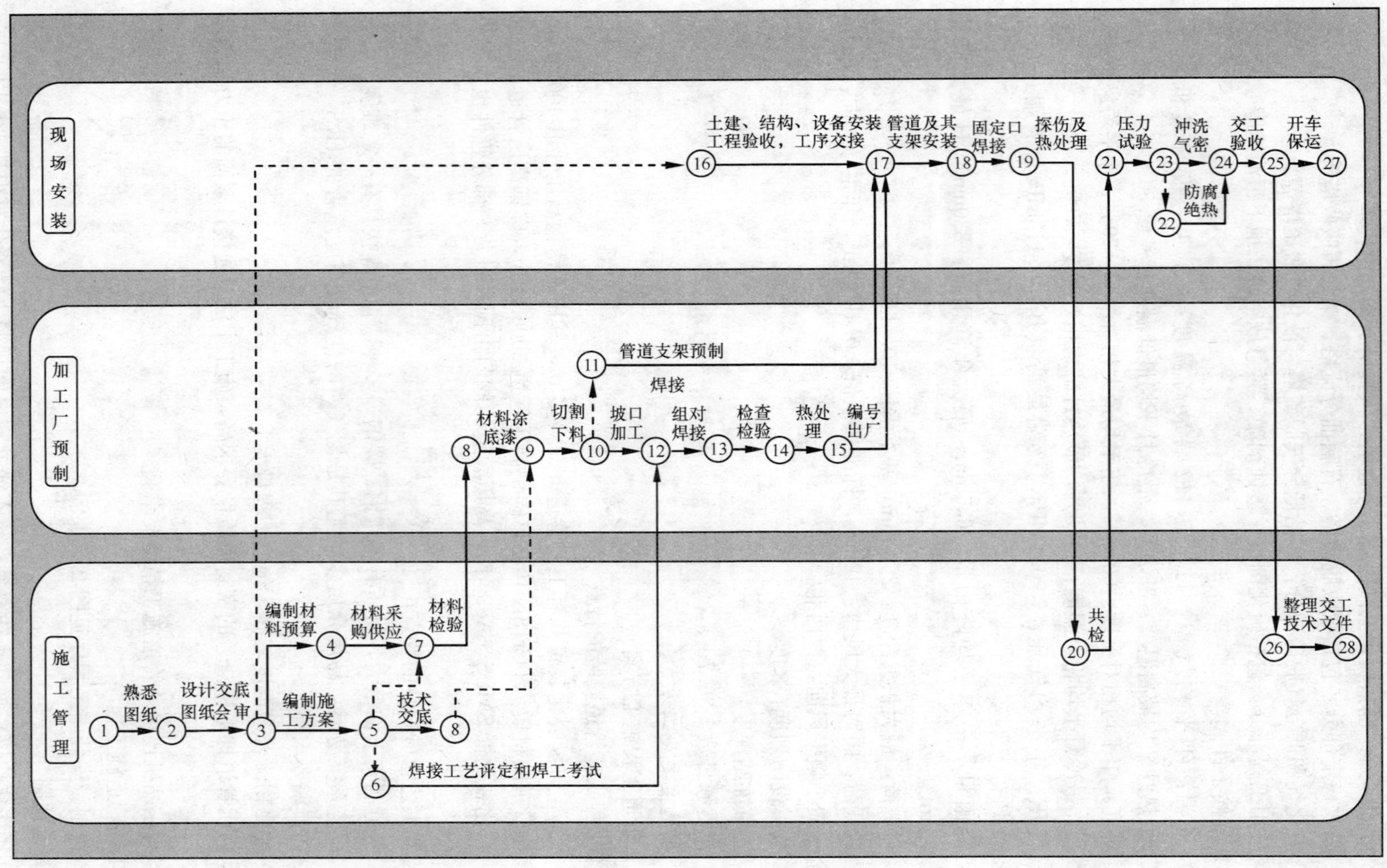

图 2.2.12-1　管道预制安装工艺流程图

(1) 管道组成件的检验

1) Ⅰ类(或A级)管道的管子或管件应抽10%,Ⅱ类(或B级)的应抽5%进行外径、壁厚、椭圆度的检查。

2) 高压管外表面应无裂纹、缩孔、夹渣、折叠、重皮、凹陷及其他机械损伤等缺陷;高压管、管件上必须有钢号、炉罐号且与质量说明书相符合。

3) 法兰密封面、缠绕垫不得有径向划痕、松散、翘曲等缺陷,石棉垫表面应平整光滑,不得有气泡、分层、折皱等缺陷。

4) 螺栓、螺母的螺纹应完整,无划痕、毛刺等缺陷,并应配合良好,无松动或卡涩现象。

5) 阀门检验:

① 压力管道使用的阀门检验,执行企业标准《压力管道用阀门检验、试验工艺标准》QG/4441.52.01,并专门成立阀门检验、试验小组,其成员应由施工班组、相关技术人员和质量检查人员组成。

② 阀门试验、检验前,必须进行专门的技术交底,并配置相应的工装设备。阀门检验、试验程序见图2.2.12-2。

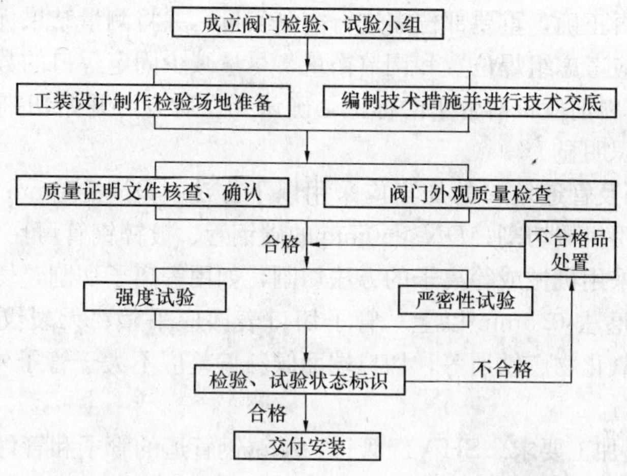

图2.2.12-2 检验、试验工艺流程

③ 中压阀门应逐个进行水压试验。公称压力小于或等于1.6MPa的阀门,应从每批中抽查10%,且不少于1个,当不合格时,应再抽查20%,仍然不合格时,该批阀门不得使用。

④ Ⅰ、Ⅱ类(或A、B级)管道的阀门以及夹套阀的内层、夹层均应逐个进行水压强度和严密性试验。

⑤ B级或B级以上管道阀门阀座密封面以0.6MPa做空气压力密封性试验。

⑥ 阀门的壳体压力试验和密封性试验必须用洁净水进行。不锈钢阀门试验用水的氯离子含量不得超过100ppm。

⑦ 阀门的壳体压力试验应为公称压力的1.5倍;试验时间不得少于5min,以壳体、填料无渗漏为合格。

⑧ 除止回阀、节流阀外,阀门的密封试验宜以公称压力进行,以阀瓣密封面无泄漏为合格。

⑨ 公称压力小于 1MPa，且公称直径大于等于 600mm 的闸阀，壳体压力试验宜在系统试验时按系统的试验压力进行试验，闸板密封试验可采用色印等方法进行检验，结合面上色印应连续。

⑩ 合金钢阀门应逐个快速光谱分析，且 10%进行解体检查，不合格时该批阀门不得使用。

⑪ 试验合格的阀门，应及时排净内部积水、吹干，密封面上应涂防锈油，关闭阀门，封闭出入口。

⑫ 安全阀按设计文件规定的定压值进行调试，允许偏差为±3%。调试介质：管道内介质为气体时，优先采用氮气调试；管道内介质为液体时，应使用液体调试。调压时的压力应稳定，每个安全阀启闭次数为 3 次。要求起跳压力明显，无前漏、后漏现象。由于安全阀进出口压差较大，不进行壳体压力试验，密封试验时，压力小于定压值，不得泄漏，可在安全阀出口贴纸进行目测。在调试过程中，业主及监理单位应有代表在现场监督确认。

(2) 管道材料切割下料

1) 施工班组在预制施工时，应仔细核对单线图与平面图，核对基础、设备、管架、预埋件、预留孔是否正确，重要部位需进行实测实量，并将测量结果标注于轴测图上。对于最后封闭的管段应考虑组焊位置和调节裕量，尽量减少固定焊口的数量。

2) 根据图纸下料前应核对管子的标记，确认无误后方可开始切割工作，做到用料正确、尺寸准确、标识明显。

3) 钢材的切割及管道坡口的加工应采用以下方法：$DN \leqslant 50$mm 的碳钢管、镀锌钢管、合金钢管，采用机械切割；$DN > 50$mm 的碳钢管、镀锌钢管可用氧-乙炔气割后进行打磨；不锈钢管应采用机械或等离子的方法切割，如用等离子切割，切割后需用专用砂轮修磨，将热影响区磨去 0.5mm 以上。管子切口表面应平整、无裂纹、重皮、毛刺、凹凸、缩口、熔渣、氧化物、铁屑等，切口端面倾斜偏差应不大于管子外径的 1%，且不超过 3mm。

4) 坡口形式及加工要求。SHA 级管道、不锈钢管道的管子和管件宜用坡口机进行机械加工，其他类别管道可用氧-乙炔气割加工，但必须用磨光机磨去影响焊接质量的表面层，并打磨平整。坡口加工完毕，要检查坡口表面质量，以保证焊接质量。

(3) 管道组对

1) 壁厚相同的管道组成件组对时，应使内壁平齐，其错边量不超过壁厚的 10%，且不大于 0.5mm。

2) 壁厚不同的管道组成件组对，管道的内壁差超过 0.5mm 或外壁差超过 2mm 时，应按图 2.2.12-3 要求进行加工、组对。

(4) 预制件的焊接、探伤及热处理

预制件的焊接、探伤及热处理按要求进行，在预制厂完成无损检测、焊后热处理和防腐工作后，还应在预制厂内除锈和防腐，但焊工钢印号、管道编号以及管线号不允许涂漆。

(5) 预制件的存放，保护与运输

1) 预制好的管段，按单元或区域摆放整齐，以便于运输和安装。

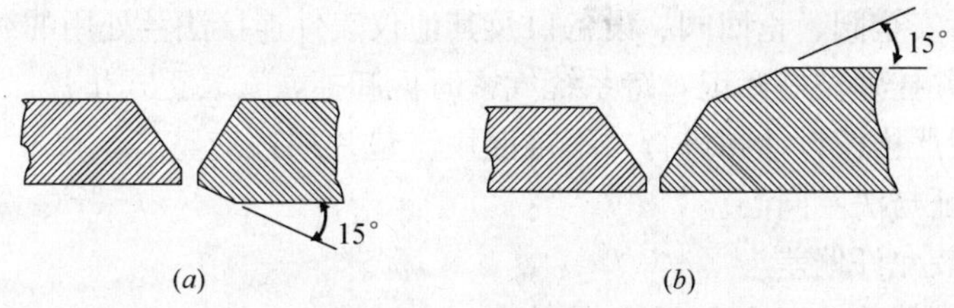

图 2.2.12-3 壁厚不同管道组成件组对型式
(a) 内壁尺寸不相等；(b) 外壁尺寸不相等

2）使用专门的场地存放不锈钢管道，与碳钢管道严格区分开。

4. 管道安装

(1) 管道安装应具备的条件

1）与配管有关的建筑物、基础、钢结构经验收合格，满足安装要求，与管道连接的机器、设备安装找正合格，固定完毕，并办理完工序交接手续。

2）预制件已检验合格，可以在地面上进行的工作尽可能都完成。

3）预制件、阀门等内部已清理干净，无杂物。

(2) 管道安装的基本顺序

工艺管道的施工原则是：先地下管，后地上管；先公用工程，后工艺物料配管；先管廊管道，后装置单元工艺管道；先大管，后小管；先主管，后伴管；先干线，后支线；对特殊材质，特殊部位的管道要做好相应安排。若受到管件、配件的到货时间以及相关作业的影响，安装顺序可作适当调整。

(3) 管道安装的一般要求

1）管道安装按管道平面布置图和单线图进行，重点注意标高、介质流向、支吊架形式及位置、坡度值、预拉值、管道材质、阀门的安装方向。

2）管道安装时，不宜采用临时支吊架，更不得用钢丝、麻绳、石块等作为临时支吊架，尽早安装正式支吊架。管架制安严格按设计图纸进行，未经设计单位书面同意，严禁变动其形式或规格，特别是热力管线和机器出入口管线更要一丝不苟。支吊架焊接同管道焊接要求相同，焊道要饱满，焊接完毕须经检查人员检查合格后，方可进行管道安装。

3）固定接缝可采用卡具来组对。但不得使用强力组对、加热管子、加置偏垫或多层垫片来消除固定接缝端面的过量空隙偏差、错口、不同心度等缺陷，若有这样的缺陷应查明原因进行返修和矫正。固定接缝需充氩气保护焊接时，采用可溶纸预先贴入固定口两边的管内，以保证氩气保护效果和节约氩气的用量。

4）法兰应与管道同心，保证螺栓能自由穿入，安装方向一致。螺栓紧固应均匀对称，松紧适当，紧固后的螺栓与螺母宜平齐。设计温度高于100℃的管道用螺栓、螺母和不锈钢材质的螺栓、螺母安装时，涂抹指定的油脂（二硫化钼油脂、石墨机油或石墨粉等）。

5）不锈钢管道与碳钢支吊架之间，垫入氯离子含量不超过 50×10^{-6}（50ppm）的橡胶石棉垫，防止不锈钢渗碳、锈蚀。

6）安装孔板时，其上下游直管段长度应符合仪表专业设计要求。

7）温度计套管的插入方向、插入深度及位置应符合设计要求。

8）调节阀、安全阀、止回阀、设备口及其他仪表件连接法兰处用的缠绕垫、金属垫，用石棉垫代替，并挂牌做好标记，待系统气密时拆卸掉，安装正式垫片。

9）垫片使用严格按设计图进行，不得混用。垫片周边应整齐，尺寸与法兰密封面相符，安装时应保证与法兰同心。

（4）管道安装允许偏差

管道安装允许偏差见表 2.2.12-1 规定。

管道安装允许偏差（mm） **表 2.2.12-1**

项 目			允许偏差（mm）
坐标	架空及地沟	室外	25
		室内	15
	埋 地		60
标高	架空及地沟	室外	±20
		室内	±15
	埋 地		±25
水平管道平直度	$DN \leqslant 100$		$2L$‰，且≤50
	$DN > 100$		$3L$‰，且≤80
立管垂直度			$5L$‰，且≤30
成排管道间距			15
交叉管的外壁或绝热层间距			20

注：L—管子有效长度；DN—管子公称直径。

（5）传动设备配管

1）传动设备配管原则是：管道对设备不产生任何有害影响。

2）传动设备配管时，应先从传动设备侧开始安装，先装管道支架，保证管道与设备连接法兰的良好对中，管道的重量和附加力矩不得作用在机器上。

3）固定口应选定在远离设备管口的位置。对于随机配管，首先满足供货商技术文件的要求。

4）管道安装完毕后，拆开设备进出口法兰螺栓，在自由状态下检查法兰密封面间的平行度、同轴度及间距，当制造厂或设计文件无规定时，其允许偏差符合表 2.2.12-2 规定。

法兰密封面平行度、同轴度及间距允许偏差 **表 2.2.12-2**

机器转速（r/min）	平行度（mm）	同轴度（mm）	间 距（mm）
<3000	≤0.40	≤0.80	垫片厚+1.5
3000～6000	≤0.15	≤0.50	垫片厚+1.0
>6000	≤0.10	≤0.20	垫片厚+1.0

5）管道与设备最终连接时，在设备上架设百分表监视连接部位的位移，设备转速大于 6000r/min 时位移应小于 0.02mm，转速小于或等于 6000r/min 时位移应小于 0.05mm。百分表架设位置：机泵设备—联轴器，汽轮机或离心式压缩机—机身支座，往复式压缩机

一机身或相邻列汽缸。

6）传动设备进出口管线与设备法兰连接处应设隔离盲板，并做好详细记录，待管道吹洗合格、试车前经确认后拆除。

（6）热力管道安装

热力管道具有热位移的特点，所以对支、吊架有严格的要求：

1）固定架和导线支架的位置必须符合图纸规定。

2）弹簧支、吊架定位应准确，弹簧压缩、拉伸值应符合设计规定。

3）高温管道不得变动其安装位置与尺寸，若有变更时，必须有设计部门的变更通知单。

4）支吊架应按要求加置木块、软金属垫、石棉板、绝热垫等隔离块。

（7）蒸汽伴管安装

1）蒸汽伴热管的预制安装施工程序图，如图2.2.12-4所示。

2）伴热管施工除应执行设计技术文件外，还应执行以下规定：

①伴热管施工时要做到排列整齐、美观、定位可靠，蒸汽伴管使用的无缝钢管，不得有裂纹、重皮、挤瘪等缺陷。

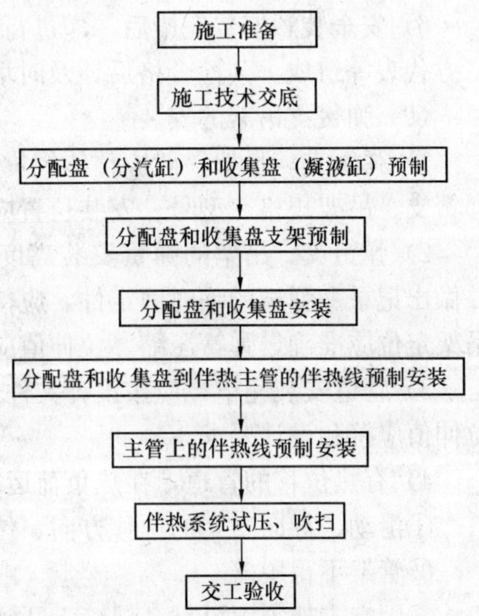

图2.2.12-4 蒸汽伴管施工程序

②蒸汽伴管应从被伴热的物料管或设备的最高点引入，从最低点排出，避免形成袋状，以便凝结水能自行排液。

③管道或设备上的仪表一次件伴热时，应从自身伴热线上引出。

④伴热蒸汽必须从蒸汽总管上部引出，高于蒸汽总管的水平伴管应坡向蒸汽总管。

⑤水平管一般应安装在主管下方或支架的侧面，对不允许与主管直接接触的伴热管，在伴热管与主管间应加隔离块。当主管为不锈钢管时，隔离层采用石棉板，并用不锈钢丝绑扎。碳钢管伴管用16号镀锌钢丝固定在主管上，直伴管绑扎间距为1.5m，弯头部位不应少于3道。

⑥蒸汽伴管的直管部分，至少每间隔10m应设有1个膨胀圈，伴管与主管平行安装，位置正确，间距合理。

（8）阀门安装

1）阀门一般应在关闭状态下安装。但对焊阀门与管道连接时为保证内部清洁，焊缝底层采用氩弧焊打底，焊接时不宜关闭，防止出现过热变形及焊渣烧伤密封面现象。放空阀的螺纹部分，要求密封焊时，阀门也不宜关闭。

2）安装前按设计要求核对型号，并按介质流向确定其安装方向。有流向要求的阀门，安装时注意阀门上的方向与工艺要求一致。

3）阀门手轮方向施工图未注明的，以方便操作即可，但手轮不宜朝下。水平管道上的阀门，其阀杆一般应安装在上半周范围内。

4）升降式止回阀、旋启式止回阀安装位置和方向应符合设计要求。

5）安全阀经调校合格，在系统试压吹扫合格后进行垂直安装，安装倾斜度不得超过0.5‰，严禁碰击，运输和存放均应尽量保持垂直。如在系统试压吹扫之前安装，应在水压试验、吹洗、气密时进行隔离保护。安全阀最终调校，宜在线进行，其开启压力应符合设计文件的要求。安全阀经最终调校合格后，应做铅封。

6）安全装置安装完毕后，应进行共检，共检人员由业主代表、监理工程师代表及施工方代表等组成。共检合格后，及时填写记录并签章。

(9）弹簧支吊架的安装

1）弹簧支、吊架一般应整体供货，指针应指示冷态值，并通过临时固定件进行固定。弹簧支、吊架规格、型号、安装位置应符合图纸要求，不得随意更改或变动。

2）弹簧支、吊架的弹簧安装高度，应按设计文件规定安装，弹簧应调整至冷态值，并做出记录。弹簧的临时固定件，应待系统安装、试压、绝热完毕后方可拆除。弹簧支、吊架定位应准确，弹簧压缩、拉伸值应符合设计规定。

3）管道安装完毕，应按设计文件逐个核对支吊架的形式、位置是否正确。弹簧压缩拉伸值应符和设计要求。

4）有热位移的管道，在热负荷运行时，应及时对支吊架进行以下检查与调整：

①滑动、导向支架的位移方向、位移值和导向性能应符合设计文件规定。

②管架不得脱落。

③固定支架牢固可靠，焊缝无开裂现象。

④弹簧支吊架位移正确，指针应指示置热态值。

5）管道安装施工时，严禁将管架作为施工吊装受力点，并注意防止对弹簧支吊架的碰撞。

(10）静电接地安装

1）有静电接地要求的管道，各段管子间应导电良好，每对法兰或螺纹接头间电阻值超过0.03Ω时，应有导线跨接；当管道系统的对地电阻值超过100Ω时，应设两处接地引线。接地引线采用焊接形式。

2）有静电接地要求的不锈钢管道，导线跨接或接地引线不得与不锈钢管直接相焊，应采用不锈钢板过渡。

3）用做静电接地的材料或零部件，安装前不得涂漆，导电接触面必须除锈并紧密连接。

4）静电接地安装完毕后，必须经过测试，电阻值超过规定时，应进行检查与调整。

5. 压力管道的焊接

(1）总则

1）本装置压力管道材质有20号钢、0Cr18Ni10Ti等2种。

2）本节的规定适用于与压力管道有关的所有的焊接作业，包括管道对接焊缝、承插焊缝、密封焊缝、开孔角焊缝、支架与受压管道组成件间的焊缝等的制作。

(2）焊接工艺准备

1）根据本装置管道材料的具体情况，初步制定基本的焊接工艺规程（WPS）见表2.2.12-3。

焊接工艺规程 **表 2.2.12-3**

工艺序号项目		1		2	3		4
母材材质		20号或20G		20号或20G	0Cr18Ni10Ti		0Cr18Ni10Ti
直径范围（mm）		60～480		22～48	60～377		22～48
壁厚范围（mm）		4～16	17～35	3～4	4～16	17～28	3～4.5
焊接方法		GTAW+SMAW		GTAW	GTAW+SMAW		GTAW
坡口形式		60°～70° V形	YV形	60°～70° V形	60°～70° V形	YV形	60°～70° V形
焊材牌号及规格	焊条	J426，ϕ3.2			A132，ϕ3.2		
	焊丝	TGS-50 ϕ2.4		TGS-50 ϕ2.4	TGS-347 ϕ2.4		TGS-347 ϕ2.4
电流特性		GTAW直流正接 SMAW交流或直流反接		直流正接	GTAW直流正接 SMAW直流反接		直流正接
焊接电流（A）		GTAW 70～120 SMAW 80～130		70～120	GTAW 50～90 SMAW 65～110		50～90
焊接电压（V）		GTAW 9～15 SMAW 22～26		9～15	GTAW 11～12 SMAW 22～26		11～12
预热温度（℃）		环境温度低于0℃时预热至15℃以上			不预热		
层间温度（℃）		≤250		≤250	≤250		≤250

2）所有以上焊接工艺规程应有焊接工艺评定记录（PQR）的支持，否则，应对无评定记录的工艺进行评定。

3）焊接工作进行前，将焊接工艺规程以卡片形式下发到有关焊接人员。

（3）焊接人员和机具准备

1）本装置管道的焊接工作，必须由按《锅炉压力容器焊工考试规则》规定考取相应焊接资格并在有效期内的焊工担任。

2）要求焊接作业人员掌握焊接方法、程序、技术要求和质量控制标准。并在焊接施焊过程中，按照焊接方法和焊接位置要求，对焊工实施持证施焊管理。

3）需用的焊接设备准备充分，能够满足工程施工高峰期的需要。应及早对所有焊接设备进行检查调试，确保性能、状况良好，电流、电压和流量等的计量仪表完好，并经检定合格。

（4）焊接材料管理

1）焊接材料必须具有质量证明书或产品合格证，并经检验合格。设计文件或规范、标准对焊接材料有复验或特殊检验要求时，应按相应规定要求检验或复验合格。

2）设立专门的焊材库，焊材库内配置除湿机和加温设备，并应进行干湿温度监控和记录。

3）焊接材料应建立焊材室进行统一处置和发放管理，并建立烘干和发放记录。焊条烘干技术要求见表2.2.12-4。

焊条烘干技术要求 **表 2.2.12-4**

牌　号	J427	A132	R507
烘干温度（℃）	300～450	约 150	325～375
烘干时间（min）	30～60	30～60	60

4）焊条按规定温度烘干后，应保存在 120～200℃的干燥箱内备用；从干燥箱内取出后不应超过 4h，否则，必须重新烘干后方可使用，焊条重新烘干次数一般不宜超过两次。

5）焊工应使用焊条筒领用焊条，并办理领用手续；施焊人员下班前，应将未用完的焊条连同焊条筒一并退回焊材室。

（5）焊接环境控制

1）压力管道施焊时，焊接环境条件应满足以下要求：

①风速：氩弧焊＜2m/s，手工电弧焊＜8m/s。

②相对湿度：＜90％。

③环境温度：当环境温度低于 0℃时，对在常温下不要求进行焊前预热的焊口，应在焊接前预热至 15℃以上；当环境温度低于－10℃时，除应进行焊前预热外，还须对焊口采取焊后保温措施。

2）当焊接环境条件不能满足上述要求时，必须采取有效防护措施，如用钢板或篷布遮挡，制作可移动式小型焊接防护棚等。

（6）焊前准备

1）奥氏体不锈钢、合金钢管道施焊前，应组织施焊人员进行详细的焊接施工技术交底；必要时，应组织焊前技术培训或专业技术考核。

2）压力管道施焊前，应对管口组对质量进行检查确认，管道焊口组对质量应符合以下要求：

①管口应做到内壁平齐，其错边量不应超过壁厚的 10％，且应≤0.5mm。

②焊接坡口应经砂轮打磨，坡口应整齐光洁，坡口表面的油污、锈蚀和坡口两侧各 10～15mm 范围内的氧化层清理干净，清理范围内应无裂纹、夹层等缺陷。

（7）定位焊

1）管道焊口组对定位焊，应选用与正式施焊相同的焊材，定位焊的工艺要求应与正式焊接工艺要求相同。

2）定位焊的焊缝高度要求为焊件厚度的 70％以下，且应≤6mm；定位焊的焊缝长度为 10～30mm，定位焊点数为 2～5 点。

3）管口的组对点固质量经检验合格后，方可进行正式焊接。

（8）正式焊接

1）厚壁管的焊接应采用多层多道焊，并应逐层检查合格后方可焊接次层，直至完成。厚壁大管径管口的焊接应符合以下规定：

①氩弧焊打底的焊层厚度应大于 3mm。

②其他焊道的单层厚度应不大于所用焊条直径加 2mm。

③单焊道的摆动宽度应不大于所用焊条直径的 5 倍。

2）奥氏体不锈钢管道焊接的内部充氩保护：活动口焊接采用整体充氩，充氩时管子两端应进行封堵，焊口处应用医用胶布密封，随焊接随揭开；固定口焊接采用局部充氩，焊口组对前在焊口内部放置易溶纸封堵。充氩时，确保腔体内部的空气置换干净，待坡口处有氩气均匀流出时方可进行焊接。

3）压力管道焊接时，严禁在被焊工件表面引燃电弧、试验电流；施焊过程中，应注意接头和收弧的质量，收弧时应将熔池填满，多层焊的焊接接头应错开。

4）为确保氩弧焊焊接成型质量，在每瓶氩气正式投用施焊前，均应对每瓶氩气的纯度进行试焊检查，试焊检查不合格的氩气不得用于正式焊接施工。

5）管道焊接完成后，应及时清理和检查焊缝表面，并在距焊缝 20～30mm 处进行标注，并做好施焊记录。

（9）外观检查

1）焊缝外观成型应良好，且应平滑过渡；焊缝宽度应以每边不超过坡口边缘 2mm 为宜；焊缝表面不得低于母材表面；焊缝余高 $\Delta h \leqslant 1+0.2b$（$b$ 为焊缝宽度，mm），且不应大于 3mm，角焊缝的焊脚高度应符合设计规定。

2）焊缝表面不允许有裂纹、未熔合、气孔、夹渣和飞溅等缺陷存在。

3）焊缝咬边深度应≤0.5mm，连续长度应≤100mm，且焊缝两侧咬边总长度不得超过该焊缝长度的 10%。

4）低碳奥氏体不锈钢管道的焊接需要将表面渗碳控制在 20ppm 以下，以保证焊接接头不经酸洗即有良好的外观，且大大减少应力腐蚀的可能性。

（10）焊缝无损检测

外观检查合格的焊缝，依据设计文件规定和《石油化工有毒、可燃介质管道工程施工及验收规范》SH 3501 的规定进行无损检测，检验合格标准为《压力容器无损检测》JB 4730的要求。

（11）焊缝返修

1）焊缝返修必须编制专项焊缝返修工艺卡，依据专项焊缝返修工艺卡的规定要求进行焊缝返修。专项焊缝返修工艺卡的审批，应执行企业标准《焊接管理程序》QG/P 4441.50.11 的规定。

2）焊缝返修前，应认真分析缺陷的性质和部位，并对缺陷进行清除。

3）焊缝返修应由持证且具有相应合格项目的焊工担任。

4）焊缝返修后，应按原质量检测要求重新进行质量检测。

（12）焊后热处理

本装置壁厚大于 19mm 的碳钢管道和不锈钢高压管道应按规定进行焊后热处理。热处理在无损检测合格后进行。热处理后按设计规定的比例检测焊缝和热影响区的硬度值，以符合设计和有关规定的要求为合格。其中不锈钢高压管道在焊接完，热处理前进行铁素体含量检验。

6. 管道系统强度试验

管道安装完毕，应按设计规定对管道进行强度试验。

（1）试验前的检查

邀请业主代表、监理代表、设计代表、施工单位代表进行共检，试验前经共检合格。

检查内容有：

1）管道系统施工完毕，符合设计及有关规范的要求。

2）支、吊架安装完毕，临时加固措施安全可靠。

3）焊接工作结束，并经检验合格。

4）焊缝及焊缝编号、管线号其他应检查的部位，未经涂漆和绝热。

5）管线材质、规格、壁厚系列应符合图纸及设计要求。

6）按 PID 图核对流程是否正确，一次部件是否完成。

7）按配管图核对管线尺寸、阀门和部件尺寸，按管道平面图、管架图核对管架位置、数量、型式、尺寸、质量应符合要求。

8）试压范围内的压力管道的焊接质量合格，热处理及无损检测工作已全部结束。

9）凡不合格处应及时处理，做好记录，检查合格后方可进行压力试验。

（2）试验范围的确定

1）为了提高工作效率，可将管道材料等级相同，试验压力相同的系统构成一个试压包一次进行液压试验。试验前将不能参与试验的管道系统、设备、仪表及管道附件等加以隔离，或加旁路隔离。

2）试压范围确定后，应在试压流程图上做出标记，并把加盲板、装压力表以及放空的位置标注在试压流程图上。

（3）高压换热器试压高压换热器如果在系统中进行水压试压，应保持管程与壳程的压力差。

（4）压力试验

1）液压试验使用的介质为洁净水。奥氏体不锈钢的管道使用水做压力试验时，水中氯离子含量不超过 25ppm，环境温度宜在 5℃以上，否则应采取防冻措施。试验前，注水时排净管道系统内的空气。

2）液压试验压力为设计压力的 1.5 倍，当试验温度高于设计温度时，应按下式换算：

$$P_S = 1.5P_0[\sigma]1/[\sigma]2$$

式中　P_S——试验压力（表压）（MPa）；

P_0——设计压力（MPa）；

$[\sigma]1$——试验温度下材料的许用应力（MPa）；

$[\sigma]2$——设计温度下材料的许用应力（MPa）。

3）液体压力试验时，至少安置两块经校验合格的压力表，表的满刻度值为最大被测压力的 1.5～2 倍。一块压力表放在系统最高处，一块压力表放在泵出口，试验时以最高处压力表读数为准。

4）应分级缓慢升压，达到试验压力后停压 10min，然后降至设计压力，停压 30min，以无降压、无泄漏、无渗漏、目测无变形为合格。

5）如果气温较低，且管道的试验压力＜1.6MPa、公称直径≤300mm 或试验压力＜0.6MPa、公称直径＞300mm 的管道，可用气体试压，但必须有可靠的安全技术措施，并经现场技术总负责人批准。

6）气体试验介质为蒸汽、压缩空气或氮气。首先根据气体压力试验压力的大小，在

0.1～0.5MPa 范围内进行预试验。气体压力试验时，应逐步缓慢增加压力。当压力升至试验压力的 50%时，稳压 3min，未发现异常或泄漏，继续按试验压力的 10%逐级升压，每级稳压 3min，直到试验压力，稳压 10min，再将压力降至设计压力，用中性发泡剂对系统进行试漏检查，无泄漏为合格。

7）试验过程中若有泄漏，不得带压修理。缺陷消除后应重新试验。

8）管道系统试验合格后，应缓慢降压，顶部放空阀先打开，试验介质排放到指定地点。

9）管道系统试压完毕，应及时拆除临时盲板及临时试压管路。

7. 管道系统吹扫与清洗

管道系统压力试验合格后，需要进行吹扫和清洗工作。管道吹扫与清洗工作，应按生产工艺流程、按系统进行。

（1）吹洗前对系统进行下列检查：

1）吹洗前不应安装孔板及法兰连接的调节阀、节流阀、安全阀、仪表件等。对已焊上的阀门和仪表，应采取相应保护措施。

2）不参与系统吹扫的设备及管道系统，应与吹扫系统隔离。

3）管道支、吊架要牢固，必要时应予加固。

（2）管道吹洗方法应根据对管道的使用要求、工作介质及管道内表面的脏污程度确定。水管道采用水冲洗；工业风、仪表风、氮气等气体管道，采用本身介质吹扫；蒸汽及其凝液管道应采用蒸汽吹扫；其他介质管道需采用空气吹扫。有些特殊要求的管道，如压缩机各段的进口管，需要进行化学清洗，化学清洗的具体要求和方法根据设计文件的规定。

（3）吹洗顺序应按主管、支管、疏排管依次进行，吹出的脏物不得进入设备和已合格的管道。吹扫压力不得大于容器与管道系统的试验压力。

（4）吹洗合格后将系统内的仪表件、阀门等妨碍吹洗的元件复位。

8. 管道系统的泄漏性试验

（1）系统泄漏性试验应具备的条件

1）管道系统已经压力试验及吹洗合格，系统封闭完成，各种施工记录齐全，并以按设计和规范要求对管道系统进行检查确认。

2）所有参与系统泄漏性试验的机器单机试运转合格，设备清理封闭已经完成。

3）按系统泄漏性试验流程图建立试验系统，系统内不能参加泄漏性试验的系统设备、仪表及管道附件等应加以隔离。对安全阀、防爆膜等安全附件应进行拆除或隔离；不同试验压力的系统应采用关闭阀门或加置盲板的方法进行隔离。加置盲板的部位应做明显标记和记录。

4）施工单位应会同建设单位依据生产工艺流程，投料试车程序及有关规范编制系统泄漏性试验方案。

（2）泄漏性试验施工方法

1）系统泄漏性试验应采用空气或其他无毒、不可燃介质进行。低压系统气源可采用已引入装置的工业风，高压系统应尽量利用单机试车合格的原料气压缩机开车充压，无此条件时，可采用临时空气压缩机或氮气钢瓶充压。

2）系统泄漏性试验压力为其设计压力。

3）系统泄漏性试验试验时，应逐级缓慢升至试验压力，然后重点检查所有管道组成件的法兰接口、阀门填料函、螺纹连接口、放空及排凝阀等部位，以中性发泡剂检验不泄漏为合格。

4）管道系统泄漏性试验，需会同甲方单位、生产车间共同检查确认，并及时填写系统泄漏性试验记录。

5）系统泄漏性试验合格后，打开系统排放阀门，缓慢泄压。

9. 装置管道在开车中容易出现的问题和应注意的事项

根据以往化工装置建设过程中的经验和教训，我们认为由于设计、设备/材料、安装、试车等原因导致的本装置开车过程中发生的管道问题一般有泄露、振动、破坏、堵塞、非正常位移等，经统计各类问题发生的频率如图 2.2.12-5 所示。其原因分析以及在施工需要采取的预防措施、问题发生后的处理措施见表 2.2.12-5。

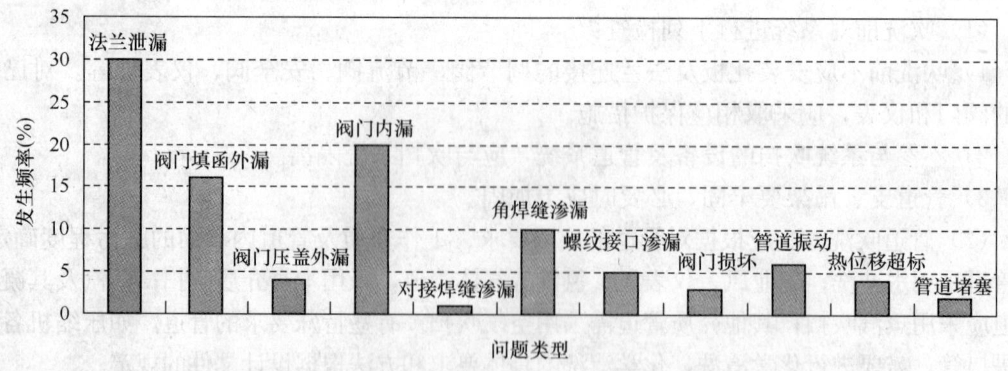

图 2.2.12-5　装置开车过程中发生的管道问题统计图

装置开车过程中发生的管道问题原因与预防、处理措施　　　　**表 2.2.12-5**

序号	问　题	发　生　原　因	预　防　措　施	处　理　措　施
1	法兰泄漏	垫片放偏或紧固不匀	螺栓应平眼安装以便于拧紧，拧紧时要对称成十字交叉式分 2～3 次进行；高温管道（≥250℃）要进行热紧，低温管道（≤−20℃）要进行冷紧	泄压后重新调整紧固
2	阀门填函外漏	填料不紧或老化、损坏	事先检查填料状况	均匀紧固压盖螺栓或更换填料
3	阀门压盖外漏	压盖螺栓松动	严格进行阀门强度试验，运输和安装过程中轻搬轻放	紧固压盖螺栓
4	阀门内漏	阀芯密封面损坏或有杂质堵住阀芯	严密性试验严格把关，保证管道安装清洁度，防止杂质进入阀门	将阀门开启，轻轻敲打，排出杂物，再缓慢关闭；当密封面有损伤时，损伤深度低于 0.05mm 用研磨方法消除，深度超过 0.05mm 先在车床上加工再用研磨方法消除

续表

序号	问题	发生原因	预防措施	处理措施
5	对接焊缝渗漏	穿透性缺陷	全部采用氩弧焊打底保证焊接质量，保证检验质量	泄压修补
6	角焊缝渗漏	穿透性缺陷	角焊缝必须采用多道焊	泄压修补
7	螺纹接口渗漏	螺纹接头拧紧的松紧度不合适或支架距离过大致使管道受力不均匀丝头断裂	螺纹接头拧紧后外露1～2扣，不允许拧过头而倒扣；管道支吊架距离符合设计定	更换管段
8	阀门损坏	阀门操作过程中用力不当，致使阀体或手轮破裂	阀门操作过程中均匀用力	更换阀门
9	管道振动	管道及其支架设计不合理或未严格按设计施工	严格按设计要求施工	对支架进行补强、增加支架或更改管道走向
10	热位移超标	管道及其支架设计不合理或未严格按设计施工	严格按设计要求施工	对支架进行补强、增加支架或更改管道走向
11	管道堵塞	管道安装洁净度低	管道安装前清理管腔，加大吹洗力度	泄压通管或更换

(二）仪表工程施工方案

1. 仪表工程特点及概况

加氢裂化装置采用DCS控制系统，实现生产过程的控制、监视、报警、报表打印及生产管理；紧急停车及安全联锁系统SIS独立于DCS系统，并能与DCS进行数据通信，压缩机组的控制和联锁分别在DCS和SIS中实现。为提高产品质量，还使用了氧化锆分析仪、在线氢分析仪等进行了生产过程的在线控制和产品分析；引用了国外进口的DCS、SIS及高压调节阀、在线氢分析仪等；对易燃、易爆、可能泄漏、易积聚可燃气或H_2S处，分别设置了可燃气体报警器及H_2S检测报警并在DCS上显示、报警；主要操作参数送至DCS进行指示、报警或联锁。

整个装置现场仪表近2640余台件，仪表回路853个，其中有170个控制回路及联锁系统；仪表工程量大，自动化程度高，工期短；国内外设备种类繁多，调试难度大，精度要求高，施工难度大。根据工程的特点，施工前做好详细的计划、部署，组织强有力的调试力量，充分搞好仪表调试工作。

2. 仪表安装调试工作范围

本装置仪表安装调试工作，包括控制室内仪表盘、柜及操作台的安装；配合DCS、SIS组态工程师进行系统调试；仪表电缆桥架的安装；仪表电缆敷设及校接线；仪表电缆保护管的敷设；仪表管路敷设及试压；仪表单体调试及安装；仪表回路试验及仪表联锁系统的试验等。

3. 仪表施工要求

(1) 为保证仪表专业施工顺利进行，仪表工号技术员应先期进驻施工现场，全面仔细地核对，测算施工材料，及时提交施工图预算，及时编制施工方案和施工作业技术交底。

(2) 严格执行施工质量检查制度，每项工序完工时，由工号技术员填写施工质量检查请求书，提前书面通知工程监理和有关QC人员，对实际施工质量做出结论，作为日后工程完工时进行质量总评的一项依据。

(3) 严格执行专业间工序交接质量检查制度，办理书面交接单。本专业上下道工序交接，必须进行全面安装质量检查；上道工序安装质量不合格，不得进行下道工序作业；重要仪表工程工序交接必须通知监理部门检查，并形成书面记录。

(4) 与工艺管道或设备专业联系密切的仪表单元的施工，应与其积极配合，必要时与相关专业一起编制相应的技术交底或施工方案，如为本装置提供安全运行保障的大机组试车等；大机组等关键设备单机试车前，应填报试车申请，经甲方代表、监理部门及厂方专家确认后，方可执行。

(5) 加强施工组织管理，确保统筹安排、分工明细，责任到人。

(6) 仪表施工工序见图2.2.12-6。

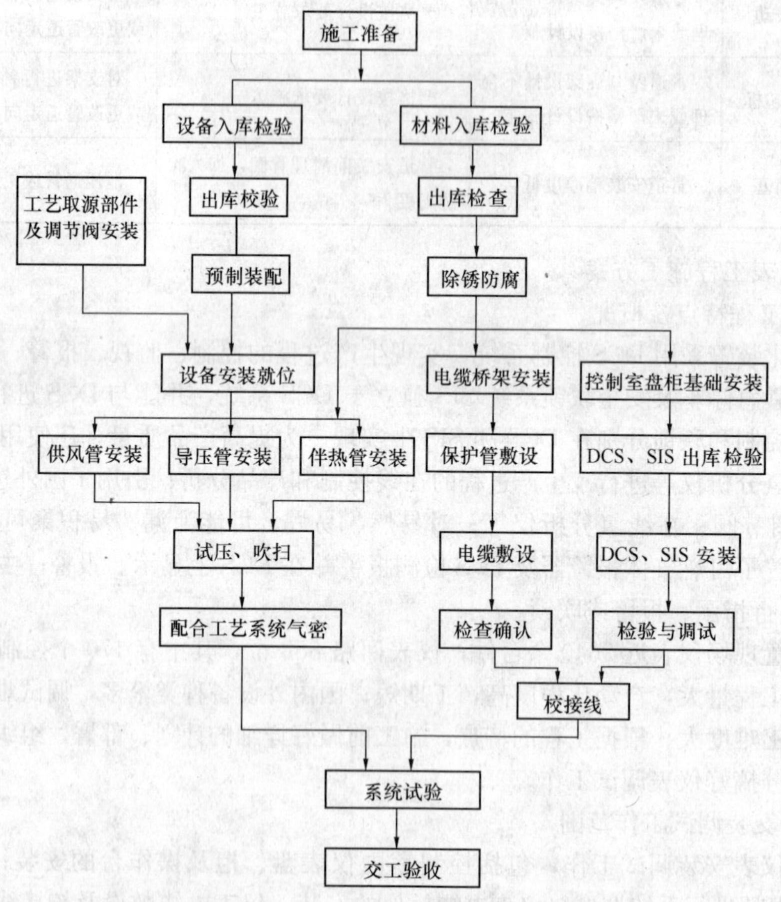

图2.2.12-6　代表工程施工程序

(7) 严格遵守国家规范和施工现场的各项安全规定，确保人身安全和设备安全。

(8) 施工应遵守的标准和规范：

1)《工业自动化仪表工程施工及验收规范》GB 50093。

2)《石油化工仪表工程施工技术规范》SH 3521。

3)《自动化仪表安装工程质量检验评定标准》GBJ 131。

4. 设备、材料的检验、接收及保管

(1) 对于随工艺设备配套供货的仪表，必须事先从有关部门获取详尽装箱清单及其随机技术文件，并与设计公司提供的图纸认真核对，重点核对有关系统连接处的接点及系统的配套性，发现问题及时书面报告业主或监理部门。

(2) 仪表设备及安装材料运至现场后，立即组织力量进行开箱检验，逐一清点，检查外观质量，登记造册，妥善保存合格证、说明书及有关技术文件；立即组织有关人员进行仪表调试。对于仪表管件及阀门，必须按有关规定进行试验及检测，杜绝质量不合格材料用于工程。对于已安装在设备上的仪表件，应根据具体情况，或拆卸保存，或采取相应妥善防护措施。经过验收合格的仪表及安装材料，必须及时存放于专用仪表库。

(3) 高压热偶和高压变送器为螺纹球面密封，出库后必须存放在库房内，且其保护套不能拆除，以防碰损密封面；安装时应检查工艺管道一次点是否清洁，必要时用煤油清洗，然后用力矩扳手按设计要求或产品说明书的要求进行紧固。

(4) 智能仪表检查应符合规定，并同时对其硬件配置进行下列检查：

1) 硬件设备、专用电缆、编程器、通信器材或PC机、备品、备件、随机工具的数量、型号、规格应与装箱单一致，随机资料应齐全。

2) 通电前应仔细检查电源线、接地线、信号线、通信总线，确认其连接无误、保险丝完好无损、插卡位置正确，相关的DIP地址开关、跳线设置应符合设计和制造厂要求，所有连接螺钉均应紧固，无松动现象。

(5) 发现仪表设备和安装材料存在质量问题，必须立即报告业主，对于重要仪表设备的开箱检验，必须通知业主及有关方面到场。

5. 控制室仪表盘、柜安装

(1) 施工准备

1) 控制室土建施工结束，内部装饰工程完毕，空调系统安装调试完毕并可投用，电气照明工程已完工后，经有关部门进行安装质量检查验收合格，仪表专业方可进行控制室内仪表盘柜台的施工。

2) 核实所有仪表盘、柜及台实际制造尺寸，对照土建施工图中门窗尺寸，若发现现有门窗尺寸不适合于盘柜的进入，则应先期考虑联系土建专业在适合墙面预留进盘通道。

3) 核实进控制室仪表桥架的尺寸，对照土建施工图中预留的孔洞，若有不符应在土建专业施工前，通知甲方及设计代表现场解决。

(2) 盘、柜基础槽钢的安装

必须在控制室活动地板开始安装前完成，操作台基础槽钢安装应考虑与活动地板支撑骨架安装相匹配。基础安装偏差见表2.2.12-6。

基础安装允许偏差 **表2.2.12-6**

项　目	允许偏差	
	mm/m	mm/全长
不直度	<1	<5
水平度	<1	<5
位置误差及不平行度		<5

(3) 盘柜安装

1) 仪表盘柜利用螺栓固定在基础上，严禁焊接。

2) 仪表盘柜安装误差符合规程要求。

3) 仪表盘柜安装的允许偏差见表 2.2.12-7。

仪表盘柜安装允许偏差　　**表 2.2.12-7**

项　目		允许偏差（mm）
垂直度		<1.5
水平偏差	相邻两盘顶部	<2
	成列盘顶部	<5
盘面偏差	相邻两盘边	<1
	成列盘面	<5
盘间接缝		<2

6. 电缆桥架的安装

(1) 电缆桥架应按施工图施工。施工前应仔细核对工艺配管图及工艺设备布置图，并在现场仔细核对电缆桥架实际走向，确保电缆桥架的走向与标高不与工艺管道及设备冲突；同时，应及时编制详细电缆桥架施工技术交底，指导施工作业人员正确施工。

(2) 电缆桥架的布置，必须考虑强电、弱电信号电缆按规范要求隔开一定距离。

(3) 汇线槽底板应开漏水孔，漏水孔宜按之字形错开排列，孔径为 Φ5～Φ8，开孔时应从里向外进行施工。

(4) 汇线槽安装后，应按设计要求焊接接地片，开好保护管引出孔和隔板缺口，保护管开孔的位置应处于汇线槽高度的 2/3 以上，并采用油压开孔机或其他机械开孔，不得图省事用电弧焊和气焊切割，以免影响施工质量。

(5) 汇线槽在通过不同级别的爆炸、火灾危险区域分界处时，宜采用隔离密封措施：在分界处制作气密砂封或在分界处用阻火密封填料充填，形成密封阻挡层。

7. 电缆敷设

(1) 电缆敷设要求

1) 电缆桥架安装完后，必须进行安装质量共检，合格后方可进行电缆敷设作业。

2) 不同信号、不同电压等级和本质安全防爆系统的电缆在汇线槽内应分区敷设；强电、弱电信号电缆间距不得小于规范规定的距离。

3) 敷设在垂直段桥架区域的电缆，必须按规定在一定的距离间隔内将电缆用电缆绑扎带绑在桥架上。

4) 电缆应集中敷设，敷设过程中，应停止在敷设线路上空的吊装、焊接等作业，敷设完毕及时加盖，避免造成电缆的机械损伤和烧伤。

5) 电缆在拐弯、两端、伸缩缝、热补偿区段、易振部位等应留有余度，电缆的弯曲半径应符合规范规定。

6) 控制电缆不宜有中间接头如有，应挂上标志牌，同时在隐蔽记录中标明位置。

7) 补偿电缆（导线）及电线不得直接埋地敷设，可穿保护管或在汇线槽内敷设，但不应与其他线路在同一保护管内敷设。

8）补偿电缆（导线）的型号、规格、材质应符合设计要求，绝缘电阻应经检查合格，产品型号应与热电偶及连接仪表的分度号相匹配，包括热电偶在内的线路总电阻值应为配套仪表允许的线路电阻值。

9）补偿电缆（导线）型号和极性可根据芯线材质、芯线绝缘层及所配热电偶分度号颜色区别。

（2）电缆校接线及标识

1）在盘、柜内明设的电缆芯线，打把必须美观、整齐、牢固。端子排压接线，必须牢靠、正确，所挂线号符合规定要求。对于电缆芯线为多股绞织铜线，必须选用正确压接端子，不得将裸多股绞织铜芯线直接压接入端子排。

2）电缆两端必须安装永久性电缆号标牌。

（3）电缆接地

1）电缆屏蔽线必须单端接地，宜在控制室内接地，同一线路的屏蔽层应具有可靠的连续性。

2）安全接地、本安接地、工作接地必须分开，绝缘电阻应符合规范规定和设计要求。

（4）电缆防火

电缆敷设、绞线完毕，核查无误后，应及时进行控制室电缆入口的封闭工作。对于现场电缆桥架，应针对实际情况采取必要的防火保护措施。

8. 仪表管线安装

（1）电缆保护管安装

1）仪表电缆保护管应本着避开高温管道及设备，避开油管线，避开振动设备，美观整齐便于安装的原则进行施工。

2）所有作支架用碳钢型材，必须做好喷沙除锈处理，面漆应用特殊防腐漆。

3）保护管端口套丝后，管口连接处应涂防腐导电膏。

4）在户外和潮湿场所敷设保护管，应采取下列防雨或防潮措施，避免雨水沿管线进入仪表设备：

①在可能积水的位置或最低处，安装排水三通。

②保护管引入接线箱或仪表盘（箱）时，宜从底部进入。

③朝上的保护管末端应封闭，电缆敷设后，在电缆周围充填密封填料。

a. 不同信号线制的电缆不能共用同一根保护管，管内电缆充填系数应小于40%，单根电缆的金属保护管其内径不应小于电缆外经的1.5倍。

b. 保护管通过不同防爆区域的隔墙和楼板时，应将保护穿墙孔和楼板孔堵塞严密。

c. 保护管与接线箱连接时，应安装隔离密封接头，先向接头内填入石棉绳，再灌注密封填料。

（2）气源管线安装

1）仪表气源管线采用镀锌管时应采用螺纹连接方式，管路不得有冷煨弯，缠绕密封带或涂抹密封胶时不能使其进入管内。

2）气源管线安装完毕后，应进行吹扫，吹扫合格后应使用干燥的净化空气进行气密试验，气密合格后方可投入使用。

3）供气管直径的大小应按耗气量、气体流速及压力损失来确定，同时还要适当考虑将来用气量增加的可能性。供气管直径与空气流量、供气点的关系见表 2.2.12-8。

供气管直径与空气流量、供气点关系　　表 2.2.12-8

公称直径（mm）	8	15	20	25	40	50
空气流量（m^3/h）		14	25.5	41.2	95	160
供气点	1	1～5	6～15	16～25	25～40	60～150

（3）导压管线安装

1）根据本装置介质易燃易爆的特点，导压管的施工尤其应当严格管理。工号技术员应仔细地审查设计图纸，熟悉每一套导压管的安装工艺和特点，提前会同有关人员对高压管、管件、阀门的规格，型号，材质及数量进行检查确认，对无合格证或经检查（或试验）不合格的管、管件、阀门严禁使用，并及时通知有关部门。敷设高压管路时应坚持质量监督及质量检查，严防错用管件、阀门。焊接时要保证焊条的正确使用。施工前，工号技术员应及时地编制施工技术交底和导压管施工记录表，对每一道工序都要做好书面记录，并要求相关施工人员签字。

2）从事导压管路焊接作业的焊工必须持有效的焊工合格证书。

3）导压管路敷设前，管子及其部件表面应清洁干净，需脱脂的管路应经脱脂合格后再进行敷设。

4）除过热蒸汽等高温介质外，用于检测的导压管在满足测量要求的前提下，为避免测量滞后等引起误差，应尽量短，且不宜大于 15m。

5）导压管应根据不同介质测量要求分别按 1∶10～1∶100 的坡度敷设，以保证能排除气体或冷凝液；气相取压方位在工艺管线的上 45°，液相取压在下 45°方向，蒸汽管水平取压。

6）导压管连接和仪表设备安装用垫片的规格，材质必须符合设计规定和工艺要求，未经设计或监理部门认可，不得随意代用，更不能因疏忽遗漏。

7）高压管的弯制必须一次冷弯成型，连接宜采用焊接；焊接时，管口应加工坡口，坡口角度为 40°～50°，钝边为 0.5～1.0mm，对口间隙为 1.5～2.0mm。采用卡套连接时，应注意卡套内胀圈的安装和使用，不能装错或漏装；高压管外径允许偏差为±0.3mm，卡套与钢管的咬合深度应大于 0.2mm，技术人员应做好卡套施工记录。高压管、管件、阀门、紧固件的螺纹部分，应抹二硫化钼等防咬合剂，但脱脂管路除外。高压导管上需要分支时，应采用与管路同材质三通，不得在管路上直接开孔焊接。高压管路安装应有详细的记录，并在导压管路上做好明显的标识。

8）设计规定有力矩要求的高压法兰螺栓，安装前应抽查 5%做强度及光谱试验。

9）固定不锈钢管时，应用绝缘材料与碳钢支架、管卡等隔离，防止渗碳锈蚀。

10）介质为气体且试验压力小于 1.6MPa 的导压管路可采用气压试验；气压试验宜用净化空气或惰性气体，试验压力为设计压力的 1.15 倍，停压 5min，压力下降值不大于试验压力的 1%为合格；液压试验应选用清洁水，试验压力为设计压力的 1.25 倍。

11）导压管试压时应与所连接的仪表设备脱开；试压过程中，发现泄漏现象，应先泄压，再作处理；压力试验合格后，应做好记录。

12）仪表高压管路可随同工艺管线一起试压，试压前应打开管路一次阀和排污阀冲洗管路，检查管路是否畅通无阻，再关闭一次阀，检查阀芯是否关严，然后关闭排污阀，打开一次阀，待压力升至试验压力后，停压5min，检查管路有无泄漏现象。

13）在剧毒、易燃、易爆场所施工时，必须经有关人员取样分析合格后，在给定的时间内施工，确保人身安全。

（4）阀门试验

1）中低压阀门试验应逐个进行强度和严密性试验，强度试验压力为公称压力的1.5倍，严密性试验压力为公称压力的1.15倍，5min压力降低不超过1%，试验压力为合格。试验时根据不同的工作介质选用适宜的试验介质。阀门试压合格后应及时排除内部试压介质，并关闭阀门，做好阀门试压记录。

2）高压阀门试验应逐个进行强度和严密性试验。阀门在焊接时应处于开启状态，防止阀芯过热变形。安装截止阀或止回阀时应注意阀门的安装方向，切勿倒装。

（5）其他仪表管线的安装

仪表管线还包括分析取样管、伴热管、冲洗油管和气动信号管等。安装时应严格按照设计图纸，有关规范及相关说明书施工。

9. 仪表设备安装

（1）总要求

1）仪表安装前，按照设计图纸仔细核对设备位号、型号、规格及材质。

2）仪表应安装在不受机械振动并远离磁场和高温的地方，同时应避免腐蚀介质的侵蚀。

3）安装于工艺管道上的仪表及测量元件，在管线吹扫时应将其拆下，待吹扫完后再重新安装。

4）仪表设备支架应牢固可靠，并应做防腐处理。

5）对于安装于设备上的仪表配套法兰，阀门提前核查，发现有误及时向设计及工艺专业通报。

6）对有特殊安装要求的仪表设备，安装时应严格按说明书进行。

（2）温度仪表的安装

1）安装在工艺管道上的测温元件应与管道中心线垂直或倾斜45°，插入深度位于管道中心，插入方向宜与被测介质逆向或垂直。

2）高压及接触剧毒、可燃介质的温度计保护套管应进行液压强度试验，试验压力为公称压力的1.5倍，停压10min应无泄漏。

3）表面温度计的感温面应与被测表面紧密接触，牢靠固定。

4）当测温元件水平安装且插入深度较长或安装在高温设备中时，应有防弯曲措施。

（3）压力仪表的安装

1）压力仪表不宜装在振动较大的设备和管线上；压力取源部件应装在温度取源部件的上游，根据该装置特点，建议在高压压力仪表的引压管线上采用双阀。

2）本装置远传压力信号选用压力、差压或双法兰差压变送器，安装、接线时应严格按照产品说明书和设计标准图执行。

3）差压液面变送器安装高度应不高于液面下部取压口。法兰式差压变送器毛细管敷设时应加保护措施，弯曲半径应大于50mm，安装地点的环境温度变化不得过大，否则，应采取隔热措施。

(4) 流量仪表的安装

本装置流量仪表类型较多，其中包括涡街流量计、质量流量计、超声波流量计、容积式流量计，节流装置等。

1) 节流装置安装前应进行外观检查及尺寸检查，并作好记录；安装时孔板的锐边或喷嘴的曲面应迎向被测介质的流向；孔板、喷嘴的两侧直管段长度应符合设计要求；孔板和孔板法兰的端面应和轴线垂直，其偏差不应大于1°。

2) 涡街流量计安装在无振动的管道上，上下游直管段的长度应符合设计要求；放大器与流量计分开安装时，两者距离不宜大于20m。

3) 质量流量计应安装在水平管道上；介质为气体时，箱体管应处于工艺管道的上方；介质为液体时，箱体管应处于工艺管道的下方。

4) 容积式流量计安装应符合下列规定：

①流量计宜安装在水平管道上，刻度盘应处于垂直平面内，保持表内转轴水平，流量计外壳箭头方向应与流体方向一致。

②流量计上游应设置过滤器，若被测介质含气体，则应安装除气器。

(5) 物位仪表的安装

1) 液位开关应安装在液位变化反映明显、方便电气接线的地方，安装要牢固，浮子应活动自如。

2) 安装玻璃管液面计时，填料应用扳子轻轻拧紧，防止玻璃管碎裂。玻璃板液面计应安装在便于观察和检修拆卸的位置，如果和浮筒液面计并用，安装时应使两台表的液位指示同时处于便于观察的方向，液面计安装应垂直，其垂直度允许偏差为液面计长度的5/1000。

(6) 调节阀及其辅助设备的安装

1) 调节阀的安装方向应与工艺管道及仪表流程图（P&ID）一致；本装置采用了很多高压角阀，其前后差压较大，为避免产品标识不清导致的安装错误，安装前尤其应当仔细确认介质流向高压直通阀。

2) 带定位器的调节阀，定位器的反馈连杆与调节阀阀杆接触应紧密牢固。

(7) 分析仪表的安装

1) 本装置在线分析仪表包括氧化锆分析仪、在线氢分析仪、H_2S浓度报警器、可燃气体报警器等，其安装应严格按照国家规范和相关使用说明书执行，必要时需制定详尽的安装方案。

2) 分析仪表取样点的位置应根据设计要求设在无层流、涡流，无空气渗入，无化学反应过程的位置。

3) 检测器的安装位置根据所测气体密度而定，被测气体密度大于空气的，检测器应安装在距地面200～300mm的位置；密度小于空气的，检测器应安装在泄漏区域的上方位置。检测器的接线盒外壳要有可靠的接地。

(8) DCS、SIS系统的运输及安装

1) DCS系统的安装工序如下：

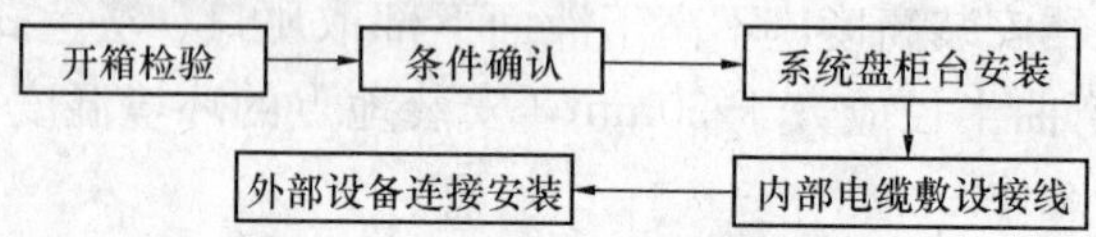

2）DCS、SIS属于贵重易损设备，因此对于它们的运输必须做好充足的准备和安全保护措施，保证万无一失。

3）运输之前，技术员应实际查看运输途径，要使运输路段尽量地平整，无坎坷，如果有障碍应提前排除。

4）运输过程中，应保证车辆平稳行驶，车速不得超过20km/h，且严禁急刹车。

5）DCS、SIS设备在装卸车过程中，应使用8t的吊车，起吊时应缓慢平稳，设备摆放应整齐，严禁叠放。

6）设备进入控制室时，在控制室的地面上应铺放一条宽至少1.5m的橡胶板路道，防止运输过程中损坏地板和设备。

7）设备在进入控制室的过程中，应使用人工搬抬的方法，严禁在地面上拖拉移动。

8）设备开箱前，应对周围的地板、桌椅、工具等采取静电消除措施。

9）设备开箱前，应检查外包装是否完整，开箱后，应检查内包装是否破损、有无积水，防潮、防水、防振措施是否齐备，是否失效。

10）设备开箱时应使用专门的工具，做到小心谨慎，严禁猛烈敲打，防止钢带崩伤人员和设备，防止开箱工具碰伤设备表面。

11）设备开箱应在制造厂代表在场的情况下会同监理、业主代表共同进行，检验后应签署检验记录。

12）开箱检验应按照装箱单逐一清点，做到：所有硬件、备件、随机工具的数量、型号、规格应与装箱单一致；设备硬件外观良好，无变形、破损、脱落、受潮锈蚀等缺陷；资料、说明书、图纸齐全。

13）DCS、SIS系统必须在控制室的土建、安装、电气、空调工程全部完工后才能安装；室内杂物应清扫干净，温度、湿度达到系统要求；卫生清扫工具、灭火器、防鼠设施应齐全。

14）DCS、SIS设备的安装位置与倾斜要求与一般的盘、箱、柜相同，除此之外还应满足其他的特殊要求。

15）DCS、SIS设备卡件安装时，应穿戴防静电手套或防静电手链，严禁用手触摸卡上的电子元件。

16）DCS、SIS设备的系统电缆应安装制造厂所提供的系统配置连接图进行连接，做好系统电缆的保护工作。系统电缆应沿室内的槽板进行敷设，与信号电缆、电源电缆分开。

17）DCS、SIS设备的接地应严格按照制造厂和设计的要求，如果二者有冲突，应遵循制造厂的要求。接地系统应独立，接地电阻必须符合要求。

18）内部电缆敷设接线：

控制室内部电缆包括接地线、信号线、电源线和专用电缆，布线要求整齐美观、线标规格一致，接线正确牢固。施工顺序如下：

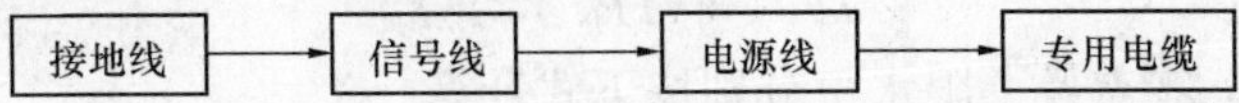

①检查本安回路，确认与本安系统有关的电缆及端子排的色标（通常为蓝色）符合要求，本安回路的接线应确保安全区域与危险区域隔离。

②安全接地，工作接地应按详细设计图纸和系统设备技术条件进行施工，设备内部接

地网不应形成回路并保证单点接地。

19）外部设备安装、连接

①外部设备指打印机、报警灯屏等，其安装和连接可参照详细设计文件和随机资料。

②系统硬件检查时，应记录制造厂设置的 DIP 开关设置位置及硬件地址开关，插拔卡件时不得用手或工具直接触摸电子线路板，操作者应采取防静电措施。

20）系统送电前应会同监理代表、业主代表、设计代表和制造厂代表等有关人员对系统的安装、电源、接地、系统电缆及配线进行检查确认。

10. 仪表调试

（1）环境及人员资质

1）场应设置仪表调试间及仪表库，其工作间面积、室内环境要求及所配置的标准仪表设备必须满足工程调试的要求，调试人员应持证上岗。

2）提供素质较高的仪表施工人员进行回路试验。回路试验过程中暴露出的问题必须及时处理；对于涉及系统组态的问题，协助组态工程师进行处理。

3）仪表单体调试合格，必须在仪表外壳加贴标有调试日期，调试人员姓名及仪表位号的合格标签。

（2）温度仪表的校验

1）双金属温度计应做示值校验，校验不得少于两点；工艺有特别要求的温度计，应做 4 个刻度的试验；

2）热电偶、温度计应做导通和绝缘检查，并应按不同分度号各抽 10%进行热电性能试验。

（3）压力仪表的校验

压力仪表的精度试验，应按其不同使用条件分别采用不同信号源和校验设备进行，校验合格后应加铅封和标识。膜盒式压力表的精度校验宜用大波纹管微压发生器，用补偿式微压计作标准表。

压力、差压变送器可依据仪表操作说明在刻度范围内均匀选取五点进行校验。电动Ⅲ型压力、压差、温度仪表及液面变送器精度校验，沿增大及减小方向施加测量范围的 0、25%、50%、75%、100%的测量信号，输出电流应相应为 4、8、12、16、20mA，误差应不大于仪表精度的允许误差，变差应小于仪表基本误差的绝对值。

（4）流量仪表的校验

流量仪表除差压变送器外，其他如质量流量计、涡街流量计、超声波流量计、容积式流量计等在现场一般不作校验，只做通电、通气检查和内部组态参数的检查和确认，但制造厂家必须随设备带有出厂合格证及有效期内的校验合格报告。

（5）物位仪表的校验

1）浮筒液面变送器用水校验时，输出和输入信号应按介质密度进行换算：

$$H_{水} = (H_{介}\ \gamma_{节})/\gamma_{水}$$

当测量界面时，零点及上限水位分别按下式计算：

零点时水位高度：　$H_{水} = (H_{量程}\ \gamma_{轻介质})/\gamma_{水}$

上限水位(20mA) 高度：　$H_{水} = (H_{量程}\ \gamma_{重介质})/\gamma_{水}$

2）浮球式液位开关检查时，应用手平缓操作平衡杆或浮球，使其上、下移动，带动磁钢使微动开关触点动作。

3）超声波物位计校验时，通电后液晶显示面板及状态指示灯工作应正常，参数设置开关应符合工艺测量要求。

（6）调节阀执行器的校验

调节阀出库后应按规范进行气密性试验、阀体强度试验、泄漏量试验和行程试验并做好记录，对于调节阀的启动值、零位（阀关）调整尤其应当严格要求；由于高温高压的工艺特点，本装置采用了大量高压调节阀及高压角阀；事故切断阀和设计明确规定全行程时间的调节阀，必须进行全行程时间试验，在调节阀处于全开（或全关）状态下，操作电磁阀，使调节阀趋向于全关（或全开），用秒表测定从电磁阀开始动作到调节阀走完全行程的时间，该时间不得超过设计规定值（一般小于 10s）。调节阀试验调整完毕，必须放净试验用水，并用空气吹干，然后，把阀门进出口封闭置于室内或棚屋内保存。对高压阀的密封面应加装特殊保护。

1）气密性试验。将对应于信号弹簧满量程压力值的仪表空气输入到薄膜气室，切断气源 5min，气室压力应不下降。

2）阀体强度试验。试验在阀门全开状态下进行，试验压力为最大操作压力的 1.5 倍，保持 5min 压力不下降为合格。

3）泄漏量试验。试验在阀门全关状态下进行，试验介质采用清洁空气或清洁水，在阀的入口加试验压力为 0.35MPa 的试验介质（当阀的允许压差小于 0.35MPa 时用规定的允许压差），测定阀的出口的泄漏量，其值不得大于规程要求。

（7）智能变送器的校验与检查

带微处理器（CPU）的智能变送器，可采用通讯器（编程器）对其仪表位号、量程范围、输出方式、阻尼时间等参数组态情况进行检查，按图 2.2.12-7 接线。

在智能差压变送器单校时应考虑静压补偿问题，应根据产品说明书对高静压下引起的静压误差进行修正。

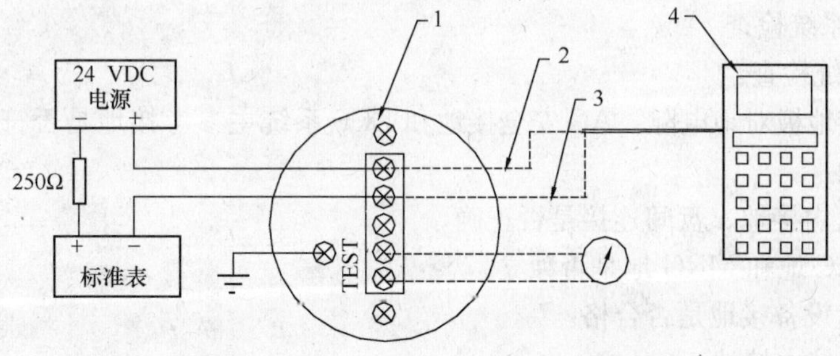

图 2.2.12-7 智能变送器调试接线

1—变送器；2—红表笔；3—黑表笔；4—编程器

1）编程器选择强制输出方式，检查输出：

①选择“0%”输出，查看输出是否为 4mA。

②选择“50%”输出，查看输出是否为 12mA。

③选择“100%”输出，查看输出是否为 20mA。

2）记录参数设定、组态配置。

3）检查合格后，按电动仪表的要求进行精度校验。

（8）在线分析仪表的校验

在线分析仪一般包括取样单元、预处理单元、分析器单元、回收或放空单元、信息处理单元、记录仪或打印机等，并与DCS进行数据通信。

1）在线分析仪一般不进行单表校验，在安装完毕后，按照说明书的要求，利用厂家提供的标准方案和标准样气进行性能检查和精度检验。

2）氢分析仪校验时，先用零点气导入测量池10～15min进行充分置换后，再对分析仪通电预热10min，按下列步骤进行校验：

①零点调整：导入零点样气，调节流量至500mL/min。调整分析仪上零点电位器，使液晶显示器显示0.00，并检查输出信号应为4±0.2mA。

②量程调整：导入满度样气，调节流量至500mL/min稳定后，调整灵敏度（SENS-DIAL）电位器，使液晶显示器显示100，并检查输出信号应为20±0.2mA。

3）氧化锆氧分析仪校验应先通电2h，检测器开始预热升温，约30min温度升至750℃恒定后，再调整功能键至“测量”位置，此时液晶显示器、状态指示灯均应正常。校验按下列步骤进行：

①调整功能键至“维护”位置。

②检查各项参数配置应符合工艺测量要求。

③进行零点调整，将标准零点样气（含氧量为1%）导入检测器内，调节流量至0.6L/min，待流量指示稳定后，按零点调整键“ZERO”1min后，液晶显示器显示“1.00”。

④量程调整：将标准量程样气（或仪表风浓度21%）导入检测器内，调节流量至0.6L/min，待流量指示稳定后，按量程调整键“SPAN”1min后，液晶显示器显示量程气浓度。

⑤分别检查4～20mA输出值。

（9）DCS、SIS的调试

1）系统上电

①上电前系统检查

a. 接地系统检查：

a）检查接地极对地电阻：AC安全接地和DCS系统主参考接地是否符合制造厂和设计的要求。

b）检查盘内接地、盘间连接是否正确。

c）检查AC地和MRG地是否独立。

d）检查盘设备接地是否合格。

e）检查系统内接地正确与否。

b. 电源系统检查

a）检查电源柜开关容量是否符合设计要求。

b）检查电源柜到各设备的电源线正确与否。火线、零线的对地电阻，以及线间绝缘电阻是否符合要求。

②系统上电

电源系统、接地系统检查一切正常后，在UPS正常运行后，在DCS专家、厂家、监理部门和施工单位共同参加的情况下，可以上电。上电前，须检查所有开关必须是OFF

状态，在DCS专家指导下按顺序送电，同时观察每一个节点受电后的节点状态及地址、指示灯闪烁方式、CRT画面和所有卡件显示是否正常。

2）DCS、SIS的功能检查

①所有相关的电源开关置于“ON”状态；从工程师站下装系统软件、应用软件及数据库；启动操作站，确认系统正常；向各台设备下装系统软件及数据库文件，启动局域控制网络上的全部节点，并确认系统状态显示正常。

②系统启动检查应符合下列要求：

a. 检查系统硬盘（HDD）子目录所有文件是否齐全。

b. 在系统状态显示画面上检查各节点在局域控制网络上的显示正确，有无遗漏。

c. 按打印键确认打印机能否打印一屏画面。

d. 对于冗余电源，应分别切换，确认系统运行正常。

3）系统的冗余试验

①网络通信电缆冗余试验：

a. 在系统状态显示画面上，确认网络通道的A与B电缆状态显示为绿色。

b. 除去电缆A或接线端子，检查电缆B可否切换，电缆A颜色同时变成黄色，且不影响网络通道正常运行。

c. 恢复网络通道的A电缆，待A电缆颜色变绿时，再用同样的方法检查B电缆。

②控制站冗余试验：

a. 在操作站上调出系统状态显示画面，确认控制站OK，在另一操作台上调入该控制站内的某一位号，送4～20mA信号于该位号，记录测量值（PV）、给定值（SP）和输出值（OP）值。

b. 主控制站电源开关置于“OFF”状态，确认冗余的控制站自动投入控制运行，且PV、SP和OP值保持不变。

c. 主控制站电源开关恢复“ON”状态，再确认PV、SP和OP值不变。

d. 重复以上步骤检测冗余控制站。

③I/O卡件冗余试验：

a. 在操作站上调出控制站细目显示画面，确认全部I/O卡件状态OK。在另一个操作站上调出该卡件含有某一位号，输入4～20mA信号给该位号，记录PV、SP和OP值。

b. 关闭主I/O卡件的电源开关，确认冗余的I/O卡件自动投入控制运行，控制站细目显示画面状态正确，确认其PV、SP和OP值保持不变。

c. 主I/O卡件电源重新置于“ON”状态，再确认PV、SP和OP值保持不变。

d. 重复以上步骤检测冗余的I/O卡件。

4）系统组态检查应根据回路组态文件，梯形逻辑组态文件，先进控制组态文件，对DCS、SIS软件进行检验：

①流程图画面检查，检查内容：

a. 物料。

b. 物料流向。

c. 设备。

d. 仪表位置。

e. 检测、调节、指示操作。

f. 报警指示。

g. 动态流程检查。

h. CHANGE-ZONE 调用。

i. 阀门开关、电磁阀状态指示，限位开关位置回迅。

j. 电机、泵状态显示。

②点画面检查。

③组画面检查。

④报警画面检查。

⑤卡件分配检查，卡件中点分配余量测试至少留有15%～20%的余量。

⑥DCS与SIS之间的通信检查，检查通信地址、通信方式、通信速度是否与硬件设置一致。

⑦DCS的单元、区域、历史组、操作组、报警单位、实时杂志、目录、区域数据库等逐一检查。

5）DCS、SIS的I/O试验

①对于模拟I/O信号，应从现场加实际的0%、50%、100%模拟信号，观察监视器上是否有对应的0%、50%、100%量程变化，或者在操作站上强制输出0%、50%、100%，观察现场是否有对应的4mA、12mA、20mA变化。

②对于数字I/O信号，应从现场加实际的闭合、断开信号，观察监视器上是否有对应的状态改变，或者在操作站上强制输出ON、OFF信号，观察现场是否有对应的闭合、断开变化。

6）DCS、SIS的逻辑功能测试

①SIS系统逻辑功能确认应使用编程器测试（TEST）功能，设定输入条件，根据梯形图或程序文件观察输出地址变化是否正确，以确认系统的逻辑功能。

②紧急停车逻辑（简称SIS逻辑）试验应检查逻辑管理站的梯形逻辑组态，根据逻辑图检查SIS盘的手动开关、报警系统是否正确实现逻辑运算控制。

7）报表的检查

报表的检查应包括事故报警的检查，年报月报、日报的检查，检查项目包括报表题头、报表格式、打印数据、被报告的设备、计划打印的顺序、打印的要求内容等。

8）DCS通信

在DCS系统单独调试结束并分别独立运行48h以上后，按照设计文件，实现通信的硬件连接，根据通信接口的性能，正确设定各自系统的通信参数和通信数据。

11. 系统试验

系统试验是指对整个装置控制方案的检测，应按照检测调节系统、报警系统、联锁保护系统分别进行调试，达到具备试车的条件．试验合格填写系统试验记录，由甲方有关人员现场共同确认，并在确认单上签字；对于重要联锁保护系统开关量仪表的整定，及重要调节回路的仪表单体调试，其整定调试完毕到仪表投用之间的存放时间不宜超过两个月。

（1）检测系统试验

1）在检测系统的信号发生端输入模拟信号，在操作站的CRT显示屏上检查 *PV*

值，计算系统误差，其误差值不应超过系统内各单元仪表允许基本误差平方和的平方根值：

$$\Delta B=\sqrt{(\Delta A1)^2+(\Delta A2)^2+\cdots(\Delta A_n)^2}$$

式中 ΔB——检测系统的系统误差；

$\Delta A1$、…、ΔA_n——系统内各单元仪表的允许基本误差。

2）系统校验点不得少于三点，分别为设计量程的0%、25%、100%。

3）带报警点的检测系统同时应在操作站CRT显示屏上对报警功能进行检查，增大或减小输入信号，确认报警值与设计值是否相符，报警动作是否正常，报警笛是否响，以及报警总貌画面上是否有报警信息显示。

(2) 调节系统试验

在操作站CRT显示屏上把调节器输出设定到手动状态，用手动方式输出4～20mADC信号，检查现场执行器从始点到终点的全行程动作及回迅器动作应良好，精度合格；同时，确认流程图画面上相应阀的颜色发生变化。

(3) 报警系统试验

系统中的信号输入元件，如压力开关、温度开关、液位开关及各种仪表的附加报警机构应根据设计提供的设定值进行参数整定，没有设计认可，设定值不得随意改变。

根据线路原理图，提供系统的动作状态表，在全部线路接通的情况下，逐点输入测量信号，在操作站的CRT显示屏上相应符号的PV状态应与输入的信号相符，同时确认报警笛响及报警总貌画面上有报警信息显示。

(4) 联锁保护系统试验

1）手动联锁试验。

对整个逻辑回路所包含的现场输入点，采用模拟现场条件的办法，每次只选择一个能直接影响控制输出接点状态的输入点进行测试，而短接或断开回路中其他相关现场输入接点。分别使测试点短接或断开，来检验输出接点的动作是否满足设计的联锁功能，然后对能影响这一输出接点状态的所有输入点逐一进行检查，以检验整个逻辑回路要求的机械设备和阀门开停（启闭）动作信号、声光信号、动作时间等是否符合设计要求，试验完毕恢复接线。

2）自动联锁试验。

由工艺操作人员现场配合，制造模拟生产现场，待仪表各回路投入正常运行后，按照逻辑图在现场逐项进行故障模拟，检查现场机械设备和阀门开停（启闭）动作、动作时间、控制室内显示的状态和声光信号等是否满足工艺要求；机泵的自动开停、阀门的自动启闭等联锁系统均应在手动试验合格后进行自动联锁试验。

3）机组联锁试验。

压缩机联锁保护系统应在润滑油、密封油系统正常运行的情况下进行试验。机组启动、停车试验时，应切断电动机的供电线路，采用接触器的吸合与释放模拟机组的启动、运行、停车并应满足以下要求：

①所有启动条件均满足时，机器方可启动；

②任一条件不满足时，机器均不启动；

③在运行中，某一条件超越停车设定值，应立即停车；

④启动、运行、停车时的音响、灯光应符合设计要求。

(5) 试车准备仪表系统联校、联锁试验完毕后，仪表具备了单机试运条件，将转入配合试车阶段。仪表将根据工艺单机试运期计划，配合工艺编制试车方案，特别是大机组试车，配备专职技术人员和熟练工人，确保安全和质量。

三、实施效果与体会

(一) 实施效果

1. 质量目标

实现了单位工程质量达到一次交验合格率 95%，最终合格率 100%，优良品率 94%。分部工程质量合格率达到 100%，优良率 85%以上，主要分部工程质量等级达到优良，观感质量评定得分率达到 86%以上。其中：安装合格率 100%，优良率 90%；装置投料生产一次成功，工程没有发生任何重大质量事故。被总包商评为精品工程。

2. HSE 目标

(1) 实现了重大火灾、爆炸事故为零，重大施工质量事故为零，死亡事故为零。

(2) 杜绝了重大设备、交通事故和因施工造成的环境污染。

(3) 年全员重伤率小于 0.2‰。

(4) 无疾病流传，无辐射伤害和职业病发生，无损害人身健康。

(5) 最大限度地保护了项目附近的生态环境，无施工污染，文明施工做到了工完、料净、场地清。

3. 工期目标

提前 18d 实现了工程竣工。

(二) 体会

施工中，比较成功的是两台超重反应器的吊装工作，一是本工作有较好的工程经验，二是整个项目管理部非常重视大件吊装工作。以后有待改进的是管道材料管理，加强库房管理，认真推广按照管线号领料制度。

2.2.13 6000t/a DCP 装置及配套工程施工组织设计

一、工程概况

(一) 项目简介

1. 6000t/a 过氧化二异丙苯 (DCP) 装置及其配套工程是×厂的新建工程项目，总投资为 23565 万元。主装置及配套工程区域占地面积为 $9605m^2$，装置建筑面积为 $4875m^2$，本工程采用成熟的过氧化二异丙苯 (DCP) 成套技术工艺包进行施工设计。装置本体分为原料配制区 (2000 单元)、氧化区 (2100 单元)、精馏区 (2150 单元)、还原及废水预处理区 (2200 单元)、缩合及提浓区 (2300 单元)、成品处理区 (2400 单元) 及变配电及中控楼 (2500 单元) 共计七个单元；界外配套工程由循环水站 (2810 单元)、空压站 (2820 单元)、冷冻站 (2830 单元)、给排水及消防管网 (2840 单元)、总图工程 (2850 单元)、公用工程配电间 (2860 单元)、公用工程仪表控制室 (2870 单元) 七个部分组成。

本工程生产装置属甲类装置，区内属易燃、易爆场所。装置南区建有稳高压消防设施、二级污水处理厂、中间原料罐区、BIPB 中试装置等。装置北侧为生产装置预留地，南侧为 BIPB 装置扩建预留地，西侧为厂内现有污水处理设施，东侧为污水处理设施和预留地。

2. 本工程主要包括新建一套 6000t/a DCP 主生产装置、新建界外配套循环水场，搬迁、改扩建界外仪表操作室及其控制系统，以及外围配套的空压站、冷冻站（含扩建配电室）设备安装、系统管线、电气仪表等配套设施工程。本工程建成后将使×公司 DCP 总产量增加到 18000t/a，这不仅将使其生产 DCP 的工艺在国内国际处于领先水平，其产品质量也将名列前茅，还将使其成为 DCP 年总产量占到全世界 70%以上的全球最主要的 DCP 生产基地。

（二）工艺流程

1. 本生产装置采用 SINOPEC 的 DCP 成套技术工艺包进行工程设计，主要工艺物料为异丙苯、酒精，整个工艺分为原料配制、氧化、还原、缩合、提浓、结晶和成品处理等几个主要的工序，辅以酒精、母液回收和废水处理等流程，DCP 的生产方法是以异丙苯为原料，通过氧化生成过氧化氢异丙苯，过氧化氢异丙苯在硫化钠作用下还原成二甲基苄醇，再将二甲基苄醇与过氧化氢异丙苯缩合反应生成缩合液，再经结晶、干燥和包装得到 DCP 晶体或粉状产品。装置的副产品是可供作为燃料油的残液。

2. 主要生产工艺流程如下：

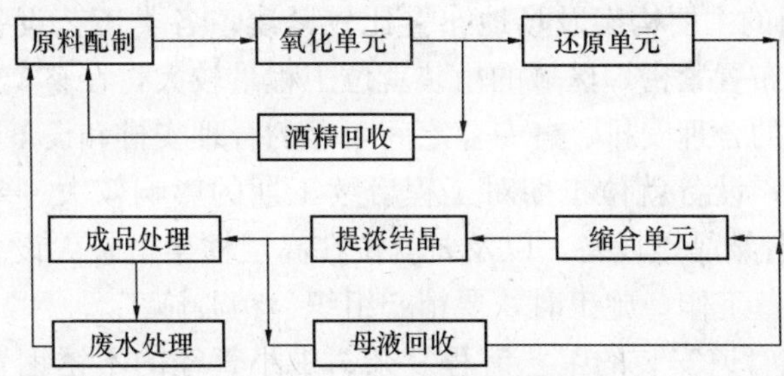

（三）承包工程范围

按合同规定，本工程全部施工项目采用施工总承包方式，承包范围包括本工程全部土建和安装项目，即包括装置本体及其附属配套设施中的桩基、土建、静置设备、机械设备、工艺管道、钢结构、电气、仪表等工程项目，及以上专业工程的除锈、刷油、喷涂防腐、砌筑衬里、保温保冷、脚手架搭拆等。

本工程区域划分为 14 个施工单元，包括：原料配制区，氧化区，精馏区，还原及废水预处理区，缩合及提浓区，成品处理区，变配电及中控楼，循环水站，空压站，冷冻站，给排水及消防管网，总图工程，公用工程配电间，公用工程仪表控制室

（四）工程特点

1. 本工程所含十四个施工单元遍及 DCP 主装置和配套设施区域，施工区域点多面广，而且由于施工工期比较紧张，出现多专业交叉施工作业的现象，安装作业难度大，技术、安全、质量管理工作的要求较高。

2. 本工程主装置区域原为一套旧化工装置，因此地下管线复杂，地下浅层污染较严重，这给土方开挖及土建基础施工增添了许多的困难。

3. 工艺设备数量非常多，且大多数分布安装在地面或不同标高的多层框架结构层面上，所涉及的设备吊装作业、高空作业、交叉作业多，施工难度较大。

4. 工艺物料为易燃、易爆介质，工艺设备及管道材质大多数为不锈钢和 16MnR 材质，工艺管道的预制、组对、焊接、核对流程、试压等各个作业环节施工要求较高。

5. 本装置的易燃、易爆环境要求施工中设备、电气及仪表等专业的安装和调试工作要准确、细致、完整。各主要电气仪表系统的调整试验技术要求较高。

6. 受设计图纸、材料订货、工序交接等多种因素的影响，本工程的中后期施工工程量非常大、工期将非常紧张，整个工程的施工过程将会有不连续、不均衡的现象，将会给后期工程的施工组织管理工作带来巨大的压力。

7. 本工程的施工将跨过一个雨季，对工程的施工组织与安排有较大影响，加上部分重要设备及材料到货时间非常集中，安装作业的施工组织与协调将显得相当紧张。

（五）工程施工重点

1. 主要工艺设备都集中安装在框架结构内，精馏框架、氧化框架、还原及废水预处理框架、缩合及提浓框架的土建工程进度将直接影响整个施工工期。所以，在工程前期应把几个主要框架结构的施工作为重点，本工程的部分框架钢结构和管架钢结构、钢制设备基础比较分散，布置在各区域，施工中要把两组主工艺管架、框架钢结构和设备钢基础的安装施工作为重点，及早进行全面、立体的施工布置，合理安排劳动力和施工工期。

2. 主装置区域内的主要构架及场地布置比较紧凑，各类工艺设备数量非常多、品种规格多样，工艺设备布置紧密，区域的吊装就位工程量较大，在整个施工工期又非常紧张的情况下，施工顺序的合理安排、各专业之间工序的合理安排和设备吊装设施的平面布置计划将显得非常重要；设备就位工期对工程后续工期的影响较大。要把重点放在 9 台塔器、4 台反应器和 8 台结晶釜设备，以及要就位在高层框架上较大设备的安装施工。施工前，要做好充分的准备工作，施工时，要精心组织、精心施工。

3. 本装置中工艺管道安装的工艺流程复杂、中小管径的不锈钢管线多、焊接工作量较大、施工工期紧张，在施工组织管理时，一定要加强开工前的施工技术准备和原材料检验工作，在不可能提高地面层预制深度的困难情况下，要加强管道施工过程控制，严格把好施工程序关和质量关。

4. 本工程给水排水地下管网部分和装置地下管线部分与电缆沟及土建基础交叉作业较多，各工种配合施工多，将对施工进度造成一定程度的影响。因此在紧张的施工过程中，必须认真组织，科学合理地安排作业进度，以确保施工工期的按时完成。

5. 氧化精馏单元、还原缩合提浓单元是施工的关键区域，其施工情况直接关系到整个工程的施工质量、工期和经济效益，而且它的施工工期要求紧，安装技术要求高，要全力以赴，加强工程的过程管理。尽力做好工程的前期准备工作和中后期的其他一系列工作。

6. 本装置电气、仪表控制设备全部安装在装置中央控制室和变配电所内，安装、调试的工程量比较大；配套工程的电气、仪表控制系统分别安装在各自独立的配电间和仪表室内，工程控制系统比较复杂，所以电仪施工组织管理有一定难度，除了做好专业本身的施工管理工作外，还要做好电气、仪表两专业之间、装置部分与配套部分之间的协调配合工作。

7. 主装置施工区域周围是在正常生产作业的装置，而配套设施将是在外围老厂区内进行交叉施工作业，所以，工程的安全管理和质量管理无疑是本工程施工中要投入许多精力和物力、进行全面与重点结合管理的重点工作所在。

8. 本工程的施工高峰期正值春雨季和初夏季节，几个单元的施工将会出现全面交叉施工的局面，在要求的工期内要完成较大的工程量，又要保证施工质量，这都将给工程施工带来很大困难，要提前做好各方面的准备工作。

（六）主要工程实物量

1. 本工程的建筑场、构筑物、高耸的大型设备基础均采用预制钢筋混凝土长桩持力，一般采用天然地基持力，主体装置区内桩基工程共计要打下 1553 根桩。土建工程将制作各类设备基础约为 283 座，管架 31 榀（部分带彩钢板雨篷），五层（局部七层）占地为 462m^2 的氧化精馏框架和占地为 526m^2 还原缩合框架各一座，集水、废液、水循环综合池一座，占地为 774m^2 的成品处理框架一座，变配电及中控楼各一座。

2. 本工程共有工艺设备 338 台（套），其中定型设备 145 台（套），非定型设备 193 台，非定型设备中反应器或釜 14 台，塔器 11 台（含 2 台冷却水塔），容器 110 台，换热器 58 台，非定型设备的主要材料为碳钢和不锈钢，设备总质量约为 704t，其中不锈钢为 402t（其中复合钢板为 86t），另有钢制平台耗钢量约为 92t。部分非定型设备岩棉或玻璃棉外保温用量约为 90m^2，外包铝皮。

3. 装置区工艺管道主要是中常压管道，主要材质是中小管径的不锈钢材料，主装置区域中部设置南北向管架保证每个单元管线相互连接，北端与界外管架相连。工艺管道布置分散，连通至各个生产装置单元的公用设施单元，工程量较大。

4. 仪表控制系统采用分散控制系统（DCS），将主装置的六个单元现场仪表信号引入控制室内 4 台 DCS 操作站进行集中控制、显示及报警。现场仪表以选用本质安全型仪表为主，如无本质安全型则选用隔爆型仪表。本装置设置了一套紧急停车和安全联锁系统（ESD）。仪表控制系统以单回路控制为主，辅以部分复杂控制回路。

5. 电气工程包含了变配电、动力、照明、接地及防雷等施工项目，10/0.4kV 变配电系统采用单母线分段主接线方式，主装置总装机容量为 1618kW，总计算负荷为 1049kVA，电气接地系统采用 TN-S 制，新建变配电所距离装置现场较远，将采用架空电缆桥架和保护管将动力和控制电源输送到各个用电设施。

6. 配套辅助生产设施和公用工程设施工程量包括：新建循环水站一座，内设两套新安装的 1000t/h 循环水装置及其配套设施；新建空压机厂房及其相关配套设施；新建一座冷冻站厂房，内新装两台 581.4kW/h 的冷冻机组；新建（部分改建）厂区系统管架和公用工程管架，改建南厂区给排水、循环水和消防管网；主装置界外配套设施区域内新建和改建道路、新增绿化；在现有公用设施区域内新建用于本工程增设公用工程部分配套变配电室和仪表控制室。

（七）工程目标

1. 质量目标：严格按国家及行业标准规范进行施工，各单位工程质量评定合格率达到 100%，确保装置施工一次成功，争创优良工程。

2. 工期目标：依据具体的工程施工合同，本工程的开工日期为 2004 年 12 月 8 日，中间交工日期为 2005 年 10 月 31 日，日历工期为 328d

3. 工程造价控制目标：本工程采用固定总价合同，合同工程量价款闭口包干，所有工程变更均可按确定协议书中合同价款的单价标准进行计算，严格控制和管理工程变更签证，努力降低工程造价增加值。

4. 安全文明施工目标：本工程施工中，严格执行国家及市安全管理和文明施工的有关规定，确保不发生任何重大伤亡事故，争创文明工地。

5. 环境保护及建造绿色工程目标：工程实施过程中严格遵守有关环境保护规定，做到工完料尽场地清，按建造绿色工程要求进行施工管理。

（八）工程实施条件

1. 施工现场场地条件

（1）发包人在开工前将施工所需的水、电、通信线路接至施工现场指定的地点，并满足四通一平的要求。

（2）组织现场交验水准点和坐标控制点。

（3）向承包人进行现场详细交底。

（4）负责进行与生产区域的隔离围设工作。

2. 施工资源条件

（1）施工所需水源、电源资源均由发包人联系厂方解决。

（2）施工承包方将尽力利用附近的机具、人力资源，对不足部分将按计划进行合理调配。

（3）本工程所在地有完备的各项法规条件。

（九）施工现场水文气象条件

根据有关记载整理地处亚热带，属湿润季风气候，从3月份开始至9月份，平均每月有10d以上的雨天，最多15d。从10月份至第二年4月份，平均每月有8d以上雨天，最多12d。

本工程主要施工高峰期为3、4月份，而3、4月份的月平均降雨天数为18d以上，最多27d，将给本工程施工组织与管理带来极大困难。

二、摘选主要施工方案

（一）静设备施工方案

1. 总体施工构想

本工程所选用的非标工艺设备为193台，其中塔器11台、反应器14台、各类容器110台、换热器58台；泵及其他定型设备共计145台，设备数量多、品种杂，多数集中布置在多层框架内，设备本体体积及重量均较小，设备最大单体重量25.6t、最大单体高度34m、最大单体直径3.8m，但安装量繁多、设备到货较晚且集中到货，以及狭窄的施工作业现场和紧张的工期都将给工艺设备安装工作带来相当大的难度。所以，尽量安排设备提早到货进场，进一步优化安装方案，及早做好施工准备是克服困难的最好办法。

设备的安装按从大型到小型、从高吨位到低吨位；先安装高层后安装低层、先框架内部后框架外部的施工原则进行安装，以提高安装设备和人员的利用率；混凝土结构上的设备目前只能在混凝土结构全部成型、相关设备基础制作完成并交付安装后，再进行就位安装。施工人员在施工前由技术人员进行详细的技术交底，以便充分了解本工程的施工内容，明确设备结构特点及内件安装的特殊要求。

核对设备平面布置图和设备本体图的注明内容是否齐全；同时核对设备的规格、重量、型号、工艺位号，并核对基础与设备的方位、标高、几何尺寸等项内容。自审合格后，应与相关专业（工艺、仪表等）配合审查管口数量、规格、方位、标高与其他专业施工图纸的相符性。

2. 设备安装施工流程

本工程的设备到货将非常紧凑和集中，所以要有充分的困难准备，尽量采取多点就位、集中安装的方法，具体施工程序如下。

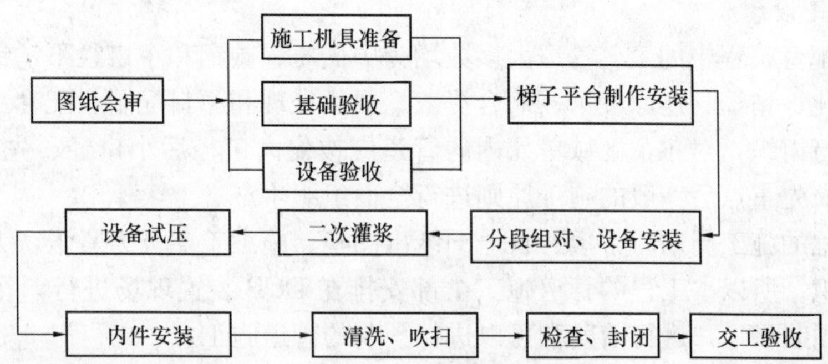

3. 设备清洗与封闭

静设备封闭是设备安装的一个重要监控点，封闭前要配合生产厂有关人员进行清扫、冲洗和吹扫工作。设计图样或技术文件规定不能进行吹扫的部位不应吹扫。经单体试验合格，表面处理，脱脂、吹洗、清理合格后或原已封闭但又经启封的，均应进行封闭。对制造商在制造厂内进行封闭、安装单位没有在现场启封的工艺设备现场可不进行再清洗，其内部质量问题由制造商负责。

每台现场启封过、且进行了清洗再封闭的工艺设备在其封闭前必须由甲方、监理、厂方、施工等单位人员共同检查，确认无问题后，方可封闭，并填写“设备清理、检查、封闭记录”。

（二）机泵设备施工方案

1. 安装要点

泵类设备运至现场后，吊车配合吊至设备基础上就位，对无法一次到位的，应在吊车吊至相应基础旁后，采用滚杠法把设备移送到位。到位后，选择合适吊点把设备提起，放置地脚螺栓及垫铁。

泵设备就位后进行一次找正，检查合格后通知土建专业进行一次灌浆并进行基础养护，7d后进行二次精平，二次找正后，经甲方、监理人员检查合格后进行垫铁点焊，垫铁伸出部分面应割除。

为防止杂质遗落在泵体内，造成隐患，管工在配管前泵进出口法兰必须加盲板。泵法兰配管时严禁附加强力于泵体上，从而保证不破坏泵的水平度及同心度。

2. 泵设备试车

泵类设备在试车前应达到相应的条件，安装工作应全部结束，且符合技术文件和有关规范的要求。现场道路畅通，环境整洁，安全、消防设施齐全、可靠。工艺专业完成泵配管的无应力检查。

试车前要成立专门的试车小组，负责试车的组织与协调工作。所有与泵类设备流程有关的工艺管道系统、冷却水系统施工完成并能保证正常使用。各系统中的阀门经检查能正常工作。

电动机要先期进行单试，并完成同心度找正。泵类设备试车前，工艺流程应打通，泵设备入口管线冲洗合格，要加好过滤网。完成设备本身的检查，准备好试车必须的工具，压力表按要求安装，电仪联锁试验已经完成并合格。进行试车时，一定要根据设备技术文件的要求进行工作。

（三）工艺管道施工方案

1. 总体施工设想

本装置及配套工程中的工艺管道大多数均为中低压、碳钢和小口径不锈钢管道，施工过程中要按氧化、精馏、还原废水、缩合提浓、成品处理和原料配制、配套工程七个大的区域和单元进行组织，对各个区域单元内的管道应按先大口径后小口径、先高层后地面、先工艺后辅助、先重点后一般的施工原则进行全面组织生产。

由于本工程的施工周期非常短、管道图纸出图晚、施工工期极为紧张，无法进行全工厂化的预制组织。所以本工程的管道施工全部安排在 DCP 装置现场进行，在适当区域设置小型的管道预制场地，进行前期和可以进行预制的管道施工。

不锈钢管道在施工现场尽量独立开设堆放场地及小型预制场地，分类进行不锈钢配件和管段的存放；要单独设立加工，由专人和专用设备进行预制。

以管道平面图和立面图为基础进行管道预制与组对工作，要对压力管道的施工过程进行全面的质量管理与控制；按照压力管道预制与安装管理程序开展施工，从材料检验、下料切割、坡口加工、焊口组对到管道焊接，各道工序都严格按照规定的方法和要求进行作业；根据施工进度，按试压包对管道进行系统压力试验和严密性试验；

2. 施工流程

按工艺管道施工的具体性质，分为准备、预制、现场制安、系统试验和交工验收五个阶段，既有联系又相对独立，按此流程组织管道工程进行科学的施工组织与管理，施工流程如下：

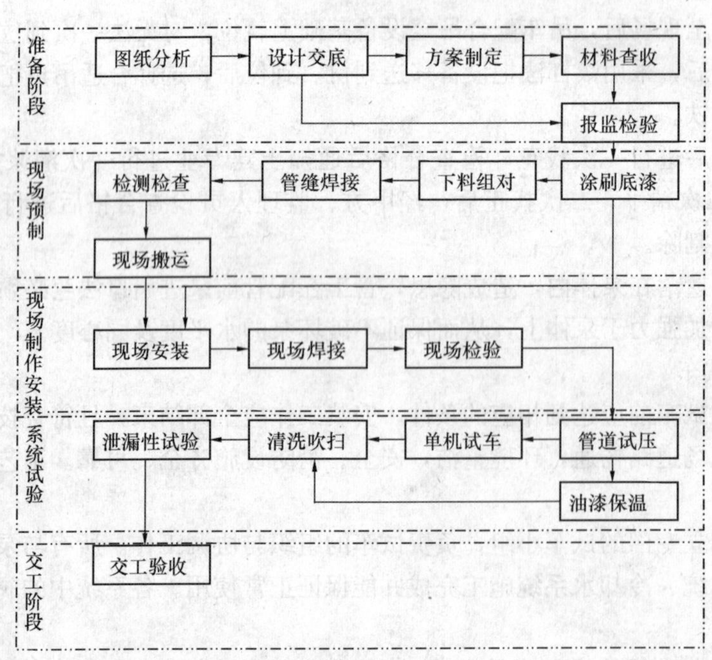

3. 焊接要求

管道焊接材料均应具有质量证明文件并经检验合格，施工过程中焊件应放置稳固，以防止焊接时发生变形。管道焊接应严格执行焊接工程师编制的作业指导书，工程师要在施焊前向焊接人员进行详细的焊接作业施工技术交底。应设置专职人员来进行焊条的烘烤、发放和回收。烘烤室要求配备升温烘箱、恒温烘烤箱，并有温湿度指示仪。要按要求进行焊条的烘烤与保管。焊条要按型号、规格和批号发放。

不得在焊件表面引弧或试验焊接电流大小，焊件表面不得有电弧擦伤等缺陷。内洁要求高的管道，机器入口管道的单面焊焊缝，采用氩弧焊进行根部焊道焊接。在保证焊透及熔合良好的条件下，应选用小的焊接工艺参数，采用短电弧和多层多道焊接工艺，层间温度按作业指导书控制。

按相关标准规定确定焊缝的检测比例，开工前按要求出具检验总委托书，并在施工过程中每天办好检验日委托，凡经无损检测和相关检查不合格的焊缝必须要按返修单进行返修，返修后要按原规定进行检测。检验若有不合格时，应按该焊工不合格数加倍检验，若仍有不合格，则要全部检验。

4. 无损检测要求

检测人员应事先熟悉本工程的相关检测要求，按委托要求进行检测工作，检测工作中要严格执行相关标准与规范，认真操作，要保证底片的质量，评片要及时认真，出具的检测报告要准确无误，凡检测评定不合格的焊缝必须要出具返修单，并认真就返修缺陷及位置进行交底。

要配合安装专业人员严格执行焊工的不合格数的加倍检验与全部检验规定。检测设备与人员配备应符合有关规定。

5. 管道系统试验

在工艺管道系统试压前，先根据 PID 图及现场实际具体情况确定按区域、按系统划分的试压系统。设计部分临时管线，连接整个工艺管道系统组成若干个试压系统。本工程所有管道压力试验均采用水压试验，由于有大量的不锈钢管道，所以对试压用的水质有一定的要求，试压要及早与厂方协调解决合格的试压用水问题。

试验前要进行条件符合性的检查，试压过程要严格执行试压方案，试验合格后要检查管道系统内的试压用水是否及时排放干净，临时管道及临时盲板是否拆除，有关责任人员在核对后要签字确认。在试压前临时拆除的有关管道配件、一次仪表等要及时进行复位。

（四）电气工程施工方案

1. 电气安装工程主要包括变配电系统工程、动力工程、接地工程和照明工程四个大的部分，两个配电所相距较远、各自独立，各单元电气系统将通过动力和控制电缆沿电缆桥架、电缆沟、外加各类电气管路敷设到各个单元，将工程各电气系统联成两个独立的电气网络。工程处于易燃易爆环境，电气安装和调试工作应准确、细致、完整，以使电气系统达到防火、防爆、防静电的具体要求；电气施工人员在施工前熟悉本工程电气施工的特殊要求与规定。

2. 两座配电所是电气施工、调试的重点，电气系统对安全性有特殊要求，要做好绝缘试验，保护系统的调试等关键工作，确保电气设备及其保护功能正常运行和实现。强化过程控制，精心规划组织、合理安排、细致调试，与其他专业密切配合，确保工程质量、进度、安全目标的实现；

3. 坚持先隐蔽项目后明设项目，先室内后室外再室内的施工顺序，依照设备、线路、连接、调试的程序进行施工安排；电气调试在模拟情况下进行，要全面掌握电气系统及其设备的技术资料，电气调试工作应在制造商的配合下进行，及时协调解决出现的问题。

4. DCP 主装置及配套两个单元内的电气安装工程相互独立，均可按项目性质分为配电、动力、接地和照明工程四个部分，利于单独组织施工。

（五）仪表工程施工方案

1. 仪表安装工程总体情况

设计选用了可靠性较高的分散型控制系统（DCS），将所有数据送入 DCS 进行集中控制、检测、记录、报警。本装置操作条件要求比较苛刻，工艺过程复杂，故全装置设有独立于 DCS 之外的三重容错及冗余紧急停车系统（ESD）。在有可燃气体和有毒气体泄露的地方设置了可燃、有毒气体检测报警器。设计仪表选型以本质安全防爆仪表为主，开关类仪表、分析仪表、部分流量仪表和电磁阀等特殊仪表选用了隔爆仪表。主装置中控室在装置西南角，与配电所共用建筑单元，配套工程仪表室在南厂区。

2. 仪表工程施工工艺流程图

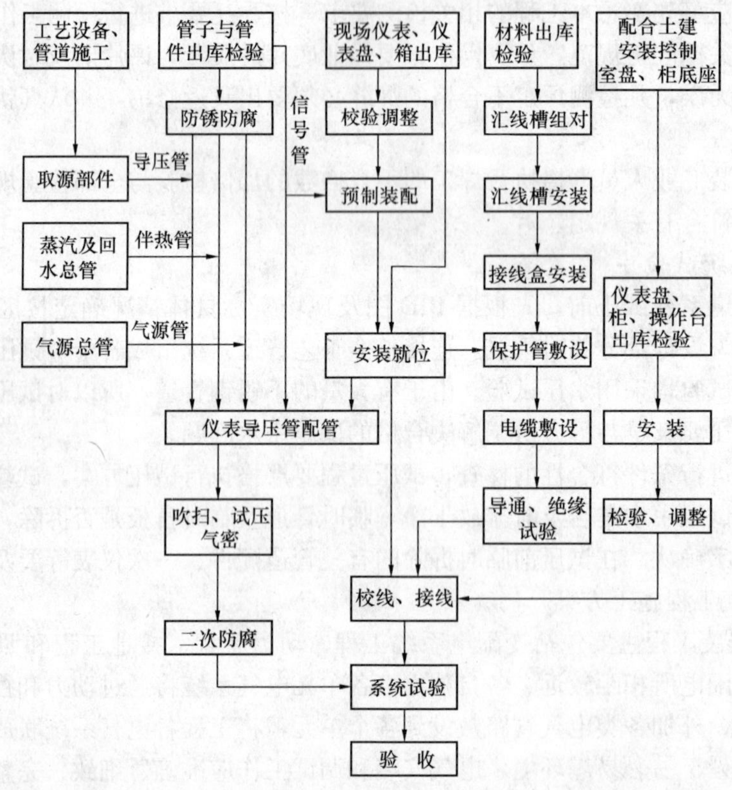

3. 特殊施工工艺

安装前，热电偶及安装位置全部要核实，包括标高、方位、热偶长度。要有安装记录，记载安装人员、时间、方位、热偶型号规格、垫片材质、螺栓规格等。流量计、孔板及调节阀的安装为防止过早安装引起阀门密封面及附属仪表设备损坏，工艺配管时不允许将流量计、孔板及调节阀带上，用临时直管段代替通过。流量计、调节阀安装就位后，应及时做好防护措施，避免水、灰尘等污物进入膜体、表头及电气接线盒。

4. 特殊系统调试

要事先熟悉与了解DCS、ESD两个系统及部分仪表设备的规格型号与选型，尽量早消化相关技术资料，对DCS、ESD等特殊仪表要配合制造商按其调校方案进行调试，对部分进口仪表按制造商指定的调试方法进行现场调试。与其有关的通用的、原则性的调试步骤与要求在施工技术要求的调试章节中说明。

5. 系统调试及回路测试

现场所有的检测仪表、执行机构安装调试完毕。室内的及DCS、ESD系统自身的测试合格，功能组态，PID整定、报警设定全部结束，及DCS、ESD内部系统编程测试已经合格，通过确认。控制室内的机柜接线、常规仪表测试已结束，停车联锁系统与电气专业的交接面已具备接受和输出信号的条件。要按程序进行仪表回路调试、调节回路试验、报警系统试验、联锁保护系统的试验。

三、实施效果与体会

（一）实施效果

1. 工期指标

工程部全面采用Project2000工程管理软件，进行施工进度计划的控制，全面执行了本施工组织设计，工程于2005年10月28日实现中间交接，交接日期比计划提前了3d。

2. 质量指标

施工质量优异，获市安装工程优质奖，项目经理本人还获得全国安装行业质量管理先进工作者和优秀项目经理称号。本工程装置开工两年多来开车生产状况非常好，开工以来未曾停车检修过，是厂方有史以来的首次。

3. 成本指标

对施工过程中发生的设计变更和施工工程量增加量均进行了有效的管理与控制，所订的工程总成本控制指标和成本降低额指标都全面完成，取得非常好的工程经济效益。

4. HSE指标

全面实现了项目HSE管理指标。工程执行过程中现场整洁、少尘、有序、安全，获得了相关的安全管理体系工地认证。全过程未发生一起重大伤亡事故，未发生职业病症状，保证了全体施工管理人员和作业人员的身心健康，工程施工作业环境始终有序、整洁。

5. 管理效果

全面应用项目管理法，项目经理部的组织权威能力、部门之间协调配合能力、对分包单位的管理能力等方面都有较以往项目有很大的提高和改进。在具体实施过程中依据施工组织设计的规划，建立起了DCP工程施工现场办公局域网络，信息化管理程度很高，施工现场通信网络通畅而有效。

6. 本工程项目按期优质的全面完成和交付使用，且两年多来生产高效而优质，受到各方的极高评价，本工程的全面正常开工，使厂方的DCP年产量占世界第一，抢占了国际市场先机，为厂方创造了极好的经济效益和社会效益。

（二）"四新"技术的推广应用

1. 全面应用了工厂化工艺管道预制的新技术，充分利用了工程所在地的良好固定场地和设施，进行了深度工厂化预制，主要工艺管道的预制深度达到了70%，为保证工程进度和质量创造了极好的条件。

2. 本工程不锈钢工艺管道较多，施工过程中采用在施工场地外、预制场旁对不锈钢焊道进行集中酸洗处理的新工艺，最大限度地减少了酸洗用地，减少了施工风险，大大减少了在施工现场酸洗的工作量，对保证工程质量和施工安全、保持良好的施工作业环境创造了条件。不锈钢工艺管道现场焊道全部采用钝化膏新材料进行钝化处理，减少了对施工环境的污染，大大降低了操作人员的现场劳动强度，同时也保证了工程质量，为安全作业创造了条件。

3. 电气安装工程中的调试项目，施工中采用以电气配电回路为单元进行电气回路调整试验的新施工方法，逐一按电气回路图中回路设置，对电气配置的全部电气主回路和控制回路进行调整试验，保证了施工思路的清晰，确保了电气施工质量，为装置的试车、开工创造了可靠的保障条件。

4. 计划控制全部采用 Project2000 软件进行过程动态管理与控制的新方法，工程管理部和计划工程师有了可靠高效的管理工具，数据统计管理和发布快捷而准确，取得非常好的效果。

2.2.14　炼钢厂技改工程施工组织设计

一、工程概况

（一）项目简介

年产 80 万 t 方钢坯的某钢厂位于市区西南，距市中心约 8.5km，北临大运河。水路、陆路交通十分方便。本工程属于该钢厂的大型技改工程。新建厂区位于原厂区的西南，一条公路使新建厂区与原厂区相隔。现场施工条件良好。

（二）工程范围

1. 建（构）筑物

（1）主厂房南北向为 216m，东西向为 133m。由五连跨组成：加料跨、炉子跨、钢水接受跨、浇铸跨、出坯跨。

（2）铁合金库南北向为 60m，东西向为 23.5m。

（3）渣跨南北向为 98m，东西向为 32m。

（4）高架钢结构皮带通廊长 159m，将铁合金库与主厂房炉子跨连通。

2. 安装工程

（1）铁合金及散料系统安装。

（2）转炉系统安装。

（3）300t 混铁炉安装。

（4）LF 精炼炉安装。

（5）吹氩站安装。

（6）六流方坯连铸机安装。

（7）渣跨系统安装。

（8）转炉烟气系统安装。

（9）联合泵站安装。

（10）浊循环泵站安装。

（11）一二次除尘系统安装。

以上安装的分部工程包括：工业设备安装分部工程、电气装置安装分部工程、自动化仪表安装分部工程、工业管道安装分部工程、防腐蚀分部工程、蒸汽管道绝热（保温）分部工程、炉体砌筑分部工程等。

（三）工艺流程

1. 转炉炼钢生产工艺流程

（1）铁水包→混铁炉→转炉→吹氩站→LF精炼炉→钢水包→连铸机。

（2）铁合金料→高架皮带机→高位料仓→电子秤配料→转炉。

（3）转炉煤气→管式锅炉→净化装置→厂区管网→转炉煤气储柜。

2. 连铸生产工艺流程

（1）钢水包→钢包回转台→中间罐车→结晶器→弧形夹辊→拉矫机→火焰切割机→出坯辊道→冷床→翻钢机→移钢机→堆放区。

（2）钢水包→钢包回转台→中间罐车→结晶器→弧形夹辊→拉矫机→火焰切割机→热送辊→轧钢厂。

（四）工程及施工特点

（1）安装精度要求高。根据生产工艺流程可知，机组为自动化连续运转设备，生产线上每台设备之间相互联系十分密切，安装精度要求高。因此，应建立安装测量控制网，埋设永久性中心标板和标高基准点作为设备安装的依据。

（2）多层、立体、交叉作业多。转炉工艺钢结构平方位于主厂房高跨，由八层平台组成，设备配置在每层平台上。设备体积大、重量重，最高设备安装标高为+49m。

（3）厚板焊接量大。转炉炉体直径为5750mm，壁厚为70mm，筒身高为8510mm。炉体分八大件运至现场，组焊后为253.6t。

（4）自动化程度高。为了实现连续、高效、安全生产，设计采用了先进的PLC技术和DCS技术。

（5）冬期施工。由施工进度计划可知，安装高峰期和试运行期都在冬期进行，当地气温一般在0℃左右，最低温度为−5℃。需要制定相应的冬期施工技术方案。

（五）主要工程量及总工作量

1. 主要工程量：工艺钢结构平台2160t，机械设备4608t（19台行车、10台电动葫芦、300t混铁炉装置、铁合金库及散装料储供装置、主厂房内铁合金及散装料储存加入装置、转炉装置、吹氩站装置、LF精炼炉装置、六流方坯连铸机装置、渣跨设备），管道系统（给排水管道、工艺管道、通风除尘管道制作安装），电气装置变压器，高、低压盘柜，配电箱、控制箱，电缆桥架，电缆（线），配管，角钢、槽钢支架制安，灯具），自动化仪表（盘、柜、操作台，电缆（线），配管，角钢、槽钢支架制作安装）。

2. 总工作量为4200万元。

二、摘选主要施工方案

80t转炉安装方案

1. 概况

（1）80t转炉安装位置

80t 转炉位于炼钢主厂房炉子跨的高跨区，高跨区厂房屋面标高为 56m。80t 转炉安装在Ⓖ列⑪～⑬线之间。炉体中心线距Ⓖ列 1450mm，距②线 2000mm。转炉耳轴轴心线标高为 9.475m，轴承支座底面标高为＋5.905m。

（2）80t 转炉总体结构

转炉总体结构由五大部分组成：炉壳、托圈、炉体支承系统、倾斜装置，冷却及复吹系统装置。

转炉总重量约 445t。

2. 特点

（1）转炉本体安装难度大。炉子跨设置一台 10t 和一台 15t 行车，无法满足炉壳和托圈，的组装要求。同时，由于炉体位于高层钢架平台内且场地狭窄，无法采用大型汽车吊作业，使转炉本体无法在炉子跨进行安装。而加料跨设置有两台 160/40t 行车，可以满足炉体组装要求。但是，要将炉体从加料跨就位到炉子跨必须采取特殊的安装方法。

（2）转炉本体现场组装难度大。转炉本体炉壳，托圈均以散件供货，炉壳直径 ϕ5610mm，高 8510mm，板厚 75mm，分三件供货，组装后重量约 128.2t；托圈直径 ϕ6550mm，两耳轴间距 8900mm，高 2000mm，板厚 85mm，分四件供货，组装后重量约 125.4t。由于炉体几何尺寸大，重量重，使现场组装难度加大，尤其是炉壳组装后高达到 8510mm，其对中、找正、找平及保持炉壳组装难度更大。

（3）转炉焊接难度大。炉壳板厚 75mm，组装后形成环形焊缝，托圈板厚 85mm，组装后形成立焊缝，其焊接属于厚板焊接，且需退火处理，时值冬季更增添了施焊难度。

（4）安装精度要求高，找正、找平难度大。为了保证转炉炼钢在 0°位吹炼状态下钢水液面处于水平状态，要求其安装水平度为 0.5/1000，而炉体两耳轴间距 8900mm，轴心线标高为 9.475m，且施工范围狭小，找正、找平的难度非常大。

3. 80t 转炉规格和工艺参数

（1）规格

公称容量：80t

炉体内径：ϕ5610mm

炉体外径：ϕ5750mm

炉体厚度：70mm

炉体总高：8510m^3

砌砖后炉容：80.2m^3

耳轴轴承：双列向心球面滚子轴承

托圈结构：整体焊接水冷结构

倾斜装置：四点啮和全悬挂扭力杆式

（2）工艺参数

生产等待：0°

装废钢：－45°

脱铁水：开始－35°，结束－60°

测温取样：－88°

出钢：开始 80°，结束 95°

出渣：开始−96°，结束−180°

转炉吹炼位：0°

转炉溅渣护炉位：0°

提示：出钢方向为正角度，装料方向为负角度。

4. 转炉安装工艺流程

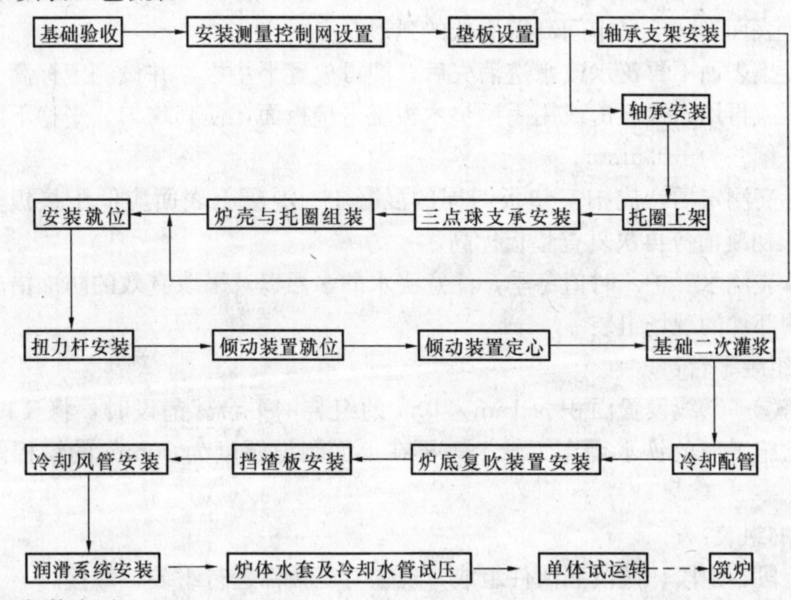

5. 主要安装方法

(1) 转炉安装测量控制网设置

以基础验收时土建交付的基础中心线和标高点为依据，画出转炉的纵、横向基准中心线和标高基准点。同时，埋设永久中心标板，并用划针画线，且置盖加以保护。然后，埋设永久标高基准点，测出基准点高程。以作为转炉安装过程中测量控制用。标高基准点还作为转炉基础的沉降观测点。

(2) 垫板设置

1) 转炉轴承支承座的地脚螺栓规格为M76，被动端设置16个，主动端设置14个。根据选择垫板面积的计算公式，共设置30组，规格为300mm×240mm垫板组。垫板设置应符合下列要求：

①每一组垫板块数不宜超过5块。并不宜采用薄垫板。

②相邻两垫板组间的距离宜为500～1000mm。

③垫板组伸入设备底座底面的长度应超过轴承支承座地脚螺栓的中心。

④垫板加工精度应符合规范要求。

2) 座浆法施工程序：

垫板位置划线→凿坑→冲洗→涂浆→捣固→垫板放置→垫板找平→养护。

3) 座浆法施工方法：

①画线确定垫板放置的位置，在此部位凿出座浆坑。座浆坑的长度和宽度应比垫铁的长度和宽度大60～80mm；座浆坑凿入基础表面的深度不应小于30mm。

②座浆混凝土的厚度不应小于50mm。

③应用水冲洗或用压缩空气吹扫清除坑内的杂物，坑内不得沾有油污。用水浸滴混凝土坑约 30mm，再除尽坑内的积水。

④在坑内涂一层薄的水泥浆，水泥浆的水灰比为 2～2.4∶1。

⑤灌浆前，放置用薄钢板制或的外模且密封好周围边隙，使其不漏浆。随即将搅拌好的混凝土灌入坑内，分层捣固，每层厚度为 40～50mm，连续捣至浆液浮上表层。

⑥混凝土表面形状应呈中间高四周低的弧形。

⑦当混凝土表面不再泌水或水迹消失后，即可放置平垫板，并设测定标高。放置垫板时，应用手压或再用木锤敲击或用手锤垫木板敲击垫板面，使其均匀、平稳下降。垫铁上表面标高允许偏差为±0.5mm。

⑧垫板标高测定后，应拍实垫板四周的混凝土。混凝土表面应低于垫板上表面 2～5mm，混凝土初凝前应再次复查垫板标高。

⑨盖上草袋浇水养护。时值冬季，注意浇水的水温以及采取有效的防冻措施。

(3) 转炉部件的现场组装

1) 设置组装平台：

在加料跨⑦～⑨线设置面积为 15m×10m 的组装钢平台。铺设时，将 T43 钢轨横向排列在该跨已施工完的铁水罐车钢轨上，再在上面铺设厚度为 20mm 的钢板。同时，找平平台面。

2) 炉壳的组装：

炉壳由上段、中段、底段三大件组成，现场对三大件进行组装、焊接。

①先将炉底段吊在平台上进行找平和固定。

②再将炉中段吊炉底段上进行对正、找平和固定。

③采用二氧化碳气体保护焊接进行接口环缝焊接。

④环焊缝退火处理采用瓷环电阻丝加热外包石棉被进行。温度采用调温加热及温度记录打印柜进行控制。

⑤将炉上段吊至炉中段上表面与焊接完的中一底段对正、找平和固定。

⑥组装环缝采用与炉中一底段接口环缝同样的方法进行环缝焊接和退火处理。

⑦炉壳组装完毕后，重量约为 128.2t。要求三段组焊后应同心，其中心偏差不得大于 $H/2000$ (H 为组焊后的高度)，最大偏差值不得大于 5mm，周边错位不得大于 2mm。

⑧挡渣板应等炉体及水冷管安装完毕后方可安装到炉壳上。

3) 托圈组装：

①在平台板上画圈，直径等于托圈外径。

②将托圈Ⅰ、托圈Ⅱ吊至平台上组圆，凿出耳轴的位置。

③将耳轴Ⅰ、轴Ⅱ吊至平台上耳轴位置与托圈Ⅰ、托圈Ⅱ进行组圆、找正、调平。

④耳轴外端采用千斤顶支撑。平台板上设置限位块及千斤顶对组圆进行微调、限位和固定。

⑤组圆后的四条立焊缝采用二氧化碳气体保护焊接进行焊接。

⑥焊接进行退火处理。

⑦托圈组焊后重量约为 125.4t。

4) 厚板焊接：

炉壳、托圈组焊均为厚板焊接。因此，预先应进行焊接工艺评定。待焊接工艺评定报告经审核、批准后方可进行施焊。施焊时，应严格遵照评定结果执行。尤其是在选择焊材、接口处接头及坡口尺寸、焊接顺序图、焊接工艺参数：电流值、电压值、焊接速度、保护气体以及相应的技术措施等均应符合评定规定。

(4) 轴承支承座安装

1) 垫板座浆养护合格后进行轴承支承座安装。

2) 在标高为+5.805m处搭设临时安装平台。

3) 主动端、被动端轴承支承座各重约40t，采用加料跨160/40t行车将其吊至基础上，并配以4个10t手拉葫芦将其拖运就位。

4) 轴承支座安装找正时应特别注意当被动端轴承支座找正后，必须进行临时固定，防止由于重心不稳而倾翻。

5) 轴承支座安装精密度允许偏差值和目标允许偏差值见表2.2.14-1。

轴承支座安装允许偏差（mm） **表2.2.14-1**

测定项目	测量位置	允许偏差值	目标允许偏差值
安装标高	支座中心点	±1.0	±0.5
纵向中心	支座中心点	±1.0	±0.5
横向中心	支座中心点	±2.0	±1.0
中心距	支座间距	±1.0	±0.5
对角度	支座对角线	4	2
水平度（横向）	支座上表面	0.1/1000	0.05/1000
水平度（纵向）	支座上表面	0.1/1000	0.05/1000

(5) 炉体安装

由于炉子跨没有设置大型吊车，而加料跨的行车又无法将组焊后重达253.6t的转炉本体吊装就位。因此，只能利用先进行炉壳与炉托圈的组装。组装后要将炉体安装就位必须利用转炉下方的钢包、渣盘车轨道采用台车输送的特殊方法。

1) 台架制作安装：

①根据台架所承受的荷载，按稳定计算公式确定台架立柱采用ϕ426×10无缝钢管，台架支撑采用ϕ159×8无缝钢管制作。台架高约6525mm，每根立柱顶面设置一台100t液压千斤顶。

②将制作好的台架固定在两台串联在一起的160t钢包车和160t渣盘车上，使之成为一个牢固的整体结构。

2) 炉体组装

①托圈吊装。利用160/40t行车将托圈吊上吊架并与台架上的记号对准。通过立柱顶上设置的4个电动液压千斤顶将托圈调平。

②三点球铰支承装置安装。将清洗干净的上下球体、球座及其所有结合面涂以10%耐温性高的倍力润滑油添加剂和90%2号锂基润滑脂的混匀物。在安装时应保证垫圈与螺

母上球体端面的间隙符合要求。

③炉壳吊装。用 50mm 厚的钢板制作千斤顶吊耳焊接在炉壳上（就位后可以不拆除）。用 160/40t 行车将炉壳水平吊入托圈内，通过调整托架座与托架之间的垫片，使炉体在托圈内得到定位并符合图样规定的间隙要求。

④炉体组装后，应在台车与炉壳两端焊接斜撑，稳固炉体，以防止在运输中因惯性原因导致转炉倾翻。注意，斜撑焊接完后行车方可松钩。

3）炉体就位：

①采用 5t 电动慢速卷扬机配六门 50t 滑车组朝炉子跨缓缓牵引台车。

②当牵引距轴承座约为 100～200mm 时停止前进，进行顶升工作，每次顶升炉体升高高度为 20～30mm。一旦轴承底面升高度超过支承座表面时，顶升停业，然后持续缓缓牵引台车，直至与支承座中心重合。同步下降千斤顶，找正后，盖上轴承支承座上盖，穿入螺栓并按要求紧固。

③就位完毕，炉体重心高于耳轴中心，因此必须支撑，以免炉体产生倾翻。

（6）倾动装置安装

1）为了保证倾动装置能作纵横向移动以及为安装人员提供作业面，应搭设一个作业平台。

2）将扭力杆吊装就位。

3）采用 200t 汽车吊与六门滑车组相结合，将一次减速器吊至临时台架上。

4）待转炉炉体就位后，再吊装二次减速器与耳轴组装，调整后装入切向键。

5）安装 4 台一次减速器和电机。

6）调整扭力杆装置，当扭力杆在水平位置时，其纵向中心线与传动端耳轴中心线垂直，其不垂直度偏差不得大于 0.5/1000。

（7）水冷却系统安装

1）水冷却系统回路组成。转炉被动端水冷却系统的万向接头有六个孔，组成三个回路，分别向托圈、炉口、炉帽供水。

2）水冷却系统安装注意事项。与万向接头对接安装时应做好标记，避免六个孔相互错位。若孔错位即会导致部分回路水量不够，冷却效果达不到设计要求，极易造成炉口烧蚀穿孔，产生冷却水泄漏。若一旦泄漏流入炉膛将会引发炉体爆炸特大事故。

3）水冷却系统压力试验：

①试验高度。水冷却系统的工作压力为 0.4～0.5MPa，水冷却系统配管完毕，应做压力试验。选择水为介质进行压力试验。

②压力试验注意事项。所选介质应为洁净水。试验前，注入洁净水时应排尽空气。时值冬季，试验时环境温度不宜低于 5℃，当环境温度低于 5℃时，应采取防冻措施。试压采用电动试压泵进行。试验压力值应符合设计要求。试压完毕，应及时将水排尽，以防造成冻裂。

6. 转炉无负荷单体试运转

（1）试运转的必要性

1）根据规范规定，转炉在筑炉前必须进行无负荷单体试运转。

2）全面检查转炉安装质量，将存在的问题处理在转炉筑炉之前。

（2）无负荷单体试运转顺序

稀油站运转→电机运转→分减速器运转→倾动器构运转→带炉子本体运转。

（3）技术要求

①稀油站的两台油泵应能自动切换，且油泵不启动时，转炉不能倾动。

②四台电动机应保证同步，四台制动器应尽量做到同步制动。

③启动和停车应灵活、平稳。

④倾动角度试运转为正360°和负360°。

⑤四台电机带动转炉运转正常；任意三台电机带动转炉运转正常；二台电机以0.1r/min的倾动速度带动转炉空转正常。

⑥转炉的倾动速度分别以0.1r/min、0.4r/min、0.7r/min、1r/min从低至高运行时应正常。

⑦试运转完毕，对机械、电气、润滑、水冷却系统进行检查无异常现象。运转后，测量炉壳与托圈间隙没有发生变化。至此，单体试运转合格。即可转入下道工序→筑炉。

7. 劳动力配备（表2.2.14-2）

劳动力配备 **表2.2.14-2**

名称	工号	工长	钳工	焊工	起重工	测量工	电工	辅工	合计
人数	1	2	20	8	4	2	1	10	48

8. 主要施工机具（表2.2.14-3）

主要施工机具 **表2.2.14-3**

序号	名称	规格	单位	数量	备注
1	测量仪器及计器				
(1)	精密水准仪	ni005A	把	1	
(2)	精密水准仪	010B	把	1	
(3)	框式水平仪	0.02/1000	把	1	轴承支座找平用
(4)	游标卡尺	L=1000mm	台	1	
(5)	钢板直尺	L=1000mm	把	2	
(6)	钢卷尺	50m	把	2	
(7)	钢卷尺	5m	把	20	
(8)	弹簧秤	300N	把	2	
(9)	电动试压泵	ZHY	台	1	
2	起重机械				
(1)	汽车机械	AC615（200t）	台	1	
(2)	液压千斤顶	100t	台	4	转炉安装用
(3)	卷扬机（电动慢速）	5t	台	1	拖台车等用

续表

序 号	名 称	规 格	单 位	数 量	备 注
(4)	卷扬机（电动慢速）	3t	台	1	
(5)	六门滑车组	50t	台	1	拖台车用
3	焊接设备				
(1)	可控硅焊机	ZX5-500	台	4	
(2)	CO_2 气体保护焊机	NBC-500	台	6	炉体组焊用
(3)	氩弧焊接	NSA-500	台	2	

9. 80t 转炉本体安装网络计划（表 2.2.14-4）

安装网络计划　　表 2.2.14-4

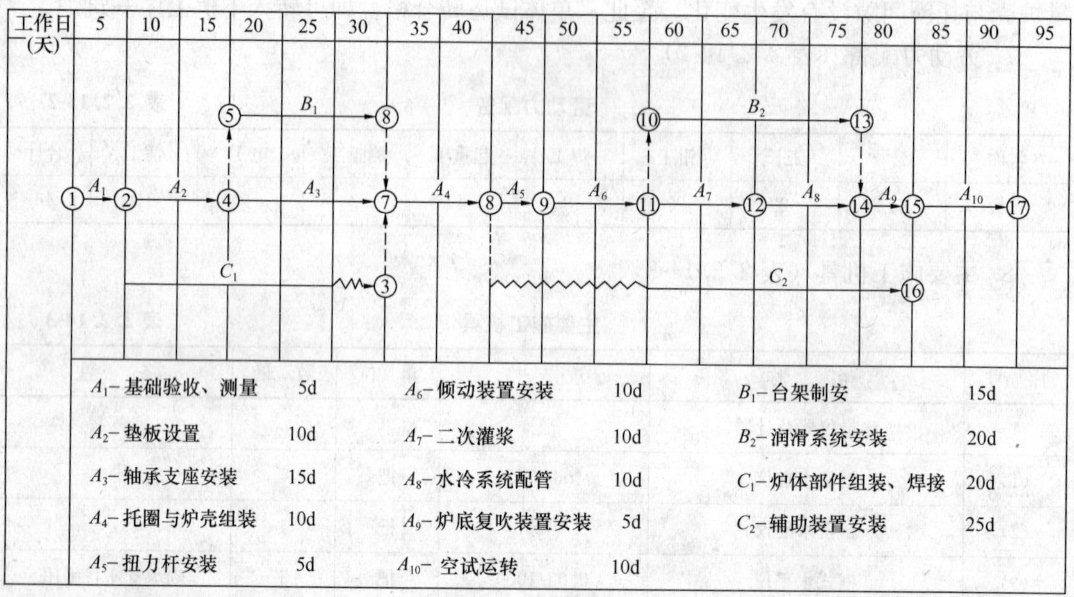

三、实施效果与体会

（1）根据本工程特点，该施工组织设计制定了较完善的技术保证措施，顺利完成了技术改造的各项指标。

（2）建立安装测量控制网，埋设永久性中心标板和标高基准点作为设备安装的依据，达到了自动化连续运转设备对安装的高精度要求。

（3）制定了相应的冬期施工技术方案，保证了现场的施工安全与进度。

2.2.15　80000m³ 干式布帘煤气柜工程施工组织设计

一、工程概况

（一）工程简介

80000m³ 干式布帘煤气柜工程是某钢厂煤气系统节能改造炼钢转炉的煤气柜工程项目，满足 3×80t 转炉回收煤气和提供各转炉煤气供应。项目位于钢厂区，陆路交通便利。工程为设计、采购、施工（EPC）总承包交钥匙工程。

（二）煤气柜结构特征

干式布帘煤气柜也称干式转炉煤体柜或威金斯柜。其结构外形由立柱、侧板及柜顶组成的带顶圆柱体，柜身外有平台或抗风桁架及斜梯，柜顶有风帽等结构。其内部结构由活塞结构及混凝土坝、挡板结构及密封橡胶膜等组成，活塞及挡板结构可随柜内气体容量的改变而升降，密封橡胶帘随活塞的升降而卷起或放下；在柜外用钢丝绳连接活塞的调平装置，可调节活塞的平衡；用钢丝绳连接于活塞的机械式柜容指标器可较可靠地监视柜内气容量；内部T挡板台架用于支撑尚未升起的T挡板；另外，还有煤气进出气管、煤气放散管、手摇卷扬机等结构和设施，以及柜体避雷、照明，雷达测高仪等电气及自动化仪表等。

（三）工程内容

80000m^3 气柜的设计、施工、技术培训、物资采购、设备安装及调试。

（四）建设要求

（1）质量要求：达到优良标准。

（2）工期要求：2006年3月28日进场，当年10月28日前建成投产，共212日历天。

（五）工程特点

1. 规模大，耗钢量多，且钢材的品种、规格也较多

需要详细深入地吃透图纸，编制钢材采购计划清单，合理选择定尺规格，严格控制材料损耗，并及时地组织货源。

2. 技术要求高

（1）立柱安装垂直度需严格控制好。该指标不但影响外观成型，更会影响活塞及挡板的运行性能，要在无径向外撑力的情况下，须采取特殊的工艺措施才能抵消或减少焊接变形的影响。

（2）橡胶密封膜的安装有较高的精度要求。每段皮膜的上下安装孔绝对不能错位，必须在同一径向轴线上，一万多个安装孔必须数量绝对正确，积累误差严格控制在允许范围内。这就要求密封角钢或槽钢及压板的制作必须用高精度模具配钻打孔；同样，橡胶膜安装孔也必须要求供货商保证其安装孔的精度要求；另外，在安装时需多点定位，仔细复核后才能正式安装。

（3）侧板成型要求也较高。特别是侧板弧半径较大，板厚较薄，无法压制成型，因此加强角钢的弯制弧度及组焊胎具的弧度，需根据经验经多次试验后确定，并确定一种统一的焊接规范，以确保组焊后的成型质量。

（4）底板及活塞板成型，顶梁制作安装、T挡板及活塞档板制作安装等都有较高的要求。

3. 焊接工作量较大

需适当增加焊工力量，以确保焊接质量和施工进度，同时严格控制漏焊现象。

4. 高空作业多

气柜的吊顶安装过程中一直处于高空作业状态，存在着很大的危险性，因此需采取合理的工装措施，确保万无一失。

5. 吊顶装置的可靠性要求高

采用手拉葫芦及配重吊顶的方法，要求手拉葫芦性能良好，并在施工过程中经常检查，精确计算每只葫芦的吃重分量，要求不超过其额定载荷的60％。

6. 立柱的二次设计

立柱的设计，设计单位已在施工图中作出，但为了与安装中的工装件及来料长度匹配，在征得设计单位同意的前提下，对原设计中立柱的长度及部分孔位进行调整或增加，一般立柱长度为 6～7m，对其他结构形状无任何改动。

7. 重视防火措施

密封橡胶膜安装后应尽量避免动火，在柜内动火需有专人监护，并采取严格的措施，避免伤及皮膜。

8. 施工工期紧张

要将本工程在规定时间内移交给业主困难是很大的，需要科学合理的安排和调度，采用先进的施工工艺以及保证施工的高质量来保证工期。

二、摘选主要施工方案

气柜柜体施工方案

1. 主要安装工艺

(1) 根据本气柜的特点及工期要求，我们准备采用后吊顶安装法的侧板大拼板安装法。在气柜第一节立柱及底板安装好后，立即进行气柜筒体外壳的安装，同时交叉进行活塞板、活塞混凝土坝及柜顶的安装；等气柜筒体及柜顶安装好后进行吊顶安装；然后进行内部构件及外部工艺设施安装。

(2) 气柜筒体的安装采用先安装一节立柱框架（包含抗风桁架），再安装侧板大拼板，同时安装该节立柱所在位置的斜梯。

(3) 吊顶作业。采用配重及手拉葫芦或手摇绞车进行施工，即每根立柱处通过滑轮用 5t 配重将柜顶吊住，以减少手拉葫芦或手摇绞车的受力。

(4) 内部结构的安装。我们采用卷扬机起重，吊点设置在柜顶与立柱连接上，根据吊装位置更换吊点，实施柜内全方位作业。

(5) 密封橡胶膜的安装，我们采用手拉葫芦（每根立柱一只）作为吊装工具，用控制钢绳控制皮膜的打开状况，先装内圈皮膜，后装外圈皮膜。

2. 主要吊装设施

(1) 现场采用 2 台 40t・m 的建筑塔吊作为主要起重机械，设置在气柜基础外的对称方向，满足现场制作安装的起重吊装需要。

(2) 提顶起重采用手拉葫芦（每根立柱 1 只）及每根立柱处 5t 配重作为起重机具。

(3) 柜内用 2 台卷扬机进行吊装作业。

(4) 密封橡胶膜采用 30 只手拉葫芦（每根立柱一只）作为吊装工具。

3. 主要安装程序

根据本气柜的特点及主要工艺技术，可将本气柜安装分成四个主要的工艺阶段进行，即地面安装阶段、筒体安装及吊顶安装阶段、内部安装阶段、附属设施安装及总体试验阶段。见光盘。

4. 主要构件制作工艺

本气柜主要制作件分成三部分，第一部分为基地制作，第二部分为现场制作，第三部分为外协外购件。①基地制作件：主要指机加工制作件，包括立柱、波纹板、调平装置的滑轮机构，柜容指示器，密封件（密封角钢及槽钢、压板及导向压块等）、导轮等。其中立柱也可在现场制作。②现场制作件：在主体结构中占有极大的比例，如侧板、顶梁、挡板结构等均为现场制作；钻膜、钻床等运至现场后，立柱也在现场制作。③外协外购件：主要指皮膜、阀门、标准件、滑轮等构件的外协翻砂、波纹板的外协镀锌活塞混凝土坝外协、浇筑及配重块外协制作等。总之，制作件及外协外购件的工期应以满足安装进度为原则。

(1) 立柱制作

立柱制作前首先要进行二次设计，以满足侧板排板及吊顶安装工艺的需要，制作步骤如下：

1）下料、拼接并调平直，拼接立柱的接头须打坡口、满焊并用规范的加强板加强，然后在H型钢校直机上校平直或火工校正平直。拼接的立柱长度应留有一定的加工余量。一般根据侧板1.5m宽，立柱来料12m长时，立柱长度无需拼接。

2）立柱对接面铣削或磨平，端面应垂直于立柱长度方向，使立柱对接时能顶紧。

3）用钻模打孔。主要有吊顶耳连接孔、与侧板连接角钢安装孔、回廊支架安装孔、斜梯支架安装孔及立柱接头安装孔、连接角钢孔等，前两种孔用一套专用模具钻孔，以确保安装标高准确。第一节立柱以上接头处为准进行打孔，其他立柱以下接头处为准进行打孔，并对另一头的长度进行修整。

4）与侧板的连接角钢暂不与立柱组焊，第一节立柱与柱脚组焊形成基柱。

(2) 波纹板制作

波纹板侧边采用剪切下料，端部采用等离子切割，用折弯机压制成型，然后与端板组焊，根据要求外协镀锌或到现场进行防腐处理。

(3) 侧板制作

侧板制作在现场进行，设置凸形胎具，并做几次试验，以掌握侧板组焊的变形规律，具体操作步骤如下：

1）根据试验的结果，将加强角钢火煨制到一定的圆弧，此圆弧比侧板设计外径略大，并设置同样弧度的凸形胎具，胎具上设置定位挡板等构件。

2）煨制的加强角钢下料拼接到设计长度，然后用模板号眼打孔（与立柱连接角钢安装孔）。

3）将来料双定尺板放到凸形胎具上定位，并将加强角钢与之定位组焊，采用统一的试验焊接规范施焊。

4）将每层挡风桁架间的侧板在胎具上拼成大拼板。

5）组焊后将侧板内侧下部用拉筋拉住并妥善放置。

说明：1. 与皮膜接触的侧板内侧边角应修磨光滑，无尖角及毛刺。

2. 侧板上的附件如通气孔、门窗等，直接在地面制作，并在侧板组焊时一并开孔组焊。侧板密封角钢排水口暂不开孔组焊。

(4) 柜顶及风帽结构预制

柜顶梁及风帽结构在现场制作，柜顶中间梁拼成大块拼组梁，方法如下：

1）柜顶梁边环圈制作：

①首先根据现场来料画排版图，要求接缝错开立柱300mm，高度方向不能有接缝。

②半自动切割机下料，并调平直，各块板编号。

a. 根据排板图画与立柱对接处中线，用模板套钻打孔，一端接头处留 2mm 余量，不留接缝。

b. 将下料打孔的圈板压板头，用卷板机卷到所需弧度，然后妥善放置。

2）柜顶中间梁制作：

①首先将来料型钢火煨制到设计弧度。

②在施工平台上设置主梁拼接靠山及组梁组焊靠山胎具。

③利用拼接靠山将主梁拼接到需要的长度，并进行两端接头修整；将其他次梁直接下料或拼接。拼接的梁应放在实样线上校正。

④利用组梁胎架靠山，将柜顶梁组焊成 15 片多组梁及 14 片次组梁。

⑤将组焊后的组梁保持弦长一定（拱高一定）妥善放置在凸形胎架上。

3）中间环圈制作。按图下料卷制组焊，严格控制其失圆和挠曲，且分度应准确。

4）风帽结构制作，风帽框架分片制作。制作时设置靠山，组后整形。

5）顶板及风帽板制作。根据来料情况及设计要求进行下料制作。

（5）T 挡板及台架、活塞挡板制作

挡板及台架的制作均在现场制作，方法如下：

1）首先将其结构分解，根据其立柱进行分片，并根据安装需要进行分段等方法制作。

2）在施工钢平台上设置分片或分段制作的胎具靠山，然后下料定位组对焊接。

3）分部制作的构件焊接后需进行整形以达到制作要求。

4）部分构件为满足安装条件，仅需下料拼接即可，甚至可在安装过程中下料。

（6）调平支架及其他附件制作

1）调平支架的制作根据安装位置和条件进行分解制作。

2）放散管根据安装位置接到一定的长度后才能进行吊装作业。

3）其他构件基本按设计图样制作。

5. 地面安装工艺阶段（第一工艺阶段）

（1）安装工艺流程

地面安装即从施工准备就绪，签署开工报告后，从基础复测验收直至完成柜顶安置，具体工艺流程见光盘。

（2）基础复测验收

1）对照基础图纸，确定基础原点及沉降观测点。

2）基本尺寸要求：

①基础拱高偏差为±15mm，拱面无明显凹凸。

②立柱地脚螺孔位置偏差为±10mm。

3）气柜安装时基础特殊要求：

①侧板安装处标高偏差为±5mm。

②活塞混凝土坝安装处标高偏差为±5mm。

4）基础特殊处理：

不符合以上要求的要返工，另外，在满足设计要求的同时，我方尚要对特殊要求的标高进行沥青细砂的增补及刮薄处理，使其水平偏差≤5mm。

（3）第一节立柱安装

1）将第一节立柱两端与抗风桁架组对，然后安装就位，定位固定后，将剩余的抗风桁架安装就位。

2）定位：

①经纬仪进行分度及切向垂直度定位。

②水准仪进行标高定位，以立柱上的连接角钢孔为基准。

③钢卷尺配测力器进行半径定位及扭度控制。

④线坠进行径向垂直度定位。

⑤用地锚螺栓及侧向拉筋固定。

3）第一节立柱定位要求（地脚螺栓紧固及立柱固定后所测）：

①立柱切向垂直度±1，径向垂直度偏差＋18～＋20mm。

②立柱安装标高偏差±1mm。

③立柱分度（即相邻立距间距）偏差±1mm。

④立柱半径偏差＋3～＋5mm。

4）二次灌浆：确认立柱安装好后，对立柱锚固件进行二次灌浆。

（4）底板安装

1）绘制底板排版图，绘制排版图时注意以下几点事项：

①根据现场来料尺寸，在满足设计及规范要求的情况下，尽量降低材料损耗。

②底板排板分中幅板和三圈边环板，中幅板又分成中心十字对称的四个区。

③充分考虑焊接收缩，四个幅板区之间的Z形搭接缝的搭接量由中心向外逐渐增加，增加量一般由0至50mm。

2）确定底板安装位置线，主要以下几个位置：

①中幅板十字线。

②边环板外圆半径线（要求＋10mm）。

3）铺设焊接程序：

①中心十字带铺设焊接。

②四个区域的幅板分别铺设，先焊接短焊缝。按轴线对称铺完两带并焊完短缝后，开始焊接每个区域内的长焊缝，区域间的Z形焊缝暂不施焊。

③铺设时Z形缝搭接量逐渐增加，采用以上的焊接顺序可视实际情况决定搭接量的多少，边缘应留一定余量。最后由中向外施焊Z形焊缝。

④划中幅板边缘线并气割切边。

⑤然后依次铺设焊接区环板的外圈、中圈及内圈。

⑥最后依次焊接中幅板与内圈环板的环焊缝——内圈环板与中圈环板的环焊缝——中圈环板与外圈环板的环焊缝。

4）焊接方法及注意事项：

①每条短焊缝的焊接由一名焊工由中向两侧退焊。

②每条区域内的长焊缝由3～5名焊工均分施焊。

③每条Z形缝由2名焊工由中向外施焊。

④环焊缝由多名焊工均布同向同规范施焊。

⑤在焊接中圈环焊缝时应压重施焊，使该圈成型无明显变形，以满足活塞混凝土坝的

安装需要。

5）底板检查及后续安装基准标注：

①底板基本尺寸检查及表面成型检查，要求局部凹凸不大于50mm，半径误差＋10～－5mm。

②对底板焊缝做100％真空检测，无泄漏为合格。

③确定活塞支柱垫板安装位置，安装活塞支柱垫板。

④确定活塞板安装基准及T挡板台架安装基准。

（5）活塞板安装

1）首先绘制活塞板排版图，做法同柜底板。

2）铺设焊接程序与柜底板类似。

3）焊接方法也同柜底板，但应注意：活塞混凝土坝的边环板仅焊混凝土坝立板安装处的焊缝，其他现场纵缝及环缝暂不施焊。

等活塞混凝土坝立板安装好后，施焊纵缝（短缝）等混凝土坝浇铸后施焊环缝。

4）活塞板检查及后续安装基准标注：

①活塞基本尺寸、表面成型及焊缝真空检查要求同底板。

②确定活塞支柱、活塞混凝土坝、活塞密封槽钢、活塞挡板、调平配重吊点及柜顶架等安装基准。

（6）活塞密封槽钢安装及侧板密封角钢水平定位

打开内部作业口后，首先进行活塞密封槽钢安装及其他安装基准的复测定位，具体操作方法如下：

1）首先复测确认内部安装基准，开设活塞混凝土坝支柱套筒安装孔，检查活塞密封槽钢及活塞混凝土坝的位置线有无变化，其安装处的水平度有无变化，若变形则要修正到允许范围。同时用水准仪在侧板上标注一圈水平标高，以便于侧板密封角钢的安装。

2）将分段制作的活塞密封槽钢组对就位，其方法如下：

①用中心经纬仪定位，分八点同时组对。

②在组对进程中仅稍事点焊，在合拢处检查其合拢误差。

③在误差超标时，应统一放大或缩小其安装半径，直至合拢误差在允许范围内。

④组对好的活塞密封槽钢暂不焊接，等活塞混凝土坝立板及隔板组对后施焊，由多名焊工布同向同规范施焊。

3）检查活塞密封槽钢安装质量，要求安装孔数量正确，无超差的积累误差，分度位置正确，焊缝煤油渗透无泄漏。

（7）活塞混凝土坝安装及浇筑

活塞坝安装等活塞密封槽钢组对后进行，操作步骤如下：

1）根据安装基准线，圈装混凝土坝立板及隔板，同时组对混凝土坝支柱套筒，暂不施焊，在组装过程中应严格控制其垂直度。

2）等混凝土坝立板隔板及支柱套筒组对好后，先施焊活塞密封槽钢，然后开始施焊混凝土坝下面活塞边环板的纵焊缝。

3）等以上工作完成后，焊接混凝土坝及支柱套筒焊缝，次序为：套筒焊缝→混凝土坝内圈立焊→混凝土坝外圈立焊→隔板焊缝→挡板内圈环缝→挡板外圈环缝。方法为由多名焊工均布同规范施焊。

4）混凝土坝壳体完成焊接后，进行内部配套配筋施工，并划定混凝土浇筑位置线。

5）混凝土浇筑。活塞混凝土坝内部混凝土采用外协商品混凝土机械化浇筑，捣实并抹平至水平位置线，浇筑时应及时清理残渣。

6）焊接活塞混凝土坝下的边环板环缝，方法同底板环缝。

7）将预制混凝土块搬入柜内并初步就位。

（8）柜顶安装

1）设置柜顶架安装台架及靠山。以外环板的安装标高为基准，中心台架的安装标高比设计高 180mm。中间支架台架也就正确，应计算出其标高。

2）安装程序及方法：

①先安装边环板。边环板按制作编号进行顺次安装，打孔中心对准立柱中心，修整接头余量及接头坡口，由多名焊工均布采用跨加强板施焊接缝，控制焊接变形。

②安装中间梁。中间组装安装由中向外进行，先安装下层架，再安装上层架。

③铺设焊接顶板。方法类似于底板，由中向外铺设焊接。

④安装风帽框架及风帽板。

3）柜顶安装要求及注意事项：

①顶梁外环板水平度为±2mm、垂直度 2mm，半径±3mm。

②顶梁内圈中心偏差≤2mm，水平度±1mm，标高＋180mm。

③顶梁焊缝要饱满，符合有关要求。

④顶板搭接不小于设计尺寸，焊缝无明显缺陷。

⑤顶板的外圈（顶梁外环板外侧）暂不铺设焊接，等内部钢构件吊装结束时进行封顶。

6. 提顶安装工艺阶段（第二工艺阶段）

（1）安装工艺流程

提顶安装即从提顶并将顶固定安装第一段侧板开始，直至所有侧板、立柱、侧板、抗风桁架安装完毕，具体工艺流程见光盘。

（2）侧板安装

利用悬挂工装设施及脚手架进行侧板的组对、焊接。

1）侧板组装：

①分两组进进行对称操作。

②侧板吊装由两台塔吊分两组对称进行，上下两段侧板的吊装方向相反。

③将侧板的加强角钢与立柱连接角钢用螺栓固定，调整侧板垂直度，然后进行侧板组对点焊作业。

④在组装侧板密封角钢所在段侧板时，应精确调整侧板的垂直度和密封角钢所在位置的周长，然后进行组对。

2）侧板焊接方法：

①侧板由多名焊工均布对称、同时、同步骤、同规范焊接，每名焊工焊两跨侧板。

②焊接次序为：加强角钢与立柱连接角钢顺时针 4 处→侧板立焊缝逆时针两处→与下面一段侧板环焊缝顺时针两条。上下两段侧板的焊接顺序相反。

③焊接方法：立焊缝为由下向上施焊，环焊缝为一般连续焊。

3）质量检查

①侧板焊接后成形检查，成形无明显变形，焊缝无明显表面缺陷。

②对有煤气密封要求的侧板焊缝，进行煤油渗透试验：外部涂石灰水，内部涂煤油，要求无渗透现象。

说明：1. 在安装第一二段侧板时，留一跨作业口，这两块侧板暂不满焊，仅点固；作业口的位置要便于构件的出入；

2. 最上层侧板安装后应在柜顶就位安装前开安装槽口；

3. 密封角钢排水孔需等侧板密封角钢安装好后再开设安装。

(3) 后续立柱及抗风桁架安装

首先检测已安装立柱的垂直度并进行调整，然后开始安装立柱。方法与第一节立柱类似，具体操作如下：

1）将立柱两端与抗风桁架组对。

2）立柱组装焊接：

①将立柱吊装就位，要求上下立柱顶紧，用连接板与下部立柱松动连接并连上拉筋及拉杆。

②用线坠和经纬仪观测立柱垂直度。用拉杆及溜绳调整固定其径向垂直度；用拉筋调整并固定切后垂直度。调整好后紧固连接板，松开溜绳后立柱垂直度应符合要求，否则，应重新调整。

③立柱垂直度调整合格后，由多名焊工均布施焊立柱接头。

④焊后再次检查立柱安装垂直度，有超限偏差，必须调整。

3）安装剩余抗风桁架。

4）立柱安装要求：

①上下立柱顶紧。

②立柱垂直度与基柱下部相比径向外倾＋20～＋25mm 切向 5mm。

(4) 柜身斜梯安装

柜身斜梯的安装与回廊的安装同步，每安装一层抗风桁架即安装该抗风桁架下的斜梯。

(5) 吊顶及封顶

当气柜筒体积斜梯安装完成，此时柜顶也早已安装完成，经检查合格后，可以开始吊顶工作。

1）吊装准备：

①在每根立柱处设置滑轮组。

②在 26 根立柱处设置外配重（每处 5t）与柜顶相连，同时设置手拉葫芦或手摇卷扬与柜顶相连。

③在斜梯处的两根立柱设置卷扬机与柜顶相连。

④在两台塔吊附近的两根立柱用塔吊吊钩与柜顶相连。

⑤进行吊顶前的技术交底。

2）吊顶。吊顶时应服从指挥，特别是卷扬机及塔吊。在起吊过程中只能用点动的方式进行，做到整个柜顶平衡上升。

3）封顶。当柜顶吊升到位时，分四组人员逐一将柜顶与气柜立柱及侧壁固定。柜顶板上可开设并安装调平钢绳孔及通气孔等。

7. 内部安装阶段（第三工艺阶段）

（1）安装工艺

内部安装阶段一般从柜顶固定后才开始（我们将采用这种顺序），即从开临时作业口，进入柜内开始安装直至鼓气焊接活塞板下表面焊缝，该工艺阶段的后段与第四工艺阶段交叉。内部安装工艺见光盘。

（2）T 挡板台架安装

T 挡板台架的预制构件，从作业口用卷扬机搬入柜内，并利用卷扬机通过更换吊点进行 T 挡架台架的柜内搬运和安装。

1）构件搬入。较轻的构件人工搬运，较重的构件用卷扬机及作业口上部的吊点搬入，并用另一台卷扬机及板车，通过更换吊点将其搬运到位。

2）活动吊点设置。在柜顶与加强平台的连接件上设置活动吊点，随 T 挡板台架安装位置的不同而移动，通过滑轮组用卷扬机进行吊装。

3）T 挡板台架组装焊接次序及控制要点：

①确定台架上沿标高及安装位置。

②通过柱脚下垫钢板的方式将台架上沿垫到要求标高（或割去一部分）。

③调整支柱垂直度，两片台架定位组装后，开始组装水平撑梁，直至合拢。操作口一跨台架暂不组装，采用临时加固。

④统一焊接台架之间及与底板的焊缝。

⑤组对与侧板的连接。由于侧板的可能变形，需加垫板或割去一部分，所加的垫板应在预先焊成一块，再与台架组焊，焊好后才能与侧板组对焊接。

⑥台架安装主要控制上沿水平度为±5mm 和垂直度为 5mm。同时仔细逐一检查，不能有漏焊现象。

4）作业口台架改装，由于大量构件和设备需从作业口搬入，所有作业口的一片台架暂不安装，在其相邻的两片台架，上沿设置临时加强支撑梁，以支撑 T 挡板。

（3）活塞挡板安装

1）活塞挡板安装采取与上述类似的方法将预制构件搬入并安装。在安装过程中应严格控制垂直度、半径及标高，作业口留出一片暂不安装。上部平台临时加强。

2）安装要求：①立柱垂直度径向偏差−5～0mm，切向 5mm；

②下部安装半径偏差±5mm；

③上沿标高偏差±5mm；

④撞块相对位置偏差±5，标高±2mm；

⑤焊接要求符合设计要求，无漏焊。

（4）T 挡板安装

安装 T 挡板时，柜顶已就位固定。

T 挡板预制构件的搬运方式及吊装同上，其安装的具体操作过程如下：

1）T 挡板底板定位组对，施工步骤如下：

①将分段制作挡板底板铺设就位，接口避开台架梁。

②根据柜底板上的基准圆引垂线，确定其安装半径。

③检查上表面水平度。

④检测合格后组对点焊，下表面临时与台架稍事点焊固定，在T挡板整个安装好后千万要将此固定点铲除。

⑤焊接上表面密封槽钢和角钢安装处的一小段焊缝，并打磨平。

⑥组对T挡板密封槽钢和角钢，暂不焊接。

2）分片组对T挡板架

①用花篮拉筋调整挡板架的垂直度，并用垫板调整其标高，暂时与侧板用拉杆连接。

②当两片挡板架装好后，用花篮拉筋固定牢固，安装中间平台及上部平台，均点焊牢固。逐片组装挡板架，并逐段组装平台，直至合拢形成框架。

③在安装过程中，严格控制挡板之挡面标高。

④检查整体组对精度。

3）焊接T挡板框架：

①焊接次序：密封槽钢环缝→密封角钢环缝→T挡板底板上下对接缝→T挡板架结构焊缝。

②焊接方法：由多名焊工均布施工焊，分工到位，避免漏焊。

4）T挡板围板安装：

①利用卷扬机和移动吊点组对围板。

②围板组对由下至上一圈一圈进行。

③由多名焊工均布施焊。

5）安装要求及注意事项：

①T挡板底板半径：±5mm，水平度：±5mm。

②T挡板架下部半径：+5～0mm。

③T挡板架上部垂直度：径向+10～-5mm，切向5mm。

水平度：±10mm。

④T挡板的挡面水平度：±2mm。

与撞块中心偏离：10mm。

⑤T挡板上沿梁与侧板间距偏差：≤20mm。

⑥焊缝符合设计要求无漏焊，密封槽钢和角钢焊缝隙煤油渗透试验。

⑦最后一定要记住将T挡板底板下底面与台架的点固焊缝铲掉，同时将T挡板架与侧板的连接拆除。

(5）T挡板密封槽钢及角钢、侧板密封角钢安装

T挡板、侧板密封槽钢和角钢的安装方法与活塞密封槽钢类似。

1）T挡板密封槽钢和角钢在T挡板底板组对好且未焊前进行组对，先组对外侧槽钢，再组对内侧角钢，等T挡板架组装好后焊接，并对焊缝进行煤油渗透试验。安装皮膜面磨平。

2）T挡板内侧密封角钢的定位。根据原先标注的基准分段区域组对，方法与活塞密封槽钢类似，并用活塞密封槽钢的孔验证其是否正确。

3）T 挡板外侧密封槽钢的安装与活塞密封槽钢类似，但操作难度较大，因经纬仪无法直接看到上面的孔，只能从内侧引到外侧，或用垂线的方法确定，因此需经多次复测后才能最后定位。

4）侧板密封角钢在 T 挡板架安装后进行，需根据原先在侧板上标注的水平标高线进行标高位置划定，其方法步骤如下：

①根据侧板上的基准标高线划定其安装位置线。

②安装位置处的侧板搭接修正成对接，并修正侧板局部变形。

③用经纬仪将其分区，分 8 区或 16 处或更多，并用垂线的方式验证。

④将密封角钢分段组装，稍事点焊，检查几个区是否能合拢及合拢误差。

⑤根据合拢误差，确定每段对接的误差值，若还修正不过来，则可以均匀地将每段分小，确保对接误差值和合拢误差值在允许范围内。

⑥检查无误后，开始焊接，焊后做煤油渗透试验，并将皮膜安装面的对接缝磨平。

5）密封槽钢或角钢安装要求：

①内外圈与皮膜连接的安装孔数量正确。

②相邻孔距偏差≤0.5mm。

③上下皮膜安装孔同轴面孔偏差≤2mm。

④标高、水平、半径、椭圆度等均高于设计要求。

⑤焊缝均做煤油渗透试验，并将皮膜安装面对接焊缝磨平。

（6）波纹板安装

波纹板的吊装方法还是用卷扬机并更换吊点的方法，采用扁担起吊梁，一跨一跨安装。

先装活塞挡板波纹板，再装 T 挡板下段波纹板，最后安装 T 挡板上段波纹板。

（7）其他附件安装及橡胶膜安装准备

1）其他附件如活塞平衡测量装置、导轮、导向装置等，可适时进行安装，在橡胶膜安装前完成，并柜内清场。

2）将密封橡胶连箱搬入柜内，方法如下：

①架设由柜外从作业口通过活塞混凝土坝的临时桥梁，用两台卷扬机，一台吊高，一台向里拉。

②下面垫走杆先将内卷皮膜箱吊拉到柜中心，再将外圈皮膜箱吊拉到活塞板上靠边，走杆暂不去掉。

3）封闭作业口侧板，并将作业口 T 挡板台架及活塞挡板安装就位，封闭柜顶板。

4）皮膜吊装准备。每根立柱内侧开设一个吊装孔，将手拉葫芦固定在立柱上，将葫芦钢绳、扁担起吊架及皮膜夹具、圆径控制钢绳套具，部署就位。

5）再次检查其他还有什么应该完成的遗漏项目，特别是涉及动火作业的。柜内再次清场，并仔细检查活塞板上的平滑度，去除毛刺、焊瘤等物。将皮膜安装机具、零件、辅材安放就位。

6）进行密封橡胶膜安装的技术交底会。

（8）密封橡胶膜安装

密封橡胶膜安装准备工作做好后，包括必须完成的安装工作得到业主的确认。然后开始安装，先装内圈，后装外圈，其步骤如下：

1）小心打开放置在柜中央的皮膜箱的上面和侧面五个面将拆下的面板等搬出柜内，根据接缝确认一条安装基准线，使上下孔对直。

2）将第一只起吊梁串上控制绳，并将一只夹具与皮膜上沿吊装孔连接，用平衡配重将皮膜用手拉葫芦逐渐展开，展开到第二只夹具位置时，将夹具与相应皮膜吊装孔连接，继续展开将第二只起吊梁串上钢绳，并与皮膜相连。直至皮膜整圈与吊具相连。

3）继续起吊，调整上口水平，并用钢绳控制其展开直径，直至整圈皮膜完全吊离活塞板，且展开圆基本对中。

4）开始均衡统一起吊，并用钢绳逐渐放大其展开直径，直至吊到插入高度，圆径与安装位置基本吻合。

5）将皮膜保徐徐放下，插入安装位置，当接近位置时，抽掉钢绳，逐渐调整每个吊点高度，开始皮膜安装。

6）由安装基准位置向两侧开始组对安装皮膜的上密封圈。根据设计及皮膜厂商的要求逐步贴上密封胶泥，用夹板、导向板及螺栓垫片等逐步将皮膜安装就位，并逐渐拆除吊具。第一次螺栓紧固到 80%的程度，全部装完后进行第二次完全紧固，到密封泥挤出为止。

7）皮膜上圈安装好后，确定安装基准，以同样的方法进行下圈密封安装。

8）检查皮膜上下安装孔有无错位，皮膜有无打皱。

9）内圈皮膜安装好后，将箱底等物件清理出柜，用手拉葫芦和走杆将外圈皮膜箱拉到柜中央，以同样的方法安装外圈皮膜。

10）注意事项：

在密封橡胶膜安装时应尽量小心，勿将零件、杂物掉进皮膜与波纹板间，并派人进入里面检查。

(9) 密封橡胶膜安装后的柜内动火作业。

1）活塞支柱套筒及人孔接管安装。根据以前标注的安装位置，开设安装孔，并注意控制套筒上法兰螺栓孔与套筒接管楔面位置，将套筒及加强板等组对焊接就位，组对时严格控制套筒垂直度。

2）活塞板下表面焊接。活塞底板下表面焊接需要向活塞下部鼓气，使活塞上升并安装活塞支柱，将活塞抬空后进行活塞下面的操作（此时调平装置已经安装完成）。其操作方法如下：

①准备活塞顶升设施，并进行事前技术交底。

②向柜内鼓气，当活塞上到支柱高度的 1.5 倍时，开始逐步拆除活塞支柱套筒法兰，并立即安装活塞支柱。

③根据活塞高度的变化随时控制风量和支柱安装速度。

④先安装活塞混凝土坝支柱，再由中向外安装活塞板支柱。

⑤全部安装完成后，打开放散阀，将活塞支柱缓慢地着陆到柜底板上。

⑥打开活塞人孔及侧板下部人孔，设置多盏安全工作灯，并在侧板人孔设置排风扇，保证活塞下空气流通。

⑦准备工作做好后，开始施焊活塞板下表面焊缝，直至检查合格。

⑧在活塞上升过程中观测活塞平衡、柜内压力、柜容情况等，为气柜调试做第一次实验。

3）柜内动火注意事项说明：

①在皮膜搬入后，特别是安装后的任何动火作业必须由专人和多人进行监护。

②在靠近皮膜动火时，应派专人用专用托架将下垂的皮膜托起，并设置钢板护墙。

8. 附属设施安装及总体试验阶段（第四工艺阶段）

（1）施工工艺流程

第四工艺阶段从柜顶就位固定后开始进行气柜的附属设施安装直至气柜的总体气密性试验完成，达到交工条件，附属设施安装流程见光盘。

说明：1. 防腐施工与制作安装同步作业，要求在试运行调试前完成内部防腐施工，在交工前完成所有防腐工作。

2. 配套电气及自动化仪表，根据安装进度适时进行施工，并在试运行调试前完成安装工作。

（2）进出气管安装

根据侧板安装进度及外围管道安装进度及时将进出气管与外围管道相连接。在调试前外围管道的水封和柜外第一只阀门必须安装结束，以便气柜密封。

（3）放散管安装

放散管必须在皮膜安装前安装完成，安装时必须控制立管垂直度。在安装自动顶开装置时，用引垂线的办法确定顶杆开孔位置。以类似的方法安装手动放散装置。

（4）调平装置安装

活塞调平装置从柜顶就位固定后开始安装，除钢绳外必须在密封橡胶膜安装前完成，具体方法步骤如下：

1）根据原先标注在活塞上平衡配重吊点位置，引垂线到柜顶确定钢绳中心位置。

2）根据设计图和钢绳中心位置，确定支架位置并组对焊接。

3）用拉细钢绳的方法，确定滑轮位置、方向并焊接固定。

4）根据配重滑轮位置确定配重轨道安装位置并组装焊接。要求其垂直度偏差≤5mm。

5）在密封橡胶膜安装后，开始安装调平钢绳及调平配重块，方法如下：

①首先用手拉葫芦将配重拉到设计高度－50mm 并用台架支承在最上第二层平台上。

②穿钢绳从柜内活塞一直到调平配重，钢绳长度调整正好。

③然后用花栏将调平配重提起 50mm 到设计高度，每组调平钢绳受力要一致。

④调整好后将花栏固定，不使其扭转放松。

（5）柜容指示器安装

柜容指示器的安装方位于便于观察一面，要切实保证柜容指示器配重滑轨的垂直度。

（6）气柜调试及活塞升降试验

气柜本体安装工程结束，满足气柜调试的配套工程完成后，即可进行气柜的试运行调试。

1）调试前检查及准备：

①检查气柜结构安装是否有遗漏项目，除外表防腐外（在活塞升降过程中不能进行柜外壁防腐施工），其他工作均应结束，且验收合格。

②检查电气自动化仪表工程在柜体上的工作应结束，且验收合格。

③检查用于气柜调试的配管系统及鼓风系统是否完成（用于活塞底板下表面焊接的临时鼓风系统，根据情况可用新安装的柜区加压机代替）。

④再次确认柜内及柜底已无任何杂物，柜外无影响配重升降的因素，并再次派人到皮膜底部检查，用收尘器吸除皮膜兜底的灰尘及残渣等。

⑤向柜内鼓气，使活塞上升，拆除活塞支柱，用法兰盖密封。其次序与支柱安装相反，即先逐步由外向中拆除活塞板支柱，并立即安装法兰盖，再进行活塞支柱的拆换。在此过程中控制活塞升高不超过 1m。

⑥所有支柱拆换后将活塞缓慢降落到柜底板上，对活塞平衡度及活塞位置进行测定并重新标定。

2）活塞升降试验及调试内容：

①柜内压力。

②活塞水平度及位移。

③活塞升降速度。

④密封橡胶膜气密性。

⑤焊缝法兰接口等气密性。

⑥密封橡胶膜外观。

⑦调平装置驱动情况。

⑧活塞挡板及 T 挡板的升降情况及相支承的情况。

⑨自动放散管的功能。

⑩有无振动及异常杂声。

3）升降试验及调试过程：

①向柜内鼓气，使活塞上升，在此过程中观察柜内压力变化、活塞水平度及位移，同时柜外派人观察调平机构的驱动情况，发现异常及时停机处理。

②在活塞上升过程中同时观察皮膜的翻转情况，并进行密封安装口的皂液检漏，活塞上升一定高度后，当发现皮膜不能完全鼓起，有打皱现象时，应停机处理。

③当活塞上升到活塞挡板撞到 T 挡板时，注意测定先后撞到的间距。

④当 T 挡板接近自动放散撑杆时停止活塞上升试验。

⑤对焊缝及法兰口进行皂液检漏，此工序也可与活塞升降同时进行。

⑥打开手动放散，使活塞下降，以同样的方法观测气柜运转情况。

⑦活塞着地前关小放散口，使其缓慢降落，以免大的冲击。

⑧升降试验及调试应进行多次，直至各项指标合格为止。

4）调试处理方法：

①活塞平衡调整方法若活塞平衡度超标，可以用混凝土配重块方法及调平钢绳松紧的方法进行调整。一般调整钢绳受力均匀后，只需对配重块进行调整。

②皮膜打皱处理方法一般只要皮膜是垂直安装的就不会出现这种现象。鼓气开始柜内压力升高时有可能出现，但压力升到一定程度时，会自然展开。也可用人工从波纹板间隙

中相顶的方法帮助其早些展开。

③活塞位移调整一般来说只要调试过程按以上步骤，就不会出现这种现象，可以说基本无位移。

④橡胶膜密封处泄漏处理。可以用拧紧螺栓的方法，还不行的话，需拆除一小段密封口，加胶泥重新安装。

5）快速升降及冲顶试验

①当气柜升降调试符合要求后，即可进行快速升降试验及冲顶试验，尽风机最大能力进行顶升，观测活塞平衡、位移及柜内压力，同时观察调平机构驱动情况。

②当活塞上升到T挡板顶到自动放散顶杆时，继续顶升做冲顶试验。观察活塞平衡时放散的开度，若开度打到一半时还继续升（一般不会）则应关闭风机，防止损伤皮膜。

③冲顶试验做好后，关闭风机，打开两个人孔开始快速下降试验。同时观察自动放散阀的关闭情况，若无异常，则用手动打开放散阀，使活塞下降更快，以达到速度要求。

④在活塞快速下降的过程中观察柜内压力，活塞水平及位移，调平机构驱动情况。

⑤当活塞将着陆时，关闭放散阀，并将人孔关小，使其缓慢着陆。

⑥快速升降及冲顶试验做两次，直至合格为止。

6）升降试验及快速升降要求：

①柜内压力与设计偏差±10mm水柱。

②活塞倾斜±20mm。

③活塞无明显位移：

T挡板与侧板间距偏差≤80mm（因变形造成）。

T挡板与活塞挡板间距偏差≤40mm（因变形造成）。

④调平机构：滑轮转动灵活，无卡绳现象。

配重与轨道无明显卡阻状况。

⑤速升降：升降速度4m/min（上升达不到用下降代替）

气柜运行参数及技术要求满足以上所述，无异常声响。

（7）整体气密性试验

向柜内充气至90%容量，密闭所有进出口，保压7d，每天同一时间（一般在早晨）观测柜内的各种参数，通过计算，气柜泄漏率小于2%为合格，计算公式及观测参数如下：

$$\oint = \frac{V_{0初} - V_{0终}}{V_{0初}} \times 100\%$$

$$V_0 = \frac{273(B - P_{分} + P)}{760(273 + t)} V_t \quad m^3$$

式中 $\oint$——泄漏率（%）；

$V_{0初}$——试验开始时干空气的标准容积（0℃和760mm汞柱）（m^3）；

$V_{0终}$——试验终了时干空气的标准容积（0℃和760mm汞柱）（m^3）；

V_t——在大气压力（B）和平均温度（t）时测得的贮气容积（m^3）；

B——测量时大气压力（mm汞柱）；

$P_{分}$——平均温度（t）时的水蒸气分压（mm汞柱）；

P——测量时柜内空气压力（mm 汞柱）；

t——测量时柜内空气的平均温度（0℃）。

三、实施效果与体会

（一）目标完成情况

1. 质量目标

(1) 工程一次交验合格率 100%，优良率 98.6%。

(2) 工程一次试压真空试漏成功，系统一次试压成功，全系统一次投入运行成功。

(3) 气柜焊缝总长度为 88600m，一次验收合格 100%，无损检验一次检验合格达到 98.6%。

(4) 10000 余个橡胶密封膜孔精度一次检验合格 100%。

(5) 气柜基础坚实，6 次测定，沉降值为 1mm 左右，远远低于设计 10mm。

(6) 气柜立柱垂直度、气柜活塞平衡度、活塞实际升降速度都超过规范和设计要求。

(7) 气柜升降平稳，无任何声响、振动、漂移、CO 泄漏率为零。

2. 工期目标

合同规定开工日期 2006 年 1 月 28 日，竣工日期为 2006 年 10 月 28 日。实际开工日期为 2006 年 3 月 28 日，竣工日期为 2006 年 11 月 28 日。实现工期比预计工期节省了二个月。

3. 工程造价控制

实现并全面完成公司规定效益目标及经营目标，项目部实现了二次分配的目标及奖励。

4. 安全文明施工目标

无重大安全事故，无多人恶性事故，现场无轻伤事故；施工设备和施工机具无机械事故，安装设备也无任何事故；现场无火灾消防事故，无触电事故；职工无职业病发生，现场施工区、生活区未发生流行病；项目部全年轻伤事故远远低于规定的 3‰。

5. 环保目标

现场雨水、污水等设了专门输送管道汇集而排，使施工环境无水污染；全部生活垃圾、建筑垃圾设专人当天清理，并运弃到指定地点覆盖；施工机械，特别是大型起重机械认真定期保养维护，加涂润滑油、润滑脂，保证了机具转动部分无噪声，消除了噪声污染；柜内焊接采取排风罩局部为焊工排放焊接污染，保证焊工健康；喷沙除锈（柜壁）时，搭棚排风，消除污染。

（二）气柜创新技术和关键技术的应用

(1) 侧板大拼板组合创新施工技术，施组做了具体组板设计，编号入座，实施后使立柱垂直度的可控性得到了极大的提高，实测只有 12mm，远远低于规定 39mm。此外，大大减少高空作业，提高了横焊的焊接质量，侧板安装的安全性和焊接变形得到有效控制，减少了自由状态下焊接应力造成的焊接变形，提高了高空作业的安全性。

(2) 柜顶整体借力吊装的创新技术，采用配重加均布手拉倒链（葫芦）（或提升式千斤顶）进行柜顶的整体吊装，解决柜顶同步提升的难题，使安装省力、吊装速度快、变形小，既节省了大型起重机械，又安全、可靠、经济。

(3) 皮膜吊装定位创新技术，是采用独特的皮膜圆径展开控制技术，控制钢丝绳自如地控制皮膜展开直径，防止皮膜划伤，可直观地观察到各吊点的提升状态，测到提升速度，达到同步提升的目的，避免局部受力而拉伤皮膜。

（4）特殊可调节胎模式桁架，应用拼装后的侧板的加固，一是提高侧板刚度，二是避免板变形，三是随时按要求可调，最终实现柜壁垂度只有 19mm，远远低于规定的 40mm。

（5）柜壁钢板比较薄，选择双人对称，低电流，快速度的逆变电焊机同步焊接，有效地避免了焊接因结晶收缩变形和焊接应力的产生，使焊缝和壁板平整光滑。

（6）选择精密测量仪器分早 6 点和晚 10 点测量垂度和水平度，发现问题随时纠正，避免了因温差过大造成测量误差，确保柜体整体垂直精度。

（三）体会

（1）本施工组织设计对各专业的施工工艺、施工程序、施工方法、操作要领等都作了具体的、细致的、详尽的规定和要求，实施结果证明可靠、可行，效果比较明显。

（2）在施工过程中不断创新和应用先进、适用技术，就能取得好的效果。80000m^3 干式布帘煤气柜施工工艺和施工技术经业内专家评定，达到了国内同行业先进技术水平，工程质量被评为 2009 年全国安装工程优质奖——“中国安装之星”。

2.2.16 900t×208m 造船门式起重机吊装工程施工组织设计

一、工程概况

（一）项目简介

900t×208m 造船门式起重机，为双主梁、超大吨位、超大跨度门式起重机。建成后用于造船厂内的造船船坞进行造船作业。该机主要由门架结构、上下小车、起重机运行机构、电气设备和维修用悬臂回转吊等组成。其中门架结构主要由双主梁、单箱形刚性腿、人字形圆管柔性腿和行走机构四大部分组成。主梁结构通过焊接与刚性腿连接，通过柔性铰与柔性腿 A 字头连接。刚性腿下端通过销轴与行走机构连接；柔性腿的两根圆管上端通过法兰螺栓与 A 字头连接，下端与下横梁用螺栓连接，下横梁通过销轴与行走机构连接；维修吊安装于刚性腿顶部，司机室固定在刚性腿上。下小车可穿越上小车的底部，各行其轨道。该机的额定起重能力为上小车 2×450t，下小车为 450/32t 吊钩，龙门吊轨距为 208m，起升高度轨上 70m、轨下 12m，轨面至大梁底面 70m，至大梁顶面 82.5m，大梁高为 12.5m，自重 5500t，外形尺寸（长×宽×高）220.85m×63m×99.622m。主要部件重量：大梁 3300t、刚性腿 550t、柔性腿 260t、上小车 280t、下小车 133t、维修吊 45t、刚腿侧大车行走机构 286t、柔腿侧大车行走机构 237t。

（二）工程范围

（1）提升塔架、吊耳等辅助结构的设计和计算。

（2）结构吊装设备的就位和龙门吊结构件吊装。

（3）柔性腿结构吊装。

（4）刚性腿结构吊装。

（5）主梁、上下小车、维修吊等整体吊装。

（6）行走机构的轴销连接，刚、柔性腿和行走机构连接。

（7）设备夹轨器、防风地锚装置的就位。

（8）起升机构钢丝绳的穿绕。

(9) 配合整机调试。

(三) 工程质量目标

钢结构吊装工程质量优良。

(1) 钢结构分项工程质量一次验收合格率100%。

(2) 钢结构分项工程质量优良率大于90%。

(3) 钢结构分部工程优良率大于80%。

二、摘选主要施工方案

液压同步提升施工方案

1. 900t龙门起重机技术指标

龙门起重机主要技术参数见表2.2.16-1。

900t龙门起重机主要技术参数 **表2.2.16-1**

序号	图号	名称	数量	材料	单件	合计	备注
					重量(kg)		
1	QY509A1	刚性退	1	焊接件		570000	
2	QY509A2	刚性腿扶梯平台、电气房及电梯安装	1	焊接件		34900	
3	QY509A3	主梁	1	焊接件		3386000	
4	QY509A4	主梁平台、扶梯、栏杆	1	焊接件		8500	
5	QY509A5	柔性腿	1	焊接件		255000	
6	QY509A6	柔性腿平台、扶梯、栏杆	1	焊接件		16850	
7	QY509B	2×450t上小车	1	装配件		291200	
8	QY509C	450t/32t下小车	1	装配件		146200	
9	QY452D	10t维修起重机	1	装配件		44720	借用图
10	QY509E	大车刚性腿侧行走机构	2	装配件	143000	286000	
11	QY509F	大车柔性腿侧行走机构	2	装配件	118500	237000	
12	QY509G	刚性腿侧锚定与夹轨器安装	1	装配件		17000	
13	QY509H	柔性腿侧锚定与夹轨器安装	1	焊接件		17050	
14	QY509J	司机室及照明灯平台	1	装配件		7550	
15	QY509K	小车供电装置安装	1	装配件		40000	
16	QY509L	小车轨道及车挡安装	1	装配件		109000	
17	QY509M	电缆卷筒安装	1	装配件		2500	
18	QY509N	行走纠偏装置	1	装配件		800	
19	QY509P	柔性铰装置	1	装配件		10200	
20	QY509S	大车车挡	4	装配件	1510	6040	重量不计入起重机
21	QY509T	土建基础资料	1				
22	QY509Y	九院标牌	1				
23	QY509Z	电气系统				50000	

2. 龙门吊外形及尺寸

龙门吊外形及尺寸见图2.2.16-1。

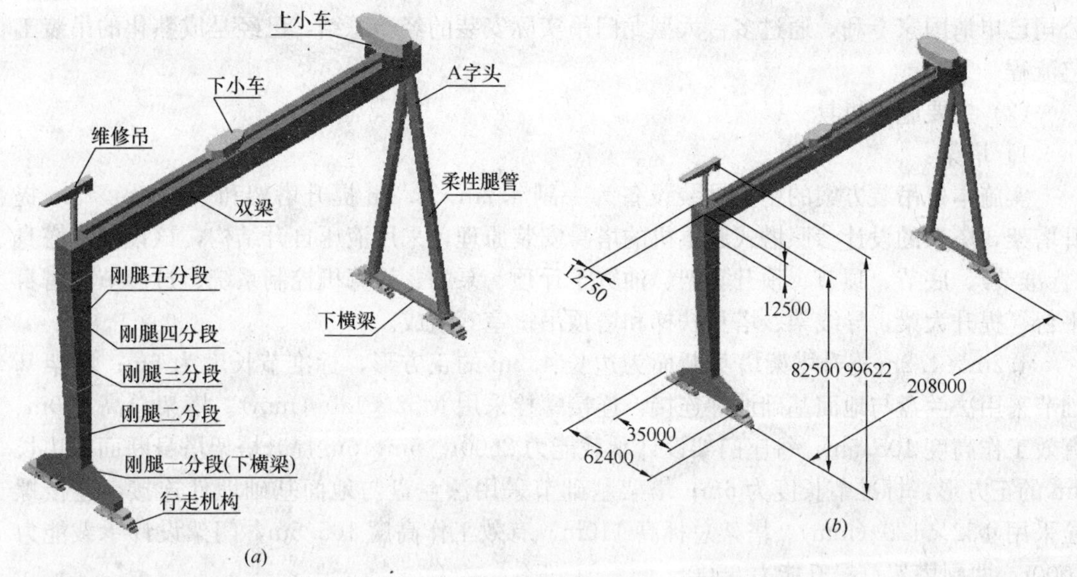

图 2.2.16-1 900t 龙门吊及尺寸示意图

3. 主要部件重量

(1) 大梁：3300t。

(2) 刚性腿：550t。

(3) 柔性腿：260t。

(4) 上小车：280t。

(5) 下小车：133t。

(6) 维修吊：45t。

(7) 刚腿侧大车行走机构：286t。

(8) 柔腿侧大车行走机构：237t。

4. 有关标准、规范及规定（见光盘）

5. 施工方案

(1) 概述

总结国内其他大型龙门吊安装的成功经验和教训，参考国外同行的施工方法，考虑施工时允许占用的场地、允许的施工周期，尤其是施工安全等因素，经过多次讨论和计算，本工程安装拟采用一种新颖的安装工艺和方法。在距主梁两端头附近分别竖立一套边长4.2m×4.2m 和边长 5m×5m 龙门提升塔架。主梁现场拼接，将上、下小车和维修吊吊装上主梁。然后，采用先进的液压同步提升技术提升主梁，刚性腿上分段（刚腿设计分段四、五分段）和柔性腿通过铰链装置随同大梁提升一定高度，再将刚性腿设计分段三分段在轨道一侧立好，沿轨道方向将刚性腿三分段滑移至四分段下面，与刚性腿四分段对位焊接，然后主梁直接提升至标高，最后刚性腿下分段（刚性腿设计分段一、二两分段）为一部分在刚性腿轨道一侧用 400t 扒杆翻身就位，与行走机构连接。在主梁提升到位以后，把刚性腿下段（一、二分段加行走机构）沿轨道方向滑移到位，完成刚性腿上下两分段的对位焊接连接。通过该工艺完成整台龙门吊结构的安装。相比过去国内传统的利用刚性腿做一支点的吊装方法，具有场地占用小、施工周期短和安全性高等优点。本套安装工艺我公司已申请国家专利，通过多台大型龙门吊实际安装的经验总结，已经是成熟化的吊装工艺流程。

（2）主要施工机具

1）塔架：

实施本机吊装方案的主要吊装设备为一副 4.2m×4.2m 提升塔架和一副 5m×5m 提升塔架，塔架的设计参照塔式起重机的塔身安装原理，采用液压自升结构，该设备由塔身（标准节）、底节、顶节、顶升套架、油缸千斤顶、泵站、计算机控制系统、过渡节、塔身平台、提升大梁、导线架、塔身扶梯和塔顶吊机室等组成。

4.2m×4.2m 提升塔架塔身断面为边长 4.2m 的正方形，标准节长度为 6m；塔架基础节采用法兰盘与地面基础埋件连接，连接螺栓采用 M52×120（mm）。塔架总高 110m、有效工作高度 105.5m，每座门架设计承载能力 2500t。5m×5m 提升塔架塔身断面为边长 5m 的正方形，标准节长度为 6m；塔架基础节采用法兰盘与地面基础埋件连接，连接螺栓采用 Φ52×120（mm）。塔架总标高 110m、有效工作高度 105.5m，门架设计承载能力 4000t。两副塔架总提升能力 6500t。

工程塔架布置：刚性腿侧布置 5m×5m 提升塔架，塔架中心线距离刚性腿 L2 轨道 10.065m，塔架的塔心间距 19.85m；柔性腿侧布置 4.2m×4.2m 提升塔架，塔架中心线距离柔性腿 L8 轨道 9.885m，塔架的塔心间距为 18.8m。两副塔架间距为 188.05m。

4.2m×4.2m 塔架采用一节顶节 5m，一节底节 4.5m，标准节 6m×13 节＝78m，总标高 87.5m，有效工作高度 83m。5m×5m 塔架，采用一节顶节 5m，一节底节 4.5m，标准节 6m×13 节＝78m，总标高 87.5m，有效工作高度 83m。完全满足本次龙门吊的吊装工作。

2）液压提升系统：

液压同步提升技术是一项新颖的超大型结构提升安装施工技术。它采用柔性钢绞线承重，提升油缸集群，计算机控制，液压同步提升新原理，结合现代施工工艺，将成千上万吨的结构在地面拼装后，整体提升到预定安装位置，实现超大吨位的大型结构整体同步提升安装的施工工艺。

液压提升系统的核心设备采用计算机控制，全自动完成同步升降、负载均衡、姿态校正、应力控制、操作闭锁、过程显示和故障报警等多种功能。液压提升系统由提升油缸、承重钢绞线、液压泵站、传感测量系统和计算机控制系统组成，是集机、电、液、传感器、计算机控制于一体的现代化先进设备。

按图纸提供的资料，整机总重 5500t，在除去柔性腿下横梁、刚性腿下分段（刚性腿设计分段一、二分段）、所有行走机构、上、下小车的钢丝绳和吊钩的重量后为 4516t，吊装重量即为 4516t。因此本工程选用 16 台 450t 液压提升油缸，16 台提升油缸的提升总能力为 7200t，因此安全系数为 1.59，提升油缸的提升能力利用系数为 62%，保证了提升油缸的安全。

3）1.6m×400t 桅杆：

刚性腿设计分段（一、二分段）重约 351t，采用两支 1.6m×400t 角钢桅杆进行吊装及与行走机构销轴连接。桅杆的缆风绳，设在龙门吊轨道跨两侧，具体定位见地锚平面布置图。76m 高度桅杆性能数据见表 2.2.16-2。

桅杆技术参数　　表 2.2.16-2

桅杆结构尺寸（mm）	安装高度（m）	桅杆自重（t）	吊重（t）	单面时缆风总力（t）	双面吊重（t）	双面时缆风总力（t）
中 1600×1600 尾 800×800	76	76	400	120	360	45

注：本工程桅杆用 45m 高。

4）200t 履带式起重机：

本工程采用浦沅牌，QUY200t 履带吊，用于 1.6m 桅杆的安装和拆除，A 字头的翻身以及维修吊的安装等。

吊车主要数据：

起重量/工作幅度　　200t/5m

吊臂长度　　主臂　　20～83m

　　　　　　副臂　　12～30m

5）50t 履带式起重机（H180 型）：

现场常驻一台 50t 履带式起重机，用于施工机具及小型构件（如行走机构等）的吊装。

6）6t 叉车：

现场常驻一台 6t 叉车，用于施工机具及小型构件的搬运工作。

（3）施工方法及流程：

1）构件的运输就位。本工程构件运输就位工作由制造厂按我公司构件平面布置图完成，我公司不负责构件的二次搬运工作。

2）安装法兰及定位装置布置图。安装过程中，构件连接使用法兰和焊接两种方法。为了使安装过程中各接口最终实现准确对位，需要在各分段接口处设置脚手架平台和接口法兰与导向板等，具体法兰、工艺吊耳、铰轴等构造在工装件图纸中有详细的尺寸、说明按相关图样要求。

6. 施工工艺

（1）施工准备

1）正式施工前，做好主要施工机具和分项工艺的试验检验工作。根据试验检验结果，对工艺进行进一步的修改及细化（如塔架负载、液压系统负载及焊接工艺等）。

2）为保证龙门吊现场的安装精度，本工程所有构件在加工厂内均须经过预拼（组）装后，方可解体运输。

3）所有预拼（组）装工作，均需有严格的检验、确认制度。检验过程及数据要有记录。解体前，在构件接口处做好各方向的安装基准线的标识，基准线要具有永久性。

4）吊装中所需要的基础设施，使用前需经业主协同监理工程师及总包方合验，并办理确认手续后方能用于吊装施工（如缆风锚点、塔架基础、拼装平台、滑移道路等）。

5）吊装前，龙门吊大车运行轨道需经业主及监理工程师验收合格，尤其要对轨道平行度、水平差进行复测，确认是否符合设计和起重机轨道规范要求，平行度误差不大于 5mm、高低差不大于 10mm。

6）所有进行安装的有关人员，均需持证上岗，并针对本工程经过培训。有关资料报监理工程师备案。

7）所有手动吊装、焊接、测量等工具，均需经计量检验合格，方可用于本工程。有关资料报监理工程师备案。

8）在大梁提升前应做好安装现场气象资料的预报和收集工作，在提升过程中应对安装现场气象情况进行实时监控并要求甲方提供当地气象局三天内的天气报告。

9）所有技术人员与施工人员在开工前，认真学习本机的安装要点，构件重量、重心，熟悉图纸要求，操作顺序，以及施工流程和方法。

10）构件现场平面布置图，认准方向、方位、吊耳吊点和操作时吊索、吊具的配套检查使用工作。

（2）滑移及翻身

1）钢小车：本工程施工进行当中，需对构件进行滑移翻身（刚性腿分段、柔性腿A字头等）和卸车后平移。我公司针对工程的不同需要，采用两种方案，即钢小车的滚动滑移和聚四氟乙烯滑移板的平面滑移。

滑移钢小车示意如图2.2.16-2所示，支腿结构如图2.2.16-3所示。

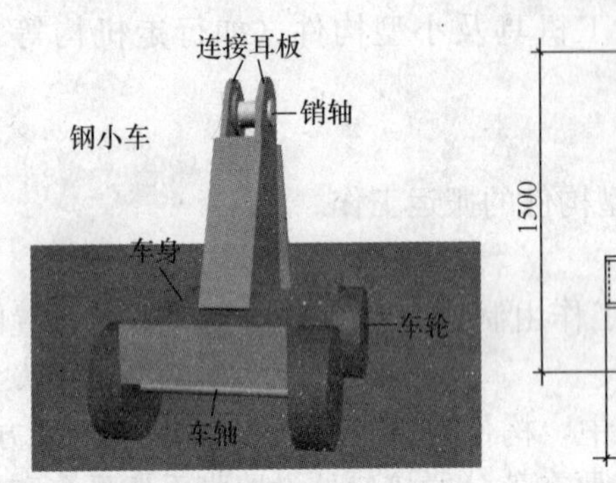

图2.2.16-2 滑移钢小车示意

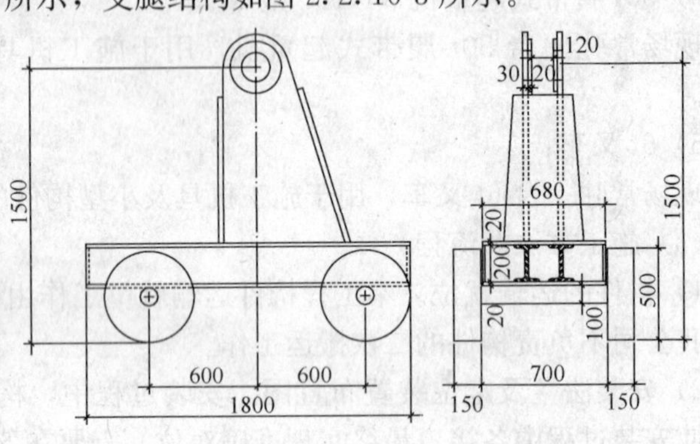

图2.2.16-3 支腿结构

2）聚四氟乙烯滑移板：聚四氟乙烯板是一种化工产品，具有耐高压、滑动摩擦阻力系数小等特点。本方案中的聚四氟乙烯滑移板是由20mm钢板、15mm耐压橡胶及5mm聚四氟乙烯板合成的，在重物水平滑移（柔性腿A字头等）时使用，滑移时摩擦系数范围在0.05～0.15之间。使用时滑板下至构件安装位置需铺设钢板滑道。板式橡胶力学性能见表2.2.16-3。

板式橡胶支座成品力学性能 **表2.2.16-3**

项　目	指标（矩形支座）	项　目	指标（矩形支座）
极限抗压强度（MPa）	≥70	橡胶片容许剪切角的正切值 $\tan\alpha$	≥0.7
抗压弹性模量（MPa）	[E]±[E]×20%	支座与钢板摩擦系数 μ	0.05～0.15
抗剪弹性模量（MPa）	[G]±[G]×15%	最小容许转角的正切值 $\tan\theta$	$\geqslant\frac{1}{500}$

（3）塔架安装施工

900t龙门起重机吊装用塔架（一侧）的结构，如图2.2.16-4所示。

1）塔架设计性能指标：

①一副 4.2m×4.2m 塔架和一副 5m×5m 塔架设计提升总计标准重量可达到 6500t，本次提升被吊构件总计重量为 4516t，有 1984t 余量。载荷分项系数为 1.44。

②脚手架平台活荷载标准值为 2.0kg/m^2，载荷分项系数为 1.4。

③支架及缆风绳构成的结构体系在吊装时可承受 6 级风（13.8m/s）。

2）龙门架在该工程的使用前，应对结构体系（如关键焊缝、节点等）做仔细的自检，保证使用过程中达到自身机构的承载力。同时，本公司现场技术员也必须对提升塔架的垂直度、缆风绳地锚做逐一检查，自检报告需交监理单位认可后，方可提升。

图 2.2.16-4 900t 龙门起重机吊装塔架

3）本工程根据场地情况，两副塔架立于两头，相距 188.05m、刚性腿侧塔架离 L2 轨道 10.065m，柔腿侧塔架离 L8 轨道 9.885m 的位置，本尺寸设计的基础可供 2 台 900t 龙门吊安装共同使用。

4）塔架安装过程如下：

门式起重机塔架基础立面如图 2.2.16-5 所示，基础平面如图 2.2.16-6 所示。

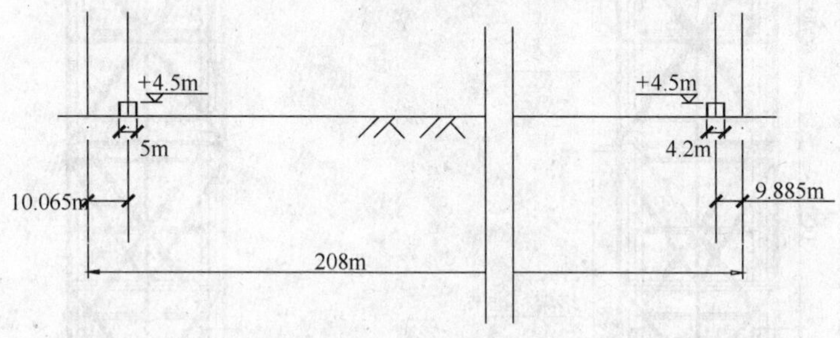

图 2.2.16-5 塔架基础立面图

①测定锚栓水平度（塔柱与塔柱的混凝土高差不能超过 2mm、对角线不能超过 1mm）及竖向偏移是否符合设计规定。

②检查地锚质量，安装轴线是否和轨道成 90°上，偏差不得大于 0.1°。

③在地面将格构柱拼接成 6m 一段的标准段。在两个基础上分别安装底节、三个标准

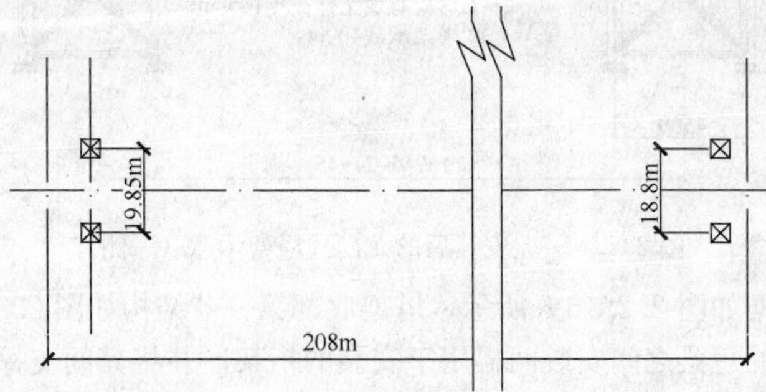

图 2.2.16-6 塔架基础第一节安装平面图

节、过渡短节、过渡小梁、搁置小梁、塔架顶节、外套架（顶升用）、50t 小吊机和两塔架顶升的主要顶升设备—4 支 3.4m×200t 油缸以及配套的泵站、油管、顶升小梁等以形成两个四边形龙门塔架如图 2.2.16-7。

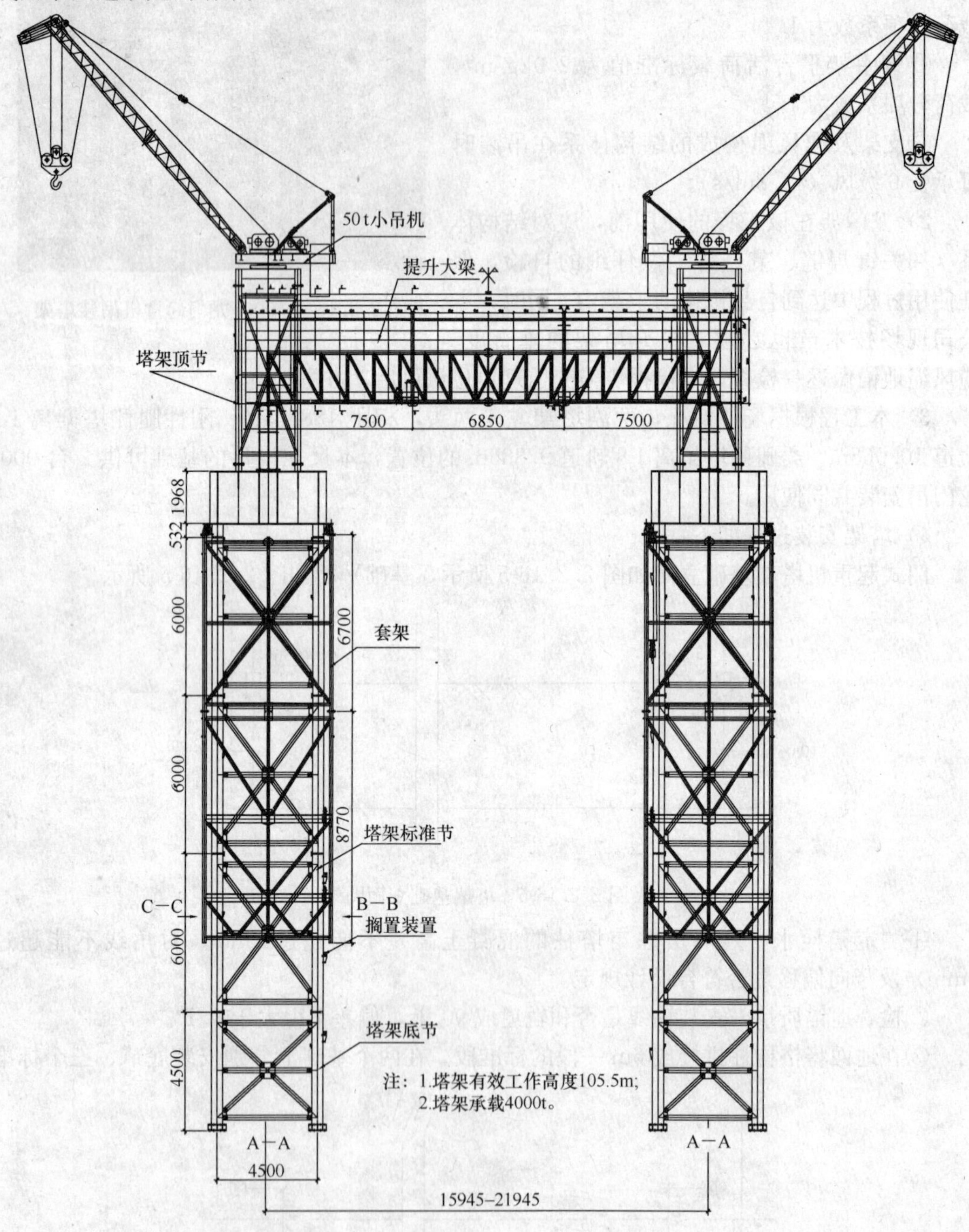

图 2.2.16-7　安装后的龙门式塔架示意（一侧）

安装后双侧塔架如图 2.2.16-8 所示，塔架底部第一节结构如图 2.2.16-9 所示。

④在两个塔顶的短梁之间安装两榀用于安装的桁架，并将其间支撑连梁用［28 固定，固定提升大梁外侧与脚手架之横向连接板。

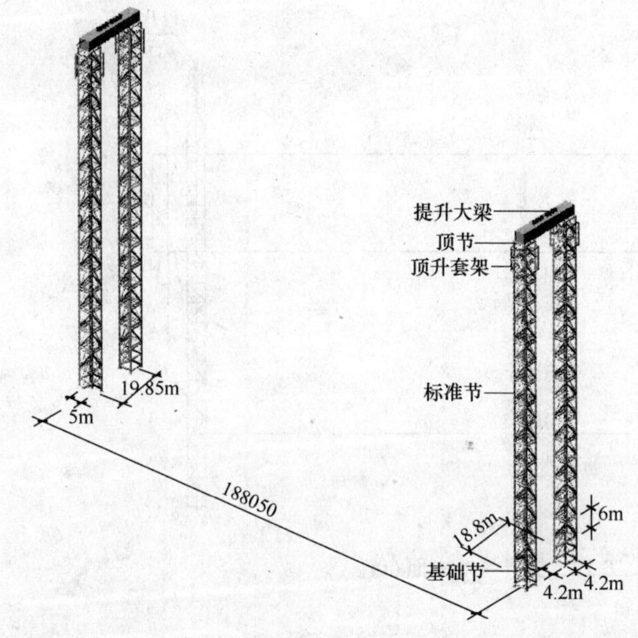

图 2.2.16-8 900t 龙门起重机整体提升双侧塔架示意图

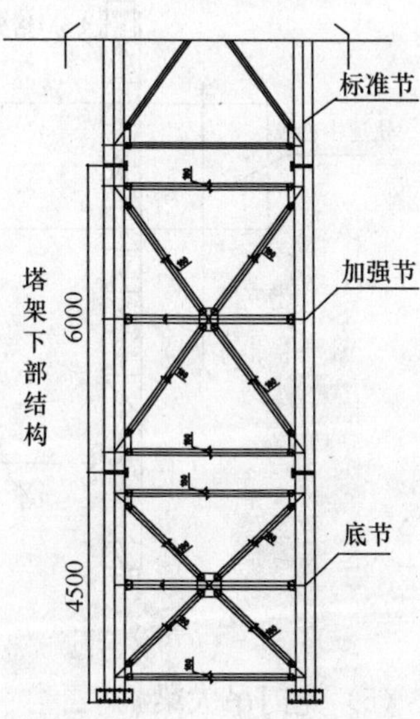

图 2.2.16-9 塔架底部结构图

⑤提升外套架，每次 3m，2 次安装一个塔架标准节，两个塔架同时提升。标准节装入后及时用螺栓固定。每次对标高做测定、调整。

⑥当提升大梁顶超过 80m 时，应在外套架底（约 60m 高）的塔架节点上两面用临时缆风绳固定，临时缆风绳最大受外力 20t。

⑦继续提升外套架，插入标准节，要求两个塔架同时升高。

⑧提升大梁达到设计标高后，按照工作状态连接，张拉缆风绳（方向、锚固点、缆风绳截面、初拉力均按照系统设计图）。同时调整两座塔架的垂直度，使两座塔的垂直度偏差在 X、Y 方向均小于 30mm。缆风绳采用钢铰线，使用穿心式液压千斤顶施加预拉力，其预拉力值应分 2～3 次逐步对称调节到设计值，最终误差控制在设计值的±10%之内，此时塔架的垂直度标准应同时满足。

⑨按高强螺栓应用规程检查所有螺栓连接质量及安全措施。

⑩逐步放松 60m 高度处的 8 根钢索，并监控变形值的变化。根据实际情况做出适当调整（若 8 根钢索均不影响吊装作业，可不予以拆除，以减少拆卸支架时的工作量）。

⑪固定千斤顶支撑梁和提升千斤顶。

⑫按照以上①～⑪步骤安装另一组 4.2m×4.2m 塔架和大梁，并形成完整的吊装结构体系。

⑬试吊龙门起重机大梁 200mm 高，并做综合检查。

⑭确认情况正常后可正式提升。

（4）液压提升系统

计算机控制液压同步提升系统由钢绞线及提升油缸集群（承重部件）、液压泵站（驱动部件）、传感检测及计算机控制（控制部件）和远程监视系统等几个部分组成如图 2.2.16-10 所示（详细介绍见附件液压提升施工工艺）。

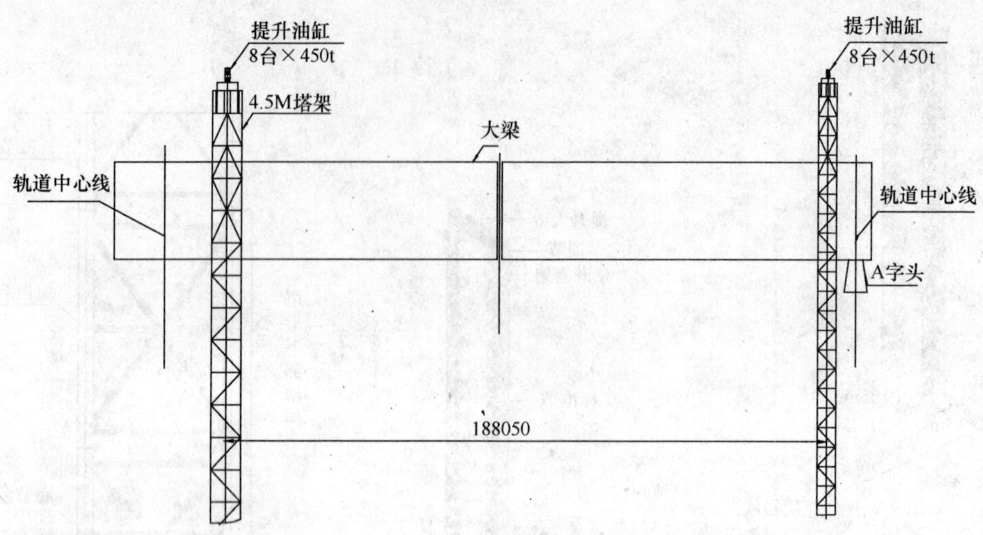

图 2.2.16-10　提升系统立面布置

(5) 龙门吊大梁

本工程龙门吊大梁总装后包括主梁本身、吊车轨道、内外走台、电器室、高压电器室、小车检测点、通风系统、内外部电缆桥架、电缆、小车供电等。另外，安装在大梁上还有维修吊，上、下小车。

1) 大梁的就位。大梁分段由制造厂运到现场拼接，为了加快进度，建议从柔腿一头向刚腿一头拼装，拼装时要注意大梁中心线要与轨道成 90°拼接，一段段的大梁现场拼组完成，我公司须预先吊（去掉吊钩、钢丝绳）上、下小车（从柔腿侧大梁端头吊装小车，该工序必须在竖柔腿侧塔架前完成）。

2) 提升龙门吊大梁的准备工作：

大梁提升前应将大梁开孔准备吊装用，大梁开孔位置按开孔图。

①大梁提升前期要做好周期气象咨询预报工作。

②大梁现场拼接好后，业主和监理工程师办理验收手续。

③确认大梁吊装开孔位置是否符合要求。

④大梁在胎架上制作完工后由制造单位进行拱度值测量，并把测量资料提供给安装单位，以作为今后计算的依据。

⑤在刚性腿侧大梁端头用 QUY200t 履带吊吊装维修吊。

⑥用扒杆吊装上、下小车（去掉吊钩、钢丝绳）上大梁，并办理验收手续。上、下小车就位于指定计算位置，夹紧夹轨器，在轮子上用卡板卡死，手拉葫芦拉紧，最后封车。

⑦安装大梁两侧防风缆绳，用于防止大梁在提升过程中受侧向风作用后产生横向摆动。注意，防风缆风绳只在风力超过 6 级并在非工作状态下才需拉紧。在风力未达到 6 级并在工作状态下该防风绳不需拉紧。

⑧仔细检查各缆风绳的锚点、卡扣是否可靠、夹紧，核对卡扣数量；检查卡扣及其设置是否符合操作规范。每根缆风绳均须专人负责，起吊时每个锚点要有专人挂牌、专人定位。

⑨对整个提升系统的缆风点及加固受力点进行测力监察，提升系统结构已通过权威质

检部门检测证书，缆风绳用液压千斤顶能反映到油压表中，反映出的缆风绳拉力以 MPa 计算。

⑩450t 提升油缸中的 31 根直径 $\phi 18$ 钢绞线每一根均按设计值进行预紧，以保证受载均匀。

⑪两副塔架在提升钢绞线安装好后，用激光经纬仪复测一次，检查塔架各方面尺寸是否达到要求，如有出入，可通过缆风绳进行调节。

⑫最后一次对吊装设备，吊装工装、索具，各受力点的结构焊缝、吊耳进行认真的检查，确认完好，填写检查记录表格，得到业主、监理工程师及总包三方确认后，方可由项目总指挥和有关领导开出吊装令，进行大梁提升作业。

3）提升大梁：

①大梁提升初期采用分级加载的方法，直至大梁提升离开胎架。控制两副塔架受力达到计算设计要求。

②大梁提升离地后，应注意密切观察。当它被提升达到离现场组装胎架 200mm 高度时停止提升，保持 12h。此时，全面、彻底地检查提升部位与被提升件结构、提升梁、所开孔等部位，防止出现异常现象。对受力重点部位如塔架基础、地锚、锚固点等重点检查，以确保提升安全。

③上、下小车在大梁没有提升、柔腿塔架没有组装前，用两支扒杆起吊，进行前后变幅，使上、下小车放到大梁上面的轨道上，滑移到计算好的配平位置固定，封车并把小车的夹轨器夹紧在轨道上。

④检查无误后，大梁不间断提升至下表面距地约 8m 处，停车。准备安装刚性腿上分段和柔性腿 A 字头。

⑤根据本台车的要求，把刚性腿上分段（132t，设计分段四、五分段）放置到大梁端头连接吊耳下面，用铰轴把刚性腿分段和大梁连接好，柔腿一头 A 字头在大梁提升到 8m 左右后顺大梁方向滑移进去并和大梁底面的连接双吊耳用轴销连接。

⑥再提升大梁一定高度，使刚性腿上分段与主梁底面对位焊接，验收合格后继续提升大梁。

⑦继续提升大梁到大梁下平面标高约 35m 时，准备滑移安装刚性腿设计分段第三分段，第三分段（74t）预先用大吊车吊装好临时固定于刚腿头一侧轨道上，在大梁提升到高度时，滑移到位，与刚腿设计分段第四分段下口对位焊接，验收合格后继续提升大梁。

⑧继续提升大梁直至设计标高，准备滑移安装刚性腿下分段（设计分段一、二分段），刚性腿下分段（351t）预先利用 1.6m 扒杆吊装好临时固定于刚性腿头一侧轨道上，在大梁提升到设计高度时，滑移到位，与刚性腿设计分段第三分段下口对位焊接，交付验收。

⑨在刚性腿定位好后，把柔性腿定位完成，柔腿管上口用法兰于 A 字头连接，下口与柔腿下横梁也用法兰连接，柔腿下横梁断口处焊接连接，完成柔性腿的吊装工作。

⑩至此，完成整台龙门吊的吊装工作。

（6）吊装上、下小车

在大梁没有吊装之前，要把大梁上面的设备预先吊装上大梁的上平面，随着大梁提升时一起提升，不需要做二次吊装工作。而且对场地比较小的施工场地也提高了场地的使用率。

1）吊装小车前的准备：

①施工时场地上使用200t履带吊把吊装上、下小车的两支扒杆立起来，依次张拉好变幅缆风绳和侧向缆风绳。

②检查扒杆风缆绳的地锚是否符合设计要求。

③对扒杆所拉的变幅受力计算。按计算的受力，配备相符直径的绳索，滑车组和卸扣、卷扬机。

④对卷扬机检查刹车性能，传动部分的润滑是否缺油等，检查合格后，由设备检验签字，挂合格证书。

⑤检查电源情况是否符合用电规定，三刀一漏一合，接地装置等规范施工，保证吊装安全。

⑥上小车去掉钩子、钢丝绳后自重为215t，用2分支4吊点的方法吊装对四个吊点的吊耳、千斤绳配套卸夹等都得配套计算，再投入使用。

⑦吊装小车准备使用的工具见光盘。

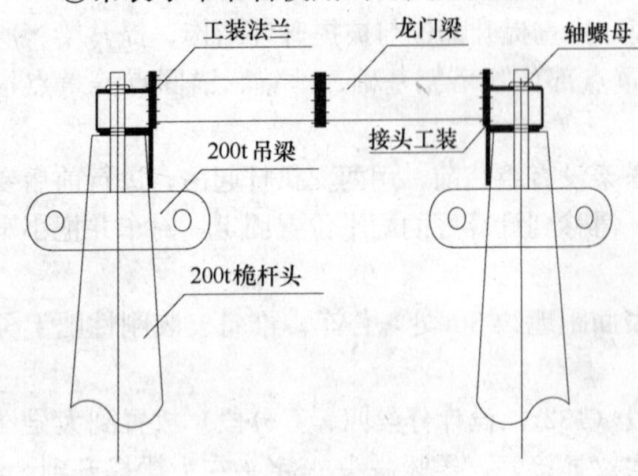

图2.2.16-11　大梁小车吊装桅杆示意图

2）吊装方法：

①用2根1.6m×1.6m×45m桅杆组成一副400t龙门桅杆。在二根桅杆的顶部组装一根ϕ425×16×20m钢管做的龙门梁，二头用法兰连接，二根桅杆的顶部内侧另外制作二只龙门梁的接头，有法兰面可与ϕ425的龙门梁对接，如图2.2.16-11所示。

②二根桅杆分别立在柔腿一头的轨道上，因轨道基础比较好，在立桅杆的位置放二块路基板，在板上固定桅杆座，由于桅杆要变幅，底部是球铰的。所以，桅杆座固定在路基板上。

③用200t履带吊在半径在12m时可吊73.1t，本桅杆二根在45m时，自重在45t，所以二根桅杆一次可组装完成。

④在200t履带吊把桅杆吊到75°时，组装在桅杆头上二副前变幅，可以使用二台卷扬机把桅杆慢慢拉直。后变幅的二台卷扬机也同时受力。这样桅杆的前后变幅缆风绳已拉好，具备吊装条件。

⑤龙门桅杆上同样和提升塔架一样，拉6根缆风绳。现已拉好4根，还有2根边缆风绳，可用10t手拉葫芦调节。把2根边缆风绳调节好。同时，可拆除吊车起吊的千斤绳。

⑥桅杆组装好后，用200t吊车把地面穿好的140t滑车组吊到桅杆顶部的位置，由操作人员上去用150t的卸夹把140t的滑车组挂到桅杆的吊梁上，二副用同一方法，并把动滑车拉到地面。

⑦用计算好的二根千斤绳四个头分别挂在小车的四个点的吊耳上。千斤绳用150t卸夹与140t动滑车连接上。

⑧找出定滑车上出门的一根跑头绳与桅杆顶部固定好的一只导向滑车穿好。把绳头拉到主吊的20t卷扬机上。固定好并预紧一下，这样就具备了吊装的条件。

⑨由指挥人员通过对讲机发出起吊命令，使小车起吊离地面 100mm，停止操作二台 20t 主吊卷扬机，检查各受力点和索具，确保安全后，开始正式起吊。起吊到大梁平面标高后，可通过前后变幅的滑车组进行变幅达到吊装目的。

小车吊装示意如图 2.2.16-12。

3）固定就位：

①上、下小车吊到大梁上平面后，根据受力要求，通过计算把小车移到需要的配平点（上、下小车的定位计算见第三部分计算书）。

②由于上、下小车都在大梁的上平面上，迎风面较大，为了防止受风影响，把小车吹移位，所以要把上、下小车固定在所需要的配平位置。一要用斜三角硬木块把小车的行走轮垫好，防止滑动；二要把小车本身的夹轨器夹死轨道；三要在大梁上焊四个吊耳，在小车上焊四个吊耳，用钢丝绳和手拉葫芦拉紧封死，确保小车不会移动。

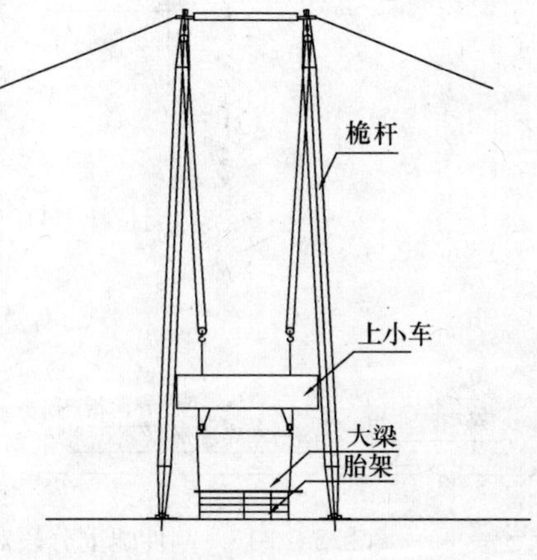

图 2.2.16-12　上小车吊装立面图

（7）刚性腿上分段

1）构件就位：

刚性腿上分段（刚腿设计分段四、五分段）由制造厂就位于龙门吊大梁刚性腿侧端头。就位时使刚性腿一侧靠近龙门吊大梁端头方向。

刚性支腿随大梁“跟携法”就位方法及支腿吊装过程中的支腿就位和滑移状况如图 2.2.16-13～图 2.2.16-15 所示。

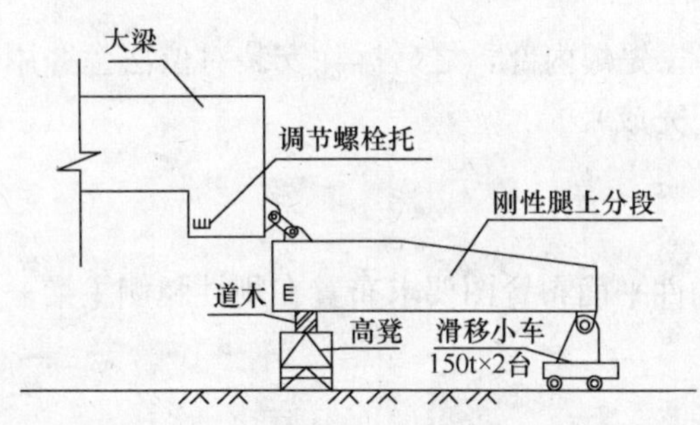

图 2.2.16-13　利用吊车的起落钩使铰轴对位安装

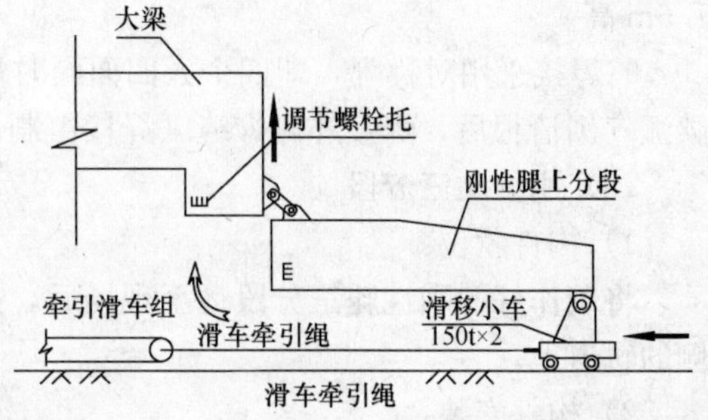

图 2.2.16-14　刚性腿上分段滑移吊装示意图

2）构件安装：

①刚性腿上分段就位时，使用高凳支垫。支顶点预先用经纬仪抄平，使上分段上铰轴耳板与大梁铰轴耳板基本在一个水平线上。

②刚性腿上分段水平方向就位，上铰轴耳板与大梁下铰轴耳板间距小于眼镜板长度。

③利用液压提升系统提升下降，使刚性腿上分段与大梁铰轴连接。

④在刚性腿上分段下部如图示位置安装滑移小车。

⑤检查所有连接点、连接铰轴及支垫点等，大梁缓慢起升，吊车配合落钩，直至滑移小车完全受力。撤除高凳等支垫物。

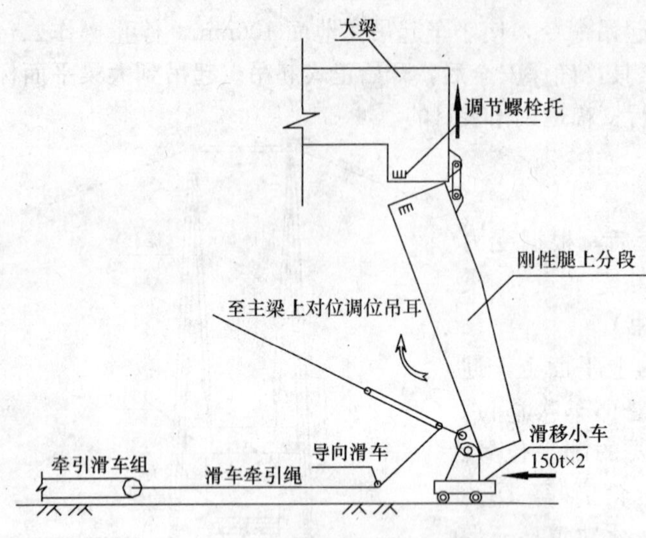

图 2.2.16-15　刚性腿上分段对位示意图

⑥继续缓慢提升结构，同时小车的水平牵引配合，使刚性腿上分段沿上部铰轴旋转，逐渐趋向竖立状态。

⑦大梁提升（本次）超过刚性腿上分段侧面对角线高度后，停车。

⑧慢速牵引滑移小车，同时大梁缓慢向下落，使刚性腿上分段继续绕上部铰轴旋转，直至上分段垂直竖立。

⑨沿轨道平行和垂直两个方向，同时架设两台经纬仪，使用千斤顶与垫铁调整构件垂直偏差。

⑩操作液压提升系统使大梁缓慢向下（此前，大梁已提升至超过上分段高度），当大梁与上分段的定位法兰基本对正、靠拢时，用定位冲销校正接口，穿上螺栓，拧紧40%(过程中，需准备千斤顶、捯链等工具，对上分段的位置进行微调)。

⑪根据龙门吊预拼装时的测量标记，架设经纬仪、水平仪检测安装精度。位置、标高均合格后，开始进行焊接工作。

⑫焊接脚手架：刚性腿外侧脚手板距焊缝约 1.4m 高，刚性腿内侧脚手板距焊缝约 1.6m 高。

⑬焊接采用对称焊，即四个人四面同时焊接。先焊内部，之后拆除安装对位法兰并用碳弧气刨清根后，焊接外侧焊缝（焊接由制造厂完成）。

(8) 刚性腿三分段

1) 构件就位：

将制作好的刚性腿三分段运至现场后，按构件平面布置图要求布置在刚性腿侧主梁一侧的轨道上。

2) 构件安装：

当主梁与四五分段接口安装到位临时夹板装配施焊以后，主梁继续提升，直到主梁底面距离地面标高 35m 时，停止提升。

利用一台 200t 履带吊将刚性腿三分段在刚性腿侧轨道上翻身立好（三分段自重 74t），然后在刚性腿三分段底部铺设滑移装置，利用一台 3t 卷扬机将刚性腿三分段滑移至刚性腿四分段底部，下放主梁，使刚性腿三分段上口与刚性腿四分段下口进行对位、校正、焊接。

刚性支腿就位时分段滑移选用胎架进行移动，如图 2.2.16-16 所示。

(9) 刚性腿下分段及行走机构

1) 构件就位：

刚性腿下分段（刚性腿一二分段，自重 351t）及行走机构由甲方就位于龙门吊大梁

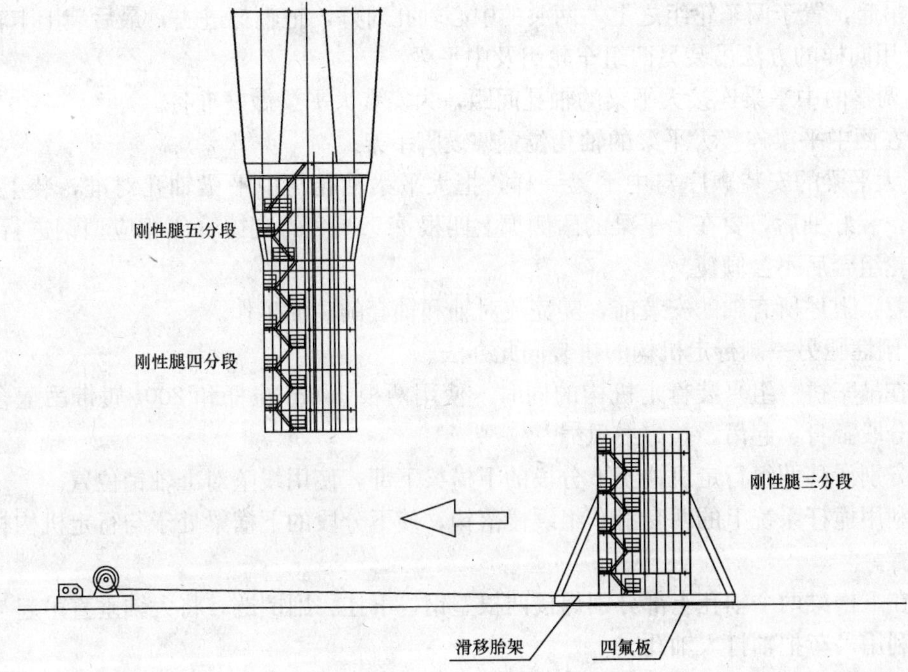

图 2.2.16-16 支腿分段滑移胎架

靠 1.6m 扒杆一侧轨道上。下分段就位时，上口（与刚性腿上段连接口）靠近桅杆。

使用 2 根 1.6m 桅杆将刚性腿下分段翻身、吊起，拉好缆风绳。同时吊车在旁边轨道上拼（组）装行走机构。

就位位置见平面布置图。

2）构件安装：

①刚性腿行走机构除个别几何尺寸，基本与柔性腿行走机构一样。因此，其拼（组）装及加固方法与柔性腿一侧完全相同。

②组拼行走机构。刚性支腿行走小车如图 2.2.16-17。

a. 假设制造厂将验收合格的组合件运到现场，柔性腿两侧各有 4 组车轮组，每组有 6 只行走轮，如图 2.2.16-18 所示。

b. 由于运输问题，要看车辆的运载能力而定，每次只能把 6 只一组或两组车轮组运到现场，用大吊车在现场把轮组直接吊到轨道上，准确调整其位置（使走轮中心线对正轨道中心线）后两边用型钢支撑固定。

c. 每安装完成二组车轮组后，就可安装中平梁。选一台有相应起吊能力的吊车，把

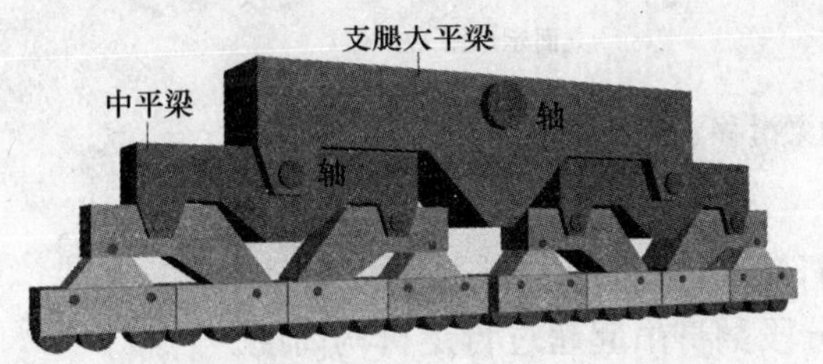

图 2.2.16-17 刚性支腿行走结构

图 2.2.16-18 一副轮组单元（运输）

中平梁吊起，置于两车轮组之上，两头的中心轴孔对好，把轴打进去，最后装上卡轴板。

d. 用同样的方法吊装另两组车轮组及中平梁。

e. 调整两中平梁连接大平梁的轴孔间距，为安装大平梁做好准备。

f. 在两中平梁连接大平梁的轴孔位置架设脚手架。

g. 大平梁的安装顺序与中平梁一样，把大平梁轴孔与中平梁轴孔对准，装上轴套，打进轴。装好轴后，要在上平梁的两侧焊上四根 ϕ159×8 的支撑管或相应型钢进行加固，使行走轮组合后不会倾覆。

注意：上述所有轴的安装前，需完成对轴和轴套的注油工作。

h. 刚性腿另一侧行走机构的拼装同此办法。

③在吊车拼（组）装行走机构的同时，使用两根 1.6m 桅杆和 200t 履带吊配合将刚性腿下分段翻身、起吊，拉好缆风绳。

④分别滑移两组行走机构至下分段的下横梁下部，使用线坠对准轴销位置。

⑤利用桅杆系统上的两套滑车组缓慢落钩，使下分段的下横梁处于与行走机构相对的安装位置。

⑥在下横梁两个轴孔上部分别焊接两根型钢，下挂一副捯链，将大轴垂直吊起与轴孔水平，利用吊车把轴打入轴孔。

⑦整个下分段及行走机构组装成完整系统，用支撑或者缆风绳固定牢固后，桅杆松钩。

⑧下分段及行走机构滑动至刚性腿下部，提升系统缓慢向下落，使二分段上口与三分段下口对准、校正，焊接接口。

滑移加固、调整如图 2.2.16-19 所示。

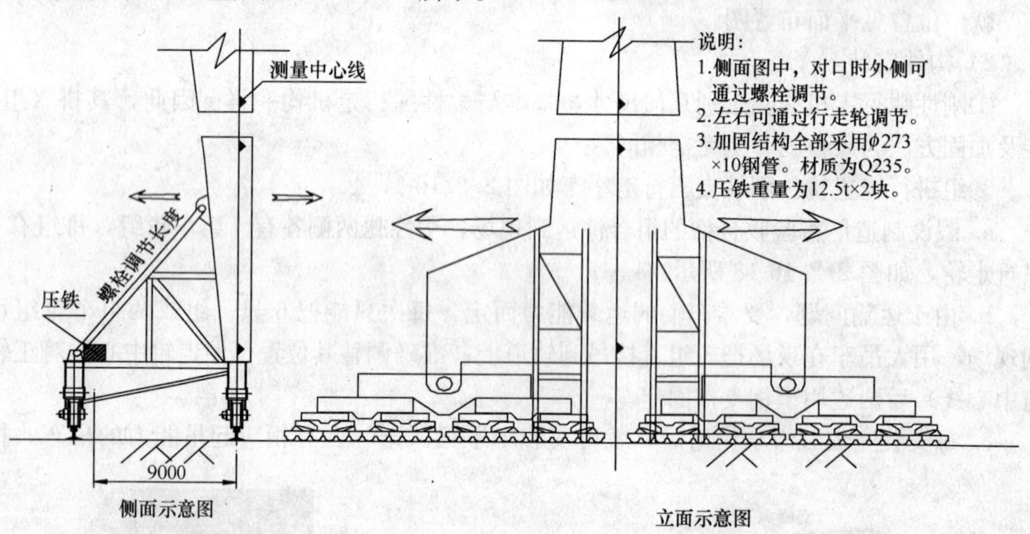

图 2.2.16-19　刚性腿上横梁滑移、对接、调整示意图

上述安装顺序：

a. 吊车组装行走机构，同时用 1.6m 桅杆准备刚性腿下分段翻身。

b. 行走机构组装完毕，1.6m 桅杆将下分段翻身吊起超过行走机构高度。

c. 滑动行走机构至下分段下部，完成二者之间销轴的安装，拉好缆风线在轨道上。

d. 滑动整个系统至刚性腿三分段下口。

e. 下落上部结构，完成刚性腿上下分段对接工作，最后安装夹轨器支架，完成焊接工作。

3）刚性腿下分段的吊装计算：

用 2 根 1.6m 桅杆组成的龙门扒杆吊装刚腿下分段，采用 2 分支 4 吊点的吊装方式，吊装刚性腿下分段翻身就位固定，桅杆缆风绳及滑车组的受力计算见计算书。

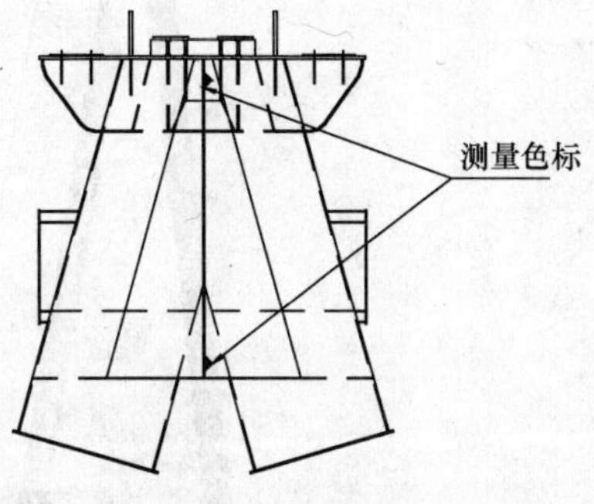

图 2.2.16-20 A 字头结构示意

(10) 柔性腿 A 字头

900t 龙门起重机柔性支腿 A 字头结构示意如图 2.2.16-20 所示。

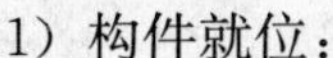

1）构件就位：

柔性腿 A 字头由制造厂运输卸车于龙门吊柔性腿一侧大梁端头附近。

我公司要求提前在卸车位置至安装位置之间铺设钢板滑道。

使用 200t 履带吊将 A 字头翻身，并沿滑道方向水平精确滑移就位。

2）构件安装：

①柔性腿 A 字头就位时，下部预先放置好聚四氟乙烯滑移板。并对 A 字头进行立放加固（采用焊人字撑杆的办法）。

②利用卷扬机与滑轮组，将 A 字头沿滑道滑移至大梁端头下方。

柔性支腿 A 字头滑移如图 2.2.16-21。

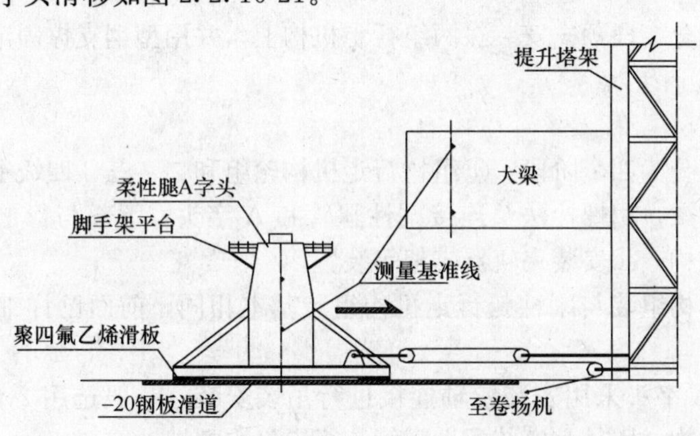

图 2.2.16-21 柔性腿 A 字头滑移示意图

③调整大梁高度至合适位置。

④将 A 字头上部与大梁底部铰轴吊耳板安装好（由设计院复核对吊耳吊装工况是否满足吊装工艺要求）。

⑤拆除 A 字头临时加固结构。

⑥架设经纬仪、水平仪检测安装精度。位置、标高均合格后，把铰轴根部固定。

(11) 柔性腿及行走机构

柔性支腿及行走结构如图 2.2.16-22 所示。

1）构件就位：

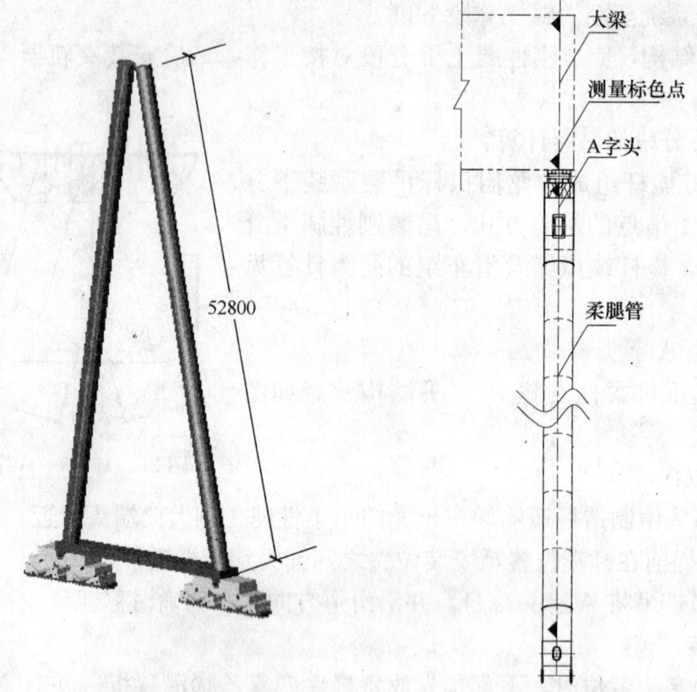

图 2.2.16-22　A 字形柔性支腿结构

柔性腿的就位分为两组，由制造厂分别运输至大梁柔性腿端两侧轨道上，具体位置见构件平面布置图。

柔性腿下横梁分二段预先安装在两组行走机构上，并用型钢支撑固定，夹轨器装置单独就位。

2）构件安装：

柔性腿的安装分为四个阶段：①组拼行走机构轮组和二、三、四级平衡梁；②用轴连接行走机构与下横梁。用螺栓法兰连接柔性腿管和 A 字头，下部与行走机构二组总承连接；③提升整体结构；④安装夹轨器支架等装置。

柔性腿行走机构组装与刚性腿行走机构组装基本相同，前面已详细介绍，在此不再赘述。

柔性腿管与 A 字头采用安装铰轴连接进行吊装安装，一般选用 2 台吊车抬吊吊装。然后，撤除支垫结构。用吊车安装柔性腿管与行走机构的销轴。

图 2.2.16-23　柔性支腿"跟携法"随大梁整体提升

两侧全部安装完毕。柔性支腿采取"跟携法"提升就位时的整体滑移，整体滑移时应注意加固。

柔性支腿的行走机构、柔性腿管、A 字头"跟携法"整体提升示意如图 2.2.16-23 所示。

3）提升整体结构：

柔性腿一侧自拼装结束后，整个安装过程就是大梁的提升过程。其中有四点需要注意：

①行走机构的加固要在整体安装工程结束后方能拆除。安装过程中，要有专人对其滑移的通

过性及本身的结构可靠性进行检查。

②提升到位后，在腿管对口时，大梁需要下落以调整整体结构的空中姿态。因此，柔性腿两组行走机构在轨道上水平移动时，均需有人监护正反两个方向是否有异物在轨面上，无异常时大梁起升下降调整，即可前进也可后退。

③大梁到位时，先调整两根柔性腿管与A字头的接口（上接口），调整好后可先完成连接。之后调整大梁的高度、水平调整行走机构的位置，使柔性腿管下口对正，同时使下横梁对位。连接时，先用螺栓连接两个柔性腿管上下接口，最后焊接下横梁断开接口。

④本工程的刚、柔性腿在安装时是同时到位的。此时，首先要调整刚性腿一侧所有的接口（柔性腿一侧的提升系统协助动作），待刚性腿一侧所有接口对位点焊码板固定完成后，再调整柔性腿一侧的接口。

4）安装夹轨器支架等装置：

夹轨器支架部件运至现场，各分段重量均不大。柔性腿安装到位后，等下横梁焊接完成好。最后，用吊车与叉车拼（安）装夹轨器支架。下横梁的下面与轨道应留有空间。

(12) 卸载与施工机具的拆除：

1）卸载：

全部结构到位并焊接完毕后，即大梁、刚性腿、柔性腿定位焊接完成后，应由总包单位组织业主、监理等单位对总体结构尺寸、焊接质量等项目进行核验。签字认可后，提升系统开始卸载。

整体结构下降，采用分级卸载方式使结构分级承载。最终达到上、下小车，维修吊车，大梁等全部卸载，达到设计要求。

在单点下降过程中，严格控制下降操作程序，防止油缸偏载而造成塔架超载。

在单点卸载过程中，严格控制和检测各点的负载增减状况，防止某点过载。两个提升点要求同步卸载。观察油压千斤顶的压力，通过计算机的读数监视两点的平衡。如两点超过100～150t的高差时，应由计算机操作人员及时调整到两点的相等值，最终达到同时卸载的目的。

2）拆除施工机具：

①提升设备的拆除：使用塔架上部的顶升系统和塔顶小吊车拆除提升设备（塔顶小吊机按50t吊机设计原理设计）。

②塔架拆除：

a. 吊装完成后，先恢复50m处缆风绳，利用塔顶吊机拆除顶部上的缆风绳，再分六段拆除大梁，每段17t，再分两片拆除安装大梁的桁架。

b. 用塔顶的套架及自升的设备和小吊机逐段拆除标准节（与塔架组装步骤相反）两塔架可同时进行拆除。

c. 当外套架下端接近50m处缆风绳时，拆除立塔架时的四向缆风绳，然后再向下逐段拆除标准节。

d. 最后用50t汽车吊拆除外套架，塔架顶节、塔架底节。

e. 1.6m龙门扒杆完成刚性腿下横梁的吊装后，就可以拆除，用200t履带吊先拆除二根扒杆顶上的龙门梁及两套滑车装置，再拆除第一根，前后调节变幅的缆风绳系统，把扒杆整体放倒，解体法兰，再拆第二根，同样整体放倒，完成扒杆拆除工作。

三、实施效果与体会

（一）工程质量目标完成情况

1. 工程一次交验合格率100%。

2. 工程质量被评为2009年度全国安装工程优质奖——“中国安装之星”。

3. 工程一次整体提升成功，一次试运行成功，一次投入生产运转成功，即“三个一次”成功。

（二）工期目标完成情况

1. 2台900t门式起重机总工期合同规定半年（包括进场准备），实际工期每台为45d（不包括准备期），实际节省2个月。

2. 一般情况，600～1100t门式起重机整体提升工期为45～55d左右。

3. 影响工期的主要原因是设备制造商不能按时供货，几乎所有门式起重机安装都遇到此问题。如设备部件提前到现场，工期还能减少。

（三）安全文明施工目标完成情况

1. 重大安全事故和多人恶性事故为零。

2. 起重设备及绳索和部件事故为零。

3. 现场无火灾事故，无触电事故。

4. 现场无职业病发生，也无流行病发生。

5. 单个现场从业人员轻伤事故为零，项目部年平均轻伤事故低于3‰。

（四）环境保护目标完成情况

1. 严格执行企业管理手册的规定，做到工完场清，建筑垃圾当天清理，并弃于规定位置。

2. 设立区域警戒，专人清理废弃物并堆至固定位置，因此无污染。

3. 起重设备定期保养并加润滑剂、润滑脂，设备运转无噪声，无污染。

（五）工程造价控制情况

2台900t门式起重机整体提升施工的工程造价（包括其他类似吨位门式起重机）其效益都能完成公司规定的目标，而且项目还能实现二次分配。

（六）技术成果

1. 900t门式起重机整体提升技术经行业专家鉴定为国内领先技术，被评为中国安装协会（2008年度）科技进步一等奖。

2. 工程关键技术已被国家知识产权局受理发明专利，即：

（1）200910301026.9“双塔桅巨型自升降起重设备及其跟携吊装方法”。

（2）200910301027.3“跟携法刚柔铰接装置”。

（3）200910301028.8“双塔桅巨型自升降起重设备的滑移装置”。

（4）200910301029.2“穿心式千斤顶拉缆风绳”。

（5）200920301462.1“双塔桅巨型自升降起重设备”。

（6）200920301463.6“跟携法刚柔铰接装置”。

（7）200920301464.0“双塔桅巨型自升降起重设备的滑移装置”。

（8）200920301465.5“穿心式千斤顶拉缆风绳装置”。

（七）关键技术的应用

1. 该施工组织设计确定了 900t 门式起重机双塔架计算机控制液压同步整体提升的油缸集群柔性钢绞线的承重量。

2. 解决了 900t 门式起重机整体提升实现计算机远程控制，实景监测的全过程程序控制，实现了门式起重机整体提升施工的自动化操作，提高了 900t 门式起重机整体提升操作的准确性和安全性。

3. 开发的“跟携法”提升及柔性铰链应用，实现门式起重机两侧的刚性支腿和柔性支腿随大梁整体提升而自动“跟升”就位，取消了积木式安装所需大量脚手架。

（八）施工组织设计在施工过程中的指导作用

1. 合理安排大型起重设备的进场、出场及调剂，使起重机械不积压、不延误、不浪费，保证了各工地使用良性循环。

2. 指导施工人员对起重机械按检测周期进行双塔桅杆焊缝检测，钢丝绳测试，卷扬机，油压千斤顶测定等，保证设备的完好率达到 100％，保证安全施工。

3. 按施工组织设计的地锚结构和位置，组织施工、养护、测试，在整体提升过程中，没有在地锚与土壤之间出现缝隙，保证了塔桅垂度和受力安全。

4. 施工组织设计规定的拉缆风绳采用液压千斤顶，并且用压力表直读数据，保证了每个缆风绳受力均匀，也保证了双塔桅杆垂度及受力一致，并且量化了数据。

5. 施工组织设计指导了操作人员依工艺程序和方法严格实施，比如：安装双塔桅杆时，将全部部件按施工平面图位置摆放，并在起重机范围内集中递送，自升提升，及时紧固连接板，在有限时间内充分利用起重机吊装，既节省机械费，又能减少组装时间，还能提前工期，效果明显。

6. 施工组织设计指导协调各单位、各系统、各专业严格按程序流程施工，避免了现场零乱、扎堆、推诿等不协调现象出现，实现统一指挥。

7. 该施工组织设计虽已标准化，但在今后使用时，应编制更细的方法和措施。如钢丝绳的替换为经验数据，没有量化。对设备生产厂设备部件不能按时交付安装的问题，应有应急的第二套措施及方案。

2.2.17 转移国外汽车设备国内安装调试施工组织设计

一、工程概况

（一）项目概述

（MG）项目转移设备（资产）国内安装调试总承包工程属汽车生产线整厂搬迁的二手设备安装调试工程。该项目是将×汽车集团收购的世界汽车品牌英国 MGR 和 PTL 的生产设备在国内进行设备掏箱、厂房内倒运、安装、空负荷调试、工艺调试并配合业主在线生产调试，开发自主品牌轿车系列产品的建设项目。项目总投资 28.25 亿元，总建筑面积 30 万 m^2，建成后将形成除冲压外包含动力总成、焊装、涂装、总装在内，年产 20 万辆整车、25 万台发动机和 10 万台变速箱的生产基地和研发中心。

转移国外汽车设备国内安装调试总承包工程共分两期进行，第一期动力总成车间 N4 发动机生产线设备安装，地点在××发动机厂，厂区占地面积 12000m^2；第二期安装在××基地，位于××高新开发区，占地 1000 亩、厂房面积总计 30 万 m^2，其中：动力总成车间 9.2 万 m^2；焊装车间 7.8 万 m^2；总装车间 4.9 万 m^2。

（二）工程范围

总承包工程共分为五大部分：发动机厂设备安装；动力总成发动机设备安装；动力总成变速箱设备安装；车身焊装设备安装；总装设备安装。工程包括以上各部分的设备掏箱、厂房内倒运、安装、空负荷调试、配合工艺调试。

发动机厂（一期）工程共有七条自动生产线。VVC缸盖，缸体，PR3悬架，JBA发动机装配线，缸盖部装线，进气管部装线，增压器部装线。

发动机厂（二期）工程共有14条自动生产线：N4缸盖、N4缸体、NV6缸盖、NV6缸体、D系列曲轴、N1.8曲轴、N4曲轴、N4连杆、N4凸轮轴、D系列缸盖、NV6装配线、N4装配线、N4缸盖部装线和NV6曲轴清洗线。另有工具室、计量室和后方设备等。共有三种系列的发动机：N4系列汽油机、NV6系列汽油机和D系列柴油机。

变速箱厂共有10条生产线：轴生产线、主动齿轮、被动齿轮、主减速齿轮、磨工区、变速器壳体、离合器壳体、差速器壳体、热处理和PG1装配线。另有计量室检测设备。

焊装厂车身焊装项目共有四种车型，即ZR、ZS、ZT、TF型（即25、45、75和TF跑车）。

总装车间车体装配生产线，分别由车身存储区、工艺装配线、线下检测区及辅助系统组成；它们之间采用自行轨道和地板链连接各工艺区。

（三）主要工作量

(1) 发动机厂（一期）：共有7条自动生产线的设备安装和调试，总计设备1500t，设备394台，其中主要设备103台，90%以上的设备为CNC和PLC控制系统。

(2) 发动机厂（二期）：共有14条自动生产线的设备安装和调试，总计设备6700t。其中机加设备800台套，后方设备76台套，装配线3条，90%以上的设备为CNC和PLC控制系统。

(3) 变速箱厂：共有10条生产线的设备安装和调试，总计设备吨位1950t，共有设备246台套。除4条自动线外，其他都是单机设备。60%是CNC和PLC设备。

(4) 焊装厂：共有25、45、75和TF跑车四种车型的设备安装和调试，主要设备生产线有：十三条全自动焊装线、ABB和KUKA机器人380台，设备吨位6600多t。

(5) 工艺装配总线：主要由前后窗玻璃涂胶系统、动力总成举升装配台、液压加注机系统及在线各检测设备组成；线下检测区主要由转毂制动检测系统、四轮定位检测系统及大灯检测系统组成；辅助系统分别由车门总成输送线、动力总成输送线、轮胎输送线、保险杠及座椅输送线组成。共有设备约440t。

（四）工程及施工特点

(1) 任务重：设备拆除运输总吨位3.8万t，国内实际安装约1.8万t（其中：集装箱2791个，7m720个，13m2071个，合标箱4862个，木箱474个），共23 198m^3。

(2) 时间短：工程分两期施工：第一期工程在×施工：工程自2006年5月4日开工到9月1日第一台N4发动机下线。第二期工程从2006年9月18日动力总成发动机第一个集装箱开箱进厂到2007年3月27日整车下线。

(3) 技术难度大：动力总成主要设备800多台、套、线，其中85%为数控设备，而且系统种类繁多：有德国的：INDRMAT（力士乐）；西门子840C，805，3系；美国的：CINCINNAT（辛辛那提）；AB8600，LADAS；日本的：TOYODA，FUNCK2M、3M、

15M 和瑞典的利雪平等。还有大量的 PLC 系统。CNC 和 PLC 占总量的 90％以上。焊装车间共有 ABB 和 KUKA 机器人 380 台；十三条全自动焊装线。物料输送采用 EMS 自行小车智能驱动技术，由 ETHERNET 网，INTERBUS，MODBUS 网三层工业网络控制，将各个生产单元和输送单元连成一个高度集中的大型生产制造系统。

（五）工程目标

1. 质量目标

（1）要建立质量管理体系并保证其正常运行，要认真执行有关国家现行质量管理法规和质量检验评定标准，执行合同中的验收规定要求。

（2）工程质量目标：执行安装图及技术要求、技术条件、合同及规范规定要求，检验按照质量达到合格，分项工程一次验收合格率 100％，分部工程一次交验合格率 100％，单位工程一次交验合格率 100％。

（3）杜绝一切质量事故，隐蔽工程隐蔽前交验合格。

2. 工期目标

（1）发动机厂施工工期：2006 年 5 月 4 日～2006 年 9 月 1 日。

（2）动力总成施工工期：2006 年 9 月 18 日～2007 年 3 月 27 日。

（3）车身焊装施工工期：2006 年 9 月 18 日～2007 年 3 月 11 日。

（4）总装施工工期：2006 年 9 月 18 日～2007 年 2 月 28 日。

3. 安全文明施工目标

无重大人身伤亡事故、重大设备事故、重大火灾、爆炸事故。

减少一般事故及职业病伤害，年负伤事故频率控制在≤6‰以下。

4. 环境保护及建筑绿色工程目标

（1）施工噪声场界达标：符合业主要求。

（2）对有毒、有害废物进行有效控制和管理，减少对环境的污染。

（3）生产、生活污水排放符合地方标准。

（4）节能降耗，减少资源浪费。

（六）实施条件

（1）业主应提供给我方如下施工条件：现场临时办公室；临时物料存储场地；施工时进厂的集装箱、木箱、散货等转运至安装厂区或设备（物资）储存库区。

（2）业主提供临时用水用电点。

（3）业主应派往施工现场代表，并将现场代表姓名、授权范围通知承包方。

（4）业主应对承包方提出的有关工程的问题及时研究处理。

（5）业主应尽可能提供现有的工程所需的图纸资料；催促设计部门提供必要的设计图纸、设备档案及技术文件。

（6）业主应协调厂房建设单位与我方交叉施工问题。必须做到现场三通一平。

（7）业主负责到现场进行技术配合，满足安装调试技术要求，要对工程进行分项、分阶段审核、验收。

（8）我方在设备安装中，应按业主的总工期进行进度计划编排，合理安排人员施工。

（9）我方在恢复转移设备时，应以我方在国外拆迁测绘图及数据为主，并提供给业主。

(10) 我方应向业主提供相应的后续服务。

二、摘选主要施工方案

(一) 前门设备安装施工方案

1. 设备放线

纵横向中心线以压机的纵横中心线为基准。前门设备大线图如图 2.2.17-1 所示。

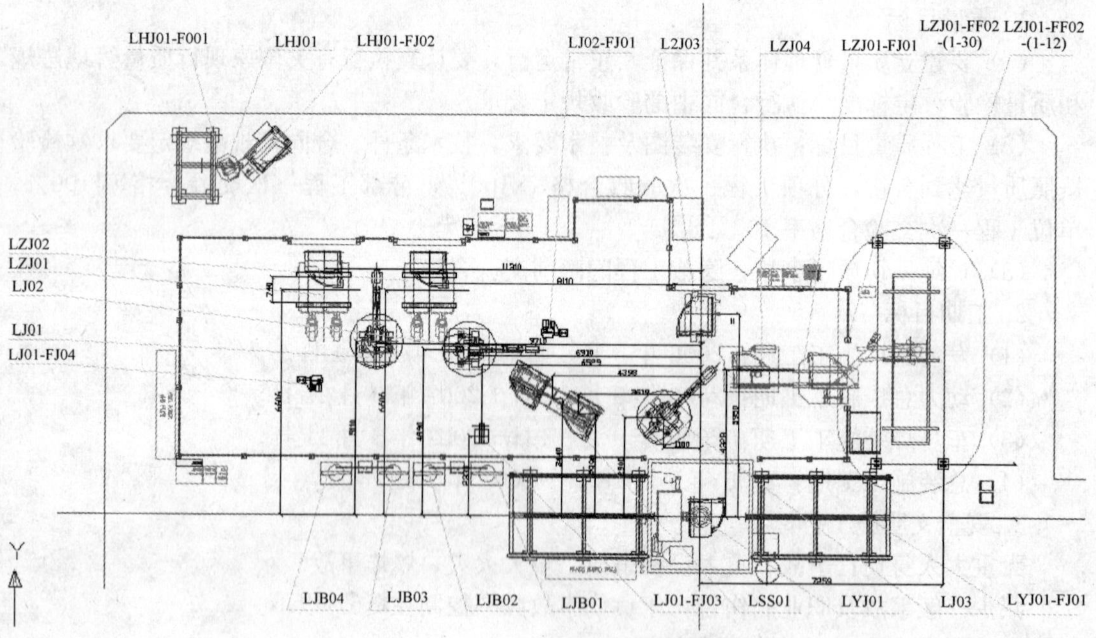

图 2.2.17-1 MG7 前门设备大线图

2. 压机的安装

先装压机（即前门包边机），以其中心为纵横向基准。

安装方法：压机有自身的预埋基础，它的定位以厂房支柱为基准。

压机底座固定在预埋基础之上（用专用吊装设备），经对中调平（框式水平仪）后，再进行压机四柱和横梁的安装，滑块与导轨之间的间隙要用塞尺按照要求调整。

3. 焊装夹具和轨道的定位

其定位以压机的纵横中心线为基准，水平度偏差应在 5mm 左右，用垫铁或顶丝座调整。

4. 机器人及附件的安装

机器人以纵横中心线定位，后用化学锚栓固定。附件以相对应的机器人为基准定位，后用化学锚栓固定。机器人有标高要求，需要用垫铁和调整螺栓来调整，以达到标高要求的可允许范围之内。

5. 水气电安装

设备定位后，进行水气的配管、设备供给阀板的安装和电气接线。

6. 设备空负荷调试。

(二) 后门设备安装施工方案

1. 设备放线

纵横向中心线以压机的纵横中心线为基准。后门设备大线图如图 2.2.17-2 所示。

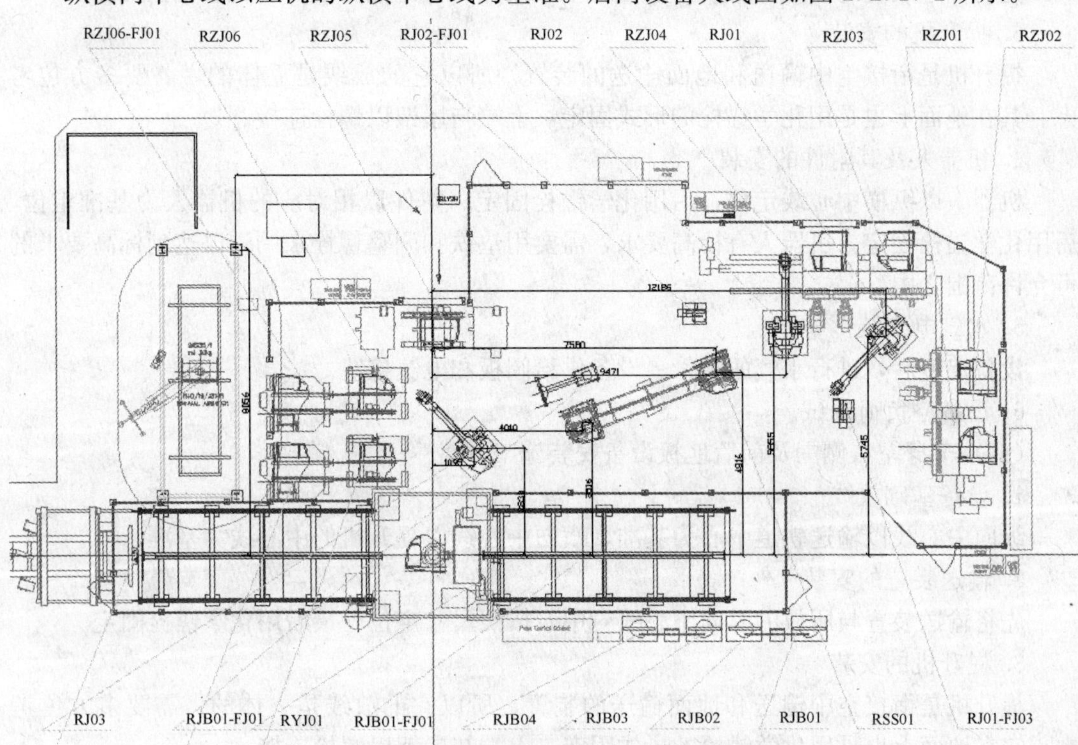

图 2.2.17-2 后门设备大线图

2. 压机的安装

先装压机（即前门包边机），以其中心为纵横向基准。

安装方法：压机有自身的预埋基础，它的定位以厂房支柱为基准。压机底座固定在预埋基础之上（用专用吊装设备），经对中调平（框式水平仪）后，再进行压机四柱和横梁的安装，滑块与导轨之间的间隙要用塞尺按照要求调整。

3. 焊装夹具和轨道的定位

其定位以压机的纵横中心线为基准，水平度偏差应在 5mm 左右，用垫铁或顶丝座调整。

4. 机器人及附件的安装

机器人以纵横中心线定位，后用化学锚栓固定。附件以相对应的机器人为基准定位，后用化学锚栓固定。机器人有标高要求，需要用垫铁和调整螺栓来调整以达到标高要求的可允许范围之内。

5. 水气电安装

设备定位后，进行水气的配管、设备供给阀板和电气接线。

6. 设备空负荷调试。

（三）大地板总成设备安装施工方案

1. 设备基础放线

纵向中心线以输送轨道中心为基准，横向中心线以提升机的中心线为基准。

2. 输送装置的安装

先将输送装置与所放的纵向中心线对中，按照尺寸定位，最后用化学锚栓固定。

3. 提升机的安装

提升机是衔接空中输送和地面输送的装置，所以它的放线是立体的，需要多方位考虑。其在地面上也是用化学锚栓的形式固定，上端与屋架以螺栓连接。

4. 机器人及其附件的安装

机器人以纵横中心线定位，后用化学锚栓固定。附件以相对应的机器人为基准定位，后用化学锚栓固定。机器人有标高要求，需要用垫铁和调整螺栓来调整以达到标高要求的可允许范围之内。

5. 水气电安装

设备定位后，进行水气的配管、设备供给阀板和电气接线。

6. 设备空负荷调试。

（四）车身左右侧围及前后地板设备安装施工方案

1. 设备基础放线

纵向中心线以输送轨道中心为基准，横向中心线以提升机的中心线为基准。

2. 输送装置的安装

先将输送装置与所放的纵向中心线对中，按照尺寸定位，最后用化学锚栓固定。

3. 提升机的安装

提升机是衔接空中输送和地面输送的装置，所以它的放线是立体的，需要多方位考虑。它在地面上也是用化学锚栓的形式固定，上端与屋架以螺栓连接。

4. 机器人及其附件的安装

机器人以纵横中心线定位，后用化学锚栓固定。附件以相对应的机器人为基准定位，后用化学锚栓固定。机器人有标高要求，需要用垫铁和调整螺栓来调整，以达到标高要求的可允许范围之内。

5. 水气电安装

设备定位后，进行水气的配管、设备供给阀板和电气接线。

6. 设备空负荷调试。

（五）车身总成设备安装施工方案

1. 设备基础放线

纵向中心线以输送轨道中心为基准，横向中心线以提升机的中心线为基准。车身总成设备大线图如图 2.2.17-3 所示。

2. 输送装置的安装

先将输送装置与所放的纵向中心线对中，按照尺寸定位，最后用化学锚栓固定。

3. 提升机的安装

提升机是衔接空中输送和地面输送的装置，所以它的放线是立体的，需要多方位考虑。它在地面上也是用化学锚栓的形式固定，上端与屋架以螺栓连接。

4. 机器人及其附件的安装

机器人以纵横中心线定位，后用化学锚栓固定。附件以相对应的机器人为基准定位，后用化学锚栓固定。机器人有标高要求，需要用垫铁和调整螺栓来调整，以达到标高要求的可允许范围之内。

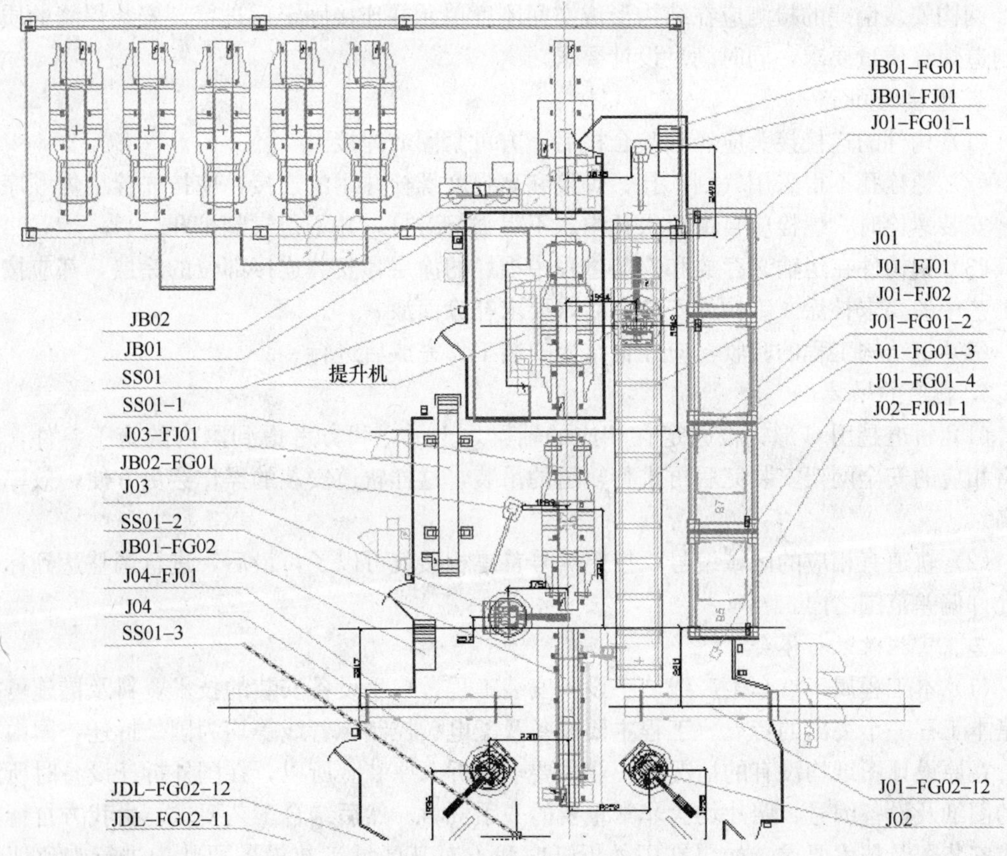

图 2.2.17-3 车身总成设备大线图

5. 水气电安装

设备定位后，进行水气的配管、设备供给阀板和电气接线。

6. 设备空负荷调试。

(六) 自行小车系统的安装施工方案

1. 提升点及轨道走向放线

本设备的特点是空中立体，关系到空中和地面的配合，所以放线是以提升点为基准。

2. 辅梁的安装

(1) 根据设计院设计自动线区顶部辅梁安装图，在网架球形节点处焊接点，其吊点是1m长的H形钢件，而后检查设计辅梁节点的轴线坐标是否与图纸设计坐标相符，再进行节点吊架固定，最后进行辅梁安装及网架安装。

(2) 钢结构安装前，应对钢构件的质量进行检查。钢构件的变形、缺陷超出允许偏差时，应进行处理。钢构件吊装前应清除其表面上的油污、泥土和灰尘等杂物。

(3) 在施工前测量每个柱子的基础标高、柱长，然后进行匹配，以减少误差。对于结构相同的梁，应实测其实际尺寸，合理组合，以保证钢结构的方正性。钢构件拼装前，应清除飞边、毛刺、焊接飞溅物，摩擦面应保持干燥、整洁。

(4) 构件吊装时，尽可能在地面拼装，对容易变形的钢构件安装采取临时加固措施。

(5) 在各部件安装就位后，应立即进行校正、固定。使之投影方正（矩形），钢柱垂直。钢构安装偏差的检测应在结构形成空间刚度单元并连接固定后进行。安装焊缝的质量同制造焊缝质量要求，同时满足设计要求。

3. 连接与固定

（1）构件的连接接头应经检验合格后，方可紧固或焊接。

（2）螺栓孔不得采用气割扩孔。焊接和高强度螺栓并用的连接，应按先栓后焊顺序施工。安装螺栓时，螺栓应自由穿入孔内，不得强行敲打，并不得气割扩孔。

（3）钢构件在运输、存放和安装过程中损坏的涂层，安装连接部位的涂层，都应按制作工艺中的要求补涂。钢构件安装完后，要求补涂面漆。

（4）钢结构工程的验收，应在钢结构安装工作完成后进行。

4. 轨道的吊装

（1）轨道是用C形钩板固定在相应的辅梁之上的，我方考虑到国内的施工条件，安排将相应的安全网架安装完后再进行轨道的吊装，这样轨道安装的操作会更方便，效率会更高。

（2）轨道有相应的区域编号，按照编号首尾相接就可以了，最后，进行调整达到标高的允许偏差范围之内。

三、实施效果与体会

（1）本工程属于汽车生产线二手设备安装工程，二手设备安装的技术资料及措施可行性是本工程一个突出的特点。工程主要设备及配电、控制、管线等均为国外拆迁，国内安装。在原设计图纸均没有的情况下，业主要求原拆、原装。所以，在国外拆迁设备时所测量的图纸及设备编号、照片均为非常重要的一手资料。然后结合工艺要求，由我方自行转换成安装图及技术要求。如果在国外拆迁时我方对某区域工艺设备原状未进行细致地编号、测量、绘图及照片等工作，就会给正常恢复设备安装及调试造成非常大的麻烦，甚至无法恢复到原来的状态，会严重影响施工进度、施工质量及工期。

（2）本工程规模较大，涉及的人员、机械装备、检测设备较多，必须编制各阶段施工计划和人力组织，以满足施工需要。组织精干高效的施工队伍和各级施工管理人员，在保证质量和安全的前提下按计划的里程碑完成施工任务将是项目组织工作的重点，合理设置高效的组织体系和组织机构的建立是施工项目管理成功的组织保证。

（3）本工程在施工中用PROJECT项目管理软件对工程进行全程管理，进行网络计划的编制。推广计算机的运用，提高项目的管理水平。推广建设工程项目管理技术信息化、标准化、规范化，提高项目综合管理能力。

（4）推行实行劳务层和管理层的分离，实现资源的优化配置；充分发挥每位员工的积极性，挖掘最大潜能；创造了一个公平竞争的环境，充分体现按劳取酬的原则。

（5）本工程专门从美国进口了一台26t叉车和一台300t液压龙门吊，总价值约50万美元，极大地满足和提高了施工进度和质量。还在项目指挥部配置多台叉车（16t1台，10t5台，6t1台，5t2台，4t1台，3t15台）。采用大量先进的机械化施工是本工程成功的关键之一。

（6）我公司自1984年拆迁法国的包克耐希冰箱厂开始，陆续承接了许多国外工程的拆迁，特别是1996年西班牙SEAT工厂和2002年德国蒂森克虏伯钢厂的大规模拆迁，积累了丰富的国外拆迁经验。在此基础上，本次施工采用公司自行编制开发的二手设备拆迁、包装、运输、安装的管理软件，可以清楚地跟踪到每一台设备从开始编号到设备安装的全过程记录，每台设备解体成多少件、何时解体、每一件装载到那个集装箱或木箱、何时发运、到国内每一件进了哪个库房，放置在哪个位置都十分清楚，充分保证了设备的每一个部件在安装过程中的可追溯性。否则，3.8 万 t 设备，几十万个部件在安装时根本无法查找。

（7）设备调试是本工程的关键，由于涉及的控制系统种类繁多，工程量巨大，公司共投入 50 多位工程技术人员参与设备调试，并在项目未开工前，组织开办从熟悉系统（扫盲）到理论提高的不同控制系统的培训班。在实际操作中，针对不同系统，不同技术问题，由主调工程师轮流讲课，总工担任主讲，还组织经验交流，以老带新，为顺利完成调试工作打下了坚实的技术基础。

2.2.18 20 万 m^3 煤气柜工程施工组织设计

一、工程概况

（一）项目简介

200000m^3 煤气柜工程位于马来西亚，该工程为稀油密封干式煤气柜，是 24 边形钢结构，由底板、立柱、侧板、柜顶和回廊组成外壳。柜内是可以上下活动的多边形钢结构活塞。煤气由气柜底部进入，储存在底板、活塞和侧板组成的空间内。通过在活塞上加配重的方法，使气柜储存煤气压力达到规定要求。当煤气管网内压力高于柜内压力时，煤气就进入气柜，推动活塞上升，上升高度超过额定高度时，仪表报警，同时自动放散阀打开，以保证气柜运行安全。当煤气管网内压力底于柜内压力时，活塞开始下降。正常情况下，活塞始终是做上升下降往复运动，储存和输出煤气。

（二）工程内容

包括气柜本体的全部钢构件的制作安装，还包括电梯、柜内柜外工艺设备、电气和仪表、场区管网、防腐涂漆等全部内容。主要工程量：钢结构、钢构件的制作安装共约 4380t，柜体焊缝长度达 221500m 等。

该工程的设计、施工、验收等均采用中华人民共和国的国家及行业规程、规范、标准等。

（三）主要技术参数

（1）公称容积：200000m^3；

（2）贮气压力：7840Pa±196Pa；

（3）气柜边数：24 边形；

（4）气柜边长：7000mm；

（5）气柜直径 D_{max}=53629mm，D_{min}=53170mm；

（6）侧板段数：122 段；

（7）侧板高度：98560mm；

（8）柜体总高：106180mm；

（9）活塞行程：89560mm；

（10）柜底面积：2233m^2。

（四）气柜的柜体结构

（1）柜底部分由底板、柜底油槽等结构组成，是全焊接钢结构，对焊缝有气密性要求，主要钢材是 Q235－B。

（2）柜体部分是由 24 根柱子、约 122 层侧板、六层环形走道和具有进风功能檐口组成的壳体结构。

（3）柜顶平面呈正 24 边形，由放射状布置的柜顶桁架、带挡风板的通风气楼，冷压成型的屋面板，三角形采光通风天窗，柜顶通道和内部吊笼平台组成。

（4）活塞由活塞桁架、导轮架、油槽、活塞底板、环形走道、吊笼降落平台和配重等组成，活塞四周是由滑板、帆布、弹簧、套筒等组成气柜密封系统。为了保证活塞上下运行平滑，在活塞桁架的上下弦装有上下导轮。

（5）外部设垂直钢结构电梯井架，电梯井架四周设置了人行扶梯，环形走道和柜顶设有电梯停靠站。

（五）柜体内部工艺设备

（1）气柜的活塞周围设有密封机构，用以保证气柜的严密。密封机构由滑板、帆布、弹簧、套筒等组成。

（2）气柜的走道平台上设置一个反映柜体储存煤气容积的机械式指示器，其表盘直径为 1.5m，指针及表盘上均涂有反光涂料。

（3）柜底排水管及柜底油槽放水管各有二处，用于排放柜体底板上的煤气冷凝水和柜底油槽密封油中的沉降杂质。

（4）吹扫放散管三根，管径为 *DN*200，用于煤气柜投产或停止运行时，由吹扫放散管置换柜内的空气或煤气。

（5）气柜共设 6 个安全放散管，用于紧接情况下放散柜内煤气，保证活塞在升到上限时不再上升。

（6）气柜设一根紧急放散管，当活塞到达上限时，在紧急情况下放散煤气。

（7）鼓风机设一个接管座，用于活塞顶升；油水分离器接管座四个。

（8）在气柜侧壁共设置 4 个人孔。

（9）柜底油槽设环状热水加热装置一套。

（六）工程特点

（1）本工程有大量的加工构件须在厂内制作后运输到现场。

（2）为确保制造和安装质量，需采用专用的模具、吊具、脚手架、机具等 20 多种机具。

（3）气柜施工多为露天作业，受天气影响因素较多。

（4）结构件较多，高空作业多。

（七）工程目标

（1）质量标准：符合国家规范与标准，必须达优良等级。

（2）工期目标：计划于 2008 年 12 月 10 日开始安装，2009 年 8 月 28 日竣工。总工期为 260d。

（3）施工安全：必须保证施工过程中安全事项，杜绝各类安全事故。

二、摘选主要施工方案

气柜柜体施工方案

稀油密封干式煤气柜的制作安装须分工厂和现场两地进行，即工厂零部件制作和现场零部件制作、组焊及气柜安装施工。

工厂制作件一般指立柱的制作加工、侧板的平、剪、折加工、活塞底板、顶板、电梯井架侧板等一些部件外，工厂制作的施工进度计划及运输计划，应根据现场安装的进度进行制订，且应有提前 5d 的时间余量。工厂制作件出厂前均应除锈并涂装一道底漆。所有工厂制作件需检验合格后才能出厂。工厂制作件运抵施工现场由于路程较远，故采取公路与铁路相结合运输的方式。

1. 主要制作件的施工方案

(1) 立柱制作加工

立柱是整个气柜中最主要的构件，其制作加工质量的好坏直接影响到气柜的总体安装质量，因此，必须采用先进的加工机具和工艺措施，严把质量关，具体过程控制如下（参照内控工艺措施执行）：

1) 材料：所购工字钢应平直、规格，且长度足够，最好是同一批号。

2) 设置立柱组焊胎模：胎模应以一端为基准，且设置工字钢与导轨板对中的夹具，保证工字钢与导轨板的中线定位偏差两头≤1.0mm，中部≤1.5mm。

3) 工字钢拼接调整：工字钢拼接后，一端应是光边且与直线方向垂直。工字钢的两端相对扭曲≤1.0mm，局部挠曲≤2mm，不直度≤2mm（最好工字钢长度足够，不用拼接)。工字钢下料长度比设计长 4mm，并直接修磨立柱对接时的坡口。

4) 导轨板下料拼接调平直：导板拼接调整后一端是光边与长度方向垂直，边不直度≤1mm、局部≤2mm、不平度≤1mm，做好中线标记。板厚加工余量 3mm，宽度余量 8mm，长度比设计长 3mm。

5) 将导板及工字钢在胎具上定位点焊，导轨板及工字钢的光边端撞紧胎具基准端，用夹具进行中线定位。

6) 焊接：由 4 名焊工严格按内控工艺措施进行焊接，以最大限度减少焊接变形。

7) 调整：对焊好的立柱毛坯在胎具进行焊接变形调整，调整后两端的扭曲≤1.0mm，中线偏差≤1.0mm，不平度以端面为准≤1.5mm。

8) 加工：将校正好的立柱毛坯放到立柱专用铣床上进行五面铣加工。立柱加工采用一次性装夹，立柱毛坯的中线定位应根据工字钢两端的中线标记进行定位，平面定位应以导轨面的两端为基准进行定位，导轨面定位标高局部偏差+1～－2mm。五面铣加工时应以端面尺寸为基准，两端面的加工尺寸保证后，因为是采用一次装夹及五面铣一次成型的工艺装备，故中部尺寸也可以保证。铣加工后的立柱需逐根进行抽检。

9) 钻孔：以立柱光边端为基准端，用立柱钻模进行套钻。事先应检查钻模有无磨损，钻模与立柱一定要夹紧（本公司的钻模可保证立柱孔距的积累偏差≤0.3mm)。钻孔后进行逐根孔距抽检。

10) 修磨坡口：钻孔后的立柱应进行长度和坡口的精修。立柱的长度由于根据焊接收缩特性及经验数据，预放了少许余量，故修正时无需气割，在坡口修磨的同时进行精磨，导板的坡口先进行气割精修，再精磨至标准要求。

11) 检验：首根立柱的加工，必须事先严格检查模具、胎具的精度，然后检查立柱焊接件的尺寸和立柱机加工的尺寸。检验依据按内控标准进行。每种规格立柱的首根必须全面检查，首根合格后才能批量生产。批量生产中还需对每根立柱的每道工序进行主要指标的抽检。

12）防腐：合格立柱的五个加工面涂一道防腐油，然后将每两根立柱导轨面相对，用螺栓固定，按设计要求进行除锈处理，并涂装一道底漆。

（2）侧板制作加工

侧板是气柜中用量最多的部件，其尺寸精度直接影响到装配的质量和进度，并影响到气柜的总体安装质量和运行性能。故需按下列过程进行控制：

1）材料：侧板材料必须统一进购武钢或宝钢的双定尺优质平板。

2）性能试验：侧板材料除了要做理化复验分析外，更需要了解材料的冷弯性能，并对材料的大块冷弯性能进行分析和试验。

3）剪切下料：在批量生产前先剪切一块，根据冷弯性能及折弯延伸的分析，确定剪切下料的宽度。（部分侧板材料应视其平整度情况，下料后作精平处理）

4）折弯：调整折弯工装靠模，在折弯机上折弯侧板，折弯后进行尺寸和外观检查。要求宽度偏差－0.5～－1.0mm，不平度≤1mm/1000mm、0.5mm/300mm，折弯半径 $R\leqslant 1\delta$，折弯角允差≤1°。

5）钻孔：首先要检查钻模胎具的尺寸精度和完好情况，然后进行首件折弯合格的侧板的钻孔，钻孔后检查孔距尺寸精度，要求允差≤0.5mm。

6）角部焊接：对机加工合格的侧板的四个内侧角部进行堆高焊接，焊接长度为55mm（焊接堆高要保证能打磨出直角），焊后打磨成直角。

7）批量生产：首件侧板合格后进行批量生产。批量生产过程中每 40 件侧板生产后，就要全面检查一次靠模、钻模精度及侧板的制作质量。另外，在批量生产过程中对不平整的板材必须做精平处理或改作其他用材。

8）侧板制作好后进行喷砂除锈并涂装一道底漆，侧板无需防腐面应涂一层防腐油，然后每 10 块打成一包待发。

（3）油槽板制作

油槽板为不规则的折弯加工件，若制作加工的误差较大会给安装带来很大麻烦，更会影响密封机构的安装难度和安装质量。因此，必须严格放样尺寸，进行放样下料，无法剪切处最好能用等离子体切割并修边平整。

油槽板在折弯前应设置靠模，调整折模角度。首件合格后才能进行批量生产。

油槽板在除锈及涂装时应分内外，不要将内外油漆品种混淆。

（4）活塞底板、柜顶板、风帽侧板制作（略）

以上部件也需用平板进行剪折加工。

（5）其他折弯板制作（略述）

如油沟内侧板、活塞上走道、风帽挡雨板、柜身平台板、斜梯踏步板及其他一些连接折弯板等按图制作。

（6）活塞桁梁制作

活塞桁梁制作可分为活塞主弦梁的分段制作及活塞桁梁的组焊两步进行。

活塞主弦梁的分段制作主要应考虑焊接变形和收缩，因此必须采用有效的工艺措施加以控制。具体方法如下：

1）弦梁立板及翼板下料。要求宽度偏差≤1mm，下料后再进行毛刺和平直处理。

2）弦梁板拼接。按弦梁分段要求长度拼接立板及翼板，并校平直，要求拼接基本无错边，不直度≤1mm，不平度≤0.5mm。

3）活塞主弦梁立板拼接后进行折弯加工，折弯角90°，高度由折弯靠模保证（允差±－0.5mm）。折弯线不直度≤1mm。

4）设置组对焊接胎具，以确保组对的中线偏差≤0.5mm，且尽可能地减少焊接变形。弦梁分段接头的立板与翼板应错开200mm。

5）组对点焊。将弦梁分段在胎具上组对点焊，并点焊上防焊接变形临时小筋板。

6）焊接：每根分段弦梁由4名焊工严格按内控工艺措施进行施焊。焊后拆除小筋板，磨平焊疤，校正分段弦梁的平直，要求两端扭曲≤1mm，局部挠曲≤3mm，立板不直度≤1mm。

7）活塞主弦梁及其上的连接板的高强螺栓或精制螺栓连接孔应用套模进行钻孔。

8）弦梁分段除锈及涂装。

9）活塞桁梁其他构件按图制作。

10）桁梁组焊：活塞桁梁的组焊必须在现场施工平台上进行，具体方法如下：

①在现场施工平台上设置桁梁水平组装胎架，要求胎架水平标高偏差≤1mm，长度方向偏差＋8～＋10mm，高度方向偏差0～＋3mm。

②将桁梁零部件放到胎具上组对、点焊，高强螺栓连接处稍事紧固。

③由多名焊工采用对称施焊。正面焊完后，设置翻身支架将桁架翻身施焊另一面。

④将高强螺栓完全紧固。

⑤检验要求焊缝合格，焊后局部挠曲≤5mm，弦梁不直度≤2mm。

⑥焊缝防腐处理。

（7）柜顶桁梁制作及拼组

柜顶桁梁采取现场制作的方式，其制作方法与活塞桁梁类似。具体方法如下：

1）弦梁立板及翼板下料：要求宽度偏差≤1mm，下料后进行毛边及平直处理。

2）弦梁立板及翼板分别拼接至要求长度，然后作平直校正。要求拼接无错边，不直度≤2mm。

3）设置组对焊接胎具工装，以确保组对的中线偏差≤1mm，且尽可能地减少焊接变形。

4）弦梁立板与翼板在胎具上组对点焊并点焊上防变形小筋板。立柱拼接头与翼板拼接接头至少错开200mm。

5）焊接每根弦梁由4名焊工严格按内控工艺措施进行施焊。焊后拆除小筋板，磨平焊疤，火工校正弦梁平直，要求两端扭曲≤2mm，局部挠曲≤4mm，立板不直度≤2mm。

6）弦梁除锈及涂装。

7）柜顶桁梁的其他构件按图制作。

8）桁梁组焊：

①在现场施工平台上设置桁梁水平组焊胎架，要求胎架水平标高偏差≤1mm，长度方向偏差＋1～＋4mm，高度方向偏差＋2mm。

②将桁梁零部件放到胎具上组对、点焊。

③由多名焊工对称施工焊。正面焊完后，设置翻身支架，将桁架翻身施焊另一面。

④检验：要求焊缝合格，焊后局部挠曲≤5mm，弦梁不直度≤3mm。

⑤焊缝防腐处理。

⑥设置柜顶梁拼组胎架，将每两榀柜顶桁梁组焊成一组吊装单元。

⑦柜顶桁梁拼组后，按要求进行检查。

⑧对合格的焊缝进行防腐处理。

(8) 箱体制作

1) 箱体按图制作：在箱体制作前应进行除锈，外壁涂装一道底漆，内壁及内部构件应完成涂装工作（如有设计要求），内外油漆的颜色应有区别。

2) 箱体在制作过程中，焊缝应及时做煤油渗透，并处理涂装。封盖前这样的工作应完成，且能处理的焊缝也应做防腐处理。

3) 油水分离器在封盖前还应做水压试验，以确保油气混合室的密封性能。

(9) 其他构件制作

如活塞环梁、柜顶环梁及其他现场组焊件等，按图施工。

2. 运输方法及措施

由于从工厂制作地到施工现场路程较远，故采用公路与铁路相结合的运输的方式。为了确保运输过程中物件的质量，减少构件在装卸运输过程中的变形和损坏，应严格按要求进行包装并与承担运输任务的运输公司签订质量保证及损坏赔偿协议（在运输合同中明确），并申报购买运输保险。另外，应根据不同的构件采取积极的防护措施，主要构件的防护措施如下：

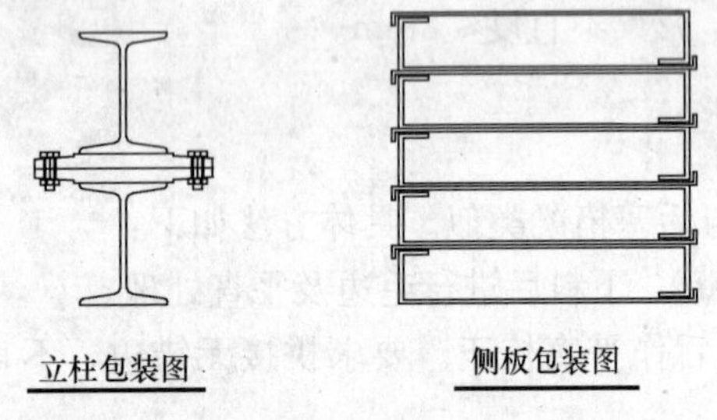

图 2.2.18-1　立柱、侧板包装

(1) 立柱

立柱每 2 根打成一包，运输时应垫平，如图 2.2.18-1。

(2) 侧板

侧板每 10 块打成一包，运输时应垫平如图 2.2.18-1 所示。

(3) 其他折弯件

如顶板、电梯筒侧板等，打包方式与侧板类似。

(4) 导轮、防迴转装置、密封机构

导轮及防迴转装置在打包前应将注油孔用螺栓封死，然后用粗草绳将其封闭或捆扎结实，装集装箱运输。

密封机械的所有小型构件均放置在活塞静止油箱中，装集装箱运输。密封机械滑板两两组合（光面相对）捆牢，放置在两侧板相扣的空间内，活动空间用棉或草填充，两头封死，装集装箱运输。

(5) 其他构件

大型构件主要采用汽车或车皮运输，小型构件(易丢失、易变形的构件)采用集装箱运输。

设备、电气仪表主要采用集装箱运输。

3. 现场安装施工方案

(1) 由于稀油密封干式煤气柜的立柱、侧板及其他折弯加工件等均需大型专用的机加工设备才能加工，故该类型气柜的建造需分工厂制作和现场安装两地进行施工。工厂加工的立柱采用18m长立柱专用五面铣床，一次装夹、五面铣一次加工成型，并采用高精度专用钻模钻孔，使立柱全长的孔距偏差≤0.3mm；侧板采用8m长折弯机折弯成型，保证折弯半径$R \leqslant 1\delta$，并用高精度专用钻模胎具钻孔，使孔距最大偏差≤0.5mm。现场安装根据稀油密封干式煤气柜本体高、直径大，即有柜顶，又有活塞的特点，采用浮升法进行安装，即在地面安装（第一工艺阶段）完成后，用鼓风机向活塞下部鼓压缩空气，使活塞结构及架于其上的柜顶结构、内外安装专用脚手架、柜顶吊等部件顶升，每顶一段（约一块侧板高），用鸟形钩挂在立柱挂板上，完成侧板安装。当浮升到一定位置时安装一根立柱或一层柜体平台或电梯井架等结构，如此顺序向上安装，直至落顶（以上为第二工艺阶段）。气柜落顶后进行气柜结构的完整和附属设备的安装及气柜的整体调试（即第三工艺阶段）。气柜结构的所有零部件在安装前均应按要求除锈并涂两道底漆。底板的下表面等在安装后无法涂装的，应在安装前完成涂装工作并经检验合格。在安装过程中所有焊缝检验合格后应及时做防腐处理。在第一工艺阶段的施工中，我们采用塔吊作为主要起重工具，在第二及第三工艺阶段的施工中，安装所采用的起重设备主要是柜顶两台可环行的柜顶吊，其随顶升安装的浮升机构一同上升，故柜体任意高的部件均可吊装。

（2）安装工艺流程

见光盘。

1）第一工艺阶段：从施工现场正式具备开工条件、施工队伍及机具基本进入施工现场并开始施工，直到顶升前所必须完成的一切气柜结构安装及浮升安装所需的工装机具安装或配备。第一工艺阶段是保证气柜整体安装质量的主要工艺阶段。

2）第二工艺阶段：从顶升开始，由下向上逐段安装立柱、侧板、柜身平台、电梯井架、扶梯、栏杆、檐口及部分柜体上部附件，直到落顶、活塞着地的一切工艺安装程序。第二工艺阶段是气柜安装的高潮阶段。

3）第三工艺阶段：从落顶活塞着地以后，气柜安装的收尾完整工作以及气柜置换的调试工作，直至整个工程及竣工资料的交接。

（3）直接影响气柜质量及性能的关键工序、工艺

在稀油密封干式煤气柜的制作安装过程中，下列工序、工艺的质量控制及经验技术极其重要，其直接影响到气柜的总体安装质量和运行性能，需要在施工过程中特别注意和控制。

1）立柱、侧板的制作精度，特别是装配孔尺寸精度；

2）基柱定位安装精度；

3）第一节立柱安装精度及立柱安装措施；

4）侧板组装焊接方法及次序；

5）浮升安装过程中保证气柜本体垂直的措施；

6）柜体侧板、柜身平台焊接收缩控制措施；

7）密封机构安装质量；

8）调试方法及结果。

以上工序、工艺的控制方法和技术措施均为本公司内控技术，在施工前有关施工人员必须领会和掌握，并严格执行。

另外，合格的计量器具是保证气柜制作安装质量的前提。经纬仪、水准仪等在每个干式气柜开工前必须校验合格；立柱及侧板的制作、活塞梁及顶梁的组焊制作、基础复测、基柱定位安装等工序，所用的钢卷尺及拉磅必须进行校验，并给出修正值，其他计量器具也必须合格。

4. 第一工艺阶段的主要安装工序

(1) 基础复测验收如图 2.2.18-2 所示。

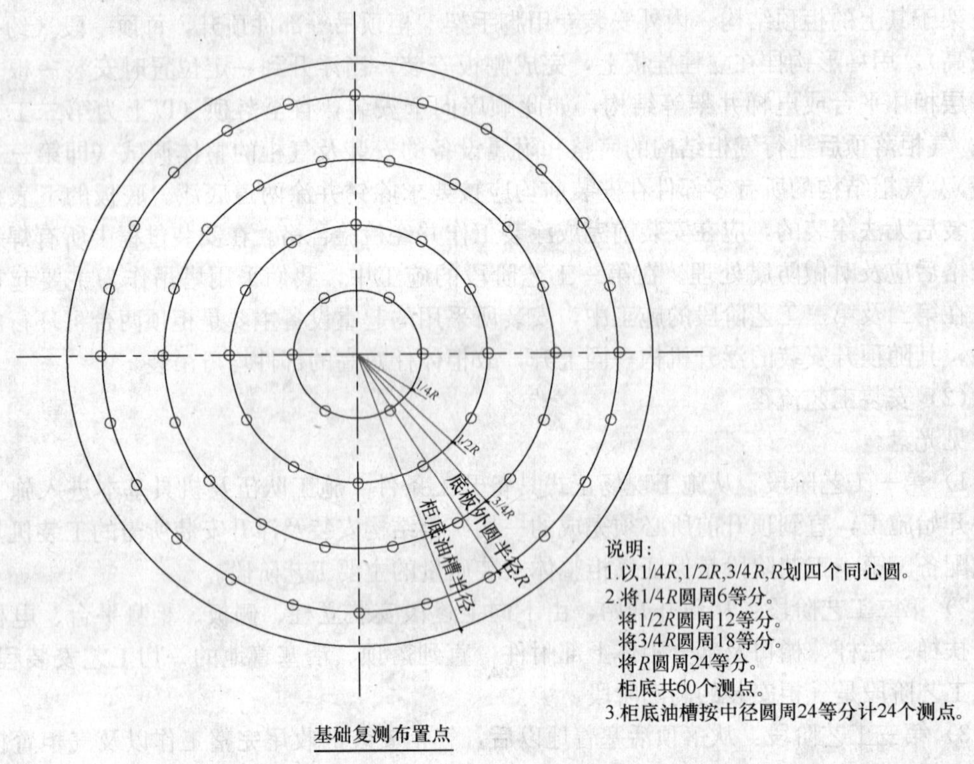

图 2.2.18-2 基础复测

1) 对照基础图纸，确定基础原点。

①确定中心标志、原点（即中心圆钢），找出中心点，同时找出基础分度基准点（基准线）。

②基础螺栓孔的养护及检查施工中有否遗漏项目。

③查看土建施工中各种原始检查记录。

2) 基础测量：

①在柜中心架设经纬仪，首先将柱号 1 号、6 号、12 号、18 号（角 0°、90°、180°、270°）的中心轴线标注在标志预埋板上，再在 90°范围内将各柱中心轴线用经纬仪确定，并进行标注。

②用水准仪测定基础标高。

③用钢尺配拉磅测量从中心到预埋件的距离及各预埋件之间的距离，测量 1/4 圆弦长，并进行标注。

④由预埋件上的标志点及柜中心点来测定其他检测点的径/切向偏差。

⑤精度要求如表 2.2.18-1。

精度要求表 **表 2.2.18-1**

序号	检验项目	允许偏差（mm）	备注
1	柱基中线与轴线径/切向偏差	+5	重要
2	顶部完成面标高偏差	−3	重要
3	活塞承托处完成面高度偏差	+1.5	重要
4	沥青砂完成面高度偏差	−15	一般
5	沥青砂层在柱脚处应与混凝土顶面取平		重要
6	油水分离器、电梯井架基础标高偏差	−10	重要
7	柱脚锚固横梁水平方向偏差（径/切向）	+5	重要
8	柱脚锚固横梁标高偏差	+3	重要
9	活塞承托处预埋螺栓中心偏差（径/切向）	+5	重要
10	电梯井架预埋螺栓中心偏差	+5	重要

3）确定基础沉陷观测点。

（2）基柱定位安装（第一工艺阶段开始）稀油密封干式煤气柜的基柱定位安装质量是保证气柜总体安装质量的最重要的环节，安装方法及精度要求应严格按下述方法要求及内控措施执行。

1）基柱位置确定：

①在柜中心架设经纬仪，在 1 号、6 号、12 号、18 号柱号的标志，预埋块上点焊上基柱安装水平方向基准丁字尺，基准丁字尺端面必须绝对垂直于轴线。

端面基准点（即基柱导轨面中线所在位置）至中心半径 R 允差±1mm；1 号、6 号、12 号、18 号柱号的丁字尺基准点 1/4 圆弦长 L 允差±1mm。

②同样在每 90°范围内设置其他柱号的基准丁字尺，相邻两个丁字尺基准点间距 L 允差±0.5mm。

③测定时间应在早晨阳光不强时（约 6：00～8：00）进行，最好在阴天进行测定工作。

2）基柱安装：

①将基柱与柱脚组焊，严格检查基柱的平面度、直线度和导板的厚度，在导轨面上划出中心线。

②在柜中心架设经纬仪，在中心附件架设水准仪，在所安装基柱的切线方向架设另一台经纬仪。

③将组焊好的基柱吊装就位，用楔形垫铁及支撑螺栓调节标高、导轨面及中心线位置、径/切身垂直度，最后将地脚螺栓紧固，再次观测其安装精度。要求标高允差±0.5mm，导轨面与基准丁字尺正好相靠（不宜过紧，最好以将 0.1～0.3mm 的塞尺塞进），基柱上端径向垂直度允差±2～±3mm。

④24 根基柱安装好后，上第二层侧板，并用拉杆将基柱固定，校验基柱的垂直度及标高。

⑤基柱柱脚灌浆。

⑥基柱柱脚灌浆后再次观测基柱的标高及垂直度，并再次测量基柱之间的间距。

⑦拆除基柱安装基准丁字尺。

(3) 气柜底板及底部油沟安装

1) 气柜底板安装：

①根据技术要求及现场来料情况绘制气柜底板排版图。

②将气柜底板在基础表面根据排版图铺设开。在铺设前底板的下表面防腐工作应完成，并经验收合格。

③底板铺设好后，应严格按底板焊接内控工艺措施进行焊接，焊接次序如图 2.2.18-3 底板焊接计划图所示。

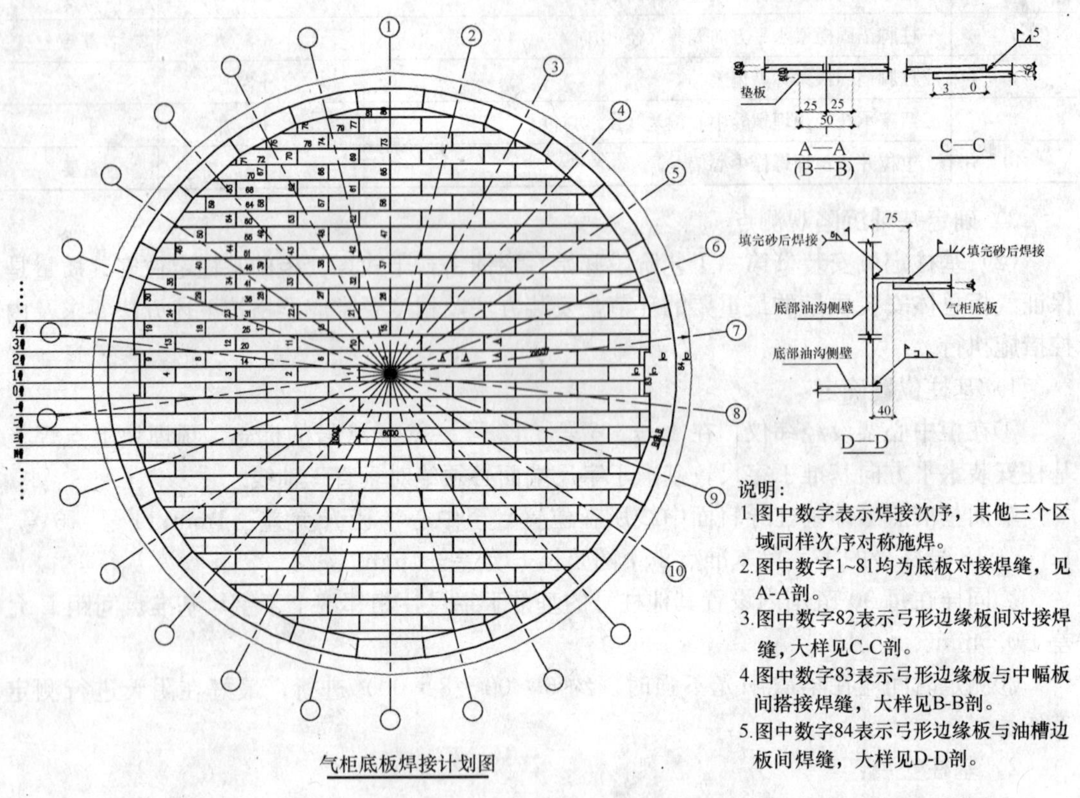

图 2.2.18-3　底板焊接计划图

④底板焊接完成后，对底板进行修边处理，使整个底板呈 20 边形，并使边至中心距离比设计长 10mm。

⑤焊接完成后，测量底板的平整度，要求最大凹凸≤75mm。

⑥检查焊缝表面质量对现场焊缝做 100%真空检漏。

2) 底部油沟安装：

①将油沟底板按施工图铺设好，铺设前油沟底板下表面要求防腐工作完成，并经验收合格，油沟底板间点焊。

②将油沟底板间对接焊缝油沟内侧板安装处 80mm 距离焊好并打磨平整。

③组对油沟内侧板，内侧板间点焊，并与油沟底板点焊，将内侧板对接的接缝连接板

点焊好。

④将油沟内侧板与气柜中部基础间灌满砂。

⑤组地油沟内侧板与气柜底板间的连接角钢。

⑥由多名焊工均布对称施焊内侧板对接连接板。

⑦由多名焊工按内控工艺要求均布对称施焊油沟底板间的对接焊缝。油沟底板与柱脚的焊缝暂不施焊。

⑧由多名焊工按内控工艺要求均布对称施焊油沟内侧板与油沟底板之间的平角焊。

⑨由多名焊工按内控工艺要求均布对称施焊油沟内侧板与气柜底柜之间的连接角钢。

⑩活塞支座定位安装，要求标高允差≤±1mm，径/切向允差≤3mm。

⑪焊接油沟底板与柱脚之间的焊缝，焊后将侧板安装处磨平。

⑫为确保油沟及与底板的连接焊缝不泄漏，要求所有油沟及与底板的连接焊缝严格按要求施焊。

（4）活塞安装

1）活塞梁现场制作。按图制作活塞中心环梁及活塞桁梁，制作精度要求按内控验收标准执行。

2）活塞环梁安装：

①在柜中央设置活塞环梁安装台架。校正台架中心位置及水平标高，要求台架水平度允差≤1mm，标高允差±5～±10mm。

②用8t汽车吊将活塞环梁吊在台架上。调整其中心位置、垂直度、水平标高及与桁架接头的分度位置，要求中心允差≤3mm，上下沿垂直度允差≤1mm，水平度允差≤1mm，标高允差+5～+10mm，与桁架接头的分度要正确（用细钢丝拉线确定）。

③活塞环梁定位好后用临时拉杆固定。

3）活塞桁架安装：

①用塔吊将1号桁架吊架就位，调整其垂直度、半径长度及轴线偏差。要求与立柱中心偏差≤3mm，导轮座与立柱中心偏差≤2mm，与立柱间距允差－6～－4mm。调整好后点固，并用拉杆定位，与环梁连接处用螺栓紧固。

②以同样的方法对称吊装1号及6号、12号、18号桁架。等1号、6号、12号、18号桁架均调整固定后，由4名焊工同时对称施焊桁梁与环梁的接头筋板焊缝。

③然后以同样的方式对称吊装其他桁架，最后由多名焊工对称施焊接头筋板焊缝。（注意：在最后一榀桁梁吊装前，应搭设柜顶环梁中心台架并将柜顶环梁吊装就位）

④等24榀桁架都安装好后，对称组对点焊活塞桁架间的横梁及支撑。全部组对好后，对称施焊。

⑤最后将固定桁梁的拉杆拆除。

4）活塞底板安装：

①活塞底板可根据吊装能力及吊装条件拼成大拼块，以减少安装焊接工作量及焊接变形，预制焊缝应做煤油渗透。

②将活塞底板由外向内铺设、点焊，同时组对连接板。其中柜顶中心架处的4块活塞底板（即内部第一块）暂不铺设，放在稍外的位置。

③活塞底板铺设好后，应严格按活塞底板焊接内控工艺措施进行焊接，焊好后做煤油

渗透。

④将内部吊笼放置到活塞中间位置。

5）活塞油槽安装：

①活塞油槽安装应在活塞上的其他主要焊接结构施焊完毕后才能进行，安装前应仔细检查油槽板的制作质量。

②以立柱孔作为油槽板安装标高基准线，并用拉线的方式确定边部油槽板与侧壁板之间的间距。

③分两组先对称吊装角部油槽板，再对称吊装边部油槽板，然后点焊，并设置临时拉筋及边部油槽板支撑，以便有效地控制焊接变形。要求油槽板外沿与柜内侧间隙允差 0～－2mm。

④由 12 名焊工对称施焊，焊接次序严格按设计焊接要领进行。焊后所有焊缝做煤油渗透。最后，将临时拉筋及支撑拆除。

6）活塞附件安装（略）

7）防腐处理：

①所有焊缝在焊接完成并检验合格后，应及时做除锈蚀及刷漆处理。

②因在气柜侧板安装后，气柜底板上表面及活塞板下表面的防腐施工条件较差，故应在侧板安装前基本完成这两个面的防腐工作，仅剩少部分以后处理。

（5）柜顶安装

1）顶架现场制作。按施工图制作柜顶环梁及桁架，精度要求按内控标准执行。将制作好的每片桁架两两组对，拼成 12 组吊装单元。

2）柜顶环梁调整。精确调整已安装的环梁安装精度（在活塞梁吊装完成前已吊装就位），要求标高允差±20～±30mm，水平度允差±1mm，中心偏差≤3mm，上下中心垂直度≤2mm，与桁架接头分度应正确（用钢丝拉线确定）。调整好后临时用拉杆固定。

3）鸟形钩及临时撑杆安装。将鸟形钩安装就位，调整其标高、垂直度、半径位置及轴线方向偏差，用拉筋固定在活塞上。设置柜顶桁架临时撑杆。

4）柜顶桁架安装：

①先用塔吊将 1 号与 2 号桁架组成的吊装单元吊装在鸟形钩及柜顶环梁上，暂用螺栓与环梁及鸟形钩连接，要求顶架端部径向偏差＋4mm，切向偏差＋1mm。

②以同样的方式分别吊装 11 号与 12 号桁架组成的单元，及 6 号与 7 号、16 号与 17 号桁架组成的单元。

③由 4 名焊工对称施焊 4 组桁架单元与环梁的连接部。

④以同样的方法对称吊装其他各吊装单元，并对称施焊与环梁之间的接头。

⑤对称吊装组焊桁架单元间的横梁及支撑。

5）顶板安装：

顶板用塔吊吊装由外向里铺设。铺好后应严格按内控工艺措施进行施焊。焊接次序如图 2.2.18-4 所示。

6）风帽安装：

①在顶架圆环上标出风帽架及内部吊笼的安装位置。

②内部吊笼卷扬机构就位。根据吊装能力，可将卷扬机构解体吊装或整体吊上柜顶后

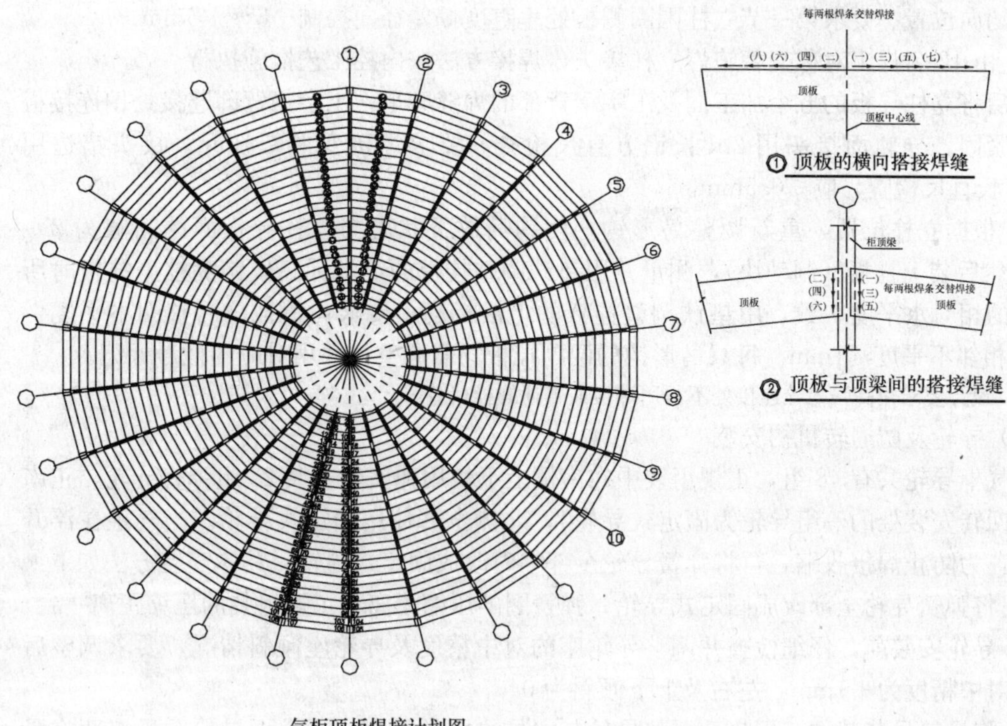

图 2.2.18-4　顶板焊接计划图

用走杆及手拉葫芦将其就位。

③风帽内平台、楼梯安装。

④先将 4 片风帽架对称组对，用拉杆临时固定，然后与风帽圆环组对焊接。

⑤以次组对焊接其他风帽架。

⑥风帽架安装好后，组对风帽板及挡雨板，组对好后对称施焊。

7）其他附属设施施工（略）

8）防腐处理（见防腐施工工艺措施）。所有柜顶焊缝检验合格后立即进行除锈蚀及涂装工作。

（6）第一节立柱安装

1）认真检查 24 根立柱安装夹模的平整度和扭度，检查第一节立柱的平面度、直线度和导板厚度。

2）先将立柱安装夹模与基柱上部连接牢固，再将第一节立柱吊起，利用立柱安装夹模与基柱连接牢固。立柱工字钢腹部用连接板及螺栓与基柱连接牢固。

3）24 根第一节立柱均吊装好后，在立柱中部围圈一层侧板以固定立柱。

4）在柜顶及活塞上走道的导轮上部安装立柱导向块，以确保顶升过程中活塞的走位及有效地控制焊接变形。该措施对保证气柜本体安装垂直度较为重要，与立柱导向轮相比具有活塞顶升走位正确的优点，立柱导向块位置调整正确后，用电焊点固以保证稳固可靠。

5）用经纬仪（或线坠）测量第一节立柱的垂直度是否符合要求，调正立柱导向块的径向和切向位置。要求第一节立柱围圈侧板处垂直度偏差径向控制+3～+5mm。

6）由12名焊工对称交替施焊立柱接头，焊接方法按内控工艺措施执行。

焊后将立柱导板的五个加工面及工字钢背部的焊缝磨平，工字钢背部连接处用连接板及螺栓紧固。导轨面接头用2m长铝方直尺检查，要求焊接变形≤1mm，接头错边用300mm长直尺检查，应≤0.5mm。

7）根据立柱位置，重新调整鸟形钩，使钩嘴放下状态与立柱导板面的间隙为2～3mm。然后装上挂板（制动块），测量并用垫铁调整挂板的上沿标高使钩嘴挂上挂板时所有钩嘴的相对水平度一致，用垫铁调整挂板的上沿标高，要求钩嘴挂位后整圈不平度≤2mm，相邻不平度≤1mm。每只鸟形钩的两副挂板均需调整，并用对应的柱号标记。

注：设计要求用高强螺栓连接处不得用焊接或普通螺栓代替。

（7）导轮及防迴转机构安装

本气柜导轮共有48组，正规组装中在南侧上下使用弹簧轮（共23组弹簧导轮，正南方向防回转安装处的一组导轮为固定式导轮），北侧全部使用固定式导轮。当气柜在浮升安装中，为防止焊接收缩，暂将弹簧导轮全部临时改成固定式导轮。具体安装方法如下：

1）将弹簧导轮全部改成固定式导轮，弹簧圈的压缩距离与正规组装的压缩距离一致。

2）导轮安装前，仔细检查并调整导轮座的对中精度及导轮座倾斜情况，要求调整后导轮座对中精度为+1mm，左右及上下倾斜为0。

3）将导轮吊装就位，用垫片调整导轮与立柱之间的距离。要求下导轮与导板面靠紧到正好手转不动为止，上导轮与导板面靠到正好手能转动为止。同时，要求严格控制导轮的对中偏差及导轮压面的倾斜。

4）防迴转机构按要求安装。

（8）施工用密封装置安装（临时密封）

由于在施工过程中不可能将密封机械保护十分完善，且新建气柜在各方面均应有个全新的要领，故施工时所用的密封机构为临时简易密封，主要安装方法如图2.2.18-5所示。

1）检查活塞油槽板的安装质量，以气柜基柱为标高及位置基准，画出封底角钢、支架板、吊架支承角钢、隔舱板及扣板、牵引装置连接件、排水装置连接件的安装位置线。

2）检查封底角钢安装处的平整度及与侧板的间距，不符合要求的应做适当的调整。

3）按图组对封底角钢、支架板等所有与活塞油槽板焊接的构件，全部组对并检查合格后，由多名焊工对称施焊。在组对时，要求先组对角部构件，再组对边部构件；焊接时，也同样要求先对称施焊角部构件，再对称施焊边部构件。组对及焊接时均应严格控制封底角钢的安装水平度，要求整圈不平度≤2mm，单边不平度≤1mm；同时要控制封底角钢距柜内侧的距离，要求偏差≤+2mm。

4）裁制封底帆布（简易密封仅一层封底帆布）。裁制时应充分考虑帆布的缩水特性。

5）检查滑块及斧块的制作质量。精切滑板长度，使斧块与滑板的连接长度为立柱间距 L−0.8～+0.5mm。滑板与斧块的接头严禁错边、翘曲，斧块的端面应严格垂直于滑板的中线。

6）根据滑块的所在位置，组装3层侧板，并完成内部焊接打磨工作，外部暂点焊。

安装时，要严格控制滑板水平度及与立柱之间的间隙，要求整圈不平度≤2mm，单边不平度≤1mm，与立柱间隙为+0.5mm。

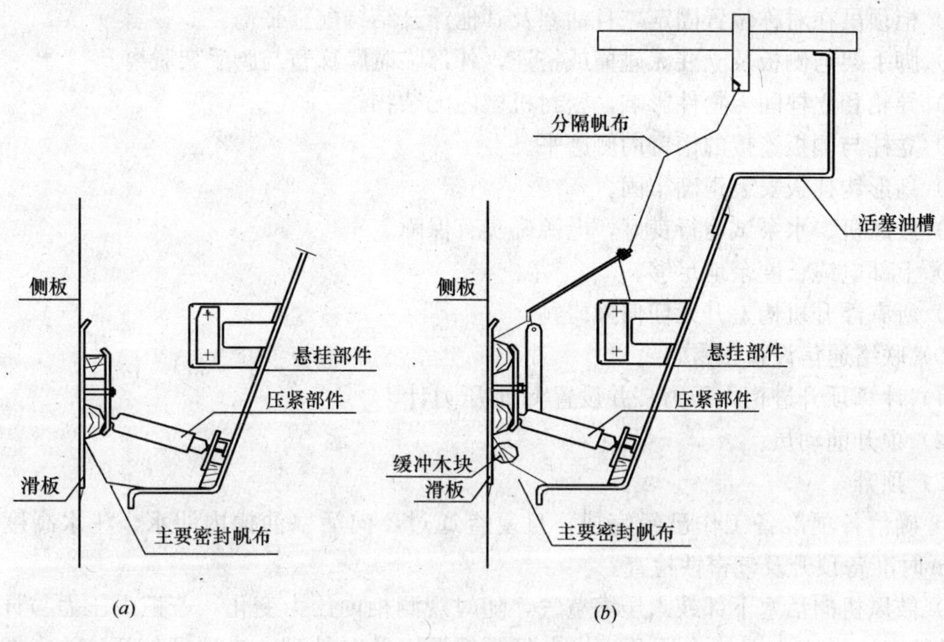

图 2.2.18-5 密封装置

(*a*) 简易密封安装示意图；(*b*) 正式密封安装示意图

注意：简易密封安装对所用的弹簧及套筒的数量仅为正式密封的 2/3，安装时弹簧由中向两侧对称压紧，且弹簧的压紧长度同正式密封一致。

7) 简易密封的其他安装要求参照正式密封安装。

(9) 其他专用工装脚手架安装（略述）

专用工装脚手架有柜顶吊、外部脚手架、内部脚手架、立柱组装脚手架及柜顶临时加强梁等。

(10) 侧板 1～7 安装

部分侧板已在密封安装前吊装组对，1～7 层的其他侧板分两组进行对称组对，每层侧板的组装方向应相反。1～5 层侧板的焊接按内控工艺措施进行。

焊后对焊缝进行检验，并及时做防腐处理。

注意：在 1～5 层侧板焊接时应注意保护密封帆布，因此时尚无水保护。

(11) 其他附件安装及顶升前准备

1) 拆除柜顶中心台架，安装台架支柱处的活塞底板，并做焊缝检验和防腐处理。

2) 安装活塞中心平台及活塞中部走道，在柜顶环圈与活塞中心平台间搭一张临时爬梯。

3) 活塞走道板安装及活塞上其他部件安装。

4) 下部部分附属设备，如人孔、风管等安装。

5) 顶升前施工准备，如风机、水泵及其线路、管中系统安装。

5. 第二工艺阶段安装主要工序

(1) 顶升前检查如下事项

1) 侧板 1～5 层焊接完成。

2）柜顶吊在对称位置固定，且活塞及其他浮升结构配重平衡。

3）脚手架与侧板及立柱无碰撞或搭连，外部临时爬梯暂与脚手架脱离。

4）导轮和立柱间无物件影响，密封机械内无杂物。

5）立柱与侧板连接的销钉内侧磨平。

6）鸟形钩挂板安装正确牢固。

7）鼓风机、水泵试运行良好，电源确实有保障。

8）上部电缆长度余地足够。

9）所有浮升机构上升无任何障碍物。

10）联络通信设备正常。

11）计算顶升进柜内压力，并设置U形压力计。

12）顶升前动员。

（2）顶升

1）确信各项准备工作已经完成，且复查通过，向活塞油槽内注水，注水高度达到400mm时准备顶升及气密性检查。

2）鼓风机向活塞下部鼓入压缩空气，随时观测柜内压力变化，若柜内压力与计算压力偏差较大，则应立即停止顶升，找出问题根源，及时处理。当顶升使活塞上浮300～400mm时暂停顶升，用肥皂水涂刷在活塞底板焊缝上，进行气密性检查。同时测量活塞倾斜度，要求顶升活塞倾斜≤50mm。

3）活塞底板气密性检查好后，继续向活塞下部鼓气，将活塞、柜顶及脚手、工装等浮升机构顶起一层侧板高810mm＋100mm（即所有鸟形钩的钩嘴已超出挂板位置），此时同时放下鸟形钩嘴，关闭风机，打开放气阀，使浮升机构慢慢下降至鸟形钩钩嘴挂在挂板上。至此，顶升结束。

4）在浮升安装过程中每次顶升前均应检查各事项是否完好，每次上升高度为810mm（一层侧板高），安装一层侧板，每上升高度适当时安装一节立柱或一层柜身平台或一节电梯井架或一段斜梯等，直到以上项目全部安装好。在浮升安装过程中，要随时测量每次顶升进活塞的倾斜情况，要求活塞倾斜不得超过50mm，且不能总向同一方向倾斜，否则，必须用临时配重加以调整。每顶升4块侧板，要用经纬仪观测一次立柱垂直度，（可随机地抽测有观测位置的4根对称立柱）若有超过内控要求的偏差时应采用调整活塞倾斜方向，调整导轮顶紧程度或调整立柱的方法加以调整。同时，要定期检查立柱导块与立柱的间隙，偏差较大时应根据综合情况作适当调整。这些措施是在浮升安装过程中确保本体垂直度的重要方法。浮升安装过程中的吊装机具主要是两台柜顶吊车，其随浮升机构同时上升，地面的物料及半成品搬运由塔吊完成。

（3）后续立柱安装

后续立柱安装工作是在柜顶立柱组装平台上进行，并在作业良好的高度位置时进行连接。安装前，必须严格检查立柱的平面度、直线度及导板厚度。先将立柱安装工夹模具与已安装的立柱上段连接牢固，再用柜顶吊将待装就位，利用工夹模具与下面一节立柱连接牢固，立柱工字钢也通过连接板连接。待装立柱均组装好后，在装好立柱的中部围圈一层侧板以固定立柱。观测立柱围圈侧板处径/切向和垂直度偏差，要求径向＋3～＋6mm，切向为$H/10000$（H为立柱所测部位总高）。

立柱组装合格后，由 14 名焊工按内控工艺措施施焊立柱接头。要求接头导板错边≤0.5mm，焊接变形≤1mm。（见第一节立柱安装）

（4）侧板安装

侧板组装按两组对称组装的原则进行，且每层侧板与下面一层侧板的组装方向相反。侧板组装在外脚手架的上平台进行，上下层侧板的点对以内侧平为准，每块侧板的点对由中向两侧进行。要求上下侧板错边≤0.5mm，侧板与立柱的搭接间隙≤0.3mm。

侧板的焊接在下平台进行，在所焊侧板的上面必须有两层已组对好的侧板，以减少焊接变形，待焊侧板的焊接环向方向与下面一层侧板相反。由 12 名焊工严格按内控工艺措施进行施焊。侧板焊好后对焊缝进行检验。在侧板安装过程中绝对严禁扩孔和强制装配，若发现难以装配时，应立即查明原因，及时处理。防腐施工人员应充分利用顶升间隙时间对检查合格的焊缝进行防腐处理，并在条件允许的情况下对已安装的侧板、立柱进行涂装工作。

（5）电梯井架及斜梯安装

当顶升安装到合适位置时，利用柜顶吊吊装分段制作的电梯井架及斜梯。

（6）柜身平台安装

柜身平台安装时应特别注意焊接变形，尽量控制气柜本体的箍腰形收缩。

安装方法如下：

1）在地面施工平台上制作边部平台、角部平台及栏杆。

2）将外部脚手架暂时改形（上下平台可以翻转），翻转上层平台。

3）先装角部平台，再装边部平台。装好后先用螺栓紧固，再点焊，并由 10 名焊工对称施焊柜身平台的下部焊缝，然后将上脚手平台复位，翻转下层平台。

4）顶升一层侧板高度，并在上脚手平台上组装一层侧板，焊接柜身平台上表面焊缝。

5）顶升组装、焊接两层侧板，将脚手下平台复位，组装焊接柜身平台栏杆（柜身平台栏杆施工时一律应系好安全带）。

（7）其他构件安装、落顶

1）其他构件安装

由于檐口的位置阻碍外脚手的顶升，故在檐侧板组装后不再顶升，而是直接施焊，施焊次序按侧板焊接次序进行控制。檐侧板焊好后，拆除外脚手的上平台，组装焊接檐口。

①电梯井架及斜梯上段安装。②上部其他附属设施安装。③柜顶内侧及上部侧板内侧防腐。④拆除工装脚手。⑤检查气柜本体外形制造质量。

2）落顶

①将弹簧导轮恢复原形，调整导轮与导轨面的间隙，将所有导轮现时抽掉 6mm 垫板。

②在立柱导轨面上焊接落顶时顶架挂顶制动块，其位置应正好使顶架与立柱的连接孔对准，且制动块与立柱的焊连强度应足够。

③割除中央临时爬梯。

④拆除鸟形钩与顶梁连接内螺栓及活塞与顶梁间的临时支撑，确信顶梁与活塞间无任何焊连及其他影响它们之间相互脱离的构件。

⑤在活塞油槽内注满水。

⑥在落顶前调整活塞本身的平衡及活塞与柜顶的总体平衡。

⑦落顶：

a. 一切准备工作就绪（电源、设备、通信的完好及分工任务的明确）；

b. 启动风机，使活塞及柜顶上升200mm左右，停风机、关阀门，拉起鸟形钩，迅速拆除鸟形钩挂板；

c. 以上工作完成后，慢慢打开阀门，使活塞及柜顶慢慢下降，下降速度控制100mm/min；

d. 柜顶挂顶与活塞脱离后，迅速着手顶架与立柱的连接工作，活塞让其继续下降；

e. 活塞下降过程中应不断测量活塞倾斜度及有规律地测量立柱间的间距，定人观察柜内压力变化及导轮、密封机械的运行情况。若无异常现象。可适当加快落顶速度，但不应超过300mm/min；

f. 活塞将要着地时，应降低下降速度不超过150mm/min；

g. 活塞着地后，由柜外人员打开人孔，至此落顶工作结束。

6. 第三工艺阶段施工主要工序

(1) 导轮调整

根据落顶时导轮的运行情况，作粗略的调整。在活塞升降调度时，再作精确调整。

(2) 正式密封机构安装

密封机构是整个气柜的心脏部分，其安装质量的好坏直接影响到气柜活塞的密封性能，因此必须在施工过程对安装精度及质量严格加以控制。安装过程及方法如下：

1) 拆除临时简易密封，检查拆下部件质量完好程度，特别是要仔细检查滑板的平整度，不平整处要仔细校正，临时密封帆布及密封毛毯均需更新。

2) 根据落顶时所测得的立柱间距，精切滑板至要求长度（一般不需这道工序）。

3) 裁制帆布。在帆布裁制前，先应检查帆布的渗油性能，并了解其缩水特性，只有对合格的帆布才能裁制。根据帆布的缩水特性分别裁制圆木帆布、封底帆布、悬挂帆布、隔舱帆布等。其中封底帆布及悬挂帆布的裁制应按内控工艺要求进行。

4) 清洗重复使用的零部件，并检查所有零部件的数量应足够，质量应保证。

5) 根据施工图纸及实测数据进行正式密封安装，安装控制依据如下：

①施工图。

②气柜本体在活塞运行范围内的倾斜和变形情况。

③落顶时实测所得立柱的间距。

④活塞油槽板及封底角钢的安装情况。

⑤以往安装经验。

⑥正式密封与简易密封的安装方法有些类似，要严格控制滑板的水平度，要求整圈不平度≤2mm，单边不平度≤1mm（用活塞测倾量尺进行测量）。弹簧分布要均匀对称，压缩长度要一致。滑板、斧块应与侧板紧贴，用0.2mm塞尺测多数部位塞不进为合格，局部间隙不超过0.5mm。

⑦正式密封机构安装好后进行盛水试漏，观察密封状况，发现问题及时整改。

(3) 其他附件安装

1) 电梯井架与柜顶连接走道及连接拉杆安装。

2）拆除柜顶临时撑梁及栏杆，安装柜顶栏杆。

3）安全放散管、紧急放散管及上部避雷安装。

4）预备油箱安装。

5）上油管道安装。

6）消防水管安装。

7）柜容指示器安装。

8）吹扫放散管安装。

9）集油箱安装。

10）油水分离器安装。

11）密封油闪蒸系统安装。

12）柜身照明、航标等安装。

13）电梯、内部吊笼及紧急救助等安装。

14）气柜接地安装。

15）柜顶天窗安装。

16）进出气管安装。

17）通风设施安装。

18）柜顶吊、塔吊拆除。

19）气柜整体涂装等等。部分工作可在落顶前施工。

（4）气柜活塞升降调试

气柜活塞升降调试前首先应清除柜内外一切杂物。活塞升降调试的目的是调整导轮及整个活塞的运行状况，使其达到最佳状态，同时检查气柜本体的制造质量。活塞升降调试可用水密封进行，也可用干式顶升法进行。先进行无配重调试，等导轮及平衡性配重调试到差不多时，将配重安装就位，进行有配重调试。有配重调试包括导轮细调，活塞平衡调整及柜内压力调整（估计注油后活塞油槽的油量）。要求活塞倾斜晴天最大$\leqslant D/1000$mm、活塞回转$\leqslant$2mm，升降时无异常声响和振动，柜内压力稳定。

（5）试运行

往气柜底部油沟注入密封油，先进行油水分离器调试，再进行气柜整体试运行。

试运行时检测如下项目，作为气柜总体验收依据：

1）压力及压力波动。

2）活塞倾斜。

3）活塞水平回转。

4）密封油流下状况及密封油流量。

5）活塞上下运行无异常。

（6）整体严密性试验

将气柜内充入90%容积的空气，进出气管用水封封死，检查所有阀门、法兰等气体有可能泄漏的部位是否漏气，确认无泄漏后记录下当时的时间（最好在早晨）、大气压力、柜内气温、柜内压力、水蒸气分压，每天同时刻观测，7d后，整体泄漏率$\leqslant$2%为合格。

整体气密性试验开始后，所有机具包括风机应撤出现场，现场作最后清理。

三、实施效果与体会

(一) 实施效果

1. 工程质量目

(1) 工程一次交验合格率100%，优良率97.8%，整个工程评为优良工程。

(2) 工程焊接质量一次检验合格100%，其中焊缝长度221500m左右，一次验收合格98.3%，无损检验一次合格率达到98%以上。

(3) 工程实现“三个一”，既一次试压、试漏、真空检验成功；一次试运行成功；一次投产成功。

2. 工期目标

工程合同规定总工期为280d，实际工期260d，比预计工期减少了20d。

3. 工程造价控制

本工程是与某工程技术公司共同投标承接，由我方负责施工。工程经济效益既完成了某公司的各项技术指标，也完成了本公司规定项目必保的经济指标，还实现了第二次分配和少部分人的三次分配。

4. 安全文明施工目标完成情况

(1) 无重大事故，无恶性多人事故发生。

(2) 起重机械、焊接等加工机具无事故，安装设备无事故。

(3) 施工现场，生活区均无火灾事故，无触电事故发生。

(4) 现场无职业病发生，生产和管理人员无流行病发生。

(5) 整个施工过程，进出场过程轻伤事故远远低于3‰。

5. 环保目标完成情况

(1) 现场杜绝了跑、冒、滴、漏现象。

(2) 废油、废酸、污水等都设有专门的过滤装置，并排至指定地方汇流后再处理后排入管网，没有出现环境污染。

(3) 因施工地台风、雨水多，故现场加大了专门排雨水管道、沟渠的建设，因此未出现洪水污染。

(二) 体会

1. 本施工组织设计为满足国外工程的特殊性，特别强调了施工平面的合理运筹，施工环境的整洁干净；气柜壁板拼装成大拼板，制定的“胎模”模块，加工编号，对号入座安装，既实现工厂化预制，现场综合组装，又提高了工效和施工质量；处理柜顶整体提升组合安装方面制定的施工方法和采取的技术措施，即借力吊装，同步提升，实现了既省力，速度又快，而且变形小，安全、可靠、经济；对长度20多万m的焊缝，将焊接工艺指导、焊接工艺评定作为保证焊接质量的关键技术措施。

2. 坚持“三不施工”原则，即设计图纸不清楚、不明确不施工；材料和设备质量、规格、型号与设计不相符不施工；不安全因素不排除、恶劣环境不消除不施工，必须做到确保工程进度、质量和安全。

3. 施工过程中，只要严格按合同规定，执行建设单位和施工单位所在国的规程规范规定和标准施工，排除一切干扰，就能够保证施工顺利进行。

4. 采取了先进的施工工序和工艺流程及施工方法，选用先进的测量仪器，才能实现气柜中心垂直度偏差小于 3mm（其实是 1mm 左右），这样使气柜浮升、下降等密封性得到了保证。

5. 在焊接过程中，特别是圆弧板与立柱槽钢的搭接焊上，在多次反复工艺评定基础上，确定的焊接电流、焊接电压、焊接速度应用，在施焊过程中，就能够避免因焊接可能发生的应力变形；就能够保证整个柜体垂直偏差控制在 1～3mm 左右，远远低于规范规定的要求。

6. 安全施工是施工中的重之重，必须投入一定安全施工成本，制定和设计一些既先进又灵活的安全设施和脚手架、平台、安全网等，同时还要对施工人员进行安全施工教育，保证了施工人员的安全操作。

7. 国外工程施工现场环保上必须狠下功夫，制定的一系列切实可行、能够做到，又不增加施工成本的技术措施，且做到严格实施。

8. 国外工程必须在合同谈判上下功夫，依据合同条款规定，编制施工组织设计、施工方案、施工工艺及作业指导书，既不能提高工程质量标准，又不能降低标准；既不能提出一些不切合实际的承诺，又不能一经承诺而不兑现；既不能提高技术标准，也不能回避标准。在施工合同的谈判中，据理相争，保护自身的合法权益。如在施工规范、规程、标准上，原则上执行所在国的规程、规范和标准，所在国没有的执行我国相关规程、规范和标准，坚决拒绝执行第三国标准、规范。标准的选用应立足越简单越好，不一定非要选用中国标准，其实中国标准不少都高于国外标准。

9. 要认真培训教育员工，严格要求他们遵守所在国的法律、法规，尊重所在国的风俗和生活习惯，避免发生纠纷和矛盾。

3 工程施工常用规范和标准介绍

施工现场管理

GB 50194—1993 建设工程施工现场供用电安全规范
GB 50238 建设工程文件归档整理规范
GB 50252—1996 工业安装工程质量检验评定统一标准
GB 50300—2010 建筑工程施工质量验收统一标准
GB 50319—2000 建设工程监理规范
GB/T 50326—2006 建设工程项目管理规范
GB/T 50328—2001 建设工程文件归档整理规范
GB/T 50344—2004 建筑结构检测技术标准
GB/T 50358—2005 建设项目工程总承包管理规范
GB/T 50375—2006 建筑工程施工质量评价标准
GB/T 50378—2006 绿色建筑评价标准
GB 50411—2007 建筑节能工程施工质量验收规范
GB/T 50430—2007 建设施工企业质量管理规范
GB/T 50500—2009 建筑施工组织设计规范
GB 50500—2003 建设工程工程量清单计价规范
GB 3883—2007 手持式电动工具安全标准
GB 2811—2007 安全帽
GB/T 2812—2007 安全帽测试方法标准
GB 2893—2001 安全色
GB 2894—1996 安全标志
GB 3095—1996 环境空气质量标准
GB 3096—2008 声环境质量标准
GB/T 3608—2008 高处作业分级
GB 3787—2006 手持式电动工具的管理使用检查和维修安全技术规程
GB/T 3805—2008 特低电压限值
GB 5306—1985 特种作业人员安全技术考核管理规则
GB 5725—2009 安全网
GB 5749—2006 生活饮用水卫生标准
GB 5817—1986 生产性粉尘作业危害程度分级
GB 6067—1985 起重机械安全规程
GB 6095—2009 安全带
GB 6441—1986 企业职工伤亡事故分类标准
GB 6721—1986 企业职工伤亡事故经济损失统计标准

GB 8702—1988 电磁辐射防护规定
GB 8978—1996 污水综合排放标准
GB 10070—1988 城市区域环境振动标准
GB 11651—1989 劳动防护用品选用规则
GB 12348—2008 工业企业厂界环境噪声排放标准
GB 12523—1990 建筑施工场界噪声限值
GB 12524—1990 建筑施工场界噪声测量方法
GB 12602—1990 起重机械超载保护装置安全技术规程
GB/T 14623—1993 城市区域环境噪声测量方法
GB 15603—1995 常用化学危险品贮存通则
GB 16297—1996 大气污染物综合排放标准
GB 18883—2002 室内空气质量标准
GB 19022—2003 测量管理体系测量过程和测量设备的要求
GB 22337—2008 社会生活环境噪声排放标准
GB 15831—1995 钢管脚手架扣件
GJD 201—2006～GJD 209—2006 全国统一安装工程基础定额(第一～九册)
JGJ 33—2001 建筑机械使用安全技术规程
JGJ 46—2005 施工现场临时用电安全技术规范
JGJ 59—1999 建筑施工安全检查标准
JGJ 77—2003 施工企业安全生产评价标准
JGJ 80—1991 建筑施工高处作业安全技术规范
JGJ 88—1992 龙门架及井架物料提升机安全技术规定
JGJ 128—2000 建筑施工门式钢管脚手架安全技术规范
JGJ 130—2001 建筑施工扣件式钢管脚手架安全技术规范
JGJ 146—2004/J375—2004 建筑施工现场环境与卫生标准
JGJ 147—2004 建筑拆除工程安全技术规范
JGJ 160—2008 施工现场机械设备检查技术规程
JGJ 164—2008 建筑施工木脚手架安全技术规范
JGJ 184—2009 建筑施工作业劳动防护用品配备及使用标准
CJJ/T 117—2007 建设电子文件与电子档案管理规范
DGJ 08—78—1999 工业安装分项工程质量检验评定标准
DGJ 08—903—2003 施工现场安全生产保证体系
DG/TJ 08—1201—2005 施工现场工程质量保证体系
AQ 5205—2008 油漆与粉刷作业安全规范
AQ 3019—2008 电镀化学品运输储存使用安全规程
TSG Q 0002—2008 桥式起重机安全监察规程
TSG Q 7015—2008 起重机械定期检验规则
国务院令第 549 号 特种设备安全监察条例
安监总局令第 23 号 作业场所职业健康监督管理暂行规定

安监总局令第 24 号　安全生产监管监察职责和行政执法责任追究的暂行规定

机械设备安装工程

GB 50231—2009　机械设备安装工程施工及验收通用规范
GB 50270—2011　连续输送设备安装工程施工及验收规范(已报批，估计 2010 年出版)
GB 50271—2009　金属切削机床安装工程施工及验收规范
GB 50272—2009　锻压设备安装工程施工及验收规范
GB 50273—2009　锅炉安装工程施工及验收规范
GB 50274—1998　制冷设备、空气分离设备安装工程施工及验收规范(已报批估计 2010 年出版)
GB 50275—1998　压缩机、风机、泵安装工程施工及验收规范(已报批，估计 2010 年出版)
GB 50276—1998　破碎、粉磨设备安装工程施工及验收规范(已报批，估计 2010 年出版)
GB 50277—1998　铸造设备安装工程施工及验收规范(已报批，估计 2010 年出版)
GB 50278—1998　起重设备安装工程施工及验收规范(已报批，估计 2010 年出版)
GB/T 50392—2006　机械通风冷却塔工艺设计规程
GB 50467—2008　微电子生产设备安装工程施工及验收规范
TJ 305—1975　建筑安装工程质量检验评定标准通用机械设备安装工程
GB 3811　起重机设计规范
GB 5082—1985　起重吊运指挥信号
GB 6067—1985　起重机械安全规程
GB/T 5972—2009　起重机　钢丝绳　保护、维护、安装、检验和报废
《小型和常压热水锅炉安全监察规定》 2000 版
《热水锅炉安全技术监察规程》 1997 年
《建筑设备通用图集》 91SB1—91SB9
GB/T 1955—2008　建筑卷扬机

电气装置安装工程

GB 50052—1995　供配电系统设计规范
GB 50054—1995　低压配电设计规范
GB 50057—1994　建筑物防雷设计规范
GB 50150—2006　电气装置安装工程电气设备交接试验标准
GB 50166—2007　火灾自动报警系统施工及验收规范
GB 50168—2006　电气装置安装工程电缆线路施工及验收规范
GB 50169—2006　电气装置安装工程接地装置施工及验收规范
GB 50170—2006　电气装置安装工程旋转电机施工及验收规范
GB 50171—1992　电气装置安装工程盘、柜及二次回路接线施工及验收规范
GB 50172—1992　电气装置安装工程蓄电池施工及验收规范
GB 50173—1992　电气装置安装工程 35kV 及以下架空电力线路施工及验收规范

GB 50182—1993 电气装置安装工程电梯电气装置施工及验收规范
GB 50233—2005 110～500kV 架空电力线路施工及验收规范
GB 50254—1996 电气装置安装工程低压电器施工及验收规范
GB 50255—1996 电气装置安装工程电力交流设备施工及验收规范(报批中)
GB 50256—1996 电气装置安装工程起重机电气装置施工及验收规范(报批中)
GB 50257—1996 电气装置安装工程爆炸和火灾危险环境电气装置施工及验收规范(报批中)
GB 50258—1996 电气装置安装工程 1kV 以下配线工程施工及验收规范(报批中)
GB 50259—1996 电气装置安装工程电气照明装置施工及验收规范(报批中)
GB 50303—2002 建筑电气工程施工质量验收规范
GB 50343—2004 建筑物电子信息系统防雷技术规范
GB 50389—2006 750kV 架空送电线路施工及验收规范
GB 50397—2007 冶金电气设备工程安装验收规范
GB 50575—2010 1kV 及以下配线工程施工与验收规范
GBJ 147—1990 电气装置安装工程高压电器施工及验收规范
GBJ 148—1990 电气装置安装工程电力变压器、油浸电抗器、互感器施工及验收规范
GBJ 149—1990 电气装置安装工程母线装置施工及验收规范
CECS 120：2007 套接紧定式钢导管电线管路施工及验收规程
CECS 170：2004 低压母线槽选用、安装及验收规程
DGJ 08—99—2003，J10239—2003 10kV 预装式变电站应用设计规程
DGJ 08—100—2003，J10247—2003 低压用户电气装置规程
D 501—1～4 防雷与接地安装
03D 501—3 利用建筑物金属体做防雷及接地装置安装
D 701—1～3 封闭式母线及桥架安装 (2004 年合订本)
D 702—1～3 常用低压配电设备及灯具安装 (2004 年合订本)
02D 501—2 等电位联结安装

管道工程

GB/T 20801—2006 压力管道规范 工业管道
GB 50126—2008 工业设备及管道绝热工程施工及验收规范
GB 50184—1993 工业金属管道工程质量检验评定标准
GB 50185—2010 工业设备及管道绝热工程质量验收规范
GB 50235—2010 工业金属管道工程施工及验收规范
GB 50264—1997 工业设备及管道绝热工程设计规范
GB 50316—2000 工业金属管道设计规范(2008 年版)
GB 50374—2006 通信管道工程施工及验收规范
CECS 206：2006 钢外护管真空复合保温预制直埋管道技术规程
CECS 228：2007 建筑铜管管道工程连接技术规程
CECS 229：2008 自动灭火系统薄壁不锈钢管管道工程技术规程

DGJ 08—10—2004，J10472—2004 城市煤气、天然气管道工程技术规范
DGJ 08—102—2003 城镇高压、超高压天然气管道工程技术规程

自动化仪表工程

GB 50093—2002 自动化仪表工程施工及验收规范
GB 50131—2007 自动化仪表工程施工质量验收规范

通风与空调、洁净工程

GB 50019—2003 采暖通风与空气调节设计规范
GB 50073—2001 洁净厂房 GB 50084—2001
GB 50174—2008 电子信息系统机房设计规范
GB 50243—2002 通风与空调工程施工质量验收规范
GB 50333—2002 医院洁净手术部建筑技术规范
GB 50364—2005 民用建筑太阳能热水系统应用技术规范
GB 50365—2005 空调通风系统运行管理规范
GB 50366—2005 地源热泵系统工程技术规范
GB 50457—2008 医药工厂洁净厂房设计规范
JGJ 141—2004 通风管道技术规程
DG/TJ 08—802—2005，J01506—2005 通风与空调系统性能检测规程

给排水与采暖工程

GB 50014—2006 室外排水设计规范
GB 50015—2003 建设给水排水设计规范
GB 50141—2008 给水排水构筑物工程施工及验收规范
GB 50242—2002 建筑给水排水及采暖工程施工质量验收规范
GB 50268—2008 给水排水管道工程施工及验收规范
GB 50273—2009 锅炉安装工程施工及验收规范
GB/T 50349—2005 建筑给水聚丙烯管道工程技术规范
GB 50141—2008 给水排水构筑物工程施工及验收规范
JGJ 142—2004 地面辐射供暖技术规程
CJJ 17—2004 生活垃圾卫生填埋技术规范
CJJ 28—2004，J372—2004 城镇供热管网工程施工及验收规范
CJJ/T 29—1998 建筑排水硬聚氯乙烯管道工程技术规程
CJJ 94—2003 城镇燃气室内工程施工及验收规程
CJJ 95—2003 城镇燃气埋地钢质管道腐蚀控制技术规程
CJJ 98—2003 建筑给水聚乙烯类管道工程技术规程
CJJ 101—2004 埋地聚乙烯类给水管道工程技术规程
CJJ 104—2005 城镇供热直埋蒸汽管道技术规程
CJJ 110—2006 管道直饮水系统技术规程

CJJ 120—2008 城镇排水系统电气与自动化工程技术规程
CJ/T 221—2005 城市污水处理厂污泥检验方法
CECS 17：2000 埋地硬聚氯乙烯给水管道工程技术规程
CECS 41：2004 建筑给水硬聚氯乙烯管管道工程技术规程
CECS 94：2002 建筑排水用硬聚氯乙烯内螺旋管管道工程技术规程
CECS 105：2000 建筑给水铝塑复合管管道工程技术规程
CECS 125：2000 建筑给水钢塑复合管管道工程技术规程
CECS 136：2002 建筑给水氯化聚氯乙烯(PVC—C)管管道工程技术规程
CECS 151：2003 沟槽式连接管道工程技术规程
CECS 153：2003 建筑给水薄壁不锈钢管管道工程技术规程
CECS 164：2004 埋地聚乙烯排水管道工程技术规程
CECS 171：2004 建筑给水铜管管道工程技术规程
CECS 182：2005 智能建筑工程检测规程
CECS 183：2005 虹吸式屋面雨水排水系统技术规程
CECS 193：2005 城镇供水长距离输水管(渠)工程技术规程
CECS 205：2006 给水内衬不锈钢复合钢管管道工程技术规程
CECS 237：2008 给水钢塑复合压力管管道工程技术规程
DG/T J08—308—2002 埋地塑料排水管道工程技术规程
DG/T J08—309—2005，J10507—2005 建筑给水塑料管道工程技术规程
DG/T J08—310—2005，J10513—2005 室外给水管道工程施工质量验收标准
04J 621—2 电动采光排烟天窗
03S 401 管道和设备保温、防结露及电伴热
03S 402 室内管道支架及吊架
03S 407—1 建筑给水金属管道安装—铜管
03SS 408 住宅厨、卫给排水管道安装
03SS 505 柔性接口给水管道支墩
04S 409 建筑排水用柔性接口铸铁管安装
03K 404 低温热水地板辐射供暖系统安装

消防工程

GB 4715—2005 点型感烟火灾探测器
(替代 GB 4715—1993 点型感烟火点探测器技术要求及试验方法)
GB 4717—2005 火灾报警控制器
(替代 GB 4717—1993 火点报警控制器通用技术条件)
GB 50016—2006 建设设计防火规范
GB 50045—1995 高层民用建筑设计防火规范
GB 50084—2001 自动喷水灭火系统设计规范(2005 年版)
GB 50116—1998 火灾自动报警系统设计规范(修订中)
GB 50166—2007 火灾自动报警系统施工及验收规范

GB 50193—1993 二氧化碳灭火系统设计规范(1999 年修订版)
GB 50219—1995 水喷雾灭火系统设计规范
GB 50261—2005 自动喷水灭火系统施工及验收规范
GB 50263—2007 气体灭火系统施工及验收规范
GB 50281—2006 泡沫灭火系统施工及验收规范
GB 50347—2004 干粉灭火系统设计规范
GB 50401—2007 消防通信指挥系统施工及验收规范
GB 50440—2007 城市消防远程监控系统技术规范
GB 50444—2008 建筑灭火器配置验收与检查规范
CECS 263：2009 大空间智能型主动喷水灭火系统技术规程
04S 202 室内消火栓安装
04S 204 消防专用水泵选用及安装
04S 206 自动喷水与水喷雾灭火设施安装

建筑智能化工程

GB 50198—1994 民用闭路监视电视系统工程技术规范
GB 50200—1994 有线电视系统工程技术规范
GB 50311—2007 综合布线系统工程设计规范
GB 50312—2007 综合布线系统工程验收规范
GB/T 50314—2006 智能建筑设计标准
GB 50339—2003 智能建筑工程质量验收规范
GB 50348—2004 安全防范工程技术规范
DG/TJ 08—601—2001 智能建筑施工及验收规范
DG/TJ 08—603—2002，J10211—2003 弱电工程通用技术标书
DG/TJ 08—605—2004，J10326—2004 建筑设备监控系统检验标准
DG/TJ 08—606—2004，J10334—2004 住宅建筑通信配套工程技术规范
GT/ 76—94 保安电视监控工程技术规范
DG/TJ 08—2062—2009 住宅工程套内质量验收规范

电梯安装工程

GB 7588—2003 电梯制造与安装安全规范
GB/T 10059—1997 电梯试验方法
GB 50127—2007 架空索道工程技术规范
GB 50310—2002 电梯工程施工质量验收规范

轨道交通工程

GB 50308—2008 城市轨道交通工程测量规范
GB 50381—2006 城市轨道交通自动售检票系统工程质量验收规范
GB 50382—2006 城市轨道交通通信工程质量验收规范
GB 50458—2008 跨座式单轨交通设计规范

GB 50490—2009 城市轨道交通技术规范
J10913—2006，城市轨道交通机电设备安装工程质量验收

地下工程

GB 50157—2003 地铁设计规范
GB 50299—1999 地下铁道工程施工及验收规范
GB/T 16275—1996 地下铁道照明标准
GB 50108—2001 地下工程防水技术规范
GB 50134—2004 人民防空工程施工及验收规范
GB 50208—2002 地下防水工程质量验收规范
GB 50299—1999 地下铁道工程施工及验收规范
CB 50446—2008 盾构法隧道施工及验收规范

钢结构工程

GB 150—1998 钢制压力容器
GB 12337—1998 钢制球形储罐
GB 50094—1998 球形储罐施工及验收规范
GB 50017—2003 钢结构设计规范
GB 50128－2005 立式圆筒形钢制焊接油罐施工及验收规范
GB 50205—2001 钢结构工程施工质量验收规范
GB 50393—2008 钢制石油储罐防腐蚀工程技术规范
GB 50341—2003 立式圆筒形钢制焊接油罐设计规范
GB 50404—2007 硬泡聚氨酯保温防水工程技术规范
GB 8923—1997 涂装前钢材表面锈蚀等级和除锈等级
JG/T 203—2007 钢结构超声波探伤及质量分级法
JGJ 81—2002 建筑钢结构焊接技术规程
JGJ 82—1991 钢结构高强度螺栓连接的设计、施工及验收规程
JB 4744—2000 钢制压力容器产品焊接试板的力学性能检验
JB 4708—2000 钢制压力容器焊接工艺评定
JB/T 4709—2000 钢制压力容器焊接规程
JB/T 4710—2005 钢制塔式容器
JB/T 4731—2005 钢制卧式容器
JB/T 4736—2002 补强圈
JB/T 4746—2002 钢制压力容器用封头
JB/T 4747—2002 压力容器用钢焊条订货技术条件
JB/T 4748—2002 压力容器用镍及镍基合金爆炸复合钢板
ZJQ 00—SG—005—2003 钢结构工程施工工艺标准
TJ 306—77 建筑安装工程质量检验评定标准容器工程

石化工程

GB 50160—2008　石油化工企业设计防火规范
GB 50183—1992　原油和天然气工程设计防火规范
GB 50253—2003　输油管道工程设计规范(2006 年版)
GB 50369—2006　油气长输管道工程施工及验收规范
GB 50424—2007　油气输送管道穿越工程施工规范
GB 50460—2008　油气输送管道跨越工程施工规范
GB 50461—2008　石油化工静设备安装工程施工质量验收规范
GB 50484—2008　石油化工建设工程施工安全技术规范
SH/T 3074—2007　石油化工钢制压力容器
SH/T 3115—2000　石油化工管式炉轻质浇注料衬里工程技术条件
SH 3501—2002　石油化工剧毒、可燃介质管道工程施工及验收规范
SH 3502—2000　钛管道施工及验收规范
SH 3503—2001　石油化工工程建设交工技术文件规定
SH 3504—2000　催化裂化装置反应器(沉降器)再生系统设备施工及验收规范
SH 3505—1999　石油化工施工安全技术规程
SH 3506—2000　管式炉安装工程施工及验收规范
SH/T 3507—2005　石油化工钢结构工程施工及验收规范
SH/T 3510—2000　石油化工装置设备基础工程施工及验收规范
SH/T 3511—2007　石油化工乙烯裂解炉和制氢转化炉施工技术规程
SH 3512—2002　球形储罐工程施工工艺标准
SH 3514—2001　石油化工设备安装工程质量检验评定标准
SH/T 3515—2003　大型设备吊装工程施工工艺标准
SH/T 3517—2001　石油化工钢制管道工程施工工艺标准
SH/T 3518—2000　阀门检验与管理规程
SH/T 3520—2004　石油化工工程铬钼耐热钢管道焊接技术规程
SH/T 3521—2007　石油化工仪表工程施工及验收规程
SH/T 3522—2003　石油化工绝热工程施工工艺标准
SH 3524—1999　石油化工钢制塔、容器现场组焊施工工艺标准
SH/T 3526—2004　石油化工异种钢管道焊接规程
SH/T 3528—2005　石油化工钢储罐地基与基础施工及验收规范
SH/T 3530—2001　石油化工立式圆筒形钢制储罐施工工艺标准
SH 3531—2003　隔热耐磨衬里技术规范
SH/T 3532—2005　石油化工换热设备施工及验收规范
SH 3533—2003　石油化工给水排水管道工程施工及验收规范
SH 3534—2001　石油化工筑炉工程施工及验收规范
SH/T 3536—2002　石油化工工程起重施工规范
SH/T 3538—2005　石油化工机器设备安装工程施工及验收通用规范

SH/T 3539—2007 石油化工离心式压缩机组施工及验收规范
SHJ 509—1988 石油化工工程焊接工艺评定
SY 0401—1998 输油输气管道线路工程施工及验收规范
SY 0402—2000 石油天然气站内工艺管道工程施工及验收规范
SY/T 0460—2000 天然气净化装置设备与管道安装工程施工及验收规范
SY/T 0470—2000 石油天然气管道穿越工程施工及验收规范
SY 4025—1993 石油建设工程质量检验评定标准
SY 6279—1997 大型塔类设备吊装安全规程

化工工程

HG 20201—2000 工程建设安装工程起重施工规范
HG 20202—2000 脱脂工程施工及验收规范
HG 20203—2000 化工机器安装工程施工及验收通用规范
HG 20225—1995 化工金属管道工程施工及验收规范
HG 20236—1993 化工设备安装工程质量检验评定标准
HG/T 20546—2009 化工装置设备布置设计规定
HG 20592～20635—2009 钢制管法兰、垫片、紧固件
HG/T 21574—2008 化工设备吊耳及工程技术要求(代替 HG/T 21574—1994 设备吊耳)
HG/T 20698—2009 化工采暖通风与空气调节设计规范
HGJ 212—1983 金属焊接结构湿式气柜施工及验收规范
HGJ 222—1992 铝及铝合金焊接技术规程
HGJ 223—1992 铜及铜合金焊接及钎焊技术规程
HGJ 231—1991 化学工业大中型装置试车工作规范

冶炼工程

GB 50211—2004 工业炉砌筑工程施工及验收规范
GB 50309—2007 工业炉砌筑工程质量验收规范
GB 50372—2006 炼铁机械设备工程安装验收规范
GB 50387—2006 冶金机械液压、润滑和气动设备工程安装验收规范
GB 50390—2006 焦化机械设备工程安装验收规范
GB 50386—2006 轧机机械设备工程安装验收规范
GB 50397—2007 冶金电气设备工程安装验收规范
GB 50402—2007 烧结机械设备工程安装验收规范
GB 50403—2007 炼钢机械设备工程安装验收规范
GB 50405—2007 钢铁工业资源综合利用设计规范

电力工程

GB 50217—2007 电力工程电缆设计规范
GB 50229—2006 火力发电厂与变电站设计防火规范

GB 50297—2006 电力工程基本术语标准

GB 50389—2006 750kV 架空送电线路施工及验收规范

GB/T 50522—2009 核电厂建设工程监理规范

DL 438—2000 火力发电厂金属技术监督规程

DL/T 612—1996 电力工业锅炉压力容器监察规程

DL/T 679—1999 焊工技术考核规程

DL/T 782—2001 110kV 及以上送变电工程启动及竣工验收规程

DL/T 820—2002 管道焊接接头超声波检验技术规程

DL/T 821—2002 钢制承压管道对接焊接接头射线检验技术规程

DL/T 852—2004 锅炉启动调试导则

DL/T 869—2004 火力发电厂焊接技术规程(替代 DL 5007—1992 电力建设施工及验收技术规范(火力发电厂焊接篇))

DL/T 889—2004 电力基本建设热力设备化学监督导则

DL/T 1081—2008 12kV～40.5kV 户外高压开关运行规程

DL/T 1082—2008 高压实验室技术条件

DL/T 1083—2008 火力发电厂分散控制系统技术条件

DL/T 1084—2008 风电声噪声限值及测量方法

DL/T 5001—2004 火力发电厂工程测量技术规程

DL 5009.1—2002 电力建设安全工作规程

DL 5011—1998 电力建设施工及验收技术规范(汽轮机组篇)

DL/T 5017—2007 水电水利工程压力钢管制造安装及验收规范

DL/T 5229—2005 电力工程竣工图编文件制规定

DL 5031—1994 电力建设施工及验收技术规范(管道篇)

DL/T 5032—2005 火力发电厂总图运输设计技术规程

DL/T 5033—2006 输电线路对电信线路危险和干扰影响防护设计规程

DL/T 5034—2006 电力工程水文地质勘测技术规程

DL/T 5040—2006 输电线路对无线电台影响防护设计规程

DL/T 5341—2006 电力建设工程量清单计价规范 变电工程

DL/T 5345—2006 梯级水电厂集中监控工程设计规范

DL/T 5046—2006 火力发电厂废水治理设计技术规程

DL/T 5047—1995 电力建设施工及验收技术规范(锅炉机组篇)

DL/T 5049—2006 架空送电线路大跨越工程勘测技术规程

DL/T 5055—2007 水工混凝土掺用粉煤灰技术规范

DL/T 5056—2007 变电站总布置设计技术规程

DL/T 5068—2006 火力发电厂化学设计技术规程

DL/T 5072—2007 火力发电厂保温油漆设计规程

DL/T 5074—2006 火力发电厂岩土工程勘测技术规程

DL/T 5076—2008 220kV 及以下架空送电线路勘测技术规程

DL/T 5079—2007 水电站引水渠道及前池设计规范

DL/T 5096—2008 电力工程钻探技术规程

DL/T 5106—1999 跨越电力线路架线施工规程

DL/T 5115—2008 混凝土面板堆石坝接缝止水技术规范

DL/T 5182—2004 火力发电厂热工自动化就地设备安装、管路及电缆设计技术规定

DL/T 5190.4—2004 电力建设施工及验收技术规范第 4 部分：电厂化学（替代 DLJ58—81 电力建设施工及验收技术规范（化学篇））

DL/T 5190.5—2004 电力建设施工及验收技术规范第 5 部分：热工仪表及自动化（替代 SDJ279—1990 电力建设施工及验收技术规范（热控仪表及控制装置篇））

DL/T 5191—2004 风力发电场项目建设工程验收规程

DL/T 5199—2004 水电水利工程混凝土防渗墙施工规范

DL/T 5024—2005 电力工程地基处理技术规程

DL 5334—2006 电力工程勘察安全技术规程

DL/T 5341—2006 电力建设工程量清单计价规范变电工程

DL/T 5342—2006 750kV 架空送电线路铁塔组立施工工艺导则

DL/T 5343—2006 750kV 架空送电线路张力架线施工工艺导则

DL/T 5344—2006 电力光纤通信工程验收规范

DL/T 5346—2006 混凝土拱坝设计规范

DL/T 5349—2006 水电水利工程水利机械制图标准

DL/T 5350—2006 水电水利工程电气制图标准

DL/T 5351—2006 水电水利工程地质制图标准

DL/T 5352—2006 高压配电装置设计技术规程

DL/T 5353—2006 水电水利工程边坡设计规范

DL/T 5354—2006 水电水利工程钻孔土工试验规程

DL/T 5355—2006 水电水利工程土工试验规程

DL/T 5356—2006 水电水利工程粗粒土试验规程

DL/T 5357—2006 水电水利工程岩土化学分析试验规程

DL/T 5358—2006 水电水利工程金属结构设备防腐蚀技术规程

DL/T 5359—2006 水电水利工程水流空化模型试验规程

DL/T 5360—2006 水电水利工程溃坝洪水模拟技术规程

DL/T 5361 2006 水电水利工程施工导截流模型试验规程

DL/T 5363—2006 水工碾压式沥青混凝土施工规范

DL/T 5364—2006 电力调度数据网络工程初步设计内容深度规定

DL/T 5365—2006 电力数据通信网络工程初步设计内容深度规定

DL/T 5366—2006 火力发电厂汽水管道应力计算技术规程

DL/T 5370—2007 水电水利工程施工通用安全技术规程

DL/T 5371—2007 水电水利工程土建施工安全技术规程

DL/T 5373—2007 水电水利工程施工作业人员安全技术操作规程

DL/T 5397—2007 水电工程施工组织设计规范

DL/T 5405—2008 城市电力电缆线路初步设计内容深度规程

SDJ69—1987　电力建设施工及验收规范(建筑工程篇)
Q/GDW 154—2006　1000kV架空送电线路张力架线施工工艺导则
Q/GDW 163—2007　1000kV架空送电线路工程施工质量检验及评定规程
Q/GDW 171—2008　SF6高压断路器状态评价导则
Q/GDW 218—2008　±800kV换流站阀厅施工及验收规范
Q/GDW 225—2008　±800kV架空送电线路施工及验收规范
Q/GDW 230—2008　±800kV直流输电系统架空接地极线路施工质量检验及评定规程
Q/GDW 248—2008　输变电工程建设标准强制性条文实施管理规程
国电[2001]218　火电机组达标投产考核标准及其条文解释
国电[2002]849　火力发电工程施工组织设计导则
国电[2003]153　电力建设工程施工技术管理导则
国电[2003]168　国家电网公司电力建设安全健康与环境管理工作规定
建质[1994]114　火电施工质量检验及评定标准(土建工程篇)
建质[1995]13　电力建设土建工程施工技术检验若干规定
建质[1996]40　电工程启动调试工作规定
火字[1981]70　火力发电厂工程施工组织设计导则
电建[1996]159　火力发电厂基本建设工程启动及竣工验收规程

焊接工程

GB/T 324—2008　焊缝符号表示法
GB/T 985.1—2008　气焊、焊条电弧焊、气体保护焊和高能束焊的推荐坡口
GB/T 985.2—2008　埋弧焊的推荐坡口(代替GB/T 986—1988)
GB/T 985.3—2008　铝及铝合金气体保护焊的推荐坡口
GB/T 985.4—2008　复合钢的推荐坡口
GB/T 3323—2005　金属熔化焊焊接接头射线照相
GB/T 3375—1994　焊接术语
GB/T 5117—1995　碳钢焊条
GB/T 5118—1995　低合金钢焊条
GB/T 5616—2006　无损检测　应用导则
GB 11345—1989　钢焊缝手工超声波探伤方法和探伤结果分级
GB/T 15169—2003　钢熔化焊焊工技能评定
GB 50236—1998　现场设备、工业管道焊接工程及验收规范
CECS 226：2007　栓钉焊接技术规程

材料

GB 1220—1992　不锈钢棒
GB 1499—1998　钢筋混凝土用热轧带肋钢筋
GB 3087—1999　低中压锅炉用无缝钢管
GB/T 706—1988　热轧工字钢

GB 8162—1999 结构用无缝钢管
GB 8163—1999 输送流体用无缝钢管
GB 9711.1—1997 石油天然气输送管道用螺旋缝埋弧焊钢管
GB/T 3091—2001 低压流体输送用镀锌焊接钢管
GB/T 3092—2001 低压流体输送用焊接钢管
GB/T 701—1997 低碳钢热轧圆盘条
CJ/T 246—2007 城镇供热预制直埋蒸汽保温管管路附件技术条件
JG/T 137—2007 结构用高频焊接薄壁 H 型钢
JG/T 195—2007 散热器恒温控制阀
YB 4104—2000 高层建筑结构用钢板
CJ/T 237—2006 钢塑复合压力管用双热熔管件
CJ/T 238—2006 耐热聚乙烯(PF-RT)塑铝稳态复合管

土建工程

GB 15831—2006 钢管脚手架扣件
GB 50007—2002 建筑地基基础设计规范
GB 50009—2001 建筑结构荷载规范
GB 50011—2001 建筑抗震设计规范
GB 50010—2002 混凝土结构设计规范
GB 50018—2002 冷弯薄壁型钢结构技术规范
GB 50021—2001 岩土工程勘察规范
GB 50023—2009 建筑抗震鉴定标准
GB 50026—2007 工程测量规范
GB 50041—2008 锅炉房设计规范
GB 50046—2008 工业建筑防腐蚀设计规范
GB 50078—2008 烟囱工程施工及验收规范
GB 50086—2001 锚杆喷射混凝土支护技术规范
GB 50090—2006 铁路线路设计规范
GB 50091—2006 铁路车站及枢纽设计规范
GB 50202—2002 建筑地基基础工程施工质量验收规范
(替代 GBJ 202、GBJ 201—83 土方工程内容)
GB 50203—2002 砌体工程施工质量验收规范
GB 50204—2002 混凝土结构工程施工质量验收规范
GB 50207—2002 屋面工程质量验收规范
GB 50209—2002 建筑地面工程施工质量验收规范
GB 50210—2001 建筑装饰装修工程质量验收规范
GB 50212—2002 建筑防腐蚀工程施工及验收规范
GB/T 50265—1997 泵站设计规范
GB 50325—2001 民用建筑工程室内环境污染控制规范

GB 50327—2001 住宅装饰装修工程施工规范
GB 50330—2002 建筑边坡工程技术规范
GB 50345—2004 屋面工程技术规范
GB 50346—2004 生物安全实验室建筑技术规范
GB 50354—2005 建筑内部装修防火施工及验收规范
GB 50367—2006 混凝土结构加固设计规范
GB 50411—2007 建筑节能工程施工质量验收规范
GB 50422—2007 预应力混凝土路面工程技术规范
GB 50016—2006 建筑设计防火规范(替代 GBJ 16—97 建筑设计防火规范)
JGJ 3—2002 高层建筑混凝土结构技术规程
JGJ 12—2006 轻骨料混凝土结构技术规程
JGJ 16—2008 民用建筑电气设计规范
JGJ 18—2003 钢筋焊接及验收规程
JGJ 52—2006 普通混凝土用砂、石质量及检验方法标准
JGJ 57—2000 剧场建筑设计规范
JGJ 58—2008 电影院建筑设计规范
JGJ 63—2005 混凝土用水标准
JGJ 67—2006 办公建筑设计规范
JGJ/T 70—2009 建筑砂浆基本性能试验方法标准
JGJ 79—2002 建筑地基处理技术规范
JGJ 94—2008 建筑桩基技术规范
JGJ 95—2003 冷轧带肋钢筋混凝土结构技术规程
JGJ 98—2000 砌筑砂浆配合比设计规程
JGJ 99—1998 高层民用建筑钢结构技术规程
JGJ 102—2003/J280—2003 玻璃幕墙工程技术规范
JGJ 103—2008 塑料门窗工程技术规程
JGJ 104—1997 建筑工程冬期施工规程
JGJ 110—2008 建筑工程饰面砖粘结强度检验标准
JGJ/T 114—2003 钢筋焊接网混凝土结构技术规程
JGJ 115—2006 冷轧扭钢筋混凝土构件技术规程
JGJ/T 119—2008 建筑照明术语标准
JGJ 128—2000 建筑施工门式钢管脚手架安全技术规范
JGJ 130—2001 建筑施工扣件式钢管脚手架安全技术规范
JGJ 138—2001/J130—2001 型钢混凝土组合结构技术规程
JGJ/T 139—2001/139—2001 玻璃幕墙工程质量检验标准
JGJ 149—2006 混凝土异形柱结构技术规程
JGJ/T 157—2008 建筑轻质条板隔墙技术规程
JG/T 206—2007 外墙外保温用环保型硅丙乳液复层涂料
DL/T 456—2005 混凝土搅拌楼用搅拌机